The Downstream Processing
of Biotechnology

生物工程下游技术

第三版

郭立安　主编

化学工业出版社

·北京·

内容提要

《生物工程下游技术》初版出版于 1993 年，第二版出版于 2002 年，发行至今被国内许多院校选作教材，也是相关研究单位和生产企业的技术参考读物。

随着时间的推移，生物工程相关的下游技术有了巨大发展，这些新的技术亟待补充到书中，第三版聘请了国内多年在一线从事生物工程下游技术教学、研究及产业化工作的中青年科学家编写。内容结构与前两版基本一致，分为 3 篇。第 1 篇是生物反应器及大规模细胞培养。第 2 篇是目标产物的分离与纯化。第 3 篇是目标产品分析检测及质量控制。新版尽可能多地列举了国内科研工作者的文献，并将国内最新产业化成果介绍给读者，希望能够对我国生物工程下游技术工作的发展起到促进作用。

本书可作生物工程、生物技术、发酵工程、食品工程等专业的本科和研究生教材，也可供生物工程相关领域的研究和技术人员参考。

图书在版编目（CIP）数据

生物工程下游技术/郭立安主编. —3 版. —北京：化学
工业出版社，2020.5
ISBN 978-7-122-36386-2

Ⅰ.①生…　Ⅱ.①郭…　Ⅲ.①生物工程　Ⅳ.①Q81

中国版本图书馆 CIP 数据核字（2020）第 039552 号

责任编辑：傅四周　　　　　　　　文字编辑：朱雪蕊　陈小滔
责任校对：杜杏然　　　　　　　　装帧设计：王晓宇

出版发行：化学工业出版社（北京市东城区青年湖南街 13 号　邮政编码 100011）
印　　装：中煤（北京）印务有限公司
787mm×1092mm　1/16　印张 25¼　字数 624 千字　2020 年 10 月北京第 3 版第 1 次印刷

购书咨询：010-64518888　　　　　售后服务：010-64518899
网　　址：http://www.cip.com.cn
凡购买本书，如有缺损质量问题，本社销售中心负责调换。

定　　价：158.00 元　　　　　　　　　　　　　　　版权所有　违者必究
京化广临字 2020——06

编者名单

前言 Preface

《生物工程下游技术》初版出版于 1993 年，第二版出版于 2002 年，发行至今是国内许多院校的教材，也是相关研究单位和生产企业的参考读物，对我国生物技术产业的发展起到了引领作用。其主要原因是前两版主编刘国诠先生及其他编委均是我国生物工程下游技术各专业研究方向的领军人物，代表着当时该方向研究的最高水平。

随着时间的推移，生物工程相关的下游技术有了巨大发展，这些新的技术亟待补充到书中，而为国家生物工程下游技术作出卓越贡献的前辈编委们已经到了古稀或耄耋之年，因而在一线工作的中青年科学家责无旁贷来完成第三版的编写工作。受主编刘国诠先生、化学工业出版社和其他编委的委托，由我负责召集相关专家编撰本书的第三版。我诚惶诚恐，深感肩上担子之重。

为保证第三版的质量，我们聘请了国内多年在一线从事生物工程下游技术教学、研究及产业化的中青年科学家组成了新的编委会。为了保持与前两版的一致性，我们仍按照前两版的主要内容和顺序进行编写，分为 3 篇。

第 1 篇是生物反应器及大规模细胞培养。生物反应器及大规模细胞培养是生物工程下游技术的基础。目前，细菌及酵母菌的生物反应器已经成熟，并大规模应用于工业生产中。植物细胞的生物反应器也在逐步成熟和专业化，规模化放大的技术问题正在得到迅速解决。动物生物反应器主要包括转基因动物及各种动物细胞体外培养生物反应器两类，其中动物细胞体外培养反应器规模已达到了万升级水平，国内利用动物细胞体外培养生产疫苗和单抗药物的企业已经超过了 50 家，而且还有越来越多企业正在加入，转基因动物生物反应器也已成为下一步产业发展的新方向。该篇共 4 章，第 1 章介绍了细胞培养生物反应器基本种类、结构、参数控制、规模放大与缩小的原理、流体混合及物质传递过程。第 2 章介绍了动物细胞的大规模培养技术，详细描述了各种动物细胞培养模式及影响因素。第 3 章为植物细胞培养技术。第 4 章为微生物发酵技术。第 1 章和第 2 章由谭文松教授编写，第 3 章由曹晓燕教授编写，第 4 章 4.1 和 4.2 由郭立安教授编写，4.3 由叶勤教授编写。

第 2 篇是目标产物的分离与纯化。目标产物的分离与纯化是生物工程下游技术的关键。基于生产工艺和人才培养需求，本篇依次介绍了细胞破碎技术、膜分离技术和各种色谱分离技术，其中色谱分离技术是下游纯化过程中的关键和重要技术，故在本篇中进行了重点及详细介绍。书中不仅介绍了无机基质、有机高分子基质和多糖基质的色谱介质，并依据色谱原理对在生物下游技术应用最为广泛的凝胶排阻、离子交换、亲和、疏水和反相色谱技术及应用也依次进行了介绍。基于大规模工业制备色谱在产业化中的重要性，书中将其单列一章。2015 年以前，我国生物产业所用各种色谱介质及装备以进口为主，经过国内一批科学家的潜心探索，生物药物及疫苗用的多糖基质生物分离介质和用于小分子化合物及生物分子纯化的硅胶及聚合物色谱介质均实现了规模化生产。色谱分离装备方面与国外的差距也越来越小。特别值得一提的是我国在基因重组蛋白质的复性及蛋白质在色谱保留机理研究方面取得的成绩在国际上引起了广泛的重视。该篇共 10 章，第 5 章到第 7 章由白泉教授编写，第 8 章和第 9 章由江必旺教授编写，第 10 章到第 14 章由郭立安教授编写。

第 3 篇是目标产物分析检测及质量控制。目标产物的分析检测及质量控制是生物工程下游技术产品走向市场的保障。随着人们对产品安全性要求越来越高，现代分析和鉴定技术及设备的应用也越来越多。目前，电泳技术和质谱技术已经成为生物工程下游产品检测的常规手段，国家蛋白质工程中心的质谱设备基本实现了与国际同步。国内产业界对产品微量及痕量杂质研究工作已经开始重视，故单独成节进行介绍。该篇共分 3 章，第 15 章主要介绍了各种电泳技术，第 16 章重点介绍了各种生物质谱技术，第 17 章重点介绍了大分子生物药物的痕量检测方法及技术要求以及其它生物学检测方法。第 15 章、第 16 章及第 17 章前两节由张养军研究员编写，其中第 17 章中的 17.3 和 17.4 两节由郭立安教授编写。

近年来，国内无论在生物工程下游技术的理论研究还是产业转化方面均取得了巨大进步，书中也尽可能多地列举了国内科研工作者的文献，并将国内最新产业化成果介绍给读者，希望能够对我国生物工程下游技术工作的发展起到促进作用。

本书编写过程中，得到了化学工业出版社有限公司编辑以及周燕教授的大力支持，杨宪文、刘晓艳、郭东男、雷浩、张苗和郭娜等为本书的文字及图表整理工作付出了巨大努力，在此表示感谢。

由于本书的跨度较大，只能覆盖生物工程下游技术的主要内容，且部分内容会有深浅度不一的现象，望大家谅解。不足之处，敬请专家、同仁和读者指正。

郭立安

2020 年 5 月

目录 Contents

第 **1** 篇

生物反应器及大规模细胞培养

第 **1** 章 生物反应器

1.1 概述

1.1.1 生物反应器的定义

生物反应器是人们利用生物体所具有的功能，在体外进行有控制的培养以生产某种产品或进行特定反应的装置（容器）。生物反应器听起来有些陌生，基本原理却相当简单。例如胃就是人体内部加工食物的一个复杂生物反应器。食物在胃里经过各种酶的消化，变成能吸收的营养成分，维持生命。所以，生物反应器简单地讲就是指利用生物做"生产车间"，生产人类所需要的某些物质的装置。表 1-1 是按照处理对象进行分类的生物反应器类型及其应用[1]。

表 1-1 生物反应器的类型与应用

生物反应器类型	应用领域及反应器结构和功能	应用评价及反应器的技术
微生物反应器 （发酵罐）	应用于食品、氨基酸、抗生素、酶制剂、基因工程重组蛋白质、DNA 疫苗等产品的生产过程 搅拌式反应器是代表性的生物反应器，还有气升式、灌注式、恒化器等多种结构与操作形式	最传统的生物反应器，起源于抗生素工业发展 以钢制材料为主的刚性结构，操作过程已实现全自动化，并能对过程参数实现在线监测 我国在此领域的装置基本能够实现国产化
哺乳动物细胞悬浮培养生物反应器	以治疗性抗体为代表的重组蛋白质的生产、病毒疫苗的生产，以临床治疗为目标的细胞扩增培养（免疫细胞和干细胞） 以搅拌式反应器为主要形式，一次性波浪式生物反应器、灌注式半连续生物反应器也得到广泛应用 由于细胞治疗技术的发展，适用于个体化治疗的一次性 T 细胞扩增生物细胞反应器也开始面世	伴随生物医药技术而发展起来的一类新型生物反应器，以刚性结构为主，但用高分子材料生产的一次性生物反应器也逐渐得到重视，目前属于生物反应器中高端设备 我国在此领域基本依赖进口，还不具备规模化生产能力和技术创新实力 该类型生物反应器是国际上生物反应器产业技术发展热点
贴壁型哺乳动物细胞培养生物反应器	用于贴壁生长的动物细胞培养，最主要培养目的是生产病毒疫苗，反应器主要形式包括：使用微载体的搅拌式反应器、转瓶式生物反应器、堆积平板式反应器、中空纤维式反应器、转动膜式反应器等 为提高单位体积内的细胞培养密度，（微载体）固定床式的生物反应器近年来在动物细胞贴壁培养中也已开发成功 贴壁培养生物反应器的体积一般比悬浮培养生物反应器小	工业规模的贴壁型哺乳动物细胞培养生物反应器在我国尚处在起步阶段，但是国际上微载体搅拌式细胞生物反应器的规模已达到 6000L 简单的转瓶式培养方式在我国有较为普遍的应用。目前也有人采用多个较小体积的反应器并实现规模化生产 该类型的生物反应器是本领域的一个发展重点
植物与昆虫细胞生物反应器	植物和昆虫细胞培养作为基因工程重组蛋白质表达的一种技术手段，在现代生物医药生产过程中应用广泛 主要反应器形式与哺乳动物细胞悬浮培养类似	目前我国的植物和昆虫细胞生物反应器基本依赖进口，还不具备规模化生产能力和技术创新实力

为了能让生物体在生物反应装置中生产所需的产品，需要做四个方面的工作：一是需要保障生物体能够在装置内存活，为其配备生存所需的一系列条件，如能量、原料、空气等；二是要给生物体营造一个舒适的生活空间（装置），让生物体正常生长，生产更多产品；三是为了观察生物体工作状况需要配备一系列设备，监控其生长状态；四是为了避免人工干预，减少外界条件变化对生产结果的影响，实现生产的稳定性和可控性，需采用自动化控制系统。上述四部分构成了生物反应器的基本组成部分，其简单的结构示意见图1-1。

保障生物体生存和表达产物的条件包括碳源、氮源、能量、水及空气等。碳源和氮源物质包括维持生物体生长的营养物质和让生物体生产所需产品的前体物质或相关控制物等，这些物质与生物体的代谢密切相关。舒适的生物反应器空间可让生物体在体外生存期更长，最大能力地生产所需产品。监控设备是现代仪器都有的配套设施，目的是通过仪表上的数据来了解生物体的生存状态、营养状态、目标产物表达量以及装备运行状况。自动化控制系统是为了减少人为干扰，让结果具备重现性和稳定性。由此可见，生物反应器的研究重点就是三个方面：一是研究生物体在生物反应器中所需物质的种类、输送方式、输送时间和量的大小等；二是着重研究装置本身的特性，如其结构、操作方式、操作条件对细胞形态、生长以及对产物形成的影响，与生物反应工程结合，共同解决各种生物反应的最佳生物反应器和最佳操作条件的选择等问题，以期获得目标产物的最大回收率和效益；三是研究什么样的设备才能更好地监控生物体代谢物质、生存状态和仪器运行状况。

目前常见的市场上各类发酵罐、植物细胞反应器、转基因动物生物反应器、气升式生物反应器、膜生物反应器等都属于生物反应器，见图1-2。生物工程上的生物反应器实际上是在体外模拟生物体的功能，设计出用于生产或检测各种化学品的反应装置，是一种生物功能的模拟装置[2,3]。

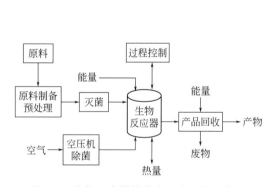

图1-1　生物反应器的基本组成结构示意图

图1-2　常见的部分生物反应器

1.1.2　生物反应器的分类方法

生物反应器种类繁多，分类方法也多种多样，见表1-2。这些分类方法在实际生产中均有应用。主要原因是不同生物体生存和表达产品时所需要的条件和环境差别较大，所以装置结构差别也比较大。但无论分类方法和装置种类差别多大，生物反应器的基本结构和功能都是一致的，就是为生物体提供一个生存和生产目标产品的场所。

表 1-2 生物反应器常见的分类方法

序号	分类方法	种类
1	操作方式	间歇生物反应器 连续生物反应器 半连续生物反应器
2	生物反应器内相态	均相反应器 非均相反应器
3	生物反应器结构特征	罐式反应器 管式反应器 塔式反应器 膜反应器
4	生物反应器内流型	理想反应器 非理想反应器
5	生物反应器内有机体种类	微生物反应器 动物细胞反应器 植物细胞反应器 酶反应器 转基因动物生物反应器
6	生物反应器内气液混合方式	机械搅拌混合生物反应器 泵循环混合生物反应器 直接通气混合生物反应器 连续气相生物反应器

1.2 生物反应器的类型

20 世纪 70 年代以来,生物反应器取得很大的发展[4]。除了种类层出不穷外,部分类型反应器的规模也越来越大,自动化程度也越来越高,见图 1-3。主要类别大致有:机械搅拌式生物反应器、固定床生物反应器、中空纤维生物反应器、流化床生物反应器、气升式生物反应器和一次性生物反应器等[1,5]。

图 1-3 GMP 车间内的生物反应器

1.2.1 机械搅拌式生物反应器

机械搅拌式生物反应器是最早被采用且工艺技术较为成熟的一种生物反应器。它的主要容器以发酵罐的罐体为基础，罐内安装搅拌装置，密闭状态下由电动机带动桨叶旋转以混合培养液，通过分批培养、补料分批培养或连续培养生物细胞使之增殖，并生产需要的各类生物产品。

机械搅拌式反应器靠搅拌桨提供液相流动和混合的动力，因具有较大的操作范围、良好的混合性和浓度均匀性而被广泛使用，尤其在微生物发酵和植物细胞培养过程中。对于没有细胞壁保护的动物细胞，由于其对剪切作用十分敏感，直接进行机械搅拌容易造成损伤，因此传统的微生物搅拌反应器用于动物细胞培养时往往需要改进[6]。

实验室研究用的小规模台式反应器通常采用硅硼酸盐玻璃制作，用于大规模生产的反应器多采用不锈钢材质制作。

机械搅拌式生物反应器优点在于：①工艺简单、操作灵活，有良好的适用性；②培养工艺容易放大，可为生物体生长和增殖提供均质的环境；③产品质量稳定，非常适合工业化生产；④管路布置较为简单，能提供较好的无菌条件，细胞生长过程中不易污染。

从功能上划分，机械搅拌式生物反应器的主要组成部分有罐体、CIP 清洗系统、SIP 在线灭菌系统、搅拌系统、温控系统、消泡系统、pH 控制系统及溶氧（DO）控制系统等。这些系统共同作用才能维持细胞培养过程的正常运行，见图 1-4。

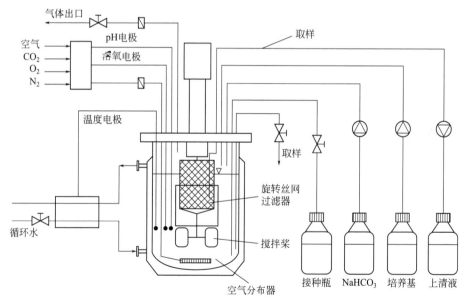

图 1-4　小规模台式机械搅拌式生物反应器示意图

（1）罐体

机械搅拌式生物反应器的罐体一般由内筒和夹套构成。内筒用于装载培养液，材质可以是不锈钢或玻璃；夹套用于换热及提供生物培养所需的热量，材质可以是不锈钢、玻璃或加热毯（板）等。对于工业化规模的不锈钢搅拌式生物反应器来说，整个罐体设计应符合压力容器的要求，能够承受一定的温度和压力，通常要求不低于 150℃ 和不小于 0.25MPa；与料液接触的部分材质要求是 316L 不锈钢，其它为 304 不锈钢，内壁抛光精度 ≤0.4，保证罐体内部无死角、易清洁。罐体机械密封装置提高了内部的密封性，可确保细胞长时间培养过程中不受外界环境污染。另外，罐体上还设有通气、排气、取样、接种、进出料口、环境监测口（DO、pH 及温度等）、压力释放阀、清洗球和视镜等，以满足整个培养过程的需要。

（2）CIP 和 SIP 系统

CIP（cleaning in place，在线清洗）和 SIP（sterilization in place，在线灭菌）是指整个系统或大型反应器及其附属设备、某个子系统和管线等在原位进行清洁与灭菌。CIP 系统主要由清洗球、管路、泵及阀门等组成，SIP 系统主要由管路和阀门等组成，二者结合控制系统，实现反应器整套系统的自动在线清洗和在线灭菌等功能。用于工业生产的生物反应器的质量一般在几吨到几十吨，甚至更大，罐体就位后基本不再移动。生物产品的生产成本较高，大规模生产过程中，清洗不当、出现灭菌死角等导致的污染对企业造成的损失会很大，所以生产用反应器须满足一定的易洁净性和无菌性要求。CIP 和 SIP 系统则提供了稳定可靠的清洗方法和灭菌方法，提高了生产线的自动化水平和产品的生产效率。

（3）搅拌系统

搅拌系统主要由驱动装置、挡板、轴封和搅拌桨等组成，用于流体混合和传质。搅拌系统的作用是使生物细胞或微载体均匀悬浮于培养液中，并且使通入的气体分散成气泡，与料液充分接触，增大气液传质面积，从而获得所需要的氧传递速率，以维持适当的气-液-固（生物细胞）三相的混合与质量传递。

搅拌桨又称叶轮，根据所产生流体运动的初始方向，可分为径向流和轴向流搅拌桨。径向流搅拌桨大多采用涡轮式或透平桨，其特点是结构简单、有利于增大氧的传递速率、加快氧的溶解，但对流体的剪切作用强烈。常用的涡轮式搅拌桨的叶片有平叶式、弯叶式和箭叶式 3 种（见图 1-5），其叶片一般为 6 个，也有 4 个或 8 个。轴向流搅拌桨大多采用螺旋桨式，具有转速高、产生的循环量大、剪切力相对较小和混合效果好等优点，是目前生物反应器中主要采用的搅拌桨。其它搅拌桨结构见图 1-6。

平叶式　　　　　　弯叶式　　　　　　箭叶式

图 1-5　涡轮式搅拌桨叶片类型

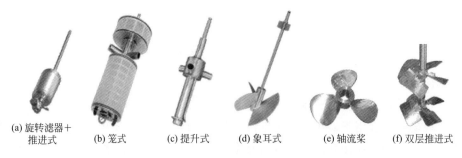

(a) 旋转滤器+　　(b) 笼式　　(c) 提升式　　(d) 象耳式　　(e) 轴流桨　　(f) 双层推进式
　　推进式

图 1-6　各类搅拌桨结构

（4）温控系统

温控系统主要用于维持细胞在培养过程所需的温度。一般换热形式采用加热毯（小型反应器）和夹套循环换热（大型反应器），少数反应器采用内盘管形式换热。夹套加热大多采用循环水热交换方式，其中循环水由蒸汽加热或者蒸汽与电加热。蒸汽加热的优势是换热较快，能够很快将循环水加热，使反应器内培养液温度较快升至设定温度，但易发生超温现象。而电加热的升温速率较慢，但更容易控制，不易出现超温现象。所以可将蒸汽加热与电加热结合使用，以增加温控系统的灵活性与精确度。在温控系统中通常设有双温度传感器，一只置于反应器内部，用于测量细胞培养液温度；另一只置于夹套出水口处，用于测量循环水温度。可通过 PID（P 代表比例，I 代表积分，D 代表微分）控制系统控制加热的输出比例，完成精确的控制。

（5）消泡系统

在生物反应器中进行细胞培养时，培养液在通气和搅拌的条件下易产生泡沫，过量的泡沫会因泡沫破碎导致脆性较弱的细胞受到损伤，还会降低反应器内外的气体交换速率，并且随着培养液液位的升高，有可能堵塞出气过滤器，造成反应器罐体内部压力升高，所以消泡系统对细胞培养尤其高密度培养过程较为重要。通常的消泡方式有两种：一种是通过添加消泡剂进行消泡；另一种是通过机械消泡桨消泡。前者可以人工消泡，也可以与消泡电极关联，当泡沫达到相应高度，系统自动控制消泡；后者通过消泡桨的机械作用将气泡打碎来消除泡沫。

（6）pH 控制系统

pH 控制系统主要由 pH 电极、控制系统、蠕动泵、通气系统和外部的酸、碱储罐组成。大部分细胞生长需要的环境 pH 值在 6～8 之间，通过使用 pH 电极对培养液的 pH 进行监测，并可根据细胞和工艺需求，设定相应的参数，通过 PID 控制系统自动加入酸、碱或通气（主要是 CO_2 气体），控制 pH 值维持在细胞所需的范围内。

（7）溶氧控制系统

溶氧控制系统主要由 DO 电极、控制系统和通气管路等组成。控制溶氧的气体构成主要是空气、氮气和氧气。例如，在动物细胞培养初期耗氧量较少，有时需要通入一定量的氮气；而随着细胞生长以及细胞密度的提高，氧气的消耗大幅度提高，并且产生大量的二氧化碳，而氧气供应不足与二氧化碳的积累会影响细胞继续生长，甚至导致细胞死亡，此时往往需要补充纯氧气体以提高氧的供给，同时还须考虑二氧化碳的排出。通常根据工艺需求设定合适的 DO 范围，通过 DO 电极的检测和 PID 控制系统，当培养液中的氧浓度低于设定值时，系统会及时补充氧气，以维持细胞正常生长所需[7]。

（8）细胞截留系统

细胞截留系统可将大多数细胞或产物阻挡在反应器罐体内，将死细胞、细胞碎片以及一些代谢副产物排出生物反应器，提高细胞的培养密度，从而提高产量。常见的细胞截留系统有旋转过滤系统、离心式细胞截留系统、微载体沉降系统、透析膜过滤系统、超声波细胞截留系统和交叉流过滤系统等。该技术主要用于动物细胞培养，尤其是悬浮细胞培养。

（9）气体分布器

传统的气体分布器包括三种常见的类型（见图 1-7）。第一种是钻孔 L 形结构，较为简单，加工也便利，适用于小型细胞反应器，早期有所采用，目前则较少采用；第二种是金属烧结微泡型，最先由美国 Mott 公司开发设计，气体分布器采用重力烧结和冷等静压过程制成，曝气后气体在烧结层内部多次打碎气泡，然后进入反应器内，气泡尺度较小，溶氧效果较好，但容易"堵孔"，德国赛多利斯商品化细胞培养反应器中常有此配置；第三种为钻孔环形分布器，在中小规模发酵罐中常常使用，在动物细胞培养反应器中也同样适用，在适量通气速度下其开孔大小在 1mm 左右即可获得较为理想的溶氧效果，目前国内外多家公司都选择使用此类钻孔环形气体分布器。

图 1-7　各类气体分布器类型

1.2.2　固定床生物反应器

以固定化细胞或酶的方式作为反应器的装置称为固定床生物反应器。目前固定床生物反应器主要是用于废水处理和细菌转化[8]，在酶催化和动物细胞培养中的应用也在逐步扩大。

与整体细胞作催化剂或与化学工业传统的催化剂相比，酶作为生物催化剂具有很多方面的优势，如产物单一、容易分离、副反应少、转化率高、选择性强、反应条件温和以及环境污染少等。但酶本身的一些特点，特别是酶的分离纯化复杂、在反应中流失严重和酶的辅因子不易回收等，也使其大规模应用受到了限制。为克服酶的这些缺陷，研究者对固定化酶展开了大量的研究，其中最关键的部分是克服酶固定化活性的降低和促进底物向酶分子的扩散。基于此，在传统反应器的基础上，Lathouder 等[9] 于 2005 年报道了其设计的固定化酶搅拌桨反应器，结构如图 1-8 所示。其特点在于将酶固定之后，载体集中做成圆筒状，以圆筒作为机械搅拌式生物反应器的搅拌桨。该反应器工作时，一方面搅拌桨对整个反应器内的基质进行混合，另一方面基质进入圆筒形的搅拌桨中，与固定在其上的酶进行接触发生反应。该反应器能促进基质向酶的扩散，转速对整个酶促反应的影响不大，酶的活性比常规固定方法更高，活性保持可达数周，为酶的大规模应用创造了良好的条件。

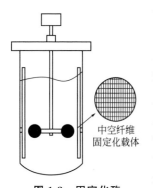

中空纤维固定化载体

图 1-8　固定化酶搅拌桨反应器

在 20 世纪 90 年代，固定床生物反应器已开始用于培养动物细胞，以生产重组蛋白质或单克隆抗体[10]。最典型的是美国 New Brunswick Scientific（NBS）公司开发的 Celligen Plus 生物反应器系统，见图 1-9。

与通常的深层培养系统相比，固定床培养系统的优势主要体现在：①低的剪切力环境可以维持较高的细胞生物活性；②有利于进行细胞截留的连续培养操作，延长生产周期；③较易实现有血清细胞培养和无血清产品收获的两阶段工艺操作。但传统固定床生物反应器系统也存在一些不足，如：①流体混合和供氧能力差，难以满足细胞高密度大规模培养对流体混合和供氧的需求；②接种密度沿床层轴向递减，使得细胞生长在反应器内不同步，相应的营养物质浓度也沿着反应器轴向递减，可能造成下游细胞得不到足够的养分，同时不均一的培

(a) 固定床生物反应器

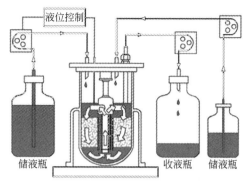
液位控制

储液瓶　　　收液瓶　储液瓶

(b) 固定床生物反应器系统示意图

(c) Disk片状载体

(d) Disk片状载体放大照片

图 1-9　动物细胞培养用的固定床生物反应器

养环境也不利于过程监测与控制；③随着细胞的生长，固定床载体内孔的流通直径越来越小，有潜在的堵塞危险；④细胞的代谢废物不能及时排出，可能造成局部细胞的生长受到抑制。

1.2.3　中空纤维生物反应器

中空纤维生物反应器（hollow fiber bioreactor）是开发较早的一类生物反应器，其形状类似于列管式换热器。它的特点是细胞培养环境温和，培养细胞密度较高，产品较易纯化。但这类反应器的缺点是培养环境不够均一，一定程度上影响了产品质量的稳定，而且最主要的是其培养体积不容易放大，反应器本身的消毒和重复使用也相对困难。如果控制好系统不受污染，则能长期运转。

最初开发的中空纤维管系统是将纤维管束纵向布置，培养基和种子细胞由底部注入，从顶端排出，纤维管间通气体。这种布置方法的最大缺点是培养基成分和代谢物沿培养基流动方向产生浓度梯度，使细胞所处环境随培养基的流过距离而变化，致使细胞在纤维管中生长不均，在细胞培养贴壁时常不能扩展成单层。针对这一缺点，研究人员开发了把纤维管束横放成平板式的浅床反应器，床层深达 3～6 层纤维管，若干层浅层床组合在一个容器内，见图 1-10。为了使培养基分布均匀，在床层底部引进培养基时，先通过一个 $2\,\mu m$ 微孔不锈钢烧结板分布器，再灌注到床层中。在床层顶部也装置一个 $20\,\mu m$ 微孔不锈钢烧结板分布器，防止排出的培养基返混。另一种保持培养基均匀分布的方法是在床两端交替灌注新培养基。

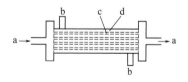

图 1-10　中空纤维
生物反应器示意图
a—灌注液；b—收获液；
c—管内；d—管外

中空纤维生物反应器早期主要用于培养杂交瘤细胞生产单克隆抗体，特别适合于生产那些量小且种类繁多的产品[11]。

1.2.4　气升式生物反应器

气升式生物反应器的基本原理如图 1-11 所示。气体混合物从底部的喷射管进入反应器的中央导流管，使中央导流管中的液体密度低于外部区域，从而形成循环。气升式生物反应器主要有两种构型，一种是内循环式，另一种是外循环式。反应器内装有环形管作为气体喷射器，孔的设计要保证在控制的空气流速范围内产生的气泡直径为 1～20mm，空气流速一般控制在 0.01~0.06vvm，反应器高径比一般为（3∶1）~（12∶1）。

气升式生物反应器与机械搅拌式生物反应器相比，产生的流体湍动温和且均匀，剪切力相对较小，因而对生物细胞的剪切损伤率比较低；更为重要的是反应器内没有机械运动部件，无需运动密封，可确保长期运行的抗污染控制；直接喷射空气供氧，氧传递速率高；液体循环量大，使细胞和营养成分能均匀地分布于培养液中[12]。

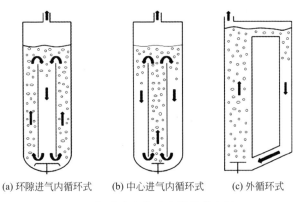

(a) 环隙进气内循环式　　(b) 中心进气内循环式　　(c) 外循环式

图 1-11　气升式生物反应器的基本原理

在气升式生物反应器中，溶氧控制可以通过自动调节空气进入的速率以及补充氧气来实现，pH 控制可通过在进气中加入二氧化碳或补加氢氧化钠来调节。在低血清培养和小通气量情况下，一般产生泡沫不多，如有必要可采用专门消泡剂进行泡沫控制。通过无菌取样和计数细胞，可以对细胞生长进行监测，亦可通过测定氧消耗等方法对细胞生长进行间接测定。

气升式生物反应器也有一些固有的缺点：首先，气升式生物反应器由于没有机械搅拌，流体混合和气液传质的强化空间不足，难以支持高密度培养；其次，为了确保流体循环，反应器中的培养基装液量必须达到一定的高度，因此其培养工作体积的操作弹性无法满足流加培养工艺的需要；最后，就泡沫控制而言，气升式生物反应器也存在无法克服的短板，主要是较小的截面积与工作体积之比使泡沫大量滞留于液面上方，给安全操作带来隐患。正因为如此，近二十年在工业化生产领域广泛应用的千升级、万升级生物反应器仍然以机械搅拌式为主。

1.2.5　一次性生物反应器

图 1-12　机械搅拌式一次性生物反应器

一次性使用技术在生物医药领域越来越受到重视，大量一次性使用系统和设备出现在市场上，并在生物技术及其产品的研发与生产中广泛应用[1,13]。目前，国内外市场上应用于哺乳动物细胞培养的最大的一次性生物反应器已达到 2000L 规模，见图 1-12。这种生物反应器由预先消毒的、FDA（美国食品药品监督管理局）认证的、对生物无害的聚乙烯塑料箱组成。箱中部分填充培养基并接种细胞，其余部分是空气，培养过程中空气连续通过完整的过滤器进入箱体。前后摇动箱体使气液界面产生波动，可以提高氧气的溶解速率，并有利于排出 CO_2，控制

pH 值，也促使培养液混合均匀，细胞或微载体颗粒也不会下沉。废气通过一个消毒过的滤器排出。一次性生物反应器装置简单，易于操作，一次性投资成本低，可用于培养动物细胞和植物细胞等，既适合于生产病毒也可用于生产蛋白质。

国外如此热衷于开发和使用一次性使用生物技术平台，其原因在于这些年的应用实践表明，一次性生物反应器相比于传统的不锈钢设备具有诸多优点：①缩短产品上市时间；②提高生产效率；③简化生产过程控制；④不需要设备清洗与消毒灭菌；⑤降低设备的投资成本；⑥缩短设备制造周期等。因此，国内外已有许多从事生物产品生产的企业考虑采用一次性使用技术，包括一次性生物反应器和一次性分离纯化系统等。考虑到目前国内外生物制品行业依然是使用不锈钢生产设备为主这一现状，所以有些国外的生物制品生产企业往往是一次性使用产品与不锈钢产品都生产。一次性生物反应器的缺点：①超过 2000L 以上的大规模生物反应器因材料强度问题限制了体积扩展；②生产中，波浪式非常规的摇摆运动，造成生产可控制参数较少；③在现有的一次性生物反应器中氧转移系数较低，所以只适用于哺乳动物细胞培养，不适用于需氧量更大的细菌或者酵母菌培养。表 1-3 列举了目前国外主要的一次性生物反应器生产厂商及其主要产品。

表 1-3　主要的一次性生物反应器生产厂商及其主要产品

公司	一次性使用产品
Adolf Kuhner AG	生物反应器、摇床
AmProtein	生物反应器
Applikon Biotechnology	生物反应器
ATMI Life Sciences	塑料袋、搅拌器、生物反应器
Bayer Technology Services	搅拌器、生物反应器
CELLution Biotech	生物反应器
Eppendorf	生物反应器以及细胞培养的常规一次性产品
ExcellGene	生物反应器以及细胞培养的常规一次性产品
GE Heathcare	生物反应器、塑料袋、容器、接口、软管、过滤器设备、取样设备、搅拌器、填装系统、色谱柱、软管焊接器、封口器
Meissner	生物反应器、塑料袋、容器、过滤器
Merck Millipore	生物反应器、塑料袋、容器、接口、软管、过滤器设备、取样设备、搅拌器、填装系统、摇床
Mp2-labs	生物反应器
Nestle	生物反应器
Pall	生物反应器、塑料袋、接口、过滤设备、搅拌器、填装系统
Sartorius Stedim Biotech	生物反应器、塑料袋、接口、过滤设备、搅拌器、填装系统、软管、冷冻设备、软管焊接器、封口器
Thermo Scientific	生物反应器、塑料袋、容器、搅拌器
Xcellerex	生物反应器、塑料袋、搅拌器

1.2.6　光生物反应器

光生物反应器（photobioreactor，PBR）一般指用于培养光合微小生物及具有光合能力的植物组织和细胞的设施或装置，通常具有光、温度、pH、无机盐、气体交换等培养条件的调节控制系统，能进行半连续或连续培养，并具有较高的光能利用率，因而能获得较高的生物密度和单位面（体）积产量[14]。

光生物反应器除具有普通生物反应器的基本结构外，还具有光照系统。一般植物的光能利用率约为 0.2%，而设计合理的光生物反应器的光能利用率可达到 18.0%。较高的光能利用率有利于促进光合生物的生长，提高其培养产率，但光照过强时会导致光合生物生长停止，甚至死亡。藻类是生长最快的光合生物[15,16]，培养时通常采用气升式光生物反应器，这种反应器用气流提供循环动力，能避免产生强大的剪切力而破坏光合生物细胞。藻类进行光合作用会放出氧气，当培养液中溶解氧过饱和时，抑制藻类的光合作用，不利于藻体的生长。因此，溶解氧的消除也是藻类培养时必须考虑的重要因素。这个技术主要用于植物细胞培养和环境污染的治理等方面。

1.3 生物反应器的设计与放大

1.3.1 生物反应器的放大

在实验室里用小型设备进行科学试验，获得了较高的产量和效率，如何在大型反应器的生产规模设备上重现，这是放大工艺需要解决的最根本问题。

随着对生物细胞培养过程中物质能量代谢机制、反应动力学、热力学以及传递现象了解的深入，有可能用数学模型代替过程本身去研究过程的优化及放大等问题。当然，就生物反应器中的流体流动等传递现象而言，即使所建立的这些数学模型都是以原型设备的流体流动模型为依据，一旦放大后，由于生产规模反应器的结构参数、几何参数和操作参数均不同于原型设备，真实的流体流动以及混合状态都可能与预期的完全不同，很可能在放大反应器的不同部位、不同时间出现不同的流动状态，甚至出现流体混合的死角，即时空不均一性。另外，生物细胞培养过程是一个复杂的生化过程，要使得到的数学模型能够对过程作出较好的描述，势必包含较多的参数，因此完全的数学模型法用于生物反应器的放大目前仍然十分困难。但为了能够对模型得出解析法的解，又不得不做出某些重大的简化处理，即所谓半数学模型法。除此之外，还有因次分析法、近似法则法及尝试误差法等。迄今，文献上常见的生物反应器（主要是发酵罐）放大仍是以近似法则法与因次分析法的结合为主。

生物反应器是大规模培养过程的核心装置，细胞生长、代谢和产物的生产均在生物反应器中进行，其体积从实验室规模的 2L、5L、30L 到中试规模的 100L、200L、500L，再放大到生产规模的 1000L、5000L 甚至 10000L 以上。理想状态下，放大过程的目标是使大型反应器与小型反应器具有相同的培养环境。然而，在放大过程中生物反应器的结构变量、几何变量、操作变量不可避免发生变化，加上生物反应器内三相系统（气、固、液）的复杂性、湍流区域流体的复杂性、细胞和环境间的相互作用等因素，使得反应器的放大很难形成通用的准则，大、小反应器给细胞创造的培养环境不可能完全一致，如大型反应器内的流场特性、底物分布（营养物质、酸碱水平、溶氧水平等）以及细胞运动规律与实验室规模的小型反应器往往存在显著差异，这些差异有可能影响细胞的生理代谢状态，最终导致大型反应器内的细胞培养结果与实验室规模反应器有着显著的区别。因此，培养工艺的规模放大已成为各生物制药企业产品生产上市的制约步骤。采用何种反应器放大、设计及强化操作策略，确保培养工艺放大到生产规模后细胞生长、代谢、产物表达及产品质量等能够稳定和重复，是当前最为关注的热点问题。因此，在生物反应器逐级放大过程中，首先必须深刻理解特定细胞培养过程的工艺特点及其关键的控制要求，然后通过选用合适的放大准则合理设计反应器的几何参数、结构参数并合理调整其操作参数，只有这样才能保证重现原有的培养工艺，获得细胞生长、代谢、产物表达，特别是产物质量属性的一致性。

（1）生物反应器的放大原则

就传统微生物培养的发酵罐而言，常用的放大原则主要有以下几个[1,17,18]：

① 叶端速度相等原则

在搅拌式生物反应器内，一方面要考虑搅拌产生的剪切力对细胞的损伤，另一方面要考虑通过搅拌提供较好的混合特性。因此，叶端速度（V_t）常常被选为放大的原则。

$$V_t = \pi ND \tag{1-1}$$

式中，V_t 为叶端速度，m/s；N 为搅拌桨的转速，s^{-1}；D 为搅拌桨的直径，m。文献报道的细胞耐受的叶端速度通常为 2m/s。

动物细胞培养用搅拌式反应器的搅拌桨通常是圆盘状，因此搅拌桨的叶端速度和流体的环流速度（V_c）呈一定的相关性：

$$V_c \cong (ND)(D/D_t) \tag{1-2}$$

式中，D_t 为反应器的直径，m。

大型生物反应器在制造过程中通常按照几何相似的原则，一般保持恒定的 D/D_t，因此根据式（1-1）和式（1-2）可以发现，在放大的过程中保持恒定叶端速度，流体的环流速度也通常保持恒定。

② 比体积输入功率（P/V）相等原则

$$\frac{P}{V} = \frac{P_0 n\rho N^3 D^5}{V} \tag{1-3}$$

式中，P 为功率，W；P_0 为功率准数；n 为搅拌桨数量，个；ρ 为液体密度，kg/m³；N 为搅拌桨转速，s^{-1}；D 为搅拌桨直径，m；V 为反应器中的液体体积，m³。

由搅拌所产生的能量输入及其在周围流体内的耗散方式对反应器内的混合特性以及流体的分布都有着十分重要的影响。

此外，$K_L a$ 与比体积输入功率（P/V）存在着密切的联系：

$$K_L a \sim A \left(\frac{P}{V}\right)^\alpha \left(\frac{Q}{V}\right)^\beta \tag{1-4}$$

式中，A、α 和 β 都是常数；Q 为反应器的表观气速；Q/V 为单位体积内的通气速度，vvm。因此，比体积输入功率也是被推荐作为反应器的放大原则，P/V 相等原则也是微生物和动物细胞培养用反应器最常用的放大原则。

③ 混合时间（t_{min}）恒定原则

在实际放大过程中一般很少采用混合时间恒定的放大原则。这是因为：一方面大型反应器中的混合时间一般要远远大于小型反应器；另一方面，要维持和小型反应器相同的混合时间，大型反应器的搅拌转速则会非常高，这在大型反应器中是很难实现的。

④ 流加参数的放大原则

流加培养过程中，由于生物反应器规模不同，流加体积和流加速度等参数需要根据培养体积的放大倍数作出一定的调整。在大型反应器的流加培养过程中，培养体积随着流加培养基的补入而不断增大，导致培养基的浓度出现一定程度的稀释，因此对流加培养基的浓度也应当做一定的考虑。

⑤ 取样参数的放大原则

不同培养规模下的取样时间和取样体积也应当在放大过程中予以考虑。特别是在小规模的反应器中，每次取样都会导致培养体积的减少，如果没有考虑到体积的下降，在流加过程中势必导致补入的流加培养基的浓度变大。因此，在制订放大策略时，由于取样所造成的小规模反应器体积减少量也应当计算在内。

综上可知，上述提到的几个放大原则在实际生产中往往不可能同时满足，这时放大原则的选取应该考虑到细胞对临界特性的潜在响应。例如，当细胞的剪切力敏感性是主要因素时，可以选取 P/V 相等或 V_t 相等的放大原则；当混合是限制因素时，可以选取混合时间相等的放大原则；当氧传递是限制因素时，可以选取 K_La 相等作为放大原则。

（2）生物反应器放大过程中的 pH 不均一性

流体混合特性是细胞培养过程和生物反应器放大中的另一个重要因素。在反应器放大过程中采用 V_t 相等或 P/V 相等的原则，都会导致反应器搅拌转速的大幅下降，使反应器的混合能力变差。由于搅拌式反应器的主要混合区域位于搅拌桨附近，势必导致其它区域的混合不够充分，从而导致在反应器内形成充分混合的区域和混合不均匀的区域。在充分混合区域，物质的混合以微观混合为主，在分子层面上对物质进行混合。而在混合不均匀的区域，混合主要是以湍流和层流方式的宏观混合为主。如果混合能力较差，则将导致大型生物反应器中的 pH、DO、营养物质的浓度在反应器内分布不均一[19,20]。由于大型生物反应器在线清洗设计的限制，反应器的加料通常位于液面的上方，而表面加料通常又会导致在反应器上层形成第三个区域——补料区域（见图 1-13）。混合不充分，使得料液不能快速混匀，这就导致加料区域的物质浓度远远大于其它区域。这种反应器内物质浓度在一定时间内不均匀的现象称为不均一性，它具有时间和空间的特点。

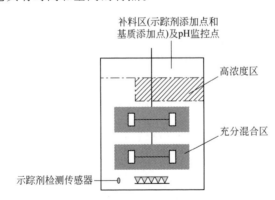

图 1-13 大型反应器内的不均一性现象

在细胞培养过程中由于细胞自身代谢产生的 CO_2、乳酸和有机酸等酸性物质造成培养基 pH 不断下降，通常通过过程补碱（$NaHCO_3$、Na_2CO_3、$NaOH$ 等）的方式维持反应器中 pH 的稳定。反应器在放大过程中搅拌转速下降，使反应器的混合时间相应延长，而且补碱管路一般位于液面的上层，这就造成在补碱过程中反应器的上层和下层的 pH 在一定时间内产生较大差异，从而产生纵向 pH 梯度。

pH 作为细胞培养过程中的一个关键参数，影响细胞的生长、代谢、产物表达以及产物质量[19-21]，这意味着不仅要在培养工艺的开发阶段优化 pH，更重要的是要充分考虑生物反应器放大后如何维持培养过程 pH 的稳定。然而，如果在细胞培养过程中必须通过补碱的方式才能维持反应器中的 pH，那么补碱导致的反应器内 pH 不均一现象在千升级规模的反应器中将不可忽视。反应器内 pH 的不均一性直接影响细胞的生理状态，使稳定控制难上加难，造成产物表达的不稳定性。此外，反应器内 pH 不均一性也将造成对 pH 敏感的生物产品质量的变化，如抗体类药物暴露在较高的 pH 环境中，可能出现产物化学降解、脱酰胺化和生物活性下降等现象。

1.3.2 生物反应器的规模缩小

放大过程的理想条件是细胞对培养环境的变化不敏感。而在实际的大规模生产过程中，生物反应器中的流体混合、气液传质以及流体剪切等问题常常导致培养环境的改变，从而影响细胞的各种生理特性，甚至造成细胞损伤。为了探究反应器规模放大后哪些因素会引起放大效应以及这些因素的操作控制范围，通常采用建立缩小模型的方式，将大规模反应器的关键物理化学参数与细胞生长代谢和产物生成的各种动力学表现转移至缩小模型中，通过大量小规模的等效实验获得在大规模反应器中不可能获得的实验数据，并据此指导工业规模反应器的设计和操作，或进一步优化和改进工艺控制条件及其参数[1,17]。其中关键的物理参数包括搅拌产生的流体湍流强度及其机械剪切力、通气产生的气泡尺度和分散聚并程度及其运动路径、热传递能力、温度分布、气液传质能力、混合时间以及物料的停留时间分布等，关键的化学参数包括 CO_2 分压、渗透压、Na^+ 浓度和消泡剂等。但在生物反应器缩小模型的建立过程中，不可能将大型反应器的所有理化参数在缩小模型中全部予以重现。因此，在缩小模型的建立过程中，确定最能代表大型反应器特性的关键条件与参数至关重要，缩小模型与大型反应器只能在某个参数或某些条件上实现等效。

另外，在生物制药领域开发商业规模的生产工艺，通常在完成小试和中试后，就需要对生产过程进行定性研究。过程定性（process characterization）是对生物制药生产过程进行系统的研究，旨在建立具有较强稳健性、柔顺性的生产工艺，满足大规模工业生产对工艺开发的要求。这部分工作包括：对大规模生产过程进行预先的风险评估，研究过程操作参数对性能指标的影响，区分关键参数与非关键参数，确定操作参数的控制范围，了解各操作参数之间的交互作用等。进行过程定性的研究，如果在实际生产规模上进行实验，不仅成本昂贵，而且不具操作性。目前主要采用"规模缩小模型"（scale down model），在实验室内利用小型化生物反应器完成过程定性研究。

进行过程定性研究，首先需要建立一个能够充分反映商业规模生产过程特点的"规模缩小模型"。该模型能够在参数评价、工艺开发中起到模拟商业规模生产的效果。当然，建立好一个"规模缩小模型"后，需要对其"等效性"进行验证。开展此工作的流程如图 1-14 所示，首先确定需要进行规模缩小模型的操作参数，找出其中的关键参数，确定参数可以接受的变化范围，进行规模缩小模型实验，判定该模型是否与其代表的大规模培养工艺具有等效性[22-24]。

规模缩小过程中常用的公式如下：

体积传氧系数（K_La）恒定

$$K_La = C(P_g/V)^\alpha (V_g)^\beta \tag{1-5}$$

式中，C、α、β 为常数；P_g 为输入通气总功率；V 为工作体积；

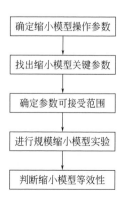

确定缩小模型操作参数

↓

找出缩小模型关键参数

↓

确定参数可接受范围

↓

进行规模缩小模型实验

↓

判断缩小模型等效性

图 1-14　规模缩小模型开发过程

V_g 为表层空气流速。

叶端速率（V_t）恒定

$$V_t = \pi N D_i \tag{1-6}$$

式中，N 为搅拌转速；D_i 为桨叶直径。

雷诺数（N_{Re}）恒定

$$N_{Re} = \rho N D_i^2 / \mu \tag{1-7}$$

式中，ρ 为液体的密度；N 为搅拌转速；D_i 为桨叶直径；μ 为液体黏度。

比体积输入功率（P/V）恒定

$$\frac{P}{V} = k N^3 D_i^5 \rho / V \tag{1-8}$$

式中，k 为常数；N 为搅拌转速；D_i 为桨叶直径；P 为输入通气总功率；V 为工作体积；ρ 为液体的密度。

细胞培养所涉及的参数在进行规模缩小时，根据其缩小策略的不同，通常可以分为两类：一类是与体积密切相关，如工作体积、流加体积、搅拌速度和通气量等；另一类是独立于体积的参数，如 pH、溶氧和温度等。对过程参数进行规模体积缩小时，非体积依赖型参数保持不变，体积依赖型参数则按照培养体积缩小的比例进行线性递减。但在实际工作中，受生物反应器的几何尺寸、液体的表面体积比以及操作可控能力等因素影响，某些体积依赖型参数如反应器搅拌速度、通气流量等也不能简单地理解为线性递减，应该依据特定的公式进行计算。而非体积依赖型参数如 pH，其时空变化在大小反应器之间也常有天壤之别。

表 1-4 所示案例是使用 2L Applikon 生物反应器模拟 2000L 反应器时，各操作参数进行规模缩小时所采取的策略[25,26]。

表 1-4　在 2L Applikon 生物反应器上模拟 2000L 时的参数设置

通气参数类型	操作参数	缩小策略
体积依赖型	分批培养体积、接种体积、流加体积、工作体积	体积缩小为 1/1000
非体积依赖型	接种密度、pH、溶氧、温度、流加策略	在不同规模下设置相似的控制点
非线性参数	叶轮搅拌、通气（O_2/空气）	P/V 保持恒定，在缩小模型中只通纯氧，不加用来去除 CO_2 的气体喷雾

完成操作参数的规模缩小，建立了整个培养过程的"规模缩小模型"后，就需要对此模型进行验证，以判定该模型与其所代表的生产规模是否具有等效性。验证的方法是比较两个过程的性能参数是否一致，据此来判定建立的"规模缩小模型"是否成功。以下的一些细胞培养过程性能指标常被用来作为判定的依据。

（1）细胞生长

通过比较生长曲线或者直接比较细胞的比生长速率、细胞密度和活性等，考察不同培养规模下细胞的生长情况。这部分工作也可以通过测定培养液光密度、固形物体积、细胞干重和细胞湿重等方法进行。模拟效果好的"规模缩小模型"可以与大规模培养过程具有相同的细胞比生长速率和细胞得率。

（2）氧气消耗

比较细胞培养过程中的耗氧曲线或者使用质谱或离线氧气分析仪测定和比较规模缩小模型与大规模培养过程的氧气摄入速率。

（3）表达水平和产品质量

通过计算产物比生成速率或直接测量培养液中的产物浓度，比较不同培养规模下细胞产物表达水平的变化。此外还需要考虑产物的加工质量，如糖基化水平、C端序列变异等关键质量属性，是否在规模缩小后有所变化。

（4）营养成分的消耗

测定营养成分（如葡萄糖、谷氨酰胺等）的消耗、代谢物（氨、乳酸等）的积累也是验证"规模缩小模型"等效性的重要考察方面。细胞内部的代谢水平会因为环境的微小变化而波动，导致不同规模下培养液中的营养成分和产物浓度有所不同，但是对细胞而言，其营养成分的比消耗速率、代谢物的比生成速率在规模缩小后应该保持一致。

当利用2L Applikon生物反应器模拟2000L反应器时，验证两者过程等效性的试验结果表明（数据未列），该"规模缩小模型"在培养体积减小为千分之一后，细胞生长、氧气消耗、细胞代谢、产物表达、产物质量等方面均保持一致。这表明该"规模缩小模型"与实际商业生产规模具有过程等效性。因此，可以利用该模型进行过程定性研究。

1.4 生物反应器内流体混合与物质传递

生物反应器内的流体混合和气液传质是实现大规模高密度培养过程的两个重要保障，确保满足细胞生长对生物反应器流体混合和气液传质的要求，同时防止或消除细胞损伤的潜在危险，这是生物反应器设计、放大和操作的根本。

1.4.1 生物反应器内的流体剪切力及流体混合

（1）机械搅拌和流体剪切力

目前大部分生物制药公司都采用机械搅拌式生物反应器生产产品。反应器内的搅拌桨可以充分混合培养液，并使细胞悬浮在培养液中，在保持反应器内营养物质分布均一的同时提供有效的气液间氧传递。搅拌式生物反应器内使用的搅拌桨类型可以分为径向流搅拌桨（如rushton桨）和轴向流搅拌桨（如marine桨）。径向流搅拌桨常用在微生物发酵罐中，而剪切力较低的轴向流搅拌桨更适合于对剪切力更加敏感的动物细胞培养。轴向流搅拌桨通过破碎气泡和延长气泡停留时间以提高气液传质效率。需要时可以同时安装两个甚至三个搅拌桨，以提供充足的搅拌并避免涡流形成，同时要保持两个搅拌桨之间、搅拌桨与液面之间有充分的空间，以免产生涡旋。

（2）通气和气泡损伤

生物反应器内氧供应的方式主要有表层通气和深层通气两种。表层通气是通过在反应器表层通空气或氧气来实现，不会对细胞产生任何形式的气泡损伤，但由于其供氧能力有限，只在小型生物反应器内和较低的细胞培养密度时有效。在大型生物反应器中，其表面积相对体积而言较小，通过表层的氧传递对反应器整体的氧供应贡献甚微，因此需要深层通气来满足细胞对氧的需求。

对于大型生物反应器而言，深层通气是最有效的供氧方法。常用的为鼓泡供氧装置，有开孔的导管（open pipe）、环形鼓泡器（ring sparger）和微泡鼓泡器（microsparger）三种类型，分别为细胞培养提供不同大小的气泡，并进行气液传质。气泡越小，相同通气速率下的气液传质面积越大，因此供氧效果越好，但如果没有保护措施，对细胞造成损伤也越大。

此外，气泡越小，泡沫问题越严重。泡沫的存在一方面限制了表层的气液传质，另一方面加剧了对细胞的损伤。解决泡沫问题常用的方法是添加消泡剂。为避免气泡对细胞造成损伤，培养基或流加培养基中常添加 Pluronic F68 作为保护剂。

除了泡沫和细胞损伤，气泡大小还将影响气相中细胞代谢副产物如二氧化碳的积累。反应器内的二氧化碳主要通过鼓泡、在气泡周围进行气液传质的方法移除。在大型生物反应器内，采用纯氧通气方式供氧时，如果气泡直径足够小，极端情况下气泡未到达液面之前就可能已经完全被溶解，因此这种情况下通气鼓泡对移除二氧化碳无益。基于以上认识，应该对鼓泡装置产生的气相组成、气泡尺度及其路径、逗留时间等进行优化，以确保在提供充足溶氧的同时能够有效控制培养液中的二氧化碳等气相代谢副产物，从而减少对细胞培养过程的影响及细胞损伤。

（3）流体混合特性

生物反应器在放大和强化过程中，必须考虑生物反应器的流体混合特性和流体主体剪切。尤其是动物细胞比微生物细胞对剪切力更加敏感，其培养过程中允许的搅拌转速较低，有可能引起包括溶氧和其它营养物质在内的不均一性。此外，培养过程中若需流加碱液以控制 pH 时，反应器内也将产生 pH 的大幅度波动甚至局部高 pH 区域，这些均影响细胞的正常生长、代谢及产物表达。因此，有必要用生物反应器内的流体混合特性对细胞培养进行研究。

反应器内的流体混合特性常用混合时间表征，混合时间越长，表示反应器内的流体混合效果越差。在反应器内加入示踪剂，观察其在反应器内混合均匀所需的时间，即为混合时间。示踪剂可以是盐溶液、酸或碱、热或冷的流体。混合时间通过测定反应器内单点或多点的示踪剂浓度获得。不同的反应器规模和不同的搅拌桨类型常表现出不同的流体混合特性。混合时间和反应器几何结构间的关系可以用于表征反应器内的流体混合特性。

雷诺数是一个无因次参数，定义为：

$$Re = \frac{\rho N D^2}{\mu} \tag{1-9}$$

式中，ρ 为流体密度；μ 为流体动力黏度；N 为搅拌桨的搅拌转速；D 为搅拌桨直径。

雷诺数是表征反应器内流体流动状态和混合强度的重要参数，对于大部分的细胞培养用反应器而言，其中的流体流动属于湍流（$Re > 10^4$），因此应该用湍流模型分析和表征生物反应器内的流体混合特征。

1.4.2 生物反应器内的气液传质

（1）细胞培养过程中的氧供应

氧是细胞培养过程中的一个非常重要的营养物质，由于其溶解度较低，为了维持恒定的溶解氧（DO）浓度，需要连续不断地进行气-液传质以供氧。氧从气泡传递到细胞内的过程如图 1-15 所示：①从气相主体区扩散到气-液接触面；②经过气-液接触面传递；③氧从与气泡侧的不均一流体区扩散到混合均匀的液相主体区；④氧从混合均匀的液相主体区扩散到第二个位于细胞周围的液相不均一区；⑤传递通过第二个液相不均一区；⑥氧通过扩散传递到细胞团或细胞表面；⑦通过细胞膜进入到胞内的反应区域。整个过程的限制速率步骤是氧通过气-液接触面的传递，影响其传质速率的因素包括反应器规模、搅拌桨和鼓泡装置的类型以及培养基组分的不同所引起的流体流变学特性差异。

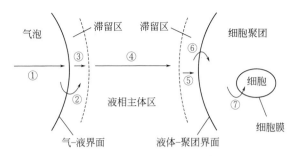

图 1-15　氧从气泡传递到细胞的流程图

由此可见，氧的溶解实质上是气体传递的过程，是氧分子从气相向液相传递的过程，这一过程可用双膜理论加以阐明。图 1-16 所示是一个放大的气泡，在气泡与包围着气泡的液体之间存在着界面。在界面的气泡一侧存在着一层气膜，在界面的液体一侧存在着一层液膜。气膜内的气体分子与液膜内的液体分子都处于层流状态，分子间无对流运动，氧分子只能以扩散方式，即依赖浓度差推动而穿过双膜进入液相主体。另外，气泡内膜外的气体分子处于湍流状态，称气相主体，主体中任意一点氧分子的浓度相等。液相主体也是如此。在双膜之间的两相界面上，氧的分压与溶于界面液膜中的氧浓度处于平衡关系。传质过程处于稳定状态，传质途径上各点的氧浓度不随时间改变。

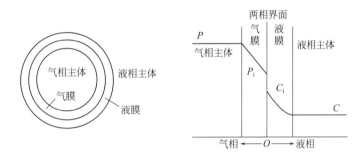

图 1-16　气体吸收双膜理论示意图

从图 1-16 中可以看出，通过气膜的传氧推动力为 $P-P_i$，通过液膜的传氧推动力为 C_i-C。在稳定传质过程中，通过气膜、液膜的传氧速率 N 应相等。

$$N=k_g(P-P_i)=k_L(C_i-C) \tag{1-10}$$

式中，N 为传氧速率，$kmol/(m^2 \cdot h)$；k_g 为气膜传质系数，$kmol/(m^2 \cdot h \cdot atm)$（$1atm=101325Pa$，下同）；$k_L$ 为液膜传质系数，m/h。

设：P^* 为与液相主体中溶氧浓度 C 相平衡的氧分压，atm；C^* 为与气相主体中氧的分压相平衡的氧浓度，$kmol/m^3$。根据亨利定律：

$$C^*=P/H \text{ 或 } P^*=HC \tag{1-11}$$

式中，H 为亨利常数，随气体、溶剂及温度而异，它表示气体溶于溶剂的难易。氧难溶于水，H 值很大。将气膜、液膜作为一个整体考虑，则：

$$N=K_G(P-P^*)=K_L(C^*-C) \tag{1-12}$$

式中，K_G 为以氧的分压差为总推动力的总传质系数，$kmol/(m^2 \cdot h \cdot atm)$；$K_L$ 为以氧的浓度差为总推动力的总传质系数，m/h。

溶氧浓度 C 较易测量，C^* 可以用公式 $C^*=P/H$ 算出，其中 P 为反应器进气的氧分压，故以 $C^* - C$ 为推动力进行计算较方便。

总传质系数 K_L 与 k_g 及 k_L 的关系如下：

$$\frac{1}{K_L} = \frac{C^* - C}{N} = \frac{C^* - C_i}{N} + \frac{C_i - C}{N} = \frac{P - P_i}{HN} + \frac{C_i - C}{N} = \frac{1}{Hk_g} + \frac{1}{k_L} \tag{1-13}$$

因为氧气 H 值很大，因此 $k_L \approx K_L$。

$$N = K_L(C^* - C) \tag{1-14}$$

可见氧气溶于水的速率由液膜阻力控制。式（1-14）中 N 为单位界面上单位时间的传氧量。由于输送面积难以测量，加之 $K_L(k_L)$ 也难以测量，因此在式（1-14）两边各乘以 a，a 为单位体积液体中气液两相的总界面面积，m^2/m^3，则得：

$$N_V = k_L a(C^* - C) \tag{1-15}$$

式中，N_V 为体积溶氧速率，$kmol/(m^3 \cdot h)$；$k_L a$ 为以 $C^* - C$ 为推动力的体积溶氧系数，h^{-1}。

N_V、C^*、C 均易于测量，据此可算出 $k_L a$，其是表征生物反应器传氧速率大小的参数。

$k_L a$ 的测定方法如下所述。

a. 亚硫酸钠氧化法

原理：以 Cu^{2+} 为催化剂，溶解于水中的 O_2 能立即将水中的 SO_3^{2-} 氧化为 SO_4^{2-}，其氧化反应的速率几乎与 SO_3^{2-} 浓度无关。因此 O_2 一经溶入液相，就立即被还原掉。这种反应特性使溶氧速率成为控制氧化反应的因素。其反应式如下：

$$2Na_2SO_3 + O_2 \longrightarrow 2Na_2SO_4 \tag{1-16}$$

剩余的 Na_2SO_3 与过量的碘作用：

$$Na_2SO_3 + I_2 + H_2O \longrightarrow Na_2SO_4 + 2HI \tag{1-17}$$

剩余的 I_2 用标准 $Na_2S_2O_3$ 溶液滴定：

$$I_2 + 2Na_2S_2O_3 \longrightarrow Na_2S_4O_6 + 2NaI \tag{1-18}$$

其中可得：$\Delta O_2 \sim \Delta Na_2SO_3 \sim \Delta I_2 \sim \Delta Na_2S_2O_3$ 的比例关系为 $1:2:2:4$。

可见，每溶解 $1mol\ O_2$，将消耗 $2mol\ Na_2SO_3$，继而再消耗 $2mol\ I_2$ 和 $4mol\ Na_2S_2O_3$。因此，根据两次取样和滴定，测定消耗的 $Na_2S_2O_3$ 的体积之差，按式（1-19）计算体积溶氧速率。

$$N_V = \frac{\Delta V M}{4\Delta t V_0} \times 3600 = \frac{900 \Delta V M}{\Delta t V_0} \tag{1-19}$$

式中，ΔV 为消耗的 $Na_2S_2O_3$ 的体积之差；M 为 $Na_2S_2O_3$ 浓度；Δt 为两次取样时间间隔；V_0 为分析液取样体积。

将上述 N_V 值代入公式 $k_L a = N_V/(C^* - C)$，即可计算获得 $k_L a$。

因为溶液中 SO_3^{2-} 在 Cu^{2+} 催化下瞬间把溶解氧还原掉，所以在搅拌充分的条件下整个实验过程中溶液的溶氧浓度 $C = 0$。在 $1atm$ 下，$25℃$ 时空气中氧的分压为 $0.021MPa$。根据亨利定律，可计算出 $C^* = 0.24mmol/L$，但由于亚硫酸盐的存在，C^* 的实际值低于 $0.24mmol/L$，一般规定 $C^* = 0.21mmol/L$。

亚硫酸钠氧化法的优点：反应速度快，不需专用的仪器，适用于摇瓶及小型实验设备中 $k_L a$ 的测定。缺点：测定的是亚硫酸钠溶液的体积溶氧系数 $k_L a$，而不是真实的细胞培养液

中的 k_La，因为 Na_2SO_3 对细胞生长有影响，且培养液的性质会影响氧的传递。

b. 动态法（用溶氧电极测量 k_La）

向培养液中通气供氧，在不稳定状态下，溶氧浓度的变化速率为：

$$\frac{dC}{dt} = k_La(C^* - C) - Q_{O_2}X \tag{1-20}$$

变形后，得：

$$C = -\frac{1}{k_La}\left(\frac{dC}{dt} + Q_{O_2}X\right) + C^* \tag{1-21}$$

以 $C \sim \left(\frac{dC}{dt} + Q_{O_2}X\right)$ 作图，得到一条直线，直线斜率为 $m = -\frac{1}{k_La}$。

测定方法：先提高培养液中溶氧浓度，使其远高于临界溶氧浓度（C_{crit}），稳定后停止通气并继续搅拌，此时溶氧浓度直线下降，待溶氧浓度降至 C_{crit} 之前，恢复供气，培养液中的溶氧浓度即开始上升。在这种条件下，并不影响细胞的生长，而且由于时间较短，X 增量不计，Q_{O_2} 为常量。

如图 1-17 所示，用溶氧电极测定整个过程的溶解氧浓度 C。在停气阶段，C 的降低与 t 呈线性关系，直线的斜率 $m = -Q_{O_2}X$。

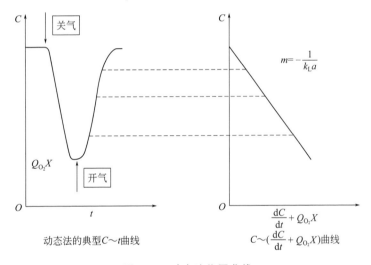

图 1-17　动态法作图曲线

恢复通气后，C 逐渐回升，在恢复平衡的过渡阶段内，$C \sim \left(\frac{dC}{dt} + Q_{O_2}X\right)$ 为一直线，直线斜率 $m = -\frac{1}{k_La}$。由此可计算出 k_La。

动态法的优点：只需要单一的溶氧电极，即可测得实际培养过程中的 k_La 值。缺点：人为停止通气后的情况与培养过程中连续通气的实际情况可能有一定的差异，而且停止通气有可能影响细胞的正常生长，因而存在一定的测量误差。

c. 氧衡算法

通过氧的衡算，可直接测定溶氧速率。

溶氧供需平衡时，对氧进行物料衡算：$N_V = Q_{O_2}X$

细胞消耗的氧＝进入反应器的氧－排出的氧

$$Q_{O_2}X = \frac{F_{in}O_{2in} - F_{out}O_{2out}}{V} \qquad (1-22)$$

式中，Q_{O_2} 为活细胞的呼吸强度，$mmol/(10^9 个 \cdot h^{-1})$；$X$ 为活细胞密度，个/mL；F_{in} 为进气入口流速，L/h；F_{out} 为尾气出口流速，L/h；O_{2in} 为进气入口氧浓度，mmol/L；O_{2out} 为尾气出口氧浓度，mmol/L。

根据公式 $k_La = N_V/(C^* - C)$ 可计算出 k_La。

氧衡算法的优点是：可测量真实培养体系的 k_La，准确度好。

动物细胞对氧的需求量比微生物要低，小型生物反应器内的供氧并不会受到限制。但在放大过程中，为避免气泡和流体剪切对细胞造成损伤，允许的通气速率和搅拌转速较低，气液传质速率也相应减小。为维持细胞在合适的 DO 范围内（一般控制 DO 范围在20%～60%之间），鼓泡装置的类型成为至关重要的决定因素。目前，动物细胞培养生物反应器内常用的鼓泡装置为环形鼓泡器（开孔孔径在 $0.5\sim1mm$）和热压结的微泡鼓泡器（开孔孔径为 $10\sim20\mu m$）。两种鼓泡装置鼓出的气泡直径差异显著，因此其传质特性也不相同。气泡直径越小，氧传质速率越大。

（2）细胞培养过程中的二氧化碳移除

细胞培养过程中，常常需要控制稳定的细胞生长微环境，常用的环境条件有 pH、DO、温度和营养物质浓度等。随着细胞培养规模的扩大和细胞培养密度的提高，气液传质速率常成为限制因素。为了满足细胞对氧的需求，常采用微泡深层通气以减小气泡直径，从而增大气液比接触面积、提高氧传质速率。但微泡装置的应用也带来了生物反应器内二氧化碳的积累问题，且随着细胞培养规模的扩大及细胞培养密度的提高，该问题更加凸显，并受到了越来越多的关注。与 pH、DO 不同，溶解的二氧化碳浓度不是一个代表性的控制条件，这种控制上的缺失导致了大量过程的不确定性，有时甚至使过程放大以失败告终。

细胞培养生物反应器内的二氧化碳来源可以分为生物来源和非生物来源两种，如图 1-18 所示。生物来源是指细胞呼吸所产生的二氧化碳；非生物来源是指培养基内含有的碳酸氢盐以及为维持 pH 恒定而加入反应器内的二氧化碳、碳酸氢盐或碳酸盐。连续培养过程中，培养基的连续流加，导致生物反应器内非生物来源的二氧化碳增加，而批式培养或流加培养过程中，二氧化碳主要由细胞呼吸作用产生。

如图 1-19 所示，二氧化碳很容易通过气液界面和细胞膜进行传递，并在溶液中电离出 HCO_3^- 和 H^+，为了维持恒定的 pH，需要向反应器内流加碱溶液，从而提高了培养环境中的渗透压。渗透压的提高改变了细胞膜上的"交换器"活性，导致胞内离子浓度的增加，这种胞内离子浓度的增加可能对胞内酶活性产生不利影响。此外，大量研究表明，二氧化碳对细胞的影响机理还在于其降低了胞内 pH，导致部分酶活性受到抑制，从而影响了细胞的生长、代谢及产物表达。

为了控制培养环境中的 pH，可以优化培养基组成，用 Na_2CO_3 或 NaOH 溶液代替 $NaHCO_3$ 溶液，通过减少或消除非生物来源的二氧化碳，有效降低二氧化碳的累积。除此之外，另一个减少二氧化碳积累的方法是鼓泡移除。利用鼓泡装置在反应器的底部鼓气泡，由于气泡与培养基之间存在二氧化碳的浓度差，二氧化碳由液相主体向气相进行质量传递，最后随着气泡溢出液面而脱离反应体系。影响二氧化碳移除速率的因素包括气泡大小、深层通气速率、搅拌转速及搅拌桨位置等。二氧化碳的移除速率主要与通气速率有关，遵循的是体积过程；而供氧遵循的是面积过程，直接与气泡大小有关。因此，通过优化气泡直径可以同时满足系统所需的氧供应和二氧化碳移除。

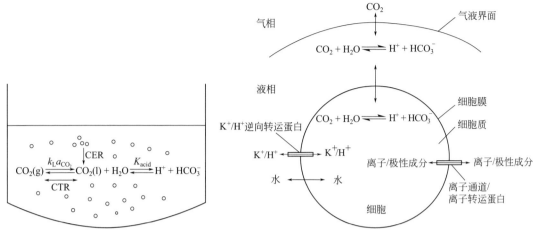

图 1-18　反应器内二氧化碳的
存在形式和解离平衡
CER：细胞的二氧化碳释放速率；
CTR：气液间二氧化碳传递速率

图 1-19　二氧化碳和离子在气液界面和细
胞膜之间的传递流程图

　　因为不需要对细胞和培养基进行优化且有利于培养工艺从实验室规模到中试以及生产规模的放大，鼓泡移除是解决细胞培养过程中二氧化碳积累问题最常用的方法。对二氧化碳移除策略的研究多聚焦在通过改善搅拌转速、通气速率、搅拌桨和鼓泡装置类型等，但细胞对提高传质效率的要求和细胞的剪切敏感性之间存在不可回避的矛盾。同时，大量研究[26]表明，小气泡有利于生物反应器内氧的供应，而大气泡更有利于二氧化碳的移除，氧供应和二氧化碳移除在对气泡大小的依赖性上存在的差异导致了传质问题的复杂性。如何在避免流体剪切等对细胞造成损伤的前提下，既满足细胞对氧的需求，又不会造成二氧化碳的积累，仍将是动物细胞培养过程及其生物反应器放大和强化面临的主要难题。

参 考 文 献

[1] 孙杨, 聂简琪, 刘秀霞, 等. 生物过程工程研究在创新生物医药开发中应用的驱动力——生物反应器. 化工进展, 2016, 35(4)：971-980.

[2] 张嗣良, 张恂, 唐寅, 等. 发展我国大规模细胞培养生物反应器装备制造业. 中国生物工程杂志, 2005, 25(7)：1-8.

[3] 游文娟, 陈大明, 江红波. 生物反应器研究与应用新进展. 生物产业技术, 2009, 4(7)：60-67.

[4] 王永红, 夏建业, 唐寅, 等. 生物反应器及其研究技术进展. 生物加工过程, 2013, 11(2)：14-23.

[5] 王远山, 朱旭, 牛坤, 等. 一次性生物反应器的研究进展. 发酵科技通讯, 2015, 44(1)：56-64.

[6] 骆海燕, 窦冰然, 姜开维, 等. 搅拌式动物细胞反应器研究应用与发展. 生物加工过程, 2016, 14(2)：75-80.

[7] 王斯靖, 陈因良, 潘厚昌, 等. 动物细胞培养反应器氧传递速率的研究. 生物工程学报, 1993, 9(1)：16-20.

[8] 刘则华, 邢新会, 冯权. 多孔微生物载体固定床生物反应器的污水处理特性. 水处理技术, 2006, 32(4)：34-38.

[9] De Lathouder K M, T. Marques Fló F, Kapteijn J A, et al. A novel structured bioreactor: development of a monolithic stirrer reactor with immobilized lipase. Catalysis Today, 2005, 105(3-4)：443-447.

[10] 米力, 李玲, 冯强, 等. 连续灌流培养杂交瘤细胞生产单克隆抗体. 生物工程学报, 2002, 18(3)：360-364.

[11] Cadwell J J S. 中空纤维细胞培养的新进展. 中国实验室, 2005(4)：21-27.

[12] 张雷, 韩严和, 王敬贤, 等. 气升式内循环反应器结构优化及应用. 现代化工, 2018, 38(4)：173-177.

[13] Löffelholz C, Kaiser S C, Kraume M, et al. Dynamic single-use bioreactors used in modern liter-and m³-scale biotechnological processers: engineering characteristics and scaling up. Advances in Biochemical Engineering/

Biotechnology, 2014, 138: 1-44.

[14] 王长海, 鞠宝, 董言梓, 等. 光生物反应器及其研究进展. 海洋通报, 1998, 17(6): 79-86.

[15] 许建中, 陈晖, 沈国, 等. 产毒藻培养用光生物反应器结构研究. 化学工程与装备, 2009, 4 (4): 6-9, 17.

[16] 刘志伟, 余若黔, 郭勇. 微藻培养的光生物反应器. 现代化工, 2000, 20(12): 56-58.

[17] 谭文松, 戴干策. 动物细胞培养用生物反应器设计原理. 生物工程学报, 1996. 12(2): 152-157.

[18] 贾士儒. 生物反应工程原理. 第 3 版. 北京: 科学出版社, 2012.

[19] 刘金涛. GS-CHO 细胞流加培养工艺的开发与放大. 上海: 华东理工大学, 2015.

[20] 刘金涛, 王星懿, 范里, 等. 大型反应器内 pH 不均一性对 CHO 细胞流加培养过程的影响. 生物技术通报, 2015, 31 (10): 236-241.

[21] Xie P, Niu H, Chen X, et al. Elucidating the effects of pH shift on IgG1 monoclonal anitobody acidic charge variant levels in Chinese hamster ovary cell culture. Applied Microbiology and Biotechnology, 2016, 100(24): 10343-10353.

[22] Xing Z, Lewis A M, Borys M C, et al. A carbon dioxide stripping model for mammalian cell culture in manufacturing scale bioreactors. Biotechnology and Bioengineering, 2017, 114(6): 1184-1194.

[23] Eibl R, Kaiser S, Lombriser R, et al. Disposable bioreactors: the current state-of-the-art and recommended applications in biotechnology. Applied Microbiology and Biotechnology, 2010, 86(1): 41-49.

[24] Noorman H. An industrial perspective on bioreactor scale-down: what we can learn from combined large-scale bioprocess and model fluid studies. Biotechnology Journal, 2011, 6(8): 934-943.

[25] Li F, Hashimura Y, Pendleton R, et al. A systematic approach for scale-down model development and characterization of commercial cell culture processes. Biotechnology Progress, 2006, 22(1): 696-703.

[26] Tapia F, Vogel T, Genzel Y, et al. Production of high-titer human influenza a virus with adherent and suspension MDCK cells cultured in a single-use hollow fiber bioreactor. Vaccine, 2014, 32(8): 1003-1011.

第 2 章　动物细胞大规模培养技术

2.1　动物细胞培养概述

2.1.1　发展历程

　　动物细胞大规模培养概念的提出至今已有六十多年的历史，且被成功地应用于生命科学的基础和应用研究，以及生产生物制品或细胞本身用于治疗疾病。与以细菌和酵母系统为代表的微生物表达系统相比，动物细胞表达系统具有更好的蛋白质翻译后修饰功能（如糖基化、磷酸化、羧基化和酰胺化等），由其生产的重组蛋白质与人体内天然产生的蛋白质在组成、结构和生物活性等方面均非常相似。这些特点使得动物细胞成为工业化生产诊断和治疗用生物产品，如各类重组蛋白质、单克隆抗体和病毒类疫苗等的理想对象。

　　20 世纪 50 年代人类首次采用原代猴肾细胞进行脊髓灰质炎疫苗的生产，拉开了动物细胞大规模培养发展的序幕。随后，各种具有无限增殖潜力的细胞系相继建立。1975 年，Köhler 和 Milstein 成功地将小鼠 B 淋巴细胞和骨髓瘤细胞融合，得到了能分泌特异性单克隆抗体的杂交瘤细胞，标志着细胞工程制备抗体技术——B 淋巴细胞杂交瘤技术的问世。抗体是有机体免疫系统的重要效应分子，其典型结构类似"Y"形，Fab 端具有双价可与相应抗原契合的结构，Fc 端则具有穿透胎盘、固定补体及与 Fc 受体结合的功能，从而可介导一系列的体液免疫及细胞免疫。杂交瘤技术的问世掀起了动物细胞大规模培养技术发展的第一次高潮，促成了多种鼠源性单克隆抗体的大量制备，其应用渗透到生命科学的各个领域，尤其在疾病诊断及各种检测中发挥着巨大的作用。1986 年，用于预防和治疗肾移植排斥反应的第一个单克隆抗体 OKT3 获得 FDA 批准上市，到 1991 年年产值已经达到了一千万美元。

　　20 世纪 80 年代初期，基因重组技术开始应用于生物药物的生产。将外源基因导入动物细胞可以稳定表达目的产物，从而掀起了动物细胞大规模培养技术发展的第二次高潮。1984 年 Genentech 公司采用 CHO 细胞（Chinese hamster ovary cell，中国仓鼠卵巢细胞）表达的"非天然"药物——组织型纤溶酶原激活剂（tPA）开始投入临床试验，1987 年获得批准上市，成为第一个用动物细胞培养技术生产的基因重组产品。"天然"情况下单个子宫分泌 tPA 约为 0.01mg，而采用基因工程技术其产能可达到 $50mg/(10^9 个 \cdot d)$ 以上，反应器规模也达到了 10000L。tPA 生产的成功为其它一系列基因重组蛋白质的生产铺平了道路。1989 年，第二个用动物细胞培养技术生产的基因工程药物促红细胞生成素（rhEPO）获得批准上市。

　　随着动物细胞基因工程和细胞融合技术的发展，目前动物细胞体外大规模培养技术已成为生物技术走向产业化的核心和关键[1,2]。

经过二十多年的努力，动物细胞培养生物反应器研发取得了突破性进展，规模超过 10m³ 的商业化生产过程在国外相继建立，使动物细胞培养技术逐步趋向成熟[3]。

2.1.2 工业化应用

随着动物细胞培养规模的不断扩大，利用动物细胞培养技术生产具有重要医用价值的重组蛋白质、单克隆抗体、疫苗和细胞等已成为医药生物高新技术产业的重要领域。从销售情况来看，动物细胞培养表达的产品已占据市场绝对主导地位。目前销售额位于前 10 位的生物药品中，有 8 个是通过动物细胞培养表达生产的产品。随着动物细胞培养技术的不断发展以及培养规模的不断放大，动物细胞培养技术已成为现代医药产品生产中最关键的技术之一。

（1）动物细胞培养生产疫苗

病毒疫苗是最早应用动物细胞培养技术生产的生物制品。早期采用的是原代猴肾细胞生产人用疫苗，后来改用 WI-38 细胞作为主要的宿主细胞，异倍体的 Vero 细胞也被获准用于生产人用病毒疫苗。现在多种原代细胞及人二倍体细胞、Vero 细胞、BHK-21 和 MDCK 细胞等传代细胞已实现了大规模培养，并成功生产了狂犬病疫苗、流感疫苗、口蹄疫疫苗、甲肝疫苗和乙肝疫苗等，例如 2000～5000L 的反应器被用于悬浮培养 BHK-21 细胞生产口蹄疫疫苗。我国是世界上疫苗产品的最大生产国和最大使用国，疫苗市场每年以平均 15% 的增长率迅速增长。从 2000 年起，随着国家对动物疫病采取强制免疫措施，我国兽用生物制品行业迎来了快速发展的黄金十年，销售额从 2000 年的 10 亿元快速增长到 2009 年的 58 亿元，年均增长率高达 22%。至 2018 年，我国兽用生物制品市场规模已达到 113.6 亿元。

（2）动物细胞培养生产抗体药物及重组蛋白质

除了病毒疫苗，动物细胞培养技术也被用于单克隆抗体和重组蛋白质的生产。自 1975 年 Köhler 和 Milstein 首次报道利用小鼠杂交瘤细胞制备单克隆抗体以来，单克隆抗体技术已经历了 30 多年艰难的发展历程。尽管单克隆抗体技术取得了显著的发展，但是早期制备鼠源单抗仍然存在缺陷，包括：①不能有效激活人体 Fc 受体以及补体系统；②诱导有机体产生抗单克隆抗体的抗体，从而引起有机体的免疫反应；③在人体内半衰期很短，从而降低了单克隆抗体的药效；④杂交瘤细胞表达水平低，限制了其在人类疾病治疗中的应用。从 20 世纪 80 年代中期起，人们开始通过基因重组技术改造鼠源抗体，形成了人鼠嵌合抗体或全人源抗体，并利用基因重组细胞作为表达系统，大大促进了抗体技术的发展。目前，人源化或全人源的抗体数量在不断增加。除了完整的抗体外，抗体片段也有所发展。例如，2001 年 Protherics 公司生产的两个抗体片段药物成功被用于治疗响尾蛇中毒和地高辛中毒。基因重组细胞除了被用于抗体的表达外，还被用来生产重组蛋白质。随着细胞工程和基因工程技术的进一步发展，应用动物细胞培养技术生产的抗体和重组蛋白质在生物制药领域已占据重要地位[4]。

抗体是一类保护有机体免受外来分子或病毒攻击的免疫球蛋白物质。与有机体内自身的多克隆抗体不同，经过设计的抗体类药物具有精准的靶点，瞄准单一抗原（感染或体内细胞），干扰抗原物质对有机体的破坏作用，从而保护有机体免受抗原物质的损坏。抗体类药物正是由于其良好的活性以及高选择性等优点，在疾病治疗方面，尤其是抗肿瘤、免疫疾病治疗、抗感染等方面具有广泛的应用。

从 FDA 和 EMA（欧洲药品管理局）批准上市的生物技术药物来看，抗体类药物是目前被批准上市品种最多的一类生物技术药物，这些产品在肿瘤、自身免疫性疾病、心血管疾病、移植排斥和病毒感染等疾病的治疗中发挥了重要作用。1986 年，FDA 批准上市的第一个抗体药物是 Ortho Biotech 公司生产的 muromonab-CD3（orthoclone，OKT3），用于治疗器官移植排斥反应，但由于该鼠源性抗体在临床应用中产生了严重的副作用，在一定程度上阻碍了抗体类药物研究与开发的进程。时隔 8 年，FDA 才批准了第二个抗体药物上市。进入 21 世纪，抗体类药物的研发上市速度明显加快，进入临床试验的抗体数量也直线上升。2000 年之前，总计只有 210 个，但是从 2000 年到 2005 年就新增了 130 个，到 2010 年为止，又增加了 240 个。目前至少有 150 余个抗体药物正在临床试验评估中，其中 16 个已进入Ⅲ期临床试验。此外，全球超过 225 家生物技术公司正在研发抗体类药物，预计有 335 个产品，其中 64% 进入临床前研究。临床应用中以癌症治疗最多，占 50%，针对自身免疫性疾病的占 18%，针对感染的占 13%，针对心血管疾病的占 6%，针对器官移植排斥反应的占 5%，其它疾病的治疗约占 8%。截至 2016 年，FDA（和 CDER）批准的动物细胞培养生产的抗体类药物列于表 2-1。

表 2-1　截至 2016 年 FDA（和 CDER）批准的动物细胞培养生产的抗体类药物

产品	商品名	年份	类型	靶点	适应证	公司
莫罗单抗	Orthoclone OKT3	1986	鼠源性单抗	CD3	急性肾移植排斥反应	强生
阿昔单抗	Reopro	1993	嵌合 Fab 片段	GPIIb/Ⅱa 受体	预防心脏缺血并发症	礼来
利妥昔单抗	Rituxan	1997	嵌合单抗	CD20	非霍奇金淋巴瘤/慢性淋巴细胞白血病	基因泰克/百健艾迪
达利珠单抗	Zenapax	1997	人源化单抗	CD25	急性肾移植排斥反应	罗氏
巴利昔单抗	Simulect	1998	嵌合单抗	CD25	急性肾移植排斥反应	诺华
帕利珠单抗	Synagis	1998	人源化单抗	RSV	呼吸道合胞病毒病	MedImmune/阿斯利康
英利昔单抗	Remicade	1998	嵌合单抗	TNF-α	克罗恩病/类风湿性关节炎	山陶克/强生
曲妥珠单抗	Herceptin	1998	人源化单抗	HER2	乳腺癌	基因泰克/罗氏
依那西普	Enbrel	1998	Fc-融合蛋白	TNF	类风湿性关节炎/强直性脊柱炎	安进/辉瑞/武田
吉妥珠单抗	Mylotarg	2000	抗体-药物偶联物	CD33	急性骨髓性白血病	惠氏
阿仑单抗	Campath	2001	人源化单抗	CD52	慢性淋巴细胞白血病	赛诺菲/健赞
替伊莫单抗	Zevalin	2002	鼠源性单抗	CD20	非霍奇金淋巴瘤	百健艾迪
阿达木单抗	Humira	2002	全人源单抗	TNF-α	类风湿性关节炎/强直性脊柱炎	雅培
阿法赛特	Amevive	2003	Fc-融合蛋白	CD2	斑块状银屑病	安斯泰来
奥马珠单抗	Xolair	2003	人源化单抗	IgE	哮喘	基因泰克/诺华/克斯
托西莫单抗	Bexxar	2003	鼠源性单抗	CD20	非霍奇金淋巴瘤	葛兰素史克
依法利珠单抗	Raptiva	2003	人源化单抗	CD11a	银屑病	基因泰克/默克雪兰诺

产品	商品名	年份	类型	靶点	适应证	公司
西妥昔单抗	Erbitux	2004	嵌合单抗	EGFR	转移性结直肠癌/鳞状细胞癌	礼来/百时美施贵宝
贝伐单抗	Avastin	2004	人源化单抗	VEGF	结肠直肠癌	基因泰克/罗氏
那他珠单抗	Tysabri	2004	人源化单抗	α4-整合素	多发性硬化病	百健艾迪/Elan
阿巴西普	Orencia	2005	Fc-融合蛋白	CD80/86	类风湿性关节炎	百时美施贵宝
兰尼单抗	Lucentis	2006	人源化 Fab 片段	VEGF-A	老年性黄斑变性	基因泰克
帕尼单抗	Vectibix	2006	全人源单抗	EGFR	结肠直肠癌	安进
依库丽单抗	Soliris	2007	人源化单抗	C5	阵发性睡眠性血红蛋白尿症	亚力兄制药
利纳西普	Arcalyst	2008	Fc-融合蛋白	IL-1	斑块状银屑病	再生元制药
妥珠单抗	Cimzia	2008	聚乙二醇修饰的人源化 Fab 片段	TNF-α	克罗恩病/类风湿性关节炎	优时比制药/内克塔制药
咯咪珀咯	Nplate	2008	Fc-融合蛋白	TPO 受体	血小板减少症	安进
高利单抗	Simponi	2009	全人源单抗	TNF-α	类风湿性关节炎	山陶克/强生
康纳单抗	Ilaris	2009	全人源单抗	IL-1β 受体	冷吡啉相关周期性综合征	诺华
优特克单抗	Stelara	2009	全人源单抗	IL-12/23	银屑病	山陶克/强生
奥法木单抗	Arzerra	2009	全人源单抗	CD20	慢性淋巴细胞白血病	Genmab/葛兰素史克
托珠单抗	Actemra	2010	人源化单抗	IL-6 受体	类风湿性关节炎	罗氏/日健中外制药
德尼单抗	Prolia/Xgeva	2010	全人源单抗	RANK 配体	绝经后骨质疏松症	安进
贝利木单抗	Benlysta	2011	全人源单抗	Blys	全身性红斑狼疮	葛兰素史克/人类基因组科学公司
伊匹单抗	Yervoy	2011	全人源单抗	CTLA-4 (CD152)	黑色素瘤	百时美施贵宝
贝拉西普	Nulojix	2011	Fc-融合蛋白	CD80/86	急性肾移植排斥反应	百时美施贵宝
本妥昔单抗	Adcetris	2011	抗体-药物偶联物	CD30	霍奇金淋巴瘤/系统性间变大细胞淋巴瘤	西雅图遗传学
阿柏西普	Eylea	2011	Fc-融合蛋白	VEGF-A	湿性老年性黄斑变性	再生元制药
帕妥珠单抗	Perjeta	2012	人源化单抗	HER2	乳腺癌	基因泰克/罗氏
Ziv-阿柏西普	Zaltrap	2012	Fc-融合蛋白	VEGF-A	转移性结直肠癌	赛诺菲/再生元制药
瑞西巴库单抗	Abthrax	2012	全人源单抗	*B. anthrasis* PA	吸入性炭疽	葛兰素史克/人类基因组科学
曲妥珠单抗-美坦新偶联物	Kadcyla	2013	抗体-药物偶联物	HER2	乳腺癌	基因泰克/罗氏
阿托珠单抗	Gazyva	2013	人源化单抗	CD20	慢性淋巴细胞白血病	基因泰克/罗氏
雷莫芦单抗	Cyramza	2014	全人源单抗	VEGFR2	胃癌	礼来

产品	商品名	年份	类型	靶点	适应证	公司
司妥昔单抗	Sylvant	2014	嵌合单抗	IL-6	多中心性卡斯特莱曼病	强生
维多珠单抗	Entyvio	2014	人源化单抗	α4β7-整合素	溃疡性结肠炎和克罗恩病	武田制药
派姆单抗	Keytruda	2014	人源化单抗	PD-1	转移性黑素瘤	默克
度拉糖肽	Trulicity	2014	Fc-融合蛋白	GLP-1 受体	2 型糖尿病	礼来
博纳吐单抗	Blincyto	2014	双特异性抗体	CD19 和 CD3	B 淋巴细胞白血病	安进
纳武单抗	Opdivo	2014	全人源单抗	PD-1	无法切除或转移的黑色素瘤	百时美施贵宝
苏金单抗	Cosentyx	2015	全人源单抗	IL-17	葡萄膜炎/类风湿性关节炎/强直性脊柱炎	诺华
地努图希单抗	Unituxin	2015	嵌合单抗	GD2	成神经细胞瘤	联合治疗
阿利库单抗	Praluent	2015	全人源单抗	PCSK9	高脂血症	赛诺菲/再生元
依伏库单抗	Repatha	2015	全人源单抗	PCSK9	高脂血症	安进
阿司福酶 α	Strensiq	2015	Fc-融合蛋白	PPi	低磷酸酯酶症	亚力兄制药
依达赛珠单抗	Praxbind	2015	人源化 Fab 片段	达比加群	达比加群酯抗凝血作用	勃林格殷格翰制药
美泊利单抗	Nucala	2015	人源化单抗	IL-5	嗜酸性哮喘/特应性皮炎	葛兰素史克
达雷木单抗	Darzalex	2015	全人源单抗	CD38	复发性多发性骨髓瘤	Genmab/强生
耐昔妥珠单抗	Portrazza	2015	全人源单抗	EGFR	转移性鳞状非小细胞肺癌	礼来
埃罗妥珠单抗	Empliciti	2015	人源化 Fab 片段	SLAMF7	复发性多发性骨髓瘤	百时美施贵宝/艾伯维
奥托昔单抗	Anthim	2016	嵌合单抗	*B. anthrasis* PA	吸入性炭疽	Elusys Therapeutics
伊珠单抗	Taltz	2016	人源化单抗	IL-17	慢性斑块型银屑病	礼来
瑞利珠单抗	Cinqair	2016	人源化单抗	IL-5	哮喘	梯瓦制药
阿特朱单抗	Tecentriq	2016	人源化单抗	PD-L1	尿路上皮癌	基因泰克/罗氏
达克珠单抗	Zinbryta	2016	人源化单抗	CD25	多发性硬化症	百健艾迪/艾伯维
奥拉单抗	Lartruvo	2016	全人源单抗	PDGFR-α	软组织肉瘤	礼来
贝茨罗特斯单抗	Zinplava	2016	全人源单抗	艰难梭菌毒素 B	艰难梭菌感染	默克

抗体类药物的研发异常活跃，发展速度迅猛，主要是因为：①抗体类药物与传统小分子药物相比具有高度靶向特异性；②抗体类药物的淘汰率低于小分子药物，临床转化率以及批准成功率都较高；③抗体类药物由于自身生产工艺的复杂性，即使其在专利保护到期后，也不易受到仿制药市场的威胁；④抗体类药物高的市场回报率，大大刺激了投资热情。抗体类药物的市场潜力巨大，至 2007 年年末，仅单克隆抗体药物的销售额就达到 258 亿美元，在 FDA 批准的 26 种抗体药物中就有 4 种抗体药物成为超过 40 亿美元的"超级重磅炸弹"级

药物。2016 年，全球销售额超过 50 亿美元的 12 种最畅销药物中有 6 种抗体药物（Humira、Enbrel、Rituxan、Remicade、Avastin、Herceptin），最高销售额达到 160 亿美元。因此，采用哺乳动物细胞表达系统表达和生产生物技术药物已成为当今生物医药产业发展的主流[5]。

早期人们构建的哺乳动物细胞系表达抗体的水平普遍较低，后来通过基因工程技术包括增加外源目的基因的转染拷贝数、过量表达抗凋亡基因或参与蛋白质合成的重要因子、调节细胞增殖分裂等手段，并采用高通量筛选技术，构建和筛选出稳定高产的细胞株，显著提高了抗体类药物的表达水平，目前工业生产中哺乳动物细胞表达抗体的水平能达到 $10 \sim 40 \text{mg}/(10^9$ 个·d)。哺乳动物细胞表达水平的提高将显著促进其在抗体类药物研发和生产中的应用。

随着人们对抗体类药物的需求与日俱增。2000 年以后，动物细胞培养的产能迅速增加，目前全球的生产规模达到 $200 \times 10^4 \text{L}$ 左右，产物浓度 $3 \sim 5 \text{g}/\text{L}$ 以上。当前抗体类药物的生产模式主要是在搅拌式生物反应器中，采用无血清培养基悬浮培养细胞，通过优化培养基组成和改善培养环境以提高产物的产量及质量[6-8]。

经过几十年的研究，应用动物细胞培养生产抗体的平台技术已日趋完善。随着生物医药领域相关技术的进一步发展，通过设计更理想的生物反应器，以支持高密度、高活力的细胞生长；开发更优化的无血清/无蛋白质培养基，使治疗性抗体的生产更加有效、品质更有保障[9]；建立更高效的培养工艺，进一步提高动物细胞表达抗体的产能，降低生产成本[10]。

2.2　影响动物细胞培养过程的关键因素及培养基组成

动物细胞生长和进行产物代谢既需要葡萄糖、必需氨基酸、维生素和无机盐等 30 多种营养成分，同时还需要适宜的培养环境，包括 pH、渗透压、溶解氧和温度等。

2.2.1　动物细胞培养基成分及作用

支持细胞在体外生长、代谢和产物合成的营养成分就是培养基，培养基是决定动物细胞体外培养成功与否的最重要因素之一。细胞培养基必须含有充足的营养物质，以满足新细胞生成、细胞代谢等生化反应之物质和能量所需。细胞培养基的主要成分是糖类、氨基酸、维生素、无机盐和其它一些辅助营养物质。传统的合成细胞培养基在使用时还需添加一定量的血清才能促进细胞生长和繁殖。低血清细胞培养基或无血清细胞培养基主要是在合成细胞培养基的基础上，通过调整营养成分配比或含量，或添加一些血清替代因子，以满足细胞在低血清或无血清条件下维持细胞增殖的物质和能量需求。

（1）糖类

糖类是细胞培养基中最重要的能源和碳源物质。在细胞培养过程中最常见的糖类是葡萄糖，它是一种能被细胞快速消耗利用的六碳糖，但其在细胞体外培养过程中的代谢效率非常低，通常导致大量乳酸盐副产物形成，并进一步使培养环境恶化，影响细胞生长[11]。为了限制葡萄糖大量低效转化为乳酸盐，其它一些糖类如半乳糖、果糖和甘露糖等也常被加到培养基中[12]，但一般情况下这些糖不作为唯一碳源。因为动物细胞对这些糖的吸收能力普遍弱于葡萄糖，作为唯一碳源时会显著降低细胞生长速率。此外，丙酮酸盐作为连接糖酵解和三羧酸循环的关键分支点，也经常存在于细胞培养基中。

葡萄糖在哺乳动物细胞内的代谢途径主要有：①绝大部分葡萄糖通过糖酵解途径生成乳酸，每1mol葡萄糖生成2mol ATP（三磷酸腺苷）；②部分葡萄糖代谢后进入三羧酸循环，完全氧化为CO_2并提供大量能量，每1mol葡萄糖生成30～32mol ATP，同时还可用于脂肪酸及氨基酸的生物合成；③葡萄糖通过磷酸戊糖途径生成磷酸核糖，参与核酸的生成。

在CHO细胞的流加培养过程中可以根据细胞需要补充葡萄糖等营养成分并控制其浓度在一个适宜的范围，从而显著提高营养物的利用率及其能量代谢效率，减少甚至消除副产物乳酸的生成和积累，最终有效解决营养物质耗竭和代谢副产物积累的矛盾，提高动物细胞培养过程的经济性[13-15]。

（2）氨基酸

氨基酸是蛋白质和多肽合成的前体物，除了用于合成细胞自身所需的结构蛋白以及生化反应中必不可少的生物酶之外，还常常直接参与产物的合成。同时氨基酸也是合成其它生物分子的重要代谢中间物，还可作为底物提供细胞生理活动所必需的能量。因此，氨基酸是细胞生长、代谢和产物生成的重要营养物质[16]。

在众多氨基酸中，谷氨酰胺作为重要的氮源，在培养基中通常大量添加，其在培养基中的浓度一般为2～5mmol/L，为其它氨基酸浓度的10～100倍。总体上，谷氨酰胺代谢为细胞的生长及产物合成提供了大约30%～65%的能量。

作为影响细胞培养过程的重要营养物质，除谷氨酰胺外，培养基中还需添加其它的氨基酸以调节细胞的生理、代谢以及产物表达。体外生长所需的氨基酸包括生理必需氨基酸：精氨酸、组氨酸、异亮氨酸、亮氨酸、赖氨酸、甲硫氨酸、苯丙氨酸、苏氨酸、色氨酸和缬氨酸。尽管谷氨酰胺被认为是非必需氨基酸，但如果天冬酰胺耗尽，则谷氨酰胺就会成为必需氨基酸。必需氨基酸的耗竭可能导致细胞生长立即停止，并引发细胞凋亡。对于不同细胞系以及不同培养过程，细胞对各种氨基酸的消耗也不尽相同，但仍可按消耗速率的高低大致分为快速消耗型氨基酸，如异亮氨酸、亮氨酸、赖氨酸和半胱氨酸等；消耗或生成不显著型氨基酸，如苏氨酸、精氨酸、苯丙氨酸、组氨酸、甲硫氨酸等；以及生成型氨基酸，如丙氨酸、甘氨酸、脯氨酸等。

通过转氨酶的作用，不同氨基酸在代谢通路的不同节点可分别进入三羧酸循环，为细胞提供物质和能量基础。此外，高浓度的丝氨酸、色氨酸、酪氨酸、半胱氨酸、谷氨酰胺、谷氨酸、天冬酰胺和天冬氨酸对细胞生长有显著的抑制作用。因此，如何确定并优化氨基酸用量大小是动物细胞体外大规模培养高效与否的重要一环[17-20]。

（3）维生素

维生素既不参与构成细胞，也不为细胞提供能量，而是一类调节物质，在细胞生长、代谢过程中发挥着重要的作用。

①水溶性维生素

水溶性维生素（water-soluble vitamin）是指能在水中溶解的一组维生素，常是辅酶或辅基的组成部分，包括在酶的催化中起着重要作用的维生素B族以及抗坏血酸（维生素C）等。

维生素B_1是许多酶的辅酶，参与糖类的代谢。维生素B_2存在于许多氧化还原酶类的辅基中，这类酶统称为黄素酶。黄素酶参与能量代谢，对糖类、蛋白质和脂肪的代谢具有十分重要的意义。维生素C是一种重要的辅酶和抗氧化剂，可参与细胞呼吸，从而有利于细胞的存活和生长，此外还具有抵抗因不同原因导致的细胞凋亡作用。

②脂溶性维生素

脂溶性维生素是指不溶于水而溶于脂肪及有机溶剂的维生素，包括维生素 A、维生素 D、维生素 E 和维生素 K。

维生素 A 具有广泛的生物学活性，可促进细胞的增殖和生长。维生素 D 在胞内参与调节钙的吸收，从而调控多种细胞生理过程。维生素 E 是存在于细胞膜上的主要脂溶性抗氧化剂[21]。维生素 K 参与蛋白质谷氨酸残基的 γ-羧化，通过络合钙离子，对钙的输送和调节有重要意义。

（4）金属、微量元素及其它无机盐

细胞内的许多重要生理代谢活动都与金属离子有关，多种金属离子（如铁、铜、锌、锰等）参与并调控细胞增殖、分化、凋亡以及功能表达。

培养基中所添加的无机盐除了作为营养物质供细胞利用外，更主要的功能是调节渗透压以及作为 pH 缓冲体系，这些离子包括 Na^+、K^+、Ca^{2+}、Mg^{2+}、Cl^-、SO_4^{2-}、PO_4^{3-}、HCO_3^- 等；多数金属离子是酶促反应的必要因子，如 Fe^{2+}、Fe^{3+}、Mn^{2+}、Zn^{2+}、Cu^{2+}、Co^{2+} 等；一些离子如 Na^+、K^+、Fe^{2+}、Ca^{2+}、Mg^{2+} 等与对应的酶可以进行松散结合，起到稳定酶蛋白构象的作用。在含血清培养基中，血清可以提供很多微量元素，但在无血清培养时就需要重视微量元素的添加，其中作用较显著的有铁离子、锌离子以及硒元素。大部分培养基的盐浓度可参照 Earle 和 Hanks 平衡盐溶液（前者碳酸盐含量高，适用于 5% CO_2 的气体环境；后者碳酸盐含量低，适用于空气环境）来确定。

微量元素包括硒、锰、钼和钒等 19 种金属离子。细胞对这些元素的需要量很小，因此将它们称为微量元素。微量元素在细胞内通常以与有机物结合的形式存在，对于细胞生长代谢和产物合成具有促进作用。

PO_4^{3-}、SO_4^{2-}、HCO_3^- 是培养细胞本身所需的阴离子，同时也是细胞内电荷的调节者。HCO_3^-（主要是以碳酸氢钠的形式添加到培养基）与 CO_2 组成缓冲系统，调节培养基的 pH。培养基中碳酸氢钠的浓度取决于气相中 CO_2 的浓度，培养液的 pH 一般维持在 7.2～7.4。如果气相或者培养箱空气中 CO_2 浓度设定在 5%，培养基中碳酸氢钠的加入量为 1.97g/L；如果 CO_2 的浓度维持在 10%，培养基中碳酸氢钠的加入量为 3.95g/L。磷对于细胞的生长、代谢和调控都有重要的作用，含磷的化合物如核酸、磷脂、蛋白质是构成细胞的主要成分；ATP、ADP 是能量生成、存储和利用所不可或缺的化合物；cAMP、磷酸肌醇是第二信使物质，对于蛋白质磷酸化有重要作用。PO_4^{3-} 在培养基中的浓度通常为 1mmol/L。

上述离子对于细胞的作用各有不同，共同构成了细胞赖以生存的渗透压、pH 和电化学平衡的微环境。细胞对于某种元素的吸收利用受到其它元素的干扰，例如细胞培养基中过高的钙离子浓度会使镁和锌的吸收与利用受到干扰。在体外培养动物细胞时，保持细胞培养基中上述离子具有足够的浓度与保持上述离子之间种类和比例的平衡具有同等重要的意义。

（5）脂质和脂质前体

脂质是指脂肪酸和醇作用生成的酯及其衍生物，这是一类一般不溶于水而溶于脂溶性溶剂的化合物，在水中可相互聚集形成内部疏水的聚集体。脂质包括油脂（甘油三酯）和类脂，类脂又包含固醇、磷脂和糖脂。其中固醇又可以分为胆固醇、性激素和维生素 D。脂的前体及其衍生物包含萜类和甾类，还有脂肪酸、甘油、固醇和前列腺素等。磷脂关键前体有氯化胆碱、乙醇胺、丝氨酸和胞苷。

脂肪酸是中性脂肪、磷脂和糖脂的主要成分，很少以游离形式存在。细胞一旦吸收脂肪酸后主要转化为酯的形式。细胞优先利用外源脂肪酸，且必需脂肪酸代谢优于非必需脂肪酸族。胆固醇不仅参与形成细胞膜，而且是合成胆汁酸、维生素 D 以及甾体激素的原料。

脂肪酸及脂类的作用在细胞培养过程中曾长期被忽视，其通常存在于血清中，而在无血清培养基中脂质尤为重要[22]。脂类物质可作为细胞储存能源的物质，同时也是细胞膜结构的重要组成部分，此外还参与细胞信号转导过程。在细胞的无血清培养中，有些细胞需要添加脂类，如胆固醇、脂肪酸、磷脂。特别是营养缺陷型细胞，对某种脂类有很高的依赖性。通常在细胞培养基中添加磷脂前体，如胆碱作为卵磷脂的合成前体、乙醇胺作为脑磷脂的合成前体、肌醇作为肌醇磷脂的合成前体。

（6）核苷

核苷是核苷酸和核酸的组成成分，参与 RNA 合成。

对于二氢叶酸还原酶（DHFR）缺陷型的 CHO 细胞株，次黄嘌呤和胸腺嘧啶的添加必不可少[23]。添加核苷对细胞生长的影响结果各异，说明核苷的作用受使用的细胞株和所采用培养的工艺影响较大。此外，核苷还被广泛应用于提高抗体的糖基化水平。

（7）生长因子

生长因子通常指一类通过与特异的、高亲和的细胞膜受体结合，调节细胞生长的蛋白质或多肽，包括成纤维细胞生长因子（FGF）[24]、表皮细胞生长因子（EGF）[25]、神经生长因子（NGF）、转化生长因子（TGF）、胰岛素样生长因子（IGF）以及血小板衍生的细胞因子（PDGF）等。多种未以生长因子命名的细胞因子也具有刺激细胞生长的作用，如白细胞介素-2（IL-2）和肿瘤坏死因子（TNF）等。体外培养的动物细胞通过不同生长因子间的协同作用刺激细胞的增殖，因此，需要添加多种生长因子。

（8）其它辅助因素和底物

腐胺是亚精胺和精胺的多胺前体，作为 DNA 延伸的辅因子，是一种对 CHO 细胞和许多其它细胞分裂至关重要的物质。谷胱甘肽（GSH）作为辅酶参与细胞氧化还原反应，并保护细胞免受与自由基相关的氧化损伤。植物凝集素（PHA）能促进淋巴细胞的转化作用，现已广泛应用于杂交瘤技术。因此，这类物质的添加因细胞而异。

2.2.2 常用培养基设计

动物细胞培养基组分繁多，有些培养基的组分甚至可超过 80 种，且各组分间有时还存在交互作用，导致培养基开发优化工作量大且复杂。因此，在培养基的开发和优化过程中，通常需要借助统计学的实验设计方法，期望能省时省力，且又能快速获得大量的信息。自20 世纪 90 年代初起，人们就开始尝试应用各种统计学实验设计方法开发和优化动物细胞的无血清培养基，在提高细胞生长和产物表达等方面已经取得了令人瞩目的进展。经过不断的探索与积累，目前常用的无血清培养基优化实验设计方法有 Plackett-Burman 试验设计、析因设计、响应面分析以及混合设计等[26-32]。这些实验设计方法均有优缺点和局限性，因此在实践中不可能只用一种实验设计完成所有工作，往往需要根据开发设计的阶段和具体目标采用多个统计学实验方法的结合，最终获得较为理想或可以接受的培养基组成和配方。

2.2.3 国内外无血清培养基的工业化情况

培养基是动物细胞培养技术中最重要的原材料之一，包括各类常规通用型培养基（如

DMEM、RPMI 1640 等)、各类无血清/无蛋白质培养基等。培养基对细胞培养工艺生产效率的提高和产品质量的控制更是起着至关重要的作用,很大程度上决定了规模生产的成本,其成分和质量更是直接影响到疫苗、重组蛋白质药物和抗体药物的产量与质量。

全球通用型的动物细胞无血清培养基市场每年大约为 40 亿美元,并且以平均每年 8% 的速度增长,而个性化的用于特定抗体、疫苗生产的无血清培养基市场虽然没有公开资料可供统计,但至少在 100 亿美元以上,且增长速率更高。目前全球用于动物细胞培养的培养基市场基本被美国赛默飞世尔(Thermo Fisher)、德国默克(Merck)和瑞士龙沙集团(Lonza)等几大企业垄断。

研制并生产具备自主知识产权的无血清和个性化细胞培养基是降低生物医药产品生产成本、提高市场竞争力并确保产品质量的重要保证。我国是世界上培养基原材料氨基酸和维生素的主要产地,只要在无血清/无蛋白质培养基开发关键技术上取得突破,并开发出具有自主知识产权的培养基配方,再应用新一代研磨工艺技术提升产业化能力,就完全可以大规模生产出属于我国自己的动物细胞无血清/无蛋白质培养基以及各类化学成分确定的个性化培养基,从而彻底摆脱目前我国在抗体药物和病毒疫苗产业的关键技术与配套产业上受制于人的局面,确保在产业发展中掌握市场主动权、产品话语权和定价权。

为此我国于 1986 年成立了最早且专门从事动物细胞大规模培养过程及其生物反应器工程研究的团队——生物反应器工程国家重点实验室谭文松教授团队,过去三十年来成功研制了拥有自主知识产权并适用于多种动物细胞(如 NS0 细胞、rCHO 细胞、SP2/0 细胞、293 细胞、BHK 细胞、昆虫细胞、Vero 细胞、ST 细胞、MDCK 细胞等)大规模高密度悬浮培养过程的个性化无血清/无蛋白质培养基,以及适用于干细胞和组织工程领域的人体造血干细胞、间充质干细胞、免疫效应细胞(NK、CIK、CAR-T 等)培养和扩增的无血清/无蛋白质培养基,并成功应用于国内多家抗体类药物、病毒疫苗生产和免疫细胞治疗研发企业的中试开发与产业化,细胞比生长速率、最大活细胞密度、抗体浓度以及病毒滴度等指标均高于进口无血清培养基商品。上海倍谙基生物科技有限公司依托谭文松教授团队,通过对动物细胞培养基设计开发以及工业化制造关键技术的自主创新,建立了服务于抗体药物、病毒疫苗和细胞治疗等产业的无血清、个性化培养基研制开发平台以及规模化的细胞培养基生产、质量检测和保障平台,突破了生物技术药物产业化的技术瓶颈,并以获得自主知识产权的 Driving M 系列培养基为基础,开发经济高效的抗体药物和病毒疫苗生产新工艺,从而为提升我国生物医药产业的国际竞争力、抢占世界生物技术药物制高点创造条件[6,27,33-36]。

2.2.4 营养物质与代谢副产物间的关系

葡萄糖和谷氨酰胺是哺乳动物细胞培养基的两个最主要成分,在动物细胞培养过程中这两种物质消耗很快,不仅为细胞生长提供能量,而且还是主要的碳源和氮源物质。目前对动物细胞代谢研究主要集中在这两种物质上。

动物细胞的代谢在培养过程中受到营养物质、代谢副产物和培养环境的影响,代谢途径不同,其产生能量的效率和副产物的生成有显著差别,并进一步影响细胞生长、产物表达过程及最终产品质量。培养过程中只要有一种营养物质被耗竭,就将限制细胞生长、代谢和产物合成。另一方面,较高的营养物浓度又使细胞进入低能代谢途径,生成大量副产物,如氨、乳酸、非必需氨基酸和 CO_2 等,一定程度上对细胞产生毒性作用或改变培养环境的 pH 和渗透压,从而抑制细胞生长和产物合成。

大多数连续细胞系，如杂交瘤细胞、CHO 细胞和昆虫细胞等的能量代谢是典型的底物浓度相关的溢出性代谢（substrate-concentration-dependent overflow metabolism）。底物限制性培养（如葡萄糖和谷氨酰胺）能够显著降低代谢副产物的生成，提高细胞的代谢效率[37]，如限制培养环境中葡萄糖的浓度能够显著降低乳酸的生成和提高葡萄糖的利用率，限制谷氨酰胺浓度能够降低其它非必需氨基酸和副产物氨的生成。然而，过于强烈地限制谷氨酰胺（如低于 0.05mmol/L）容易引起细胞死亡。另外，细胞的营养物质需求和代谢规律也同细胞的生理状态等因素息息相关。

解决营养物质需求和代谢副产物积累矛盾的方法有两种。一是通过培养基优化设计和相关过程操作（如流加或灌注培养工艺）进行细胞的代谢调控，或者直接用其它替代物（如用果糖、半乳糖等代替葡萄糖，用谷氨酸、α-酮戊二酸等代替谷氨酰胺），从而减少代谢副产物的积累，优化细胞生存环境[38-40]。二是利用建立在基因操作基础上的代谢工程，人为干预细胞原有的代谢途径，开发优化的细胞生理状态，如改造葡萄糖的运输、糖酵解终点产物丙酮酸进入 TCA 和丙酮酸在乳酸脱氢酶的作用下生成乳酸的反应等葡萄糖代谢的主要位点，减少乳酸的生成；再如将谷氨酰胺合成酶基因导入细胞，使细胞具有自身合成谷氨酰胺的能力，可以生长在不含谷氨酰胺的培养基中，从而减少氨的生成。

（1）葡萄糖和谷氨酰胺代谢的相互调节

葡萄糖和谷氨酰胺都是哺乳动物细胞的主要能源物质，虽然其参与细胞不同的代谢并提供不同的重要前体物质，但是它们的代谢途径有所重叠，因此在一定程度上谷氨酰胺和葡萄糖代谢可以互补。

利用同位素标记法研究葡萄糖和谷氨酰胺在 CHO 细胞中的代谢流，发现在不同葡萄糖浓度下，谷氨酰胺参与能量代谢的程度不同，在较高葡萄糖浓度（3.4g/L）下，谷氨酰胺主要用于生物合成（占消耗总量的 50%），而在较低葡萄糖浓度下，谷氨酰胺用于生物合成的比例降至 22%。由谷氨酰胺完全氧化生成的二氧化碳的比例则由高糖状态下的 13% 提高到低糖状态下的 32%。这是由于谷氨酰胺代谢的关键酶是谷氨酰胺酶，它是一个磷激活酶，当葡萄糖浓度增高时，糖酵解生成的 ATP 增多，胞内磷元素水平降低，从而降低了谷氨酰胺酶的活性，谷氨酰胺代谢也随之降低。因此，增加葡萄糖浓度可以减少谷氨酰胺的吸收，反之，降低葡萄糖浓度则刺激谷氨酰胺吸收，且使谷氨酰胺更多地参与能量代谢。

谷氨酰胺对葡萄糖代谢的影响却非常复杂，且随细胞株的不同而不同。一方面，谷氨酰胺能刺激磷酸果糖激酶和己糖激酶的活性，从而增加葡萄糖消耗。因此，增加谷氨酰胺浓度在增加谷氨酰胺比消耗速率的同时，也增加了葡萄糖比消耗速率。另一方面，在非常低的谷氨酰胺浓度（低于 0.1mmol/L）时，降低谷氨酰胺浓度会增加葡萄糖比消耗速率。在鼠杂交瘤细胞的培养过程中，谷氨酰胺浓度从 6mmol/L 降低到 0.1mmol/L 时，葡萄糖比消耗速率也随之降低。但当谷氨酰胺浓度进一步从 0.1mmol/L 降低到 0 时，葡萄糖比消耗速率却增加。这说明在低浓度谷氨酰胺条件下，细胞需要消耗更多的葡萄糖作补充。此外，在研究杂交瘤细胞时发现，一株细胞当谷氨酰胺浓度从 2.03mmol/L 降低到 0.5mmol/L 时，葡萄糖比消耗速率也相应降低，而另一株细胞的葡萄糖代谢对谷氨酰胺浓度的下降却毫无反应。两株细胞随着谷氨酰胺浓度的继续降低葡萄糖消耗却都没有增加，表明在此条件下谷氨酰胺所提供的能量不能用其它物质代替，可见谷氨酰胺浓度对葡萄糖代谢的调节作用具有复杂性。

研究表明葡萄糖浓度对谷氨酰胺氧化具有抑制作用，而且主要通过有氧糖酵解调节，即通过 Carbtree 效应。当培养基葡萄糖浓度增高时，会使细胞耗氧速率降低，这称为 Carbtree 效应，是 Carbtree 在培养肿瘤时最先发现。由于细胞中氧的消耗主要用于对谷氨酰胺的氧化，因此葡萄糖浓度对谷氨酰胺氧化有很大的影响。实验表明葡萄糖对谷氨酰胺氧化的抑制常数为 $95\mu mol/L$，大于此浓度葡萄糖对谷氨酰胺氧化有抑制作用。

（2）乳酸和氨的代谢

乳酸和氨是细胞培养过程中主要的代谢副产物。乳酸的主要来源是葡萄糖进入糖酵解途径生成丙酮酸后，丙酮酸在乳酸脱氢酶的作用下转化为乳酸。乳酸可以螯合阳离子，尤其是钙离子，并抑制谷氨酰胺酶的活性，另外乳酸使培养液的渗透压增加、pH 降低。批式培养的动物细胞中，葡萄糖绝大多数（>70％）进行不完全氧化生成乳酸，而且产生 ATP 的效率比完全氧化低得多。另外，转化细胞的线粒体己糖激酶活性较高，且不受葡萄糖的反馈调节，因此高浓度的葡萄糖将强化糖酵解途径。在体外培养中葡萄糖被细胞利用的方式受制于胞外葡萄糖的相对浓度，增加葡萄糖浓度，其转化为乳酸的得率增加，进入三羧酸循环途径的比例减少，同时也引起细胞的摄氧率降低。在细胞培养中，一般葡萄糖代谢与其培养液中的浓度有关，葡萄糖浓度高时，葡萄糖的消耗速率和乳酸的生成速率较高。细胞代谢过程的生化反应动力学表明，细胞对葡萄糖的吸收主要受扩散作用控制，细胞膜上的浓度梯度是吸收葡萄糖的推动力，但当葡萄糖浓度较低时则由钠离子推动的高亲和性转运过程摄取葡萄糖。不同细胞株对乳酸的耐受能力也不同，大多数的研究表明乳酸浓度在 28mmol/L 以上时才对细胞生长产生较大的影响。目前尚缺少直接证据证明乳酸分子对细胞生长、代谢没有影响[13,41]。

细胞培养过程中氨的来源主要是谷氨酰胺参与能量代谢和谷氨酰胺的自然降解，氨对细胞的影响主要表现在以下几个方面：①抑制了谷氨酰胺脱氢酶的活性，阻止谷氨酸转化为 α-酮戊二酸；②穿过细胞膜进入细胞，改变微环境的 pH；③干扰细胞内正常的电化学梯度；④增加了细胞的维持能消耗。根据不同氨浓度条件下的细胞培养实验，当氨浓度大于 4～8mmol/L 时，抑制细胞的正常生长。如某些杂交瘤细胞株在 4mmol/L 的氨浓度下即发生抑制，而某些 CHO 细胞在氨浓度达到 8mmol/L 时其生长才受到抑制。

2.2.5 培养环境因素

动物细胞对培养环境十分敏感，营养和生长因子的缺乏、缺氧、病毒感染、毒性代谢物积累、流体剪切作用以及氧压力增加等很多因素都可诱导细胞的凋亡。用无血清培养基进行培养时，细胞对培养环境的变动更为敏感，培养环境的改变、营养成分的缺乏都将导致细胞行为的变化及过程的不稳定。过去对生长抑制的研究主要集中在乳酸和氨，随着生产工业化的需求，细胞密度增加，温度、溶解氧、pH、渗透压、CO_2 等因素也可能影响细胞的生长，改变细胞的代谢。

（1）温度

温度是哺乳动物细胞体外培养的一个基本环境参数，大多数动物细胞的培养温度维持在 37℃，温度过高或过低都会影响细胞的生长、代谢和蛋白质合成。通过改变培养温度可以降低细胞生长代谢的能量和物质需求，改变细胞的代谢途径，使之向产物生成的方向进行，这对于提高哺乳动物细胞的表达量具有重要的意义。

对 CHO 细胞而言，适当降低培养温度是提高外源蛋白质表达的有效措施，且在很多培养系统中被证明是切实可行的。细胞在低温培养时生长缓慢，细胞的代谢水平降低，延缓了细胞的凋亡。为了解决低温条件下细胞生长缓慢的问题，通常采取两阶段培养方式，即先将细胞在 37℃ 培养一段时间以获得较高的细胞密度，然后降温至 32℃ 培养以获得较高的比生产速率[1,42,43]。

（2）溶解氧、pH 和气体环境

气体是细胞生存的必需条件之一，体外培养的细胞对气体环境有一定的要求，包括需要氧气和 CO_2。氧气参与线粒体中的氧化磷酸化，产生能量供给细胞生长、增殖和合成所需的各种细胞成分。不同的细胞和同一细胞的不同生长时期对氧的需求各不相同，每 1 个杂交瘤细胞的氧比消耗速率大约为 $q_{O_2} = 5.8 \times 10^{-17}$ mol/s。细胞不能在缺氧的环境中生存，溶氧过低将影响细胞的能量代谢，从而影响细胞生长。溶氧过高时也会对细胞产生毒性，抑制细胞生长，因此动物细胞培养过程中溶解氧（DO）一般控制在 5%～80%（空气饱和度）之间，这种控制可以通过调节供气中空气、O_2 和 N_2 的通入量或它们之间的比例以及改变生物反应器的操作参数实现[16]。

合适的 pH 也是细胞生存的必要条件之一，哺乳动物细胞合适的 pH 值一般在 7.1～7.3，低于 6.8 或高于 7.3 都将对细胞产生不利的影响，严重时可导致细胞退变或死亡。不同细胞对 pH 的要求不一样，如哺乳动物细胞为 7.1～7.3，昆虫细胞则要求 6.1～6.3。一般而言，原代细胞对 pH 值变动的耐受较差，而传代细胞或肿瘤细胞对 pH 值变动的耐受较强。

动物细胞在生长过程中不断消耗葡萄糖，生成乳酸和 CO_2，使培养液的 pH 值不断降低，导致培养环境急剧恶化，因此细胞培养过程中维持相对稳定的 pH 值至关重要。最常用的方法是加含碳酸氢钠（$NaHCO_3$）的磷酸缓冲液（PBS、Hanks 等平衡盐溶液），其中，碳酸氢钠具有调节 CO_2 的作用，因而在一定范围内可调节培养液的 pH 值。

$$CO_2 + H_2O \Longleftrightarrow H_2CO_3 \Longleftrightarrow HCO_3^- + H^+ \tag{2-1}$$

$$NaHCO_3 + H_2O \Longleftrightarrow Na^+ + HCO_3^- + H_2O \Longleftrightarrow Na^+ + H_2CO_3 + OH^- \tag{2-2}$$

$$\Longleftrightarrow Na^+ + CO_2 \uparrow + H_2O + OH^-$$

CO_2 既是代谢物，也是调节维持 pH 的必需成分。在封闭环境中，气体中二氧化碳浓度增加时，式（2-1）的平衡向右移动，导致培养液偏酸；反之，气体中二氧化碳浓度减少时，式（2-1）的平衡向左移动，导致培养液偏碱，这样，就可通过调节 CO_2 浓度调整培养液的 pH。同样，在开放环境例如反应器中，可以通过补充或减少 CO_2 的量推动式（2-2）的平衡向左或向右移动，达到调整培养液 pH 值的目的。另外，羟乙基哌嗪乙烷磺酸（HEPES）溶液也是一种常用的缓冲液，它对细胞无毒性，能防止 pH 迅速变化，其最大优点是在开放通气培养或活细胞观察时能维持较恒定的 pH。

（3）渗透压

渗透压也是动物细胞培养过程中的一个重要参数，由于哺乳动物细胞没有细胞壁，所以它对培养液中渗透压的变化非常敏感，一般培养最适渗透压为 280～320mmol/L。

提高渗透压将影响胞内正常的离子跨膜梯度，增加细胞所需的维持能，促进细胞对葡萄糖和谷氨酰胺等营养物质的利用，提高外源基因 mRNA 的转录水平，并且使细胞停留在细胞周期的 G_1 期，从而促进蛋白质的表达。

Dezengotita 等[44] 研究表明培养环境中的渗透压升高，细胞更容易发生凋亡，但在一定范围内，细胞的产物比生成速率升高，谷氨酰胺的比消耗速率也随之升高。王晨等[45] 研

究了 CO_2 分压和渗透压对 CHO 细胞维持生长、代谢和产物表达的影响，结果表明，两者升高均对最终抗体表达产生不利影响，其中渗透压升高对细胞后期活性维持不利。在培养基中加入氨基酸及其衍生物（如甘氨酸甜菜碱、甘氨酸、脯氨酸和苏氨酸）等渗透压保护剂，可以缓减高渗环境对细胞生长的抑制，提高蛋白质的比生成速率。

（4）其它因素

除了上述参数对蛋白质表达有重要影响外，在细胞培养过程中通过向细胞培养液中添加一些化学物质可以达到提高外源蛋白表达量的目的[46]。

利用外源添加化学物质提高细胞的表达量是目前公认的一种易于操作、价格低廉、效果明显的方法。这些化学物质可以分为三类。第一类是羧酸类化合物，如丁酸钠、正戊酸、丙酸和己酸等可促进蛋白质表达，尤其是丁酸钠，其作用显著。丁酸钠的作用机理通常认为是抑制组蛋白去酰基酶的活性，从而中和了组蛋白上的正电荷，使组蛋白发生超乙酰化，减少了和 DNA 间的相互作用，使转录因子易于接近 DNA 上的转录识别位点，从而提高基因的转录水平。第二类是还原性物质，如 L-抗坏血酸-2-磷酸、还原型谷胱甘肽、巯基乙醇、二硫苏糖醇、胱氨酸和半胱氨酸等，该类物质通过影响内质网的氧化还原电位促进蛋白质的表达。第三类是脂类物质，如磷脂酸（PA）、溶血性磷脂酸（LPA）等，其作用于胞内信号分子。通过对细胞生长因子的诱导，激活特定 G 蛋白相偶联受体，增加了细胞活性，有效促进了重组蛋白质的分泌表达，尤其适于低蛋白质无血清的培养。

2.3 动物细胞大规模培养常用方法

依据在体外培养时对生长基质是否具有依赖性，可将动物细胞分为两类：①贴壁依赖型细胞，该类细胞需要附着于带适量电荷的固体或半固体表面才能生长，大多数动物细胞，包括非淋巴组织细胞和许多异倍体细胞均属于这一类；②非贴壁依赖型细胞，该类细胞无需附着于固相表面即可生长，包括血细胞、淋巴组织细胞、肿瘤细胞及某些转化细胞。根据动物细胞的类型，可采用贴壁培养、悬浮培养和固定化培养三种培养方法进行规模化培养[47,48]。

（1）贴壁培养

贴壁培养（attachment culture）是指细胞贴附在一定的固相表面进行的培养方式。贴壁依赖型细胞在培养时需要贴附于培养（瓶）器皿壁上，细胞一经贴壁就迅速铺展，然后开始有丝分裂，并很快进入对数生长期，一般数天后就铺满培养介质表面，并形成致密的细胞单层。

细胞贴壁的培养介质表面要求具有净正电荷和高度的表面生物活性，如对微载体而言要求具有合适的电荷密度，微载体常采用胞外基质蛋白、合成肽进行修饰或其本身由胞外基质蛋白制成；如为有机物表面，则必须具有亲水性，并带正电荷，必要时采用蛋白质、多肽或其它化合物进行修饰。

贴壁培养系统除了实验室常见的方瓶、培养皿之外，还有滚瓶（roller bottle）、细胞工厂、中空纤维、微载体-生物反应器等系统。

滚瓶培养系统：规模化培养贴壁依赖型细胞最初采用滚瓶系统培养。滚瓶培养一般用于小规模培养到大规模培养的过渡阶段，或作为生物反应器接种细胞准备的一条途径，也有一些生物制品的工业化生产采用滚瓶培养系统。滚瓶是一种圆筒形的培养容器，细胞接种于滚瓶中，培养时滚瓶不断旋转，使贴附于滚瓶内壁的细胞交替接触培养基和空气，从而提供较好的传质和传热条件。滚瓶培养具有结构简单、投资少、技术成熟、重复性好、放大只需简单地增加滚瓶数量等优点。但其存在劳动强度大、占地空间大、单位体积提供细胞生长的表面积小、细胞生长密度低、培养时监测和控制环境条件受到限制等缺点。实验室使用的滚瓶培养系统主要由二氧化碳培养箱和滚瓶机两部分组成。

基于反应器系统的贴壁培养：此种培养方式中，细胞贴附于载体表面进行生长，这些负载细胞的载体可悬浮于反应器的培养液中，兼具贴壁培养和悬浮培养的特点，也可固定于反应器中某一空间，如固定床或填充床反应器。在固定床反应器中，负载细胞的载体不因搅拌而随培养液一起流动，因此不需要特殊的分离细胞和培养液的设备，较易更换培养基。通过灌流培养可以获得高细胞密度，能连续有效地收获产品，但规模放大比较难，而且培养过程中不能直接监控细胞的生长情况，故多用于生产用量小、价值高的生物制品。CelliGen、CelliGen Plus^{TM}和BioFlo3000反应器是常用的固定床或填充床生物反应器，用于细胞贴壁培养时采用篮式搅拌系统和圆盘状载体，可进行杂交瘤细胞、Hela细胞、293细胞、CHO细胞及其它细胞的培养。

贴壁培养的优点：容易更换培养液，细胞紧密黏附于固相表面，可直接倾去旧培养基上清液，再加入新鲜培养基；容易实现灌注培养，因细胞固定于介质表面，不需细胞截留系统，从而达到维持高细胞密度和连续收获产物的目的；当细胞贴壁于培养介质时，很多细胞将更有效地表达一种产品；同一设备可采用不同的培养基/细胞比例，适用范围广。但贴壁培养也存在一些缺点：与悬浮培养相比，扩大培养比较困难、投资大、占地面积大、不能有效监测细胞的生长。

（2）悬浮培养

悬浮培养（suspension culture）是指细胞在反应器中自由悬浮生长的培养过程，这是在微生物发酵的基础上发展起来的。这些能悬浮生长的细胞可培养在各种未经细胞附着处理的多孔板、培养皿、培养瓶、滚瓶、生物反应器等容器或装置中。在滚瓶或搅拌式生物反应器等培养系统中，通过磁力搅拌器的驱动进行机械搅拌，从而使整个培养系统混合均匀。增加搅拌转速有利于传质效率的提高，但由于动物细胞没有细胞壁，且直径较大，对剪切力较为敏感，因此要合理控制搅拌转速。

在动物细胞悬浮培养中，由于细胞传代时无需消化、黏附、贴壁等步骤，培养过程简单，并进一步简化了生物反应器系统的设计、放大和操作，可强化大规模细胞培养过程的流体混合和气液传质能力，容易检测、控制、优化大规模细胞培养的环境，可显著降低细胞培养成本。基于这些原因，悬浮细胞培养技术是目前大规模细胞培养过程中最为高效的生产技术，被广泛运用于基于动物细胞培养技术的生物制品的工业化生产中。

（3）固定化培养

固定化培养（immobilized culture）是将动物细胞与水不溶性载体结合起来，再进行培养，上述两大类细胞都适用。该方法具有细胞生长密度高、抗剪切力和抗污染能力强、产物易于收集和分离纯化等优点。细胞固定化的方法包括吸附法、共价贴附法、离子/共价交联法、包埋法、微囊法等。

① 吸附法

用固体吸附剂将细胞吸附在其表面而使细胞固定化的方法称为吸附法（absorption method）。该方法操作简便，条件温和，是动物细胞固定化中最早研究和使用的方法。缺点是载体的负荷能力低，细胞易脱落。通过反应器结构设计和培养工艺优化，能降低剪切力对细胞造成的损伤，减少细胞脱落，实现细胞高密度生长。

② 共价贴附法

利用共价键将动物细胞与固相载体结合的固定化方法称为共价贴附法（attachment by covalent bonding）。此法虽可减少细胞的泄漏，但因引入化学试剂进行交联反应，对细胞活性有影响，目前较少使用该法进行细胞培养。

③ 离子/共价交联法

采用化学试剂处理细胞悬浮液，在细胞间形成桥而絮结产生交联作用，此固定化细胞方法称为共价交联法（cross-linking by covalent bonding）。该法属于无载体固定化培养，与基于载体的固定化培养相比，不仅节省了成本，还可通过调控细胞团粒径大小，提高细胞团内部的细胞活性。

④ 包埋法

将细胞包埋在多孔载体内部而制成固定化细胞的方法称为包埋法（embedding）。优点是步骤简便、条件温和、负荷量大、细胞泄漏少、抗机械剪切。缺点是存在扩散限制，在多孔载体中形成物质的浓度梯度，且大分子物质不能渗透到高聚物网络内部，使细胞处于不均一的培养环境中。常用载体为多孔水凝胶，如琼脂糖凝胶、海藻酸钙凝胶和血纤维蛋白等。

⑤ 微囊法

用一层亲水的半透膜将细胞包围在珠状的微囊中，细胞不能溢出，但小分子物质及营养物质可自由出入半透膜，该固定化细胞的方法称作微囊法（microencapsulation）。采用该技术进行细胞培养，降低了剪切力对细胞的损伤；小分子物质及营养物质可自由出入半透膜，从而使微囊内外的培养环境相似；通过控制半透膜的孔径，细胞及细胞表达的大分子产物聚集在微囊中，简化了下游分离纯化工艺。将包裹细胞的微囊植入体内，防止大分子和细胞从微囊中溢出，起到免疫隔离和屏障的作用，但由于半透膜的包裹，囊内外存在一定的物质扩散限制。

（4）抗凋亡策略在细胞大规模培养中的应用

在大规模动物细胞培养中，细胞死亡是支持细胞高密度生长和维持细胞高活性的最大障碍。在生物反应器中进行的大规模培养，80%的细胞死亡由凋亡所致，而不是以前所认为的细胞坏死。细胞凋亡是多细胞生物发育和维持稳态所必需的生理现象，受一系列基因精确调控。因此，在大规模动物细胞培养时提高细胞抗压能力，减少细胞凋亡的发生，有利于提高细胞的培养密度、延长细胞培养周期，从而可以极大提高动物细胞表达的重组蛋白质的产量。

① 营养物质抗凋亡

在常规生物反应器规模化培养动物细胞的过程中，营养物质耗竭或特殊生长因子的缺乏常引起细胞凋亡，例如血清缺乏、糖或特殊氨基酸的耗尽。培养基中添加氨基酸或其它关键营养物可抑制细胞凋亡，延长培养时间，从而提高产品产量。谷氨酰胺的耗竭是最常见的凋亡原因，由此引起的凋亡一旦发生，即使再补加谷氨酰胺，也不能逆转凋亡。另外，动物细胞在无血清/无蛋白质培养基中进行培养时，细胞变得更为脆弱，更容易发生凋亡。

② 基因抗凋亡

在动物细胞中存在多种抗细胞凋亡的分子，如 Bcl-2 等。在细胞中过表达 Bcl-2，可有效阻止包括细胞密度、营养成分缺乏、代谢物积累、激素、pH 变化、自由基、微生物污染等诱发的细胞凋亡。

③ 化学方法抗凋亡

凋亡发生时细胞许多部位发生生化物质的改变，如改变细胞氧化还原条件而产生活性氧发生在凋亡信号阶段，破坏线粒体膜电位、激活 caspase 则发生在凋亡效应阶段，这在绝大多数细胞凋亡中是相同的。因此，阻止这些生化物质的改变可能阻止或至少延迟细胞凋亡的发生，运用化学物质可抑制信号阶段和效应阶段的发生，被认为是抗凋亡策略之一。

2.4 动物细胞大规模培养操作方式

无论是贴壁细胞还是悬浮细胞，就培养方式而言可分为：分批式、流加式、半连续式、连续式和灌注式五种方式。不同的操作方式，具有不同的特征。

2.4.1 分批培养

分批培养也称批培养，是指将细胞和培养基一次性加入反应器内进行培养，细胞不断生长，产物也不断生成，经过一段时间培养后，将整个反应体系取出。

对于分批培养，细胞所处的培养环境时刻都在发生变化，细胞不能自始至终处于最优条件下，因此它并不是一种好的操作方式，但由于其操作简便，容易掌握，因而又是一种常用的操作方式。

细胞分批培养的生长曲线如图 2-1 所示。分批培养过程中，细胞的生长可分为滞后期、对数生长期、稳定期和衰退期四个阶段。

滞后期是指细胞接种到细胞分裂增殖这段时间。滞后期的长短依环境条件而异，亦受种子细胞本身条件的影响。细胞的滞后期是其分裂增殖前的准备时间。一方面，细胞逐渐适应新的环境条件；另一方面，又不断积累细胞分裂增殖所必需的某些活性物质，使之达到一定浓度。选用生长比较旺盛的对数生长期细胞作为种子细胞，提高接种密度，可缩短滞后期。

细胞内的准备一结束，细胞便开始迅速增殖，进入对数生长期。此时细胞密度随时间呈指数函数关系式增长。

细胞通过对数生长期迅速生长增殖之后，由于环境条件的不断变化，如营养物质不足、代谢副产物积累、物理化学环境恶化等原因，细胞逐渐进入稳定期，细胞生长和代谢减慢，细胞数量基本维持不变。

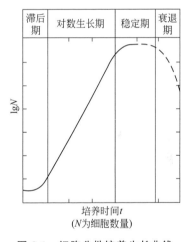

图 2-1　细胞分批培养生长曲线

在经过稳定期后，由于环境条件进一步恶化，有时也可能由于细胞本身遗传特性的改变，细胞逐渐进入衰退期而不断死亡，或由于细胞内某些酶的作用而使细胞发生自溶。

以 NS0 骨髓瘤细胞在无血清培养基中的典型生长情况为例[49]，图 2-2 所示为 2L 生物反应器中的批培养细胞生长曲线。以 0.51×10^6 个/mL 的活细胞密度接种，细胞活性为 91.7%，经过约 24h 的滞后期，细胞进入对数生长期，约 70h 后进入稳定期，约 100h 后细胞进入衰退期，活细胞密度迅速下降。细胞在对数生长期的平均比生长速率约为 $0.73d^{-1}$。在活细胞密度达到最大值之前，培养过程中的细胞活性持续上升，而当细胞进入衰退期后，细胞的活性则迅速下降。

在批培养过程中，培养环境中的主要碳源物质葡萄糖浓度变化较大（图2-3）。细胞的葡萄糖比消耗速率和乳酸比生成速率迅速下降。培养初期的乳酸对葡萄糖的得率系数 $Y_{Lac/Gluc}$ 约为1.7mmol/mmol。在此阶段细胞对葡萄糖的主要代谢去向为糖酵解途径，生成丙酮酸后在乳酸脱氢酶的作用下产生了代谢副产物乳酸。

对数生长期后期，细胞的生长受到了影响，比生长速率迅速下降。此时培养环境中的葡萄糖已消耗至5mmol/L以下，乳酸已不再生成，开始消耗，且消耗速率略有增大。此现象表明，用于细胞生长的重要碳源和能源物质葡萄糖已供不应求，需通过消耗乳酸、生成丙酮酸来补充葡萄糖供给的不足。

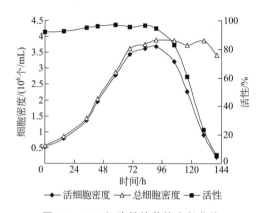

图 2-2　NS0 细胞批培养的生长曲线

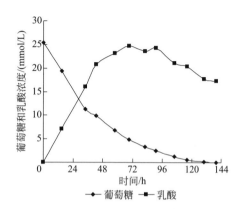

图 2-3　NS0 细胞批培养中葡萄糖与乳酸浓度

对于细胞而言，培养环境中的谷氨酰胺是细胞重要的氮源物质和能源物质。谷氨酰胺一方面是细胞生长和产物合成所必需的氨基酸，另一方面脱氨生成谷氨酸后，经谷氨酸脱氢酶催化脱氢生成 α-酮戊二酸和氨，或者和丙氨酸（或草酰乙酸）在转氨酶催化作用下生成 α-酮戊二酸和丙酮酸（或天冬氨酸）等非必需氨基酸，生成的 α-酮戊二酸进入三羧酸循环。谷氨酸和谷氨酰胺浓度在培养过程中不断降低，副产物氨的浓度则缓慢增加。细胞在对数生长期结束后，谷氨酰胺已消耗至较低的浓度，谷氨酰胺的比消耗速率也大幅下降，此时由于细胞整体代谢活性的降低，谷氨酸的比消耗速率也略有下降。

图2-4所示为批培养过程中产物浓度的变化。由图可见，细胞分泌的抗体浓度随批培养的进行不断增加，在对数生长期结束后，细胞经稳定期进入衰退期，抗体浓度仍在持续增加，至批培养结束时抗体浓度达到最大。

以抗体累积生成量为纵坐标，活细胞对时间的积分值IVC（integral of viable cell over time）为横坐标作图（图2-5），进行线性拟合，斜率即为抗体的比生成速率，约为22.4mg/（10^9 个·d）。说明此细胞表达抗体为非生长偶联型，细胞在此批培养期间具有恒定的抗体比生成速率。在抗体比生成速率不变的前提下，抗体的最终浓度与活细胞对时间的积分值（IVC）成正比，即过程优化中提高活细胞密度和延长培养时间均对最终的抗体浓度起到积极的作用。

通过上述例子可以看出，批培养过程是一个始终动态变化的过程，随着细胞的生长，营养物的浓度逐渐降低，代谢副产物的浓度逐渐升高，培养条件的变化对细胞的生长代谢产生影响。细胞培养的复杂性可以归结为营养物质限制和代谢副产物抑制的矛盾，代谢途径不同，其产生能量的效率和副产物的生成有显著差别。

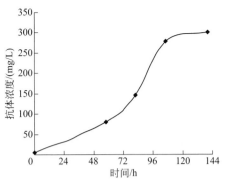

图 2-4　批培养过程中的抗体生成

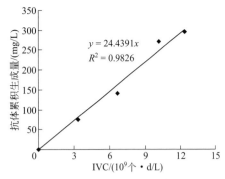

$y = 24.4391x$
$R^2 = 0.9826$

图 2-5　批培养过程中抗体累积生成量与 IVC 关系

2.4.2　流加培养

流加培养是指先将一定量的培养液装入反应器，在适宜条件下接种细胞，进行培养，细胞不断生长，产物也不断生成。随着细胞对营养物质的不断消耗，新的营养成分不断补充至反应器内，使细胞进一步生长代谢，到反应终止时取出整个反应体系。

流加培养的特点是能够调节培养环境中营养物质的浓度[50]。一方面，它可以避免某种营养成分的初始浓度过高而出现底物抑制现象；另一方面，能防止某些限制性营养成分在培养过程中被耗尽而影响细胞的生长和产物的形成，这是流加操作与分批操作的明显不同之处。此外，由于新鲜培养液的加入，整个培养过程的体积是变化的，这也是它的一个重要特征。

根据不同情况，存在不同的流加方式。从控制角度可分为无反馈控制流加和有反馈控制流加两种。无反馈控制流加包括定流量流加和间断流加等。有反馈控制流加，一般是连续或间断地测定系统中限制性营养物质的浓度，并以此为控制指标，调节流加速率或流加液中营养物质的浓度等。最常见的流加物质是葡萄糖、谷氨酰胺等能源和氮源物质。

流加培养可以克服基质的抑制作用，不断保持优化的环境，还可以增加反应器的体积利用系数，以增加产量。流加培养又叫补料批式操作，即在批培养的基础上，过程中根据需要进行营养物质的补充。流加培养能够调节培养环境中营养物质的浓度，防止某些限制性营养成分在培养过程中被耗尽，同时减少副产物的生成。工业界一些产物，如 tPA 和某些单抗都采用流加培养的方式生产。流加培养的策略虽然不同，但都以达到最大细胞密度、延长培养周期和提高产物产率为目标，来综合考虑营养物质平衡和反复流加过程，调控细胞生理状态。常见的策略之一是控制葡萄糖和谷氨酰胺的浓度以减少副产物乳酸和氨的生成，从而实现细胞的长期高密度培养，即葡萄糖和谷氨酰胺限制的流加培养。简单的方法是用浓缩的完全培养基，省时省力。虽然浓缩培养基使用方便，特别是可以补加那些不易确定的限制性成分，但存在成本高、渗透压高、某些高浓度成分可能有抑制作用等缺点。因此，更为科学的方法是通过统计实验数据、计量学关系和分析代谢途径等，根据细胞生长和物质能量代谢的需要确定流加培养基组成并进行过程的优化设计[51-53]。

由于流加培养过程中存在多个随时间变化的量，包括培养体积，因此准确计算和预测非常困难。为此，需要在实验中根据基本的动力学进行必要的估计和简化分析，设计相应的流加培养过程。

以谭文松教授团队进行的杂交瘤细胞葡萄糖限制、谷氨酰胺限制和营养物质丰富的流加培养实验设计为例[54-56]。前期实验结果表明，满足以下条件时可认为细胞处于葡萄糖限制的培养状态：葡萄糖的浓度小于 0.5mmol/L，谷氨酰胺的浓度大于 0.3mmol/L，并且其它营养物质不构成限制；主要副产物乳酸和氨的浓度分别小于 40mmol/L 和 6mmol/L，并且排除其它副产物对细胞生长的抑制作用。

根据以往的实验结果，初步获得此时的代谢参数：$q_{Gluc} \approx 1.4mmol/(10^9 \text{ 个} \cdot d)$，$q_{Gln} \approx 0.65mmol/(10^9 \text{ 个} \cdot d)$，$q_{NH_3} \approx 0.5mmol/(10^9 \text{ 个} \cdot d)$，$Y_{NH_3/Gln} \approx 0.75mmol/mmol$。在 2L 的生物反应器中，初始培养体积 800mL，恒速流加速率为 200mL/d，由此估计流加过程中稀释率处在 $0.3d^{-1}$ 到 $0.1d^{-1}$ 之间。当细胞密度大于 $1.0 \times 10^6 \text{ 个}/mL$ 时开始流加培养，此时氨的浓度约为 2.0mmol/L，流加培养后较长一段时间内细胞的平均比生成速率在 $0.5d^{-1}$ 左右。

理论最大活细胞密度（此时副产物氨接近抑制浓度）按式（2-3）估算：

$$X_{V_{max}} = X_0 + \frac{\Delta P_{NH_3} \cdot \overline{\mu}}{\overline{q}_{NH_3}} = 1.0 + \frac{(6.0 - 2.0) \times 0.5}{0.5} = 5.0 \times 10^6 \text{ 个}/mL \qquad (2\text{-}3)$$

式中，$X_{V_{max}}$ 为最大活细胞密度，$10^6 \text{ 个}/mL$；X_0 为初始活细胞密度，个/mL；ΔP_{NH_3} 为氨的变化浓度，mmol/L；$\overline{\mu}$ 为平均比生长速率，d^{-1}；$\overline{q}_{NH_3}$ 为氨的平均比生成速率，$mmol/(10^9 \text{ 个} \cdot d)$。

设计当活细胞密度 $X_V \approx 3.0 \times 10^6 \text{ 个}/mL$ 时，达到葡萄糖限制状态，此时稀释率 $D \approx 0.25d^{-1}$。

流加培养基中葡萄糖浓度 S_{gluc} 按式（2-4）估算：

$$S_{gluc} = \frac{q_s X_V}{D} = \frac{1.4 \times 3}{0.25} = 16.8mmol/L \qquad (2\text{-}4)$$

取葡萄糖浓度 $S_{Gluc} = 16mmol/L$

流加培养基谷氨酰胺浓度 S_{Gln}（避免底物谷氨酰胺限制）按式（2-5）和式（2-6）估算：

$$S_{Gln} \geqslant S + \frac{q_{Gln} \cdot X_V}{D} = 0.3 + \frac{0.65 \times 3}{0.25} = 8.1mmol/L \qquad (2\text{-}5)$$

$$S_{Gln} \leqslant S + \frac{q_{Gln} \cdot X_{V_{max}}}{D} = S + \frac{q_{NH_3}}{Y_{NH_3/Gln}} \cdot \frac{X_{V_{max}}}{D} \approx S + \frac{P_{NH_3}}{Y_{NH_3/Gln}} = 0.3 + \frac{6}{0.75} = 8.3mmol/L$$

$$(2\text{-}6)$$

$(\frac{dP}{dt} \approx 0)$，取 $S_{Gln} = 8.3mmol/L$

式中，S 为谷氨酰胺最小浓度，0.3mmol/L；q_{Gln} 为谷氨酰胺比消耗速率，$mmol/(10^9 \text{ 个} \cdot d)$；$X_{V_{max}}$ 为最大活细胞密度，$10^6 \text{ 个}/mL$；D 为稀释率，d^{-1}；P_{NH_3} 为氨的抑制浓度，mmol/L；$Y_{NH_3/Gln}$ 为氨对谷氨酰胺的得率系数，mmol/mmol。

其它营养物质如氨基酸浓度（S_{AA}）根据它们同葡萄糖或谷氨酰胺比消耗速率的比例关系 $\left(\frac{q_{AA}}{q_{Gln}}\right)$ 确定。

$$S_{AA} = S_{Gln} \cdot \frac{q_{AA}}{q_{Gln}} \qquad (2\text{-}7)$$

式中，S_{AA} 为某一氨基酸的设计浓度，mmol/L；S_{Gln} 为谷氨酰胺的浓度，mmol/L；q_{AA} 为某一氨基酸的比消耗速率，$mmol/(10^9 \text{ 个} \cdot d)$；$q_{Gln}$ 为谷氨酰胺的比消耗速率，$mmol/(10^9 \text{ 个} \cdot d)$。

同理，可获得营养物质丰富流加和谷氨酰胺限制流加的流加培养基，三种流加培养基和流加速率如表 2-2 所示，按表中设计分别进行流加培养。

表 2-2　流加培养基中葡萄糖和谷氨酰胺的浓度及其流加速率

项目	营养物质丰富	葡萄糖限制	谷氨酰胺限制
葡萄糖浓度/(mmol/L)	30	16	30
谷氨酰胺浓度/(mmol/L)	8.5	8.3	2.0
葡萄糖流加速度/(mmol/d)	6.0	3.2	6.0
谷氨酰胺流加速度/(mmol/d)	1.70	1.66	0.8

营养物质丰富、葡萄糖限制和谷氨酰胺限制的流加培养过程中细胞生长和稀释率的变化如图 2-6 所示。三种流加培养过程都在批培养48h左右开始添加流加培养基，此时细胞处于快速生长的对数期，活细胞密度都在 $1.0×10^6$ 个/mL 以上。随着流加培养的进行，培养体积不断增加，稀释率从开始的 $0.3d^{-1}$ 降到培养后期 $0.2d^{-1}$ 以下。随着营养物质的消耗和副产物的积累，细胞的比生长速率逐渐下降，活细胞密度在细胞比生长速率等于稀释率时达到最大，都在 $3.0×10^6~3.5×10^6$ 个/mL 之间。同批培养相比，比生长速率的降低较缓慢，活细胞密度增加，同时培养周期延长，因此活细胞对时间的积分值（IVC）和最终抗体浓度大大提高。

三种流加培养过程中主要营养物质的比消耗速率和副产物的比生成速率都随培养时间的延长逐步降低，拟稳态培养阶段时相对恒定，进一步表明此阶段细胞的培养环境和生理状态相对稳定。

葡萄糖和谷氨酰胺的浓度对细胞的代谢影响很大。随着流加的进行，三种流加培养过程中营养物质浓度和细胞比生成速率都有所降低，其中营养物质丰富的流加培养后期葡萄糖和谷氨酰胺仍维持在较高的浓度，葡萄糖限制和谷氨酰胺限制的流加培养分别处于葡萄糖和谷氨酰胺限制的培养环境。三种流加培养过程中葡萄糖、谷氨酰胺的比消耗速率和乳酸、氨及丙氨酸的比生成速率随时间动态发生变化，逐渐降低到拟稳态期的相对稳定值。流加过程中细胞代谢变化的原因同营养物质消耗、副产物积累等因素导致的细胞比生长速率降低、生理状态变化息息相关。三种流加培养过程在达到拟稳态期前氨的平均比生成速率 $\bar{q}_{NH_3}$ 都大于设计时的目标（拟稳态）估计值 q_{NH_3}，这是实际培养获得的最大细胞密度小于计算获得的理论值的主要原因。表 2-3 列举了以上典型的三种流加培养在拟稳态阶段主要营养物质消耗、副产物积累的动力学参数。

表 2-3　营养物质丰富、葡萄糖限制和谷氨酰胺限制的流加培养过程拟稳态阶段的参数比较

项目	营养物质丰富	葡萄糖限制	谷氨酰胺限制
比生长速率/d^{-1}	0~0.30	0~0.30	0~0.30
产物比生成速率/[mg/(10^9 个·d)]	30~37	29~36	30~33
葡萄糖浓度/(mmol/L)	6.9~7.1	0.086~0.69	7.7~8.8
葡萄糖比消耗速率/[mmol/(10^9 个·d)]	1.9~2.4	1.1~1.6	1.8~2.0
乳酸浓度/(mmol/L)	25~26	19~25	22~23
乳酸比生成速率/[mmol/(10^9 个·d)]	1.9~3.9	0.0070~0.78	1.6~2.4
乳酸对葡萄糖得率/(mmol/mmol)	1.0~1.4	0.0063~0.49	0.89~1.2
谷氨酰胺浓度/(mmol/L)	0.72~1.4	0.23~0.77	0.011~0.042
谷氨酰胺比消耗速率/[mmol/(10^9 个·d)]	0.65~1.0	0.60~0.86	0.28~0.40

项目	营养物质丰富	葡萄糖限制	谷氨酰胺限制
氨浓度/(mmol/L)	3.9~7.9	2.5~5.8	2.8~3.1
氨比生成速率/[mmol/(10^9 个·d)]	0.76~0.93	0.45~0.84	0.23~0.33
氨对谷氨酰胺得率/(mmol/mmol)	1.1~1.2	0.70~0.97	0.86~1.0
丙氨酸浓度/(mmol/L)	2.2~2.9	1.7~2.2	0.80~1.3
丙氨酸比生成速率/[mmol/(10^9 个·d)]	0.26~0.32	0.038~0.17	−0.070~−0.0077
丙氨酸对谷氨酰胺得率/(mmol/mmol)	0.41~0.42	0.064~0.17	−0.013~−0.025

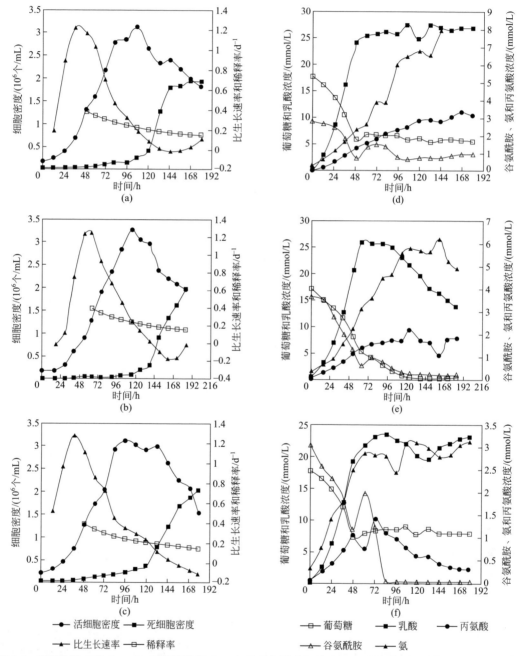

图 2-6　营养物质丰富 (a, d)、葡萄糖限制 (b, e) 和谷氨酰胺限制 (c, f) 流加培养过程的细胞生长和代谢

在批培养过程中，若葡萄糖浓度较低，细胞过早地把葡萄糖消耗殆尽而死亡；若葡萄糖浓度较高，细胞会消耗过多的葡萄糖产生大量代谢副产物乳酸。因此在设计流加工艺时，首先需要考虑的是如何合理地供给葡萄糖，以维持细胞生长、控制乳酸代谢和提高产物表达。另外在批培养过程中，细胞对各氨基酸和维生素等营养物质的消耗和生成不一致，有些成分因过早耗竭而导致细胞生长、代谢或产物表达异常，因此在设计流加培养工艺时需要合理优化流加培养基中氨基酸和维生素等营养物质的浓度及配比。

通过前期的批培养和流加培养实验，可初步确定细胞代谢动力学参数，通过考察各组成成分对细胞生长代谢及产物表达的影响，从而计算和优化流加培养基中营养成分的合理浓度配比，并经优化确定合理流加策略，最终建立细胞高密度生长、产物高效表达的流加培养工艺（图 2-7）。

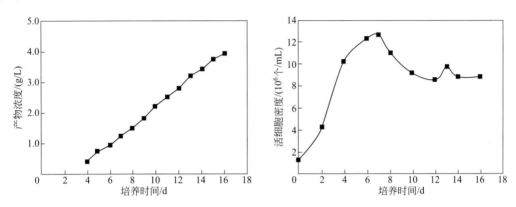

图 2-7　优化后的高密度流加培养过程中的细胞生长和产物表达

2.4.3　半连续培养

半连续培养又称为反复分批培养或换液培养，是指在分批操作的基础上，不全部取出反应体系，剩余部分重新补充新的营养成分，再按分批操作的方式进行培养，这是使反应器内培养液的总体积保持不变的操作方式。

图 2-8 为典型的半连续培养悬浮细胞（换液时细胞一起换出）时的生长曲线，这种操作方式可以反复收获培养液，对于培养动物细胞分泌有用产物或病毒培养过程比较实用，尤其是微载体培养系统更是如此。例如，采用微载体系统培养 rCHO 细胞，待细胞长满微载体后，可反复收获细胞分泌的乙肝表面抗原（HBsAg），制备乙肝疫苗[57]。

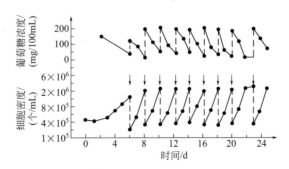

图 2-8　半连续培养悬浮细胞生长曲线

2.4.4 连续培养

连续培养是指将细胞种子和培养液一起加入反应器内进行培养，一方面新鲜培养液不断加入反应器内，另一方面又将细胞液连续不断地取出，使反应条件处于一种恒定状态。

与分批操作和半连续操作不同，连续培养可以控制细胞所处的环境条件长时间稳定，因此，可以使细胞维持在优化状态下，促进细胞生长和产物形成。研究细胞的生理或代谢规律是连续培养一个非常重要的功能。

连续培养过程可以连续不断地收获产物，并维持恒定的细胞密度，在生产中被应用于培养非贴壁依赖型细胞。如英国 Celltech 公司采用该培养方法培养杂交瘤细胞，连续不断地生产单克隆抗体。连续培养方法因用于生产产物的细胞被不断排出反应器，生产效率较低，因此较少用于工业化生产[58]。

2.4.5 灌注培养

（1）灌注培养过程概述

灌注培养是指细胞接种后进行培养，一方面新鲜培养基不断加入反应器中，另一方面又将不含细胞的上清液连续不断地取出，细胞被留在反应器内，让其处于一种营养持续供给、废物持续排出的状态。灌注培养过程作为连续培养过程的特例，具有连续培养过程的一些共性。培养过程在达到稳态前经历从非稳态到稳态的变化过程，不同的培养策略可能达到不同的稳态。在连续搅拌反应器（continuous stirred tank reactor，CSTR）连续恒化培养过程中，符合 Monod 动力学的底物限制生长是一个很稳定的系统，当操作条件和培养基确定后，即使细胞对底物的得率 $Y_{X/S}$ 不是常数，系统仍具有很好的抗过程变量和参数扰动的能力。开环控制方式就能胜任这种恒化培养的过程控制。然而，实际的连续培养过程往往还存在底物或（和）产物抑制等因素，培养过程往往存在多个稳态，为多稳态系统，并且某些稳态可能是不稳定的或者存在动荡。

当高密度培养动物细胞时，必须确保为细胞供给足够的营养以及去除有毒的代谢废物。操作较为简便的批培养过程无法达到稳态，过程中由于营养物质耗竭或代谢副产物累积可使细胞快速地进入衰退期，不易获得较高的细胞密度和产物浓度。在流加培养中，可通过补加营养物质有效解决培养过程中的营养限制问题，以延长细胞生长和产物合成的时间，从而提高细胞密度和产物浓度，提高培养基的利用率。而灌注培养在连续培养的基础上增加了细胞截留装置，将大多数活细胞与培养液、死细胞和细胞碎片分离，活细胞返回到反应器内继续培养，通过合理的设计，能有效地解决培养过程中的营养物质限制和代谢副产物积累的矛盾，可长时间维持较为适宜的培养环境，获得更高的细胞密度，同时提高了单位体积反应器的生产能力，其生长周期可维持 20d 至数月。常用的批培养、流加培养和灌注培养过程中细胞密度的变化如图 2-9 所示。一般批培养中细胞密度为 $2 \times 10^6 \sim 6 \times 10^6$ 个/mL，在灌注培养中可达到 $2 \times 10^7 \sim 10 \times 10^7$ 个/mL。目前灌注培养技术已成功地应用于不同的案例中，规模可达几十升至上千升[59]。

采用灌注培养技术的优越性不仅在于大大提高

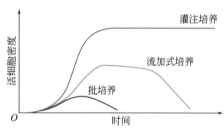

图 2-9 批培养、流加培养和灌注培养中的细胞生长情况比较

了细胞生长密度，而且有助于产物的表达和纯化。以 rCHO 细胞生产人组织型纤溶酶原激活剂（tPA）为例，tPA 是培养过程中细胞分泌的产物，采用长时间的培养周期是经济和合理的工艺手段。在分批培养中，培养基中的 tPA 长时间处于培养温度（37℃）下，可能产生包括降解、聚合等多种形式的变化，影响得率和生物活性。当采用连续灌注工艺时，作为产物的 tPA 在反应器内的停留时间大大缩短，一般可由分批培养时的数天缩短至数小时，并且可以在灌注系统中配有冷藏罐，把取出的上清液立即贮存在 4℃ 左右的低温贮罐中，使 tPA 的生物活性得到保护，产物的数量和质量都超过分批培养工艺（见表 2-4）。

表 2-4　培养工艺对 tPA 产量和活性的影响

培养工艺	分批式	半连续式	灌注式
纯化得率/%	8	21	65
纯化物质的相对产量	1.00	1.33	7.74
比活性/(U/mg)	112.4	391.3	392.6

在微生物细胞培养中广泛采用的连续培养很难直接移植到动物细胞培养中来，原因在于动物细胞生长相对缓慢。连续培养不得不开发专门的细胞截留装置，以截留细胞进行连续培养，即灌注培养。灌注培养的优越性在于能够将细胞截留，并且在培养液体积不变的前提下不断补入新鲜培养基，既消除了营养物质缺乏的状况，又避免了有害代谢物的积累。灌注培养不仅有保持连续培养状态恒定、代谢效率高等优点，而且节省细胞生长所需的营养，从而提高细胞密度，也实现了目标产物的高表达。但灌注培养也存在培养基消耗量比较大、操作过程复杂、培养中易受污染和细胞株基因不稳定等缺点。

灌注培养过程的开发要比批培养和流加培养复杂，难度更大，细胞截留装置和过程控制是两个难点。尤其对悬浮细胞灌注培养系统，由于培养基中蛋白质的含量较高，连续培养过程中细胞和细胞碎片很容易堵塞截留系统。理想的截留装置是可以选择性地从培养液中去除死细胞和细胞碎片，限制或阻止死细胞和细胞碎片在反应器中的积累。常见的内部截留方式为旋转过滤（spin-filter），外部截留方式有重力沉降细胞截留系统和离心式细胞截留系统等，这些截留装置各有优劣。近年来 Doblhoff-Dier 和 Trampler 等利用声学粒子分离技术截留细胞；Markus 等根据细胞带电荷的特性，利用电场对活细胞进行选择性截留。

一个成功的灌注培养过程需要有效的培养基优化设计和严格的过程优化控制。灌注培养动力学可分为生长阶段和稳定阶段。生长阶段的目的是尽量长期地维持细胞的对数生长，此时要维持稳定的高浓度营养物质供给，但灌注速率常不太稳定，波动较大，使过程控制十分困难。在稳定阶段，细胞处在营养物质限制下，降低比生长速率的同时往往提高蛋白质比生成速率，但也造成部分细胞的死亡，产生死细胞和细胞碎片。细胞密度保持恒定，生长和死亡相平衡，产物表达和营养水平保持恒定，以往的研究一般认为这些参数的恒定值是由灌注培养的培养基组成和灌注速率决定的。需要指出的是，在高密度细胞灌注培养过程中，因为细胞代谢活性可能受到多种可知和不可知因素的影响，培养环境中各成分的稳定协调和系统的稳定控制将变得十分困难。

由于存在上述难题，早期灌注培养在工业界应用的例子较少。Pohlscheidt 等[60] 报道了在 500L 规模的反应器上采用旋转过滤截留杂交瘤细胞生产单抗，连续灌注培养 15～35d，体积生产率是批培养和流加培养的十倍以上。凝血因子Ⅷ是第一个获得批准的采用灌注工艺生产的生物药物，生产周期达到 185d，细胞密度和产物得率都达到了批培养的 30 倍以上。

这样大大降低了对工厂规模的需求，一个100～500L的反应器就可达到批培养5000～15000L反应器的生产能力。

从过程生产效率的角度来看，基于优化的灌注策略的培养过程能利用体积有限的生物反应器生产大量产品，并能缩短非生产型生长阶段在整个生产过程总时间中所占的比例，稳定地维持较长的产物生产阶段，从而能降低劳动强度和生产过程开支，提高总体生产效率。连续灌注培养过程的产率是分批培养或者补料分批培养的10倍以上。此外，连续灌注培养过程由于反应器内相对稳定的条件，能得到更为稳定的产品质量；去除了细胞的培养上清液更有利于下游进行产品的分离和纯化。灌注培养过程还适合于通过高度自动化提高生产过程的控制水平。

另外细胞对培养环境的自适应会促使细胞分泌生长因子和其它一些蛋白质分子，而且这种能力可能随细胞密度提高而提高，所以有望在高密度灌注培养过程中一定程度地减少或者完全去除那些昂贵的培养基组分。

从过程经济性角度来看，灌注培养过程应在高细胞密度和高灌注速率条件下进行操作。为了达到这一要求，工程研究人员需克服一些技术限制，如氧传递、CO_2去除、培养基配方和细胞有效截留等，其中细胞截留装置的设计和操作是连续灌注培养过程开发的技术瓶颈之一，也是动物细胞连续培养过程研究的重要组成部分。

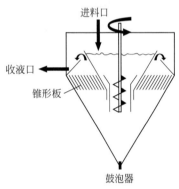

图 2-10　培养空间中实现分离的整合型生物反应器

（2）灌注培养用细胞截留装置

在悬浮培养生物反应器中实现动物细胞连续灌注培养，基于目前的细胞截留技术研究，可以有两条途径：①在常规的悬浮培养生物反应器外加入细胞选择分离装置；②开发直接在培养空间中实现分离的整合型生物反应器（图2-10）。通过整体设计，将截留装置构造于生物反应器内部，具有安全性好、过程操作简单的优点，缺点是不易放大。独立外置于生物反应器的细胞截留装置，一般通过泵送管路与生物反应器培养空间构成循环回路。虽然外置式截留装置较内置式而言操作较为复杂，但易于调节，并能与生物反应器同步放大和改进；在长时间操作过程中，一旦沉降操作效果下降，还可以对沉降装置进行无菌替换。所以，目前外置的细胞截留装置在动物细胞连续灌注培养的实验研究和生产应用中较为常见。

除了对动物细胞大规模培养过程的适用性，为了达到高密度连续培养的目的，灌注培养系统的细胞截留装置还需满足以下要求，同时也是评价截留装置性能优劣的标准：①将细胞有效截留于生物反应器，较少的细胞数量损失；②最小的故障风险，较好的系统稳定性，适用于长时间操作；③装置易于清洗和消毒，并可以反复使用；④能维持较高的细胞活性，不损伤细胞（如机械和流体剪切力等）；⑤截留过程引起的细胞离开培养空间的时间可接受（停留时间要短），不能导致细胞代谢的变化；⑥较低的设备投资和操作费用，较大的操作弹性。

（3）常用细胞截留技术及其性能比较

用于细胞选择性分离截留的手段，可分工程方法和生物学方法两种。工程方法可依据不同细胞种类的特征对细胞进行分离，主要有不同的细胞颗粒大小、细胞密度、细胞带电性和介电常数等，相应可采取沉降分离、离心沉降、过滤、超声波截留以及根据不同电荷性分离的技术。所谓生物学的方法，就是根据生物力学原理以不同种类细胞所表达的表面分子的特征差异为基础，通过亲和方法进行选择性的细胞分离。

目前实验规模和产业规模的动物细胞灌注培养过程中，细胞截留的常用方法一般可归纳为基于过滤的截留技术（filtration retention）和基于细胞沉降的截留技术。

① 基于过滤的截留技术

基于过滤的截留技术是通过一定的物理障碍，根据细胞大小进行分离截留，一般在截留活细胞的同时也截留死细胞和较大的细胞碎片。常用方法包括：错流过滤（cross-flow filtration）［图 2-11（a）］、剪切控制过滤（controlled shear filtration）［图 2-11（b）］、旋涡流过滤（swirling-flow filtration）［图 2-11（c）］、旋转丝网过滤（spin-filter filtration）［图 2-11（d）］和水力旋流分离（hydrocyclone separation）［图 2-11（e）］。在这些基于过滤原理的细胞截留技术中，旋转丝网过滤截留由于其结构简单、操作方便、易于放大等优点，得到了较为广泛的应用。

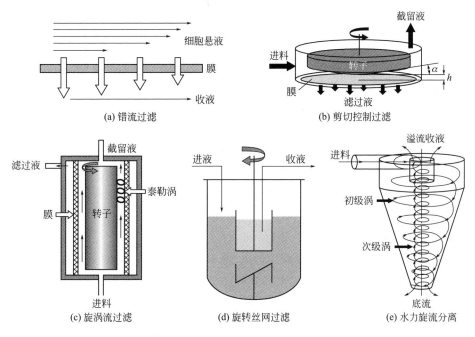

图 2-11　几种常用的细胞截留技术

过滤方法的最大缺点在于过滤介质易于堵塞并失效。细胞碎片和培养基中的黏性成分将过滤孔道堵塞，造成大量死细胞和细胞碎片在反应器中的积累，从而引起培养环境的恶化。因此采用过滤截留技术的连续灌注培养过程一般很难进行长时间的维持和稳定操作。

② 基于细胞沉降的截留技术

基于细胞沉降的截留技术是根据细胞与培养基或者活细胞和死细胞以及细胞碎片之间的沉降速度（settling velocity）差异进行相互分离。目前已开发的细胞沉降截留方法包括：重力沉降（gravity settler）、离心沉降（centrifugal sedimentation）、超声波聚集沉降（ultrasonic sedimentation separation）等[61,62]。

离心沉降过程用离心加速度代替重力加速度，扩大沉降速率的差异。超声波聚集沉降技术则利用超声波对细胞的聚集效应，通过增大颗粒直径提高沉降速率，一些超声波截留装置已经实现了商业化。

大规模动物细胞连续灌注培养系统的细胞分离截留装置主要有三种截留方式：过滤（主要为旋转丝网过滤）、离心沉降和重力沉降。它们的优缺点比较见表 2-5。

表 2-5　几种常用细胞截留方式的性能比较

性能比较	过滤	重力沉降	离心沉降
优点	操作较简单,较易放大	无堵塞现象,对细胞的剪切小,成本低	易放大
缺点	易堵塞,难于连续操作,成本较高	难放大,分离效率受层流流场影响较大,细胞易沉积于倾斜式沉降器下底面	细胞受压力过大,对设备特别是流体密封的要求高,设备昂贵,操作要求和成本较高

（4）灌注培养过程的设计和分析案例

灌注培养过程的设计，首先根据流加培养的结果初步确定设计培养稳态下细胞的代谢动力学和计量学参数，如葡萄糖和氨基酸等营养物质的比消耗速率，主要副产物乳酸、氨和丙氨酸的比生成速率。因为氨积累抑制是细胞培养中限制细胞密度和产率提高的重要因素，一般根据氨的最低比生成速率和对细胞产生毒性作用的抑制浓度，通过动力学关系式计算一定灌注速率下所能达到并维持的最高活细胞密度，然后根据营养物质最低比消耗速率计算平衡培养基中各组分的所需浓度，最后在渗透压允许范围内设计优化平衡培养基。

以谭文松教授团队开展的葡萄糖限制条件下 HB58 杂交瘤细胞灌注培养（灌注速率为 $0.5\mathrm{d}^{-1}$）设计为例[63-65]。当葡萄糖浓度小于 0.5mmol/L，谷氨酰胺浓度大于 0.5mmol/L，且其它营养物质不构成限制时，为处于葡萄糖限制培养状态。同时，为尽可能排除副产物对细胞生长的影响，上述培养状态下乳酸浓度应小于 40mmol/L，副产物氨的浓度应小于 6mmol/L。根据流加培养的实验结果可以估计目标状态下的代谢参数：$q_{\mathrm{Gluc}} \approx 1.4\mathrm{mmol}/(10^9 \text{个} \cdot \mathrm{d})$，$q_{\mathrm{Gln}} \approx 0.65\mathrm{mmol}/(10^9 \text{个} \cdot \mathrm{d})$，$q_{\mathrm{NH}_3} \approx 0.5\mathrm{mmol}/(10^9 \text{个} \cdot \mathrm{d})$，$Y_{\mathrm{NH}_3/\mathrm{Gln}} \approx 0.75\mathrm{mmol/mmol}$。

理论最大活细胞密度按式（2-8）估算。

$$X_{V_{\max}} = \frac{PD}{q_P} = \frac{6 \times 0.5}{0.5} = 6 \times 10^6 \text{ 个/mL} \tag{2-8}$$

灌注培养基中葡萄糖浓度按式（2-9）估算。

$$S_{\mathrm{Gluc}} = \frac{q_s X_{V_{\max}}}{D} = \frac{1.4 \times 6}{0.5} = 16.8\mathrm{mol/L} \tag{2-9}$$

取 $S_{\mathrm{Gluc}} = 16\mathrm{mmol/L}$。

灌注培养基中谷氨酰胺浓度按式（2-10）估算。

$$S_{\mathrm{Gln}} \geq S + \frac{q_s X_{V_{\max}}}{D} = 0.5 + \frac{0.65 \times 6}{0.5} = 8.3\mathrm{mmol/L} \tag{2-10}$$

取 $S_{\mathrm{Gln}} = 8.5\mathrm{mmol/L}$。

其它营养物质如氨基酸浓度的确定，根据其与葡萄糖或谷氨酰胺比消耗速率的比例关系确定，即：

$$S_{\mathrm{AA}} = S_{\mathrm{Gln}} \cdot \frac{q_{\mathrm{AA}}}{q_{\mathrm{Gln}}} \tag{2-11}$$

同理，可获得营养物质丰富和谷氨酰胺限制的灌注培养基组成，三种灌注培养过程如表 2-6 的设计进行。

表 2-6　灌注培养基中葡萄糖和谷氨酰胺的浓度和灌注速率

项目	营养物质丰富	葡萄糖限制	谷氨酰胺限制
灌注速率/d^{-1}	0.52	0.52	0.52
葡萄糖浓度/(mmol/L)	32	16	32
谷氨酰胺浓度/(mmol/L)	9.0	8.5	2.0

在三种灌注培养过程中，首先是批培养过程，当细胞进入对数生长期、活细胞密度达到 1.0×10^6 个/mL 以上后开始灌注培养。细胞被内置的旋转过滤截留在反应器中，由于新鲜的培养基不断进行补充，副产物随收获的培养液不断流出，因此，与批培养和流加培养过程相比，灌注培养的细胞生长期大大延长，细胞密度不断增高。在一定的灌注速率下，随着细胞的生长和密度的提高，反应器中营养物质浓度不断降低，细胞表观比生长速率降低，最终细胞生长和损失平衡，达到稳态。三种灌注培养过程最终获得的最大活细胞密度分别为：5.1×10^6 个/mL（营养物质丰富的灌注培养）、6.9×10^6 个/mL（葡萄糖限制的灌注培养）和 5.4×10^6 个/mL（谷氨酰胺限制的灌注培养）（图 2-12）。营养物质丰富的灌注培养稳态下主要营养物质如葡萄糖浓度（1.6～2.1mmol/L）和谷氨酰胺浓度（0.74～1.1mmol/L）都未构成明显的限制，但此时细胞生长速率仍较低，活细胞损失和生长平衡，密度相对不变，显然此时副产物（此时乳酸和氨的浓度分别达到 30mmol/L 和 6.0mmol/L 以上）对细胞生长的抑制因素可能是限制细胞密度增加的主要因素。葡萄糖限制的灌注培养稳态下葡萄糖消耗接近完全（<0.20mmol/L）和谷氨酰胺限制的灌注培养稳态下谷氨酰胺的耗竭（<0.0050mmol/L）是细胞生长缓慢、达到稳态的主要原因之一。

在营养物质丰富的灌注培养过程中，随着培养的进行，死细胞不断增加，在培养稳态下细胞活性或降到 55%左右。尤其是在谷氨酰胺限制的灌注培养过程中死细胞增加速率更快，当培养后期活细胞密度达到 6.1×10^6 个/mL 时，细胞活性降低到 45%以下；而在葡萄糖限制的稳定培养期，细胞相对稳定，细胞活性较长期地稳定在 70%～80%之间。因此，对于杂交瘤细胞 HB58 而言，当培养环境中谷氨酰胺耗尽时，很容易引起细胞的死亡，即谷氨酰胺对于细胞的生长甚至是维持来讲都具有其它营养成分不可替代的作用，谷氨酰胺的严格限制对于连续培养过程的稳定性是不利的。同时，过多的死细胞和细胞碎片非常容易堵塞工业界常用的旋转过滤和膜式等截留系统，大大降低了灌注培养的周期。而在葡萄糖限制的灌注培养中，稳态下细胞的稳定性较好，死细胞较少，对灌注培养的连续操作而言是有利的。

上述不同灌注稳态培养条件下截留装置旋转过滤对细胞的截留效率都在 65%～85%之间，实际灌注速率 D 为 $0.52d^{-1}$，因此灌注培养过程中活细胞的流出率在 0.10～0.20d^{-1} 之间，此时细胞的表观比生长速率等于活细胞的流出速率。

三种灌注培养过程中，在达到稳态前主要营养物质消耗和副产物生成随细胞生理状态的改变呈动态变化，稳态下的代谢参数总结如表 2-7 所示。与流加培养过程的分析相似，三种稳态下虽然细胞的表观比生长速率相近，但代谢规律却差别很大。同样，连续灌注培养过程与流加培养过程的许多代谢参数有显著差异。葡萄糖限制的连续灌注培养过程中葡萄糖的最小比消耗速率进一步降低，最低达到 0.6mmol/(10^9 个·d)；谷氨酰胺限制灌注培养中谷氨酰胺的最小比消耗速率约为 0.26mmol/(10^9 个·d)，氨的最小比生成速率进一步降到 0.20mmol/(10^9 个·d) 以下。比较明显的差别是灌注培养中氨对谷氨酰胺的得率系数较小，最低约为 0.52mmol/mmol。这些差异可能和连续灌注培养过程中细胞密度较高和稳态培养期时间较长等因素有关。

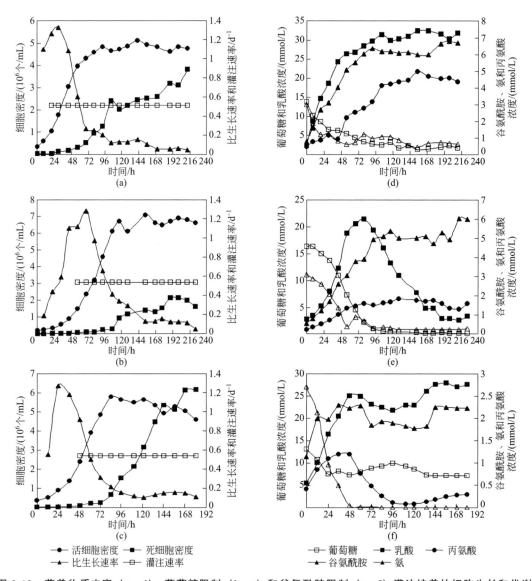

图 2-12 营养物质丰富 (a，d)、葡萄糖限制 (b，e) 和谷氨酰胺限制 (c，f) 灌注培养的细胞生长和代谢

表 2-7　营养物质丰富、葡萄糖限制和谷氨酰胺限制的灌注培养稳态阶段的参数比较

项目	营养物质丰富	葡萄糖限制	谷氨酰胺限制
表观比生长速率/d^{-1}	0.10～0.20	0.10～0.20	0.10～0.20
葡萄糖浓度/(mmol/L)	1.6～2.1	＜0.20	7.0～7.3
葡萄糖比消耗速率/[mmol/(10^9 个·d)]	2.4～3.2	0.60～1.0	1.6～2.6
乳酸浓度/(mmol/L)	30～33	2.6～2.8	26～28
乳酸比生成速率/[mmol/(10^9 个·d)]	2.8～2.1	＜0.068	2.1～3.3
乳酸对葡萄糖得率/(mmol/mmol)	0.98～1.5	＜0.097	1.0～1.3
谷氨酰胺浓度/(mmol/L)	0.74～1.1	0.24～0.29	＜0.0050
谷氨酰胺比消耗速率/[mmol/(10^9 个·d)]	0.83～0.93	0.42～0.55	0.26～0.36

项目	营养物质丰富	葡萄糖限制	谷氨酰胺限制
氨浓度/(mmol/L)	6.0~6.7	5.1~6.2	2.2~2.6
氨比生成速率/[mmol/(10^9 个·d)]	0.57~0.82	0.25~0.35	0.19~0.26
氨对谷氨酰胺得率/(mmol/mmol)	0.68~0.92	0.52~0.78	0.52~0.76
丙氨酸浓度/(mmol/L)	2.4~5.0	1.3~1.7	0.80~1.3
丙氨酸比生成速率/[mmol/(10^9 个·d)]	0.37~0.68	0.050~0.10	<0.034
丙氨酸对谷氨酰胺得率/(mmol/mmol)	0.40~0.73	0.13~0.17	<0.013

　　灌注培养过程达到稳态前,三种灌注培养过程中的单抗浓度都持续增加,在葡萄糖限制的灌注培养中因获得的活细胞密度较大,稳态时的抗体浓度也较高。通过分析三种灌注培养中单克隆抗体的比生成速率变化情况,发现在细胞快速生长的对数生长期单抗的比生成速率较大,之后略有降低,但降低的幅度不大,三种情况下都在 30~40mg/(10^9 个·d)左右。其中谷氨酰胺限制的稳态下略大,可能是此时细胞的活力较低,单抗从细胞中释放的速率提高所致。虽然单抗比生成速率在细胞比生长速率大时略高,但整体变化不大,可以认为此细胞系的单抗生产是非生长偶联型的。

　　根据以上研究,可获取细胞的基本生长代谢动力学及各营养物质浓度对细胞生长代谢和产物表达的影响。据此,通过合理的初始灌注培养基组分设计和灌注策略的优化,可获得细胞高密度生长、产物高效表达的灌注培养过程。如在表达抗 CD25 嵌合抗体的 NS0 细胞培养案例中,通过了解细胞生长、代谢和产物表达特性,采用自行研制开发的无蛋白质培养基,以葡萄糖和谷氨酰胺消耗作为控制参数,建立了 50L 规模(工作体积 35L)生物反应器高密度动物细胞连续灌注培养生产工艺。以每天 0.5v/v(每天连续收获 0.5 个反应器体积的上清液)的灌注速率进行灌注培养,细胞密度达 1.5×10^7 个/mL,从第 10 天起开始收液,上清液中的产物浓度超过 1000mg/L,整个培养过程持续 60d(图 2-13),共收获上清液 1780L,获得的抗 CD25 抗体产量达到 1870 g。表 2-8 是上述灌注培养工艺与批培养结果的比较。

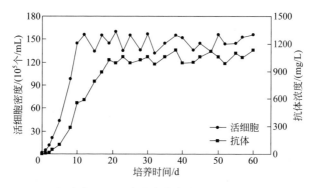

图 2-13　NS0 细胞在 50L 反应器中的高密度连续灌注培养工艺结果

表 2-8　NS0 细胞 50L 生物反应器中连续灌注培养与批培养的结果比较

项目	批培养	灌注培养	灌注培养/批培养
工作体积/L	35	35	—

项目	批培养	灌注培养	灌注培养/批培养
培养周期/d	5	60	—
生产周期/d	5	50	—
灌注速率/d^{-1}	—	0.5	
活细胞密度/(10^5 个/mL)	32	150	2.7
产物比生成速率/[$\mu g/(10^6$ 个·d)]	28	26	0.93
抗体浓度/(mg/L)	250	1050	2.2
每天产量/(g/d)	1.75	29.7	17.0
抗体产量/g	8.75	1870	213

2.4.6 动物细胞大规模培养用生物反应器简介

动物细胞培养的具体工艺过程究竟采用何种培养方式是一个值得探讨的问题,具体哪一种培养模式更有优势要根据具体的细胞株和产品特性等确定,主要考虑因素:①产品特性(细胞本身、细胞分泌产物、细胞裂解产物等);②产物稳定性以及有无可能被酶降解;③产物表达特性(如对数生长期表达还是稳定期表达)以及是否存在负反馈等;④培养基种类;⑤生产设备和厂房;⑥截留细胞的难易程度等。总之,工业生物反应器规模和操作模式的选择取决于产品市场的需求量、价格和过程的可行性[66-68]。

实现动物细胞培养过程高密度和目标产物高浓度、高品质一直是不变的目标。其中的关键是如何解决限制细胞生长和目标产物生成的营养物质耗竭和代谢副产物积累的矛盾。解决这一矛盾的有效方法是根据细胞的营养需求设计平衡的培养基组成、反应器操作方式和控制策略,调控和开发高效的细胞生理状态,提高营养物质的利用效率,并使代谢副产物的生成和积累降至最低水平。动物细胞培养过程将始终不变地沿着这一指导原则向前发展。

随着人类基因组计划的完成和基础研究的重大进展,目前已经有相当数量的诊断或治疗性单抗、重组蛋白质获得批准上市,同时还有大量的药物正处于临床试验阶段。如何让这些成果走出实验室获得工业化生产,是对于动物细胞大规模培养过程的开发、优化和下游处理技术的挑战。显然,单单靠增加生物反应器数量的方法无法满足产能的需要。批培养也不是一种经济的生产方式。流加培养是目前生产单克隆抗体和重组蛋白质的主要培养方式,而灌注培养目前则主要用于生产稳定性欠佳的治疗性蛋白质,其未来的工业化广泛应用需突破细胞高效截留和提高过程经济性两大瓶颈。当然,超大型生物反应器(如 20000L 以上体积)的运行和操作风险也不可忽视,未来随着细胞系和培养基开发技术的发展以及工艺优化后生产效率的进一步提高,制药企业对此类超大体积生物反应器的需求会逐渐减少,也许 2000~10000L 甚至更小体积的生物反应器便可满足生产的需求。近年来,随着灌注培养技术工艺设计的日趋成熟和细胞截留设备的更新换代,应用小型生物反应器以更高的效率进行生产的趋势越来越明显,同时更具灵活性的一次性生物反应器也逐步受到研发及生产企业的青睐。随着生物制药行业生物制品的不断开发、品类不断扩大以及生产需求的多样化,个性化和连续加工概念将进一步深入人心,因此更为灵活、更具兼容性的生产工艺过程必将越来越具吸引力。

参 考 文 献

[1]Shukla A A，Thommes J. Recent advances in large-scale production of monoclonal antibodies and related proteins. Trends in Biotechnology，2010，28(5)：253-261.

[2]魏明旺，张淑香. 动物细胞大规模培养的主流技术. 生物产业技术，2009(4)：85-89.

[3] Zhu M M，Mollet M，Hubert R S. Industrial production of therapeutic proteins：cell lines，cell culture，and purification //kent J A. Handbook of Industrial Chemistry and Biotechnology. New York：Springer Science，2012：1229-1248.

[4] Kunert R，Reinhart D. Advances in recombinant antibody manufacturing. Applied Microbiology and Biotechnology，2016，100(8)：3451-3461.

[5] Li F，Vijayasankaran N，Shen A Y，et al. Cell culture processes for monoclonal antibody production. Mabs，2010，2(5)：466-477.

[6] Sun Y T，Zhao L，Liu X P，et al. Application of improved top-down approach in maximizing CHO cell mass and productivity in fed-batch culture. Journal of Chemical Technology and Biotechnology，2013，88(7)：1237-1247.

[7] Li F，Zhou J X，Yang X，et al. Current therapeutic antibody production and process optimization. Bioprocessing Journal，2005，5(2)：1-8.

[8] Ozturk S S，Hu W S. Cell culture technology for pharmaceutical and cell-based therapies. Boca Raton：CRC Press，Taylor & Francis Group，2005.

[9] Lu F，Toh P C，Burnett L，et al. Automated dynamic fed-batch process and media optimization for high productivity cell culture process development. Biotechnology and Bioengineering，2013，110(1)：191-205.

[10] Sauer P W，Burky J E，Wesson M C，et al. A high-yielding，generic fed-batch cell culture process for production of recombinant antibodies. Biotechnology and Bioengineering，2000，67(5)：585-597.

[11] Tsao Y S，Cardoso A G，Condon R G，et al. Monitoring Chinese hamster ovary cell culture by the analysis of glucose and lactate metabolism. Journal of Biotechnology，2005，118(3)：316-327.

[12] Altamirano C，Paredes C，Cairó J J，et al. Improvement of CHOcell culture medium formulation：simultaneous substitution of glucose and glutamine. Biotechnology Progress，2000，16(1)：69-75.

[13] Gagnon M，Hiller G，Luan Y，et al. High-end pH-controlled delivery of glucose effectively suppresses lactate accumulation in CHO Fed-batch cultures. Biotechnology and Bioengineering，2011，108(6)：1328-1337.

[14] Fan Y Z，Del Val I J，Muller C，et al. A multi-pronged investigation into the effect of glucose starvation and culture duration on fed-batch CHO cell culture. Biotechnology and Bioengineering，2015，112(10)：2172-2184.

[15] Mulukutla B C，Khan S，Lange A，et al. Glucose metabolism in mammalian cell culture：new insights for tweaking vintage pathways. Trends in Biotechnology，2010，28(9)：476-484.

[16] Fan Y Z，Del Val I J，Müller C，et al. Amino acid and glucose metabolism in fed-batch CHO cell culture affects antibody production and glycosylation. Biotechnology and Bioengineering，2015，112(3)：521-535.

[17] Reimonn T M，Park S，Agarabi C D，et al. Effect of amino acid supplementation on titer and glycosylation distribution in hybridoma cell cultures-Systems biology-based interpretation using genome-scale metabolic flux balance model and multivariate data analysis. Biotechnology Progress，2016，32(5)：1163-1173.

[18] Torkashvand F，Vazir B，Maleknia S，et al. Designedamino acid feed in improvement of production and quality targets of a therapeutic monoclonal antibody. PLoS One，2015，10(10)：e0140597.

[19] Duarte T M，Carinhas N，Barreiro L C，et al. Metabolic responses of CHO cells to limitation of key amino acids. Biotechnology and Bioengineering，2014，111(10)：2095-2106.

[20] Linz M，Zeng A，Wagner R，et al. Stoichiometry，kinetics，and regulation of glucose and amino acid metabolism of a recombinant BHK cell line in batch and continuous cultures. Biotechnology Progress，1997，13(4)：453-463.

[21] Kmetic I，Radosevic K，Murati T，et al. Lindane-induced cytotoxicity and the role of vitamin E in Chinese Hamster Ovary(CHO-K1) cells. Toxicology Mechanisms and Methods，2009，19(8)：518-523.

[22] Bashir N，Kuhen K，Taub M. Phospholipids regulate growth and function of MDCK cells in hormonally defined serum free medium. In Vitro Cellular & Developmental Biology-Animal，1992，28A(9-10)：663-668.

[23] Chen F，Fan L，Wang J Q，et al. Insight into the roles of hypoxanthine and thydimine on cultivating antibody-

producing CHO cells: cell growth, antibody production and long-term stability. Applied Microbiology and Biotechnology, 2012, 93(1): 169-178.

[24] Shiokawa K, Asano M, Shiozaki C. Function, molecular structure and gene expression of fibroblast growth factor (FGF/HBGF). Nihon Rinsho, 1992, 50(8): 1893-1901.

[25] Krane J F, Murphy D P, Carter D M, et al. Synergistic effects of epidermal growth factor(EGF) and insulin-like growth factor I/somatomedin C(IGF-I) on keratinocyte proliferation may be mediated by IGF-I transmodulation of the EGF receptor. Journal of Investigative Dermatology, 1991, 96(4): 419-424.

[26] 李晓璐, 范里, 赵亮, 等. 基于单纯型设计和部件搜索方法的 CHO 细胞无血清培养基的高通量优化. 高校化学工程学报, 2014, 28(4): 777-783.

[27] 刘国庆, 陈飞, 赵亮, 等. 表达单克隆抗体的 CHO 细胞无蛋白培养基的优化. 高校化学工程学报, 2013, 27(1): 96-101.

[28] Chen F, Ye Z Y, Zhao L, et al. Biphasic addition strategy of hypoxanthine and thymidine for improving monoclonal antibody production. Journal of Bioscience and Bioengineering, 2012, 114(3): 347-352.

[29] Petiot E, Fournier F, Gény C, et al. Rapid screening of serum-free media for the growth of adherent Vero cells by using a small-scale and non-invasive tool. Applied Biochemistry and Biotechnology. 2010, 160(6): 1600-1615.

[30] Ramírez J, Gutierrez H, Gschaedler A. Optimization of astaxanthin production by Phaffia rhodozyma through factorial design and response surface methodology. Journal of Biotechnology, 2001, 88(3): 259-268.

[31] Parampalli A, Eskridge K, Smith L, et al. Development of serum-free media in CHO-DG44 cells using a central composite statistical design. Cytotechnology, 2007, 54(1): 57-68.

[32] Lao M S, Schalla C. Development of a serum-free medium using computer-assisted factorial design and analysis. Cytotechnology, 1996, 22(1-3): 25-31.

[33] 黄锭, 黎文明, 赵亮, 等. Plackett-Burman 与响应面法相结合优化化学成分明确的 MDCK 细胞无血清无蛋白培养基. 中国生物制品学杂志, 2014, 27(6): 835-842.

[34] 陈小东. CIK 细胞体外扩增的血清替代物的开发[D]. 上海: 华东理工大学, 2016.

[35] 张维燕, 刘亚亚, 刘旭平, 等. 谷氨酰胺和天冬酰胺对 CHO 细胞生长、代谢及抗体表达的影响. 中国生物工程杂志, 2014, 34(4): 9-15.

[36] 代为俊. MDCK 细胞无血清悬浮培养生产禽流感病毒疫苗的工艺开发及规模放大[D]. 上海: 华东理工大学, 2017.

[37] Wlaschin K F, Hu W S. Fedbatch culture and dynamic nutrient feeding. Advances in Biochemical Engineering/Biotechnology, 2006, 101: 43-74.

[38] Nolan R P, Lee K. Dynamic model for CHO cell engineering. Journal of Biotechnology, 2012, 158(1): 24-33.

[39] Zamorano F, Wouwer A V, Bastin G. A detailed metabolic flux analysis of an underdetermined network of CHO cells. Journal of Biotechnology, 2010, 150(2): 497-508.

[40] Ahn W S, Antoniewicz M R. Towards dynamic metabolic flux analysis in CHO cell cultures. Biotechnology Journal, 2012, 7(1): 61-74.

[41] Ma N, Ellet J, Okediadi C, et al. A single nutrient feed supports both chemically defined NS0 and CHO fed-batch processes: Improved productivity and lactate metabolism. Biotechnology Progress, 2009, 25(5): 1353-1363.

[42] 郑惠惠, 江洪. CHO 细胞表达系统研究进展. 生物技术进展, 2016, 6(4): 239-243.

[43] Schatz S M, Kerschbaumer R J, Gerstenbauer G, et al. Higher expression of Fab antibody fragments in a CHO cell line at reduced temperature. Biotechnology & Bioengineering, 2003, 84(4): 433-438.

[44] Dezengotita V M, Abston L R, Schmelzer A E, et al. Selected amino acids protect hybridoma and CHO cells from elevated carbon dioxide and osmolality. Biotechnology and Bioengineering, 2002, 78(7): 741-752.

[45] 王晨, 汪嘉琪, 赵亮, 等. 二氧化碳分压和渗透压升高对 CHO 细胞维持期生长、代谢和产物表达的影响. 生物技术通报, 2018, 34(3): 217-224.

[46] Zhu J. Mammalian cell protein expression for biopharmaceutical production. Biotechnology Advances, 2012, 30(5): 1158-1170.

[47] 陈文庆, 王建超, 刘华杰, 等. 悬浮培养工艺与转瓶培养工艺的比较分析. 中国兽药杂志, 2010, 44(10): 37-41.

[48] 张韧, 秦玉明, 陈文庆, 等. 悬浮培养技术在生物制药中的应用和展望. 中国兽药杂志, 2011, 45(3): 56-60.

[49] 赵亮，范里，张旭，等. 表达抗-CD25 单克隆抗体的 GS-NS0 骨髓瘤细胞无血清培养及代谢特性. 生物工程学报，2009，25(7)：1069-1076.

[50] Zhou J，Droms K，Geng Z，et al. Fed-batch cell culture process optimization：A rationally integrated approach. Bioprocess International，2012，10(3)：40-45.

[51] Stansfield S H，Dinnis D M，Allen E E Dinnis D M，et al. Dynamic analysis of GS-NS0 cells producing a recombinant monoclonal antibody during fed-batch culture. Biotechnology and Bioengineering，2007，97(2)：410-424.

[52] Spens E，Häggström L. Defined protein and animal component-free NS0 fed-batch culture. Biotechnology and Bioengineering，2007，98(6)：1183-1194.

[53] Bibila T A，Robinson D K. In pursuit of the optimal fed-batch process for monoclonal antibody production. Biotechnology Progress，1995，11(1)：1-13.

[54] 李东晓，张淑香，朱明龙，等. 葡萄糖和谷氨酰胺浓度对杂交瘤细胞生长代谢的影响. 华东理工大学学报，2003，29(4)：359-362.

[55] 张淑香，李东晓，朱明龙，等. 底物限制对杂交瘤细胞生长、代谢和单抗生成的影响. 华东理工大学学报，2003，29(5)：471-475.

[56] 张淑香，李东晓，朱明龙，等. 杂交瘤细胞流加培养中葡萄糖和谷氨酰胺的代谢控制. 化工学报，2004，55(2)：247-252.

[57] 滕小锘，易小萍，孙祥明，等. 表达乙型肝炎表面抗原的重组 CHO 血清培养基的优化及生物反应器培养. 中国生物制品学杂志，2010，23(10)：1080-1083.

[58] Al-Rubeai M，Emery A N，Chalder S，et al. Specific monoclonal antibody productivity and the cell cycle-comparisons of batch，continuous and perfusion cultures. Cytotechnology，1992，9(1-3)：85-97.

[59] Pollock J，Ho S V，Farid S S. Fed-batch and perfusion culture processes：economic，environmental，and operational feasibility under uncertainty. Biotechnology and Bioengineering，2013，110(1)：206-219.

[60] Pohlscheidt M，Kiss R，Gottschalk U. An introduction to "recent trends in the biotechnology industry：Development and manufacturing of recombinant antibodies and proteins". Advances in Biochemical Engineering/Biotechnology，2018，165：1-8.

[61] 姜华，迟占有，蔡海波，等. 动物细胞沉降分离截留过程的模型研究. 中国医药工业杂志，2004，35(9)：525-527.

[62] 张璐，魏玮，张旭，等. 采用 CFD 技术优化倾斜式重力沉降细胞截留装置的结构. 中国生物工程杂志，2008，28(6)：178-182.

[63] 牛红星，朱明龙，张旭，等. 杂交瘤细胞连续灌注培养的代谢流分析. 南京：全国化学工程与生物化工年会，2004：837.

[64] 牛红星. 流加和灌注培养过程中杂交瘤细胞的生长代谢特性研究[D]. 上海：华东理工大学，2006.

[65] Zhao L，Fan L，Wang J Q，et al. Responses of GS-NS0 myeloma cells to osmolality：Cell growth，intracellular mass metabolism，energy metabolism，and antibody production. Biotechnology and Bioprocess Engineering，2009，14(5)：625-632.

[66] 梅建国，庄金秋，王金良，等. 动物细胞大规模培养技术. 中国生物工程杂志，2012，32(7)：127-132.

[67] 孙杨，聂简琪，刘秀霞，等. 生物过程工程研究在创新生物医药开发中应用的驱动力——生物反应器. 化工进展，2016，35(4)：971-980.

[68] 朱向阳. 抗体药物工艺开发需要考虑的因素. 中国新药研究，2015，24(20)：2363-2368.

第 **3** 章 植物细胞培养技术

　　植物细胞培养（plant cell culture）是指在离体条件下对植物单个细胞或小的细胞团进行培养，并使其增殖而获得大量细胞群体的一种技术。植物细胞可产生大量有用的次生代谢物，为人类提供药品、色素、调味品、香料、兴奋剂和杀虫剂等。近年来，由于自然环境的恶化，很多具有重要用途的植物资源日益减少，限制了这些重要物质的获得。自 1956 年 Routier 和 Nickell 提出利用植物细胞培养合成次生代谢物以来，植物细胞培养技术取得了快速发展。进入 20 世纪 70 年代，随着分子遗传理论、DNA 重组和单克隆抗体等生物技术的突破，利用基因工程方法在植物细胞中生产具有重要价值的重组蛋白质技术也取得了突破性进展。本章简要介绍利用植物细胞培养技术生产次生代谢物和重组蛋白质的基本方法。

3.1 概述

3.1.1 发展历程与应用现状

　　植物细胞培养的历史起源于 20 世纪初。自 20 世纪 30 年代 White 和 Gautheret 等人首次利用实验方法建立植物细胞和器官培养技术以来，植物细胞培养技术现已发展成为一门精细的实验和技术科学，包括植物器官、组织、细胞、原生质体、胚以及植株的培养。

　　1967 年 Kaul 和 Staba 采用发酵罐对阿米芹（*Ammi visnaga*）进行了细胞大量培养的研究，首次利用此方法得到了药用成分呋喃色酮。1983 年日本三井石油化学公司首次利用培养的紫草细胞生产出紫草宁，并于 1985 年投放市场，其生产规模达到 750L，产物终浓度达到 1400mg/L，实现了植物细胞培养的产业化。之后，研究者又成功地利用培养的黄连、人参和毛地黄细胞分别生产出小檗碱、人参皂苷和地高辛等。到了 20 世纪 90 年代，利用红豆杉细胞培养生产抗癌药物紫杉醇的研究如火如荼，自从 1991 年 Christen 等人申请有关红豆杉组织培养的专利以来，植物细胞培养的紫杉醇含量已提高了 100 多倍，达 153mg/L，美国的 Phytoncatalytic 公司已在德国进行了 75t 发酵罐的实验。之后，利用植物细胞进行天然产物的生产进入了一个崭新的发展阶段。迄今为止，全世界已经有 1000 多种植物进行过细胞培养的研究[1]。利用植物细胞培养技术生产的次生代谢物被人类广泛应用，一些天然成分如紫杉醇、紫草宁、迷迭香酸和人参皂苷等已进入工业化生产阶段。同时探索出了悬浮培养、两相培养、固定化培养等先进的培养方法。

　　20 世纪 70 年代初，植物基因工程在分子生物学和植物细胞学基础上发展起来。它是用人工方法，从不同生物体中提取外源基因片段，与载体 DNA 经体外重组后获得携带有外源基因的重组载体，将这一载体引入受体细胞，在受体中复制和表达从而改变受体细胞的遗传特性，这一技术的发展更加丰富了植物细胞培养技术的应用范围。然而，植物细胞培养技术应用于重组蛋白质的研究却是在近二三十年才发展起来的技术。自从 1990 年第一个重组蛋白质——血浆白蛋白质在植物细胞中培养合成以来[2]，已有 20 多种重组蛋白质在植物细胞培养中得以生产，包括抗体、酶、激素、生长因子和细胞分裂素[3]。2012 年，首个利用植物细胞悬浮培养生产的重组药物蛋白质他利苷酶 α（Taliglucerase alfa；Elelyso®）获得生产授权用于成人 I 型戈谢病的治疗，2014 年该产品又被授权可作为儿科用药[4]。

3.1.2 植物细胞培养特性

植物细胞培养与整株植物栽培相比有许多优点：①可以不受气候、季节和地域的影响；②细胞增殖速度快，而且生产效率高；③可对细胞的物理和化学环境、遗传环境进行一定程度的调节控制；④在无菌条件下培养，可排除病菌和虫害的侵扰；⑤可选择性地生产所需的代谢物等。植物细胞培养已成为当代生物技术研究领域中一个活跃的分支。

植物细胞培养与动物细胞培养相比具有以下优势：①培养基非常简单且便宜，生产成本较低；②植物细胞中没有任何已知的人类病原体，不会产生内毒素，生产的重组蛋白质更为安全；③植物细胞也可用于生产需要植物转录后修饰的蛋白质或对动物宿主细胞有害或有毒的蛋白质。

植物细胞生物培养也存在产量较低和昂贵的纯化技术阻碍其商业化等缺点。另一方面，与微生物细胞相比，植物细胞培养存在许多不利之处，主要问题为：①培养周期长，生长缓慢和生产率低；②所需有效成分含量不高；③大量培养相对困难，往往存在不耐剪切、接种量大、放大后产量下降等一系列问题，由此制约了商业化生产规模的形成。其限制因素一方面源于环境条件（培养条件），另一方面源于植物细胞自身的性质。这些问题可通过诱导驯化等获得高产细胞株、优化培养条件、开发新型细胞反应器和采用新的培养技术等途径来解决。

3.1.3 发展前景

植物细胞培养在次生代谢物和重组蛋白质生产方面均具有不可替代的优势，已取得了令人瞩目的成就。然而，随着研究的进一步深入，植物细胞培养技术的产业化进程则遇到了巨大的难题。例如，植物细胞在液体培养基中的生长速度缓慢，培养周期相对较长，有效成分含量很低，培养过程容易染菌，植物培养细胞的细胞壁容易损伤，缺少成熟的植物细胞大规模培养装置和生产工艺等。为此，不仅要解决成功培养植物细胞的问题，更重要的是必须设计和制造出剪切力小的新型生物反应器及其相关的配套装置等。虽然在 20 世纪 80 年代，日本的化工企业曾经尝试过植物细胞产品的产业化生产，但是由于培养技术的复杂性以及产品成本过高等问题没有得到推广和普及，时至今日，植物细胞培养在世界上仅取得了有限的商业应用。从目前的水平来看，任何一种化合物如果每千克价值低于 1000 美元，用植物细胞培养进行生产则是很困难的，除非利用生物反应器生产的化合物价格高且市场需求量大才有可能实现[5]。

植物细胞培养研究的最终目的是利用高产株进行大规模培养，通过生物和工程技术方法的结合以实现目标产物的高效生产。虽然植物细胞培养的产业化应用还存在许多困难，但作为生物技术领域发展的重大里程碑之一，植物细胞培养产业化有着广阔的发展前景。通过借鉴微生物和哺乳动物细胞平台开发过程中所积累的经验，如高通量克隆选择优良株、优化培养基和培养过程，将过程分析技术（process analytical technology，PAT）应用到中间监测系统，不断提高培养技术和增强培养过程生产率，加上植物细胞培养本身所具备的优势，相信在不久的将来，植物细胞培养在解决人类面临的能源危机、资源短缺和环境污染等方面会有更大的发展空间，利用植物细胞培养工业化生产有用物质也将大放异彩，造福于人类。尤其像我国这样的发展中国家，随着土地和劳动力费用的激增，植物细胞培养的应用前景会更加诱人。

3.2 植物细胞培养方法

3.2.1 植物细胞悬浮培养

植物细胞悬浮培养（plant cell suspension culture）是一种在受到不断搅动或摇动的液体培养基中培养单细胞或小细胞团的培养系统，是植物细胞生长的微生物化，也是从愈伤组织液体培养技术基础上发展起来的一种新的培养技术。获得植物游离细胞或细胞团的方法主要分为两种：一是用纤维素酶和果胶酶等在无菌条件下将植物组织或器官细胞的细胞壁溶解，分离出原生质体，然后放在人工培养液中进行培养并筛选出生长速度较快的细胞株；二是从植物体上切取少量组织或器官，放在人工培养基上进行培养，形成愈伤组织后再将其进行多代驯化培养，就能获得疏松柔软的细胞系。对获得的游离细胞或细胞团按一定密度，悬浮在液体培养基中不断地搅拌或振荡培养，可以使培养细胞快速大量增殖。悬浮培养能大量提供较为均匀一致的植物细胞，并且培养基简单，细胞增殖速度较愈伤组织快，成本低，适合大规模的细胞培养，因此在植物细胞培养工业化生产中有较大的应用潜力。

（1）植物细胞悬浮培养技术

① 分批培养

分批培养是将游离细胞按一定的细胞密度分散在液体培养基中进行培养，这样可以建立单细胞培养物。分批培养所用的容器一般是 100～250mL 三角瓶，每瓶装 20～75mL 培养基，培养过程中，除气体和挥发性代谢物可以同外界气体交换外，一切都是密闭的。当培养基中主要营养物质耗尽时，细胞的生长和分裂即停止，为保证细胞不断增殖，必须及时进行继代培养，即取出一小部分悬浮细胞，转移到成分相同的新鲜培养基中（约稀释 5 倍）。

分批培养中细胞数目增长变化是一条 S 形曲线，接种后最初的时期是滞后期，细胞很少分裂，接着是对数生长期，细胞分裂活跃，细胞数目呈几何级数增加。经过 3～4 个细胞世代后，由于培养基中某些营养物质的消耗或有毒代谢物的积累，细胞增长逐渐变缓，由直线上升期经减缓期最后进入静止期，细胞数量的增长完全停止。要想得到大量增殖的细胞，就要缩短滞后期，尽量使细胞的生长处于对数生长期。滞后期的长短取决于继代培养时细胞所处的生长时期及转入的细胞数量，因此，应对处于对数生长期的细胞进行转移。为此，缩短继代培养的间隔时间，每 2～3d 继代一次，便可使细胞一直保持对数生长。细胞数量是继代培养的关键问题，当转入的细胞数量少时，例如继代后的细胞密度（即一个培养周期的起始密度）为 $9 \times 10^3 \sim 15 \times 10^3$ 个/mL 时，在进入静止期前细胞数目通常只增加 8 倍，而继代后的密度为 $0.5 \times 10^5 \sim 2.5 \times 10^5$ 个/mL 时，一个培养周期细胞数将增加到 $1 \times 10^6 \sim 4 \times 10^6$ 个/mL。如果转入的细胞密度很低，则在加入单细胞或小群体细胞培养所必需的营养物质之前细胞将不能生长。

悬浮细胞培养进行继代操作时，可用吸管或注射器，但是进液口的孔径必须小到只能通过一个细胞或小细胞团（2～4 个细胞），操作前应将培养瓶静置几秒钟，让大的细胞团沉淀下去，然后取上层悬浮液。

在细胞培养过程中，如何使细胞充分分散于培养液中是很重要的问题，而细胞的分散性与最初用于悬浮培养的愈伤组织的松散性有密切关系，将愈伤组织在半固体培养基上继代2～3个周期，可增加其松散性；另外，培养基某些成分也能增加细胞的分散性，如加入适量的 2,4-D、纤维素酶、果胶酶和酵母提取液等均能提高培养细胞的分散性。到目前为止，只含有单细胞的悬浮液是没有的，悬浮的植物细胞中总存在一些细胞团，每个细胞团由几个到几十个细胞组成，这是因为植物细胞有聚集特性。所以，上述分散剂并不能实现完全的单细胞悬浮。

分批培养是植物细胞悬浮培养的一种常用方法，但由于培养过程中细胞生长和代谢方式及培养基成分在不断改变，因此对研究细胞的生长和代谢不是一种理想的方法，但其所用设备简单、操作简便和重复性好，特别适合于突变体筛选和遗传转化等研究。

② 连续培养

连续培养是利用特制的培养容器进行大规模细胞培养的一种方法。在连续培养过程中，新鲜培养基的注入和旧培养基的排出不断进行，这样在培养物容积保持恒定的情况下，培养液中的营养物质不断得到补充。

连续培养有封闭型和开放型之分，所谓封闭型是指旧培养基的排出与新培养基的注入是等量进行的，排出液中的细胞经机械回收后，又被放回到培养系统中。因此，在这样的培养系统中，随着培养时间的延长，细胞数目不断增加。

开放型培养与封闭型培养的区别在于新鲜培养基的加入和控制方式。开放型培养中，加入新鲜培养基的容积和排出的旧培养基及其中细胞的容积相等，并通过调节流入和流出速度，使细胞的生长速度保持在接近最高值的恒定水平上。根据调节机制的不同，可分为化学恒定式和浊度恒定式。化学恒定式培养是以固定速度加入新鲜培养基，选其中一种营养成分（氮、磷或葡萄糖）的浓度调节成为生长限制浓度，从而使细胞的增殖保持在稳定状态之中。在这种培养体系中，除限制因素外，培养基中其它成分的浓度均高于细胞生长的需要，而限制因素的浓度则要调节到其任何增减都能由相应的细胞增长速率的增减反映出来的一种水平。浊度恒定培养中，新鲜培养基是间断加入的，它是由细胞密度的增长引起培养液浊度的增加来调节的——预先设定一种细胞密度，当超过这一密度时，就排出培养液及其中的细胞，再加入新鲜培养基，从而保持细胞密度的恒定。

连续培养是利用连续培养装置，在接种培养一段时间后，以一定速度不断地收集培养物，并以同样速度供给新鲜培养基，使细胞的生长环境长期保持稳定的方法。该方法的理论基础是根据 Monod 公式：

$$\mu = \mu_{max} \frac{S}{K_S + S} \tag{3-1}$$

式中，μ 为特定生长速度；K_S 为饱和系数；μ_{max} 为特定最大生长速度；S 为基质浓度。

从式（3-1）可以看出细胞的特定生长速度是由营养物质（基质）的浓度来决定的。虽然连续培养方法在植物细胞培养中没有得到实际应用，但该法是研究细胞代谢和动力学等的一种理想手段。

（2）植物细胞悬浮培养速率和摄氧速率

植物悬浮细胞的比生长速率为 0.019～0.028h^{-1}，微生物细胞培养的比生长速率为

$0.1 \sim 1h^{-1}$，虽然两者的比生长速率相差较大[6]，生长曲线也不一样，但是植物细胞悬浮的培养原则仍可参照微生物发酵的原则。Nagata 等[7] 报道，烟草细胞株 BY-2 的悬浮细胞培养比生长速率为 $0.044h^{-1}$，并且尼古丁含量很低。另外，植物细胞培养的摄氧速率也较低，为 $1 \sim 3.5mmol/(L \cdot h)$，而细菌的摄氧速率为 $5 \sim 90mmol/(L \cdot h)$，尽管两者摄氧速率相差较大，但传统的发酵策略经过一定的修整仍可应用于植物细胞悬浮的培养并能获得预期的效果。

（3）植物细胞悬浮培养的同步化方法

细胞分裂周期由分裂间期和分裂期组成。细胞分裂的发生并不是从某一点同时开始、步调一致地完成分裂周期的各个时期，而是随机的。因此，一个培养体系中的细胞由处于不同分裂时期的细胞所组成，是不同步的。这对于细胞分裂和代谢机制的研究和大规模生产次生代谢物都是不利的。采用以下方法可使培养细胞同步化。

① 物理方法

通过对细胞的物理特性及细胞或细胞团的大小和生长环境条件（如光照和温度等）进行控制，实现细胞的同步化。如，按细胞团大小进行选择并分别培养及通过低温休克的方法培养都可使细胞的生长达到同步化。

② 化学方法

使细胞受到某种营养饥饿或用某种因素抑制细胞分裂而达到细胞生长的同步化，即饥饿法和抑制法。

饥饿法是在培养过程中，先停止供应细胞分裂所必需的一种营养物质或激素，使细胞停止在 G1 期或 G2 期，经一段时间饥饿后，向培养基重新加入这种抑制因子，静止的细胞就会同步开始分裂。如在长春花细胞悬浮培养中，先使细胞受到磷酸盐饥饿 4d，然后转移到含磷酸盐的培养基中，就可获得细胞生长的同步化。

抑制法是利用 DNA 合成抑制剂，如 5-氨基尿嘧啶、羟基脲和胸腺嘧啶脱氧核苷，使细胞内 DNA 合成受到抑制，细胞分裂只能停止在 G1 期和 S 期，当去掉这些抑制剂后，细胞即开始同步化分裂。但用这种方法获得的同步化只能保持一个细胞周期。

（4）悬浮培养中细胞生长量的计算

① 细胞计数法

利用 5％铬酸或 0.25％果胶酶使悬浮细胞团分散，然后用血细胞计数器进行计数，也可以取悬浮细胞液用中性红染色，然后置于血细胞计数器上，用显微镜进行观察计数。

② 细胞密实体积（PCV）

将体积已知、均匀分散的悬浮液放入 15mL 的离心管中，2000r/min 离心，用每毫升培养液中细胞的总体积（mL）表示细胞密实体积。

③ 细胞鲜重

细胞培养物经过滤，洗去培养基后真空抽滤称得的质量。

④ 细胞干重

将细胞于 60℃干燥 12h 后称重，以每毫升培养物或 10^6 个细胞的质量表示。

⑤ 有丝分裂指数

有丝分裂指数是指在一个细胞群体中，处于有丝分裂的细胞占总细胞的比例。指数越高，细胞分裂进行得越快。如果有丝分裂指数随时间出现波动，则说明所研究组织的细胞分裂是同步的。该指数是同步分裂的最好指标。测定愈伤组织的细胞有丝分裂指数主要按照福尔根染色法进行，先将组织用 1mol/L 盐酸在 60℃水解染色后，在载玻片上按常规操作进行镜检，随机检查 500 个细胞，统计其中处于分裂间期及有丝分裂各时期的细胞数目，从而计算出有丝分裂指数。

⑥ 悬浮细胞增殖倍数与继代指数

悬浮细胞在生长过程中，可以利用下列公式来计算增殖倍数与继代指数，即：

$$增殖倍数 = \frac{继代后悬浮细胞密度}{接种时悬浮细胞密度} \tag{3-2}$$

$$继代指数 = \frac{继代后悬浮细胞密度}{接种时悬浮细胞密度} \times 稀释倍数 \tag{3-3}$$

在悬浮细胞制备与保持时，要保持悬浮细胞正常稳定生长，应使每个继代周期的继代指数达到或接近 1。细胞密度以单位体积悬浮细胞生长量（鲜重）表示。稀释倍数以"接种量（体积）/继代培养悬浮细胞总体积"来表示。

（5）细胞活力测定

① TTC（2,3,5-氯化三苯基四氮唑）法

细胞活力是反映细胞代谢能力的一个指标，TTC 法是最常用的测定细胞活力的方法。该法利用活细胞呼吸所产生的 $NADH_2$ 和 $NADPH_2$ 催化渗透到细胞内的 TTC，使其还原生成红色的 TTF（三苯基甲腙），通过观察其显色反应和提取 TTF 分别定性和定量衡量细胞的活性。

具体方法：100mg 左右的植物细胞加入 3mL 的 TTC 溶液（0.5g TTC 溶于 100mL，0.05mol/L，pH7.5 的磷酸缓冲液中），在 25℃下反应 12h，吸去 TTC，用蒸馏水清洗 3 次，吸去水溶液并收集细胞，加入 3mL 95％酒精后 60℃恒温水浴 10min，以抽提酶反应生成的红色 TTF，离心去除细胞，冷却，在 492nm 处测定其吸光值。细胞活力单位以每克湿细胞在 492nm 处的吸光值表示。

② 相差显微法

在显微镜下，观察细胞质环流和细胞核存在与否判断细胞的活力。具有活力的细胞往往有细胞核和正常的环流。

③ FDA（二乙酸荧光素）法

FDA 本身不具有极性，不能发出荧光，可以自由出入细胞膜。在活细胞中，FDA 被酯酶裂解，释放出有极性的荧光素。荧光素不能自由穿越质膜，只能在活细胞中积累。当以紫外线照射时，活细胞中的荧光素可以发出绿色荧光，以此可以区别活细胞和死细胞。

④ 伊文思蓝法

以伊文思蓝（Evan's blue）的稀薄溶液（0.025％）对细胞进行处理时，只有受损的细胞能够摄取伊文思蓝，因此，凡染成蓝色的细胞往往是不具有活力的细胞。此外在某些特定的情况下，还需要对悬浮细胞进行细胞悬浮液 pH 值的测定以及 SOD（超氧化物歧化酶）和 CAT（过氧化氢酶）的活性测定等。

（6）植物细胞悬浮培养生物反应器

生物反应器具有工作体积大、单位体积生产能力高、物理和化学条件控制方便等诸多优点。植物细胞容易聚集、细胞易分化、细胞脆弱以及代谢途径和代谢物形成与细胞生长关系复杂，选择合适的反应器类型及操作方法来进行植物细胞悬浮培养，关系到植物代谢物的合成质量。选择细胞悬浮培养反应器要符合以下要求：a. 合适的氧传递；b. 良好的流动特性；

c.低剪切力。

① 机械搅拌式生物反应器

此类反应器操作简单，能提供良好的搅拌作用，容器内培养体系混合程度高，溶氧量好，适应性广，在大规模生产中被广泛采用。其缺点在于搅拌带来的剪切力容易损伤植物细胞进而影响细胞的生长与代谢，尤其对次生代谢物的生产影响大。对比不同搅拌器的类型发现，桨形板搅拌器适合植物细胞生长，这是因为较大的搅拌桨通常能在相对低的旋转速度下提供良好的搅拌，它是通过降低搅拌速度和改进搅拌桨构形来实现的。烟草、葡萄、长春花和三角叶薯蓣都已在改进的搅拌式生物反应器中进行培养，搅拌式生物反应器可很好地适应植物细胞生长，有较大的应用潜力。

② 气升式生物反应器

此类反应器能提供低剪切力环境且构造简单，非常适合植物细胞培养。气升式反应器通过上升液体和下降液体的静压差实现气体的循环（图3-1所示），比鼓泡式反应器有更均衡的流动形式。气升式反应器搅拌速度和混合程度由下列因素决定：a.通气速率，如通入反应器的气体体积；b.容器的高度与直径比（H/D），在低气速，尤其H/D大的高密度培养时，混合性能欠佳；c.升降速度比；d.培养液的黏度和流变性。目前紫草、三角叶薯蓣和长春花等细胞已用气升式反应器进行了培养。此类植物生物反应器在工业化生产方面应用较广。

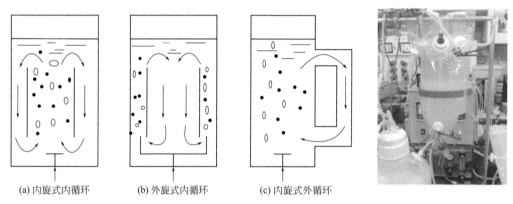

(a) 内旋式内循环　　　(b) 外旋式内循环　　　(c) 内旋式外循环

图 3-1　气升式生物反应器示意图及一次性气升式生物反应器实物图

③ 鼓泡式生物反应器

鼓泡式生物反应器结构最为简单，气体从底部通过喷嘴或孔盘穿过液池实现气体交换和物质传递，整个系统密闭，易于无菌操作，培养过程中无需机械能损耗，适合培养对剪切力敏感的植物细胞。对于黏度大及高密度的培养体系，此类反应器的混合效率较低。

④ 转鼓式生物反应器

一种新型生物反应器——转鼓式生物反应器，用于烟草、长春花和紫草的培养。其转子的转动促进了液体中溶解的气体与营养物质的混合，所以转鼓式生物反应器具有悬浮系统均一、低剪切环境、防止细胞黏附等优点，尤其适合于高密度悬浮细胞培养。

⑤ 光生物反应器

植物具有独特的光合作用功能，其体细胞的多种酶只有在光的刺激下才能表现出较高的生理活性。在许多植物细胞的培养过程中需要光照，因此，在普通反应器的基础上增加光照系统是需要考虑的问题，这些问题包括光源的安装和保护、光的传递、光照系统对反应器供气和混合的影响等。小规模实验往往采用外部光照，但大规模生产时透光窗的设置、内部培养物对光的均匀接收是较难解决的问题。目前研究出的光合生物反应形式较多，其中以用于大规模培养光合细胞的新型内部光照搅拌式光生物反应器最具代表性。

3.2.2 植物细胞固定化培养

固定化细胞是指将植物细胞固定在载体上，在一定的空间范围内可进行生命活动的细胞。1979 年，布洛德留斯（Brodelius）等开创了植物细胞固定化的研究。与植物细胞悬浮培养比较，固定化植物细胞具有稳定性好、产物容易分离和利于连续生产等特点。但其只适用于可以分泌到细胞外次生代谢物的生产。

（1）植物细胞固定化方法

细胞种类多种多样，大小和特性各不相同，故细胞固定化的方法也有多种。归纳起来，主要分为吸附法和包埋法两大类。

① 吸附法

利用各种固体吸附剂，将细胞吸附在其表面而使细胞固定化的方法称为吸附法。它是将植物细胞吸附在多孔陶瓷、多孔玻璃、多孔塑料等大孔隙或裂缝之中，也可将植物细胞吸附在中空纤维的外壁，用于生产色素、香精、药物和酶等次生代谢物。例如，将洗净、灭菌后的泡沫塑料粒放进辣椒细胞的培养液中，振荡培养一段时间，辣椒细胞则吸附在泡沫塑料的孔洞内，并在其中进行增殖和新陈代谢。采用中空纤维为载体进行植物细胞固定化是把植物细胞固定在中空纤维的外壁与外壳容器的内壁之间，细胞吸附在中空纤维的外壁，培养液及氧气在中空纤维的管内流动，各种营养成分及溶解氧透过中空纤维的半透膜管壁传递给管外壁的细胞，植物细胞的代谢物又通过中空纤维膜分布到管内培养液中，随培养液流出。这种方法近似于植物体内物质的传递与交换形式，有利于细胞生长和新陈代谢的进行，具有较好的应用前景。中空纤维作为固定化载体的缺点：有时纤维管会阻塞而影响物质传递，而且中空纤维成本较高，难以大规模生产利用。利用中空纤维固定化植物细胞的研究发展很快，如利用中空纤维固定化的豌豆细胞和胡萝卜细胞进行多酚化合物的生产研究已取得显著效果，其固定化细胞可连续使用一个月。

吸附法制备的固定化细胞操作简单易行，对细胞的生长、繁殖和新陈代谢没有明显的影响，但吸附力较弱，吸附不牢固，细胞容易脱落，使用受到一定的限制。

② 包埋法

将细胞包埋在多孔载体内部而制成固定化细胞的方法称为包埋法。包埋法可分为凝胶包埋法和半透膜包埋法。

以各种多孔凝胶为载体，将细胞包埋在凝胶的微孔内而使细胞固定化的方法称为凝胶包埋法。细胞经包埋固定化后，被限制在凝胶的微孔内进行生长、繁殖和新陈代谢。

凝胶包埋法是应用最广泛的细胞固定化方法，适用于各种植物细胞、动物细胞和微生物的固定化。凝胶包埋法所使用的载体主要有琼脂、海藻酸钙凝胶、角叉菜胶、明胶、聚丙烯酰胺凝胶和光交联树脂等。

（2）固定化植物细胞特点

固定化植物细胞与植物细胞悬浮培养对比具有以下特点：①植物细胞经固定化后，由于有载体的保护作用，可减轻剪切力和其它外界因素对植物细胞的影响，提高植物细胞的存活率和稳定性；②细胞经固定化后，被束缚在一定的空间范围内进行生命活动，不容易聚集成团；③固定化植物细胞培养操作简便，可以在不同的培养阶段更换不同的培养液，即首先在生长培养基中生长增殖，在达到一定的细胞密度后，改换成发酵培养基，以利于生产各种所需的次生代谢物；④固定化植物细胞可反复使用或连续使用较长的一段时间，大大缩短生产周期，提高产率；⑤固定化植物细胞易于与培养液分离，利于产品的分离纯化，提高产品质量。

（3）固定化植物细胞培养方法

固定化植物细胞培养所使用的培养基都是液体培养基，培养方法主要有振荡培养、流化床反应器培养、填充床反应器培养和膜生物反应器培养等。

① 振荡培养

振荡培养是将固定化植物细胞在无菌条件下装进含有液体培养基的三角瓶中，置于振荡培养箱中，在一定的条件下进行振荡培养的过程。

振荡培养设备简单，操作容易，在固定化植物细胞的生长、繁殖和新陈代谢等方面的特性研究中经常采用。通过振荡培养可以掌握固定化细胞的生长和生产次生代谢物的条件和规律，了解培养基组分、培养温度、pH值、溶解氧和光照等条件对细胞生长和次生代谢物积累的影响。但是由于培养基的体积小，所获得的样品数量不多，只能用于分批培养，加上振荡培养的条件与生物反应器的条件有较大差异，放大过程的难度较大。

② 流化床反应器培养

流化床反应器培养是将固定化植物细胞悬浮在液体培养基中，置于流化床反应器中（如图3-2所示），在一定的条件下进行培养的过程。

流化床反应器培养过程中，固、气、液三相混合得较好，传质、传热较为均匀，但是剪切力较大，对固定化植物细胞会造成破坏。

③ 填充床反应器培养

填充床反应器培养是将固定化细胞置于填充床生物反应器中堆叠在一起（如图3-2所示），固定化细胞静止不动，通过培养基的流动提供所需的营养成分和氧气，同时带出各种代谢物的培养过程。

填充床反应器培养的优点在于单位体积的反应器中所含有的固定化细胞数量多，细胞密度高，反应速率较大。但是其混合效果差，传质效率较低，底层的固定化细胞受到的静压力较大，容易变形或者破坏，导致培养液的流动受阻。

④ 膜生物反应器培养

膜固定化是采用具有一定孔径和选择透性的膜固定植物细胞，营养物质可以通过膜渗透到细胞中，细胞产生的次生代谢物再通过膜释放到培养基中。膜反应器通过膜的作用（如图3-3所示），使反应和产物分离同时进行，这种反应器也称为反应分离偶联反应器，主要包括中空纤维反应器和螺旋卷绕反应器。中空纤维反应器是一种可供细胞固定化的载体，细胞并不黏附于膜上，而是保留在装有中空纤维的管中（如图3-4所示）。螺旋卷绕反应器是将固定有细胞的膜卷绕成圆柱状。与凝胶固定化相比，膜反应器的操作压下降较低，流体动力学易于控制，易于放大，不受操作规模的限制，而且能提供更均匀的环境条件，同时

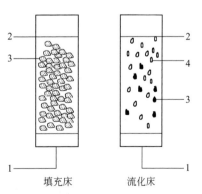

图3-2 填充床和流化床反应器示意图
1—培养基或空气入口；2—培养基及（或）空气出口；3—固定化细胞；4—气泡

还可以进行产物的及时分离以解除产物的反馈抑制，但构建膜生物反应器的成本较高。

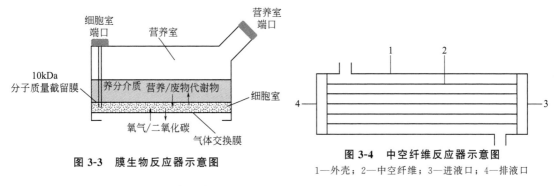

图 3-3　膜生物反应器示意图

图 3-4　中空纤维反应器示意图

1—外壳；2—中空纤维；3—进液口；4—排液口

（4）固定化植物细胞培养的应用

1979 年布洛德留斯等首次用海藻酸钙凝胶包埋法制备固定化长春花细胞、毛地黄细胞和海巴戟细胞，开创了植物细胞固定化的研究。此后，此技术迅速发展，也有不少成功的案例报道，固定化植物细胞培养主要用于次生代谢物的生产和通过生物转化将底物转化为所需的产物，一些固定化植物细胞的应用情况见表 3-1。

表 3-1　一些植物细胞固定化方法与用途

植物细胞	固定化方法	产物	植物细胞	固定化方法	产物
长春花	海藻酸盐	色氨酸→阿吗碱	长春花	海藻酸盐	蛇根碱
罂粟	琼脂或明胶	色氨酸→阿吗碱		海藻酸盐/聚丙烯酰胺	阿吗碱
毛地黄	海藻酸盐	可待因酮→可待因		黄原胶/聚丙烯酰胺	蛇根碱
	海藻酸盐	毛地黄毒苷→地高辛	薰衣草	海藻酸盐	蓝色素
		甲基毛地黄毒苷→甲基地高辛	甜菜	尼龙片	β-花青苷
胡萝卜	海藻酸盐	毛地黄毒苷配基→杠柳毒苷配基	烟草	黄原胶/聚丙烯酰胺	生物碱
		芰毒配基→5-β-羟基芰毒配基		海藻酸盐	烟碱
薄荷	聚丙烯酰胺	薄荷酮→新薄荷醇	大豆	中空纤维	酚类
		薄荷酮→异薄荷酮			
澳洲茄	聚苯氧化物	甾体糖苷、生物碱	唐松草	海藻酸盐	小檗碱
海巴戟	海藻酸盐	蒽醌	甘草	海藻酸盐	反查耳酮
辣椒	泡沫塑料	辣椒素			

3.3　植物细胞培养生产次生代谢物

植物次生代谢是植物在长期进化中对生态环境适应的结果，其代谢物具有多种复杂的生物学功能，在提高植物对物理环境的适应性和种间竞争能力、抵御天敌的侵袭、增强抗病性等方面起着重要作用。植物次生代谢物也是人类生活和生产中不可缺少的重要物质，为医药、轻工、化工、食品和农药等工业提供了宝贵的原料（表 3-2），尤其在医药生产中，作为天然活性物质的植物次生代谢物，是解决目前世界面临的医药不良反应大、一些疑难疾病（如癌症、艾滋病等）无法医治等难题的一条重要途径。植物代谢物具有一定的生理活性及药理作用，生物碱具有抗炎、抗菌、扩张血管、强心、平喘和抗癌等作用；黄酮类化合物具有抗氧化、抗癌、抗艾滋病、抗菌、抗过敏和抗炎等多种生理活性及药理作用，对人类的肿瘤和心血管疾病的防治及抗衰老等具有重要意义。几个世纪以来，人类一直从植物中获得大量的次生代谢物用于医药卫生。目前，世界 75% 的人口依赖从植物中获取药物，除化学合成之外，人类大量依赖植物次生代谢物作为药物。

表 3-2　部分重要植物次生代谢物的应用

用途	次生代谢物	来源
抗癌	喜树碱	喜树（*Camptotheca acuminata*）
	长春碱	长春花（*Catharanthus roseus*）
	长春新碱	长春花（*Catharanthus roseus*）
	小檗碱	日本黄连（*Coptis japonica*）
		亚欧唐松草（*Thalictrumminus*）
	紫杉醇	红豆杉属（*Taxus* spp.）
	鬼臼毒素	鬼臼属（*Dysosma*）
镇痛	吗啡碱	罂粟（*Papaver somniferum*）
治疟疾	青蒿素	青蒿（*Artemisia annua*）
抗炎	小檗碱	日本黄连（*Coptis japonica*）
		亚欧唐松草（*Thalictrumminus*）
	迷迭香酸	彩叶菜（*Coleus blumei*）
	黄芩苷	黄芩（*Scutellaria baicalensis*）
抗瘟疫	血根碱	美洲血根草（*Sanguinaria canadensis*）
抗冠心病	葛根素	野葛（*Pueraria lobata*）
治疗支气管哮喘	毛喉萜	毛喉鞘蕊花（*Coleus forskohlii*）
杀虫	除虫菊酯	除虫菊（*Tanacetum cinerariifolium*）
	印楝素	印楝（*Azadirachta indica*）
染料/食用色素	花青素	虎刺梅（*Euphorbia milii*）
		食用土当归（*Aralia cordata*）
	甜菜红素	甜菜（*Beta vulgaris*）
	红花苷	红花（*Carthamus tinctorius*）

3.3.1 基本程序

不同植物建立离体细胞培养体系的技术细节不尽相同，但一般包括以下步骤。

（1）优良细胞系（株）的建立和筛选

优良细胞系（株）的建立和筛选包括从植物材料诱发愈伤组织，将愈伤组织进行单细胞分离，筛选出优良的单细胞无性繁殖系，细胞株诱变和保存等。首先确定材料，通常从以下三个方面确定材料：①选择易于分散的花粉为材料；②选择分散性好的愈伤组织为材料，这种愈伤组织具有松脆性；③直接从叶片、叶肉、胚和髓等组织取材，但有时必须经过酶处理，方可分散。其次，进行悬浮细胞液的制备，悬浮细胞液的制备分为两个步骤：①将分散性好的或者经酶处理过的组织置于液体培养基中，在摇床或转床上以 80～90r/min 的速度进行振荡，经过一段时间培养后，液体培养基中则会出现游离的单细胞和几个或十几个细胞的聚集体以及大的细胞团和组织块；②用孔径为 200～300 目的不锈钢网过滤，除去大的细胞团和组织块，再以 4000r/min 的速度进行离心沉降，除去比单细胞体积小的残渣碎片，获得纯的细胞悬浮液。最后，进行高产细胞株的选择。高产细胞株的选择分两步进行：①将所得的纯细胞群以一定的密度接种于 1mm 厚的薄层固体培养基上，进行平板培养，使之形成细胞团，尽可能使每个细胞团来自一个单细胞，这种细胞团称为细胞株；②根据不同培养目的对细胞株进行初步鉴定，筛选出高产细胞株。

（2）扩大培养

将优良的细胞株，经过多次扩大繁殖，以便得到大量培养细胞，作为大型植物生物反应器培养时的接种材料。

（3）大型生物反应器培养

将优良的细胞株扩大繁殖后，接种至大型生物反应器进行半连续或连续培养，生成所需的植物次生代谢物。

（4）次生代谢物的提取、纯化和测定

对所需目的产物进行提取、纯化和测定。

3.3.2　影响次生代谢物积累的因素

（1）生物因素

在培养的不同时期，细胞的生理、生长状况与物质生产能力差异显著。使用不同细胞龄的种株细胞，其后代的生长与物质生产也会有较大差异。通常，用处于对数生长后期或稳定期前期的细胞作为接种细胞较为适宜。

在植物细胞培养中，接种量也是一个影响因素。在再次培养中，常取前次培养液 5%～20% 为种液，以接种细胞湿重为基准，其接种浓度为 15～50g/L。由于接种量对细胞产率及次生代谢物生产有一定的影响，故应根据不同的培养对象通过实验确定其最大的接种量。

（2）化学因素

植物细胞培养过程中的一些化学因素，如培养基组成、其它添加物等对细胞的生长也有显著的影响。合理的培养基组分以及适宜的诱导子和前体物等的有效调控，能够在很大程度上促进细胞的生长以及自身代谢物的合成。

培养基中碳源、氮源、微量无机离子以及某些有机物质不仅是细胞生长以及物质合成的基础，而且很多能够促进细胞生长或者有利于目的产物的形成。

蔗糖是植物离体培养中应用最多的碳源，但在不同的培养体系中，糖类的使用种类、浓度和加入时间又各不相同。培养基中的氮源主要通过 NH_4^+ 含量与 NO_3^- 含量的比值对细胞的生长代谢及目标产物的合成产生影响。某些无机离子对特定目的次生代谢物的合成起着重要作用。激素通常作为诱导和调节愈伤组织生长的重要因素，在次生代谢物的合成中同样必不可少，但不同的植物所需的激素种类及浓度不同。诱导剂是一类可以引起代谢途径和代谢强度改变的物质，其主要作用是可以调节代谢进程中的某些酶活性，并能对某些关键酶在转录水平上进行调节，包括一些无机离子、真菌提取液和葡聚糖等。除诱导剂外，加入已知的或假定的前体物，可以消除关键酶的阻碍或阻断内源性中间体的分隔和有效贮存，大大提高次生代谢物的产量。

（3）物理因素

影响植物组织与细胞培养中次生代谢物积累的物理因子主要包括温度、光照和 pH 等。对这些因子研究较多，基本规律也比较清楚，条件易于控制。

① 温度影响

植物细胞的生长、繁殖和次生代谢物的生产需要一定的温度条件。在一定的温度范围内，细胞才能正常生长、繁殖和维持正常的新陈代谢。植物细胞培养的最适温度一般为 25℃，但不同的植物种类略有差异，而且植物细胞生长和次生代谢物合成所需的温度并不一致，不同次生代谢物的积累对温度依赖性也不同。因此，选择适宜的培养温度并进行相应的调控对于细胞生长以及产物合成十分关键。

② 光照影响

光照主要是通过光质、光强以及光周期对次生代谢物的积累产生影响。光对于植物细胞内的许多酶具有诱导和抑制作用。李树敏等[8] 在人参色素自养型细胞培养研究中发现，白光对培养细胞中花青苷的积累具有较好的促进作用，蓝光的促进作用次之，而红光、黄光则抑制细胞内花青苷的形成。不同光质对洋地黄组织培养中强心苷形成与积累的影响不同，蓝光照射下，强心苷的含量最高，而黄光、绿光、红光及黑暗条件下，叶绿素及强心苷的含量都很低。

③ pH 影响

培养基的酸度对植物细胞代谢物的分泌具有显著影响，一些次生代谢物是与 H^+ 通过主动运输方式跨膜传递的。由于细胞膜两侧 pH 差控制主动运输的方向，因此，当培养基中的 pH 较低时，即培养基中的 H^+ 浓度升高时，就会促使次生代谢物向胞外运输，而 H^+ 会向胞内运输。如降低培养基的 pH，可有效提高大麦细胞释放七叶氰。高山红景天细胞的红景天氰的释放实验也得到同样的效果。因此，在植物细胞培养过程中，通常将 pH 作为一个重要的参数控制在一定的范围内，植物细胞培养的适宜 pH 一般为 5～6。

（4）工程技术问题

① 剪切力

植物细胞的个体大，细胞壁僵脆且具有大的液泡，这些特性决定了其对剪切力十分敏感。而且不同细胞系对剪切力敏感性不同。适当的剪切力可改善通气，使植物细胞具有良好的混合状态和分散性，甚至可以提高细胞密度和增加代谢物产量。但过高的剪切力可使细胞受到机械损伤，细胞体积变小，细胞形态和聚集状态改变；或影响细胞代谢，降低产率；或使细胞自溶，胞内化合物释放；也可能导致细胞的活性丧失。

② 细胞聚集与黏附

植物细胞为直径 $10～100\mu m$ 的球状或圆状体，其不像动物细胞以单个细胞存在，而是有成团的倾向。在植物细胞悬浮培养中，植物细胞易于黏附成团，形成聚集体。过大的细胞团容易下沉，造成混合困难，而且还影响传质，使中心的营养和供氧不足，影响产物的合成能力，给植物细胞培养带来不利影响。

③ 氧气需求量

植物细胞在悬浮培养过程中对氧的需求量较微生物低。但由于植物细胞培养的高密度及高黏度特性，氧的传输会受到阻碍。溶氧量通常与搅拌强度、气体分散程度、培养基的溶氧度、容器内的水压有关。由于植物生长代谢速度慢，因此对氧气的需求量很小。一般在植物细胞悬浮培养中采用 15%～20% 的氧饱和度。

此外，CO_2 和乙烯等气体成分对悬浮培养的植物细胞也有着重要的影响，尤其是次生代谢物的产生和积累。

3.3.3 提高次生代谢物产量的途径

（1）起始材料选择

植物组织培养技术之所以能在化工产品生产技术中脱颖而出，在于它可生产只能由高等植物产生（或转化）或难以由化工手段合成的、价格昂贵又具有较大市场前景的商品化合物。因此，起始材料的选择十分重要。

不同外植体在愈伤组织诱导及后期的细胞培养中表现出较大的差异性。一般认为，次生代谢物产量高的外植体诱导出的愈伤组织，其次生代谢物碱的含量也高，比如在长春花细胞培养中，来自高含量植物的液体培养系统，每毫升培养基内吲哚生物碱的产量比来自低含量植物系统的平均高 4～5 倍。但也有例外，在骆驼蓬（*Peganum harmala*）的细胞培养中，培养细胞生物碱的含量与母体植物来源之间未观察到明显的相关性，母体植物与其诱导愈伤组织次生代谢物的含量之间似乎并不相关，由此可见，由某代谢物含量低的物种寻找并建立其高产细胞系是有可能的。由于目前对植物次生代谢物合成和积累的遗传学基础并不十分清楚，最好采用遗传来源不同的材料建立细胞培养物，然后从中筛选出高产的细胞系。

（2）前体物应用

植物细胞产生次生代谢物通常都需要一定的前体物。这些前体物在一系列酶的催化下合成出植物次生代谢物，调节生命活动。因此，在植物细胞中添加次生代谢物生物合成的前体物也是促进植物次生代谢物合成和积累的重要途径。目前应用较多的前体物主要有苯丙氨酸、酪氨酸和肉桂酸等。在次生代谢过程中，苯丙氨酸是一个代谢中间体，是合成黄酮类化合物、生物碱和木质素等次生代谢物的前体物。苯丙氨酸经过苯丙氨酸裂解酶催化生成肉桂酸，最终催化合成次生代谢物黄酮类。酪氨酸可以经过酪氨酸代谢途径转化为对香豆酸，最终参与黄酮的合成。前体物在次生代谢中可能通过作为底物，或催化代谢途径中某些关键酶而发挥作用。不同类型的次生代谢物的代谢途径不同，因此，前体物的添加应该以目标代谢物为依据。

此外，植物代谢是一个连续的过程，次生代谢物的合成存在着时间和空间上的变化，因此，前体物的添加也必将存在一个最适时间和最适浓度的问题。通常情况下，前体物在培养开始时加入，并且添加浓度与接种细胞的量存在一定比例。近年来，通过添加前体物调节植物次生代谢物的生物合成和积累受到广泛关注，具体实例见表 3-3。

表 3-3 不同前体物对植物次生代谢物生物合成与积累的影响[9]

来源	前体物	添加时间	添加浓度/（mg/L）	次生代谢物
水木雪莲悬浮细胞系 TUP-8	肉桂酸	接种时	7.14	黄酮
	乙酸钠		3.57	
	苯丙氨酸		3.57	

来源	前体物	添加时间	添加浓度/(mg/L)	次生代谢物
茅苍术	木糖醇	起始培养	6.0	苍术酮
	四氢呋喃			β-桉油醇
			0.07	苍术酮
				苍术醇
				苍术素
高山红景天	苯丙氨酸	起始培养	20	红景天苷
	肉桂酸		10	
	酪氨酸		10	
人参	提取物Ⅱ	继代5d	0.024	人参皂苷Rb1
				Rg1
				Re
西洋参	乙酸镁	起始培养	0.5	西洋参皂苷
	L-亮氨酸		1	
胀果甘草	苯丙氨酸	培养10d	20	黄酮
	酪氨酸			
	肉桂酸		5	
	乙酸钠			
虎杖	苯丙氨酸	第三次继代	30	白藜芦醇
肉苁蓉	苯丙氨酸	起始培养	0.33	苯乙醇苷
	酪氨酸		0.362	松果柑橘

（3）诱导子应用

诱导子（elicitor）是指植物抗病生理过程中诱发植物产生植物抗毒素和引起植物过敏反应（又称抗性反应或自身防御反应）的因子。在活细胞体系中加入低浓度的诱导子能够诱导或刺激特定化合物的生物合成。根据其来源可分为生物诱导子（biotic elicitors）和非生物诱导子（abiotic elicitors）。生物诱导子主要包括病毒类诱导子、细菌类诱导子、酵母提取物和真菌类诱导子等。非生物诱导子主要可分为化学因子和物理因子两大类。常用的化学因子有水杨酸（salicylic acid，SA）、茉莉酸甲酯（methyl jasminate，MJ）、茉莉酸（jasmonic acid，JA）、稀土元素以及重金属盐类等。物理因子一般为高温、高压、电击、紫外线和损伤等一些能诱导植物产生抗病性的环境因素。将植物种子带上太空进行育种也是同样的道理。利用诱导子刺激次生代谢物的产生，不仅是植物细胞培养生产次生代谢物的重要手段，而且对缩短工艺时间和提高容器最大利用率方面的作用也非常显著。

利用诱导子来提高次生代谢物是目前在植物细胞培养中最常用的方法之一，在调控植物次生代谢物的合成与积累方面已取得了较多成果。如在高流体静压（high hydrostatic pressure，HP）和化学因子的作用下，酚类物质在葡萄悬浮培养细胞中含量明显增加，并且当HP和乙烯同时处理时，胞外酚类的水平明显增加。近年来国内外利用生物与非生物诱导下进行次生代谢物合成调控的研究实例见表 3-4 和表 3-5。

很多次生代谢物的产生与植物抵御病原体以及天敌有关，在物理或化学胁迫下，细胞代谢偏向于次生代谢。诱导子的作用相当于外界胁迫，刺激植物细胞内的防御机制，促进次生代谢物的产生。

表 3-4　生物诱导子对植物次生代谢物积累的影响[9]

来源	诱导子	诱导浓度	诱导时间/d	次生代谢物
白桦	拟茎点霉菌	$40\mu g/mL$	1	三萜
虎杖	黑曲霉	$100\mu g/mL$	6	白藜芦醇
东北红豆杉	美丽镰刀菌	$4mg/mL$	2	紫杉醇
茅苍术	小克银汉霉属 AL4	$30mg/mL$	9	挥发性油
	立枯丝核菌	$40mg/mL$	9	苍术素
灵芝	顶头孢	$120\mu g/mL$	7	三萜
丹参	酵母提取液	$100mg/mL$	22	丹参酮

表 3-5　非生物诱导子对植物次生代谢物积累的影响[9]

来源	诱导子	诱导浓度	诱导时间/d	次生代谢物
丹参	SA	$6.25mg/L$	6	丹酚酸 B
			7	咖啡酸
	Ca^{2+}	$10mmg/L$	6	迷迭香酸
雷公藤	SA	$0.1mg/L$	8	雷公藤甲素
	$LaCl_3$	$20mg/L$	12	
水母雪莲花	MJ	$0.02mg/L$	6	黄酮类化合物
	SA	$0.03mg/L$	6	
	MJ+SA	$0.02mg/L+0.03mg/L$	9	
红豆杉	SA	0.10%	10	紫杉醇
高山红景天	AIP	$10\mu g/L$	12	红景天苷
	MJ	$200\mu g/L$	12	
西洋参	MJ	$10\mu g/L$	28	总皂苷
喜树	SA	$100\mu g/L$	10	10-羟基喜树碱
	UV-B	$5\mu g/(m^2 \cdot s)$	3	喜树碱
对雨生红球藻	花生四烯酸	$312.5mg/L$	30	虾青素
肉苁蓉	苯丙氨酸	$0.3mmg/L$	9	苯乙醇苷
	酪氨酸	$0.03mmg/L$	9	
长春花	Ce^{4+}	$0.5\sim1.0mmg/L$	1	长春质碱

（4）两相培养技术

植物经培养产生的次生代谢物一般储存于胞内，分泌量较小，如何将胞内的产物运输到胞外并加以回收是提高产量、降低成本和进行连续培养的关键技术，而且细胞分泌的代谢物或用于生物转化的外源物的毒性将会对组织的生长产生抑制作用，解决这一问题的方法之一是采用两相培养技术。

两相培养技术是在培养体系中加入水溶性或脂溶性有机物，或者具有吸附作用的多聚物，使培养体系分为上下两相。组织在水相中生长并合成次生代谢物，次生代谢物分泌出后再转移到有机相中，这样不仅减少了产物的反馈抑制，同时提高了产物含量，而且有机相可以循环使用，有可能实现植物组织的连续培养。

建立植物细胞两相培养系统一般来说必须满足以下几个条件：①添加的有机物或多聚吸附物对植物细胞无毒害作用，不能影响细胞的生长与产物的合成；②产物能较容易被有机物吸附或者溶解于有机相中；③两相能较容易分离，这一点对于大规模培养尤其重要，因为这不仅影响到两相的循环效果，而且有利于产物的回收，使有机相损失少，降低回收成本；④有机物或多聚吸附物不能溶解或吸附培养基中的有效成分，如激素和有机物等，以免细胞的生长受到影响。

目前，两相培养技术的应用已取得了较大的成功，用得较多的吸附剂主要是 XAD-4 和 XAD-7，萃取剂主要是十六烷。紫草悬浮系培养中在适宜时间添加十六烷提取紫草素，可使产量提高 7 倍以上。长春花细胞培养中加入 XAD-7 大孔吸附树脂，可使吲哚生物碱含量明显提高。孔雀草发根培养中添加十六烷，可使噻吩的分泌量由原来的 1％提高至 30％～70％。这说明两相培养不仅可使分泌的次生代谢物被溶解或吸附，同时可促使贮存于胞内的次生代谢物分泌出来。

（5）两步培养法

培养基的组成是细胞生长和次生代谢物形成最直接和最重要的影响因素，众多实验表明，用同一种培养基同时达到细胞的最佳生长和最佳次生代谢物的积累是不现实的。因此提出了两步培养法：第一步主要使用适合细胞生长的培养基即生长培养基；第二步使用适合次生代谢物合成的培养基，即生产培养基。

两步培养基使用较好地解决了细胞生物量增长与次生代谢物积累之间的矛盾，大大提高了目的产物的产率，是一种较好的工业方法。早期进入工业化生产的植物细胞培养大多采用两步培养系统。

3.4　植物细胞培养生产重组蛋白质

微生物和动物细胞是当前重组蛋白质生产的主要宿主体系，由于植物细胞具有其独特之处，目前重组蛋白质的宿主也已逐步扩展到植物细胞[10]。植物悬浮细胞既能像微生物一样能在简单的培养基中较快生长，培养基不需要做特殊处理，不需要太昂贵的生产设备，也能像动物细胞培养一样合成较复杂的多聚体蛋白和糖蛋白，如免疫球蛋白和白细胞介素，而且不携带人类病原菌，不产生内毒素，还能像完整植物培养系统一样进行翻译后修饰。Gomord 等[11] 在 2004 年报道用植物细胞培养合成的重组人体糖蛋白相对于用酵母、细菌和丝状真菌合成的重组人体糖蛋白具有同天然人体糖蛋白更大的相似性。与田间完整植株培养不一样，植物细胞培养生产重组蛋白质不受气候、土壤质量、季节、除草剂和杀虫剂等因素的影响，更重要的是其具有较简单易行的产物分离纯化过程，特别是当目的重组蛋白质能分泌到悬浮细胞培养液中时，其整个生产过程可以实施药物生产过程的 GMP。

3.4.1　宿主细胞

宿主细胞可来自烟草、苜蓿、水稻、番茄、大豆和甘薯等不同植物[3]。其中烟草（*Nicotiana tabacum*）、水稻（*Oryza sativa*）和胡萝卜（*Daucus carota*）的悬浮细胞是目前商业平台的领跑者。

烟草细胞株 BY-2 于 1968 年由日本烟草公司开发，理想条件下烟草 BY-2 悬浮细胞培养物可在 7d 内增加 100 倍，倍增时间为 16～24h，具有高效的农杆菌介导的转化体系。鉴于该细胞株易于转化和繁殖，有较好的生长特性，目前应用最为广泛。使用该宿主细胞已成功生产乙型肝炎表面抗原、粒细胞-巨噬细胞集落刺激因子、人类生长激素和白细胞介素等多种产品，见表 3-6。

水稻悬浮细胞由于使用了对糖类敏感的 α-淀粉酶启动子系统（RAmy3D），目前也被广泛使用。大多数水稻品种容易去分化，其中粳稻品种更易操作，几乎可以从植物的每一个部分产生愈伤组织。水稻细胞悬浮培养物的倍增时间为 1.5～1.7d[12]。目前在水稻悬浮细胞中已经表达了多种药物（表 3-6），并且韩国一家公司已采用稻米细胞作为工业生产平台生产非医药级化妆品成分和研究试剂。

胡萝卜细胞系可以来自下胚轴、上胚轴或子叶组织。胡萝卜细胞的转化可以通过根癌农杆菌共培养法、粒子轰击或原生质体电穿孔法来实现[13]。FDA 批准用于人类使用的第一种源自植物的生物药物蛋白质是由以色列的一家公司在胡萝卜细胞悬浮培养物中生产的他利苷酶 α，并由辉瑞授权。

表 3-6　不同植物悬浮细胞获得的基因工程药物[3]

宿主细胞	蛋白质	产量
烟草	乙型肝炎表面抗原（HBsAg）	6.5μg /g FW
	PRX-102(α-半乳糖苷酶-A)	—
	促红细胞生成素（EPO）	低
	粒细胞-巨噬细胞集落刺激因子（GM-CSF）	250μg /L
	白细胞介素 4(IL-4)	0.18 μg /L
	α-HBsAg 单抗	15mg/L
	2G12 单克隆 α-HIV Ab	12mg/L SN
	人生长激素	35mg/L
	人干扰素 a2b	0.2%～3%TSP
	IL-10	3%TSP
	诺沃克病毒衣壳蛋白	1.2%TSP
	IL-12	1600ng/L
水稻	人 α1-抗胰蛋白酶	4.5～7.7mg/L 150 mg/L
	hCTLA4lg	31.4mg/L
	Der p 2-FIP-/ve 融合蛋白	10.5%TSP
	hGM-CSF	2%TSP
	人血清白蛋白	25mg/L
	人 CTLS4lg	31.4mg/L
	人生长激素	120mg/L
	粒细胞-巨噬细胞集落刺激因子（GM-CSF）	200mg/L

宿主细胞	蛋白质	产量
苜蓿	促红细胞生成素(EPO)	—
	前列腺素 D2 合酶	—
胡萝卜	他利苷酶 α	—
	重组人乙酰胆碱酯酶(PRX-105)	—
	α1-抗胰蛋白酶(PRX-107)	—
番茄	hGM-CSF	$45\mu g$ / L
大豆	乙肝表面抗原	$65\mu g/g$ FW
西伯利亚人参	人乳铁蛋白	$0.2\%\sim2.3\%$ TSP
朝鲜人参	人乳铁蛋白	3% TSP
甘薯	人乳铁蛋白	$3.2\mu g$ /mg TSP

注：SN 表示上清液；TSP 表示总可溶性蛋白质；FW 表示鲜重。

3.4.2 基本程序

（1）重组蛋白质表达载体构建

把目的基因连接到植物表达载体中是植物基因工程的核心内容，又称为 DNA 重组技术。目的基因可以人工合成，也可以利用 PCR 技术克隆得到。目的基因与载体结合的过程，实际上是不同来源的 DNA 重新组合的过程。一般是用两种限制酶切割质粒载体，使质粒露出两个黏性末端，然后用同样的两种限制酶切割目的基因，使其产生相同的黏性末端。将切下的目的基因片段插入质粒的切口处，首先碱基互补配对结合，相同的黏性末端吻合在一起，碱基之间形成氢键，再加入适量 DNA 连接酶，催化两条 DNA 链之间形成磷酸二酯键，从而将相邻的脱氧核糖核酸连接起来，形成一个重组 DNA 分子。Ti 质粒的 T-DNA 区能够自发地整合到植物染色体 DNA 上，是一种理想的天然植物基因工程载体，基于 Ti 质粒改造的多种载体是目前广泛使用的植物表达载体。

（2）遗传转化

植物遗传转化的方法很多，可分为三类：①载体介导的转化方法，即将目的 DNA 插入农杆菌的 Ti 质粒或病毒的 DNA 上，随着载体质粒 DNA 的转移而转移，共培养法及病毒介导法都属于这一类方法；②DNA 直接导入法，指通过物理或化学的方法直接将目的 DNA 导入植物细胞，物理方法有基因枪法、电击法、超声波法、显微注射法和激光微束法，化学方法有 PEG 法和脂质体法；③种质系统法，包括花粉管通道法、生殖细胞浸泡法、胚囊和子房注射法。近年来应用最多、效果较好的方法主要有农杆菌介导法、基因枪法、PEG 法和花粉管通道法。

（3）筛选高产细胞株

生产重组蛋白质的植物悬浮细胞可通过转化野生的悬浮细胞并进一步筛选获得，也可以利用转基因植物获取悬浮培养细胞。无论是从野生细胞转化获得的悬浮培养物，还是从转基因植物进一步诱导的愈伤组织获得的悬浮培养物，几乎很少是单克隆的，这些细胞通过体细胞克隆变异产生不同表达水平的细胞群体，因此需要从中筛选高产细胞株。高产细胞株的筛选对重组蛋白质的产量提升有显著影响。筛选工作可以从愈伤组织开始，利用荧光标记蛋白质鉴定愈伤组织嵌合体并对后续培养的细胞进行筛选，也可以先制备原生质体，然后通过流式细胞仪进行筛选。如根据 T-DNA 区荧光标记蛋白质的表达情况，采用流式分选法从烟草 BY-2 细胞中筛选出能高表达人类抗体的原生质体，进一步培养后形成稳定的单克隆高产细胞株，其产量比原培养体系提高了 13 倍[14]。

（4）扩大培养

将优良的细胞株进行扩大繁殖，并进一步接种至大型生物反应器进行培养，生成所需的重组蛋白质。

（5）重组蛋白质的分离纯化

重组蛋白质的分离纯化即重组蛋白质从培养液中或悬浮细胞中的分离与纯化过程。

3.4.3 提升重组蛋白质产量的措施

（1）目的基因本身序列

表达非植物来源的基因时要注意改造密码子，采用植物偏爱的密码子；内含子具有提高基因表达水平的作用，有些内含子具有增强子的功能，从而有利于基因表达；信号肽序列在蛋白质的加工、成熟及转运过程中很重要，如果目的基因要求在特定部位表达，可以考虑在目的基因上加信号肽序列。在很多情况下，重组蛋白质的产量以及重组蛋白质是否分泌与植物细胞培养液密切相关。植物细胞培养液中的杂蛋白质较少，便于重组蛋白质的分离；而且从培养液的分离过程比微生物从其发酵液中分离的过程简单，一般只需要通过直接的过滤即可得到。植物和非植物的前导肽都可适用，有些人体分泌蛋白质用其内源前导肽已经在植物细胞中获得了表达[15]。

（2）优化表达载体

重组蛋白质表达载体的构建也相当重要，它是决定重组蛋白质产量的重要因素。主要是启动子的有效选择，它通过决定转录水平的高低来影响重组蛋白质的产量。用得较多的组成型启动子是花椰菜花叶病毒（CaMV）35S 启动子及其高级启动子和（ocs）3mas 混合启动子；用得较多的诱导型启动子是 α-淀粉酶启动子系统（Ramy3D），该启动子由糖饥饿诱导，因此可以通过培养基的定时改变来优化基因表达。2001 年，Huang 等[15] 用 α-淀粉酶 Ramy3D 的诱导型启动子在水稻细胞内表达重组蛋白质 α1-抗胰蛋白，重组蛋白质含量达到了 200mg/L；2002 年，Smith 等[16] 用（ocs）3mas 启动子在大豆细胞内表达 HBsAg，重组蛋白质的含量达到了 22mg/L；2003 年，Kwon 等[17] 用高级（CaMV）35S 启动子在烟草细胞内表达 IL-12，重组蛋白质的含量达到了 800μg/L；2004 年，Yano 等[18] 用（CaMV）35S 的启动子在烟草细胞株 BY-2 内表达 HBsAg 的单克隆抗体，其重组蛋白质的含量达到了 15mg/L。

（3）优化培养基

大多数情况下，植物悬浮细胞培养采用的是 MS 培养基，其氮源主要是硝酸盐和铵盐的混合物。在 BY-2 细胞培养液中添加更多的氮源，可使 BY-2 细胞的产量在稳定期提高 150 倍，最终重组蛋白质的产量提高 20 倍[19,20]。可利用统计学实验设计同时检测不同的培养基成分、pH 值、温度和通气量等对重组蛋白质产量的影响。Vasilev 等[21] 通过统计学实验设计优化培养基，使烟草 BY-2 细胞生产的重组抗体产量增加 5 倍。细胞大规模培养过程中培养基组成会发生变化，通过补偿性调整也可促进产量的提升，如通过呼吸活性监测系统发现由于氮耗尽引起培养的 BY-2 细胞代谢变化，对氮及时补充可使产量增加 100%[20]。

（4）防止蛋白酶降解

胞外蛋白酶和胞内蛋白酶都有可能引起表达蛋白质产物的降解。如果目标蛋白质在胞外降解，则需在胞内某个部位表达来避免胞外降解，尤其在内质网表达既可确保复杂蛋白质的高效折叠，又可使产量比分泌到质体外高[22]。胞内积累的重组蛋白质需破碎细胞提取蛋白质，因此需克服下游提取过程中包括蛋白酶在内的污染物[23]。植物中有几百种蛋白酶，有时难以鉴定是胞内哪一类酶降解重组蛋白质，可采用分泌表达型细胞来获得目标蛋白质，如果能确定对产物敏感的蛋白酶，可敲除该蛋白酶的基因或共表达蛋白酶抑制剂来防止产物的降解[24]。另外，聚乙烯吡咯烷酮、Pluronic F68 以及聚乙二醇等添加物也可以抑制蛋白酶对重组蛋白质的降解。

（5）优化培养条件

在实验室条件下，植物细胞培养由于使用搅拌充分的摇瓶培养，目标产物可以在小体积的缓冲液中进行提取，可以使用蛋白酶抑制剂及较贵的添加剂，因此一般比较成功。但植物细胞的大规模培养相对来说还有很多问题。应用于微生物发酵的主要策略都可应用植物细胞培养，如间歇发酵、补料分批培养和灌流培养等。目前研究表明，在烟草 BY-2 细胞中制备重组抗体，该抗体从摇瓶放大到 200L 一次性生物反应器而没有损失产量[25]。随着基因工程和蛋白质下游技术的迅速发展和研究的不断深入，重组蛋白质的产量将会逐步得到提升。

参 考 文 献

[1] 元进英. 植物细胞培养工程. 北京：化学工业出版社，2003.

[2] Sijmons P C, Dekker B M, Schrammeijer B, et al. Production of correctly processed human serum albumin in transgenic plants. Biotechnology, 1990, 8(3)：217-221.

[3] Santos R B, Abranches R, Fischer R, et al. Putting the spotlight back on plant suspension cultures. Front Plant Sci, 2016, 7：297.

[4] Tekoah Y, Shulman A, Kizhner T, et al. Large-scale production of pharmaceutical proteins in plant cell culture-the protalix experience. Plant Biotechnol J, 2015, 13(18)：1199-1208.

[5] 胡凯, 谈锋. 药用植物细胞的大规模培养技术. 植物生理学通讯，2004，40(2)：251-259.

[6] Taticek R A, Lee C W, Shuler M L. Large-scale insect and plant cell culture. Curr Opin Biotechnol, 1994, 5(2)：165-174.

[7] Nagata T, Kumagai F. Plant cell biology through the window of the highly synchronized tobacco BY-2 cell line. Methods Cell Sci, 1999, 21(2-3)：123-127.

[8] 李树敏, 朱蔚华. 人参色素细胞培养的研究. 植物学报，1990，32(2)：103-211.

[9] 李胜, 杨宁. 植物组织培养. 北京：中国林业出版社，2015.

[10] Stoger E, Fischer R, Moloney M, et al. Plantmolecular pharming for the treatment of chronic and infectious diseases. Annu Rev Plant Biol, 2014, 65：743-768.

[11] Gomord V, Faye L. Post-translational modification of therapeutic proteins in plants. Curr Opin Plant Biol, 2004, 7(2)：171-181.

[12] Trexler M M, McDonald K A, Jackman A P. A cyclical semicontinuous process for production of human alpha1-antitrypsin using metabolically induced plant cell suspension cultures. Biotechnol Prog, 2005, 21(2)：321-328.

[13] Rosales-Mendoza S, Tello-Olea M A. Carrot cells：a pioneering platform for biopharmaceuticals production. Mol Biotechnol, 2015, 57(3)：219-232.

[14] Kirchhoff J, Raven N, Boes A, et al. Monoclonal tobacco cell lines with enhanced recombinant protein yields can be generated from heterogeneous cell suspension cultures by flow sorting. Plant Biotechnol J, 2012, 10(8)：936-944.

[15] Huang J, Sutliff T D, Wu L, et al. Expression and purification of functional human alpha-1-Antitrypsin from cultured plant cells. Biotechnol Prog, 2001, 17(1)：126-133.

[16] Smith M L, Mason H S, Shuler M L. Hepatitis B surface antigen(HBsAg) expression in plant cell culture: Kinetics of antigen accumulation in batch culture and its intracellular form. Biotechnol Bioeng, 2002, 80(7): 812-822.

[17] Kwon T H, Kim Y S, Lee J H, et al. Production and secretion of biologically active human granulocyte-macrophage colony stimulating factor in transgenic tomato suspension cultures. Biotechnol Lett, 2003, 25(18): 1571-1574.

[18] Yano A, Maeda F, Takekoshi M. Transgenic tobacco cells producing the human monoclonal antibody to hepatitis B virus surface antigen. J Med Virol, 2004,73(2): 208-215.

[19] Holland T, Sack M, Rademacher T, et al. Optimal nitrogen supply as a key to increased and sustained production of a monoclonal full-size antibody in BY-2 suspension culture. Biotechnol Bioeng, 2010,107(2): 278-289.

[20] Ullisch D A, Müller C A, Maibaum S, et al. Comprehensive characterization of two different Nicotiana tabacum cell lines leads to double dGFP and HA protein production by media optimization. J Biosci Bioeng, 2012, 113(2): 242-248.

[21] Vasilev N, Gromping U, Lipperts A, et al. Optimization of BY-2 cell suspension culture medium for the production of a human antibody using a combination of fractional factorial designs and the response surface method. Plant Biotechnol J, 2013, 11(7): 867-874.

[22] Twyman R M, Schillberg S, Fischer R. Optimizing the yield of recombinant pharmaceutical proteins in plants. Curr Pharm Des, 2013, 19(31): 5486-5494.

[23] Buyel J F, Twyman R M, Fischer R. Extraction and downstream processing of plant-derived recombinant proteins. Biotechnol Adv, 2015, 33(6): 902-913.

[24] Benchabane M, Rivard D, Girard C, et al. Companion protease inhibitors to protect recombinant proteins in transgenic plant extracts. Methods Mol Biol, 2009, 483: 265-273.

[25] Raven N, Rasche S, Kuehn C, et al. Scaled-up manufacturing of recombinant antibodies produced by plant cells in a 200-L orbitally-shaken disposable bioreactor. Biotechnol Bioeng, 2015, 112(2): 308-321.

第 **4** 章　　微生物发酵技术

　　微生物是一类肉眼看不见、有一定形态结构和能在适宜环境下生长繁殖的微小生物体的总称，包括细菌、病毒、真菌（霉菌和酵母菌）、立克次体、支原体、衣原体和螺旋体等。

　　微生物在地球上存在的时间远比人类早，但人类利用它们只有数千年的历史，而认识它们却不到四百年。日常生活中食用的酸奶、醋、面包、酒和泡菜等均是在微生物作用下形成的食品。

4.1　微生物发酵技术历史及应用

　　微生物发酵技术就是利用微生物生长代谢活动产生的各种生理活性物质来制备各种人类所需要的产品。目前该技术已被广泛应用于食品、医药、能源、化工、环保、采矿和农业等领域[1,2]。

4.1.1　微生物发酵技术发展历史

　　微生物发酵技术的发展大致经历了以下几个阶段，见表 4-1。

表 4-1　微生物发酵技术发展历史

关键年代	主要技术	代表产品及应用
19 世纪前	天然发酵技术	酒、醋、酵母、啤酒、食用菌栽培、人痘接种
1905 年	纯培养技术 （第一代发酵技术）	乙醇、丙酮、乳酸、淀粉酶
1945 年	通气搅拌发酵罐 连续发酵 （第二代发酵技术）	抗生素、有机酸、维生素、纤维酶、果胶酶
1957 年	代谢控制发酵	氨基酸、核苷酸、水杨酸、葡聚糖、甾体氧化产物
1960 年	石油副产品作原料 大吨位连续发酵	石油发酵、万古霉素、糖化酶、核苷酸、生物杀虫剂 污水处理、细菌冶金、单细胞蛋白质
1979 年	DNA 重组技术 （第三代发酵技术）	胰岛素、干扰素、融合蛋白、抗体蛋白质
1991 年	代谢工程技术	生物能源、生物材料、精细化工、大宗化学品
2003 年	合成生物学技术	可持续能源、环境污染的生物治理、生物传感器

　　（1）天然发酵技术

　　从史前时代到 19 世纪之前，人类并不清楚微生物的生理作用，但已经利用自然接种方法将其应用在食品发酵上。这个阶段的发酵技术主要是通过口传心授和依靠经验进行，所以称之为天然发酵技术时代。微生物发酵生产的产品包括酒、醋、茶、泡菜、酱油和臭豆腐等。

（2）纯培养技术

1905 年，德国科学家 Robert Koch 因其在肺结核病方面的出色工作获得了诺贝尔奖。他发明了固体培养基，得到了纯的细菌培养物，由此建立了微生物的纯培养技术，开创了人为控制微生物的发酵时代，加上当时简单发酵罐的发明，使发酵技术进入了近代化学工业行列。这个时期产品主要是一些厌氧发酵和表面固体发酵产生的初生代谢物，比如乙醇、丙酮、有机酸等。该技术被称为第一代微生物发酵技术，是微生物发酵工业的一个里程碑式技术。

（3）深层培养技术

1945 年，英国细菌学家弗莱明发现的青霉素实现了大规模的工业生产，对人类健康作出了巨大贡献，尤其在第二次世界大战中挽救了无数人的生命。由于当时青霉素生产采用了机械搅拌通气发酵技术，使罐内深层的微生物也可以生产产品，从而推动了抗生素工业和整个发酵工业的迅速发展。使需氧的发酵生产从此走向了大规模工业化，成为现代发酵工业发展史上最主要的生产方式。因此，人们认为微生物深层培养技术为第二代微生物发酵技术，也被认为是微生物发酵工业史上第二个具有里程碑意义的技术。

（4）代谢控制发酵技术

20 世纪 50 年代，随着氨基酸发酵工业的发展，人们开始利用调控代谢的手段对微生物进行菌株选育和发酵条件的控制。标志性的技术是 1956 年日本利用自然界存在的野生谷氨酸棒杆菌的营养缺陷型菌株进行了谷氨酸的大规模发酵生产。此后，赖氨酸和苏氨酸等一系列氨基酸均实现了规模化的发酵生产。随后，核苷酸、抗生素及有机酸等产品也利用该技术进行了规模化的发酵生产，大大提高了生产能力和降低了生产成本。

（5）发酵原材料的扩展及自动化控制系统的应用

早期的工业发酵原材料主要是粮食及其副产物。随着发酵工业的扩大，人们急需扩大原材料的来源。从 20 世纪 60 年代初期开始，人们开始采用石油化工的副产物作为发酵的碳源，开启了所谓石油发酵时代。此时工业化的发酵容量不断扩大，连续发酵罐容积已经达到了 $3000m^3$ 的规模。随着容器的扩大，相继需要解决原材料消耗、氧气通透量、pH 值控制等一系列问题，使发酵工业向自动化控制前进了一大步，相应的装置结构研究也达到了一个新阶段。

（6）DNA 重组技术

人们自认识生物遗传物质 DNA 双螺旋结构到 20 世纪 70 年代，已可进行 DNA 体外重组。该技术的建立使发酵工业进入了一个以基因工程为中心的生物时代，被称为第三代微生物发酵技术，真正开启了现代微生物工程技术时代。

此后全球科学家发展出了大量基因分离、鉴定和克隆的方法，不断构建出各种高产的基因工程菌，生产出来许多具有治疗效果和生理活性的蛋白质，并产生了巨大的经济效益，成为目前国家战略新兴产业的一个重要方向。比如治疗糖尿病的重组胰岛素、治疗肿瘤的各种单克隆抗体及多种细胞因子等。

（7）代谢工程技术

代谢工程是利用基因工程的方法改变细胞内的代谢途径，从而生产所需要的物质。代谢工程与 DNA 重组的区别在于：第一，代谢工程是基于细胞代谢网络的系统研究，更多强调的是多个酶促反应之间的整合作用；第二，在完成代谢途径的遗传改造后，还要对细胞的生理变化、代谢通量进行详细研究分析，以此来决定下一步遗传改造靶点。通过多个循环，不断提高细胞的生理性能。目前这一概念随着高通量组学分析技术和基因组水平代谢网络模型构建等一系列系统生物学技术的发展，已能够从系统水平上分析细胞的代谢功能。将这些系统生物学技术与传统代谢工程及下游纯化技术相结合就构建了系统代谢工程的基础。

（8）合成生物学技术

合成生物学是生物科学在 21 世纪刚刚出现的一个分支学科[3]。合成生物学与传统生物学通过解剖生命体以研究其内在构造的方法不同，合成生物学的研究方向是完全相反的，它是从最基本的要素开始一步步建立起生物体的零部件。

合成生物学与 DNA 重组把一个物种的基因延续改变并转移至另一物种的方法不同，合成生物学的目的在于建立人工生物系统（artificial biosystem），使其像电路一样运行。

2003 年国际上将合成生物学技术定义为基于系统生物学的遗传工程和工程方法的人工生物系统研究，即从基因片段、DNA 分子、基因调控网络与信号转导路径到细胞的人工设计与合成，类似于现代集成型建筑工程，将工程学原理与方法应用于遗传工程与细胞工程等生物技术领域。合成生物学、计算生物学与化学生物学一同构成系统生物技术的方法基础。

合成生物学将催生下一次生物技术革命。目前，科学家们已经不局限于非常辛苦地进行基因剪接，而是开始构建遗传密码，以期利用合成的遗传因子构建新的生物体。合成生物学在未来几年有望取得迅速发展。据估计，合成生物学在很多领域将具有极好的应用前景，这些领域包括更有效的疫苗、新药和改进的药物的生产，以生物学为基础的利用可再生能源生产可持续能源，环境污染的生物治理和可以检测有毒化学物质的生物传感器的研发等。

4.1.2　微生物发酵技术的应用

人类进入 21 世纪后，将从利用有限的矿物资源时代过渡到利用无限的生物资源时代，以期解决人类当前面临着的多种危机，诸如粮食危机、能源匮乏、资源紧缺、生态恶化和人口爆炸等。微生物细胞不仅是一个生化转化能力强、能进行快速自我复制的生命系统，而且还具有物种、遗传、代谢和生态类型的多样性，使得其能够在解决人类面临的各种危机中发挥不可替代的独特作用，见表 4-2。

表 4-2　微生物发酵技术的应用领域

应用领域	部分产品
食品及饲料工业	酒、醋、酱油、酸奶、糖化酶、果胶、脂肪酶
生物能源	燃料乙醇、生物柴油、生物制氢、甲烷燃料
生物可降解新材料	聚乳酸、聚氨基酸、聚羟基丁酸酯、聚羟基脂肪酸酯
大宗化学品	长链二乙酸、己二酸、1,3-丙二醇、柠檬酸、乳酸、苹果酸、各类氨基酸
精细化学品	抗生素、生物农药、生物催化剂、油脂化学品、生物表面活性剂、化学品、药品
现代生物技术制品	基因工程蛋白质药物、诊断试剂、新型生物活性物质、疫苗
农业	微生物肥料、微生物饲料、木质纤维素微生物转化产品、发酵茶、部分中药炮制
环境治理	污水处理、废渣处理、微生物脱硫

（1）微生物与人类健康

微生物与人类健康有着密切的关系。目前，临床上多种疾病治疗均有微生物药物的存在，尤其在肿瘤和传染病的治疗上，微生物药物已占整个药物产值的 50% 以上。

自从遗传工程开创以来，进一步扩大了微生物代谢物的范围和品种，使昔日只由动物才能产生的胰岛素、干扰素和白细胞介素等高效药物纷纷转向由"工程菌"来生产。与人类生殖、避孕等密切相关的甾体激素类药物也早已从化工生产方式转向微生物转化的生产方式。此外，一大批与人类健康、长寿有关的生物制品，例如疫苗、菌苗和类毒素等均是微生物的产品。自从发明种痘以来，人类平均寿命提高了10年，自从发现抗生素以来，人类平均寿命又提高了10年。

（2）微生物与环境保护

在环境保护方面可利用微生物的地方甚多：①利用微生物肥料、微生物杀虫剂或农用抗生素来取代会造成环境恶化的各种化学肥料或化学农药；②利用微生物生产的聚 β-羟基丁酸酯（PHB）制造易降解的医用塑料制品以减少环境污染；③利用微生物来净化生活污水和有毒工业污水；④利用微生物技术来检测环境的污染度，例如用艾姆氏法检测环境中的"三致"物质，利用EMB（eosin methylene blue）培养基来检测饮用水中的肠道病原菌等。

（3）微生物与能源

当前，化石能源日益枯竭问题严重地困扰着世界各国。微生物在能源生产上有其独特的优点。①把自然界蕴藏量极其丰富的纤维素转化成乙醇。据估计，我国年产植物秸秆多达5亿～6亿吨，如将其中的10%进行水解和发酵，就可生产燃料乙醇700万～800万吨，余下的糟粕仍可作饲料和肥料，以保证土壤中钾、磷元素的正常供应。目前已发现有高温厌氧菌例如热纤梭菌（*Clostridium thermocellum*）等能直接分解纤维素产生乙醇。②利用产甲烷菌把自然界蕴藏量十分丰富的有机化合物或无机物转化成甲烷。③利用光合细菌、蓝细菌或厌氧梭菌类等微生物生产"清洁能源"——氢气。④通过微生物发酵产气或其代谢物来提高石油采收率。⑤研究微生物电池并使之实用化。

（4）微生物与资源

微生物能将地球上永不枯竭的纤维素等可再生资源转化成各种化工、轻工和制药等工业原料。这些产品除了传统的乙醇、丙酮、甘油、异丙醇、柠檬酸、乳酸、苹果酸和反丁烯二酸等外，还可生产水杨酸、乌头酸、丙烯酸、γ-亚麻酸油和PHB等。由于发酵工程具有代谢物种类多、原料来源广、能源消耗低、经济效益高和环境污染少等优点，故必将逐步取代目前需高温、高压，能耗大和产"三废"严重的化学工业。微生物在金属矿藏资源的开发和利用上也有独特的作用。通过细菌沥滤技术，就可把长期以来废弃的低品位矿石、尾矿、矿渣中所含的铜、镍、铀等十余种金属不断溶解和提取出来，变成新的重要资源。

4.2 微生物发酵工程

微生物发酵工程是指利用微生物，在适宜的条件下，将原料经过特定的代谢途径转化为人类所需要的产物的过程。图4-1是一个从细菌获取所需物质的流程图。

微生物发酵生产水平主要取决于菌种本身的遗传特性和培养条件。

4.2.1 育种

育种是利用不同的选育方法获得遗传特性好并且能高效表达目标产物的生产菌株。如果在实验室能够诱变获得一株遗传稳定性好和发酵效价高的菌株，经过发酵放大，最终的效果是惊人的[4]。

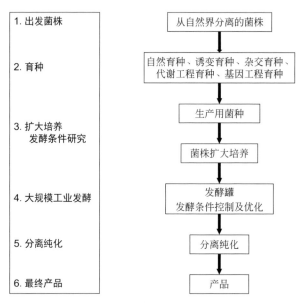

图 4-1　微生物发酵工程技术路线图

从自然界获取菌株后，育种是微生物发酵工程必须做的第一步工作。目前育种主要有以下几种方法。①自然育种又叫选择育种，是利用纯培养技术从自然界混杂的微生物中分离和筛选，培育出适合工业利用的菌种。自然育种不改变微生物个体的基因，可改变群体的遗传结构，从而提高发酵产品的产量和质量。如酿酒业中的葡萄酒发酵、白酒发酵以及食醋和酱油酿造等，最初都是从自然界中选择酵母菌、霉菌等优良菌株。②诱变育种，是利用诱变剂人工诱导微生物基因发生变异，提高基因突变频率，从中选育出遗传特性好的优良菌种。如青霉素生产，最初是从自然界分离出的野生菌种，其后经 40 多年诱变育种，产量较原始菌株提高上千倍。发酵工业所用的生产菌种绝大部分是由人工诱变选育而成，常用的诱变育种流程见图 4-2。③杂交育种，原核生物杂交育种包括接合、转化和转导等，真核微生物的杂交包括有性生殖和准性生殖等。应用较多的杂交育种方法是原生质体融合技术，可打破微生物间的亲缘关系。④代谢工程育种又叫代谢控制育种，是通过诱变或切断代谢途径中某些支路后的代谢物，人工控制其代谢过程，以使目标产物大量积累。代谢控制育种方法主要包括营养缺陷型突变株、渗漏缺陷型突变株和细胞膜透性突变株的选育等。代谢控制育种在氨基酸、核苷酸等初生代谢物的生产及某些次生代谢物的生产中得到了广泛应用。⑤基因工程育种，即人工进行生物的基因重组和操纵，培育优良的转基因品种（菌株）。该技术应用比较广泛，如医学、农业、酶生产、天然食品添加剂、乳制品发酵和酿造工业等。现已成为微生物工程技术中最重要的方法，如人工胰岛素生产、重组固氮菌转基因菌株和微生物杀虫剂 Bt 工程菌株。

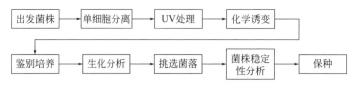

图 4-2　常用的诱变育种流程

4.2.2 菌种增殖及培养条件的选择

微生物发酵是一个复杂的生化过程，除与菌株的生产性能有关外，还与培养基的配比、原料质量、灭菌条件、发酵条件和过程控制等密切相关。

（1）菌种数量增殖

工业微生物都是上大罐生产，上罐发酵是一个逐级放大的过程，常规的流程见图4-3。

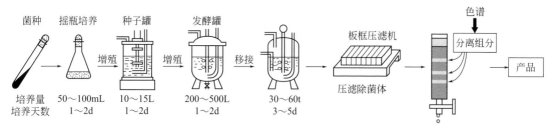

图 4-3 微生物发酵工程流程图

从菌种保存管中取出菌种，通过摇瓶培养扩大菌种数量，然后置入种子罐中进行增殖，菌株达到一定数量后，转入发酵罐中进行工业化发酵生产，最后经过分离纯化，得到所需的产品。

（2）发酵条件的优化

菌株选定后就是发酵条件的优化。发酵条件的优化主要是发酵培养基的优化和发酵控制条件优化。

实验室常用培养基效果虽好，但用在大规模生产上成本通常偏高。工业上多选用价格低廉的玉米粉、豆饼粉、棉籽粉和石油工业副产物作为碳源和氮源来培养细菌，其不仅显著降低成本，经过优化后其发酵效价也能达到要求。

发酵条件优化，多是在线优化。大罐发酵时，培养温度、通风量、搅拌速度、罐压、接种量、pH值、碳源及氮源添加速率等，这些条件的最优化结果均能够显著提高菌株的产能。具体见本章4.3节基因重组微生物培养技术的内容。

4.2.3 发酵方法

传统微生物发酵按照操作方式主要分为分批、半连续（补料分批）、连续发酵等几种方式，不同的发酵技术具有不同的特点以适应不同的菌株[5,6]。

（1）分批发酵法

分批发酵（batch fermentation）又称分批培养。常见的分批发酵法是采用单罐深层分批发酵法。每一个分批发酵过程都经历接种、生长繁殖、菌体衰老进而结束发酵，最终提取出产物。整个发酵过程中，除了气体流通外发酵液始终留在生物反应器里。

分批培养过程中微生物生长可分为：滞后（或调整）期、对数（生长）期、稳定期和衰退期四个阶段，见表4-3。

研究细胞的代谢和遗传宜采用生长最旺盛的对数期细胞。在发酵工业生产中，使用的种子应处于对数期，将其接种到发酵罐新鲜培养基时，几乎不出现滞后期，这样可在短时间内获得大量生长旺盛的菌体，有利于缩短生产周期。在研究和生产中，常需延长细胞对数生长阶段。

分批发酵的特点是：微生物所处的环境是不断变化的，可进行少量多品种的发酵生产，发生杂菌污染能够很容易终止操作，当运转条件发生变化或需要生产新产品时，易改变发酵对策，对原料组成要求也较粗放等。

表 4-3　微生物生长期及代谢物特点

生长期分类	滞后期	对数期	稳定期	衰退期
生长量特点	刚接种到培养基上，微生物进行适应与调整	繁殖率大于死亡率，菌数量迅速增加，呈现指数增长	繁殖率等于死亡率，活菌数量最多，接近 K 值	繁殖率小于死亡率，活菌数量急速下降
代谢特点	大量合成酶和 ATP	生理特征稳定，选育菌种时期	代谢物积累，产生次生代谢物	畸形、自溶、释放代谢物

（2）补料分批发酵法

补料分批发酵（fed-batch fermentation）又称半连续发酵或半连续培养，是指在分批发酵过程中，间歇或连续地补加新鲜培养基的培养方法。与传统分批发酵相比，其优点在于使发酵系统中维持很低的基质浓度。低基质浓度的优点为：①可以除去快速利用碳源的阻遏效应，并维持适当的菌体浓度，不致加剧供氧的矛盾；②避免培养基积累有毒代谢物。不足之处：①放掉发酵液的同时也丢失了未利用的养分和处于生长旺盛期的菌体；②造成发酵液体积增大，对后续纯化不利；③有可能会造成菌株产生更多的有害代谢物等。

补料分批发酵技术已广泛应用于抗生素、氨基酸、酶制剂、核苷酸、有机酸及高聚物等的生产中。

（3）连续发酵法

连续发酵（continuous fermentation）又称连续培养，连续发酵过程是当微生物培养到对数期时，在发酵罐中一方面以一定速度连续不断地流加新鲜液体培养基，另一方面又以同样的速度连续不断地将发酵液排出，使发酵罐中微生物的生长和代谢活动始终保持旺盛的稳定状态，而 pH 值、温度、营养成分的浓度、溶解氧等都保持一定的状态，并从系统外部予以调整，使菌体维持在恒定生长速度下进行连续生长和发酵，这样就提高了发酵的效率和设备利用率。目前连续发酵主要有以下两种方式。

① 开放式连续发酵

在开放式连续发酵系统中，培养系统中的微生物细胞随着发酵液的流出而一起流出，细胞流出速度等于新细胞生成速度。因此在这种情况下，可使细胞浓度处于某种稳定状态。另外，最后流出的发酵液如部分返回（反馈）发酵罐进行重复使用，则该装置叫作循环系统，发酵液不重复使用的装置叫不循环系统。

② 封闭式连续发酵

在封闭式连续发酵系统中，运用某种方法使细胞一直保持在生物反应器内，并使其数量不断增加。这种条件下，某些限制因素在生物反应器中发生变化，最后大部分细胞死亡。因此在这种系统中，不可能维持稳定状态。封闭式连续发酵可以用开放式连续发酵设备加以改装，只要使部分菌体重新循环，就可大大改善上述情况。另一种方法是将间隔物或填充物置于设备内，使菌体在上面生长，发酵液流出时不带细胞或所带细胞极少。

目前大规模的连续培养技术主要用于研究工作中，如发酵动力学参数测定、过程优化条件试验和微生物特性等，并未在大规模生产中得到好的应用。主要原因是对仪器、设备及控制单元原件要求技术太高，投资成本大；其次，发酵时间长，容易造成菌种污染，尤其对于开发连续发酵系统，还有在长时间发酵条件下菌株容易变异；第三，有部分丝状真菌菌体容易附着在设备内壁表面上，给连续操作带来不便等。

（4）膜分离与发酵的偶合

透析膜连续发酵是一个新方法，它是采用一种具有微孔的有机膜将发酵设备分隔，这种膜只能透过发酵产物，而不能透过菌体细胞。这样，将培养液连续流加到发酵设备的具有菌体的间隔中，微生物的代谢物就通过透析膜连续不断地从另一间隔流出。在一些发酵过程中，当发酵液中代谢物积累到一定程度时就会抑制它的继续积累，而采用透析膜发酵的方法可使代谢物不断透析出去，发酵液中留下不多，因而可以提高产物得率。

（5）高密度发酵

发酵产物的生成是靠细菌完成的。菌量越大，产量就会越大。条件是菌株的生成能力能保持在最佳状态和具备适当的生产条件，包括足够的产物合成所需的基质、前体物、诱导物等和没有有害代谢物的积累，高密度发酵就应运而生。高密度发酵是指最终培养细胞的浓度达到 100g/L 以上的水平。高密度发酵目前已广泛应用于各种蛋白质及乙醇等物质的生产中。

4.3　基因重组微生物培养技术

20 世纪 70 年代，基因重组技术的建立，实现了基因的异源表达，并且逐渐由大肠杆菌等原核微生物发展到酵母、真菌和动物细胞等真核细胞。与动物细胞相比，原核微生物缺乏蛋白质表达后的修饰功能（如糖基化），影响一些药用蛋白质的活性，不过真核微生物也能进行蛋白质的糖基化。微生物生长快，营养要求简单，而且大规模培养技术成熟，因此基因重组微生物是工业生产药用蛋白质和各种酶制剂的首选。采用基因重组技术异源高表达某些特殊性能的酶，用于催化反应以替代化学合成中的一步或多步化学反应，大大提高了生产效率和降低了成本。利用多种基因工程菌生产的酶构建无细胞的体外代谢网络，可极大提高从底物合成目标代谢物的效率。近年来，采用代谢工程和合成生物学技术改造和构建微生物细胞工厂，将可再生资源通过微生物代谢合成生物燃料、生物基化学品、可降解塑料和高价值的细胞代谢物的研究取得了令人瞩目的成果[3]。在这些生物技术过程中，高效进行基因工程菌的培养是提高产量降低成本的基础。本节就基因工程微生物生产重组蛋白质和代谢物的基本培养技术作简单的介绍。

4.3.1　概述

（1）宿主菌

基因重组技术首先是在大肠杆菌（*Escherichia coli*）中取得成功的，大肠杆菌的遗传背景清楚，至今已获得了大量不同遗传背景的菌株和各种载体等工具，因而基因操作容易，并且其营养要求简单、生长快，外源基因的表达水平高，是最常用的菌株。大肠杆菌产生内毒素是其主要的缺点，这对其生产的重组蛋白质的分离纯化提出了更高要求。枯草芽孢杆菌（*Bacillus subtilis*）也是一类重要的用于蛋白质生产的原核微生物，它的优点是没有内毒素，而且蛋白质容易分泌到胞外，有利于目标蛋白质的分离纯化。随着基因重组技术的发展，其它原核微生物包括丝状菌的基因操作也已建立起来，实现了异源蛋白质的合成[7]。

一些真核细胞的蛋白质需要糖基化等修饰以获得高活性，但原核微生物不具有蛋白质的表达后修饰功能，因而以真核微生物作为宿主进行异源蛋白质合成具有更大的优势[7]。酿酒酵母（Saccharomyces cerevisiae）是重要的真核微生物，人类使用酿酒酵母已有几千年的历史，是一种普遍认为安全（generally considered as safe，GCAS）的微生物，它的基因重组技术很早就建立起来以用于异源蛋白质生产，并且蛋白质可分泌到胞外。巴斯德毕赤酵母（Pichia pastoris）是随后建立起来的表达系统，其利用烃类的能力很强，起初用于石油发酵，其醇氧化酶启动子非常强，利用甲醇进行诱导时其调控的基因表达水平很高，是重要的生产蛋白质的真核微生物平台[8]，类似的甲醇营养酵母还有多形汉逊酵母（Hansenula polymorpha）[9]。一些霉菌具有极强的蛋白质合成和分泌能力，将其开发成高效的基因表达平台的工作也取得了很大进展。

（2）产物

利用基因重组微生物可以生产各种蛋白质和代谢物[7,10]。建立基因重组技术的初期构建的基因工程菌主要用于生产具有药用价值的外源基因编码的蛋白质，像各种难以从组织分离提取的人体细胞蛋白质（包括各种干扰素、白细胞介素、生长激素、胰岛素）、疫苗，以及具有药用价值的酶类，如尿激酶和链激酶等。由于基因工程菌目标基因表达的调控方式清楚，表达水平高，更被大量用于生产各种工业酶制剂，用于发酵行业或饲料添加剂等，或者催化特定的化学反应以替代化学合成中的一个或多个反应从而提高反应效率[11]。此外，基因工程菌的菌体还被用于生物防治[12]、活疫苗[13]、处理有害物质[14] 以及生产重组质粒等。

近年来基因重组技术还被广泛用于微生物的代谢工程改造，以使其大量合成某种代谢终产物或中间代谢物[15]。代谢工程的基本思路是通过缺失或弱化降解目标代谢物的途径、增强其合成途径等手段来高效生产目标代谢物。同时，改善目标代谢物和一些底物的运输以及相关代谢途径中发生的调节等也是构建高效的代谢工程菌所需要的。这些工作对于使用可再生资源合成生物燃料和生物基化学品，减少化石资源的使用，减少 CO_2 排放，保护环境，推动经济的可持续发展具有重要的意义。

（3）培养的操作方式

和普通微生物的培养一样，基因工程菌的培养操作方式可分为分批培养、补料分批培养和连续培养等几种方式。分批培养是指在灭菌的培养基中接种后维持一定的培养条件（如温度、通气）进行培养的方式，当营养消耗，菌体停止生长，即结束培养。培养过程中随菌体生长，营养物质浓度和产物浓度等都不断变化。连续培养则是在分批培养中，待菌体生长到一定程度时，开始不断加入培养基，同时以相同速率取出培养液以保持培养液体积不变，经过一段时间可达到稳态，这时菌体、营养物质和产物等浓度稳定不变。连续培养的一个特征是达到稳态时菌的比生长速率和稀释率（即培养基的流加速率与培养液体积之比）相等。补料分批培养则介于两者之间，在分批培养中，根据需要加入补料培养基或限制性底物，可长时间维持菌体生长，从而达到很高的菌体密度，培养液的体积也随补料的进行而不断增大。分批培养操作简单，是研究阶段最常使用的方式。而补料分批培养则可实现目标产物高产，是工业过程中常采用的操作方式。连续培养虽然可达到很高的产物生产速率，但在长期培养过程中可能发生菌株突变、污染等问题，生产上很少使用。不过它是研究菌株特性的很好手段，借助连续培养也可快速选育具有特定性能的突变菌株，如进行实验室进化。图 4-4 为三种培养操作方式的示意图。

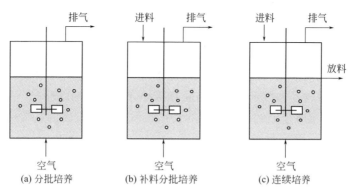

图 4-4　有氧培养的操作模式

(a) 分批培养　　　(b) 补料分批培养　　　(c) 连续培养

4.3.2　基因工程菌的培养

为了高效生产目标产物，通常希望将基因工程菌培养达到较高的菌体密度，以获得较高的目标产物浓度和生产速率。对于以蛋白质为产物的生产过程，需要实现目标基因的高表达，同时达到较高的菌体密度。宿主菌的选择、质粒拷贝数、启动子、终止子、密码子偏好以及培养条件等均会影响目标蛋白质的生产[16]。以生产代谢物为目标时，一般也希望达到较高的菌体密度，以实现较高的产物生产速率，但不必追求最大限度地合成蛋白质，只要重组基因有足够的表达，能满足目标代谢物的高效合成即可，过量表达引起的代谢负荷可能严重影响代谢物的生成。另外，工程菌在培养时很容易因通气形成气溶胶释放到大气中，也可能因取样和清洗反应器及管道进入污水系统。由于基因工程菌带有人工引入的编码目标蛋白质基因和抗生素抗性标记等重组 DNA，在培养中应注意杜绝其向环境中泄漏而造成环境问题甚至发生生物灾害。

（1）培养基

和培养普通微生物一样，基因工程菌的培养基分为基本培养基和复合培养基两种。基本培养基中除碳源外，其它成分均采用无机盐及纯化合物配制，其组成明确，配制的培养基质量稳定。复合培养基则含有成分不明确的有机物，如蛋白胨和酵母提取物等。基因工程菌在复合培养基中的生长比在基本培养基中快，较短时间内能达到较高的细胞密度，有利于目标蛋白质的生产。而基本培养基由于组成明确，更便于研究工程菌在培养过程中的代谢特征和分离纯化分泌在培养液中的产物。

碳源是发酵过程消耗最多的成分，占了培养基成本的大部分。氮、硫、磷和一些金属元素（镁、钙、铁和一些微量元素）也是细胞生长所不可缺少的。对于一些营养缺陷型微生物，培养基需提供其自身不能合成的营养以保证其生长。微生物培养基可以根据细胞的元素组成设计，以保证微生物均衡的营养供应。微生物在生长过程中，碳源除了提供构成细胞的结构物质（核酸、蛋白质、多糖和脂肪）以及产物（包括副产物）所需的碳，同时产生还原力和能量，供合成反应和维持代谢使用，因此细胞所含的碳大大低于其消耗的碳，细胞在基本培养基中所摄取的碳源大约只有一半形成菌体。复合培养基提供了丰富的细胞结构物质前体，碳源主要用于产生能量，因此菌体生长所需碳源比用基本培养基大大减少，菌体关于碳源的得率大大提高。

在营养充分的培养基中，微生物以最大比生长速率生长，但经过一段时间后，就会出现一种或几种营养成分的限制，微生物的比生长速率就会下降，指数生长结束。事实上，在一个实际的培养过程中，微生物往往是处于营养限制的状态。在设计培养基时常常把碳源作为一种限制性底物，随着菌体生长，碳源不断消耗，当碳源浓度降低到一定程度时，可以补充碳源以维持微生物的长期生长，达到很高的细胞密度。在高密度培养中，其它营养成分也会发生限制，如氮源、镁离子和微量元素，应根据需要在补料时加以补充。发酵中常通过加入氨水调节发酵液 pH，同时也起到补充氮源的作用，但要注意过高的氨浓度对生长有很强的抑制[17,18]。

培养基因工程菌采用何种限制性底物，也要考虑所用菌株和产物的特点。例如酿酒酵母 Y33：：YFD71-3 是一株表达人 α-心钠素的组氨酸、亮氨酸和腺嘌呤三重营养缺陷菌，表 4-4 显示了基本培养基中腺嘌呤、组氨酸和亮氨酸对该菌株生长和胞外蛋白质生产的影响[19]，可以看出组氨酸和亮氨酸限制时，单位细胞生产的蛋白质大大低于腺嘌呤限制的效果，通过腺嘌呤限制菌体生长时，培养基提供的两种氨基酸能更好地用于蛋白质合成。

又如磷是微生物生长不可缺少的元素，一般培养基中都需要提供足够的磷酸盐。大肠杆菌 YK537（pAET-8）是一株 *phoA* 启动子控制表达人表皮生长因子（hEGF）的菌株，培养基中磷酸盐限制时即启动 hEGF 合成。该菌株在基本培养基中生长很差，因而采用复合培养基培养，但发现磷酸盐浓度先随菌体生长降到很低，随后又不断上升而严重阻遏 hEGF 生成。进一步研究发现，这些磷酸盐是碳源缺乏时从复合有机氮源中释放出来的，因此培养中还要保证有足够碳源以避免复合有机氮源释放出磷酸盐而阻遏 hEGF 合成[20]。

表 4-4　不同底物限制对 Y33：：YFD71-3 生长和蛋白质生产的影响

腺嘌呤含量/（mg/L）	组氨酸含量/（mg/L）	亮氨酸含量/（mg/L）	细胞密度（OD$_{600}$）	蛋白质含量/（mg/L）	（蛋白质含量/细胞密度）/（mg/L）
20	20	40	2.99	2.79	0.93
10	20	40	4.12	2.90	0.70
5	20	40	2.68	4.34	1.62
2.5	20	40	1.70	4.99	2.94
1	20	40	0.99	4.92	4.97
20	10	40	4.00	4.04	1.01
20	2.5	40	1.84	4.64	2.52
20	1	40	1.00	2.66	2.66
20	20	20	2.20	2.77	1.26
20	20	10	1.78	2.08	1.17
20	20	5	1.09	1.53	1.40

（2）培养条件

除了营养物质浓度，温度、pH 和溶氧等也是影响基因工程菌生长和产物生成的重要因素，在培养过程中应很好地加以控制[21]。

① 温度

在微生物的最适温度下培养，可以在短时间内达到高细胞密度，但是产物生产的最佳温度不一定和生长最适温度一致。当目标基因表达由诱导型启动子控制时，培养过程可分为两个阶段：生长阶段维持最适生长温度，待菌体密度足够高时，改变温度至最适表达温度表达目标基因。例如当工程菌以 $P_L P_R$ 启动子控制目标基因表达时，在 30℃ 温度敏感蛋白质 CIts857 阻遏目标基因表达，而当温度升高到 42℃ 时，CIts857 蛋白质变性而不再阻遏，导致目标基因大量转录。不同菌株的最佳诱导温度不一定都是 42℃，如 Zhang 等[22] 采用一株 P_L 启动子调控 hEGF 分泌表达的大肠杆菌，发现在 38～42℃ 范围内，提高温度虽然有利于 hEGF 合成，但形成大量包含体，而在 38℃ 时分泌到胞外的可溶 hEGF 所占比例最高。lac 启动子调控的基因表达可用乳糖或 IPTG 诱导，其活性在 37～39℃ 时最高，但实际诱导时可将温度调节到 30℃ 以减少热休克蛋白的影响，减少目标蛋白质的降解或改善蛋白质的折叠和组装[21]。

异源表达一些基因时，目标蛋白质有时会形成不溶的包含体，降低培养温度虽然会影响蛋白质表达量，却可以大大提高具有活性的可溶蛋白质水平。如 Han 等[23] 采用大肠杆菌 BL21 表达克雷伯菌 K11 噬菌体 RNA 聚合酶，发现在 37℃ 表达的酶主要以不溶性蛋白质存在，将表达温度降低到 30℃ 则可溶性重组蛋白质在总蛋白质中的含量增加，不溶性蛋白质含量下降，进一步将温度降到 25℃ 则该酶主要以可溶性蛋白质的形式存在。

② pH

众所周知，pH 是影响菌体生长和产物生成的重要环境因素。一般细菌的最适 pH 为中性或弱碱性，而酵母和霉菌则要求较低的 pH。在培养过程中，由于微生物的代谢，培养液的 pH 会发生变化。如大肠杆菌在 LB 培养基（由酵母提取物、胰蛋白胨和 NaCl 组成）中培养时因有机氮源的异化代谢，pH 会明显上升，而在基本培养基中则会因铵离子的消耗和酸性代谢副产物的积累而下降。在利用代谢工程菌株生产有机酸时，有机酸的积累使培养液严重变酸，需要不断加入碱来中和以维持菌体的代谢，但同时增加了生产成本。为克服这个缺点，近年来研究人员采用酵母菌等进行代谢工程，提高菌株的耐酸性能。

pH 的改变也可以影响目标基因表达。例如在乳酸乳球菌中采用 P_{170} 启动子调控链激酶基因表达时，高 pH 和磷酸盐引发耐酸响应而增加链激酶表达并减少其降解[24]。也有研究人员通过改变 pH 来诱导目标基因表达，如 Chou 等[25] 采用 cadA 基因的调节区构建 pH 诱导的表达系统，在复合培养基中培养时将 pH 调节为 6.0 即可诱导 β-半乳糖苷酶表达。

③ 溶氧

需氧微生物的培养中，氧的供应对其生长和产物合成非常重要，通常需要保持足够高的溶解氧浓度，以满足代谢的需求。基因工程菌一般带有高拷贝的表达载体，其复制和目标基因的转录与翻译需要消耗大量的核苷酸、氨基酸和能量，其氧需求也就更高，给工程菌带来巨大的代谢负荷。进行高密度培养时，反应器的供氧负担也更大。在供氧不足的情况下，碳源（一般是糖类）不能完全氧化而造成副产物（如乙酸）的积累，严重影响菌体生长和目标产物合成。为了提高反应器供氧能力，通常采用增加搅拌转速和通气速率的方法，但是一个反应器的供氧能力是有限度的，不可能无限提高。实验室中可以通过补充纯氧来改善氧的供应，但会大大加剧发酵热的产生，增大了传热的负荷，对于大规模的工业过程并不合适。不过溶氧水平很容易通过限制碳源的供应来控制，例如在大肠杆菌和巴斯德毕赤酵母高密度培养中，分别通过限制葡萄糖或甲醇的供应可以有效提高培养液中的溶氧水平。

虽然在高溶氧下多数基因工程菌能够高表达目标基因，但也有一些菌株在较低溶氧下反而能获得更高产物生产水平。例如 Meyer 等[26] 用枯草芽孢杆菌生产 α_2-干扰素时发现，当发酵罐中的溶氧维持在较高水平（>40%）时，α_2-干扰素的活性不到 $10 \times 10^6 U/L$，大大低于摇瓶的 $200 \times 10^6 U/L$。考虑到摇瓶培养时，棉塞对传氧的阻力很大，因而在反应器中将溶氧控制在 5% 以下，α_2-干扰素的生产水平最高达到了 $400 \times 10^6 U/L$。

利用可再生资源生产生物燃料和生物基化学品时，厌氧培养才能获得高的产物得率。一些基因工程菌在厌氧培养下生长很慢，导致发酵过程效率非常低。这时可考虑采取两阶段培养的方法，即先进行有氧培养，在较短时间内获得大量菌体，再进行厌氧培养生产目标代谢物。Wu 等[27] 用大肠杆菌 NZN111 生产琥珀酸，因该菌株在厌氧条件下生长困难，采取先以乙酸为碳源进行有氧培养，较快增殖菌体并诱导合成琥珀酸所需的关键酶，再以葡萄糖为碳源进行厌氧发酵，琥珀酸的浓度和生产速率大大提高。Li 等[28] 发现在用大肠杆菌以甘油为碳源生产琥珀酸时，有氧阶段控制供氧非常关键。先以乙酸和甘油双碳源进行有氧培养增殖菌体，再加入 IPTG 诱导磷酸烯醇式丙酮酸羧激酶过量表达，并限制供氧一段时间以诱导甘油厌氧代谢酶系的产生，最后以甘油为碳源进行琥珀酸的厌氧发酵，琥珀酸的浓度和生产速率大大提高，而且琥珀酸的得率接近理论值。Huang 等[29] 采用一株重组克雷伯菌生产 3-羟基丙酸时，发现与纯厌氧发酵相比，微好氧发酵明显促进 3-羟基丙酸的生产。这是因为微好氧培养中通入的少量空气能够提高外源醛脱氢酶表达，使代谢流由 1,3-丙二醇转向 3-羟基丙酸。

④ 目标基因表达

目标基因可通过组成型或诱导型启动子调控其表达。采用组成型调控的启动子时，目标基因表达随菌体生长同时进行。而采用诱导型启动子时，则通过加入诱导剂等引发目标基因表达。蛋白质的大量生产给宿主细胞带来巨大的代谢负荷，特别是当目标蛋白质对宿主具有毒性时，其大量合成更会严重影响菌体生长。采用诱导型启动子可将菌体生长和生产两个阶段分开，避免目标基因表达对生长的影响，是较常用的一种调控方式。采用这种调控方式时，诱导强度对目标蛋白质的合成十分重要。研究表明，增加诱导剂浓度可提高目标基因转录水平，但并非越高越好。过高的诱导剂浓度下 mRNA 水平增加有限，而且 mRNA 的降解会增加。IPTG 常用于乳糖启动子诱导，由于它不被消耗，通常采取一次性加入使其达到一定浓度。Pinsach 等[30] 在诱导鼠李糖-1-磷酸醛缩酶表达时采用脉冲加入 IPTG 同时限制加入总量和限制单位细胞加入量的方法来优化酶的生产，其中控制单位细胞加入量的效果更好。lac 启动子也可用乳糖诱导，由于乳糖在培养中不断消耗，其加入方法对目标基因表达有很大影响。如 Zou 等[31] 认为在一定的菌体浓度下以一定的乳糖流加速率进行诱导，可以使分支淀粉酶的生产大幅增加。诱导前及诱导中的菌体生理状态对目标基因表达有很大影响，应对这些阶段的培养条件进行优化。传统的一次改变一个条件的优化方法需要花费大量时间和人力，而且没有考虑各因素之间的交互作用。统计优化方法（如正交设计、均匀设计、中心组合设计和响应面分析等）则可同时对多个条件优化，大大提高效率，在基因工程菌培养中得到了广泛应用[32]。

目标基因产物合成与工程菌的生长往往有密切的关系，许多工程菌两者间表现正相关的关系，即在较高的比生长速率下目标蛋白质的比生产速率较高，不过也有在较低比生长速率下目标蛋白质生产更好的情况。康风先等[33] 对一株 trp 启动子控制人 α_A 干扰素表达的大肠杆菌 W3110 (pEC901) 进行连续培养，研究了干扰素生产和生长的关系，发现高比生长速率可提高干扰素的比生产速率 [图 4-5 (a)]，国外一些研究也发现相似规律[34,35]。图 4-5 (b) 是枯草芽孢杆菌 DB403 (pWL267) 中性蛋白酶的生产与菌体生长的关系[36]，在比

生长速率为 $0.2h^{-1}$ 时酶的比生产速率最高，更高或更低的比生长速率下蛋白酶的生产都会下降。而对于生产人 γ-干扰素的大肠杆菌 DH5α（$pBV220$），则在低比生长速率下有较高的生产能力[37]。因此，不同的工程菌最佳的比生产速率有较大差异，需要具体研究。

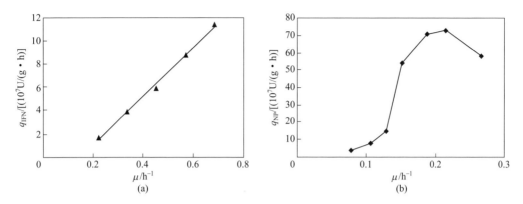

图 4-5　大肠杆菌 W3110（*pEC901*）（a）和枯草芽孢杆菌 DB*403*（*pWL267*）（b）
产物比生产速率与菌体比生长速率的关系

4.3.3　工程菌的稳定性

基因工程菌的稳定性是保持其生产能力的关键，如果在培养或保存的过程中目标基因及其表达系统发生改变，工程菌就失去了目标蛋白质的生产能力，因而工程菌的稳定性很早就受到了重视[38,39]。基因工程菌的不稳定有两种表现形式：结构不稳定和脱落（或分离）性不稳定。前者是目标基因发生改变，后者是导入的表达载体发生丢失。嗜热链球菌的双功能谷胱甘肽合成酶 GSHF 能高效合成谷胱甘肽，异源表达该酶的大肠杆菌 JM109（pTrc99A-*gshF*）可生产谷胱甘肽达 10g/L[40]，但经若干次传代后，发现该基因已发生一个点突变，使 GSHF 蛋白质 161 位的天冬氨酸变成了甘氨酸[41]。GSHF 突变体的谷胱甘肽合成性能比野生 GSHF 弱，胞内生成的谷胱甘肽较少，因而表达突变体 GSHF 细胞的生长较表达野生 GSHF 的细胞快，在多次传代过程中突变体得以富集和保留。转化有重组质粒的基因工程菌在增殖过程中也可能发生质粒丢失，显示出脱落性不稳定，从而失去目标蛋白质生产能力。这种脱落性不稳定现象在二十世纪七八十年代有较多研究，并建立数学模型进行模拟[38,42,43]。

基因工程菌的稳定性与宿主菌及载体结构、拷贝数以及培养条件等有关。将目标基因整合到受体菌染色体可以有效避免发生脱落性不稳定，但拷贝数不可能太高。许多基因工程菌的质粒带有抗生素抗性标记，在培养基中添加这种抗生素可防止丢失质粒细胞的生长，但这种做法提高了培养成本，也容易导致环境中耐药菌的滋生。另外，像培养具有四环素抗性的菌株时，四环素的加入会严重影响菌体生长。采用营养缺陷型菌株作为宿主，在重组质粒上插入宿主缺失的基因，培养基中不加这种营养即可有效阻止丢失质粒的细胞生长。

培养基也能影响工程菌的稳定性。在复合培养基中工程菌生长快，往往会显示较好的稳定性。限制性底物的种类也会影响稳定性，如 Noack 等[44] 采用连续培养研究了质粒 *pBR322* 和 *pBR325* 在大肠杆菌 GY2354 和 GM31 中的稳定性，发现不同生长速率和限制性底物下，*pBR322* 在两个宿主菌中均很稳定，而氮限制、葡萄糖限制和生长速率对 *pBR325* 的稳定性则显示不同的影响，甚至发生结构不稳定（图 4-6）。

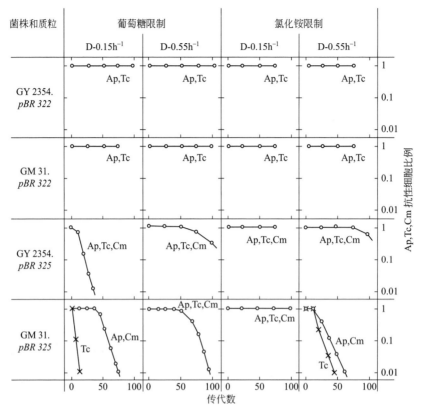

Ap—氨苄青霉素抗性；Tc—四环素抗性；Cm—氯霉素抗性

**图 4-6 限制性底物和比生长速率对质粒 *pBR322* 及
pBR325 在大肠杆菌 GY2354 和 GM31 中稳定性的影响**

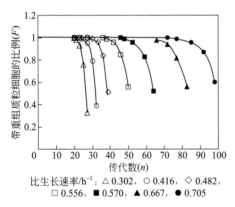

比生长速率/h⁻¹：△ 0.302，○ 0.416，◇ 0.482，
□ 0.556，■ 0.570，▲ 0.667，● 0.705

**图 4-7 不同比生长速率下 W3110（*pEC901*）
的质粒稳定性变化**

工程菌的比生长速率也会影响其稳定性。Ye 等[45] 采用连续培养研究了 W3110（*pEC901*）的质粒稳定性，发现在葡萄糖限制的基本培养基中，高比生长速率（0.705h⁻¹）下可稳定遗传 80 代，而低比生长速率（0.302h⁻¹）下则只能稳定遗传 20 代（图 4-7）。不过即使在稳定性最低的比生长速率下增殖 20 代，一个细胞可繁殖为 10^6 个带质粒的细胞，已足够进行有效的工业规模发酵了。

外源基因的过量表达也会引起质粒的丢失，如张涛铸等[37] 在用大肠杆菌 DH5α（*pBV220*）生产人干扰素时，升温诱导表达后 *pBV220* 很快发生丢失。对于稳定性较差的工程菌，采用诱导型启动子将生长和表达分开有较好的效果。此外，温度、pH 和溶氧等都可能影响质粒稳定性，如一些研究显示提高培养温度会降低工程菌的稳定性，也有报道指出将工程菌固定化后稳定性得到提高。

4.3.4 代谢副产物

葡萄糖容易代谢，价格低廉，是培养基最常用的碳源。不过一些基因工程菌（如大肠杆菌）在培养过程中很容易产生代谢副产物，主要是乙酸，也可能有其它一些小分子有机酸如乳酸等。这些有机酸的积累，不但使培养液 pH 下降，降低葡萄糖的利用效率，而且会严重影响菌体生长和目标基因表达。图 4-8 为大肠杆菌 W3110（pEC901）在不同比生长速率下乙酸钠对干扰素比生产速率的影响，可以看到，在同样比生长速率下乙酸钠的存在大大降低了干扰素的比生产速率。因此，在培养中应注意避免乙酸的积累。

乙酸是葡萄糖等碳源的不完全代谢物，培养中供氧不足时很容易产生乙酸。不过即使在供氧充分的情况下，大肠杆菌还是可能积累乙酸，这是由于大肠杆菌摄取葡萄糖的速率超过了其完全代谢的能力，发生代谢溢流的关系。不同的宿主菌生产乙酸的特性是不同的，大肠杆菌 K12 系的菌株很容易产生乙酸，而大肠杆菌 B 系菌株则产生较少的乙酸。例如培养 JM109 菌体浓度（OD_{600}）达到 80，产生的乙酸为 14g/L，而培养 BL21（DE3）时 OD_{600} 达 100，仅产生 2g/L 的乙酸[46]。因此，在构建菌株时可选择产生

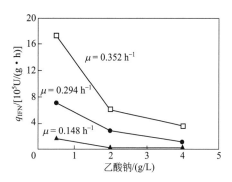

图 4-8　乙酸钠对大肠杆菌 W3110（pEC901）干扰素比生产速率的影响

乙酸少、表达水平高的宿主菌。对于已选为宿主的工程菌，其培养过程中乙酸的积累问题可以通过培养过程的控制，或者代谢工程的方法来解决[47]，这里仅从培养过程控制的角度加以说明。

大肠杆菌产生乙酸与其比生长速率有密切的关系。如 W3110（pEC901）在基本培养基中培养时，比生长速率不超过 $0.336h^{-1}$ 时没有乙酸产生，随比生长速率的继续增加，乙酸的比生产速率急剧增大[48]。限制葡萄糖的供给可限制菌体的生长速率，使其比生长速率不超过产生乙酸的临界速率，从而有效避免或减少乙酸的生成[49]，同时也可改善培养液的溶氧水平。基因工程菌对不同碳源的代谢能力是不同的，例如大肠杆菌在含葡萄糖的培养基中很容易产生乙酸，而代谢甘油的速率要比葡萄糖低很多，如果在培养基中用甘油代替葡萄糖，可明显减少乙酸的生成。

很多工程菌在高比生长速率下目标蛋白质的比生产速率较高，但如果在培养中控制较高的比生长速率则会很快产生乙酸，反而会抑制菌体生长和目标蛋白质表达。如果希望保持较高的比生产速率，可以在培养过程中利用吸附剂（如离子交换树脂）除去乙酸，或采用膜过滤器将含有乙酸的培养液滤出而把菌体留在反应器中，同时补充新培养基维持培养液体积。这些方法都能有效降低培养液中的乙酸，但前者要避免将培养基中有用的离子一起除去，后者则要解决膜的堵塞问题。

4.3.5　高密度培养

进行基因工程菌的高密度培养，是为了获得高浓度的目标蛋白质及其高生产速率。通过补料分批培养，补充菌体所需营养，可使其持续生长而达到高细胞密度。不过达到高细胞密度并不一定意味着目标基因的高表达。表 4-5 是大肠杆菌 DH5α（pBV220）在不同细胞浓度下生产干扰素的情况，可以看到菌体浓度较低时单位细胞生产的干扰素很高，细胞密度提高后则急剧降低。因此在高密度培养中，应根据菌株特性，控制培养条件，避免乙酸的积累，才能实现工程菌的高密度培养和目标基因的高表达。

表 4-5 大肠杆菌 DH5α（pBV220）在不同培养过程中菌体生长和干扰素生产

X_1 [①]	X_2 [②]	IFNγ/(10^8U/L)	(IFN/X_2)/[10^8U/(OD·L)]	补料
0.98	1.89	1.5	0.87	无
2.12	4.19	4.2	1.0	无
2.44	4.06	7.8	1.9	葡萄糖
2.98	4.40	4.5	1.2	葡萄糖
4.28	4.50	6.6	1.1	葡萄糖
4.50	6.53	8.3	1.3	葡萄糖
4.68	6.73	2.1	0.31	葡萄糖
11.5	17.4	0.13	0.077	复合培养基
14.5	14.0	0.15	0.010	复合培养基
28.0	30.0	2.3	0.065	复合培养基

① 为 OD_{600} 下测得的升温诱导前菌体浓度。
② 为 OD_{600} 下测得的培养结束时菌体浓度。

在掌握工程菌发酵动力学特性的情况下，根据培养中的菌体浓度，可以计算维持不产乙酸临界比生长速率所需的碳源加入速率［见 4.3.6 节式（4-8）］，进行指数流加以维持菌体恒定的比生长速率。这样的指数流加可由发酵控制软件自动进行，但过程中操作发生的一些波动可能造成菌体的实际生长轨迹与设定轨迹的偏差，需要不断监测菌体的生长来对流加进行调节。

实验室和工业发酵中碳源等物料的流加常采用反复脉冲式添加的方法，即一次仅加入少量补料液，每次加入补料液的量相等，通过改变两次脉冲间的时间，即改变占空比来控制流加速率。在碳源完全消耗的状态下，少量碳源的加入使其在培养液中的浓度有所提高，但不久碳源很快又被消耗，菌体又处于碳源限制的状态，于是再次添加碳源以满足菌体需求，这样反复添加使碳源浓度在极低的范围波动，碳源的比消耗速率和菌体的比生长速率得以有效控制，从而避免了乙酸积累，并达到很高的菌体密度。在这样的过程中，随碳源的反复添加，溶氧会发生剧烈的震荡（图 4-9）。这是因为当碳源耗尽时，细胞无法由异化代谢产生 NADH，致使氧的消耗急速下降，溶氧便快速上升。加入少量碳源后，细胞立即经异化代谢产生 NADH 并通过呼吸链氧化，使溶氧快速下降。

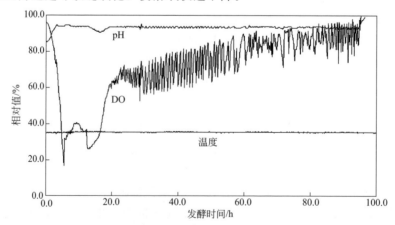

图 4-9 枯草杆菌生产青霉素 G 酰化酶的发酵过程中 pH 和溶氧变化[50]

基于这种现象，可以利用培养液中的溶氧水平对碳源流加进行自动控制。当溶氧高于某设定值时加入少量碳源，碳源加入引起溶氧快速下降，但不久后因碳源耗尽，又引起溶氧快速上升，到达溶氧设定值时再次加入碳源，如此反复进行。需要注意的是，发生溶氧震荡的现象并不一定表示已避免了乙酸生成。如果菌体比生长速率超过了产乙酸的临界比生长速率，即使发生溶氧震荡，因碳源的消耗速率超过了细胞将其完全氧化的能力，还是会发生乙酸的积累。为此 Åkesson 等[51] 采取加入极少量碳源，观察其引发的溶氧变化特征，来判断碳源限制的状态以指导流加。

碳源的代谢会引起培养液 pH 的变化。在基本培养基中，伴随着菌体生长，铵盐（氮源）的消耗以及酸性代谢物的积累使 pH 降低。一旦碳源耗尽，酸性代谢物被作为碳源利用，又会使 pH 升高。在复合培养基中，当碳源耗尽时，培养基中的有机氮源被异化代谢，产生的氨等碱性代谢物会使 pH 升高。LB 培养基是常用的培养基，含有胰蛋白胨、酵母提取物和氯化钠三种成分，但不含糖，因此用它培养一段时间后其 pH 会升得很高。图 4-9 显示，限制碳源流加时，随着溶氧的震荡，pH 也相应发生震荡，这种现象在使用复合培养基时更显著。利用此特点可以进行恒 pH 流加：当 pH 上升到某设定值时，加入少量碳源可使 pH 下降，但一旦碳源耗尽 pH 就回升，达到设定值时再次加入碳源，如此反复，可有效控制碳源的供应。Wang 等[20] 在用大肠杆菌生产 hEGF 时，通过恒 pH 流加葡萄糖使 hEGF 的生产水平大大提高。

利用适当的传感器可对碳源的流加进行自动控制。如 Xie 等[52] 采用甲醇利用慢表型 Mut^S 的重组毕赤酵母生产血管生长抑制素，按常规方法以 10g/L 甲醇诱导时因甲醇代谢缓慢，其流加很难控制，导致甲醇浓度不断上升，使菌体生长受到严重抑制。利用包括一个醇传感器的控制系统来控制甲醇流加，可将甲醇浓度控制在 3g/L，同时通过观察溶氧震荡现象对甘油的流加进行控制，使其浓度保持在接近 0 的水平，大大改善了菌体生长，血管生长抑制素的生产也提高了 10 倍以上。

进行碳源限制的补料分批培养时，反应器的混合性能会给培养效果带来非常大的影响。这是因为进行补料分批培养时，为了减少补料液加入造成的稀释，通常采用高浓度的补料液。这样，加入的补料液若不能迅速分散到全部培养液中，就会发生局部区域碳源浓度偏高的情况，在此区域内的工程菌因接触高浓度碳源而产生乙酸。杜鹏等[53] 在 5L 发酵罐中考察了补料液浓度和搅拌转速对工程菌乙酸生成的影响，发现高浓度葡萄糖补料液和低搅拌转速都使工程菌产生的乙酸增加。大型发酵罐中实现均匀混合要比小型发酵罐困难，因此将补料分批培养放大时，应特别注意混合的效果。

进行高密度培养时，由于菌体密度很高，培养液的摄氧率相应增大，很容易发生氧限制的情况。同时，随菌体浓度增加，产生的代谢热也增大，而为了提高反应器的传氧能力，需要提高搅拌功率，这样发酵热和搅拌热的增加，造成温度控制的困难，增加了冷却的成本。上述限制碳源供应的方法可以有效改善培养中的氧限制和发热的问题，但碳源限制可能会偏离目标产物的最佳生产条件，需要综合考虑利害得失加以平衡。

4.3.6 培养过程的模拟

培养过程的模拟可以帮助我们深入了解过程特性，从而进行有效的控制而优化其效率。下面介绍几种常用的方法。

（1）动力学模型

以物料平衡为基础，对培养过程中菌体的生长、营养消耗和产物生成速率建立动力学模型，是传统的培养过程模拟方法，模型中的参数可以通过专门的实验（如连续培养）获得，也可根据培养中的生长和代谢数据通过参数估计得到。如果在一定的实验范围内建立的模型能很好反映菌株的生长和代谢特性，可以据此对过程控制进行优化。例如，根据大肠杆菌 W3110（$pEC901$）生产 α_A 干扰素的发酵动力学特性，可建立如下模型：

$$\frac{dX}{dt} = \frac{\mu_m S}{K_S + S} \frac{K_A}{K_A + K} X - \frac{F}{V} X \tag{4-1}$$

$$\frac{dS}{dt} = \frac{F}{V}(S_F - S) - \frac{\mu}{Y_{X/S}} X \tag{4-2}$$

$$\frac{dA}{dt} = q_A X - \frac{F}{V} A \tag{4-3}$$

$$\frac{dP}{dt} = q_P X - \frac{F}{V} P \tag{4-4}$$

$$F = \frac{dV}{dt} \tag{4-5}$$

$$q_A = \begin{cases} 0 & (\mu < 0.336 h^{-1}) \\ a(\mu - 0.336)^b & (\mu \geqslant 0.336 h^{-1}) \end{cases} \tag{4-6}$$

$$q_P = (\alpha\mu + \beta)\frac{K}{K + A} \tag{4-7}$$

式中，X、S、A 和 P 分别为菌体、葡萄糖、乙酸和干扰素浓度；F 为流加速率；S_F 为补料液葡萄糖浓度；V 为发酵液体积；t 为培养时间；μ 为比生长速率；μ_m 为最大比生长速率；K_S 为关于葡萄糖的饱和常数；K_A 为乙酸的抑制常数；$Y_{X/S}$ 为关于葡萄糖的菌体得率（其值与比生长速率相关）；q_A 和 q_P 分别为乙酸和干扰素的比生产速率；a、b、α、β 为有关乙酸和干扰素生产的参数，它们都是根据连续培养的结果得到的。要避免乙酸积累，可限制糖的供应，将菌体的比生长速率控制在不超过临界比生长速率（$0.336 h^{-1}$）即可。维持这个比生长速率可按下式进行指数流加：

$$F = \frac{\mu X_0 V_0 \exp(\mu t)}{Y_{X/S}(S_F - S)} \tag{4-8}$$

式中，μ 可取 $0.336 h^{-1}$；X_0 和 V_0 分别为开始流加时的菌体密度和培养液体积。此指数流加可利用发酵控制软件由计算机执行，也可计算一段时间（如 1h）按设定比生长速率所需的碳源量，并在此时间内匀速加入，然后根据达到的实际菌体密度计算下一段时间所需碳源量，匀速加入，即阶梯式提高补入速率的近似方法来实施。康风先等[33] 在 5L 发酵罐中按此法控制大肠杆菌 W3110（$pEC901$）以比生长速率 $0.67 h^{-1}$ 进行指数流加，α_A 干扰素最高达到 2.5×10^{10} U/L，是摇瓶的 1000 倍。

（2）人工神经网络

人工神经网络模拟大脑神经元突触的工作原理，通过调整内部节点之间的权值来建立输入和输出数据的关系，它的特点是不需要有关过程特点的知识，能反映过程的非线性特征，具有自学能力、高容错、强鲁棒性和适应能力。人工神经网络在人工智能中有广泛应用，曾经战胜围棋选手李昌镐的 AlphaGo 包含两个神经网络，而战胜 AlphaGo 的 AlphaGo Zero 则是与 AlphaGo 对弈，完全通过自主学习在短时间中训练出来的[54]。人工神经网络在发酵过程的模拟中也得到了广泛的应用。

人工神经网络包括输入层、中间层（或隐藏层）以及输出层，各层神经元之间互相连接（图 4-10）。输入层和输出层神经元的数目取决于输入和输出变量的数目，隐藏层神经元的数目则根据实验确定。人工神经网络的信息以神经元间的权值 w_{ij} 的形式储存起来，通过调整权值来建立输入和输出的相互关系。各输入和输出变量均经归一化处理，其值在 0 和 1 之间。输入层各神经元储存各输入变量（I_i）并将其输入隐藏层，隐藏层和输出层神经元则分别按式（4-9）和式（4-10）进行计算，得到 O_j 和 O'_k。

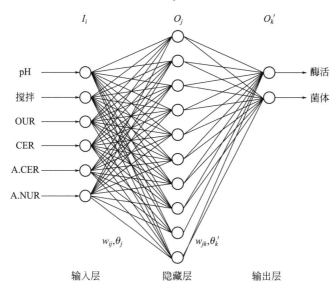

图 4-10 人工神经网络结构示意图

$$O_j = f\left(\sum_{i=1}^{L} w_{ij} I_i - \theta_j\right) \tag{4-9}$$

$$O'_k = f\left(\sum_{j=1}^{M} w_{jk} O_j - \theta'_k\right) \tag{4-10}$$

式中，θ_j 和 θ'_k 为阈值；f 则是 S 形非线性传递函数，通常采用以下形式：

$$f(v) = \frac{1}{1 + \exp(-v)} \tag{4-11}$$

Linko 等[55] 利用上图所示的由 6 个输入和 2 个输出的人工神经网络研究了黑曲霉分批发酵生产糖化酶的过程，输入变量包括 pH、搅拌转速、OUR（摄氧率）、CER（二氧化碳释放率）、A. CER（累积 CER）和 A. NUR（累积耗氮量），将 10 批发酵中的 6 批数据用于神经网络的训练以确定权值，其余 4 批数据用于验证，计算结果和实验结果相当吻合。

（3）代谢流分布

细胞在培养中摄取培养基中的营养，经复杂的代谢反应合成细胞的结构物质和产物。了解细胞中主要营养物质（通常是碳源）的代谢流分布，对于指导菌种改良和优化产物生产提供了重要信息。进行代谢流研究时，首先要根据生物化学知识和数据库（如 KEGG）构建一个代谢网络，在此基础上对各代谢物（节点）建立一系列的物料平衡方程，从而得到一组线性方程组[56]。对于第 i 个代谢物，根据其生成速率和消耗速率，其积累速率 r_i 为：

$$r_i(t) = \sum_j a_j x_j(t) - \sum_k a_k x_k(t) \qquad (4\text{-}12)$$

式中，$x_j(t)$ 和 $x_k(t)$ 分别为生成和消耗该代谢物的反应速率或流量；a_j 和 a_k 为化学计量系数。计算代谢流时应以细胞为基准，上式中的速率或流量应该是比速率。如果涉及的化合物数为 m，代谢反应数为 n，式（4-12）所示的 m 个方程含有 n 个反应速率，可用下式表示：

$$\boldsymbol{Ax} = \boldsymbol{r} \qquad (4\text{-}13)$$

式中，$\boldsymbol{A}$ 为代谢网络的 $m \times n$ 维化学计量系数矩阵；$\boldsymbol{x}$ 为 n 维代谢流量向量（除底物消耗速率和产物生成速率外，其余基本为未知待确定）；$\boldsymbol{r}$ 为底物消耗速率、产物生产速率和胞内代谢物浓度变化速率。当细胞内代谢物浓度处于拟稳态时，其浓度可视为不变，上述方程组简化为算术方程组，从而很容易解出。如 Özkan 等[57] 对一株异源表达葡萄糖异构酶的大肠杆菌建立了一个包含 431 个反应和 256 个代谢物的网络，分析比较了诱导表达和快速生长阶段的代谢流分布差异。近年来 [13]C 标记的碳源被广泛地用于帮助确定代谢流的分流比，大大提高了代谢流分布计算的准确性[58]。

参 考 文 献

[1] 汪钊. 微生物工程. 北京：科学出版社，2013.

[2] 曹军卫，马辉文，张甲耀. 微生物工程. 第 2 版. 北京：科学出版社，2007.

[3] 李诗渊，赵国屏，王金. 合成生物学技术的研究进展——DNA 合成、组装与基因组编辑. 生物工程学报，2017，33(5)：1-17.

[4] 陈代杰. 微生物药物学. 上海：华东理工大学出版社，1999.

[5] 王媛，范栋，陈有容，等. 微生物发酵过程的多种培养技术. 生物技术通报，2009(增刊)：122-125.

[6] 王建林，冯絮影，于涛，等. 微生物发酵过程优化控制技术进展. 化工进展，2008，27(8)：1210-1214.

[7] Demain A L, Vaishnav P. Production of recombinant proteins by microbes and higher organisms. Biotechnology Advances, 2009, 27(3)：297-306.

[8] Cereghino J L, Cregg J M. Heterologous protein expression in the methylotrophic yeast Pichia pastoris. FEMS Microbiology Reviews, 2000, 24(1)：45-66.

[9] Hollenberg C, Gellissent G. Application of yeasts in gene expression studies：a comparison of *Saccharomyces cerevisiae*, *Hansenula polymorpha* and *Kluyveromyces lactis*-a review. Current Opinion in Biotechnology, 1997, 8(5)：554-560.

[10] Adrio J L, Demain A L. Recombinant organisms for production of industrial products. Bioengineered Bugs, 2010, 1(2)：116-131.

[11] Koeller K M, Wong C H. Enzymes for chemical synthesis. Nature, 2001, 409(6817)：232-240.

[12] Bonning B C, Hammock B D. Development of recombinant baculoviruses for insect control. Annual Review of Entomology, 1996, 41：191-210.

[13] Email A D, Glenting J. Live bacterial vaccines-a review and identification of potential hazards. Microbial Cell Factories, 2006, 5：23.

[14] Timmis K N, Steffan R J, Unterman R. Designing microorganisms for the treatment of toxic wastes. Annual Review of Microbiology, 1994, 48：525-557.

[15] Keasling J D. Manufacturing Molecules through metabolic engineering. Science, 2010, 330(6009)：1355-1358.

[16] Weickert M J, Doherty D H, Best E A, et al. Optimization of heterologous protein production in *Escherichia coli*. Current Opinion in Biotechnology, 1996, 7(5)：494-499.

[17] Thompson B G, Kole M, Gerson D F. Control of ammonium concentration in *Escherichia coli* fermentations. Biotechnology and Bioengineering, 1985, 27(6)：818-824.

[18] 张励，叶勤，辛利，等. 氨离子浓度对重组毕赤酵母的生长和血管生长抑制素表达的影响. 微生物学通报，2002，29(1)：23-26.

[19] 叶勤，陶坚铭，张宏，等. 基因工程人 α 心钠素发酵研究. 生物工程学报，1994，10(4)：312-317.

[20] Wang Y，Ding H，Du P，et al. Production of phoA promoter-controlled human epidermal growth factor in fed-batch culture of *Escherichia coli* YK537(pAET-8). Process Biochemistry，2005，40(9)：3068-3074.

[21] Donovan R S，Robinson C W，Glick B R. Review：Optimizing inducer and culture conditions for expression of foreign proteins under the control of the lac promoter. Journal of Industrial Microbiology，1996，16(3)：145-154.

[22] Zhang H，Li Z，Qian Y，et al. Cultivation of recombinant *Escherichia coli for* secretory production of human epidermal growth factor under control of P_L promoter. Enzyme and Microbial Technology，2007，40(4)：708-715.

[23] Han K G，Lee S S，Kang C. Soluble expression of cloned phage K11 RNA polymerase gene in *Escherichia coli* at low temperature. Protein Expression and Purification，1999，16(1)：103-108.

[24] Sriraman K，Jayaraman G. Enhancement of recombinant streptokinase production in *Lactococcus lactis* by suppression of acid tolerance response. Applied Microbiology and Biotechnology，2006，72(6)：1202-1209.

[25] Chou C H，Aristidou A A，Meng S Y，et al. Characterization of a pH-inducible promoter system for high level expression of recombinant proteins in *Escherichia coil*. Biotechnology and Bioengineering，1995，47(2)：186-192.

[26] Meyer H P，Fiechter A. Production of cloned human leukocyte interferon by *Bacillus subtilis*：optimal production is connected with restrained growth. Applied and Environmental Microbiology，1985，50(2)：503-507.

[27] Wu H，Li Z，Zhou L，et al. Improved succinic acid production in the anaerobic culture of an *Escherichia coli* pflB ldhA double mutant as a result of enhanced anaplerotic activities in the preceding aerobic culture. Applied and Environmental Microbiology，2007，73(24)：7837-7843.

[28] Li Q，Huang B，Wu H，et al. Efficient anaerobic production of succinate from glycerol in engineered *Escherichia coli* by using dual carbon sources and limiting oxygen supply in preceding aerobic culture. Bioresource Technology，2017，231(1)：75-84.

[29] Huang Y，Li Z，Shimizu K，et al. Co-production of 3-hydroxypropionic acid and 1，3-propanediol by *Klebseilla pneumoniae* expressing *aldH* under microaerobic conditions. Bioresource Technology，2013，128：505-512.

[30] Pinsach J，de Mas C，López-Santín J. Induction strategies in fed-batch cultures for recombinant protein production in *Escherichia coli*：Application to rhamnulose 1-phosphate aldolase. Biochemical Engineering Journal，2008，41(2)：181-187.

[31] Zou C，Duan X，Wu J. Enhanced extracellular production of recombinant *Bacillus deramificans* pullulanase in *Escherichia coli* through induction mode optimization and a glycine feeding strategy. Bioresource Technology，2014，172：174-179.

[32] Papaneophytou C P，Kontopidis G. Statistical approaches to maximize recombinant protein expression in *Escherichia coli*：A general review. Protein Expression and Purification，2014，94：22-32.

[33] 康风先，叶勤，俞俊棠，等. 大肠杆菌 W3110(pEC901) 的 α_A 干扰素生产. 生物工程学报，1993，9(4)：332-336.

[34] Curless C，Pope J，Tsai L. Effect of preinduction specific growth rate on recombinant alpha consensus interferon synthesis in *Escherichia coli*. Biotechnology Progress，1990，6(2)：149-152.

[35] Shin C S，Hong M S，Kim D Y，et al. Growth-associated synthesis of recombinant human glucagon and human growth hormone in high-cell-density cultures of *Escherichia coli*. Applied Microbiology and Biotechnology，1998，49(4)：364-370.

[36] 王丽影，叶勤，张宏，等. 基因工程枯草杆菌生产中性蛋白酶的研究. 华东化工学院学报，1995，21(6)：690-995.

[37] 张涛铸，谢幸珠，张嗣良，等. γ 干扰素工程菌发酵工艺研究. 华东化工学院学报，1993，19(3)：153-158.

[38] Imanaka T，Aiba S. A perspective on the application of genetic engineering：stability of recombinant plasmid. Annals of the New York Academy of Sciences，1981，369(1)：1-14.

[39] Ensley B D. Stability of recombinant plasmids in industrial microorganisms. Critical Reviews in Biotechnology，1986，4：263-277.

[40] Li W，Li Z，Yang J，Ye Q. Production of glutathione using a bifunctional enzyme encoded by *gshF* from Streptococcus thermophilus expressed in *Escherichia coli*. Journal of Biotechnology，2011，154(4)：261-268.

[41] 李娟. 生物催化合成谷胱甘肽及来源于嗜热链球菌的新型谷胱甘肽合成酶的研究[D]. 上海：华东理工大学，2011.

[42] Ollis D F，Chang H T. Batch performance kinetics with（unstable）recombinant cultures. Biotechnology and

Bioengineering，1982，24(11)：2583-2586.

［43］Lee S B，Seressiotis A，Bailey J E. A kinetic model for product formation in unstable recombinant populations. Biotechnology and Bioengineering，1985，27(12)：1699-1709.

［44］Noack D，Roth M，Geuther R，et al. Maintenance and genetic stability of vector plasmids pBR322 and pBR325 in *Escherichia coli* K12 strains grown in a chemostat. Molecular Genetics and Genomics，1981，184(1)：121-124.

［45］Ye Q，Kang F，Zhang S，et al. Continuous and high-density cultivation of recombinant *Escherichia coli* harboring interferona gene//Furusaki S，Endo I，Matsuno R. Biochemical Engineering for 2001. Tokyo：Springer-Verlag，1992：221-224.

［46］Walle M V D，Shiloach J. Proposed mechanism of acetate accumulation in two recombinant *Escherichia coli* strains during high-density fermentation. Biotechnology and Bioengineering，1998，57(1)：71-78.

［47］Eiteman M A，Altman E. Overcoming acetate in *Escherichia coli* recombinant protein fermentations. Trends in Biotechnology，2006，24(11)：530-536.

［48］赵霞，叶勤，俞俊棠. 基因工程大肠杆菌 W3110(pEC901)培养过程中乙酸生成规律的研究. 华东理工大学学报，1995，21(6)：684-689.

［49］Korz D J，Rinas U，Hellmuth K，et al，Deckwer W D：Simple fed-batch technique for high cell density cultivation of *Escherichia coli*. Journal of Biotechnology，1995，39(1)：59-65.

［50］张敏. 枯草杆菌 WB600(pMA5)高表达产碱杆菌青霉素 G 酰化酶的研究[D]. 华东理工大学，2005.

［51］Åkesson M，Hagander P，Axelsson J P. A probing feeding strategy for *Escherichia coli* cultures. Biotechnology Techniques，1999，13(8)：523-528.

［52］Xie J，Zhang L，Ye Q，et al. Angiostatin production in cultivation of recombinant Pichia pastoris fed with mixed carbon sources. Biotechnology Letters，2003，25(2)：173-177.

［53］杜鹏，叶勤，俞俊棠. 大肠杆菌耦合乙酸分离的过滤培养. 生物工程学报，2000. 16(4)：528-530.

［54］Silver D，Schrittwieser J. Mastering the game Go without human knowledge. Nature，2017，550(7676)：354-359.

［55］Linko P，Zhu Y H. Neural network modelling for real-time variable estimation and prediction in the control of glucoamylase fermentation. Process Biochemistry，1992，27(5)：275-283.

［56］Vallino J J，Stephanopoulos G. Metabolic flux distributions in *Corynebacterium glutamicum* during growth and lysine overproduction. Biotechnology and Bioengineering，1993，41(6)：633-646.

［57］Özkan P，Sariyar B，Ütkür F Ö，et al. Metabolic flux analysis of recombinant protein overproduction in *Escherichia coli*. Biochemical Engineering Journal，2005，22(2)：167-195.

［58］Wiechert W. ^{13}C metabolic flux analysis. Metabolic Engineering，2001，3(3)：195-206.

第**2**篇

目标产物的分离与纯化

第 **5** 章 细胞破碎、固液分离及原核表达蛋白质的复性技术

5.1 概述

不同的目标产物，由于其自身特性和对纯度要求不同，所采用的分离纯化路线常常不同。但一般来说，基本包括三个阶段：捕获阶段（初级分离）、中级纯化阶段和精制纯化阶段。

初级分离阶段一般位于生物反应之后，其任务是分离细胞培养液、破碎细胞并释放产物（如果产物在胞内）、溶解包含体、目标蛋白质复性、浓缩产物和去除大部分杂质等。

中级纯化和精制纯化阶段是在初级分离的基础之上，用各种高选择性手段（主要是各种色谱分离技术）将目标产物和干扰杂质尽可能分离，使目标产物的纯度达到有关要求，然后制成最终产品。基因工程重组蛋白质药物分离纯化的流程如图 5-1 所示（见下页）。

本章中介绍的细胞破碎和固液分离操作属于初级分离阶段。固液分离通常利用过滤和离心技术除去发酵液中不溶固体杂质和菌体细胞。如果产物在细胞内，收集和洗涤菌体后，要进行细胞破碎，并对其碎片进行分离。细胞破碎的目的是让分离对象释放出来。初级分离主要影响产物的回收率，在某种意义上也会影响产物的纯度。如果能在初级分离中除去大部分杂质，特别是一些对后续纯化有干扰的杂质，那么产物的后续纯化就会变得容易，纯度也容易得到保证。

在探讨各种分离技术之前，有必要了解一下所分离的对象，即来自各种生物反应的悬浮液，包括动物细胞培养液、植物细胞培养液和微生物发酵液等。这些悬浮液有着共同的性质：①目标产物浓度普遍较低，悬浮液大部分是水；②组分复杂，是含有细胞、细胞碎片、蛋白质、核酸、脂类、糖类和无机盐类等多种物质的混合液；③分离过程中，pH、离子强度和温度等变化常常造成产物的失活；④性质不稳定，易随时间变化，如受空气氧化、微生物污染和蛋白质水解作用等。

基于以上原因，分离过程应做到：①迅速加工，缩短停留时间；②控制好操作温度和pH；③减少或避免与空气接触；④设计好各组分的分离顺序。

5.2 细胞破碎

生物分离的第一步是将生物体从发酵液中分离，通常使用过滤和离心的方法。之后要确定目标产物是存在于生物体外部还是内部。多数情况下，抗生素、胞外酶、多糖及氨基酸等

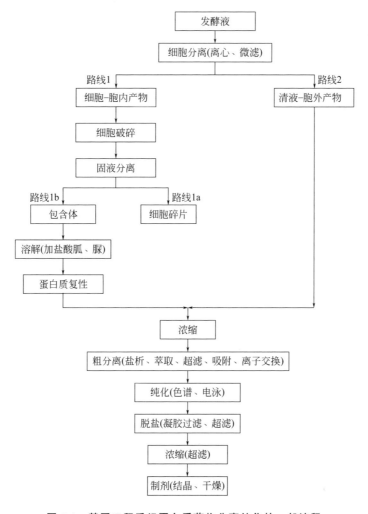

图 5-1 基因工程重组蛋白质药物分离纯化的一般流程

目标产物存在于生物体外部即在发酵液中（外分泌型）；有些目标产物则存在于生物体内，如原核表达形成包含体的重组蛋白质以及部分植物细胞产物。对于胞内产物进行分离纯化的第一步是收集细胞并将其破碎，使目标产物释放出来，然后进行分离纯化。因此细胞破碎是提取胞内产物的关键步骤。本节重点介绍几种常用的细胞破碎方法。

5.2.1 细胞破碎方法及机理

细胞破碎技术是指利用外力破坏细胞膜或细胞壁，使细胞内的目标产物成分释放出来。为了提高其破碎率，有必要了解各种生物细胞壁的组成和结构，见表 5-1。

表 5-1 各种生物细胞壁的组成与结构

生物	革兰氏阳性细菌	革兰氏阴性细菌	酵母菌	霉菌	植物
壁厚/nm	20～80	10～13	100～300	100～250	3000
层次	单层	多层	多层	多层	多层

生物	革兰氏阳性细菌	革兰氏阴性细菌	酵母菌	霉菌	植物
主要组成	肽聚糖 （50%～90%） 多糖 胞壁酸 蛋白质 脂多糖 （1%～4%）	肽聚糖 （5%～10%） 脂蛋白 脂多糖 （11%～22%） 磷脂 蛋白质	葡聚糖 （30%～40%） 甘露聚糖（30%） 蛋白质 （6%～8%） 脂类 （8.5%～13.5%）	多聚糖（几丁质 或纤维素） （80%～90%） 脂类 蛋白质	胞间层:果胶质 初生壁:纤维素、半纤维素 蛋白质 次生壁:纤维素

细菌、酵母菌、霉菌、植物细胞都有细胞壁，但成分不同，且同类细胞组成的网状结构不同，因此细胞壁的坚固程度不同，总体呈现递增态势。革兰氏阳性细菌破碎的主要阻力来自肽聚糖的网状结构。网状结构越致密，破碎难度越大。在酵母细胞中，葡聚糖的细纤维构成细胞壁的刚性骨架，甘露聚糖形成网状结构，细胞壁破碎的阻力也主要决定于壁结构交联的紧密程度和它的厚度。霉菌细胞壁中含有几丁质或纤维素的纤维状结构，其强度比细菌和酵母菌的细胞壁有所提高。植物细胞由胞间层、初生壁和次生壁组成。次生壁的形成提高了细胞壁的坚硬性，使植物细胞具有很高的机械强度。动物细胞虽没有细胞壁，但具有细胞膜，也需要一定的细胞破碎方法来破坏，达到提取产物的目的。表 5-2 列出了不同类型细胞对破碎的敏感度。

表 5-2　不同类型细胞对破碎的敏感度

细胞	声波	搅拌	液压	冷冻压力
动物细胞	7	7	7	7
革兰氏阴性芽孢杆菌和球菌	6	5	6	6
革兰氏阳性芽孢杆菌	5	(5)	5	4
酵母菌	3.5	3	4	2.5
革兰氏阳性球菌	3.5	(2)	3	2.5
孢子	2	(1)	2	1
菌丝	1	6	(1)	5

注：上述数字表示相对敏感度，括号表示数字不确切。

细胞破碎主要有机械法和非机械法。机械法主要包括珠磨法、高压匀浆法、超声破碎法等。非机械法主要包括化学渗透法、酶溶法、渗透压法和冻融法等物理方法。而机械破碎法和化学破碎法相结合也是目前常用的方法。机械破碎中细胞所受的机械作用力主要有压缩力和剪切力。化学破碎则是利用化学或生化试剂以及相应的酶改变细胞壁或细胞膜的结构，增大胞内物质的溶解速率或完全溶解细胞壁，形成原生质体后，在渗透压作用下，使细胞膜破裂而释放出胞内物质。各种破碎方法的细胞破碎机理如图 5-2 所示。化学破碎与机械破碎相结合，可提高破碎效率和速度，减轻对机械破碎的依赖程度。常用细胞破碎方法如表 5-3所示。

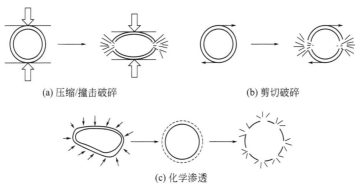

(a) 压缩/撞击破碎　　　　　　　　(b) 剪切破碎

(c) 化学渗透

图 5-2　细胞破碎机理

表 5-3　常用细胞破碎方法

分类		作用机理	适应性
机械法	珠磨法	固体剪切作用	破碎率较高,适合较大规模操作,大分子目的产物易失活,浆液分离困难
	高压匀浆法	液体剪切作用	破碎率较高,适合大规模操作,不适合丝状菌和革兰氏阳性菌
	超声破碎法	液体剪切作用	对酵母菌破碎效果较差,破碎过程升温剧烈,不适合大规模操作
	X-press 法	固体剪切作用	破碎率高,活性保留率高,对冷冻敏感的目的产物不适合
非机械法	酶溶法	酶分解作用	具有高度专一性,条件温和,浆液易分离,溶酶价格高,通用性差
	化学渗透法	改变细胞的渗透性	有一定选择性,浆液易分离,但释放率较低,通用性差
	渗透压法	渗透压剧烈改变	破碎率较低,常与其它方法结合使用
	冻融法	反复冻结-融化改变细胞的渗透性	破碎率较低,不适合对冷冻敏感的目的产物,条件变化剧烈,易引起大分子物质失活

5.2.2　细胞破碎技术

（1）机械法

机械破碎处理量大、破碎效率高、速度快，是工业规模细胞破碎的主要手段。细胞破碎器与传统的机械破碎设备的操作原理相同，主要基于对物料的挤压和剪切力作用。根据细胞为弹性体、直径小、破碎难度大、以回收胞内产物为目的、需低温操作等特点，细胞破碎器采用了特殊的结构设计。细胞的机械破碎主要有高压匀浆法、珠磨法、喷雾撞击破碎法和超声波破碎法等。

① 高压匀浆法

高压匀浆法（high-pressure homogenization）是大规模细胞破碎的常用方法。所使用的设备为高压匀浆器，它由高压泵和匀浆阀组成，结构简图见图 5-3。它是利用高压作用迫使细胞悬浮液通过针型阀，从阀座与阀之间的环隙高速（可达到 450m/s）喷出后撞击到碰撞环上，细胞在受到高速撞击作用后，急剧释放到低压环境，从而在撞击力和剪切力等综合作用下破碎。

在高压匀浆器中，细胞经历了高速造成的剪切、碰撞和从高压到常压的突变，从而造成细胞壁的破坏，细胞随之破裂，胞内产物得到释放。但细胞悬浮液经过一次高压匀浆后常常破碎率不到 100％，因此需要多次循环操作。

高压匀浆法操作参数少，且易于确定，操作时样品损失量少，在间歇处理少量样品时效果好，在实验室和工业生产中都已得到了应用，适用于酵母菌和大多数细胞的破碎。对于易造成堵塞的团状或丝状真菌易损伤匀浆阀，质地坚硬的亚细胞器一般不使用。高压匀浆操作时的温度上升速率为 $(2\sim3)℃/10MPa$。为保护目标产物的生物活性，需对料液作冷却处理，多级破碎操作中需在级间设置冷却装置。因为料液通过匀浆器的时间很短（20～40ms），通过匀浆器后迅速冷却，可有效防止温度上升，从而保护产物活性。

② 珠磨法

珠磨法（bead milling）是一种常用的机械破碎方法，珠磨机的结构如图 5-4 所示。

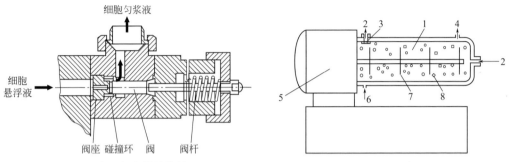

图 5-3　高压匀浆器结构简图

图 5-4　水平搅拌式珠磨机结构示意图

1—细胞悬浮液；2—细胞匀浆液；3—珠液分离器；
4—冷却液出口；5—搅拌电机；6—冷却液进口；
7—搅拌桨；8—玻璃珠

进入珠磨机的细胞悬浮液与极细的玻璃珠、石英砂或氧化铝等研磨剂（直径小于 1mm）一起快速搅拌或研磨，通过研磨剂与细胞之间的互相剪切、碰撞，使细胞破碎，释放出内含物。在珠液分离器的协助下，研磨剂被滞留在破碎室内，浆液流出，从而实现连续操作。破碎中产生的热量一般采用夹套冷却的方式解决。

珠磨法细胞破碎效率随细胞种类而异，但均随搅拌速度和悬浮液停留时间的增大而增大。特别重要的是，对于一定的细胞，使用适宜的微珠直径，才能使细胞破碎率最高，如图 5-5 所示。通常选用的微珠直径与目标细胞的直径比应为 (30:1)～(100:1)。一般来说，微珠直径越小，细胞破碎速度越快，但太小易于漂浮，并难以保留在珠磨机的腔体中。通常实验室规模，微珠直径为 0.2mm 较好，工业规模不得小于 0.4mm。不同的细胞类别及所需提取的目标物在细胞中的位置等也是考虑的因素。悬浮液中细菌细胞质量浓度为 60～120g/L、酵母细胞质量浓度为 140～180g/L 时破碎效果较为理想。珠磨法破碎细胞可采用间歇式或连续式两种操作方式。

在一定范围内，增加珠体装填量可以提高细胞破碎率。但超过某一限度时，反不利于细胞破碎和蛋白质的释放。为消除这种影响，必须提高搅拌器的功率，但这样又会增大释放的热量，给破碎带来困难。一般珠磨机腔体内的填充密度控制在 80%～90%，并随珠体大小变化。

延长研磨时间、增加珠体装填量、提高基本速度等均可提高细胞破碎率，但珠磨法的破碎率一般控制在 80% 以下，主要是为了降低能耗、减少大分子目的产物的失活和减少由于高破碎率产生的细胞小碎片不易分离而给后续操作带来的困难。珠磨法的细胞破碎效率会随细胞种类而异，该法适用于绝大多数真菌菌丝和藻类等微生物细胞的破碎，特别适用于有大量菌丝体的微生物和一些有质地坚硬亚细胞器的微生物细胞。

珠磨法操作简便稳定，破碎率可以控制，易放大，在实验室和工业规模上已得到应用。但与高压匀浆法相比，其影响破碎率的操作参数较多，操作过程的优化设计较复杂，一般凭经验设计，并且玻璃珠之间的液体损失使一次处理 85mL 悬浮液最终只能得到 50mL 左右的浆液。连续操作时珠磨机兼具破碎和冷却双重功能，减少了产物失活的可能性，而高压匀浆器配备换热器进行级间冷却；其次，珠磨法破碎在适当条件下一次操作就能达到较高的破碎率，而高压匀浆往往需循环 2~4 次才行；再者，几乎所有种类的微生物细胞都可以用珠磨机破碎，包括含有包含体的基因工程菌的破碎，质地坚硬的包含体可以充当研磨剂，更有利于细胞壁破壁，而包含体常常磨损高压匀浆器阀。

③ 超声波破碎法

超声波破碎法（ultrasonication）是一种很剧烈的细胞破碎方法，是利用频率高于 20kHz 的超声波在高强度声能输入下进行的。普遍认为其破碎机理与空穴作用引起的冲击波和剪切力有关。超声波在水中传播，可以产生巨大的空穴作用。空穴作用产生的空穴泡由于受到超声波的冲击而闭合，从而产生一个极为强烈的冲击压力，由此引起悬浮细胞上产生剪切力，使细胞内液体流动而破碎细胞。超声空穴作用可以产生高达数百个大气压的局部瞬间压力，形成极大的冲击力。超声波细胞破碎仪的结构示意图见图 5-6。

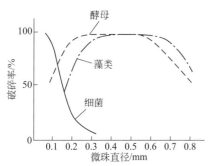

图 5-5　珠磨机的破碎率与微珠直径的关系

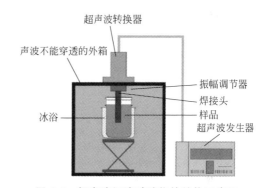

图 5-6　超声波细胞破碎仪的结构示意图

影响超声波对生物产品回收的因素较多。首先，破碎过程中温度会上升，为了避免高温，悬浮液应预先冷却到 0~5℃，并且还应让冷却液连续不断地通入容器夹套，即短期的声波破碎与短期的冷却交替进行，声波破碎时间与冷却的时间比率称为"负载因素"；其次，超声波处理工艺会引起诸多化学效应如生成游离基，这会对某些产物分子具有破坏性作用，但对破碎细胞无影响。这个问题可以通过添加游离基清除剂（如胱氨酸或谷胱甘肽），或者用氢气顶吹细胞悬浮液来缓和。

超声波破碎法适用于多数微生物细胞的破碎。其优点是操作简便，液量损失少，适合实验室规模。缺点是成本高，易引起温度的剧烈上升，在大规模操作中，声能传递和散热困难，产生的化学自由基团易使产物失活，所以影响了其在大规模工业上的应用。

（2）非机械法

① 化学渗透法

某些有机溶剂（苯、甲苯）、抗生素、表面活性剂（SDS、Triton X-100）、金属螯合物（EDTA）和变性剂（盐酸胍、脲）等化学药品都可以改变细胞壁的通透性，从而使细胞内含物有选择地渗透出来，这种处理方式称为化学渗透法。化学渗透法用于释放胞内物质的研究是近些年才引起关注的。

化学渗透法取决于化学试剂的类型及细胞壁和膜的结构与组成[1,2]，表 5-4 列出了不同类型微生物细胞的结构特性。各种化学试剂对不同种类细胞作用的情况见表 5-5。不同试剂对各种微生物细胞作用的部位和方式有所差异。

表 5-4　不同类型微生物细胞的结构特性

微生物类型	破碎难度	主要层次	排阻分子量
革兰氏阴性菌	难	外层膜 黏肽 内层膜	700
革兰氏阳性菌	中等	细胞壁 原生质膜	1200
酵母菌	很难	细胞壁 原生质膜	700

表 5-5　各种化学试剂对不同种类细胞作用的情况[1]

细胞类别	变性剂	清洁剂	有机溶剂	酶	抗生素	生物试剂	螯合剂
革兰氏阴性菌	√	√	√	√	—	—	√
革兰氏阳性菌	—	√	√	√	—	—	—
酵母菌	√	√	√	—	√	√	—
植物细胞	—	√	√	—	√	√	—
巨噬细胞	—	√	√	√	—	—	—

注："√"表示该方法可选用；"—"表示该方法不适用。

化学渗透法常用试剂有以下四种。a. EDTA 作为螯合剂，可用于处理革兰氏阴性菌（如 E. coli），对细胞的外层膜有破坏作用。革兰氏阴性菌的外层膜结构通常靠二价离子 Ca^{2+} 或 Mg^{2+} 结合脂多糖（lipopolysaccharide）和蛋白质来维持，一旦 EDTA 将 Ca^{2+} 或 Mg^{2+} 螯合，大量脂多糖分子将脱落，使外层膜出现洞穴。这些区域由内层膜的磷脂来填补，导致该区域通透性增强。b. 有机溶剂常用甲苯，它能溶解细胞膜的磷脂层。c. Triton X-100 是非离子表面活性剂，对疏水性物质具有很强的亲和力，能结合并溶解磷脂，因此其作用部位主要是内膜的双磷脂层。d. 盐酸胍和脲是常用的变性剂，一般认为盐酸胍能与水中氢键作用，削弱了溶质分子间的疏水作用，从而使疏水性化合物溶于水溶液，如盐酸胍能从大肠杆菌膜碎片中溶解蛋白质。

根据各种试剂的不同作用机理，将几种试剂合理搭配使用能有效地提高胞内物质的释放率。实验表明单独用 0.1mol/L 盐酸胍处理 E. coli 能释出约 1% 的胞内蛋白质，用 0.5% Triton X-100 处理的释放率为 4%。二者合用，在同样的时间内胞内蛋白质释放率达到 53% 左右，同样的回收率需要 4mol/L 的盐酸胍[3]。一般认为盐酸胍溶解了细胞外膜，使内膜暴露于 Triton X-100 中，双磷脂层遭到损伤，大大改变了细胞膜的通透性。

化学渗透法与机械法相比具有如下优点。a. 对产物释放具有一定的选择性。化学试剂处理可以使一些分子小的物质（如多肽和小分子的酶蛋白）通过，而分子量大的物质（如核酸）则被阻滞在胞内。控制条件可以有选择地释放位于细胞不同部位的产物。例如用 0.2mol/L 盐酸胍处理 E. coli C600-1，5h 后 80% 位于胞间质的 β-内酰胺酶释放出来，而总的蛋白质释放率仅为 4%[4]。b. 细胞外形保持完整，碎片少，有利于分离。c. 核酸释放量少，浆液黏度低，便于进一步纯化。

化学渗透法也有自身的缺陷：a.时间长，效率低，一般胞内物质释放率不超过50%，而处理时间则长达2h以上，所以以往往需添加还原剂（如巯基乙醇）作保护，以防活性损失太多；b.化学试剂具有毒性，有些化学试剂本身具有较强的毒性，易使目标蛋白质变性、失活，而且化学试剂或生化试剂的添加会形成新的污染，进一步分离时需要用透析等方法除去这些试剂；c.通用性差，某些试剂只能作用于某些特定类型的微生物细胞。

② 酶溶法

酶溶法（enzymatic lysis）是指用生物酶将细胞壁和细胞膜消化溶解的方法。常用的溶酶有溶菌酶（lysozyme）、β-1,3-葡糖苷酶（glucosidase）、β-1,6-葡糖苷酶、蛋白酶（protease）、甘露糖苷酶（mannosidase）、肽链内切酶（endopeptidase）、壳多糖酶（chitinase）等。细胞壁溶解酶（zymolyase）是几种酶的混合物。溶菌酶主要对细菌类有作用，其它酶对酵母菌作用显著。

自溶（autolysis）是一种特殊的酶溶方式。控制条件（温度、pH、添加激活剂等）可以增强系统自身的溶酶活性，使细胞壁自发溶解。

溶酶同其它酶一样具有高度的专一性，蛋白酶只能水解蛋白质，葡糖苷酶只对葡萄糖起作用，因此利用溶酶系统处理细胞必须根据细胞的结构和化学组成选择适当的酶，并确定响应的使用次序。Asenjo等[5]对酵母菌细胞的酶溶进行了深入的研究，分析了溶解机理，建立了数学模型，设计了反应器。图5-7为酵母菌细胞内部结构和表层结构模式示意图。

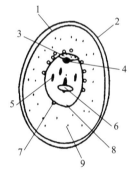 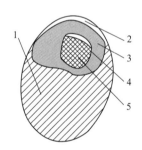

(a) 内部结构
1—细胞膜；2—细胞壁；3—中心体；
4—中心染色体；5—染色体；6—核仁；
7—线粒体；8—核膜；9—细胞质

(b) 表层结构
1—外表面；2—甘露糖-蛋白质；
3—裸露的葡萄糖层表面；4—葡聚糖层；5—细胞膜表面

图5-7 酵母菌细胞内部结构和表层结构模式示意图

目前，溶菌酶是商业上唯一大规模应用的细菌溶酶，溶菌酶攻击肽聚糖多肽链上的β-1,4-糖苷键。革兰氏阳性菌对其非常敏感，革兰氏阴性菌则需要先洗脱掉外层膜或使其外层膜不稳定，暴露肽聚糖后进行酶解，这可以通过除掉二价阳离子（它可维持外层膜稳定）或通过螯合剂（EDTA），非离子表面活性剂（Triton X-100）作用来实现。通过透射电镜观察细胞壁形态变化，证实了溶菌酶的这一作用——可在低渗透环境中使细胞破裂。

用酶溶法剥离细胞壁是细胞工程常用的方法，目前仅限于实验室规模应用。虽然酶溶法具有选择性释放产物、条件温和、核酸泄出量少、细胞外形完整等优点，但是这种方法也存在明显不足：一是溶酶价格高，限制了大规模应用，回收溶菌酶以降低成本，但又增加了分离纯化溶菌酶的操作；二是酶溶法通用性差，不同菌种需选择不同的酶，而且也不易确定最佳的溶解条件。

③ 微波加热法

微波加热法（microwave therapy）是利用微波场中介质的偶极子转向与界面极化的时间与微波频率吻合的特点，促使介质转动能级跃迁，加剧热运动，将电能转化为热能。微波是频率介于 300MHz 和 300GHz 之间的电磁波。

从细胞破碎的微观角度看，微波加热导致细胞内的极性物质，尤其是水分子，吸收微波能，产生大量的热量，使胞内温度迅速上升，液态水汽化产生的压力将细胞膜和细胞壁冲破，形成微小的孔洞，进一步加热，使细胞内部和细胞壁水分减少，细胞收缩，表面出现裂纹。孔洞或裂纹的存在使胞外溶剂容易进入细胞内，溶解并释放出胞内产物。

微波具有穿透力强、选择性高、加热效率高等特点，可以用来处理微生物、植物和动物细胞以提取胞内有效成分。与传统的乙醇浸提相比，微波处理得到的薄荷油几乎不含叶绿素和薄荷酮[6]。

但微波加热法也存在一些问题：一是只适用于对热稳定的产物，对于热敏性物质（如蛋白质、多肽、酶等）微波加热容易导致变性失活；二是要求被处理的物料具有良好的吸水性；三是不适合于富含淀粉和/或树胶的天然植物。

④ 超临界细胞破碎技术

超临界流体是指温度和压力处于临界条件之上的流体。它具有类似于气体的低黏度和类似于液体的高密度，有较好的流动性能、传质性能和溶解性能，而且温度和压力的微小变化可引起其中溶质溶解度的急剧变化。

超临界常用 CO_2 作介质，是由于高压 CO_2 易于渗透到细胞内。突然降压后，因细胞内外较大的压差而使细胞急剧膨胀发生破裂。超临界流体可以破碎细胞壁较厚的细胞（如酵母菌），甚至对黏稠的酵母浆都有很好的破碎效果。超临界 CO_2 对细胞壁的脂质有萃取作用，能破坏细胞壁的化学结构，造成细胞壁在某些位置强度降低。此性质使得细胞在破碎时仅在某些位置破裂，而不是整个细胞水平上的破碎，破碎后的细胞壁碎片较大，使下游分离过程变得简单。此外，由于 CO_2 的气流膨胀，温度迅速降低，可防止因升温而引起目标物质失活。

如以超临界 N_2O 处理酿酒酵母细胞（68g/L），35MPa，40℃，25min，蛋白质释放率可达 27%，核酸释放率达 67%；对于大肠杆菌（69g/L），蛋白质释放率达 17%，核酸释放率达 51%；对于枯草芽孢杆菌（93g/L），核酸释放率达 21%[7]。

（3）机械法与非机械法比较

以高压匀浆和珠磨法为代表的机械法与以化学渗透法和酶溶法为代表的非机械法相比较各有特点，见表5-6。

表 5-6　机械法与非机械法比较

项目	机械法	非机械法
破碎机理	切碎细胞	溶解局部细胞壁（膜）
碎片大小	碎片细小	细胞碎片较大
内含物释放	全部	部分
黏度	高（核酸多）	低（核酸少）
时间、效率	时间短、效率高	时间长、效率低

项目	机械法	非机械法
设备	需专用设备	不需专用设备
通用性	强	差
经济性	成本低	成本高
应用范围	实验室、工业范围	实验室范围

（4）细胞破碎技术发展方向

不管是机械法还是非机械法，各种方法都有自身的局限性。机械法因高效、价廉、简单而得以工业化应用，但存在敏感性的物质失活、碎片去除困难以及杂蛋白质太多等问题，因此细胞破碎技术远未完善。近几年这方面的研究仍不少，有的已超出了单一的细胞破碎领域，而与上下游过程相联系。

① 多种破碎方法相结合

化学渗透法与酶溶法取决于细胞壁的化学组成，机械法取决于细胞结构的机械强度，而化学组成又决定了细胞结构的机械强度，组成的变化必然影响到强度的差异，这就是化学渗透法或酶溶法与机械法相结合的原理[1]。

② 与上游结合

在发酵培养过程中，培养基、生长期、操作参数（如 pH、温度、通气量、搅拌转速、稀释率等）等因素都会对细胞壁（膜）的结构与组成产生一定的影响，因此细胞破碎与上游培养过程有关。另一方面可用基因工程的方法对菌种进行改造，以提高胞内物质的提取率。在细胞内引入噬菌体基因，控制一定条件（如温度），可让细胞自内向外溶解，释放出内含物[8]。

③ 分步、分级提取法

已经证实细胞里有多种有价值的蛋白质，由于不同蛋白质提取特性不同，可以通过特殊操作使不同蛋白质以一定次序先后从细胞中提取出来。不同体系的实际分析和选择不同方法相结合，多种提取方法综合运用可以用于任何体系。

Huang 等[9]将酵母细胞的整个蛋白质提取过程分成三步：第一步用溶菌酶处理细胞，溶解细胞壁，形成原生质体，提取出所有细胞壁上的蛋白质；第二步用温和的化学试剂破碎原生质体，提取出细胞质中的蛋白质，而细胞器没有破碎；第三步用强化学渗透剂处理细胞器，提取出细胞器中的蛋白质。与传统机械法相比，第一步提取效率提高了 20 倍，第二步提高了 3.4 倍，第三步提高了 4.5 倍。此法综合了酶溶法和化学渗透法的优点，可提取细胞内任何位置的酶和蛋白质，具有更好效果和提取速率。

5.3 固液分离

在生物工程下游技术中，固液分离是应用最多的操作。无论是分离细胞、细胞碎片，还是分离包含体、沉淀物，都要用到固液分离手段。固液分离不仅应用到产品的初级分离阶段，也常应用到中级纯化和精制纯化阶段，例如膜分离就常常伴随色谱分离的前后，用于去除蛋白质沉淀物。

生化产品的固液分离方法与化工单元操作中的非均相物系分离方法基本相同，但由于发酵液或细胞培养液种类多、黏度大和成分复杂，其固液分离又很困难。特别是当固体微粒主要是细胞、细胞碎片及沉淀蛋白质类物质时，由于这些物质具有可压缩性，给固液分离增加了难度。固液分离的好坏，将会影响料液的进一步处理。

生化产品通常利用机械法进行固液分离。按其所涉及的流动方式和作用力的不同，可分为过滤、沉降和离心分离。过滤是以某种多孔性物质作为介质，在外力的作用下，悬浮液中的流体通过介质孔道，而固体颗粒被截留下来，从而实现固液分离的过程。沉降是依靠外力的作用，利用分散物质（固相）与分散介质（液相）的密度差异，使之发生相对运动而实现固液分离的过程。离心分离是利用装置所提供的惯性离心力作用来实现固液分离。

不同性状的发酵液应选择不同的固液分离方法和设备，如霉菌和放线菌为丝状菌，体形较大，其发酵液大多采用过滤方法处理；细菌和酵母菌为单细胞，体形较小，外形尺寸大多在 $1\sim10\mu m$ 范围，其发酵液一般采用高速离心分离。若对其发酵液采用适当的方法进行预处理，则细菌和酵母菌发酵液也可采用过滤方法进行固液分离。在氨基酸发酵液中，菌体很小，如果在预处理过程中进行絮凝并添加助滤剂，就可使用板框过滤机分离菌体。本节对常用的离心分离、双水相萃取、泡沫分离法和扩张床吸附技术等几种重要的固液分离技术作一介绍，有关膜分离技术将在第六章中进行详细介绍。

5.3.1　离心分离

离心是实现固液分离的主要手段。离心分离是基于固体颗粒和周围液体密度存在差异，在离心场中使不同密度的固体颗粒加速沉降的分离过程。离心分离在生物产品分离中应用十分广泛。与其它固液分离方法相比，离心分离具有分离速率快、分离效率高和液相澄清度好等优点。缺点是设备投资高和能耗大，此外连续排料时固相干度不如过滤设备。按作用原理不同，离心分离可分为离心沉降和离心过滤两种方式。

生化分离所用的离心机大多是高速离心机。常用的有管式离心机和碟式离心机两种。图5-8 是管式离心机的工作原理图。转鼓是一个圆筒，直径不大，但转速很高，适用于固体颗粒较小和浓度较低的场合。除可用于微生物细胞的分离外，还可用于细胞碎片、细胞器、病毒、蛋白质和核酸等的分离。悬浮液从空心转轴的一端进入，固体在离心场中向转鼓沉积，上清液从转轴的另一端出去。有的转鼓的边缘有出口，可以连续排出固体，但这样做会损失大量液体，且易堵塞出口。因此一般并不连续排出固体，固体是间歇清理掉的。由于管式离心机的转鼓直径较小，容量有限，因而生产能力较小。

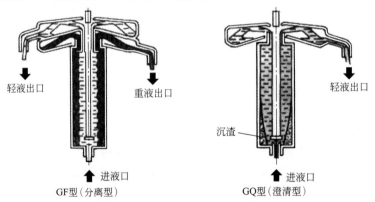

图 5-8　管式离心机工作原理图

图 5-9 是碟式离心机的工作原理图。机内装有多层碟片，片间的距离只有 0.3mm 左右。悬浮液由轴中心加入，固体在离心力的作用下沿最下层的通道积累在离心机的最大半径处。离心机间隔一段时间打开最大半径处的固体排泄口以排出固体。流体则沿着碟片向上侧流动，从上部的出口排出。其中倾斜的碟片对固液分离起着进一步的作用，当固体颗粒被带进碟片中时，在离心力作用下会接触到上面的碟片，形成固体流动层沿碟片流下，从而防止出口的液体夹带固体。这种离心机还有回流装置。

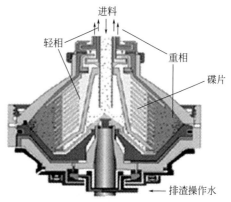

图 5-9　碟式离心机工作原理图

碟片式离心机适应于含细菌、酵母菌、放线菌等多种微生物细胞的悬浮液及细胞碎片悬浮液的分离。它的生产能力较大，最大允许处理量达 $300m^3/h$，一般用于大规模的分离过程。

离心法的优点是技术容易掌握，分离结果的重复性好。增加转速和延长离心时间，可以使一些比较难过滤的物质（如细胞碎片）沉降下来。若取上清液直接上样至色谱柱，未除尽的细胞膜碎片则易堵塞色谱柱。

5.3.2　双水相萃取

生化固液分离中最困难的操作常常是从细胞破碎后的匀浆中移走细胞碎片，这些碎片尺寸分布很广（大部分为 $0.2\sim1\mu m$，但 $0.2\mu m$ 以下也很多）。用离心机分离常常要在每分钟几万转的转速下运行几十分钟以上，且不容易除掉某些絮状小碎片，但用膜分离不仅速度慢，还容易出现膜污染和蛋白质滞留。

萃取是化学工程中常用的单元操作，常用的组分是水相和有机相，利用被提取物在两相中的分配系数不同而实现分离的目的。但对于生物大分子，如蛋白质和酶，加入有机相会使其失活。在 20 世纪 80 年代开始，用双水相萃取蛋白质受到重视。其操作时向水相中加入溶于水的高分子化合物，如聚乙二醇（PEG）或葡聚糖（Dex），形成密度不同的两相（有时甚至是多相），轻相富含某一种高分子化合物，重相富含盐类或另一种高分子化合物。因两相均含有较多的水，所以称之为双水相。常用的双水相系统（aqueous two-phase system，ATPS）为 PEG/葡聚糖和 PEG/无机盐两种。由于葡聚糖价格较贵，所以 PEG/无机盐系统应用的更为广泛。

双水相系统由两种互不相溶的水溶液组成。在萃取过程中，分子间氢键、盐析作用、电荷相互作用、范德华力、聚合现象、疏水作用和界面性质作用等都扮演着十分重要的角色，这些作用导致萃取物在两相间产生浓度差，从而实现分离。双水相萃取在提取中兼具分离功能，具有较高的生物相溶性、易于放大、可连续化操作和不易引起蛋白质的变性失活的优点。该技术已被应用于蛋白质、核酸、氨基酸、抗生素、色素以及中药材中的小分子化合物等的纯化上。

（1）双水相萃取的基本原理

双水相形成机制是由于聚合物分子的空间阻碍作用使得它们不能相互渗透，不能形成均一相，从而具有分离倾向，在一定条件下最终形成分别主要含有一种聚合物分子的两相。一般认为，只要两聚合物水溶液的疏水程度有所差异，混合时就可以发生相分离，且疏水程度相差越大，相分离的倾向也就越大。

不同的蛋白质在双水相中的分配规律是不同的。曾有很多研究试图用这一特性达到纯化某种蛋白质的目的，但与色谱分离相比，双水相萃取所能达到的纯度还相差较远。但是它在另一种分离细胞碎片和胞内蛋白质的过程中显示了具有取代高速离心和膜分离的潜力。

（2）影响因素

① 聚合物

聚合物分子量和浓度选择都会影响双水相系统的分配平衡。由于聚合物的疏水性对蛋白质等亲水物质的分配会产生较大的影响，其疏水性会随分子量的减小而减小，因而聚合物的分子量越小，蛋白质等溶质就越容易分配于富含该聚合物的一相中，因而可以通过聚合物分子量大小的选择来调控溶质分配的方向。

② 盐

盐的种类和浓度主要通过影响相间电位和蛋白质的疏水性来影响分配系数。不同电解质的正、负离子分配系数不同，当双水相系统中含有这些电解质时，就产生了不同的相间电位。所以，盐的种类会影响蛋白质的分配系数。各种盐浓度的盐析效应不同。当盐的浓度很大时，盐析作用强烈，蛋白质的溶解度很大，表观分配系数增加，这时分配系数与蛋白质的浓度有关。盐的浓度（离子强度）不仅影响蛋白质的表面疏水性，还会改变两相中成相物质的组成和相比。不同的蛋白质受离子强度的影响程度不同，因此调节系统中盐的浓度，可以有效萃取分离不同的蛋白质。

③ pH

pH 会影响蛋白质的解离度，改变蛋白质的表面电荷数，从而改变分配系数。此外，pH 还会影响系统中缓冲物质磷酸盐的解离程度，即影响 PEG/磷酸盐系统的相间电位和蛋白质的分配系数。对某些蛋白质，pH 很小的变化就会使分配系数改变 2～3 个数量级。

④ 温度

温度影响双水相系统的相图，因而影响蛋白质的分配系数。但一般来说，当双水相系统离临界点足够远时，温度的影响很小，1～2℃的温度改变不影响目标产物的萃取分离。

⑤ 细胞

细胞破碎的程度以及细胞壁和细胞膜不同的化学结构会导致双水相体系上、下相比例的改变，影响蛋白质的分配系数。*Klebsiella pneumoniae* 在细胞浓度大于 3％时，双水相体系上、下相体积的比例基本不变，但随着细胞浓度的增加，细胞破碎后释放的内含物的分配系数会迅速下降。

大规模双水相萃取操作一般在室温下进行，不需要冷却。这是基于以下原因：a. 成相聚合物 PEG 对蛋白质有稳定作用，常温下蛋白质一般不会发生失活或变性；b. 常温下溶液黏度较低，溶液相分离；c. 常温操作节省冷却费用。

Rosa 等[10] 用 PEG/磷酸盐双水相体系研究分离人免疫球蛋白 G（IgG），证实聚乙二醇的分子量、pH 和盐浓度对蛋白质分离有显著影响，在高离子强度和高于等电点的 pH 条件下选择性地使 IgG 复性，达到高回收率。目前，双水相萃取技术已广泛应用于生物化学、细胞生物学、生物化工和食品化工等领域，得到了较好的分离纯化效果，主要分离纯化的物质包括蛋白质、酶、核酸、多糖、生长素、干扰素、抗生素、色素、抗体、细胞组织和病毒等。表 5-7 列出了利用双水相系统分离不同的生物物质。

表 5-7　双水相系统分离不同的生物物质

物质种类	典型例子	双水相系统	分配系数	回收率/%
酶	乙醇脱氢酶的分离	PEG/盐	8.2	96
核酸	活性 DNA 的分离	PEG/Dex	6.8	80
生长素	人生长激素的分离	PEG/盐	6.4	60
干扰素	β-干扰素的分离	PEG-磷酸酯/盐	630	97
细胞组织	含有胆碱受体细胞的分离	三甲胺-PEG/Dex	3.64	57
病毒	脊髓病毒和线病毒的纯化	PEG/十二烷基硫酸钠	7.6	90

（3）双水相萃取技术新进展

开发新型双水相体系是该技术应用中急需解决的问题，如离子液体双水相萃取体系、温敏双水相体系和双水相胶束体系等。

离子液体双水相萃取体系是基于聚合物双水相发展而来的一种高效温和萃取的分离体系。近年来，离子液体双水相萃取体系越来越受到人们的关注。与传统的双水相萃取技术不同，离子液体双水相萃取体系采用亲水性的离子液体（ILs）与无机盐的水溶液进行混合，在水中以较高的浓度溶解后形成互不相溶的两相。它有效地将离子液体与双水相萃取技术的优点相结合，不仅具有无毒、安全、简便、快速的特点，而且溶液酸度和溶解度可调、不易乳化、界面更为清晰。此外，该技术还具有在萃取过程中保持生物物质活性和构象的优势。最近，利用温度诱导相分离，实现聚合物的循环利用引起了学术界的普遍关注。

近年来，为了提高双水相萃取的专一性，借鉴亲和色谱的优点，发展了一种亲和双水相萃取技术。该技术对成相聚合物进行修饰，即将亲和配基（如离子交换基团、疏水基团、染料配基、金属螯合配基以及生物亲和配基等）通过化学交联或分配的方法结合到成相聚合物上，有选择地将某种蛋白质萃取至该相中，而杂蛋白质仍留在另一相中。亲和双水相萃取技术不仅具有萃取系统处理量大和放大简单等优点，而且具有亲和吸附专一性强和分离效率高的特点。目前利用亲和双水相萃取技术已成功实现了 β-干扰素、甲酸脱氢酶和乳酸脱氢酶等多种生物制品的大规模提取[11,12]。其中，直接从细胞碎片中纯化延胡索酸脱氢酶及乳酸脱氢酶已达到中试规模。

5.3.3　泡沫分离法

泡沫分离技术是一种基于溶液中溶质（或颗粒）间表面活性的差异进行分离的一种方法，表面活性强的物质优先吸附于分散相（气相）与连续相（液相）的界面处，被气泡带出连续相而达到浓缩。被浓缩的物质可以是具有表面活性的物质，也可以是能与表面活性物质相结合的任何物质。泡沫分离用于固液分离时，固相（细胞或碎片）与表面活性剂结合吸附在气泡上，被夹带到泡沫相。与传统的固液分离技术（离心和膜过滤）相比，泡沫分离操作简单和能耗低，尤其适用于较低浓度情况下的分离，因此也受到了人们的重视。

（1）影响泡沫分离主要因素

除了泡沫塔的结构因素（高径比、气体分布器、是否有内构件等）外，溶液体系的性质（pH 和离子强度）、表面活性剂与被分离物质的性质以及操作参数（气速和装液量）等都会影响泡沫分离的效果。

① 表面活性物质浓度

当表面活性物质的浓度低于其临界胶束浓度（CMC）时，表面活性物质可以在气液界面处吸附，有利于其浓缩分离；当表面活性物质的浓度高于其临界胶束浓度时，容易形成微胶束，不利于泡沫分离。

② 气速

气速过高，泡沫在分离柱中的停留时间缩短，其液膜层中的水分来不及流出，导致泡沫相中表面活性物质的浓度下降。适当降低气速，有利于提高目标物的富集度，但气速过低会延长停留时间和操作时间，容易导致活性物质（如蛋白质、酶等）的变性失活。气体的种类和气泡的大小对泡沫分离也有影响。

③ pH

泡沫分离与被分离物质在不同 pH 条件下的泡沫性质有关，如溶解度、带电性、等电点和发泡性等，每一种物质都有各自适宜的 pH 范围。

④ 离子强度

离子强度影响体系的表面张力，改变目标物在气-液界面的吸附和泡沫表面液膜层的排液，对泡沫的稳定性有影响。

⑤ 泡沫层高度

一般来讲，泡沫层越高，泡沫的停留时间越长，泡沫表面液膜层中水分的排出较目标物质的排出多，从而可以得到较高的富集度和分离度。

（2）泡沫分离的应用

泡沫分离在生物技术领域主要应用于细胞的收集或去除，蛋白质和酶的提取以及天然产物的分离和浓缩。

① 细胞的收集或去除

用鼓泡法从发酵液或细胞悬浮液中分离细菌和酵母细胞已有较多研究[13]，还有一些从培养液中收集孢子、藻类细胞或从废水中去除微生物细胞的报道。细胞、气泡和影响二者表面性质的可溶性成分是泡沫分离细胞的关键因素，这些可溶性成分包括发酵液中细胞分泌的多肽（蛋白质）和多糖，培养基中的离子（尤其是阳离子）以及外加的表面活性剂（如消泡剂）。上述成分无疑与细胞的种类、生长条件、培养基和培养时间等因素有关。为了提高细胞的回收率或去除率，有时需要向发酵液中添加表面活性剂或无机盐。相对于离心分离和膜过滤来讲，泡沫分离更适合于低密度细胞培养液或大批量发酵液的细胞收集或去除。

② 蛋白质、多肽和酶的提取与分离

用泡沫分离法浓缩和分离的模型蛋白质和酶有牛血清白蛋白（BSA）、大豆蛋白、β-酪蛋白、血红蛋白、卵清蛋白、溶菌酶、蛋白酶、胃蛋白酶和过氧化氢酶等[14]，研究体系多数为一种蛋白质或酶的溶液或者两种蛋白质或酶的混合液。需要注意的是，蛋白质溶液在气、液相界面容易失活。到目前为止，很少有实际体系目标产物泡沫分离的应用报道。

③ 草药有效成分的分离浓缩

草药中含有多种具有生物活性的物质，如蛋白质类大分子物质以及皂苷类小分子物质等，因此可以采用泡沫分离的方法分离浓缩蛋白质和/或皂苷等有效成分。已有研究表明，人参皂苷 R_{b1}、人参皂苷 R_{b2} 和人参皂苷 R_{b4} 等可以通过泡沫分离法得到浓缩[15]。甘草中的甘草酸也可以用泡沫分离法加以浓缩。植物希伯胺培养液中的次生代谢物的浓度往往较低，可以考虑采用泡沫分离法有选择地分离浓缩目标产物。

5.3.4 扩张床吸附技术

扩张床吸附（expanded bed adsorption，EBA）技术是 20 世纪 90 年代发展起来的新型蛋白质纯化技术。众所周知，在生物工程中，降低纯化的费用，常常是实现工业化的关键。通常目标产物纯化是由一系列操作单元组成的，其中第一步常为固液分离操作，接着用色谱法进行浓缩和纯化。当细胞尺寸较小或含细胞碎片时，用传统的过滤或离心很难除去，且费用昂贵。由于发酵液或培养液的体积大、黏度高，故处理难且费时，常引起目标蛋白质受到蛋白酶、糖苷酶的作用而被破坏，故第一步操作常常成为整个下游过程的制约步骤。近年来，出现了一些新的固液分离方法，如膜过滤法和双水相萃取技术，但前者存在膜污染问题，后者选择系统比较困难，常不能将固液分离完全，因而直接从全发酵液中进行提取（省去过滤操作）的技术成为研究焦点。其中以扩张床吸附技术最有优势，能直接从发酵液或细胞匀浆中捕获目标产物。它将固液分离、浓缩和初步纯化等几个步骤集成于一个操作单元中，减少了操作单元数，缩短了操作时间，节约了生产成本，体现了集成分离的优势。EBA 采用特殊设计的吸附剂和色谱柱，可直接从含有固体颗粒的高黏度原料液中捕获目标产物，无需过滤等处理步骤，见图 5-10。

（1）扩张床的吸附原理

扩张床是流化床的一种特例。较之于流化床的快流速、高返混，扩张床的返混程度很低，操作接近于固定床。图 5-11 比较了固定床、流化床和扩张床三种不同的操作模式。固定床中液流从上往下以平推流通过床层，整个床层介质分布均匀，分离性能好。然而介质填充紧密，导致色谱柱反压增大，限制操作流速，降低生产效率，而悬浮颗粒等杂质会使床层堵塞，加剧柱压，因此固定床不能处理含有颗粒的原料。流化床中液流从下往上输入，介质处于流化状态，整个床层松散，柱压很小，能够处理含有颗粒的原料。但是由于介质的无规律运动，床层高度混合，吸附性能差，效率低。扩张床中液流同样是从下往上输入，但是液流在柱床中近似平推流的方式通过，分离效率远大于流化床，而且允许原料中含有颗粒。

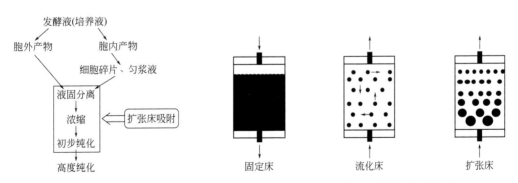

图 5-10 蛋白质分离纯化的一般步骤和利用扩张床吸附的操作集成化

图 5-11 固定床、流化床和扩张床三种操作模式的比较

扩张床结合了固定床和流化床的优点，并且克服了两者的缺陷，该技术的核心是介质。扩张床介质的特性主要体现在密度、粒径、分布和结构组成。固定床和流化床的介质密度、粒径均一，而扩张床介质密度和粒径具有一定分布。液流自底部注入后，床层膨胀松散，柱压小，允许料液中含有颗粒。在液流的推动下，密度高、颗粒大的介质分布在底部，同时密

度低、颗粒小的则分布在上部,介质在床层内形成相对稳定的分级分布,单个颗粒受其密度和大小限制,只能在小范围内运动,整个床层处于有序平稳的状态,使其分离效果较好。结构方面,扩张床介质为了增大密度,通常需要在基质中添加增重剂,如琼脂糖-石英砂、琼脂糖-Nd-Fe-B合金、环糊精-碳化钨、纤维素-二氧化钛、纤维素-不锈钢等。

扩张床的操作流速需要在一定范围内进行:如果流速过小,介质颗粒不能松动,从而无法扩张,最低流化速度用 u_m 表示;如果流速过大,介质颗粒会被带出床外,该最大极限流速即为终端沉降速度 u_t。最低流化速度和终端沉降速度都与介质的直径、密度及液体流动相的密度和黏度有关。根据 Stockes 公式,在雷诺系数 $Re < 20$ 时有:

$$u_m = \frac{g(\rho_p - \rho_l)d_p^2}{1650\eta} \tag{5-1}$$

$$u_t = \frac{g(\rho_p - \rho_l)d_p^2}{18\eta} \tag{5-2}$$

式中,u_m 为最低流化速度;g 为重力加速度;ρ_p 为颗粒密度;ρ_l 为流动相密度;d_p 为介质颗粒粒径;η 为流动相黏度;u_t 为终端沉降速度。

在扩张床中,料液自下向上运动,当达到最低流化速度 u_m 时,床层继续扩张,吸附剂间隙增大,利于悬浮颗粒通过,直至流速等于吸附剂的终端沉降速度 u_t。故流速应选择在 u_m 与 u_t 之间,$u_m < u < u_t$。

(2) 扩张床吸附的操作方式

EBA 的操作流程如图 5-12 所示。按顺序可分为:沉降、平衡、上样、冲洗、洗脱和清洗。

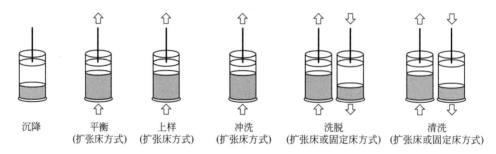

图 5-12　扩张床吸附操作示意图

① 沉降

扩张床吸附操作开始之前,需测定床层的沉降高度(H_0),以确定操作过程中的扩张率 E(扩张后床层高度 H 与沉降高度 H_0 之比,即 $E = H/H_0$)。沉降时间需要足够长,以保证 H_0 的准确测定。

② 平衡

每次操作前都要先从下往上向扩张床中通入平衡缓冲液,使床层稳定扩张至一定高度,继续扩张 20~30min,消除不稳定流动带来的液相返混。操作过程中,扩张床要保持适宜的扩张率:过低会造成原料中的固体颗粒通过困难;过高则会降低介质的吸附效率。通常扩张率为 2~3。同时,床层中吸附剂的填充高度需在 10 cm 以上,可排除进口区域不均匀流化的影响,得到较低的返混程度和稳定的床层。另外,操作过程中,还必须使色谱柱保持垂直,否则易导致不同层次之间的混合,降低分离效率。

③ 上样

当床层平衡之后，迅速将进料液由平衡缓冲液切换为原料液，依然从下往上将其输入床层，开始上样吸附。通常料液的密度和黏度高于平衡缓冲液，若维持原操作条件不变，扩张床的床层就会升高，扩张率变大，需要适当调节上分布器的位置。若想保持扩张率不变，就需降低流速以保持床层高度。而另一方面，随着料液的输入，介质不断吸附蛋白质等物质，其密度会持续增加，需要不断提高流速来维持原扩张高度。在实际吸附操作中，可采用恒定流速（调节上分布器位置）或恒定扩张率（调节流速）等方式。

第一种方式的纯化过程速度快，但扩张率变大可能会导致扩张床内轴向分散程度变大，从而导致动态吸附容量和吸附性能有所下降；第二种方式的吸附性能较好，但操作过程繁琐，吸附时间变长，生产效率有所降低。

④ 冲洗

在上样结束后，洗脱之前，需要冲洗床层，以去除滞留在床层中的颗粒和非结合及弱结合的杂蛋白质。冲洗一般仍采用扩张床方式，维持之前的操作流速不变。冲洗所用溶液多为平衡缓冲液，该过程一般需要 5～20 倍床层沉降体积的缓冲液。冲洗溶液还可以采用高黏度缓冲液，例如体积分数为 25%～50% 的甘油溶液，这样可以减少冲洗液用量。冲洗至没有蛋白质等物质流出，即可进行下一步操作。该步骤之后，可能还有少量细胞或细胞碎片等滞留在床层中，可在最后的清洗步骤除去。

⑤ 洗脱

洗脱可以采用从下往上的扩张床方式，也可以采用从上往下的固定床方式。一般而言，目标产物与吸附剂之间的结合力如果较弱，产物主要吸附于床层的下半部分，用固定床方式洗脱较好；如果介质的吸附容量达到饱和，产物在床层中分布相对均匀，或由于置换效应而富集于床的上半部分，那么用扩张床洗脱方式更为有效。两种洗脱方式各有优缺点，固定床方式能够减少洗脱液用量，增加产物浓度，但这种方式操作过程较复杂，而且使洗脱时间延长，吸附剂颗粒聚集，影响其再度扩张；扩张床洗脱方式的操作过程方便、简单，可实现连续化操作，有利于工业化，洗脱时间短，不造成吸附剂的聚集，但洗脱液用量大，产物浓度低。

⑥ 清洗

清洗也称为再生，是指在每次吸附后采取一定方式彻底清洗介质，使其恢复原有的吸附能力。在吸附过程中，蛋白质变性沉积或非特异性吸附等都会降低介质的吸附容量和选择性，另外介质还会受到料液中细胞、细胞碎片、脂类或 DNA 等杂质的污染，为了延长吸附剂的使用寿命，降低成本，增加经济效益，需要选择有效的在位清洗方法。清洗需在洗脱之后立即进行，如果配基性质允许，建议采用 0.5～1.0mol/L NaOH 清洗；离子交换介质可先用 1～2mol/L NaCl 洗脱去除大部分蛋白质及其它杂质，再用 NaOH 除去其它污染物；某些不能用 NaOH 的吸附剂（如亲和介质等）通过 6mol/L 盐酸胍、6mol/L 尿素或 1mol/L 醋酸替代。

（3）扩张床吸附应用

扩张床吸附技术具有集成化分离的优点，分离周期短，成本低，在生物产品的分离中应用广泛，特别适用于含有细胞等固体粒子粗制品的分离。扩张床介质的配基主要是离子交换配基、疏水配基以及亲和配基，由此，决定了该技术不再局限于蛋白质分离，即扩张床吸附技术的应用领域在日益扩大。EBA 已经成功地用于大肠杆菌匀浆、包含体、大肠杆菌培养液、酵母细胞匀浆、酵母培养液、杂交瘤细胞培养液以及动物组织产物的提取，也可将扩张床用作生物反应器，其规模已从中试走向了工业化方向。表 5-8 列出了一些扩张床吸附技术应用实例。

表 5-8　扩张床吸附技术应用实例[16]

目标产物	产物来源	吸附剂	回收率	纯化因子
单克隆抗体	杂交瘤细胞培养液	Streamline rProtein A	—	50
融合蛋白	重组大肠杆菌	Streamline SP	70%~80%	100
β-半乳糖苷酶	重组大肠杆菌	Streamline Chelating	86%	6
纳豆激酶	枯草杆菌	Streamline SP XL	77%~82%	—
人 $IgG_{1-\kappa}$	CHO 细胞液	Protein A Sepharose FF	77%~82%	—
人表皮生长因子	重组大肠杆菌	Streamline DEAE	80%	4.3
溶菌酶	鸡卵清	Streamline SP	86.6%	8.3
纳豆激酶	枯草杆菌	Fastline Protein	47.3%	12.3
β-葡萄糖苷酶	酵母培养液	Streamline Direct HST	74%	17
核衣壳蛋白	大肠杆菌	Streamline Phenyl	80.1%	12.5

　　扩张床吸附技术是一种具有集成化优势的分离纯化技术，在生物工程产品的下游处理过程中有十分广阔的应用前景，对扩张床吸附技术的研究已引起许多研究者的兴趣[17]。在后续工作中，还要加强几方面的研究：①床层稳定性对于提高扩张床分离效率至关重要，应加强对于扩张床结构方面的研究，尽可能提高床层稳定性；②继续研制在稳定性、特异性和吸附容量方面都适用于扩张床操作的介质，同时研发适用于多种生物制品分离的介质，扩大扩张床吸附技术的应用范围；③分离技术集成化是生物分离技术发展的必然方向，开发扩张床吸附技术与其它分离技术的集成化分离技术，可进一步提高分离效率。

5.4　变性蛋白质复性技术

　　当分子生物学家成功地将外源基因导入大肠杆菌（$E.coli$）等宿主细胞，并得到了较为稳定的表达后，一开始以为生物高技术产品的工业化已经没有问题，但是不久就发现，将 $E.coli$ 表达的产物提取出来还要克服许多难以预料的困难。不仅部分产物不能渗出细胞，还要人工进行细胞破碎来释放产物，而且相当多的蛋白质产物（如 γ-干扰素、白细胞介素-2、人生长激素等）胞内凝集成没有活性的固体颗粒，称为包含体（inclusion body）。包含体基本上是由蛋白质构成，其中大部分（占 50% 以上）是克隆表达的产物，这些产物在蛋白质分子的一级结构上是正确的，但其绝大部分或全部蛋白质分子在立体结构上却是错误的，因此没有生物活性或活性极低。要获得具有活性的蛋白质，首先需用变性剂将包含体溶解，但同时也破坏了蛋白质的活性结构，因此需要对变性溶解后的蛋白质重新进行折叠以得到正确构象和有生物活性的重组蛋白质。

　　通常从生物工程产品中要分离出具有生物活性的蛋白质，一般要经历下列步骤：细胞破碎→分离包含体→添加变性剂溶解包含体→除去变性剂使目标蛋白质复性。

　　从细胞破碎到蛋白质复性不管采用哪种工艺路线，都必须加入变性剂溶解包含体，然后除去变性剂使蛋白质复性。因此，蛋白质复性问题已成为现代生物工程体系中的一个技术瓶颈。研究如何提高基因重组蛋白质的复性效率，发展适合于大规模生产的高效复性方法对于基因工程的发展具有重大的实际意义。

5.4.1 包含体

E. coli 表达系统是目前基因工程中最常用的外源蛋白质表达系统。当外源基因在 *E. coli* 高效表达时，往往以不溶的、无活性的沉淀即包含体的形式聚集于菌体内。

（1）包含体的特性及其形成原因

重组蛋白质在宿主系统中高水平表达时，无论是用原核表达体系或酵母表达体系，甚至高等真核表达体系，都可形成包含体。事实上，内源性的蛋白质，如果表达水平过高，也会聚集形成包含体。因此，包含体形成的原因主要是高水平表达的结果。活性蛋白质的产率取决于蛋白质合成的速率、蛋白质折叠的速率、蛋白质聚集的速率（如图 5-13 所示）。在高水平表达时，新生肽链的聚集速率一旦超过蛋白质正确折叠的速率就会导致包含体的形成。对于含有二硫键的重组蛋白质而言，细菌细胞质内的还原环境不利于二硫键的形成。重组蛋白质在 *E. coli* 中表达时，缺乏一些蛋白质折叠过程中需要的酶和辅助因子（如折叠酶和分子伴侣等）是包含体形成的又一原因。

包含体虽然由无活性的蛋白质组成，但包含体形成对于重组蛋白质的生产也提供了几个优势：①包含体具有高密度，且包含体中一般有 50% 以上的蛋白质为重组蛋白质，易于分离纯化；②重组蛋白质以包含体的形式存在，有效地抵御了 *E. coli* 中的蛋白酶对目标蛋白质的降解；③对于生产处于天然构象状态时对宿主细胞有毒害的蛋白质时，形成包含体无疑是最佳选择。

（2）包含体蛋白质的生产程序

从包含体中获得具有天然活性的重组蛋白质一般包括三个步骤：包含体分离和清洗，包含体的溶解，包含体蛋白质的复性。如图 5-14 所示。虽然前两步的效率可能相对较高，但无活性的错误折叠结构和聚集体限制了复性产率。实验和生产中一般采用图 5-14（a）所示的方法。

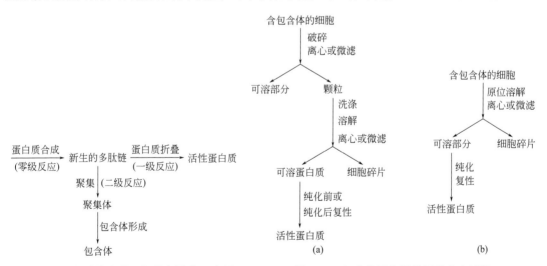

图 5-13　蛋白质的合成、折叠与聚集示意图　　图 5-14　包含体蛋白质的两种生产过程

（3）包含体的分离和纯化

含包含体的细胞通常是用高压匀浆或者超声进行破碎，或者用机械法与化学渗透法和酶

溶法相结合。由于包含体具有很高的密度（约 1.3mg/cm³），其在细胞裂解后可通过低速离心或者过滤收获。分离出来的包含体中主要含有重组蛋白质，但也含有一些细菌成分，如一些外膜蛋白质、质粒 DNA 和其它杂质，需要用去污剂（如 Triton X-100）、脱氧胆酸盐和低浓度的变性剂（如尿素）充分洗涤去除杂质。

（4）包含体溶解

溶解蛋白质的方法很多，然而，溶解试剂的选择在很大程度上会影响后续的复性和整个流程的成本。最常用的溶解试剂是高浓度的变性剂，如 6mol/L 盐酸胍（GuHCl）或 6～8mol/L 尿素。使用这些变性剂时，蛋白质三维或四维结构被完全破坏。

包含体蛋白质中存在一些与蛋白质的天然构象类似的二级结构，用变性剂溶解包含体时，若能保留这些二级结构，可以提高复性率[18]。低浓度的变性剂已被用来从包含体中溶解蛋白质。与高浓度的 GuHCl 相比，1.5～2mol/L 的 GuHCl 溶解蛋白质的纯度相对较高，因为在高浓度时，一些杂蛋白质也被溶解出来。但在许多情况下会出现目标蛋白质溶解不完全的情况。极端 pH 也被用来溶解包含体[19]。在高 pH 条件下暴露时间过长，可能会导致蛋白质发生不可逆化学反应。因此，高 pH 溶解方法虽然简单、成本低，有很大的优点，但不能用于大多数药物蛋白质。更有效溶解生长因子的方法是将高 pH 和低浓度变性剂相结合[19]。去污剂也常被用来溶解包含体，通常使用的去污剂是十二烷基硫酸钠（SDS）和十六烷基三甲基溴化铵（CTAB）。与脲和 GuHCl 相比，用去污剂溶解包含体蛋白质时，溶解的蛋白质具有更多的有序结构，而且可能已经具有生物活性，这样避免了复性，缺点是其可能会干扰后续的纯化。

对于含有半胱氨酸的蛋白质，分离的包含体中通常含有一些链间形成的二硫键和链内的非活性二硫键。应加入巯基还原剂例如二硫苏糖醇（DTT）、还原型谷胱甘肽（GSH）或 β-巯基乙醇（β-ME）等处理以还原这些二硫键，这些还原试剂应当稍微过量，以保证所有的半胱氨酸全部被还原。螯合剂，如乙二胺四乙酸（EDTA）、乙二醇双 2-氨基乙醚四乙酸（EGTA）可捕获一些金属离子以清除这些金属离子带来的不必要的氧化反应。

包含体处理过程步骤繁多，包括菌体收集、细胞破碎、包含体分离和洗涤等。为了避免繁琐的操作，也有采用图 5-14（b）所示的包含体处理方法，用化学试剂或酶直接从发酵液中的细胞内溶解包含体蛋白质，但并不常见，因为原位溶解会使得发酵液中的蛋白质和非蛋白质杂质通通被释放出来，不仅严重干扰了复性过程，使复性效率大大降低，而且引进了大量的杂蛋白质。近年来包含体处理的集成过程也得到了快速的发展，将发酵液中的包含体蛋白质原位溶解后，可以用双水相萃取或用扩张床吸附选择性捕获，或在高电场下使目标蛋白质吸附在磁性微球上等操作使目标蛋白质得到部分纯化。

5.4.2 蛋白质复性

为了获得正确折叠的活性蛋白质，必须去除变性剂或者降低变性剂的浓度，并把还原的蛋白质转移到氧化的环境中促使形成天然的二硫键，从而折叠成天然的分子构象。虽然蛋白质的折叠复性已有很多方法，但针对每一种蛋白质仍需通过实验摸索出最佳的方法。常用的方法有稀释、透析和超滤等。

蛋白质的复性过程一般可表示为：

$$U \rightarrow I \rightarrow N \atop \downarrow \atop A$$

(5-3)

式中，U 代表变性溶解的蛋白质；I 代表蛋白质折叠中间体；N 代表折叠成功的、有天然活性的蛋白质；A 代表失活的蛋白质沉淀。由于蛋白质的复性是一个十分复杂的过程，当除去变性剂后，蛋白质分子可能重新聚合，生成多聚体，甚至生成沉淀。因而生物工程目标蛋白质的复性效率非常低，一般不超过 20%。设法阻止蛋白质聚合是提高复性效率的关键。

（1）传统蛋白质复性方法

① 稀释法

稀释法是一种最简单，也是最传统的蛋白质复性方法[20]。它是用复性缓冲液稀释变性蛋白质溶液以降低变性剂浓度，从而为蛋白质折叠创造适宜的外部环境。传统的稀释法是将高浓度变性剂变性的样品加入大体积复性缓冲液中，因变性剂浓度降低使得变性蛋白质快速折叠。反稀释法是将复性缓冲液加入高浓度变性剂变性的蛋白质溶液中，这样变性剂和蛋白质的浓度同时降低。这使得变性蛋白质或折叠中间体在低浓度变性剂中暴露的时间较长。蛋白质浓度在中等浓度变性剂时较高，这与通常的稀释法是不同的，这样容易产生聚集和沉淀。然而，如果中间体在中等浓度变性剂中是可溶的，而且复性需要较慢的分子结构重排时，这种方法所得的结果较好。

混合复性法是将复性缓冲液和变性蛋白质溶液以一定的速率混合，进行变性蛋白质复性。这种方法是在复性过程中让蛋白质和变性剂的浓度保持恒定，这与通常的稀释法或反稀释法是不同的。蛋白质复性过程与稀释复性相似，也就是说复性缓冲液和变性蛋白质溶液混合使得变性蛋白质快速向其中间体折叠，最终折叠成具有生物活性的天然结构。

稀释法复性的主要缺点是复性过程中需要较大的复性容器，并且复性后需要对样品进行浓缩，且未能与杂蛋白质分离。为了减少复性过程中变性蛋白质的聚集，复性过程中蛋白质浓度通常在 $10 \sim 50 \mu g/mL$ 范围内，这样大大增加了蛋白质溶液的体积，为后续的分离纯化带来了很大的困难。

② 透析法

透析法是将处在高浓度变性剂溶液中的变性蛋白质放在复性缓冲液透析，使原有缓冲液中的变性剂浓度逐渐降低。随着时间的延长，变性剂浓度将会降至与复性缓冲液中的变性剂浓度相同。随着原始液中变性剂浓度的降低，变性蛋白质折叠成其中间体或其天然结构的速率增大。然而，错误折叠和/或聚集的速率也会增加。特别是当复性速率很慢时，聚集的程度会大大增加。

③ 超滤法

超滤法是交换缓冲液的另一方法，其驱动力是跨膜的压差，也是一种基于膜的过滤技术，但它更实用。因为变性剂的去除并不受扩散的限制，该法速度较快。然而，失活蛋白质在膜表面的聚集将使其应用受到限制。

通常，用透析法和超滤法复性时产生的聚集体要比用直接稀释法时产生得多[21]。另外，蛋白质在膜上的非特异性吸附对复性过程具有消极的影响。

（2）新发展的蛋白质复性方法

复杂的蛋白质分子的空间结构和众多的影响因素决定了蛋白质复性方法的多元化。由于分子间疏水性作用导致的聚集体生成是影响蛋白质复性回收率的主要原因，针对这一问题，研究者做了大量有益的尝试，从而发展了添加稀释复性法（additive dilution refolding）、分子伴侣、人工分子伴侣、液相色谱复性（蛋白质折叠液相色谱法）、反胶束（reverse micelle）蛋白质再折叠等多种新的复性技术。

① 添加稀释复性法

迄今为止，已发现多种具有抑制变性蛋白质分子间疏水相互作用、促进蛋白质复性的溶质——辅助因子。辅助因子由于价格相对便宜，且复性完成后容易除去，在重组蛋白质复性过程中得到了较为广泛的应用。辅助因子可以分为两类：折叠促进剂和聚集体抑制剂。这两组是互相排斥的，因为折叠促进剂原则上是增加蛋白质之间的相互作用，而聚集体抑制剂则是减小侧链之间的相互作用。聚集体抑制剂减少折叠中间体的聚集，而不影响折叠过程。理想的折叠促进剂应当具有几个重要的性质[21]：价格便宜，成本低，能够抑制蛋白质聚集而不影响蛋白质天然结构的形成，容易与复性后的蛋白质分离。

精氨酸（Arg）是最常用的一种辅助因子。在对多种蛋白质复性研究中均发现当复性缓冲液中加入 0.3～0.5mol/L 的 L-Arg 时，可以明显提高复性率[22,23]。

在重组的核糖核酸酶（RNase）、组织型纤溶酶原激活物（tPA）、γ-干扰素和碳酸酐酶 B（CAB）的再折叠研究中发现，PEG 可增强这些重组蛋白质的正确再折叠。PEG 通过特异地与折叠中间体结合，形成非聚集体复合物，抑制了聚集；这种非聚集体复合物向第二种中间体折叠，随后 PEG 被释放，第二种中间体最终折叠成天然蛋白质。进一步研究提示，PEG 通过亲水和疏水两种力较弱地附着在折叠中间体表面，这种较弱的力使得中间体可经置换 PEG 分子而折叠成天然状态。Ambrus 等[24] 对重组人组织转谷氨酰胺酶（trans-glutaminase）进行复性时发现，PEG 能够在很大程度上促进该蛋白质的复性。当复性缓冲液中含有 5%PEG8000 时，可以使其活性提高 83%。

在重组蛋白质的溶液中，加入其单克隆抗体或单抗中的抗原识别区，可使抗体作为蛋白质折叠的模板，协助蛋白质的正确复性，形成其高级结构。Carlson 等[25] 研究了四种单抗对核糖核酸酶 A 的 S-蛋白质片段再折叠的影响。只有针对天然 S-蛋白质的单克隆抗体能成功地增强 S-蛋白质的复性效率，它可使酶活性的回收率从 13%提高到 54%。

表面活性剂和去污剂已被证明是很好的折叠促进剂[26]，尤其对含有二硫键的蛋白质。复性缓冲液中加入特定去污剂，可以遮蔽折叠中间体暴露出的疏水表面，从而有效地阻止分子间疏水相互作用，防止聚合，提高复性率。在腺苷脱氨酶复性时加入十二烷基麦芽糖苷可使酶活增加 98%。尽管去污剂被证明能有效再折叠膜蛋白质和胞内蛋白质，但目前还没有标准的步骤可以应用。此外，对于不同的蛋白质，去污剂的类型和浓度需要摸索，而且可能会没有明显效果，而且表面活性剂和去污剂具有结合蛋白和形成微束的能力而不易去除。

1995 年，Karuppiah 等[27] 用环糊精辅助碳酸酐酶 B 的复性。环糊精的特征是能形成包络化合物，客体分子从宽口端进入其分子空腔，利用环糊精的疏水性空腔结合变性蛋白质多肽链的疏水性位点，可以抑制其相互聚集失活，从而促进肽链正确折叠为活性蛋白质。当 GuHCl 变性的 CAB 用复性缓冲液迅速稀释时，立即产生很多沉淀。当在复性缓冲液中添加环糊精后，蛋白质的聚集大大减少。当复性缓冲液中不含环糊精时，CAB 的活性回收率只有 40%。当溶液中含有 100mmol/L 环糊精时，在不到 1h 的时间便可得到 80%活性回收率。

1999 年，Sundari 等[28] 报道了用直链糊精辅助胰岛素、碳酸酐酶和溶菌酶复性，发现直链糊精基本上能够模拟环糊精在辅助蛋白质复性方面的作用，而且具有其它一些优点：直链糊精的螺旋结构形成一个疏水性空腔，可以结合更多的蛋白质分子；在水中溶解度较高，有利于提高复性酶浓度和实验操作；价格比环糊精便宜，实际应用前景广阔。

有许多极性小分子添加剂能够促进蛋白质的稳定和蛋白质体外折叠，包括糖、多羟基化合物、某些盐如硫酸铵和氯化镁。虽然它们能够促进蛋白质折叠成一个紧密的结构，但也能促进错误折叠和聚集体的形成。这些折叠结构有可能过于紧密和钢硬，使得错误折叠的结构不能重新形成天然态。此外，环糊精和直链糊精也被用来辅助蛋白质的复性。另外，三氟乙醇也可以在很大程度上促进某些蛋白质的复性。

② 分子伴侣和折叠酶辅助复性

研究表明帮助新生肽折叠的蛋白质（也称辅助蛋白质）至少有两大类：一类是分子伴侣，它帮助正确折叠，阻止和修正不正确折叠；另一类是折叠酶，它催化与折叠直接有关的化学反应，限制蛋白质折叠的速度。

利用分子伴侣对各种模型酶进行复性，均取得了显著效果。

然而分子伴侣和折叠酶属于蛋白质，在复性过程完成后，需要将其从复性溶液中除去，而且生产成本很高，除非能够将分子伴侣和折叠酶回收，反复利用。分子伴侣固定化较好地解决了这一问题[29]。在 2000 年时，Kohler 等[30] 改进了一种分子伴侣辅助折叠生物反应器，该系统利用搅拌池（stirred-cell）系统固定 GroEL-GroES 络合物。在此设计中，该生物反应器只能循环三次。

分子伴侣复性体系作用机理不清楚，体系间差异很大，还处于基础研究阶段。分子伴侣用于重组蛋白质再折叠，是近年来出现的令人关注的新方法。但复性后分离除去分子伴侣是比较繁琐的步骤，而且分子伴侣价格昂贵，直接添加或固定化都将使成本大大增加，不适于大规模和工业化生产。

③ 人工分子伴侣

受分子伴侣辅助蛋白质复性的启发，Daugherty 等[31] 对人工分子伴侣（artificial molecular chaperone）体系辅助碳酸酐酶、柠檬酸合成酶和溶菌酶复性进行了研究。人工分子伴侣是在去污剂胶束体系的基础上发展起来的，与分子伴侣 GroEL＋ATP（三磷酸腺苷）辅助复性的作用机制相似，其复性过程分为两步进行：第一步捕获阶段，在变性蛋白质溶液中加入去污剂，去污剂分子通过疏水相互作用与蛋白质的疏水位点结合形成复合体，抑制肽链间的相互聚集；第二步剥离阶段，在捕获阶段的溶液中加入过量的环糊精，由于环糊精分子对去污剂分子有竞争性吸附作用，可以和去污剂形成牢固的去污剂-环糊精络合物，从蛋白质-去污剂胶束中剥离掉去污剂。去污剂分子被剥离下来，从而使多肽链在此过程中正确折叠为活性蛋白质。使用该方法已对牛碳酸酐酶和溶菌酶在高蛋白质浓度下获得了高的复性率。

与 GroEL 等蛋白质分子伴侣相比，使用人工分子伴侣辅助蛋白质复性具有明显的优点：a. 人工分子伴侣不属于蛋白质，不易受环境影响而失活，操作条件较为宽松；b. 去污剂和环糊精均可直接购买，价格便宜；c. 去污剂与环糊精的分子量较小，容易与蛋白质分离，有利于提高工业生产效率。

④ 反胶束蛋白质再折叠

反向微团（reversed micelles）又叫反胶束，是表面活性剂在有机溶剂中形成的水相液滴。微团中表面活性剂极性头部向内，疏水尾部向外。在含有增溶剂的水溶液中，将去折叠的蛋白质引入到含有反向微团的溶液中时，蛋白质将会插入到反向微团中，并与表面活性剂的极性头部作用，逐渐进行复性。通过改变水、表面活性剂、有机溶剂的比例以及蛋白质、表面活性剂的离子强度和浓度，可以对这一系统进行改进。利用反向微团使重组蛋白质复性的主要过程是[31]：a. 通过水相转移技术将变性溶解、去折叠的蛋白质转移到反向微团中；

b.逐渐降低反向微团中的变性剂浓度；c.加入氧化还原剂使变性蛋白质的二硫键再氧化，此时蛋白质可获得天然构象；d.从反向微团中抽提蛋白质到水相溶液中。反向微团复性蛋白质的主要过程如图 5-15 所示。

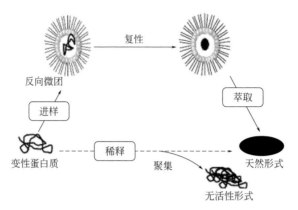

图 5-15　反向微团复性蛋白质的示意图

琥珀酸二（2-乙基己基）酯磺酸钠（AOT）-异辛烷体系是研究最为广泛的用于溶解蛋白质的反胶束体系。利用这一系统已使一些蛋白质成功地发生了再折叠。如 GuHCl 变性的核糖核酸酶 A 在 24h 内可获得 100％的复性率[32]。GuHCl 变性的同源双体丙糖磷酸异构酶在由十六烷基三甲基溴化铵和己醇、正辛烷构成的反向微团中再折叠时，回收率也可达 100％；利用反向微团也可进行寡聚蛋白质复合物的再折叠研究[33]，表明反向微团是一种很有前景的蛋白质复性方法。Sakono 等[33] 用非离子性表面活性剂四乙二醇十二烷基醚形成的反胶束体系对 CAB 进行了复性，该反胶束体系避免了变性 CAB 在复性过程中的聚集，20h 后可以得到 70％的活性回收率，而用 AOT-异辛烷形成的反胶束体系只能得到大约 5％的活性回收率。结果表明，通过选择合适的表面活性剂，反胶束复性技术可以用于和 AOT 有强烈作用的蛋白质的复性。

反胶束复性处理量小，蛋白质复性后的分离效果不理想，主要用于研究。

利用液相色谱进行蛋白质复性是近年来发展最快的方法之一，这一复性技术及其理论基础和最新发展将在下节详细介绍。

5.5　蛋白质折叠液相色谱法

在蛋白质复性中，抑制肽链间的非特异性的疏水作用是提高复性回收率的关键。当变性蛋白质分子被一个个相互隔离开时，聚集反应将会被最大程度地抑制。众所周知，液相色谱（LC）是一种制备规模上最有效的纯化蛋白质的方法，已成为基因重组蛋白质药物纯化必不可少的手段。色谱是生物分离中一种成熟的方法，将原有的技术和设备应用于新的单元操作——蛋白质折叠，有助于扩大应用领域，便于工业化。

20 世纪 90 年代初耿信笃先生首先提出使用疏水相互作用色谱（HIC）作为变性蛋白质的复性工具[34,35]，之后多国科学家分别用离子交换色谱法（IEC）、凝胶排阻色谱法（SEC）和亲和色谱法（AC）成功地对变性蛋白质进行了复性。这一事实足以说明 LC 作为蛋白质的复性方法已引起了科学家足够的重视。由于 HIC 在技术上的难度较大，直到 1997 年才被美国 Du-Pout-Merck 药业公司用于多个 HIV 蛋白酶突变体的复性和纯化[36]。迄今为止，已有多国科学家研究了 LC 蛋白质复性技术。

英国剑桥大学的一个研究小组将分子伴侣键合到色谱固定相上，利用分子伴侣可协助蛋白质复性的特点，将不能在溶液中复性的蛋白质利用色谱法得到了很好的复性效果，并称之为折叠色谱（refolding chromatography）[37]，耿信笃等认为应称之为"蛋白质折叠液相色谱法"（protein folding by liquid chromatography，PFLC），文献上也经常称为柱复性（column refolding），已有专著对该法及其应用进行了详细的介绍[35,38]。

在色谱过程中，变性蛋白质分子首先被可逆地吸附在固定相上（HIC、IEC 或 AC），或者通过凝胶孔将变性蛋白质分子相互隔离（SEC），从而抑制了聚集体的产生。而合适的流动相又可以将蛋白质分子可逆地从固定相上洗脱下来。在复性的过程中，复性的目标蛋白质还可以与大部分杂蛋白质进行分离，一步实现复性与分离纯化，也就是说 LC 法可以在蛋白质折叠中实现"折叠与分离"的双重效果。

与传统的稀释法及透析法相比较，如图 5-16 所示，用 LC 法进行蛋白质复性具有"一石四鸟"的作用[39]：①在进样后可很快除去变性剂；②由于色谱固定相对变性蛋白质的吸附，可明显地减少，甚至完全消除变性蛋白质分子在脱离变性剂环境后的分子聚集，从而避免沉淀的发生，提高蛋白质复性的质量和活性回收率；③在蛋白质复性的同时可使目标蛋白质与杂蛋白质分离以达到纯化的目的，使复性和纯化同时进行；④便于回收变性剂。目前，LC 已成为蛋白质复性的一个非常重要的工具[40-43]。另外，因为复性过程中形成的聚集体和正确折叠的蛋白质的保留时间不同，因此可以在色谱中除去复性过程中形成的聚集体。而且色谱过程可以实现连续操作，且可回收复性过程中形成的聚集体，将其溶解后重新复性，因此可以使复性率提高到接近 100%。

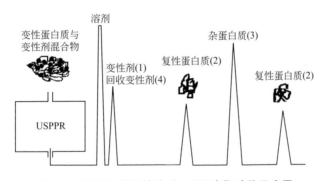

图 5-16　理想色谱复性的"一石四鸟"功能示意图

目前，能够用于蛋白质复性的 LC 方法包括 HIC、IEC、SEC 与 AC 四种，但这四种色谱法对蛋白质复性的机理却不尽相同，本节主要介绍这四种色谱对变性蛋白质的复性机理及其应用。

5.5.1　凝胶排阻色谱法

耿信笃等首次用 HIC 和 SEC 两种色谱法对盐酸胍变性的牛血清白蛋白、核糖核酸酶 A 和溶菌酶的复性进行了研究，发现两者都能使变性蛋白质复性，但以 HIC 法为佳[34]。SEC 由于容易操作和放大，且适用于各种变性蛋白质的复性，是目前研究最多的一种色谱复性方法[44]。表 5-9 列出了部分采用 SEC 法对蛋白质进行复性研究的实例。

表 5-9　部分采用 SEC 法对蛋白质进行复性研究的实例[43]

蛋白质	采用固定相	蛋白质折叠效率
大肠杆菌整合宿主因子	Superdex 75	活性回收率为 60%
核糖核酸酶	Sephacryl S 100	活性回收率>90%
牛碳酸酐酶	Sephacryl S 100 HR	活性回收率为 56%
溶菌酶	Sephacryl S 100 HR	蛋白质浓度为 80mg/mL 时活性回收率为 46%
重组人白介素-6	Superdex G-25	活性回收率为 17%
重组溶菌酶	Sephacryl S 100	活性回收率为 35%
异源二聚体血小板衍生生长因子	Superdex 75	活性回收率大于 75%
溶菌酶	Superdex 75	蛋白质浓度为 17mg/mL 时活性回收率为 90%
尿激酶纤维蛋白溶酶原激活剂	Sephacryl S 300	活性回收率是稀释法的 5 倍
溶菌酶	Sephacryl S 100	蛋白质浓度为 40mg/mL 时活性回收率接近 100%
尿激酶纤维蛋白溶酶原激活剂片段	Sephacryl S 300	活性回收率为 15.3%
溶菌酶	Sephacryl S 100	活性回收率为 80%
牛碳酸酐酶	Superdex 75	活性回收率大于 90%
B 淋巴细胞刺激因子	Sephacryl S 200	折叠效率 14%
溶菌酶	Superdex 75 HR	折叠效率 30%
溶菌酶	Sephacryl S 100	活性回收率接近 100%
重组人粒细胞集落刺激因子	Superdex 75	折叠效率 96%，比活为 1.2×10^8 IU/mg,质量回收率为 30%

　　该方法的复性机理为：SEC 分离是按蛋白质分子大小不同进行分离的，SEC 填料中具有一定孔，在样品进入色谱柱后会随着流动相向柱出口运动并同时进行扩散。在变性蛋白质进入柱顶端时，因有高浓度变性剂的存在，变性蛋白质分子有一个随机的构象状态和大的动力学水合半径，不能进入柱的空隙，蛋白质在 SEC 柱不保留。当使用复性的缓冲液洗脱时，因其逐步取代变性剂并使变性剂浓度降低，使变性蛋白质分子处于热力学不稳定的高能态，这些蛋白质分子就会自发地向热力学稳定的低能态——蛋白质的天然态转化，从而使变性蛋

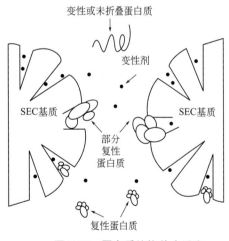

图 5-17　蛋白质结构从失活态
向天然态转变的过程

白质开始复性，如图 5-17 所示。此时，局部复性的蛋白质可以进入球的内部，开始在液-固两相间进行分配，随着时间的推移，当蛋白质分子的结构变得更加紧密时，蛋白质分子在两相中的分配系数逐步增加。当蛋白质进入柱填料的空隙后，其扩散速度减慢，从而限制了蛋白质的聚集，这样就减少了沉淀的产生。蛋白质分子大，先从柱上洗脱下来，变性剂分子量小，最后流出色谱柱。故 SEC 的主要作用不是变性蛋白质与 SEC 固定相间的某种相互作用力，而是有利于更换变性蛋白质复性的缓冲溶液，并不涉及二硫键是否正确对接。与稀释法相比，该方法可使溶菌酶、碳酸酐酶和白细胞介素-6(IL-6)等蛋白质质量回收率和活性回收率显著提高。

5.5.2 离子交换色谱法

IEC 复性机理与 SEC 不同之处在于变性蛋白质与固定相间有分子间的电荷作用，这种作用力可导致变性的蛋白质吸附于固定相表面，在洗脱过程中进行吸附-解吸-再吸附的复性，依照此法可以使 α-葡糖苷酶（α-glucosidase）[45] 复性。Hamaker 等[46] 将 DEAE 纤维素卷成柱状装入色谱柱中，使用等浓度洗脱，对重组白细胞分泌抑制因子进行了复性和纯化，用该法进行复性，其蛋白质浓度比稀释方法提高了 6.4 倍，且 46% 的蛋白质可以获得复性，质量回收率为 96%，时间只用了 5min。表 5-10 列出了部分采用 IEC 法对蛋白质进行复性研究的实例。

表 5-10 部分采用 IEC 法对蛋白质进行复性研究的实例[43]

蛋白质	固定相	蛋白质折叠效率
细胞色素 c	CM-cellulose	质量回收率大于 80%
卵清蛋白	DEAE-cellulose	折叠效率 50%
胰蛋白酶抑制剂	CM-cellulose	质量回收率大于 90%
融合 α-葡萄糖苷酶	Heparin Sepharose	活性回收率是稀释法的 4 倍
溶菌酶	Silica-based WCX	蛋白质浓度高于 20mg/mL 时活性回收率接近 100%
溶菌酶	SP Sepharose	蛋白质浓度高于 40mg/mL 时活性回收率约 95%
重组溶菌酶	SP Sepharose FF	蛋白质浓度高于 4mg/mL 时活性回收率约 100%
单链 Fv 纤维素结合结构域蛋白	Cellulose	折叠效率 60%
重组人粒细胞集落刺激因子	Q Sepharose FF	比活 2.3×10^8 IU/mg, 质量回收率 43%, 纯度 97%
重组分泌型白细胞蛋白酶抑制剂	DEAE-cellulose	蛋白质浓度是稀释法的 6.4 倍, 活性回收率 46%, 质量回收率为 96%
α-乳清蛋白	Fractogel EMD DEAE	折叠效率 84%
重组 LK68	Q-Sepharose Hi-Trap	折叠效率 68%, 是稀释法的 1.7 倍
重组人生长激素-谷胱甘肽转移酶	STREAMLINE DEAE	折叠效率 84%
重组人干细胞因子	DEAE Sepharose FF	折叠效率 19.46%, 纯度 90%

5.5.3 亲和色谱法

AC 是利用配体与目标蛋白质间的特异性亲和作用，变性蛋白质分子保留在柱的顶端与变性剂分离，从而使变性蛋白质在洗脱过程中进行复性。由于配体与目标蛋白质间的作用特异性强，而且不同配体与蛋白质间的作用差别较大，所以 AC 作为蛋白质复性的机理比较复杂。固定化金属离子螯合亲和色谱（IMAC）是以其端基与末端标记有组氨酸的蛋白质分子间有特异的亲和作用，而这种作用又不受强变性剂（如尿素）的影响。Ni^+ 亲和色谱柱就是其中一种，采用其对白细胞蛋白酶抑制剂（LHC2）[46]、重组人朊蛋白（rhPrion）[47] 和重组 Toc 75 进行了复性就是几个成功的例子。

分子伴侣是在体内介导表达蛋白质建立天然构象的一类重要的蛋白质。在重组蛋白质的体外折叠过程中它也是一类很好的介导蛋白质复性的辅助因子。在溶液中加入分子伴侣后，尽管可提高蛋白质的复性效率，但溶液中同时引入了杂蛋白质；另外因其价格昂贵，在实际生产中还没有一种蛋白质使用该法来复性。如将其作为亲和色谱，则可能克服以上部分的缺点[36,48]。分子伴侣亲和色谱介导蛋白质的复性同它在溶液中的作用一致，与 HIC 有相似之处[49]。分子伴侣在复性蛋白质时，为变性蛋白质提供一个中空环状疏水腔，当变性蛋白质进入空腔后，可部分避免或完全消除变性蛋白质分子间的相互聚集作用，使蛋白质在疏水环境下进行"结合-释放-再结合"的循环过程，直到其恢复到天然的构象状态。表 5-11 列出了部分采用 AC 法对蛋白质进行复性研究的实例。

表 5-11　部分采用 AC 法对蛋白质进行复性研究的实例[43]

蛋白质	固定相	折叠效率
(His)6-LECT2	Ni-NTA	折叠效率 81%
(His)6-水母蛋白	Ni-NTA	比活 2.2×10^{10} RLU/mg
(His)6-白介素-15 受体 α 链	Ni-NTA	质量回收率是稀释法的 6 倍
(His)6-外切聚磷酸酶	Ni-chelated Sepharose FF	质量回收率 51%
重组牛朊蛋白	Ni-NTA	质量回收率 11%
Rv2430c Ni-NTA HSP 抗原融合蛋白	Ni-琼脂糖	折叠效率 34.5%
重组人粒细胞集落刺激因子	Cu-螯合	比活为 2.3×10^8 IU/mg，质量回收率 36.4%
溶菌酶	固定化脂质体	活性回收率 100%
牛碳酸酐酶	固定化脂质体	活性回收率 83%
溶菌酶	固定化分子伴侣 GroEL	活性回收率 81%
SARS 冠状病毒 S 蛋白片段 450~650	Ni-NTA	质量回收率 31.5%
重组人 γ-干扰素	sht GroEL(191-345)	质量回收率 74.25%
IP10-scFv 融合蛋白	Ni-螯合	折叠效率 45%
蝎子毒素 CN5	固定化 mini-GroEL/DsbA/PPI 琼脂糖	质量回收率 87%，活性回收率 100%

5.5.4　疏水相互作用色谱

耿信笃等首次用 HIC 对重组人干扰素-γ(rhIFN-γ) 复性并同时进行了纯化[34]。如前所述，这也是国际上第一个用 LC 法对变性蛋白质进行复性并同时纯化的报道，比 IEC 和 AC 法早三年。变性蛋白质在 HIC 上的复性机理如图 5-18 所示[35,39]。当蛋白质、变性剂和杂蛋白质进入 HIC 系统后，由于 HIC 固定相对变性剂的作用力较弱，而对变性蛋白质的作用力较强，变性剂首先同变性蛋白质分离，并随流动相一同流出色谱柱；又因 HIC 固定相能提供较通常方法高出数十乃至数百倍的折叠自由能[49]，在变性蛋白质被 HIC 固定相吸附的同时除去以水合状态附着在蛋白质表面和与固定相表面接触区域的水分子[50]，而蛋白质特定的疏水性氨基酸残基与 HIC 固定相表面作用形成区域立体结构，接着形成折叠中间体(intermediate)。随着流动相的不断变化，变性蛋白质不断地在固定相表面上进行吸附-解吸附-再吸附，并在此过程中逐渐被复性，形成与天然蛋白质构象相同的蛋白质并流出色谱柱。在此过程中，因不同的蛋白质与固定相上的作用力强弱不同，复性的目标蛋白质就可以与大部分杂蛋白质进行分离。随着盐浓度的降低或流动相中水的增多，变性蛋白质分子是一定会从 HIC 固定相上解吸附的。由于蛋白质的错误微区结构在热力学上不稳定性，其在流动相中将通过瞬间消失以得到修正。随着梯度洗脱过程中蛋白质多次的吸附和解吸附，具有错误微区的蛋白质分子将会变得越来越少，而具有正确微区结构的蛋白质分子将会变得越来越多，蛋白质便能得到完全复性。

固定相对蛋白质折叠的贡献：①在分子水平上为变性蛋白质分子提供足够高的折叠自由能；②固定相识别多肽的特定疏水区；③从水合的变性蛋白质和固定相接触表面处挤出水分子；④在固定相上形成该蛋白质分子的微区。

流动相对蛋白质折叠的贡献：①可以除去变性环境；②与固定相一起诱导蛋白质的折叠；③提供给变性蛋白质一个适宜的、组成连续变化的、可供选择的折叠环境，并不断修正含有错误三维结构的折叠中间体；④提供蛋白质解吸附的折叠自由能。

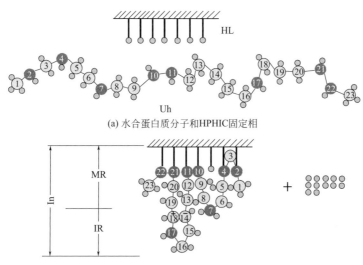

(a) 水合蛋白质分子和HPHIC固定相

(b) 含有区域结构和诱导区域的折叠中间体的形成

图 5-18 HPHIC 中变性蛋白质失水和形成蛋白质折叠中间体的模型示意图

HL—水合配基；Uh—变性的水合氨基酸残基；MR—区域结构；IR—诱导区域；In—中间体

⬤—疏水氨基酸残基；◯—亲水氨基酸残基；◯—水分子；▨▨▨▨—疏水色谱固定相配基

利用 HIC 对 *E.coli* 表达的 rhLFN-γ 和 rhLFN-α 分别在复性的同时进行纯化。rhLFN-γ 的 GuHCl 提取液在 40min 内使用一次色谱过程就可以使其纯度达到 85%，活性回收率为稀释法的 2～3 倍[51]。rhIFN-α 的 GuHCl 提取液一步就可以达到 30% 以上的纯度。该技术用在基因重组人粒细胞集落刺激因子上（rhG-CSF）也获得了满意的研究效果。该法的特点是可使用浓变性剂溶液（7mol/L GuHCl、8mol/L 尿素及月桂酸钠）从 *E.coli* 提取的目标蛋白质溶液直接进入 HIC 柱上进行多种变性蛋白质的复性及同时纯化。有关用 HIC 对蛋白质进行复性的详细报道可参见文献[35,41]。表 5-12 列出了部分采用 HIC 法对蛋白质进行复性研究的实例。

表 5-12 部分采用 HIC 法对蛋白质进行复性研究的实例[43]

蛋白质名称	折叠效率
重组人 γ-干扰素	活性回收率是稀释法的 2～3 倍,纯度大于 85%
牛胰岛素	折叠效率 66%
重组牛朊蛋白	质量回收率 87%,纯度 96%
重组人胰岛素原	质量回收率 94%,纯度 90%
溶菌酶	活性回收率 94.6%

蛋白质名称	折叠效率
重组人 γ-干扰素	比活 1.3×10^8 IU/mg，纯度大于 95%
重组人干细胞因子	纯度 94%，比活 1.2×10^6 IU/mg
重组人 γ-干扰素	总蛋白质 2.0g，进样体积 700mL，纯度大于 95%，比活 5.7×10^7 IU/mg
重组人粒细胞集落刺激因子	总蛋白质 1.5g，进样体积 200mL，纯度 95.4%，比活 2.3×10^8 IU/mg，质量回收率 36.9%

5.5.5 各种色谱复性方法比较

以上四种色谱法对变性蛋白质复性所用固定相又可分为以刚性基质硅胶为基础的高效液相色谱和其它非刚性基质为基础的中压色谱或常压色谱。HIC 便属于前者，其余 3 种属于后者。这不仅涉及复性与同时纯化所需的时间长短，还涉及在流动相置换变性剂时出现的变性蛋白质分子聚集及固定相表面吸附两者速度快慢之间的动力学问题，从而会影响到复性效率。表 5-13 列出了四种蛋白质折叠液相色谱法对 rhG-CSF 复性并同时纯化结果的比较[43]。这四类色谱相同之处都是色谱固定相对蛋白质复性作出了贡献，但其作用机理却差异甚大。SEC 固定相使变性蛋白质分子在洗脱过程中分子体积逐渐减小而进入 SEC 填料孔中被保留，因此蛋白质先被洗脱，而变性剂最后流出 SEC 柱，因此柱的负荷受到了很大限制，而且在用流动相置换变性剂的过程中不可避免地会产生沉淀。此外，SEC 的分离效果是 LC 中最差的，故用于纯化蛋白质的效果也不够理想。与 SEC 比较，IEC 的柱负荷高，且变性蛋白质分子可与固定相作用使变性蛋白质在色谱填料的表面吸附，减少了由于分子间聚集产生沉淀的趋向，较 SEC 强，且分离效果也好于 SEC。但在 IEC 上进行蛋白质复性时，最常用的变性剂盐酸胍也会在 IEC 柱上保留，这不仅会影响柱容量，而且在洗脱过程中往往与蛋白质一起流出色谱柱，从而使最有效提取蛋白质的变性剂盐酸胍的使用受到限制。AC 固定相，特别是使用含有分子伴侣的两组分和多组分的 AC 固定相与变性蛋白质分子间有特异的亲和力，使变性蛋白质分子间形成沉淀的可能性大大减小，能将原来认为不可逆折叠的蛋白质变成了可逆的折叠，使其成为一种强有力的研究蛋白质折叠的手段。遗憾的是一种 AC 柱只对一种或少数几种蛋白质有亲和作用，使用范围窄，而且试液必须先在分子伴侣存在条件下稀释 100 倍，然后才用 AC 复性，手续繁杂，所需时间变长。更重要的是其价格十分昂贵，目前还难以用在规模制备，更难以用到工业生产中蛋白质的复性和纯化。

表 5-13 几种 PFLC 法复性与纯化 rhG-CSF 包含体结果比较

复性与纯化方法	添加剂	质量回收率/%	纯度/%	生物活性/($\times 10^8$ IU/mg)
IEC	3.0mol/L 脲，2.5mmol/L GSH，0.8mmol/L GSSG	49.0	96	3.0
SEC	15% 甘油(体积分数)，2.5mmol/L GSH，0.8mmol/L GSSG	30.0	83	1.2
脲梯度 SEC	15% 甘油(体积分数)，2.5mmol/L GSH，0.8mmol/L GSSG	46.1	未报道	1.0
AC	2.0mol/L 脲	32.0	97	1.8
AC	3.0mol/L 脲	39.0	97	2.3

HIC 固定相是从高浓度盐溶液（近饱和状态的 3.0mol/L 硫酸铵溶液）中吸附变性蛋白质，且与变性剂瞬时分离，不仅大大降低了蛋白质分子间的聚集作用，还因固定相能在分子

水平上为变性蛋白质提供很高的折叠自由能，而使水化的变性蛋白质瞬时失水，并形成局部结构以利于蛋白质分子从疏水核开始折叠[35]。此外，梯度洗脱使各种蛋白质分子"自己选择"对自己有利的条件进行折叠，以达到同固定相和流动相间的协同作用，更有利于复性和纯化。从技术上讲，高效液相色谱的流速可以从 1.0mL/min 到 10.0mL/min 不等，大大缩短了变性蛋白质分子脱离变性环境后与 HIC 固定相的接触时间，从另一角度避免了变性蛋白质分子间的相互聚集，以利于固定相的吸附。因此，用 HIC 对变性蛋白质复性时，其质量和活性回收率一般都大于 90％，而活性回收率有时会超过 100％。HIC 是一个好的蛋白质分离手段，故在蛋白质复性的同时又能与包括折叠中间体在内的其它杂蛋白质进行很好的分离，更重要的是 HIC 柱较便宜，可用于大规模制备，一般可在 30～40min 内就可完成上述过程，所以 HIC 可能是一种较为理想，且最具有发展潜力的对变性蛋白质复性同时进行纯化的色谱方法。

参 考 文 献

[1] Asenjo J A. Downstream Processing in Biotechnology. New York：Marcel Dekker，Inc.，1990.

[2] Felix H. Permeabilized cells. Anal Biochem，1982，120(2)：211-234.

[3] Hettwer D，Wang H. Protein release from *Escherichia coli* cells permeabilized with guanidine-HCl and Triton X-100. Biotechnol Bioeng，1989，33(7)：886-895.

[4] Naglak T J，Wang H Y. Recovery of a foreign protein from the periplasm of *Escherichia coli* by chemical permeabilization. Enzyme Microb Technol，1990，12(8)：603-611.

[5] Asenjo J A，Dunnill P. The isolation of lytic enzymes from Cytophaga and their application to the rupture of yeast cells. Biotech Bioeng，1981，23(5)：1045-1056.

[6] Avila V L，Benedicto J. Microwave-assisted extraction combined with gas chromatography and enzyme-linked immunosorbent assay. Trends in Anal Chem，1996，15(8)：334-339.

[7] Castor T P，Hong G T. Supercritical fluid disruption of and extraction from microbial cells：US5380826. 1995-01-15.

[8] Brems D N. Solubility of different folding conformers of bovine growth hormone. Biochem，1988，27(12)：4541-4546.

[9] Huang R B，Andrews B A，Asenjo J A. Differential product release(DPR) of proteins from yeast：A new technique for selective product recovery from microbial cells. Biotech Bioeng，1991，38(9)：977-985.

[10] Rosa P A，Azevedo A M，Airesbarros M R. Application of central composite design to the optimisation of aqueous two-phase extraction of human antibodies. J Chromatogr A，2007，1141(1)：50-60.

[11] Zhai S L，Luo G S，Liu J G. Aqueous two-phase electrophoresis for separation of amino acids. Separation and Purification Technology，2001，21(3)：197-203.

[12] Kocherginsky N M，Grishchenko A B. Mass transfer of long chain fatty acids through liquid-liquid interface stabilized by porous membrane. Separation and Purification Technology，2000，20(2)：197-208.

[13] Husband D L，Masliyah J H，Gray M R. Cell and surfactant separation by column flotation. Canadian J Chem Eng，2010，72(5)：840-847.

[14] 杨博，王永华，姚汝华.蛋白质的泡沫分离.食品与发酵工业，2001，27(2)：76-79.

[15] 修志龙，张代佳，贾凌云，等.泡沫分离法分离人参皂苷.过程工程学报，2001，1(3)：289-292.

[16] 刘国诠.生物工程下游技术.北京：化学工业出版社，2003.

[17] Chong F C，Tan W S，Biak D R A，et al. Direct recovery of recombinant nucleocapsid protein of Nipah virus from unclarified Escherichia coli homogenate using hydrophobic interaction expanded bed adsorption chromatography. J Chromatogr A，2010，1217(8)：1293-1297.

[18] Khan R H，Rao K B C A，Eshwari A N S，et al. Solubilization of recombinant ovine growth hormone with retention of native-like secondary structure and its refolding from the inclusion bodies of escherichia coli. Biotechnol Prog，1998，14(5)：722-728.

[19] Patra A K，Mukhopadhyay R，Mukhija R，et al. Optimization of inclusion body solubilization and renaturation of

recombinant human growth hormone from *Escherichia coli*. Protein Express Purif，2000，18(2)：182-192.

[20] Rudolph R，Lilie H. In vitro folding of inclusion body proteins. FASEB J，1996，10(1)：49-56.

[21] Cleland J L. Protein folding. Washington D C：American Chemical Society，1993.

[22] Menzella H G，Gramajo H C，Ceccarelli E A. High recovery of prochymosin from inclusion bodies using controlled air oxidation. Protein Express Purif，2002，25(2)：248-255.

[23] Arakawa T，Tsumoto K. The effects of arginine on refolding of aggregated proteins：not facilitate refolding，but suppress aggregation. Biochem Biophys Res Commun，2003，304(1)：148-152.

[24] Ambrus A，Fésüs L. Polyethylene glycol enhanced refolding of the recombinant human tissue transglutaminase. Prep Biochem Biotechnol，2001，31(1)：59-70.

[25] Carlson J D，Yarmush M L. Antibody assisted protein refolding. Bio/Tech，1992，10(1)：86-91.

[26] Kim C S，Lee E K. Effects of operating parameters in in vitro renaturation of a fusion protein of human growth hormone and glutathione S transferase from inclusion body. Process Biochem，2000，36(1-2)：111-117.

[27] Karuppiah N，Sharma A. Cyclodextrins as protein folding aids. Biochem Biophys Res Commun，1995，211(1)：60-66.

[28] Sundari C S，Raman B，Balasubramanian D. Artificial chaperoning of insulin，human carbonic anhydrase and hen egg lysozyme using linear dextrin chains-a sweet route to the native state of globular proteins. FEBS Letters，1999，443(2)：215-219.

[29] Altamirano M M，Golbik R，Zahn R，et al. Refolding chromatography with immobilized mini-chaperones. Proceeding of the National Academy of Sciences，1997，94(8)：3576-3578.

[30] Kohler R J，Preuss M，Miller A D. Design of a molecular chaperone-assisted protein folding bioreactor. Biotechnol Prog，2000，16(4)：671-675.

[31] Daugherty D L，Rozema D，Hanson P E，et al. Artificial chaperone-assisted refolding of citrate synthase. J Biol Chem，1998，273(51)：33961-33971.

[32] Kabanov A V，Klyachko N L，Nametkin S N，et al. Engineering of functional supramacromolecular complexes of proteins(enzymes) using reversed micelles as matrix microreactors. Protein Engineer，1991，4(8)：1009-1017.

[33] Sakono M，Maruyama T，Kamiy N，et al. Refolding of denatured carbonic anhydrase B by reversed micelles formulated with nonionic surfactant. Biochem Engineer J，2004，19(3)：217-220.

[34] Geng X D，Chang X Q. High-performance hydrophobic interaction chromatography as a tool for protein refolding. J Chromatogr，1992，599(1-2)：185-194.

[35] 耿信笃，白泉，王超展. 蛋白折叠液相色谱法. 北京：科学出版社，2006.

[36] Jadhav P K，Ala P J，Woerner F J，et al. Cyclic urea amides：HIV-1 protease inhibitors with low nanomolar potency against both wild type and protease inhibitor resistant mutants of HIV. J Med Chem，1997，40(2)：181-191.

[37] Altamirano MM，Golbik R，Zahn R，et al. Refolding chromatography with immobilized mini-chaperones. Proc Natl Acad Sci USA，1997，94(8)：3576-3578.

[38] Evans T C，Yu M Q. Heterologyous gene expreission in *E coli*. Methods in Molecular Biology 1986：69-85.

[39] Geng X D，Bai Q. Mechanism of simultaneously refolding and purification of proteins by hydrophobic interaction chromatographic unit and applications. Science in China(Ser. B)，2002，45(6)：655-669.

[40] 郭立安，耿信笃，蛋白的色谱复性及同时纯化. 生物工程学报，2000，16(6)：661-666.

[41] Geng X D，Wang C Z. Protein folding liquid chromatography and its recent developments. J Chromatogr B，2007，849(1-2)：69-80.

[42] Geng X D，Wang L L. Liquid chromatography of recombinant proteins and protein drugs. J Chromatogr B，2008，866(1-2)：133-153.

[43] 王骊丽，耿信笃. 源于大肠杆菌蛋白的表达、液相色谱复性与纯化新进展. 中国科学 B 辑：化学，2009，39(8)：711-727.

[44] Gu Z，Su Z，Janson J C. Urea gradient size-exclusion chromatography enhanced the yield of lysozyme refolding. J Chromatogr A，2001，918(2)：311-318.

[45] Stempfer G，Neugebauer B H，Rudolph R. A fusion protein designed for noncovalent immobilization：stability，enzymatic activity，and use in an enzyme reactor. Nature Biotechnol，1996，14(3)：329-334.

［46］Hamaker K H，Liu J，Seely R J，et al. Chromatography for rapid buffer exchange and refolding of secretory leukocyte protease inhibitor. Biotechnol Prog，1996，12(2)：184-189.

［47］Zahn R，Von Schroetter C，Wuthrich K. Human prion proteins expressed in *Escherichia coli* and purified by high-affinity column refolding. FEBS Lett，1997，417(3)：400-404.

［48］Altamirano M M，Golbik R，Zahn R，et al. Refolding chromatography with immobilized mini-chaperones. Proc Natl Acad Sci USA，1997，94(8)：3576-3578.

［49］耿信笃，张静，卫引茂. 在液-固界面上变性蛋白折叠自由能的测定. 科学通报，1999，44(19)：2046-2049.

［50］Geng X D，Guo L A，Chang J H. Study of the retention mechanism of proteins in hydrophobic interaction chromatography. J Chromatogr，1990，507：1-23.

［51］耿信笃，常建华，李华儒. 用制备型高效疏水色谱复性和预分离重组人干扰素-Gamma. 高技术通讯，1991，1(1)：1-8.

第 **6** 章 膜分离技术及在生物工程中的应用

6.1 概述

膜分离技术是用半透膜作为选择障碍层，允许某些组分通过而保留混合物中其它组分，从而达到分离目的的技术。它具有设备简单、操作方便、无相变、无化学变化、处理效率高和节省能量等优点，作为一种单元操作日益受到人们的重视。1960 年 Loeb 和 Sourirajan 制备出第一张具有高透水性和高脱盐率的不对称反渗透膜，是膜分离技术发展的一个里程碑，也使反渗透技术大规模应用成为现实。自此以后不仅在膜材料范围上有了极大拓展，而且在制膜技术及设备研制方面也取得了重大进展。这些进展又大大促进了微滤和超滤技术的发展，使整个膜分离技术迅速向工业化应用迈进。目前，膜分离技术已广泛应用在电子工业、食品工业、医药工业、环境保护和生物工程等领域中。

6.1.1 膜分离原理

膜是具有选择性分离的功能材料，低分子量物质能通过特定的半透膜，而聚合物和其它高分子量的物质则被截留下来。当膜两边存在某种推动力（如压力差、浓度差、电位差），原料侧组分会选择性地透过膜从而达到分离提纯的目的。利用膜的选择性实现料液中不同组分的分离和浓缩过程称为膜分离。它与传统过滤的不同之处在于，膜可以在分子范围内进行分离，并且这是一种物理过程，不发生相的变化。依据其孔径（或称为截留分子量）的不同，可将膜分为微滤膜、超滤膜、纳滤膜和反渗透膜。根据材料的不同，又可分为无机膜和有机膜。无机膜主要是陶瓷膜和金属膜，其过滤精度较低，选择性较小；有机膜是由高分子材料做成的，如醋酸纤维素、芳香族聚酰胺、聚醚砜和聚氟化合物等。错流膜工艺中各种膜的分离与截留性能是以膜的孔径和截留分子量来区别。

6.1.2 膜分离技术特点

膜分离技术在生物产品纯化过程中有如下优点：①处理效率高，设备易于放大；②可在室温或低温下操作，适宜于热敏感物质的分离浓缩；③化学与机械强度小，减少失活可能性；④无相转变，节能；⑤有较好的选择性，可在分离、浓缩的同时达到部分纯化的目的；⑥选择合适的膜与操作参数，可得到较高回收率；⑦系统可密闭循环，防止外来污染；⑧不外加化学物质，透过液（酸、碱或盐溶液）可循环使用，降低成本，减少对环境的污染。

膜分离的缺点主要有：①膜面易发生污染，造成膜分离性能降低，故需采用与工艺相适应的膜面清洗方法；②稳定性、耐药性、耐热性和耐溶剂能力有限，使用范围有限；③单独的膜分离技术功能有限，需与其它分离技术联用。

适合膜分离的生物体、可溶性大分子和电解质等复杂物质的主要组成及其大小见表 6-1。

表 6-1　适合膜分离的主要组分及其大小[1]

组分	分子质量/Da	大小/nm	组分	分子质量/kDa	大小/nm
酵母和真菌	—	$10^3 \sim 10^4$	酶	$10^4 \sim 10^6$	$2 \sim 10$
细菌	—	$300 \sim 10^4$	抗体	$300 \sim 10^3$	$0.6 \sim 1.2$
胶体	—	$100 \sim 10^3$	单糖	$200 \sim 400$	$0.8 \sim 1.0$
病毒	—	$30 \sim 300$	有机酸	$100 \sim 500$	$0.4 \sim 0.8$
蛋白质	$10^4 \sim 10^6$	$2 \sim 10$	无机离子	$10 \sim 100$	$0.2 \sim 0.4$
多糖	$10^4 \sim 10^6$	$2 \sim 10$			

6.1.3　膜的种类

按照膜的特性（薄厚、对称性、孔径）、来源、形态和结构等对膜及膜分离方式进行分类。

按孔径大小可分为：微滤膜（MF）、超滤膜（UF）、纳滤膜（NF）和反渗透膜（RO）等。各自对应不同的分离机理、不同的设备及不同的应用对象，各种膜适用的粒子大小范围见表 6-2 和图 6-1。

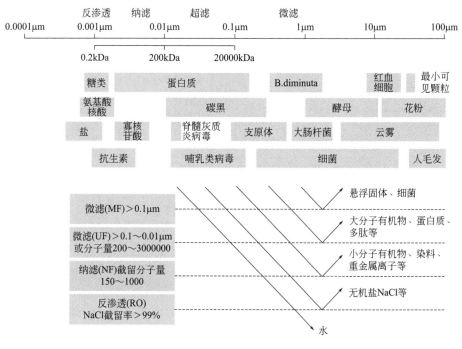

图 6-1　膜分离法与分子大小（颗粒尺寸）关系

表 6-2　各种膜分离技术分离范围

膜过程	分离机理	分离对象	孔径/nm
粒子过滤	体积大小	固体粒子	$>10^4$
微滤	体积大小	$0.05\sim10\mu m$ 的固体粒子	$50\sim10^4$
超滤	体积大小	分子量 $10^3\sim10^6$ 的大分子、胶体	$2\sim50$
纳滤	溶解扩散	离子、分子量<100 的有机物	<2
反渗透	溶解扩散	离子、分子量<100 的有机物	<0.5
渗透蒸发	溶解扩散	离子、分子量<100 的有机物	<0.5

　　膜分离的推动力有浓度差、电位差和压力差。根据推动力不同,可把膜的分离方式分为:反渗透、透析、电渗析、纳滤、超滤和微滤。各种膜分离方式的分离性能列于表 6-3 中。

表 6-3　各种膜分离方式的分离性能

膜分离方式	膜类型	传质驱动力	传质机理	透过物质	截留物质	进料和透过物状态	透过组分在料液中的含量	应用
透析	非对称膜或离子交换膜	浓度差	筛分,微孔膜内的受阻扩散	离子和小分子有机化合物	分子量>1000 的溶质或悬浮物	液体	较小组分或溶剂	从大分子溶液中分离低分子量组分
电渗析	离子交换膜	电位差	反粒子经离子交换膜的迁移	小离子	非离子和大分子化合物	液体	少量离子组分,少量水	含有中性组分的溶液脱盐及脱酸
反渗透	非对称膜或复合膜	压力差(0.1~10MPa)	优先吸附,毛细管流动,溶解扩散	溶剂、可被电渗析截留的组分	溶解或悬浮的物质	液体	大量溶剂	低分子量组分的浓缩
纳滤	非对称膜或复合膜	压力差(0.5~1MPa)	溶解扩散,Donna 效应	溶剂、小分子溶质	截留分子量范围为 200~1000 的物质	液体	大量溶剂,小分子溶质	低聚糖、寡核苷酸和多肽的分离
超滤	非对称膜,膜孔径(0.001~0.02μm)	压力差(100~1000kPa)	筛分效应	溶剂、小分子	生物大分子或有机体(蛋白质、病毒等)、胶体物质	液体	大量溶剂,少量小分子溶质	浓缩、分级、大分子溶液的净化
微滤	对称微孔膜,孔径(0.025~14μm)	压力差(50~100kPa)	筛分效应	溶液、气体	悬浮物质(如细胞、菌体和微粒)	液体或气体	大量溶剂,少量小分子和大分子溶质	悬浮物分离

　　微滤用于截留直径为 $0.02\sim10~\mu m$ 的微粒和细菌等,可用于发酵液除菌、澄清及细胞收集,也可用作超滤的预处理。超滤可分离分子量为数千至数百万的物质,如蛋白质、胶体、病毒、热原、酶和多糖等,膜孔径约为 2~20nm。超滤膜规格并不以膜的孔径大小作为指标,而是采用截留分子量作为通用指标。纳滤用于分离溶液中分子量为 200~1000 的低分子量物质(如抗生素、氨基酸等),允许水、无机盐、小分子有机物等通过,膜孔径约 1~2nm,其分离性能介于超滤与反渗透之间。反渗透根据膜的致密结构可对离子实现有效截留,仅允许溶剂(水分子)通过,主要用于海水脱盐、纯水制造及小分子产品的浓缩等。

6.2 膜分离技术类型与膜材料

6.2.1 膜分离技术类型

（1）微滤

微滤是一种利用膜的筛分作用进行分离的压力驱动型膜过程，所使用的微滤膜孔径为 $0.1\ \mu m$，可以从气相和液相物质中截留微米及亚微米级的细小悬浮物、微生物和污染物等，达到净化、分离和浓缩的目的。在膜两侧静压差的作用下，小于膜孔径的粒子能透过膜，大于膜孔径的粒子被截留在膜的表面上，如图 6-2 所示。微滤过滤构造装置包括平板式、中空纤维式、管式和毛细管式膜。根据过滤操作方式不同，分为死端过滤和错流过滤，见图 6-3。

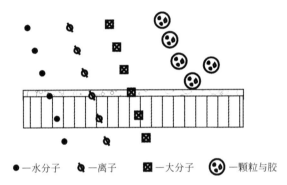

●—水分子 　 ◈—离子 　 ▣—大分子 　 ◉—颗粒与胶

图 6-2　微滤分离原理示意图

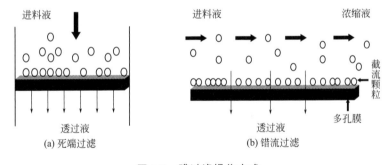

(a) 死端过滤　　　　　　　　(b) 错流过滤

图 6-3　膜过滤操作方式

（2）超滤

超滤膜孔径为 $1nm\sim 0.05\ \mu m$，其分离原理也可基本理解为筛分原理，推动力为压力差，但在有些情况下会受到粒子荷电性及其荷电膜相互作用的影响。它可分离分子量大于 500 的大分子和胶体。当含有大分子、小分子溶质的溶液流过超滤膜表面时，溶剂和小分子物质（如无机盐类）透过膜，作为透过液被收集起来，而大分子溶质（如有机胶体）则被膜截留作为浓缩液被回收（图 6-4）。

（3）纳滤

纳滤膜是介于反渗透膜与超滤膜之间的一种新型分离膜。日本学者对纳滤膜的分离性能进行了具体的定义：操作压力小于 1.5MPa，截留分子量为 200～1000 的物质，NaCl 的透过率不小于 90％的膜可认为是纳滤膜。纳滤以压力差为推动力，能截留有机小分子而使大部分无机盐通过。纳滤膜大部分为荷电膜，即纳滤膜的行为与其荷电性以及溶质荷电状态都有关系。纳滤膜具有如下特点：①具有离子选择性，分离对象主要为粒径 1nm 左右的物质；②可取代传统处理过程中的多个步骤，比较经济方便，在过滤分离过程中，能截留小分子有机物，并可以同时透析除盐，集浓缩与透析为一体；③操作压力低，小于 2.0MPa；④耐压性与抗污染能力强。由于纳滤膜多为复合膜及荷电膜，能根据离子大小及电价的高低，对低价离子与高价离子进行分离。

（4）反渗透

反渗透膜的孔径为 1nm，在高于溶液渗透压的压力作用下，只有溶液中的水可以透过膜，溶液中的大分子、小分子有机物及无机盐全部被截留。理想的反渗透膜应被认为是无孔的，它分离的原理是溶解扩散（或毛细孔流学说）。与其它压力驱动的膜过程相比，反渗透是最精细的过程，又称"高滤"，可截留 0.1～1nm 的小分子物质。依靠膜两侧静压力为推动力，使溶剂通过反渗透膜而实现对混合物的分离（图 6-5）。

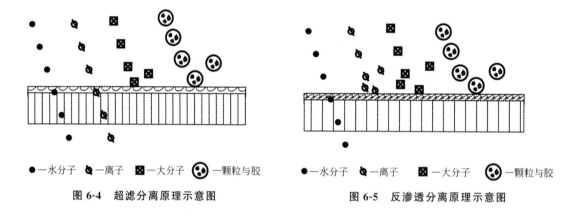

図 6-4　超滤分离原理示意图　　　　　图 6-5　反渗透分离原理示意图

（5）电渗析

电渗析技术是在直流电场的作用下，由于离子交换膜的阻隔作用，实现溶液的稀释和浓缩的过程，其分离推动力是静电引力。电渗析操作所用的膜材料为离子交换膜，即在膜表面和孔内共价键合离子交换基团，如磺酸基（—SO_3H）等酸性阳离子交换基和季铵基（—N^+R_3）等碱性阴离子交换基。键合阳离子交换基的膜称作阳离子交换膜，在电场作用下，选择性地透过阳离子；键合阴离子交换基的膜称作阴离子交换膜，在电场作用下，选择性透过阴离子。电渗析的分离基本原理如图 6-6 所示。阴、阳离子交换膜被交替排列在正负极之间形成许多独立的小单元，当离子溶液在电场作用下通过这些单元时，一些单元里的离子透过正负交换膜进入其它单元而使该单元形成脱盐水区域；另一些单元的正负离子因电场作用和膜电荷排斥作用而被截留在单元内部，这些离子与其它单元渗透进来的离子共同构成了浓盐水富集区。

（6）渗透蒸发

渗透蒸发的基本原理是利用膜与被分离有机液混合物中各组分亲和力的不同及各组分在膜中扩散速度的不同来优先吸附溶液中某一组分从而达到分离的目的，因此不存在蒸馏法中的共沸点的限制，可连续分离和浓缩，直到得到纯有机物（图 6-7）。

144　　生物工程下游技术

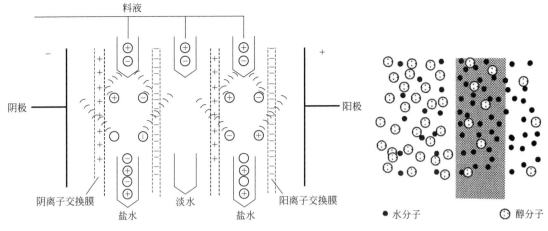

料液

阴极 —| |— 阳极

阴离子交换膜   淡水   阳离子交换膜
      盐水   盐水

图 6-6 电渗析分离原理示意图

● 水分子   ◐ 醇分子

图 6-7 渗透蒸发分离原理示意图

6.2.2 膜组件

由膜与固定膜的支撑体、间隔物以及收纳这些部件的容器构成的单元称为膜组件或膜装置，它是膜分离装置的核心。目前市售商品膜组件主要有管式、平板式、螺旋卷式和中空纤维（毛细管）式等四种，其中管式和中空纤维式膜组件根据操作方式不同，又分为内压式和外压式。

一个良好的膜组件一般应具备下述要求：①原料侧与透过侧的流体有良好的流动状态，以减少返混、浓差极化和膜污染；②具有尽可能高的装填密度，使单位体积的膜组件具有较高的有效膜面积；③对膜能够提供高的机械支撑，密封性良好，膜的安装和更换简易方便；④设备和操作费用低；⑤适合特定的操作条件，安全、可靠和易于维修等。

（1）板框式膜组件

板框式膜组件采用平板膜，其结构与板框过滤机类似，用板框式膜组件进行海水淡化的装置如图 6-8 所示。在多孔板两侧覆以平板膜，再用密封圈和两个端板密封、压紧。海水从上部进入组件后，沿膜表面逐层流动，其中纯水透过膜到达膜的另一侧，经支撑板上的小孔汇集在边缘的导流管后排出；未透过膜的浓缩咸水从下部排出。

（2）螺旋卷式膜组件

螺旋卷式膜组件也是采用平板膜，其结构与螺旋板式换热器类似，如图 6-9 所示。它是由中间

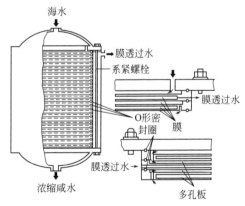

海水
膜透过水
系紧螺栓
膜透过水
O形密封圈
膜
膜透过水
浓缩咸水
多孔板

图 6-8 板框式膜组件进行海水淡化示意图

为多孔支撑板、两侧是膜的"膜袋"装配而成，膜袋的三个边粘封，另一边与一根多孔中心管连接。组装时在膜袋上铺一层网状材料（隔网），绕中心管卷成柱状再放入压力容器内。原料进入组件后，经隔网中的流道沿平行于中心管方向流动，而透过物进入膜袋后旋转沿螺旋方向流动，最后汇集在中心收集管中再排出。螺旋卷式膜组件结构紧凑，装填密度可达 $830 \sim 1660 \mathrm{m}^2 / \mathrm{m}^3$。缺点是制作工艺复杂，膜清洗困难。

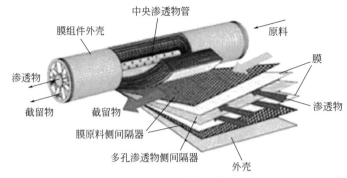

図 6-9 螺旋卷式膜组件结构

（3）管式膜组件

管式膜组件是把膜和支撑体均制成管状，将二者组合即可，或者将膜直接刮制于支撑管的内侧或外侧，接着将数根膜管（直径 10～20mm）组装在一起就构成了管式膜组件，其结构与列管式换热器相类似。若膜刮在支撑管内侧，则为内压型，原料在管内流动，如图 6-10 所示；若膜刮在支撑管外侧，则为外压型，原料在管外流动。管式膜组件的结构简单，安装、操作方便，流动状态好，但装填密度较小，约为 33～330 m^2/m^3。

（4）中空纤维膜组件

将膜材料制成外径为 80～400μm，内径为 40～100μm 的空心管，即形成中空纤维膜。将中空纤维一端封死，另一端用环氧树脂浇注成管板，装填于圆筒形压力容器中，就构成了中空纤维膜组件，结构也类似于列管式换热器，如图 6-11 所示。大多数膜组件采用外压式，即高压原料在中空纤维膜外侧流过，透过物则进入中空纤维膜内侧。中空纤维膜组件装填密度极大（10000～30000 m^2/m^3），且不需外加支撑材料，但膜易堵塞，不容易清洗。

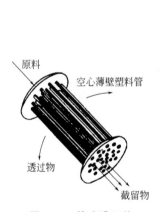

图 6-10　管式膜组件

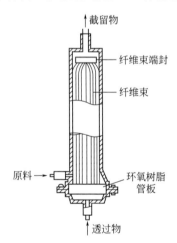

图 6-11　中空纤维膜组件

6.3　浓差极化与膜污染及清洗方法

6.3.1　膜污染与浓差极化

在膜分离过程中，浓差极化与膜污染是经常发生的两种现象，也是影响膜分离技术在某些方面应用的主要阻碍[2-9]。

在分离过程中，料液中的溶剂在压力驱动下透过膜，溶质被截留，膜表面与邻近膜面区域溶质浓度越来越高。在浓度梯度作用下，溶质由膜面向本体溶液扩散，形成边界层，使流体阻力向膜面流动。当溶质向膜面的流动速度与浓度梯度下溶质向本体溶液的扩散速度达到平衡时，膜面附近形成一个稳定的浓度梯度区，这一区域称为浓度极化边界层，这一现象称为浓差极化。当膜两侧压差降至零时，无溶剂透过膜，膜表面溶质向本体溶液扩散，这时，膜表面溶质浓度与本体溶液溶质浓度相等，浓差极化现象消失，因此浓差极化是一个可逆过程，它只在膜分离过程中才发生。另外，通过减小料液中溶质浓度，改善膜面流体力学条件，可以减轻浓差极化程度，提高膜的透过量。

膜污染是指处理物料时微粒、胶体粒子或溶质大分子与膜发生物理化学相互作用或机械作用在膜面或膜孔内吸附、沉积从而使膜孔径变小或堵塞，造成膜透过量及分离特性产生不可逆变化的现象。广义的膜污染不仅包括由于吸附、堵塞引起的污染（不可逆污染），还包括由于浓差极化形成的凝胶层（可逆污染），两者共同导致运行中膜通量的衰减。可逆污染可以通过膜清洗来恢复，造成可逆污染的物质有硅、铝、铁、钙、锰等无机成分，有机物、微生物、菌类及其代谢物等[4]。膜污染主要表现在膜通量逐渐下降，矿物质截留率逐渐下降，通过膜的压力和膜两侧的压差逐渐增大三个方面。造成膜污染的几种途径见表6-4。

表 6-4　造成膜污染的几种途径

污染途径	膜过程名称	截留率或脱盐率影响
表面吸附	RO、NF、UF、MF	RRO 或 NF↓；RUF 或 MF↑
孔内吸附	UF、MF	R↑
大分子或颗粒堵孔	UF、MF	R↑
滤饼层	UF、MF	R↑
凝胶层	RO、NF、UF、MF	R↑
结垢	RO、NF	RRO 或 NF↓

膜污染就其污染点不同，可分为内污染和外污染。内污染是指料液中溶质在浓缩情况下结晶或沉淀在膜孔内，使之发生不同程度的阻塞，导致膜的有效孔隙率下降，改变了膜的孔径分布；外污染是由于料液中某些成分与膜面间存在某种亲和力，使膜面流体极化边界层中的某些固体成分在膜面发生吸附与沉降。从广义上说，外污染就是浓差极化，极化边界层的形成致使膜透过性能下降并降低了膜的抗污染能力，因此减小浓差极化就可以降低膜面的污染。根据 Darcy 标准定律：在膜过滤中，膜通量与净跨膜压差成正比，与总阻力成反比，故这种极化边界层作为额外的滤层出现，既增加了操作压力又会使分离性能降低。

浓差极化的危害主要表现在：①浓差极化使膜表面溶质浓度增高，引起渗透压的增大，从而减小传质驱动力，主要发生在反渗透和纳滤过程；②当膜表面溶质浓度达到它们的饱和浓度时，便会在膜表面形成沉积层或凝胶层，增加透过阻力，主要发生在反渗透、纳滤和超滤浓缩过程；③膜表面沉积层或凝胶层的形成会改变膜的分离特性；④当有机溶质在膜表面达到一定浓度有可能对膜发生溶胀或溶解，降低膜的性能；⑤严重的浓差极化导致结晶析出，阻塞流道，运行恶化。

膜污染与浓差极化有内在联系，尽管很难区别，但概念上截然不同。一旦料液与膜接触，膜污染随即开始，也就是说，溶质与膜之间的相互作用导致吸附，从而改变了膜特性。对于微滤膜而言，这一影响并不十分显著，原因是其膜污染主要来源于溶质离子的聚集堵孔行为；但对于超滤而言，若膜材料选择不合适，此影响相当大，与初始纯水透过率相比，膜污染造成的膜透过率下降值可达 20%～40%。当然操作运行开始后，由于浓差极化产生，尤其在低流速、高溶质浓度情况下，在膜面达到或超过溶质饱和溶解度时，便有凝胶层形成，膜通量不依赖于所加压力，此时，膜通量急剧降低。研究表明：由浓差极化及膜污染而增加的额外阻力可以达到膜自身阻力的 10～50 倍，膜通量会下降至纯水通量的 2%～10%。在此种状态下运行的膜，使用后必须清洗，以恢复其性能，因此膜污染的控制与清洗的研究也是膜应用研究中的一个热点。

6.3.2　影响膜污染的因素

（1）粒子或溶质大小

当粒子或溶质大小与膜孔径相近时，由于压力的作用，溶剂透过膜时把粒子带向膜面，极易产生堵塞作用；当膜孔径小于粒子或溶质尺寸时，由于横切流作用，它们在膜表面很难停留聚集，因而不易堵孔。另外，对于球形蛋白质、支链聚合物及直链线型聚合物而言，它们在溶液中的状态也直接影响膜污染程度；同时，膜孔径分布或分离分子量敏锐性，也会对膜污染产生重大影响。

（2）膜结构

膜结构的选择也很重要。对于微滤膜，对称结构显然较不对称结构更易被堵塞。这是因为对称结构微滤膜，其表面孔开口有时比内部孔径大，这样进入表面孔的粒子往往会被截留在膜中；而不对称结构微滤膜，粒子都被截留在表面，不会在膜内部堵塞，易被横切流带走，即使在膜表面孔上产生聚集、堵塞，用反洗也可轻易冲走。对于中空纤维超滤膜，由于双皮层膜中内外皮层各存在孔径分布，因此使用内压时，有些大分子透过内皮层孔，可能在外皮层更小孔处被截留而产生堵孔，引起透水量不可逆衰减，甚至用反洗也不能恢复其性能；而对于单内皮层中空纤维超滤膜，外表面为开孔结构，即外表面孔径比内表面孔径大几个数量级，这样透过内表面孔的大分子不会被外表面孔截留，因而抗污染能力强，而且即使内表面被污染，用反洗也容易恢复性能。

（3）膜、溶质和溶剂之间的相互作用

膜-溶质、溶质-溶剂、溶剂-膜之间都存在相互作用影响，其中以膜与溶质间相互作用影响为主。相互作用力可分为以下几种。

① 静电作用力

有些膜材料带有极性基团或可离解基团，因而在与溶液接触后，由于溶剂化或离解作用使膜表面产生电荷，它与溶液中荷电溶质产生相互作用。当二者所带电荷相同时，便相互排斥，膜表面不易被污染；当所带电荷相反时，则相互吸引，膜面易吸附溶质而被污染。

② 范德瓦耳斯力

范德瓦耳斯力（分子间弱作用力）是一种分子间的吸引力，常用比例系数 H（Hamaker 常数）表征，与组分的表面张力有关。对于水、溶质和膜三元体系而言，决定膜和溶质间 Van Der Waals 力的 Hamaker 常数为：

$$H_{213} = \left[H_{11}^{1/2} - (H_{22} \times H_{33})^{1/4} \right]^2 \tag{6-1}$$

式中，H_{11}、H_{22} 和 H_{33} 分别是水、溶质和膜的 Hamaker 常数。由上式可见，H_{213} 始终是正值或零。若溶质（或膜）是亲水的，则 H_{22}（或 H_{33}）值增高，H_{213} 值降低，即膜和溶质间吸引力减弱，膜较耐污染及易清洗，因此膜材料的选择极为重要。

③ 溶剂化作用

亲水的膜表面与水形成氢键，这种水处于有序结构，当疏水溶质要接近膜表面时，必须破坏水的有序结构，该过程耗能，因而不易进行；而疏水表面上的水无氢键作用，当疏水溶质靠近膜表面时，挤开水是一个疏水表面脱水过程，是一个熵增过程，容易进行，因此二者之间有较强的相互作用。

④ 空间立体作用

悬挂在膜表面的长链聚合物分子可通过接枝聚合反应来制备。在合适的溶剂化条件下，由于它的运动范围很大，所以作用距离要比上述作用力的距离长得多，因而可以使大分子溶质远离膜面，而使溶剂分子畅通无阻地透过膜，阻止膜面被污染。

（4）膜表面粗糙度与其它因素

显然，膜面光滑，不易污染；膜面粗糙，容易吸留溶质。

必须注意的是溶液中溶质浓度、溶液 pH、离子强度、溶液温度、与膜接触时间、溶质分子大小与形状等都会影响上述相互作用，进而影响膜污染过程。

6.3.3 膜污染控制

膜污染控制方法有很多种，通过控制膜污染影响因素，可大大减小膜污染的危害：①延长膜的有效操作时间；②较少清洗频率；③提高生产能力和效率等。因此在用微滤、超滤分离和浓缩细胞、菌体或大分子产物时，必须注意以下几点。

（1）膜材料选择

膜的性质主要由膜材料的化学组成、膜表面性质（如表面电荷、粗糙度、亲疏水性、表面张力）和膜的形态（膜表面孔隙率、孔径分布）等方面决定[10-13]。膜的亲疏水性、荷电性会影响到膜与溶质间的相互作用大小。外界因素对污染物与膜面间的相互作用仅起次要作用，起主要作用的是膜本身的性质。一般来讲，静电相互作用较易预测，但对膜的亲疏水性测量则较为困难。对生物发酵系统，组成极为复杂，通常认为亲水膜及膜材料电荷与溶质电荷相同的膜较耐污染。几种聚合物微滤膜对蛋白质 IgG 的吸附性见表 6-5。

表 6-5　几种聚合物微滤膜对蛋白质 IgG 的吸附性

聚合物种类	吸附量/(g/m²)	亲疏水性
聚醚砜/聚砜	0.5～0.7	疏水
改性 PVDF	0.04	亲水
再生纤维素	0.1～0.2	亲水

蛋白质对亲水性超滤膜主要表现为膜面的吸附或沉积，而对疏水性膜主要表现为膜孔内的堵塞。聚偏氟乙烯（PVDF）膜由于有较多的开孔且呈筛状，因而污染率较低。表 6-6 依据蛋白质对 5 种材料膜的污染情况，列出了各种膜材料的接触角与污染度的关系。结果表明，各种膜的污染度随接触角的增大（疏水性增大）而增加，即膜表面亲水性越好，受蛋白质的污染越小。

表 6-6　不同材料膜的接触角与污染度（FR）的关系

项目	聚偏氟乙烯	聚砜酰胺	聚醚酮	聚丙烯腈	聚砜
接触角	30.3	48	56.4	65.2	74.3
FR/%	42.5	42.8	64.9	70.1	74.7

为了改进疏水膜的耐污染性，可用对膜分离特性影响较小的小分子化合物（如表面活性剂）对膜进行预处理，使膜表面覆盖一层保护层，这样可减少膜的吸附。但由于这些表面活性剂是水溶性的，仅靠分子间弱作用力（Van Der Waals）与膜黏结，所以很易脱落。为了获得永久性耐污染特性，常用膜表面改性法引入亲水基团，或用复合膜的手段复合一层亲水性分离层，或采用阴极喷镀法在超滤膜表面镀一层碳。

（2）膜孔径或截留分子量的选择

从理论上讲，在保证能截留所需粒子或大分子溶质的前提下，应尽量选择孔径或截留分子量较大的膜以得到较高透水量。但在实际中发现，选用较大膜孔径时，其污染速率更高，所以长时间透水量反而下降；当待分离物质的尺寸大小与膜孔径相近时，由于压力的作用，溶剂透过膜时会把离子带向膜面，极易产生堵塞作用；而当膜孔径小于离子或溶质尺寸时，由于横切流作用，它们在膜表面很难停留聚集，因而不易堵孔。另外，对于球型蛋白质、支链聚合物及支链型聚合物而言，在溶液中的状态也直接影响膜污染；同时，膜孔径分布或分割分子量敏锐性，也对膜污染产生重大影响。对于不同分离对象，由于溶液中最小粒子及其特性不同，应当用实验来选择最佳孔径大小的过滤膜[14,15]。

（3）膜结构选择

通常原则是不对称结构膜较耐污染。

（4）组件结构选择

当待分离溶液中悬浮物含量较低，且产物在透过液中时，用微滤或超滤分离澄清时，组件结构的选择较为自由。但若截留物是产物，且要高倍浓缩时，组件结构的选择就要慎重。一般来讲，不宜采用隔网作为料液流道的组件，因为固体物容易在膜面造成沉积、堵塞，但毛细管式与薄流道式组件设计可以使料液高速流动，剪切力较大，有利于减少粒子或大分子溶质在膜面的沉积现象，减小浓差极化或凝胶层的形成。

（5）溶液 pH 控制

溶液 pH 对蛋白质在水中溶解性、荷电性及构型有很大影响[14,16]。一般来讲，蛋白质在等电点时溶解度最低；偏离等电点时，溶解度增加，且带电荷。Asenjo[15] 用 PM30 聚砜膜超滤 0.1％牛血清蛋白，结果显示，在等电点时的蛋白质吸附量最高，膜的透水量最低。因此用膜分离、浓缩蛋白质和酶时，体系 pH 一般偏离等电点（以不使蛋白质变性失活为限），同时选择合适的膜，可以减轻膜污染。

（6）溶液中盐浓度影响

无机盐常通过两条途径对膜产生重大影响：一是有些无机盐复合物在膜表面或膜孔内直接沉积，或使膜对蛋白质的吸附增强而污染膜；二是无机盐改变了溶液离子强度，进而影响蛋白质溶解性、构象与悬浮状态，使形成沉积层的疏密程度发生改变，从而对膜透水率产生影响。

（7）溶液温度影响

温度对膜污染的影响尚不是很清楚。根据一般规律，溶液温度升高，黏度下降，透水率应提高；但对某些蛋白质溶液而言，温度升高反而会使透水率下降。这是由于在较高温度时，蛋白质溶解性下降。

（8）溶质浓度、料液流速与压力的控制

在用超滤技术分离、浓缩蛋白质或其它大分子溶质时，压力与料液流速对膜透水率的影响通常是相互关联的[14,16]。当流速一定且浓差极化不明显时（低压力区），膜的透水率几乎随压力的增加而线性增加；在浓差极化起作用后，由于压力增加，透水率提高，浓差极化随之严重，致使透水率随压力的增加呈曲线增加；当压力升高到一定数值后，浓差极化使膜表面溶质浓度达到极限浓度（饱和浓度 c_g），溶质在膜表面开始析出形成"凝胶层"。此时"凝胶层"阻力对膜的透水率起决定作用，透水率几乎不依赖于压力，当料液中溶质浓度降低或料液流速提高时，将体系压力升至 c_g 下的压力值时，透水率依然会升高。因此，当溶质浓度一定时，要选择合适压力与料液流速以避免"凝胶层"的形成，这样可以得到最佳的膜透水率。一些蛋白质及产品的 c_g 列于表 6-7。

表 6-7　某些蛋白质及产品的 c_g

材料	c_g	材料	c_g
脱脂牛奶	22%蛋白质 20%～22% 20% 25%	人血清蛋白 免疫血清球蛋白 牛血清蛋白	28% 19% 30% 20%
全脂牛奶(3.5%脂肪)	9%～11%蛋白质	红细胞 Porcine	45%
大豆萃取物	10%蛋白质	Porcine Blood Plasma	35%
脱脂大豆粉萃取物	20%～25%蛋白质	明胶	20%～30% 30%
乳清	30% 20% 28.5%	鸡蛋白	40%
		人血浆	60%
人血清蛋白	44% 24%	人血(HCT-21)	28.7%

6.3.4　清洗方法

在膜分离技术应用中，尽管选择了较为恰当的膜和适宜的操作条件，但在长期运行中，膜的透水量仍然会随运行时间的增长而逐渐下降，即膜污染问题必然发生，因此必须采取一定的清洗方法来去除膜面或膜孔内的污染物，恢复其透水量并延长使用寿命。所以有关清洗方法的研究是国内外膜应用研究中的一个热点，已发表了大量涉及清洗方法及清洗剂配方的专利。在清洗程序设计中，通常要考虑下面两个因素：①膜的化学特性指膜的耐酸碱性、耐温性、耐氧化性和耐化学试剂性，这对化学清洗剂的类型、浓度、清洗液温度等的选择极为重要，一般来讲，各生产厂家均会对其产品的化学特性作简单说明，当要使用超出膜说明书范围外的化学清洗剂时，一定要慎重，必须先做小规模实验来确定该种化学试剂是否会对膜带来危害；②污染物特性主要是指它在不同 pH 溶液、不同种类盐溶液及不同浓度盐溶液中，不同温度下的溶解性、荷电性、可氧化性及可酶解性等，这样可有的放矢地选择合适的化学清洗剂以达到最佳清洗效果。

膜清洗方法通常可分为物理方法与化学方法。物理方法一般是指先用高流速水冲洗，然后用海绵球机械擦洗和反洗等，它们的特点是简单易行。近年来新发展的抽吸清洗方法具有不添加新设备、清洗效果好的优点，受到人们青睐。另外，电场过滤、脉冲清洗、脉冲电解清洗及电渗透反洗等研究十分活跃，具有很好的效果。化学清洗通常是用化学清洗剂，如稀碱、稀酸、酶、表面活性剂、络合剂和氧化剂等清洗过滤膜。对于不同种类的膜，选择化学剂时要慎重，以防止化学清洗剂对膜的损害。酸类清洗剂可以溶解除去矿物质及 DNA；采用 NaOH 水溶液可显著改善蛋白质造成的污染，对于蛋白质污染严重的膜，用含 0.5% 胃蛋白酶的 0.01mol/L NaOH 溶液清洗 30min 可有效地恢复其透水量。在过滤多糖时，用温水浸泡清洗膜即可基本恢复其初始透水率。

膜清洗效果的表征，通常用纯水透水率恢复系数（r）来表达，可按下式计算：

$$r = \frac{J_Q}{J_0} \times 100 \tag{6-2}$$

式中，J_Q 为清洗后膜的纯水透过量；J_0 为膜的初始纯水透过量，是一个无量纲值。

膜污染控制及清洗技术的研究目前主要集中在膜表面改性及绿色清洗技术应用等领域。如何在膜污染控制及清洗技术发展的同时引进清洁生产[17]，进而使分离膜达到更好的使用效果并在更广范围内获得使用，应从以下几个方面来考虑。

① 消除膜污染最根本和最直接的途径是研究开发高效、高强度、具有更好耐污染性能的膜材料。有机膜易污染、堵塞，只能在低温、低压下操作，故应研制耐高温、耐高压、孔径易控制的无机膜，特别是耐微生物污染的膜，这是膜技术发展的主要方向之一。仿生膜能够很好地解决传统膜许多难以克服的缺点，如果能实现工业化生产，必将大大拓宽膜分离技术的应用。

② 要控制好膜的运行条件。通过各种途径改善混合液的特性，改善活性污泥的沉降性能，形成疏散多孔、通透性好的絮体，以减缓膜的污染速度。

③ 应进行膜的日常维护和定期清洗。采用在线药剂清洗和曝气等简单的手段减缓膜过滤阻力的上升，延长稳定运行时间。

④ 根据不同的污染物类型选用合适的清洗剂。特别是开发能在水体中自然降解、不会给膜处理水带来二次污染的绿色清洗剂，这势必会大大推动膜污染控制技术的发展。

⑤ 研究处理液中的有机物、无机物、微生物等对膜污染的影响及机理，建立污染模型，预测膜污染状况，从理论上指导膜污染的预防和及时清除。

由于膜污染是亚微细粒子或大分子溶质吸附、积累在膜表面或在膜孔中结晶沉积所致，所以膜污染是不可逆的，只能靠改进膜组件结构、性能或优化膜系统设计来减轻其影响[18]。浓差极化和膜污染都能引起膜性能的变化，使膜的使用性能变差，而膜污染是膜通量和分离性能下降的主要原因，两者密不可分。许多情况下正是由于浓差极化才导致了膜污染[19]，所以只有了解了膜污染机理才能有的放矢地进行膜污染治理，来促进生产效率的提升。

膜清洗是膜技术应用中的重要问题，它与膜污染、膜的分离性能以及膜的寿命密切相关。针对不同的膜分离过程，首先应找出膜污染的原因，确定造成膜污染的污染物性质、与膜的作用方式等，然后选择合适的清洗剂和清洗方法。在确定清洗剂和清洗方法时还应考虑清洗方法的经济性、对膜寿命和膜分离效率的影响等因素[18]。另外，由于污染物多种多样，所以膜的清洗是一个复杂的课题。明确污染膜上沉积物的特性，对于选择最经济和最有效的清洗剂和清洗方案是十分重要的。对膜污染物的分析技术多种多样，且各有利弊，针对具体的污染膜，需综合利用多种分析技术进行分析，以确保获得最准确的污染信息。

6.4 膜分离技术在生物工程中的应用

当前，我国膜分离的研究紧密围绕膜的功能与膜及膜材料微结构的关系、膜及膜材料的微结构形成机理与控制方法、应用过程中的膜及膜材料微结构的演变规律三个关键科学问题展开[5]。着力开发新型分离膜材料和膜功能性质与制备过程关系的研究，这为我国的节能减排与传统产业的改造作出了突出贡献。

在生物化工中，膜分离技术常被用于分离、浓缩、分级与纯化生物产品等工序[20-24]，根据目标产品的不同，使用的膜分离技术组合也有所不同，这可从生物化工流程与蛋白质分离纯化过程图解中得知（如图 6-12、图 6-13）。

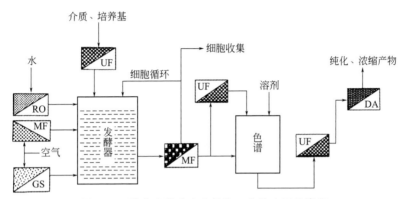

图 6-12　膜分离技术在生物化工中的应用示意图

①用反渗透（RO）或超滤（UF）净化水中有害离子、胶体、大分子物质；②用微滤（MF）过滤空气，除去微生物；③用气体分离（GS）制备富氧气体供养；④用 MF 或 UF 收集细胞；⑤用 UF 或 MF 过滤介质与培养基，除去微生物与大颗粒物；⑥用 UF 浓缩产品、脱盐或小分子有机物；⑦用透析（DA）进行产品脱盐或小分子有机物

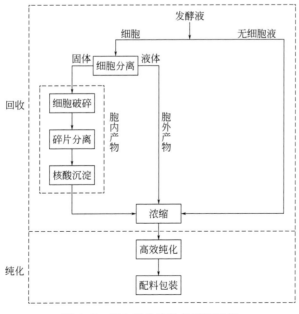

图 6-13　蛋白质分离纯化过程图解

（1）微生物的分离与收集

一般来讲，对于胞外产物，发酵液的第一个分离目标是去除悬浮的微生物、粒子与胶体；而对于胞内产物，则首先要进行细胞收集。表6-8列出了某些典型生物工程发酵液中固体物的浓度。表6-9说明某些发酵液的特性。

表6-8 典型生物工程发酵液中固体物浓度

产物	干重质量分数/%	产物	干重质量分数/%
细菌或酵母	1~5	乳酸	8~10
真菌（柠檬酸、青霉素生产）	1~3	胞外酶	0.5~1.0
动物细胞（哺乳动物组织培养）	0.1~5	维生素	0.005~0.1
植物组织培养	0.1~5	抗体	1~5
乙酸	0.2~5	乙醇	7~12
柠檬酸	5~10		

表6-9 某些发酵物的特性

类型	大小/μm	2%（质量分数）悬浮液动力黏度/(mPa·s)	抗剪切力性能
细胞残片	0.4×0.4	1.5	—
细菌	1×2	1.5	好
酵母	2×10	1.5	好
哺乳动物细胞	40×40	3	弱
植物细胞	100×100	3	弱
真菌	1.10×一簇[①]	8000	相当好

① 真菌的大小是以一簇菌落大小表示的。

目前，较好的细胞收集方法是过滤或离心。从经济性考虑，工业规模的方法应是连续过程，但连续离心设备价格昂贵，操作和维修费用高，而且生产速度受粒径、粒子与悬浮液密度差、液体黏度及离心力大小控制，还需冷却系统降温等。表6-10给出实验室小规模收集微生物细胞的费用比较。转鼓真空过滤也是连续分离微生物的一个方法，其主要问题在于固体颗粒物聚集而使滤速急剧下降，若采用助滤剂则增加了费用。

表6-10 超滤与连续离心法小规模收集微生物细胞费用比较

项目	细菌		酵母	
	超滤[①]	离心	超滤[①]	离心
初始浓度	4×10 个/mL（体积分数 0.7%）		1×10 个/mL	
浓缩倍数	10	10	100	500

项目	细菌		酵母	
	超滤[①]	离心	超滤[①]	离心
细胞回收率/%	98	<70	98	90
生产速率/h^{-1}	30	6	40	30
系统费用/美元	9000	8000	6000	20000

① 用 Amicron 中空纤维组件。

近几年发展起来的错流过滤受到了人们的关注,其实质与超滤操作完全相似。它具有如下优点:①可较灵活地选用不同孔径的膜来分离大小不同的细胞;②透水量不依赖于细胞与悬浮介质间的密度差;③不需要任何助剂,有利于下一步纯化;④选择合适膜可使细胞在膜表面的沉积量减到最小,所以可长时间地保持高透水量;⑤可减少空气中病原体的污染(与离心相比);⑥回收率高;⑦处理能力可通过增加膜面积来扩大。可以预测,随着膜分离的发展,错流过滤收集细胞或超滤收集细胞将会替代传统离心和转鼓真空过滤。

采用超滤去除谷氨酸发酵液中的菌体,不仅可以将发酵原液中固体含量浓缩 10 倍,对菌体的再利用创造了条件,而且可使超滤透过液中谷氨酸含量、pH 等理化指标与发酵液相同,但不包含菌体,且蛋白质含量很低,当利用等电法提取谷氨酸时,其回收率可达到 90.96%,比传统方法高 7 个百分点。同时,由于蛋白质含量很低,可采用蒸发浓缩进一步减小发酵液体积,使得更多的谷氨酸结晶析出,这使等电回收率进一步提高。另外,菌体的去除还降低了污水的处理负荷,具有很大的环境效益。

(2) 超滤分级

鉴于现有超滤膜切割分子量敏锐性较差的问题,且由于浓差极化与"凝胶层"对膜截留分子量的影响,在用超滤膜进行生物发酵液产品初分级时,必须慎重选择膜的截留分子量与生物产品分子量之间的差距。一般分级原则是在足够稀的浓度条件下进行,且分子量相差应在 10 倍以上。若要使溶质-溶质、溶质-膜间的相互作用减至最小,即在选择不同材质膜时,要选择对生物产品吸附性小的膜,也就是耐污染膜和选择切割分子量较敏锐的膜,并采用合适的操作条件,才能分离分子量差别较小的两种蛋白质。

(3) 超滤亲和纯化

随着基因生物工程的发展,具有高分离效率的大规模初分离手段需求日益迫切。虽然超滤分级已显示其特点,但其纯化效率较低。众所周知,亲和色谱是纯化基因工程产品的关键手段,它具有极高的纯化效率,但弱点是处理量小、工业化困难、载体制备昂贵。超滤亲和分离技术是把超滤技术的优点与亲和技术的优点结合起来的一种分离技术,它具有分离纯化效率高和易于大规模工业化的优点,主要包括 4 个步骤。

① 亲和结合阶段

把去除颗粒物后的粗料液与大分子亲和基混合,大分子亲和基与分离的生物产品分子有选择地发生亲和结合,形成高分子量的复合物。

② 洗涤阶段

用选择合适截留分子量的超滤膜进行分离,由于复合物分子量远大于料液中其它成分,所以只有复合物被截留,从而得到纯化。

③ 解离阶段

采用加入低分子亲和基或改变溶液条件如 pH、离子强度等方法使复合物解离，并进行超滤，解离后的产品分子透过膜后，进一步采用浓缩、纯化方法得到产品。

④ 再生阶段

解离后的大分子亲和基溶液用超滤方法除去低分子亲和基或使溶液条件恢复原始状态，以备再用。

在实验时，要考虑如下几点：a.大分子亲和基要尽量选择分子尺寸较大的，因而可以选择大孔径膜，这种情况下，透水量较高且可使杂蛋白质完全去除，同时使洗涤时间缩短；b.亲和结合是一种平衡过程，如图 6-14 所示，显然，P 可以透过膜，因此会使平衡向左移动，若洗涤时间太长，产物损失也就严重，所以在保持复合物截留率的前提下，更希望用高透水量膜；c.亲和结合强度要适中，太弱，游离态产物多，洗涤时损失严重，但若结合太牢固，又会给解离带来困难，采用苛刻条件解离，也会使产品失活。Mattiasson 等[20] 用死酵母作大分子亲和基超滤亲和分离了伴刀豆球蛋白 A（Con A）。由于 Con A 分子量为102000，所以采用了 1000000～3000000 的截留分子量膜。当小分子亲和基为葡萄糖时，解离液经截留分子量为 75000 的超滤膜浓缩处理后可除去小分子亲和基，最终得到相当纯的产品。

一个连续亲和超滤分离流程图如图 6-15 所示，其中洗涤、解离和再生用的膜组件一样，而浓缩用的组件的截留分子量要小于产物分子量。一些亲和超滤的例子见表 6-11。

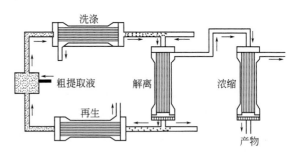

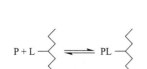

图 6-14　亲和结合的平衡过程　　　　图 6-15　连续亲和超滤分离流程图

表 6-11　亲和超滤的例子

纯化的化合物	粗材料	亲和物质
乙醇水解酶	*Sacchara myces cerevisae* 萃取物	淀粉 Cibacron 蓝
伴刀豆球蛋白 A	*Conovalia ensiformis* 萃取物	死酵母
胰蛋白酶	与过氧化酶混合物	交联胰蛋白酶抑制剂
	与胰凝乳酶混合物	接在葡聚糖上的大豆胰蛋白酶抑制剂
	与胰凝乳蛋白酶混合物	接在聚丙烯酰胺上的间氨基苯咪

（4）亲和膜分离技术

亲和膜分离技术是将亲和色谱与膜分离技术结合起来的一项新型分离技术[21-25]。它把亲和配体键合在分离膜上，利用膜作基质，对其进行改性，在膜的内外表面活化并耦合上配基，再按吸附、清洗、洗脱、再生的步骤对生物产品进行分离。当目标蛋白质通过时，就留在膜上，杂质则通过膜而滤去。用解离洗脱剂洗下目标蛋白质，然后把解离剂从膜上除去，从而使配基再生以便再分离目标蛋白质。该技术颇有潜力，可以把澄清、浓缩和纯化步骤集于一体，也可与生物反应器相组合，构成反应-分离新流程。亲和膜分离技术不仅利用了生物分子的识别功能，可以分离低浓度的生物产品，而且得益于膜的大渗透通量，能在纯化的同时实现浓缩，具有操作方便、设备简单、便于大规模生产的特点。目前亲和膜分离技术已用于单抗、多抗、胰蛋白酶抑制剂的分离以及抗原、抗体、重组蛋白质、血清白蛋白、胰蛋白酶、胰凝乳蛋白酶、干扰素等的纯化。表 6-12 列出了亲和膜分离技术应用的一些实例。亲和膜分离技术作为新的分离技术正在兴起和发展，相信在不久的将来会成为生物大分子物质的分离和纯化的有力工具。

表 6-12　亲和膜分离技术应用实例

基质膜材料	配基	分离物质
聚砜	A 蛋白	人血清中的 γ-免疫球蛋白
聚砜	亚氨基二乙酸、Cu^{2+}	组氨酸
聚乙烯	L-苯丙氨酸	牛 γ-球蛋白
聚砜	胰蛋白酶	蛋白酶抑制剂
尼龙膜	Cibacron 蓝 F3-GA	牛血清白蛋白
大孔纤维素膜	Active red K2BP	碱性磷酸酯酶

参 考 文 献

[1] 严希康. 生化分离技术. 上海：华东理工大学出版社，1996.

[2] 刘忠洲，续曙光. 微滤、超滤过程中的膜污染与清洗. 水处理技术，1997，23(4)：187-193.

[3] Mulder M H V. Chapter2 Polarization phenomena and membrane fouling. Membrane Science and Technology, 1995(2)：44-84.

[4] Winston W S, Kamalesh K, Membrane Handbook. New York：Van Nostran Reinhoeed, 1992.

[5] 康永，胡肖勇. 膜污染机理与化学清洗方式研究. 清洗世界，2012，28(2)：28-33.

[6] 王萍，朱宗华. 膜污染与清洗. 合肥工业大学学报(自然科学版)，2001，24(2)：230-233.

[7] 耿锋. 膜污染的防治与清洗. 化工生产与技术，2006，13(6)：14-16.

[8] 孙洪贵，夏海平，蓝伟光. 分离膜材料的污染与清洗. 功能材料，2002，33(1)：26-28.

[9] 许坚，许振良. 膜生物反应器污水处理过程中膜生物污染的研究进展. 水处理技术，2002，28(3)：125-128.

[10] 刘忠洲，梁谷岩，刘廷惠. 膜材料与生物蛋白相互作用的测定及膜污染的研究. 环境工程学报，1992，13(1)：59-61.

[11] 李娜，刘忠洲，续曙光. 耐污染膜-聚乙烯醇膜的研究进展. 膜科学与技术，1999，19(3)：1-7.

[12] Li N, Liu Z Z, Xu S. Dynamically formed poly(viyl alcohol) ultrafiltration membranes with good anti-fouling characterisitics. J Membr Sci, 2000, 169(1)：17-28.

[13] 赵亮，李红兵，刘忠洲，等. 膜分离技术在电厂给水和循环水处理中的作用. 山东电力技术，2000，1(3)：38-41.

[14] Chenyan. Ultrafiltration Handbook. Lancaster Pa：Technomic Publishing Company, 1986.

[15] Asenjo. Separation processes in biotechnology. New York：Marcel DEkker Inc, 1990.

[16] Portor M C. Handbook of Industrial Membrane Technology Park Ridge：Noges Publicartins, 1990.

[17] 周显宏，刘文山，肖凯军，等. 膜污染机理及其控制技术. 东莞理工学院学报，2010，17(1)：57-61.

[18] 王英健. 膜生物反应器的膜污染机理及其防治. 电力环境保护，2008，24(5)：43-46.

[19] Nagaoka H, Ueda S, Miya A. Influence of bacterial extracellular polymers on the membrane separation activated sludge process. Wat Sci Tech, 1996, 34(9)：165-172.

[20] Mattiasson B, Ramstorp M. Ultrafiltration affinity purification：Isolation of concanavalin a from seeds of Canavalia Ensiformis. J Chromatogr A, 1984, 283：323-330.

[21] 许赵辉，赵亮，李红兵，等. 超滤膜除谷氨酸发酵液中菌体对等电提取收率的影响. 膜科学与技术，2000，20(3)：62-64.

[22] 梅乐和，姚善泾，林东强，等. 生物分离过程研究的新趋势——高效集成化. 化学工程，1999，27(5)：38-41.

[23] 徐南平，高从堦，金万勤. 中国膜科学技术的创新进展. 中国工程科学，2014，16(12)：4-9.

[24] 孙海翔，葛保胜，陈欢林. 免疫亲和分离膜研究进展. 膜科学与技术，2009，29(1)：90-95.

[25] 商振华，于亿年. 亲和膜分离技术(I)—原理和材料. 膜科学与技术，1995，15(2)：1-11.

第 **7** 章 生物大分子色谱分离与纯化

目前，色谱和电泳是最好的两种分离方法，其塔板数可达百万数量级[1,2]，但是因受各种因素的限制，电泳技术目前尚不能用于大规模的生物大分子的分离和纯化[3]，这就是把分离和纯化生物大分子（包括蛋白质、酶、核酸和多糖等）的研究重点放在色谱上的原因。

纯化蛋白质的设备和生产成本相当昂贵，以致在基因工程生产治疗用蛋白质的总成本中，分离和纯化要占 60%～90%。尽管如此，与治疗蛋白质动辄每公斤几十万元或几百万元甚至千万元的价格相比，制备色谱仍是一项可以接受的技术。当然，因为色谱技术的可塑性很强，如果应用得当，其成本可以大大降低，从而获得巨大的经济效益，所以色谱纯化蛋白质技术已成为目前许多基因工程产品公司商业竞争的热点。

在蛋白质纯化工艺中，色谱工序用得越多，越接近全色谱纯化工艺，所遇到的困难就越多。这是因为色谱分离出的杂蛋白质的种类和数量要比传统的方法多得多，这类杂蛋白质可能有不准确转化的蛋白质、糖化或氧化产物、聚集体和与目标产品有类似构象的异构体等，以及某些蛋白质的复性工序所引入的新杂质。除此之外，还有热原、病毒、DNA 和 RNA 等。

7.1 基本理论

液相色谱的分离方法大致可分为正相色谱、反相色谱（RPC）、亲水作用色谱、疏水作用色谱（HIC）、离子交换色谱（IEC）、亲和色谱（AC）、排阻色谱（SEC）、手性色谱及混合模式色谱，见表 7-1。不同色谱方法的分离原理及主要适用对象不同。目前，用于蛋白质分离的主要有 AC、HIC、IEC、SEC，这些色谱技术在后面的各章中均有详细描述。本部分重点介绍国内在生物大分子分离方面取得的新理论、新装备和新成果。

表 7-1 不同的色谱模式

模式	分离原理	适用对象
离子交换色谱	依据溶质所带电荷的不同及溶质与离子交换剂库仑作用力的差异而分离	离子型化合物或可解离化合物,如氨基酸、多肽、蛋白质、核酸等,样品一般应溶于不同 pH 值及离子强度的水溶液中
反相色谱	依据因溶质疏水性的不同而产生的溶质在流动相与固定相之间分配系数的差异而分离	大多数有机化合物,生物大分子,小分子,如多肽、蛋白质、核酸等,样品一般应溶于水相体系中
排阻色谱	依据分子大小及形状的不同所引起的溶质在多孔填料体系中滞留时间的差异而分离	可溶于有机溶剂或溶液中的任何非交联型化合物,可用于生物大分子的分离、脱盐及分子量的测定
亲和色谱	依据溶质与固定相上的配基之间的弱相互作用力即非成键作用力所导致的分子识别现象而分离	多肽、蛋白质、核酸、糖缀合物等生物分子及可与生物分子产生亲和相互作用的小分子的分离与分析

模式	分离原理	适用对象
疏水作用色谱	依据溶质的弱疏水性及疏水性对盐浓度的依赖性而使溶质得以分离	具弱疏水性且其疏水性随盐浓度而变化的水溶性生物大分子的分离
亲水作用色谱	可以被看作正相色谱向极性流动相领域的延续。使用正相色谱的极性固定相,反相色谱的极性流动相,使用的梯度又与反相色谱模式相反	分离强极性、带电荷的亲水化合物,如药物分子、生物活性物质(包括氨基酸、肽、蛋白质、核苷、核苷酸、神经转移物)、糖类、低聚糖等,与质谱具有很好的兼容性
正相色谱	依据因溶质极性的不同而产生的在固定相上吸附性强弱的差异而分离	中、弱至非极性化合物,如脂溶性纤维素、甾体化合物、中药组分等,样品一般应溶于有机溶剂中
手性色谱	手性化合物与固定相上配基间的手性识别	手性化合物的拆分与分析
混合模式色谱	色谱固定相能同时提供多种作用力	有利于复杂样品的分离,在代谢组学、蛋白质组学、天然产物分离等相关工作中可获得较好的分离效果

7.1.1 计量置换理论

计量置换色谱理论是近年来在生物大分子分离方面系统化的一个色谱模型。自建立以来就引起了国内外学者的广泛关注。

生物大分子具有许多与小分子溶质不同的特性。小分子的分离好坏往往与柱子的理论塔板数有关,色谱柱越长分离效果越好,而理论塔板数对大分子的分离并无显著影响,其分离效果基本与柱长无关,这反映出小分子与大分子的保留是有差别的。

液相色谱纯化蛋白质是在液-固界面上进行的,因此首先应了解蛋白质在液-固两相的分配规律及其在固定相表面上的吸附规律。当液相中的蛋白质浓度很低时,蛋白质在液-固两相间达到分配平衡,流动相中的蛋白质平衡浓度很低,这时溶质的分配系数可近似看作一个常数,即固定相上吸附的蛋白质浓度与流动相中的蛋白质浓度成正比;相反,如果液相中的蛋白质浓度很高,蛋白质在两相间的分配系数可能不再接近一个常数,而是流动相中蛋白质浓度的函数。如果用物理化学吸附等温线来表示蛋白质的吸附现象,则 Langmuir 型吸附等温线常用来描述前者,而 Freundlich 型吸附等温线常用来描述后者[1]。与其它描述高浓度蛋白质的吸附行为的经验公式一样,Freundlich 型吸附等温线并不能从理论上推导出来,式中各项的物理意义亦不清楚,故其应用受到一定限制。一个新的研究结果表明,依据溶质、溶剂和吸附剂三者之间的相互作用及五个热力学平衡方程推导出来的液-固体系中的溶质计量置换理论 (stoichiometric displacement theory,SDT)[3,4] 是一种比 Langmuir 模型更佳的一个理论模型,如图 7-1 所示。它的核心思想是,当一个溶质被吸附剂吸附时,在溶质与吸附剂接触表面处必然会释放出一定数目的溶剂分子。

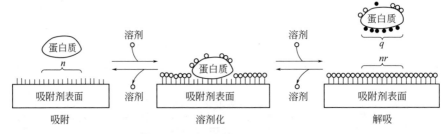

图 7-1 溶质的吸附-解吸附示意图

该模型又能从理论上推导出 Freundlich 公式[4]，并可表示为：

$$\lg[\overline{PL_n D_{(m-q)}}] = \beta - (n/Z)\lg[PD_m] \tag{7-1}$$

$$\beta = \lg K_a + n\lg P'_a \tag{7-2}$$

式（7-1）中，$\lg[\overline{PL_n D_{(m-q)}}]$ 表示在吸附剂表面上溶质的浓度，$mmol/m^2$，是以溶剂(D)-溶质(P)-吸附剂(L)的"三元络合物"形式存在的；$[PD_m]$ 为溶剂化溶质在溶液中的平衡浓度，mol/L；Z 为当 1mol 溶剂化溶质被溶剂化吸附剂吸附时，在溶质分子与吸附剂的接触表面处释放出的溶剂的物质的量，mol；n 为在此计量置换过程中从吸附剂表面所释放的溶剂的物质的量，mol[5]；β 为一常数，它包括了计量置换平衡常数 K_a 和溶质在液-固两相间的分配系数 P'_a。

$$Z = n + q \tag{7-3}$$

式（7-3）中，q 为在计量置换过程中从溶质分子表面释放出的溶剂的物质的量，mol。

由式（7-1）及式（7-2）可知，β、n 和 q 均为常数，所以式（7-1）为线性方程，其表达式与 Freundlich 公式完全相同，但是式（7-1）中的各项物理意义清楚，而且如式（7-3）所示，n 永远是 Z 的一部分，这也就解释了 Freundlich 线性作图时其斜率永远小于 1 的原因。上述讨论说明，Freundlich 公式在一定程度上仅是计量置换模型的一个特殊表达式，这就为非线性色谱理论奠定了牢固的热力学基础。

最近，又用 SDT 推导出了扩展的 Langmuir 公式中体相组成对组分吸附量的影响[6,7]。非线性色谱动力学描述了在柱过载的条件下（即溶质在液-固两相间的分配系数不再是不变的），色谱带的扩展方式也不再是高斯型的，这样形成的非对称色谱峰随着迁移次数的增加如何改变形状，是一个十分复杂的理论问题。此外，吸附等温线形状变化与色谱峰形的关系亦是非线性色谱动力学研究的主要内容之一，已有文献[8]介绍。尽管非线性色谱理论要解决的问题是如此重要，但是因许多微分方程难以求得解析解及研究时所设定的有关条件过于简单，所以利用该理论解决制备或生产色谱条件最优化这一类实际问题尚有很大的差距。

虽然小分子在各类色谱中的保留机理存在许多不同的观点和模型[9,10]，但有关生物大分子在各类色谱中保留机理的研究却不多。这是因为，这些模型基本上都是以计算分子间相互作用力为出发点的，这对于非极性小分子而言还能解决一些问题，但对大分子来讲，做这种计算是难以解决问题的。对某些类型的色谱来讲，例如离子交换色谱，大分子和小分子在其上的保留机理基本相同，但是对另外一些色谱，如反相色谱（RPC），情况则不同。有人认为大分子与小分子溶质的保留可能存在着相同的机理，在 RPC 中溶质可能存在着在流动相与吸附在固定相表面的吸附层中的液相之间进行分配的现象[10]。这也是 Martin 和 Synge 提出分配色谱的理论基础[11]。另一些人认为，这种机理很难适用于生物大分子。因为依据表面物理化学的观点[12]，在吸附剂表面上的吸附层可能是单分子或双分子层，一个分子量高达几万甚至几十万的生物大分子如何在分子量小于 100 的单分子或双分子层溶剂和流动相之间进行相分配，即便是多分子层，例如有十层甚至上百层，亦难完全达到将生物大分子完全浸没在其中这一要求，这样就排除了生物大分子在反相色谱中存在着分配机理的可能性，再次说明不能简单地将小分子在色谱柱上的保留机理用于生物大分子。传统的观点认为，不同种类的色谱有着不同的保留模型，而且每一类色谱中提出的保留机理如此之多，以至于无法一一作详细介绍。这里将介绍在前面已经提到的，可适用于除尺寸排阻色谱外的各类液相色谱的一种统一的保留模型——计量置换保留理论（stoichiometric displacement theory of retention，SDT-R)[1,2,4]。基于在色谱体系中溶质、流动相和固定相分子间的相互作用，用式（7-1）相同的 5 个热力学平衡推导出来的液相色谱中的 SDT-R 简化的数学表达式为：

$$\lg k' = \lg I - Z\lg[D] \tag{7-4}$$

式中，k' 为溶质的容量因子；$[D]$ 为流动相中置换剂的物质的量浓度，mol/L；Z 的物理意义同前。$\lg I$ 为一组常数，与溶质分子对固定相的亲和势大小有关，并可表示为：

$$\lg I = \lg K_a + \lg\varphi + n\lg[L_d] \tag{7-5}$$

式中，$[L_d]$ 为在固定相表面的平均活性点与置换剂作用的平衡浓度，$mmol/m^2$；φ 为柱相比，是一个与溶质无关，但与柱和流动相性质有关的无量纲常数；K_a 和 n 的物理意义与式（7-1）～式（7-3）中的完全相同。

当式（7-4）中的 $[D]$ 的变化范围不大时，式（7-5）中的 $[L_d]$ 可视其为常数，于是 $\lg I$ 就成为一个常数项；式（7-3）中的 n 和 q 也是一个不随 $[D]$ 变化的常数，于是式（7-4）的 $\lg I$ 和 Z 均为常数，式（7-4）就成了一个线性方程，如果以 $\lg k'$ 对 $\lg[D]$ 作图，便能得到一条斜率为 Z、截距为 $\lg I$ 的直线。

如前所述，溶质保留主要是由强溶剂 D 支配的，液-固体系中的 SDT 是依据溶质、溶剂和吸附剂三者之间的相互作用及五个热力学平衡推导出来的。但这并不意味着弱溶剂 W 不参与溶质的保留，实际上，在固定相表面上它可以与强溶剂进行竞争吸附，从而影响溶质的保留。

因此如果考虑流动相中弱溶剂与强溶剂间在固定相上的竞争吸附的第 6 个热力学平衡，并且允许 $[D]$ 的变化范围很大，则能得到适用于全浓度范围的多组分 SDT-R 的数学表达式[1,2]。因该数学式无准确的解析解，依其假定、简化和数学变化的不同，可简化成许多不同的表达式。例如全浓度二元体系中的 SDT-R 表达式可表示为：

$$\ln k' = \ln I_{cc} - n\ln(1+\alpha[D_a]_m) - q\ln[D_{am}] \tag{7-6}$$

全浓度三元体系中的 SDT-R 的数学表达式可写为：

$$\ln k' = \ln I'_{cc} - n_1\ln(1+\alpha_1[D_{(1,m)}]) - n_2\ln(1+\alpha_2[D_{(1,m)}]\alpha_2[D_{2,m}])$$
$$- q_1\ln[D_{(1,m)}] - q_2\ln[D_{(2,m)}] \tag{7-7}$$

式（7-6）和式（7-7）中的 $\ln I'_{cc}$、n、q、n_1、n_2、q_1、q_2、α、α_1、α_2 均为常数；$[D]$、$[D_{(1,m)}]$ 为强置换剂的物质的量浓度；$[D_{(2,m)}]$ 为次强置换剂的物质的量浓度。式中各常数的物理意义请参阅有关文献[1,2,13]。

上述的 SDT-R 不仅有其牢固的物理化学基础，而且经实验检验可适用于反相色谱（RPC）[4,14]、离子交换色谱（IEC）[15]、正相色谱[16]、薄层色谱（TLC）[17]、纸色谱[17]、亲和色谱（AC）[18]、疏水色谱（HIC）[19] 和亲水色谱（HILIC）[20]。此外，更重要的是，能够用计量置换这一概念和相同的热力学平衡，将多年来物理化学家和色谱学家各自独立进行研究的液-固吸附机理和溶质在液相色谱中的保留机理统一起来；Kunitani 等[21] 曾用该模型推导出了 30 余种白细胞介素-2 突变蛋白在 RPC 过程中的分子构象变化。SDT-R 还为用 HIC 对变性蛋白质进行复性和折叠的机理研究奠定了分子热力学基础[22,23]。

7.1.2 短柱理论

在高效液相色谱中，当用线性溶剂梯度法分离生物大分子时，随着梯度时间的进行，流动相中置换剂的浓度是不断增加的。在梯度开始阶段，因为流动相中置换剂浓度很低，这时溶质的容量因子值很大，迁移速度很小，甚至可认为溶质在色谱柱上没有移动，被"阻留"

在色谱柱的进口端；随着梯度洗脱过程的进行，流动相中强溶剂或置换剂浓度会不断增加，溶质在色谱柱中的迁移速度也会不断增大直至溶质完全从固定相上解吸，这时溶质在色谱柱中的迁移速度应与流动相的线性速度近似相等。当溶质的容量因子 k' 值较小的蛋白质被洗脱并随流动相一起流出色谱柱出口时，k' 值较大的蛋白质可能几乎不动，或移动了很小一段距离，这便是在液相色谱分离中用梯度洗脱方式分离生物大分子的原因[24,25]。

用 SDT-R[4] 已从理论上对这一现象进行了定性解释并得到了实验验证[26]。Moore 等[27] 用柱长为 6.3mm 的色谱柱，在反相液相色谱中分离了五种蛋白质，发现其分离度优于在柱长为 45mm 的色谱柱上的分离度。Tennikov 等[28] 在离子交换色谱上，用柱长分别为 250mm 与 20mm 的色谱柱分离了相同的五种蛋白质混合物，得出了长度为 20mm 的色谱柱的分离度好于长度为 250mm 色谱柱分离度的结论。另外，Belenkii 等[29] 依据 SDT-R，提出了生物大分子在 HPLC（高效液相色谱）上保留的"开-关"机理（"on-off" mechanism），并预计由此可发展一类全新的膜色谱固定相，还成功地从合成的连续棒状阴离子交换棒上切出 2mm 厚的离子交换薄片或膜用于蛋白质分离，并且认为灌注色谱固定相更好地体现了这种"开-关"机理。Freiling 等[30] 也用 SDT-R 进一步提出了生物大分子在色谱上保留的"完全吸附与完全解吸"原理（"all or nothing" principle），结合自己提出的公式[30] 和 Snyder 经验式[10] 推导出了膜色谱中膜厚度或最短柱长的计算公式。从以上这些色谱工作的报告可以看出，尽管用短柱可获得很好的分离度并做了大量的研究工作，但柱长的缩短是否存在一个极限值及最短柱长的最佳值等问题仍需被解决。

此外，当用 HPLC 对生物大分子进行分离时，随着柱长的逐渐缩短，柱长与柱径比（长/径比）就会越来越小，柱负荷也会越来越低，使得短色谱柱仅能用于分析，难以用于制备或大规模生产。如果要将其用于大规模制备，只有增大柱直径，这不仅提出了制备色谱柱的长/径比最优化以及柱长的缩短有无极限等理论问题，也对其工业生产应用有重要的实际意义。所以本节也对短柱理论进行简要的介绍[24]。

在讨论用液相色谱分离小分子溶质时，从理论上讲，色谱柱越长，分离效果越好，但因其长度受到色谱仪所提供压力的限制，所以色谱柱不可能无限长。在实际应用时，一般认为色谱柱的长/径比为 10，是色谱柱较为合适的几何比例。然而，如上所述，对于生物大分子而言，它的保留主要是由流动相中置换剂浓度决定的，柱长对生物大分子的分离几乎没有影响，有时甚至会出现短柱较长柱的分离效果还好的情况[26-30]，文献［26］也曾给过一些定性的解释。为了进行定量地表征和描述，首先对有效迁移距离 L_{eff} 及短柱长两个概念及其计算进行简要的介绍。

不同溶质在其迁移速度大于零但小于流动相的线速度时，溶质在色谱柱上的迁移对分离有贡献，此时溶质迁移所经历的柱长也对分离有贡献；而当其迁移速度等于流动相的线速度时（即固定相不吸附溶质或溶质完全从固定相洗脱时），溶质迁移所经历的柱长对分离无贡献。因此，定义溶质从开始迁移至其迁移速度等于流动相线速度时，溶质在色谱柱上的迁移距离称之为有效迁移距离，也称之为有效柱长，用 L_{eff} 表示。其数学表达式为[24]：

$$L_{eff} = -\frac{U}{B} \int_{k_1'}^{k_2'} \frac{1}{Zk'(1+k')} \left(\frac{I}{k'}\right)^{\frac{1}{z}} dk' \tag{7-8}$$

式中，U 为流动相的线性流速或线速度；B 为梯度陡度；I 和 Z 为 SDT-R 中的两个线性参数；容量因子 k_1' 和 k_2' 分别为使溶质迁移速度 $U_x = 0$ 和 $U_x = U$ 时的瞬时容量因子值。

由式（7-8）知，在其它色谱条件相同的条件下，有效迁移距离 L_{eff} 是随溶质的不同而变化的。对同一种溶质而言，k_1'值越小，其对应的L_{eff}就越小，洗脱时所需时间也就越短，反之，洗脱所需时间就越长。

最短柱长L_{min}定义为混合溶质中使一对最难分离的溶质1和溶质2的分离度为$R_s = 1$时所需的最短柱长。

为了进一步说明最短柱长的含义，将该两种相邻溶质在色谱柱上的迁移模式以图7-2进行说明。图7-2中左端实线所示为色谱柱进口，而中间的单虚线表示满足最难分离物质对达到近似基线分离时所需色谱柱最短柱长的柱出口。在图7-2右端，从单虚线到双虚线这一段柱长则表示在实际所用的色谱柱中除去最短柱长后多余的色谱柱的柱长。当溶质离开最短柱长的柱出口后会沿着多余部分色谱柱继续进行迁移。

图7-2还将该最难分离物质对的分离分成了4个步骤，并分别以步骤1、步骤2、步骤3和步骤4来表示。步骤1表示当梯度洗脱刚刚开始时，因置换剂的浓度较小，且两种溶质的容量因子k'值均很大，因此，二者的迁移速度非常小。事实上可以认为二者均被阻留在柱头上没有移动。步骤2表示随着梯度洗脱的继续进行，流动相中置换剂的浓度不断增大，两种溶质的k'值均会逐渐减小，因色谱柱对溶质1的保留弱，故溶质1的k'减小最快，直至它开始迁移。由于两个溶质的k'值不同，所以它们迁移的速度也会不同，其结果是在柱上的迁移的距离也不同，但因迁移距离不够，二者还不能完全分离。步骤3表示当溶质1迁移出最短柱长的柱出口时，溶质2还未迁移出最短柱长的出口，虽然此时两者的分离已较步骤2更佳，但还未达到分离度$R_s = 1$的要求。随着梯度洗脱的继续进行，溶质1流出最短柱长的柱出口继续在假定的最短柱长后的延长部分前进，溶质2则逐渐向最短柱长的柱出口逼近。步骤4表示当溶质2迁移出最短柱长的柱出口，即单虚线位置时，溶质1已离开最短柱长的出口处并迁移了一段距离，此时，两溶质的分离度$R_s = 1$。

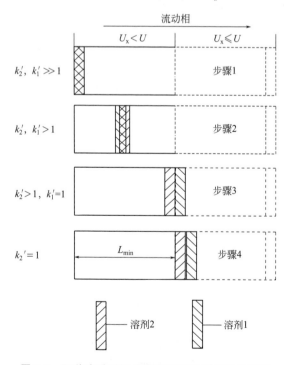

图7-2　两种溶质刚好分离时所需最短柱长示意图

$L_{\min}$ 的计算公式[28] 为：

$$\frac{U}{B}\int_{[D]_{11}}^{[D]_{12}} \frac{[D]^{Z_1}}{I_1+[D]^{Z_1}}d[D] = \frac{U}{B}\int_{[D]_{21}}^{[D]_{22}} \frac{[D]^{Z_2}}{I_2+[D]^{Z_2}}d[D] \tag{7-9}$$

式（7-9）中，$[D]_{11}$ 和 $[D]_{21}$ 分别为溶质 1 和溶质 2 的起始迁移浓度，所以其值为流动相中置换剂的浓度；而 $[D]_{12}$ 和 $[D]_{22}$ 分别为溶质 1 和溶质 2 流出该最短柱长出口时流动相中置换剂的瞬时浓度，为一个未知数值，需要从式（7-9）中求得。

溶质 1 和溶质 2 流出最短柱长的柱出口时的瞬时浓度 $[D]_{12}$ 和 $[D]_{22}$ 有如下关系：

$$[D]_{22}=[D]+\Delta[D] \tag{7-10}$$

式中，$\Delta[D]$ 为溶质 2 流出该最短柱长的柱出口时与溶质 1 流出该最短柱长的柱出口时在流动相中置换剂的瞬时浓度差。

所以将式（7-10）代入式（7-9）就可以求得 $[D]_{12}$ 或 $[D]_{22}$。将其值代入式（7-9）的任意一边便可计算出最短柱长 $L_{\min}$。

因为本节所有的积分式的积分结果为超几何函数，无法求出它们的解析函数，可以用计算软件 Mathematic 4.0，通过计算机进行数值计算。

L_{eff} 和 $L_{\min}$ 均是用来描述溶质在色谱柱上迁移行为的两个参数。L_{eff} 表征的是一种溶质的迁移特征，而 $L_{\min}$ 描述的则是在满足一定分离度要求条件下，两种溶质迁移的差异程度。所以二者是两个完全不同的概念，而且相邻色谱峰所对应的两种溶质中必然存在一种溶质的 $L_{\text{eff}}>L_{\min}$。当柱长 $\leqslant L_{\text{eff}}$ 时，溶质在色谱柱上的迁移为有效迁移，即柱长对分离有贡献；而当柱长 $>L_{\text{eff}}$ 时，溶质在色谱柱上的迁移分为有效迁移和无效迁移两部分，其分界线即为有效迁移柱长。当 $L_{\min}\leqslant$ 柱长 $\leqslant L_{\text{eff}}$ 时，两种溶质的分离可满足对分离度的要求，但当柱长 $<L_{\min}$ 时，则无法使溶质对达到所要求的分离度。当两种溶质满足分离度的要求，即先后开始离开最短柱长的柱出口时，溶质的迁移速度不一定等于流动相的线速度。尽管此时在该溶质对中有一种溶质在最短柱长的色谱柱上的迁移一定是有效迁移，但溶质的这段有效迁移距离不是有效迁移柱长。如果计算的最短柱长大于两种溶质的有效迁移，说明这两种溶质的分离无法满足对分离度的要求，需要改变色谱条件以达到预期的分离目的。

另外，由于式（7-9）为一个超几何函数，没有解析式，所以无法从公式上直接讨论各参数对 $L_{\min}$ 的影响。如果仅从数学表达式来看，似乎也适应于在梯度洗脱条件下的小分子溶质分离时最短柱长的计算。

在推导有效迁移柱长公式和最短柱长公式时，由式（7-4）看出，由于生物大分子的 Z 和 $\lg I$ 值远比小分子大，所以流动相中置换剂浓度的微小变化，便可引起生物大分子容量因子 k' 值较大的变化，即生物大分子在色谱柱上的保留行为是由流动相中置换剂的浓度决定的。而且，两个生物大分子之间的 Z 和 $\lg I$ 值的差值远比两个小分子之间的差值大，这就决定了生物大分子的洗脱一般为梯度洗脱，用式（7-9）计算出的 $L_{\min}$ 值非常小，而用该式所计算的小分子梯度洗脱的 $L_{\min}$ 值会比生物大分子梯度洗脱时计算出的 $L_{\min}$ 大得多。由此得出，在用式（7-9）计算 $L_{\min}$ 时，Z 和 $\lg I$ 值应当起着决定性的作用。虽然如此，这里仅仅只是作定性说明。如果要从定量的角度说明这种影响，则应参见有关文献[24]。

流动相的线速度 U、梯度陡度 B、流动相中溶质 1 开始迁移时置换剂的起始浓度 $[D]_{11}$、溶质 2 开始迁移时置换剂的起始浓度 $[D]_{21}$ 以及与分离度有关的参数，即两种溶质达到近似基线分离时的浓度 $[D]_{12}$ 和 $[D]_{22}$ 也对 $L_{\min}$ 有贡献，只是各种因素贡献的大小程度不同。其中流动相的线速度 U 和梯度陡度 B 直接影响最短柱长值，但由于这两种因素对色谱峰宽及分离度的影响，最终均会体现在式（7-9）所表示的积分式中，所以，它们的影响程度不是线性的。另外，这二者的影响是在保证所用流动相的量不小于色谱分离时最小流动相用量的前提下来讨论的，并且要受溶质吸附与解吸附动力学因素的限制。由此得出，在选择实验条件时，应首先选择最小流动相用量，并考虑溶质在固定相上的吸附与解吸附动力学因素，然后调整合适的流动相的线速度和梯度陡度的大小以获得最大的分离度，并得到更小的最短柱长。

综合式（7-9）中的各种变量及其意义可以看出，表征溶质性质的 Z 和 lgI 值、流动相的线速度、梯度陡度、溶质开始迁移时置换剂的浓度以及与分离度有关的参数 $[D]_{12}$ 和 $[D]_{22}$ 共同对最短柱长产生复杂的影响。由于该式完整地反映了影响最短柱长的各种因素，故可由此对不同生物大分子的分离情况进行预测；同时，根据混合样品中可能含有的生物大分子的种类和性质以及对分离度的要求，在确定流动相的线速度和梯度陡度的前提下，也可选择最佳的色谱柱柱长。

为了对式（7-8）和式（7-9）进行检验，用三种蛋白质：溶菌酶（Lys）、α-淀粉酶（α-Amy）和胰岛素（Ins）进行检验计算，其结果分别见表 7-2 和表 7-3。

由表 7-2 看出，不同蛋白质的有效迁移距离不同，并取决于各种蛋白质的 Z、lgI 值、积分的上下限、流动相的线性流速和溶剂梯度陡度。由于在容量因子 k' 等于 1 或小于 1 时，生物大分子的迁移对分离度的贡献不大，所以从有效迁移柱长的计算结果看，在分离这三种蛋白质时，选用的色谱柱长为 8.43cm 时应当足够了。因为增加色谱柱的柱长不但对分离度没有多大贡献，反而会增加色谱系统的压力和死时间，延长分离周期，并浪费色谱介质，甚至使分离度变差，所以在进行蛋白质的 HPLC 分离时应采用适合的色谱柱长。

表 7-2　三种蛋白质在疏水色谱柱上的 Z 和 lgI 值及 L_{eff}

蛋白质	Z	lgI	积分上限 k' 值（$[D]=43.722$）	L_{eff}/cm（积分下限 $k'=1$）
Lys	53.0	90.3	2328	8.43
α-Amy	116.8	200.5	8.68×10^8	3.99
Ins	68.7	118.8	1.14×10^6	6.92

表 7-3　线性梯度下三种蛋白质对刚好分离时的最短柱长

不同蛋白质对	L_{min}/cm
Lys/α-Amy	3.36×10^{-8}
α-Amy/Ins	4.04

由表 7-3 列出了三种蛋白质组成的两对蛋白质，在分离达到近似基线分离时所需的最短柱长 L_{min} 的结果看出，不同蛋白质对的近似基线分离所需的 L_{min} 是不同的，而且与表征它们色谱行为的 Z 和 lgI 值、流动相的线性流速、梯度陡度、积分上限及与分离度有关的积分下限有关。由表 7-3 还可看出，若要使这三种蛋白质达到近似基线分离，选择最难分离的蛋白质对 α-Amy 和 Ins 时，所需要的色谱柱长度为 4.04 cm 即可达到目标，这从理论上说明了在通常 HPLC 分离生物大分子中选用柱长为 5.0 cm 的合理性。另外，在对 L_{min} 计算时，发现对分离度的要求不同时，计算出的最短柱长差异明显，说明分离度对 L_{min} 的计算非常重要。最后从表 7-2 中可以看出，α-Amy 和 Ins 的 L_{eff} 分别为 3.99cm 和 6.92 cm；而在表 7-3 中，二者分离时的 L_{min} 为 4.04 cm，这表明 L_{eff} 和 L_{min} 这两个概念的确是不同的。而

且如图 7-3 和图 7-4（I. D. 为色谱柱内径）所示的六种蛋白质的色谱分离图进一步说明了对蛋白质混合物进行分离时存在最佳柱长。但是如图 7-5 所示，在较低线性流速下进行色谱分离时用较短的柱长也能达到满意的分离效果。

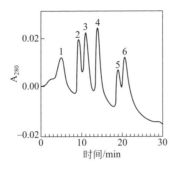

图 7-3　用 HIC 色谱柱（20mm × 4. 6mm I. D.）对 6 种蛋白质的色谱分离图

流速为 1.0mL/min；线性梯度为 100% A～100% B，25min

1—细胞色素 c；2—肌红蛋白；3—核糖核酸-A；4—溶菌酶；5—α-淀粉酶；6—胰岛素

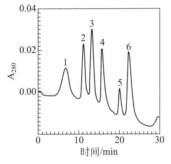

图 7-4　用 HIC 色谱柱（50mm×4. 6mm I. D.）对 6 种蛋白质的色谱分离图

流速为 1.0mL/min；线性梯度为 100% A～100% B，25min

1—细胞色素 c；2—肌红蛋白；3—核糖核酸-A；4—溶菌酶；5—α-淀粉酶；6—胰岛素

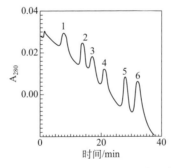

图 7-5　用 HIC 色谱柱（5mm × 4. 6mm I. D.）对 6 种蛋白质的色谱分离图

流速为 1.0 mL/min；线性梯度为 100% A～100% B，25min

1—细胞色素 c；2—肌红蛋白；3—核糖核酸-A；4—溶菌酶；5—α-淀粉酶；6—胰岛素

7.2　装置和操作技术

无论是用什么类型（液相或气相）或是用于什么目的的色谱，其装置均包括流动相供给、进样器、色谱柱和检测器四大部分。只是因为色谱种类和用途不同才会附加一些其它的装置。例如制备型或工业型高效液相色谱，在流动相供给部分还包括储液罐、高压泵、液体混合室及梯度洗脱系统。因进样体积大，所以进样器附一个输液泵。为了保护昂贵的色谱柱，在色谱柱前还加有预柱。在检测系统中附积分仪或记录仪，并且有馏分收集器以收集目标产品。当然，在工业生产中，也有用开口色谱柱的，采取人工控制进样、人工添加流动相、人工控制流速、人工收集馏分这一最原始的操作方式。但是后者由于色谱过程冗长，常易导致蛋白质生物活性降低，不宜用来分离和纯化昂贵的生物工程产品。在基因工程生产的治疗蛋白质的分离和纯化中，多数情况下是用自动化程度很高的制备型高效液相色谱仪来完成。Waters Delta Prep 3000 制备型高效液相色谱仪及 GE 公司生产的 AKTA explorer 常压制备型液相色谱仪便是这种类型仪器中的两种典型。它可安装直径 5.0cm 的不锈钢色谱柱和直径更大的塑料管形色谱柱，其流速可分别高达 160mL/min 和 200mL/min。当然近期国内也有数家厂家开始提供相应的装备。

制备柱的内径可在 2～5cm 之间，因此，分析柱头上的单孔式进样将会产生严重的"柱壁效应"。为弥补这种缺陷，在柱头上安装了试样分流器，以使试样在柱顶端尽可能地往水平方向均匀分布并使其随流动相从柱顶端均匀向下流动。这样，在色谱分离过程中才能形成相互分开的、紧凑的色谱带。

在色谱过程中，有两种将目标产品从色谱柱洗脱的方法：一种是维持流动相的热力学参数不变的等度洗脱法；另一种是改变其中一种或几种的热力学参数的梯度洗脱法[10]。前者所指的是维持流动相的温度、浓度和 pH 等参数不变，在多数情况下这种洗脱方式仅适用于小分子溶质的分离和纯化。对生物大分子而言，往往是采用后者，其中，最常用的是浓度梯度，即增大流动相中某种组分（在前述的计量置换保留理论中称之为置换剂）的浓度以使溶质从柱上洗脱。有时也会改变流动相的 pH，这实质上也属浓度梯度的一种，只不过所改变的是氢离子浓度，习惯上把它叫作 pH 梯度。多数情况下使用单纯的浓度梯度或 pH 梯度洗脱，例如在离子交换色谱中的分离；也有在个别的情况下同时改变 pH 值和盐浓度的，如在亲和色谱中，在重组人 α-干扰素单克隆抗体柱上洗脱重组人 α-干扰素时。梯度洗脱方式有两种：一种是突然改变流动相组成到一定浓度的脉冲式（或不连续梯度），这种洗脱无需用复杂的仪器，只需在强、弱两种溶剂通往单泵进液口处装一个液体流路转换阀即可；另一种是连续改变流动相中某种组分浓度的连续式梯度，包括线性梯度和非线性梯度，后者必须使用梯度洗脱装置和液体混合器。现代分析型液相色谱中基本上都带有梯度洗脱装置，但是在制备型高效液相色谱中情况却不同。有许多种专门只供等浓度洗脱的制备型液相色谱仪，在订购仪器时，须充分地注意到这一点。

7.3 色谱条件及色谱纯化工艺最优化

色谱条件及色谱纯化工艺最优化是一项涉及学科面广，与色谱和现代分离科学乃至基础理论密切相关的一门复杂的学问。一些训练有素的色谱工作者可以在短期内提出一个既节省资金，分离结果又好的方案；而另一些人用同样的仪器和色谱柱，可能会花费很长的时间才能设计出一个分离方案，而且在许多情况下，分离和纯化效果较差，或者根本达不到分离和纯化的效果。

从图 7-6 所示的一般蛋白质分离和纯化的流程图中可以看出，色谱属精细分离和纯化工序之列。除了在图中最后的浓缩工序用以除去色谱洗脱液和脱盐外，在流程图中有时还有一项蛋白质复性工序。由于前述的最近全色谱分离纯化工艺的发展，用色谱方法来解决预分离和复性便成为色谱工作者进行快速分离和纯化及降低治疗蛋白质或诊断蛋白质的两个热门研究课题。单纯从每一步色谱分离最优化条件来讲，涉及固定相（包括种类、颗粒和孔径大小）、流动相、柱尺寸、流速、洗脱方式、质量回收率和活性回收率等每一种参数的最优化选择，接着便是将这些参数综合在一起的色谱条件最优化研究。最后，将各步最优化分离纯化步骤串在一起组成一个完整的蛋白质纯化工艺。发酵工艺有时甚至也需一起进行生产工艺的优化选择。这时，要以经济效益为核心。这里要特别指出的是前工序的发酵工艺对后纯化工艺的影响特别大，例如 Amgen 公司的专家发现如果在白细胞介素-2（IL-2）的发酵过程中，用正亮氨酸代替甲硫氨酸，可使产物发生不可预计的免疫遗失，从而得到非均一性的产品；如在发酵介质中加入低浓度的异亮氨酸或甲硫氨酸时，这种掺和作用可以去除。

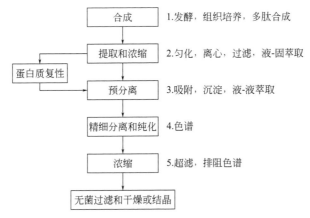

图 7-6　蛋白质工业化分离和纯化流程图

在色谱单元纯化条件的最优化过程中，首先要解决的问题是对所用色谱柱的种类进行选择，这主要取决于试样和目标产物的性质。一般来说，都是期望目标产品尽可能多得保留，而杂蛋白质不保留，因此需选择目标产品与固定相作用力较强且廉价的色谱柱。表 7-4 列出了各类色谱中溶质与固定相间的相互作用力的类型。亲和色谱为一种蛋白质或一类蛋白质分离纯化专用，因而称之为专用型色谱介质（填料），其它各类色谱均可对多种蛋白质进行分离，因此称为通用型色谱。

表 7-4　各类色谱中溶质与固定相间的相互作用力

色谱类型	相互作用力类型	特点
离子交换色谱	静电力	通用型
正相色谱	氢键、定向力（或选择性作用力）	通用型
反相色谱	非选择性作用力或伦敦力	通用型
疏水色谱	疏水相互作用力及非选择性作用力	通用型
尺寸排阻色谱	无	通用型
亲和色谱	选择性的生物作用力	专用型或基团性通用型

如前所述，选择色谱类型是最重要的，也是涉及知识面较广的难题，它需要具备分离科学中的分子力学基础。当填料选定后，就要选填料的颗粒、孔径及柱尺寸的大小。色谱柱选定后，要选择合适的流动相。通用型色谱流动相选择的一般原则将在本书介绍各种色谱方法

的应用时加以叙述。流动相组成、流速和梯度洗脱方式对获得好的分离效果、高的分离质量和高的活性回收率等起着至关重要的作用。到目前为止，虽有一些规律可循，但主要还得用实验方法来选择。一旦选定了几种不同色谱的最优化条件，接着便是如何将这些单元进行组合以得到最佳分离和纯化工艺。就分离纯化体系的本身来讲，表 7-4 中所述的一种性质作用力的色谱一般只用一次。例如，已经用过了阳离子交换柱分离，在以后的分离中一般就不再考虑用阴离子交换柱了，因为两者均是依据在一定 pH 值条件下目标产品与杂蛋白质与固定相的电荷作用力大小不同进行相互分离的。当然，重复使用同一类色谱柱亦可能改善分离效果，但从质量或活性回收率、试剂、仪器及时间消耗等因素来评价，不如换用表 7-4 所示的其它类型的色谱柱（如疏水色谱或亲和色谱）为佳。在满足产品质量前提的条件下，如上所述，最优化工艺的核心是经济效益，而不再是上述的质量或活性回收率、纯度等。因此，工业生产过程最优化的概念已远超出了分离和纯化的本身，必须与生产成本联系在一起，它是由产品质量和经济效益这两方面的因素来决定的[31]。将每步单元操作的最佳条件简单地串联起来并不一定能成为一个最佳的分离工艺。例如，欲分离某种蛋白质，首先将经硫酸铵沉淀分离后的、含目标产品的浓盐溶液用阴离子交换柱在 pH 7.0 条件下进行分离，显然不可将此浓盐溶液直接加到离子交换柱上，否则目标产品不会保留在柱上，只有在除盐或将其用水稀释后方可进行阴离子交换分离，用盐梯度洗脱。当收集液中盐的浓度为 0.4mol/L 时分离效果最佳，接着再用疏水色谱纯化。而后者的洗脱条件也为 pH 7.0，流出液浓度为 0.7mol/L 的盐溶液。显然，在经离子交换色谱分离后的洗脱液必须加盐，以使其浓度达到较高值，例如 1.5mol/L，才可将其加到 HIC 柱上，而这样操作很不方便。如果先用 HIC 柱分离，将收集液用水简单稀释或用膜过滤使盐浓度降低，例如盐浓度值只有 0.1mol/L，这时可进含低浓度盐试样至离子交换柱，后者的排列方法显然较前者为优。

7.4 色谱饼

计量置换理论和实验检验的结果均表明，分离生物大分子可以采用较短的色谱柱，这就为可以装填小颗粒填料的半制备型、制备型和生产型的色谱饼的设计和应用奠定了基础。因为半制备型、制备型和生产型的色谱柱中一般装填的都是大颗粒填料，其主要的目的是为了能在较低的压力条件下进行大流量洗脱。但为满足必要的分离度要求，又不得不维持一定的柱长，这不仅使分离时间延长，同时降低产率，使生产成本升高。装填小颗粒填料虽然很容易满足分离度的要求，并具有较大的柱负载量，但在此条件下，色谱系统呈现出很高的压力而妨碍其应用。生物大分子在液相色谱分离中受柱长影响较小这一特性有利于解决半制备型、制备型和生产型色谱分离中使用小颗粒填料的问题。此外，在使用蛋白质折叠液相色谱法对蛋白质色谱复性时，存在一个严重的问题：在进样的时候会产生聚集。如果聚集发生，色谱柱的反压会明显升高，甚至会将色谱柱堵住。另外，目标蛋白质的质量回收率和活性回收率都会降低。在大规模 LC（液相色谱）复性中，这一问题显得更为重要。

基于生物大分子的分离好坏基本上与柱长无关的论点及短柱理论，研究人员设计制作了厚度仅为 10mm，直径从 20mm 到 500mm 的不同规格的"饼"形色谱柱，将其称作色谱饼。因其可用于变性蛋白质复性与同时纯化，故又称其为变性蛋白质复性和同时纯化装置（unit of simultaenous renaturation and purification of proteins，USRPP）[2,23,24]，如图 7-7 所示。采用不锈钢外壳，其内装填经过化学改性的小颗粒、大孔球形硅胶介质，对蛋白质具有良好的分离和复性效果。既可用于大肠杆菌表达的包含体蛋白质的复性及同时纯化，又可用于动植物组织以及微生物中的活性蛋白质的快速分离纯化。图 7-8 分别是各种不同规格色谱饼对不同蛋白质混合物的分离效果色谱图。图 7-9 是不同规格色谱柱和色谱饼对蛋白质色谱分离性能的比较。从色谱图可看出，色谱饼对生物大分子确实具有很好的效果，且分离性能要优于普通色谱柱。对于内填疏水色谱介质，规格为 $10mm \times 50mm$ I.D. 的色谱饼而言[图 7-8（a）]，可实现 7 种标准蛋白质的完全分离，其上样总蛋白质量可高达 1.0g，而进样体积每次可达 $3 \sim 4mL$，且可多次进样，这样，每次总的进样体积可高达 $10 \sim 20mL$。

图 7-7　不同规格的色谱饼

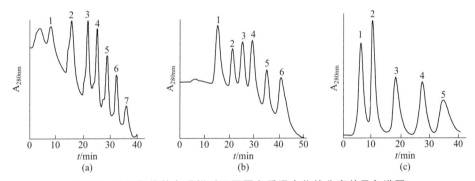

图 7-8　不同规格的色谱饼对不同蛋白质混合物的分离效果色谱图

　　（a）$10mm \times 50mm$ I.D.；流速：$5.0mL/min$；40min 线性梯度：$100\%A \sim 100\%B$；
　　　　1—Cyt-C；2—Myo；3—RNase A；4—Lys；5—α-Chy；6—α-Amy；7—Ins
　　（b）$10mm \times 100mm$ I.D.；流速：$20.0mL/min$；40min 线性梯度：$100\%A \sim 100\%B$；
　　　　1—Cyt-C；2—Myo；3—RNase A；4—Lys；5—α-Amy；6—Ins
　　（c）$10mm \times 200mm$ I.D.；流速：$100.0mL/min$；40min 线性梯度：$100\%A \sim 100\%B$；
　　　　1—Cyt-C；2—Myo；3—Lys；4—α-Amy；5—Ins

　　采用色谱饼技术，可以直接将变性蛋白质盐酸胍或脲提取液直接上样至色谱饼，可使变性蛋白质在分离纯化的同时实现复性。使用装填小颗粒填料的制备型色谱饼在流速为 100 mL/min 的中压、低压条件下对 $E.coli$ 表达的 rhIFN-γ 的盐酸胍提取液进行制备分离，工序如图 7-10 所示。rhIFN-γ 的盐酸胍提取液的进样体积达到了 700mL，蛋白质含量达到 2.04g，一步纯化的 rhIFN-γ 的纯度达到 95% 以上，比活达到 $2.6 \times 10^7 U/mg$，其中，其纯度值及比活值均达到和超过国内规定的药物质量标准。上柱后的 rhIFN-γ 活性比上柱前提高了 62 倍。当改变固定相时，其最大比活高达 $9.7 \times 10^7 U/mg$，为国内规定药物比活的 6 倍。

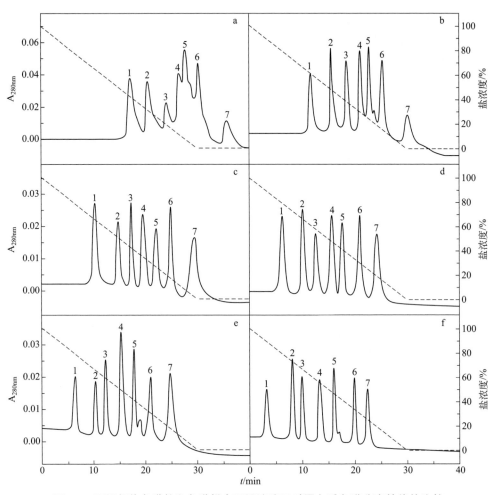

图 7-9　不同规格色谱柱和色谱饼在不同流速下对蛋白质色谱分离性能的比较

（a，b）250mm×10mm I. D.；流速：a，2.0mL/min；b，5.0mL/min

（c，d）60mm×20mm I. D.；流速：c，8.0mL/min；d，20mL/min

（e，f）10mm×50mm I. D.；流速：e，20mL/min；f，100mL/min；30min 线性梯度：100%A～100%B

1—Cyt-C；2—Myo；3—RNase A；4—Lys；5—α-Chy；6—α-Amy；7—Ins.

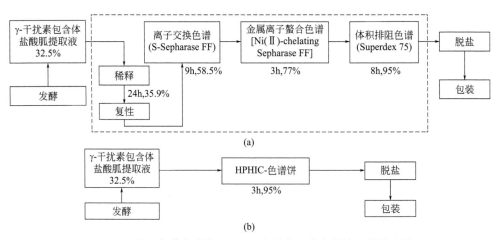

图 7-10　大肠杆菌表达的 rhIFN-γ 新纯化工艺与传统工艺的比较

（a）传统工艺：4 步，44h，纯度＞95%，活性回收率增加 1.6 倍；

（b）采用色谱饼新工艺：1 步，3h，纯度＞95%，活性回收率增加 61 倍将色谱饼用于工业生产中，如图 7-11，带阴影的大正方形显示，可将通常生产工艺中的复性、粗纯化和部分精纯化并为一步进行，这样可以大大缩短用大肠杆菌表达的重组蛋白质药物的下游生产工艺步骤，时间亦可缩短 2～3d，由此可以创造出显著的经济效益[31]。

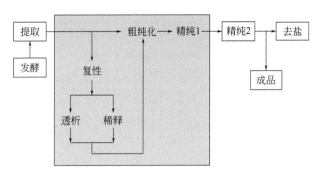

图 7-11　用制备型 USRPP 缩短重组蛋白质下游工艺示意图

参 考 文 献

[1] 耿信笃. 现代分离科学理论导引. 北京：高等教育出版社，2001.

[2] 耿信笃. 计量置换理论及应用. 北京：科学出版社，2004.

[3] Giddings J C. Unified separation science. New York：John Willey & Sons，1991.

[4] Geng X D，Regnier F E. Retention model for proteins in reversed-phase liquid chromatography. J Chromatogr，1984，296：15-30.

[5] 耿信笃，时亚丽. 液-固吸附中的溶质计量置换吸附模型. 中国科学(B辑)，1988，18(6)：571-579.

[6] 耿信笃，王彦，虞启明. 液-固吸附体系中扩展的 Langmuir 方程的推导和检验. 化学学报，2001，59(11)：1847-1852.

[7] Geng X D，Zebolsky D M. The stoichiometric displacement model and langmuir and freundlich adsorption. J Chem Edu，2002，79(3)：385-388.

[8] Wade J L，Bergolde A F，Carr P W. Theoretical description of nonlinear chromatography, with applications to physicochemical measurements in affinity chromatography and implications for preparative-scale separations. Anal Chem，1987，59(9)：1286-1295.

[9] Krustulovic A M，Brow P R. Reverse-phase high-performance liquid chromatography. New York：John Wiley & Sons，1982.

[10] Snyder L R，Kirkland J J. Introduction to modem liquid chromatography. 2nd ed. New York：John & Sons Inc，1979.

[11] Martin A J，Synge R L. Separation of the higher monoamino-acids by counter-current liquid-liquid extraction：the amino-acid composition of wool. Biochem J，1941，35(1-2)：91-121.

[12] Adamson AW. Physical Chemistry of Surface. 4th ed. New York：John Wiley & Sons，1982.

[13] 耿信笃，边六交. 多组分液相色谱体系中溶质保留的计量置换模型. 中国科学(B辑)，1991，21(9)：915-922.

[14] Geng X D，Regnier F E. Stoichiometric displacement of solvent by non-polar solutes in reversed-phase liquid chromatography. J Chromatogr，1985，332：147-168.

[15] Kennedy L A，Kopaciewicz W，Regnier F E. Multimodal liquid chromatography columns for the separation of proteins in either the anion-exchange or hydrophobic-interaction mode. J Chromatogr，1986，359：73-84.

[16] 宋正华. 在液-固色谱中溶剂强度与流动相中活性组分的关系. 化学学报，1990，48：87-91.

[17] Wu S L，Benedek K，Karger B L. Thermal behaviour of proteins in high-performance hydrophobic-interaction chromatography. J Chromatogr，1986，359：3-21.

[18] Anderson D J，Walters R R. Affinity chromatographic examination of a retention model for macromolecules. J Chromatogr，1985，331(1)：1-10.

[19] Geng X D，Guo L A，Chang J H. Study of the retention mechanism of proteins in hydrophobic interaction chromatography. J Chromatogr，1990，507：1-23.

[20] Wang F, Yang F, Tian Y, et al. Studies on the retention mechanism of solutes in hydrophilic interaction chromatography using stoichiometric displacement theory I. The linear relationship of lgk' vs. lg[H_2O]. Talanta, 2018, 176: 499-508.

[21] Kunitani M, Johnson D, Snyder L R. Model of protein conformation in the reversed-phase separation of interleukin-2 muteins. J Chromatogr, 1986, 371: 313-333.

[22] Geng X D, Chang X Q. High-performance hydrophobic interaction chromatography as a tool for protein refolding. J Chromatogr, 1992,599(1-2): 185-194.

[23] 耿信笃, 白泉, 王超展. 蛋白折叠液相色谱法. 北京: 科学出版社, 2006.

[24] 张养军. 制备型色谱饼的理论、性能及应用研究[D]. 西北大学, 2001.

[25] Snyder L R, Stadalius M A, Quarry M A. Gradient elution in reversed-phase HPLC separation of macromolecules. Anal Chem, 1983, 55(14), 1412A-1430A.

[26] Liu T, Geng X D. The separation efficiency of biopolymers with short column in liquid chromatography. Chinese Chemical Letters, 1999, 10(3): 219-222.

[27] Moore E, Ksteen R, Gisch D J, et al. America Chemical Society National Meeting. St. Louis. MO. April 8-13, 1984.

[28] Tennikov M B, Gazdina N V, Tennikova T B, et al. Effect of porous structure of macroporous polymer supports on resolution in high-performance membrane chromatography of proteins. J Chromatogr A, 1998, 798(1-2): 55-64.

[29] Belenkii B G, Podkladenko A M, Kurenbin O I, et al. Peculiarities of zone migration and band broadening in gradient reversed-phase high-performance liquid chromatography of proteins with respect to membrane chromatography. J Chromatogr A, 1993, 645(1): 1-15.

[30] Freiling E C. Gradient elution theory. J Phys Chem, 1957, 61(5): 543-548.

[31] Geng X D, Bai Q, Zhang Y J, et al. Refolding and purification of interferon-gamma in industry by hydrophobic interaction chromatography. J Biotech, 2004, 113(1-3): 137-149.

第 **8** 章　无机基质高效色谱填料

8.1　概述

　　色谱作为一种分离技术与方法，已有百年历史，从技术到理论，建立了多种分离模式，适用于不同的科学领域，得到了突飞猛进的发展，现在已成为分析化学学科的一个重要分支。色谱柱一向被比喻成色谱仪的"心脏"，其最关键部分是填充在色谱柱中的固定相，通常又被称为介质（media），而在色谱技术中则被称为填料。在生物工程下游工艺中，主要使用液相色谱技术对目标产品进行分离纯化、质量检测和过程分析[1]。

　　绝大部分的高效液相色谱分析和分离材料都是在几种主要基质材料的基础上衍生而来的。按基质的不同，色谱填料可分为三大类：第一类是多孔无机化合物填料，包括硅胶、羟基磷灰石、氧化铝、氧化钛及氧化锆等；第二类是天然糖类高分子改性填料，包括改性纤维素、葡聚糖和琼脂糖等；第三类是化学合成聚合物填料，包括交联聚苯乙烯、聚甲基丙烯酸酯、聚丙烯酰胺和聚乙烯醇等。

　　色谱技术重大进步往往是随着新的色谱分离材料出现而突破的[2]，尤其无机基质色谱填料的发展对色谱技术进步起到了重大的推动作用。无机基质色谱填料发展主要经历了如下几个阶段：色谱技术初期，色谱柱中通常使用的是大粒径无定形硅胶颗粒，其传质速率慢、柱效低、稳定性和重复性差，只适用于较粗的分析和分离；20 世纪 70 年代，球形硅胶的出现，尤其是小粒径多孔球形硅胶（3～10μm），极大地改善了色谱填料性能，促进了 HPLC（高效液相色谱）的快速发展，使得 HPLC 成为分析领域最有效的检测和分离手段；而亚2μm 的硅胶填料的发展使得 UPLC（超高效液相色谱）出现成为可能[3]，也使得 HPLC 的分辨率、检测速度及柱效达到前所未有的水平；多孔壳层色谱填料的出现让普通 HPLC 仪器上获得 UPLC 的分离速度和效果[4]；手性色谱填料的发展使光学异构体拆分和检测变得更加容易，也促进了手性药物的快速发展；杂化硅胶色谱填料的出现，大大提高了硅胶色谱填料的耐碱性，使其能耐受更高的 pH 值，同时使用寿命明显提高；亲水性色谱（HILIC）填料的发展使得强极性的物质得到更有效的分析和分离；近些年，单分散硅胶色谱填料的出现，使得硅胶粒径大小及粒径均一性得到了前所未有的精准控制，使柱效及工艺重复性明显提高。可预测，在单分散硅胶基质上实现各种功能化，将成为未来无机基质色谱填料发展的主流。

　　从色谱填料发展的轨迹看（见图 8-1），无机色谱填料的发展主要分为两个方向。第一个方向，色谱填料的形貌结构控制。色谱填料的颗粒形态从最初的无定形发展到球形，又从球形多分散型发展为球形单分散型；色谱填料的粒径经历了从最初的大粒径（＞10μm）到小粒径（3～10μm）再到亚 2μm 粒径发展；色谱填料的颗粒结构从无孔型，到全多孔型、贯流型、核壳型结构发展。第二个方向，无机色谱填料功能化控制，包括骨架结构功能化及表面功能化。从单一的基础骨架到杂化骨架，如通过骨架杂化[5,6]，在硅胶骨架插入桥式乙基或嵌入硅甲基，以提高骨架本身的耐酸碱性；通过硅烷化试剂与表面硅羟基反应引入不同的功能基团，可以制备不同模式的色谱填料，随着硅烷化试剂的多样化，可以引入更多新型的表面功能基团。如表面引入 C_{18}、C_8、苯基等功能基团得到反相色谱填料；通过引入氨基、氰基等功能基团可得到正相色谱填料；通过引入咪唑基、三氮唑等功能基团可得亲水色谱填料；通过在基质表面涂覆或键合手性功能基团，可得手性色谱填料；通过表面涂覆聚合物层得到可在宽 pH 范围使用的耐碱硅胶色谱填料。

高性能新型色谱填料是促使液相色谱分离和分析技术发展的有效驱动力，也是色谱研究中最丰富、最富有活力、最具有创造性的研究方向之一。而以硅胶为代表的无机基质色谱填料，不仅促进了高效液相色谱法的产生，目前也是应用最为广泛的液相色谱填料，尤其是针对小分子的高效分离分析，并且占据绝大多数市场份额。

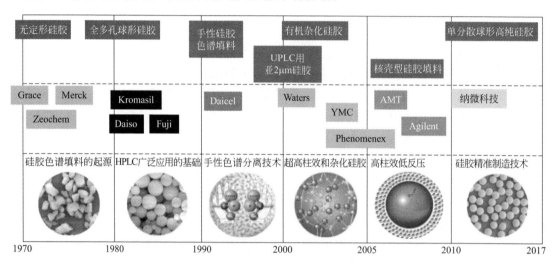

图 8-1　以硅胶为代表的无机色谱填料的发展历程及主要供应商

8.2　无机基质色谱填料

一般来说，理想的色谱柱填料应满足以下条件：第一，填料基质为球形结构，粒度分布均匀；第二，具有合适的物理参数，有较高的比表面积，孔径在中孔范围，且孔径分布窄，孔结构理想，孔体积适宜；第三，填料基质的机械强度好；第四，化学稳定性好，不受酸碱和盐等流动相腐蚀以及在有机溶剂中不发生溶胀和收缩；第五，与溶质不发生非特异性吸附，传质速率快；第六，易于进行表面化学修饰，引入不同官能团以满足各种选择性的需要[7]。

8.2.1　常见无机基质

无机基质填料包括硅胶、羟基磷灰石、氧化铝、氧化钛及氧化锆等。

（1）硅胶色谱填料

硅胶（silica gel）是一个良好的色谱基质，其化学成分是二氧化硅，结构非常稳定，砂子、花岗岩、硅藻土、水晶石以及蛋白石的主要成分都是 SiO_2。

据统计，以硅胶为基质的色谱填料在分析色谱填料家族的应用占 80% 左右。硅胶基质色谱填料除了具有优良的物理性能外，另一个突出的优点就是其表面含有丰富的具有活性的硅羟基，可以通化学改性制备不同功能的色谱填料（如正相、反相、亲水、离子交换、手性色谱填料）。

用作分离介质的硅胶是由人工合成的多孔材料，表面含有非常丰富的硅羟基，这是硅胶进行表面化学改性的基础。硅胶表面存在三种类型硅醇基或硅羟基，即自由硅醇基（isolated silanols）、双羟基硅醇基（geminal silanols）和缔合硅醇基（vicinal silanols）（如图 8-2 所示），其中前两者具有较高的化学反应活性，而缔合硅醇基则基本没有化学活性，不能发生化学反应。

硅胶的化学性质比较稳定，可以耐受的 pH 范围约为 1~9。在 pH 升到 9 以上时，溶解度显著增加，至 pH>10.7 以上时，硅胶开始溶解。硅胶的

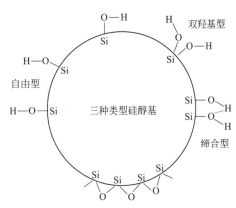

图 8-2　硅胶表面和孔内部存在的硅醇基形式

这一性质，在实际使用时要加以注意，硅胶基质的色谱填料一般在 pH 2~8 之间。

残余硅羟基和金属离子等杂质的联合作用，有时会造成硅胶基质的填料对多肽、蛋白质和碱性物质等的非特异性吸附，这对其用于生物工程产品分离是不容忽视的。

一般来说，将孔径小于 2nm 的称为微孔硅胶，2~30nm 的称为中孔（介孔）硅胶，超过 30nm 的称为大孔硅胶。对于小分子化合物的分离，使用孔径为 6~12nm 的硅胶即可，这样既可保证大的比表面积同时又不至于影响化合物在固定相中的扩散。对于生物大分子来说，其分子量很大，扩散系数较小，一般仅为小分子的几十分之一，所以生物大分子需要选用 30nm 以上的大孔硅胶。

硅胶基质填料在色谱应用中存在两个难以解决的问题[8]。①使用的 pH 范围窄，pH>8 时，硅胶本身不稳定，Si—O—Si 会水解，并且在温度高于 40℃ 或有磷酸盐、碳酸盐存在下，这种水解反应会非常迅速；pH<2 时，硅氧烷键不稳定，键合硅胶的固定相会流失，使分析物的保留特性和峰形发生变化。②硅胶表面残余的硅羟基和金属离子等杂质存在易对碱性物质，尤其是含氮化合物，发生不可逆吸附作用，使生物大分子，特别是多肽、蛋白质等样品产生变性和非特异性吸附，造成峰形变差和回收率降低，大大限制了在生物体系分离分析中的应用。

为了获得理想的色谱填料，除了对硅胶基质填料表面进行各种改性外，还需寻找能弥补硅胶基质缺陷的新材料。研究表明，金属氧化物（氧化铝、氧化锆和氧化钛等）是一类性能良好的色谱分离基质，具有 pH 使用范围宽、热稳定性好、分离碱性样品色谱峰对称以及具有配体交换能力等独特的色谱性能，这些优点引起了科研人员的极大兴趣，有望成为硅胶填料的一个补充物质[8]。

（2）羟基磷灰石色谱填料

羟基磷灰石与生物体组织有特异的亲和力与相容性，在中性和碱性水溶液中的溶解度极低，不溶于有机溶剂，其表面化学性质良好，具有弱阴离子和弱阳离子特性，色谱分离性能优越，是一种良好的生物分离介质，特别适合于单抗的分离与纯化[9]。

羟基磷灰石纯化生物大分子的分子质量范围为 $10^4 \sim 10^9$ Da，关于羟基磷灰石对蛋白质、核酸等生物大分子分离应用的报道有很多，已充分证明了羟基磷灰石作为色谱填料的应用价值[10-12]。羟基磷灰石具有独特的分离机理，是唯一直接用于蛋白质和核酸纯化的无机填料，高度耐碱，生物安全性高。其中磷酸离子与带正电的蛋白质以离子键结合，具有离子交换特性，可由 NaCl 浓度梯度或磷酸钠浓度梯度洗脱，其中的 Ca^{2+} 与带负电蛋白质的自由羧基以金属螯合方式结合，该结合方式对 NaCl 不敏感，可由磷酸钠梯度洗脱。因此羟基磷灰石填料既可以用磷酸钠单梯度洗脱，也可以采用 NaCl 梯度洗脱后以低浓度磷酸钠缓冲液平衡，再以磷酸钠浓度梯度洗脱的双梯度洗脱模型，达到更高的分辨率。

尽管羟基磷灰石有其独特的优势，但其在某种程度上并非是一种简捷的色谱材料，因为这种材料在简单易用性以及商用价值上并不被大众所认可，况且相比单模式作用色谱填料而言，有关它的研究显得较为困难。羟基磷灰石对生物产品的吸附机理至今还未完全明确，依然是一个研究热点。

（3）氧化铝色谱填料

氧化铝在色谱上的应用仅次于硅胶，作为 HPLC 固定相的研究几乎与硅胶同时进行。用作固定相的氧化铝主要是 γ-氧化铝。氧化铝表面羟基浓度为 $3\,\mu mol/m^2$，孔径都在 10nm 以下，通常还含有 2nm 以下的微孔，比表面积为 $50 \sim 200\,m^2/g$[13-16]。

（4）氧化锆色谱填料

氧化锆表面存在三种类型的羟基，具有良好的化学稳定性和热稳定性，碱性化合物在其固定相上呈现对称性峰，弥补了在硅胶色谱性能上的不足[17]。

（5）氧化钛色谱填料

氧化钛的表面性质非常复杂。和其它金属氧化物一样，氧化钛的表面也存在羟基位点，表面至少存在 12 种羟基，但是只有两种羟基是最重要的，这两种羟基是氧化钛键合固定相的基础[18,19]。锐钛矿型和金红石氧化钛在每平方米表面积上大约有 10 个羟基基团。氧化钛表面羟基等电点的 pH 约为 5，从而其表面具有酸碱两性，因此氧化钛固定相在低 pH 时可以进行阴离子交换，在高 pH 时可以进行阳离子交换。

8.2.2 无机基质的填料结构

现代化学工业和实验室用到的大多是多孔硅胶，按其粒子形态可分为无定形和球形两种。硅胶的发展历程也主要经历了无定形、多分散球形到单分散球形三代（图 8-3）。无定形硅胶价格低廉，常用于粗提分离。球形硅胶又分为多分散和单分散球形硅胶。与无定形硅胶相比，球形硅胶优势非常明显。从应用角度看，全多孔多分散硅胶依然在色谱分析中占主要地位，但全多孔单分散球形硅胶色谱填料发展迅速，单分散球形硅胶粒径大小精准，粒径分布极窄，具有明显重复性好、柱效高的优势。随着单分散硅胶色谱填料规模化制造技术的不

 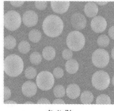 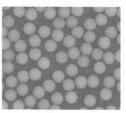

无定形　　　　　　　　多分散　　　　　　　　单分散

图 8-3　三代硅胶粒径形貌对比

断完善，其替代无定形或多分散球形硅胶是必然的趋势。此外，特殊结构硅胶填料如核壳型硅胶填料（图8-4）、大孔硅胶及杂化硅胶，也是近年色谱研究的重要领域[20-23]。

我国科学家在色谱领域的基础研究已取得很大进步，学术论文已多年位居世界前列，但高性能硅胶色谱填料的制备技术一直处于空白，并长期依赖进口。苏州纳微科技股份有限公司作为一家国内企业，成为世界上第一家成功规模化生产单分散球形硅胶的公司。该制备技术是一种基于公司已有的均粒多孔聚合物微球合成基础上，通过功能化多孔聚合物微球为模板，将二氧化硅纳米粒子组装到多孔单分散高分子微球孔道内部，形成聚合物/二氧化

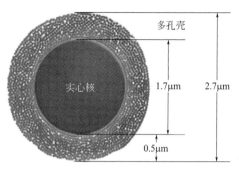

图 8-4　典型的核壳型硅胶填料结构[24]

硅复合微球，然后通过高温煅烧去除有机高分子，从而得到单分散多孔二氧化硅微球的方法[25]，其制备工艺见图8-5。该技术可精确控制多孔二氧化硅粒径大小及粒径分布，不需要其它设备辅助筛分，产品的变异系数 CV＜3％。

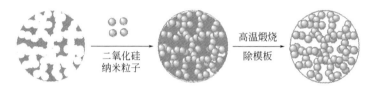

图 8-5　超纯全多孔单分散硅胶制备的示意图

单分散多孔球形硅胶制备技术的出现使世界硅胶色谱填料制备技术的发展跨上一个新的台阶，该技术适合工业化大规模生产，代表了第三代硅胶色谱填料制备技术的到来[26,27]，突破了传统硅胶制备工艺的思维限制，为世界硅胶色谱填料技术的进步建立了新的里程碑。

8.2.3　硅胶表面修饰和功能化

硅胶微球的表面修饰和功能化为液相色谱应用和发展奠定了坚实的基础。虽然硅胶基质本身也可以被直接用作正相色谱的固定相，但是一些极性键合固定相（如氨基、氰基、二醇基等）提供了比硅胶本身更好的分离选择性。亲水色谱的应用开发，使硅胶极性键合固定相更丰富起来。实际上，液相色谱中使用最广泛的色谱模式还是反相色谱，其中的色谱填料更是以硅胶键合固定相为主。

硅胶的化学修饰大致可以分为两种不同的方式，即通过表面硅羟基的化学修饰以及化学涂覆法。

（1）表面硅羟基的化学修饰

硅可与诸多元素形成稳定的共价键，如 Si—O、Si—C、Si—N，这是硅胶进行化学修饰的基础。表面硅羟基的化学修饰可分为三种类型。

① 通过硅羟基与硅烷化试剂反应

硅胶化学键合固定相通常利用硅胶表面的硅羟基与硅烷化试剂进行缩合反应制备，在硅胶微球表面形成一个 Si—O—Si—C 的修饰层。可供选择的硅烷化试剂很多，常用的硅烷化试剂包括烷基氯硅烷、烷基四甲氧基硅烷和烷基乙氧基硅烷，硅烷化试剂含有 1～3 个官能团，可进行图8-6的化学反应。硅胶表面参与反应的硅羟基与硅烷化试剂分子的物质的量比

为（1∶1）～（2∶1）。显然硅烷化试剂的反应活性按 X_3SiR、X_2SiR_3、$XSiR_3$ 的顺序降低。硅烷化试剂中三个 X 基团都与硅羟基反应的可能性很小，未参与反应的 X 基团可水解成羟基或与邻近的已键合在硅胶上的官能团产生交换反应。

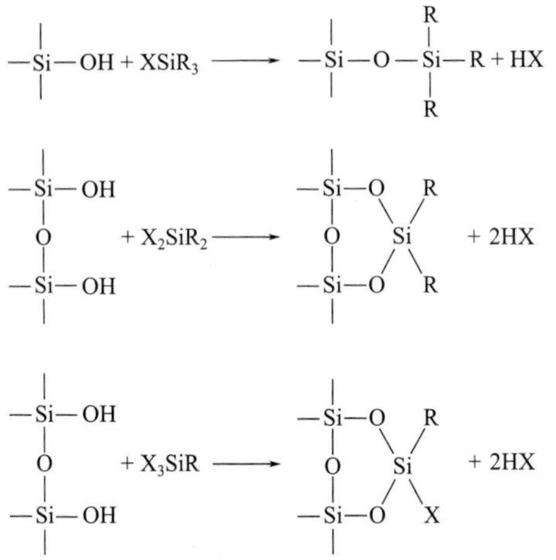

$$—Si—OH + XSiR_3 \longrightarrow —Si—O—Si—R + HX$$

（图中反应式）

X：—Cl、—OH、—OCH$_3$、—OC$_2$H$_5$等官能团
R：—C$_8$H$_{17}$、—C$_4$H$_9$、—C$_{10}$H$_{21}$、—C$_{18}$H$_{37}$、—(CH$_2$)$_n$NH$_2$、—CH$_2$OH等官能团

图 8-6　硅烷试剂与硅羟基反应机理

氯硅烷键合的时候需要加碱性化合物作为催化剂以除掉反应中产生的 HCl，四甲氧基硅烷和乙氧基硅烷需要先水解生成硅羟基，再与硅胶表面的硅羟基发生脱水反应。以上反应通常是在甲苯溶剂中加热回流 12h 以上。在表面功能化过程中，硅烷化试剂的选择、反应条件的控制都是影响键合效果的关键。

由于空间位阻效应，硅胶表面的硅羟基不可能完全与硅烷化试剂反应，未反应的残留硅羟基基团的吸附作用会造成极性化合物特别是碱性化合物的色谱峰拖尾。解决这一问题最常用的方法就是"封端"或"封尾"。常用的封端试剂是三甲基氯硅烷和六甲基二硅氧烷，因为它们的体积相较于 C$_{18}$ 硅烷来说小得多，比较容易克服空间位阻效应。

② 通过硅羟基氯化反应引入功能基团

在液相色谱固定相稳定性方面，Si—O 键被认为是表面键合固定相水解的根源，所以有人尝试将硅胶表面的 Si—C 键合模式取代 Si—O 键合模式。具体过程是将硅胶表面硅羟基转化为硅氯键，再与格氏试剂或烷基锂以及有机胺衍生物进行反应，从而引入相应的烷基或者衍生氨基。通过这种方法引入的键合基团都是单分子层，一般具有良好的传质能力和色谱性能，但成本相对较高。

③ 通过硅羟基酯化反应引入功能基团

硅胶的酸性特性，使硅胶表面的硅羟基与正辛醇、聚乙二醇-400 等醇类进行酯化反应，在硅胶表面形成单分子层的硅酸酯。此类固定相有良好的传质特性和高柱效，但其易水解、醇解、热稳定性差，当用水或醇作流动相时，Si—O—C 键易断裂，一般只能使用极性弱的有机溶剂作流动相，用于分离极性化合物。

（2）反相键合硅胶填料的制备

反相高效液相色谱是最重要的色谱分离模式，通常只需优化流动相的组成就可实现对大多数有机化合物的分离分析。硅胶表面硅羟基的键合修饰方法对不同类型的硅胶和硅烷化试剂都是适用的。选择具有适宜粒度和孔特性的硅胶，经表面硅烷化反应或以涂覆的方式包上一层聚合物涂层，便可制备出反相填料。

反相硅胶色谱的性能除了跟硅胶孔径结构及比表面积有关外，还跟键合相的密度及封尾的效果有关，因此反相硅胶的合成一般分两步，以氯硅烷反应为例，反应机理见图 8-7。第一步是在硅胶表面键合长链硅烷（C_{18} 等），由于这些长链硅烷位阻比较大，只有部分硅胶表面的硅羟基与长链硅烷试剂发生反应，还有大量的硅羟基没有反应，而这些残留的硅羟基会影响样品分离效果，因此反相硅胶一般都需要第二步封尾，也就是用小分子的硅烷试剂如三甲基氯硅烷、六甲基二硅氧烷与残留的硅羟基反应，因此封尾效果会直接影响反相色谱填料的分离峰形对称性及柱效。因为键合完残留的硅羟基易于脱去质子形成负离子，能强烈吸附阳离子，会影响碱性及一些易离解的化合物的分离分析，因此反过来常会用碱性化合物如吡啶、苯酚、二甲基苯胺等的分离效果与峰形的对称性及柱效来评价"封尾"效果。

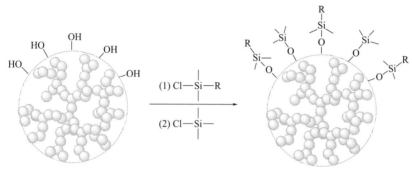

R：C_{18}、C_8、C_4、Ph等

图 8-7　反相硅胶制备的基本机理

传统型键合固定相在低 pH 条件下是很不稳定的，主要原因是键合相在酸性条件下水解，这会导致保留时间和峰形明显改变。随着键合技术的提高及硅烷化试剂品种的增多，在传统型键合基础上，又出现了多种新型键合固定相。如用异丙基或异丁基取代硅烷试剂中 C_{18} 的甲基，因为异丙基或异丁基体积较大，可以较好地覆盖残余的硅羟基从而提高了键合相在酸性条件下的稳定性，从而减少不利吸附[28,29]，更重要的是这种具有空间位阻的硅烷键合固定相还增加了色谱柱的稳定性，pH 使用范围增加到 1～10。如将极性基团（如酰胺或酰胺酯）嵌入到接近 C_{18} 链长度的硅烷化试剂中，得到改进的硅胶键合固定相[30]，嵌入的极性基团可以在硅胶表面形成一个水分子层或其它极性化合物的吸附层。这类键合固定相亲水性相对较强，可以在 100％水相条件下使用。

传统 C_{18} 固定相，由于表面疏水性极强，硅胶表面未被湿润，那么有效的色谱表面积会减少 95％，因此会减少分析物的保留时间，即在接近 100％水流动相时会发生"疏水坍塌"。随着反相硅胶制备技术的发展，一些色谱填料供应商开发出采用硅烷酮聚合体将高纯硅胶覆盖的超薄膜表面涂层技术，开发出了同时具有聚合体系填料和硅胶体系填料优点的反相填料，最大限度地降低了残存硅羟基效应，即使在中性条件下也能分析碱性物质。

随着新技术和新材料的出现以及 HPLC 的不断发展，以硅胶为基质的反相色谱填料研究正朝着制备方法简单、硅羟基覆盖完全、选择性好、柱效高、重现性好、分析速度快、pH 使用范围宽和寿命长的方向发展。

（3）硅胶表面涂覆修饰

由于空间位阻的存在，即便通过后期的封尾处理，也只能覆盖硅胶表面不到50％硅羟基，因此对碱性化合物的色谱分析总会出现峰拖尾和柱效低等问题。多层聚合物涂覆的硅胶固定相则可以完全覆盖硅胶表面的活性基团，将聚合物的化学稳定性与硅胶等无机基质的高机械强度相结合，制备出稳定的聚合物涂层[31]。

将选择的聚合物、寡聚物或单体以适宜的溶剂制成溶液，均匀分布于无机基质的整个表面上，随后令聚合物交联或令单体聚合，形成致密的聚合物涂层。用于涂覆的聚合物可以是聚有机硅氧烷，也可以是其它有机聚合物；也可以将含双键的聚合物涂覆于硅胶表面，使其表面带上双键，将其以自由基引发进一步交联；也可令其与随后涂覆上的第二单体共聚，第二单体可以是丙烯腈、丙烯酸、甲基丙烯酸丁酯等。这种涂覆的方法不仅最大限度地覆盖了硅羟基，使可适用的pH和稳定范围扩大，硅胶表面的碳含量也显著增加。但是涂覆的聚合物在一定程度上改变了原来硅胶的孔径，并且由于聚合物涂覆的不均匀性，以及涂覆聚合物层的传质阻力效应，色谱柱的柱效和分离重现性比传统的要差一些。

8.3　无机基质正相色谱填料

依据两相间的相对极性，可以将液相色谱分为正相色谱和反相色谱。当固定相极性大于流动相极性时，称之为正相色谱；反之，当固定相极性小于流动相极性时，则称之为反相色谱。正相色谱的流出顺序是极性小的先流出，极性大的后流出；反相色谱的流出顺序正好相反。正相色谱常用的流动相有正己烷、氯仿、二氯甲烷等。

8.3.1　正相色谱填料种类与性质

优良的正相色谱填料，应当具有以下基本特性：①表面具有极性的活性基团即吸附位点；②粒径分布均匀；③具有多孔性并有高比表面积，以承载较大样品负荷；④在操作条件下化学性质稳定；⑤具有高机械强度；⑥价格合理且可稳定供应。

硅胶表面含有活性羟基，可以直接用作正相固定相，此外氧化铝和极性键合相硅胶亦是重要的正相填料。表面活性主要依赖于表面硅羟基的类型、分布及其反应性。完全羟基化的表面具有最大的反应性，如果表面有吸附的水或其它极性化合物，即使是极少量也会明显地降低表面活性。

氧化铝也是一种常用的正相色谱填料，其对于不饱和化合物，特别是芳香族化合物多核芳烃，保留能力极强，芳烃异构体可以得到良好分离。此外当样品为碱性化合物时，若使用硅胶则会造成严重吸附，溶质峰拖尾或难以洗脱，此时宜选用氧化铝进行分离。

极性键合硅胶是以硅胶为基质，表面键合极性基团，如—NH_2、—CN、—CH（OH）CH_2OH以及—NO_2等而制成的填料，分别称为氨基、氰基、二醇基及硝基键合相填料，但其配基浓度一般较反相的低。依据表面修饰试剂和反应条件的不同，表面修饰试剂的浓度约在$2\sim4\mu mol/m^2$。极性键合相的配基比较复杂，因此在不同的流动相中会显示出不同的特性。在非极性溶剂中，极性基团（如—NH_2和—NH—等）主导与溶质的相互作用，而在极性溶剂中，配基的非极性链段的作用增强。当在水溶剂体系中工作时，配基中的氨基在pH<7时会质子化，而残余硅羟基的去质子化起始于pH>7。因此与硅胶相比，上述极性化学键合相填料属于中等极性填料。此外，有机配基对于硅胶表面的修饰，覆盖了具有极高活性的硅羟基，使得极性化学键合相填料的稳定性和重现性有了较高的提升。

由于极性基团的种类繁多，故可以通过改变极性基团的方法控制分离的选择性，因此具有更大的灵活性。极性键合相的极性通常弱于硅胶，所以更适于对中等极性物质的分离，其色谱条件选择的方便性和重复性优于硅胶。在极性键合相色谱填料中，研究较多的是氨基键合相填料，其吸附过程与硅胶相似但又有所不同；由于氨基的极性比硅羟基弱，且氨基位于烷基链末端，有一定的自由度（与硅胶及氧化铝不同），加之氨基浓度亦较硅羟基浓度小，仅为 $2\mu mol/m^2$ 左右，故同一溶质于相同条件下在氨基柱上的保留要小一些，在分离酸性化合物如酚、羧酸、核苷酸时较为有用。此外，氨基键合相填料对某些物质的特定基团会表现出优异的选择性。例如，可以用乙腈-水为洗脱剂在氨基键合相柱子上分离单糖。氰基柱对几何异构体或含双键数目不同的化合物（环状化合物）具有较好的分离能力。二醇基填料具有良好的生物相容性，更适于生化体系的分离。例如，多数以硅胶为基质的排阻色谱填料均采用了二醇基填料。硝基填料则对芳香族化合物有较好的选择性。此外，短链配基的反相填料有时也可用作正相，如将其用于脂溶性维生素的分离分析，具有良好的重现性。

8.3.2　常见正相色谱填料

正相色谱主要适用于非极性至中等极性的中小分子化合物的分离。目前市面上的正相色谱填料，主要是硅胶或以硅胶为基质的全多孔球形颗粒。表 8-1 列出了常见的商业化正相硅胶色谱填料及主要参数。

表 8-1　常见的正相硅胶色谱填料及主要参数

生产商	商品名	粒径/μm	孔径/nm	键合的基团	备注
Daiso	DAISOGEL	1.7,2.1,2.5,3,4,5,7,10,15,20,40(30/50),50(40/60)	60，120，200，300	裸硅胶，APS（氨基），氰基，二醇基	溶胶-凝胶法制备
Fuji	Chromatorex® "SPS"	2,3,5,10	100,200,3000	裸硅胶，氨基，二醇基	球形多分散硅胶
	Chromatorex® "SMB"	3,5,10,15,20,20～45	70，100，150，200,300,500,800,1000		
	Chromatorex® "MB"	40～75,75～200	70，100，300，500,800,1000		
	Chromatorex® "GS"	20～45,40～75,75～200	60		无定形硅胶
YMC	YMC* GEL HG	10,15,20,50	120,200,300	裸硅胶,氨基,氰基,二醇基	—
	YMC* GEL	15,20,50,70,150	60,120	裸硅胶	
Akzo nobel	Kromasil	3.5,5,7,10,13,16	60,120,300	裸硅胶,氨基,氰基,二醇基	
Merck	LiChrosorb	5,7,10	60,100	裸硅胶,氨基,氰基,二醇基	
	Chromolith	—	2000,130	硅胶	整体柱
Waters	Spherisorb	3,5,10	80	裸硅胶、氨基、氰基	—

生产商	商品名	粒径/μm	孔径/nm	键合的基团	备注
Agilent	Zorbax	3.5,5,7	70,80	裸硅胶,氨基,氰基	UPLC
	Zorbax RRHD	1.8	80	氰基	
	Pursuit	2.8	100	裸硅胶	
	Polaris	5	180	裸硅胶,氨基	
	Poroshell	2.7	120	氰基	核壳结构
纳微科技（NanoMicro）	UniSil®	1.7,3,5,8,10,15,20,30,40,50	80,100,120,200,300,500,1000	裸硅胶,氨基氰基,二醇,等	单分散硅胶,粒径CV<3%
	UniSil® Ultra				

8.3.3 正相硅胶应用案例

依维莫司在临床上主要用来预防肾移植和心脏移植手术后的排斥反应,其作用机制主要包括免疫抑制作用、抗肿瘤作用、抗病毒作用和血管保护作用,常与环孢素等其它免疫抑制剂联合使用以降低毒性。通过单分散正相硅胶色谱填料可以高效纯化依维莫司,一步纯化即可从78%的粗品纯度达到98.5%,回收率88%,见图8-8。

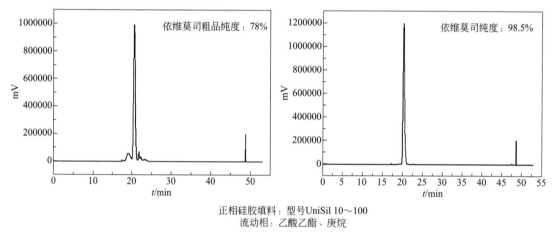

正相硅胶填料：型号UniSil 10～100
流动相：乙酸乙酯、庚烷

图 8-8 依维莫司的正相色谱纯化图

8.4 无机基质反相色谱填料

使用非极性的固定相和极性流动相的液相色谱体系,被称为反相色谱。在各种色谱分离模式中,反相色谱是最常用的方法。据统计,反相色谱约占到全部色谱分离的70%。

8.4.1 反相色谱填料种类与性质

反相色谱填料品种繁多,性质各异。以硅胶为基质制备的反相填料,目前仍是市场的主流。在硅胶基质的反相填料中,以键合有 C_{18}（ODS）、C_8（MOS）、C_4（丁基）、C_6H_5（苯基）等球形、全多孔填料最为常见,实验中可以根据不同的目的加以选择。例如：当用于分析检测和产品质量控制时,宜选用小粒径且分布均匀的填料,以求得到高分离效率；当用于大规模分离乃至生产时则必须兼顾分离性能和成本,以求得最好的性价比,宜选用粒径较大的多分散填料。此外，用于生物大分子的分离，还必须考虑填料的孔径及其表面特性。在反相填料的诸多特性中，最重要的是柱效、不同批次间的重复性以及用作生物大分子分离时的生物相容性及回收率等。这些特性都与填料本身的物理化学性质密切相关。

硅胶表面硅羟基的浓度约为 $8\mu mol/m^2$。在反相填料的键合过程中，由于位阻效应等原因，最多有 50% 的表面羟基被修饰，尚有一半甚至更多的羟基残留，这些羟基可能导致色谱峰拖尾，使蛋白质样品失活以及因其具有的弱酸性而造成的分离模式的复杂化。用碳含量来表征其表面硅羟基被修饰的程度，但是因硅胶比表面积差异很大，再加上键合上的配基亦有单层和多层之分，故单标明质量分数并不能精确地描述其表面配基的浓度，较好的描述方式是给出其单位表面积的配基浓度。对于单分子层键合相，可以以元素分析测得其含碳量或碳、氢、氧含量计算出每平方米上键合配基的浓度。例如商业销售的反相填料，其配基浓度多为 $2.5\sim3.0\mu mol/m^2$。对于多层键合相虽也有计算方法，但只要在给出含碳量的同时标明基质硅胶的比表面积，就便于互相比较。

8.4.2 常见反相色谱填料

市面上反相填料及其预装填色谱柱的牌号、品种多而杂，可以从不同的使用角度加以选择。例如：烷基键合密度越大，样品组分在柱子的保留时间越长；烷基越长，对于非极性样品，保留时间越长。对于组分较多且复杂的样品，选择保留时间比较长的柱子（如 C_{18} 或者更长碳链的柱子），这样各个组分可以分离得更好；而对于相对简单的样品，且要快速达到检测分离的目的，则选择保留性能弱的反相柱（如 C_4、C_8）比较合适。表 8-2 列出了一些常见的反相色谱填料的商品名和主要的性能参数，可供使用者参考。

表 8-2 常见的反相色谱填料及主要性能参数

生产商	商品名	粒径/μm	孔径/nm	键合的基团	备注
Daiso	DAISOGEL	1.7，2.1，2.5，3，4，5，7，10，15，20，40（30/50），50，（40/60）	60，120，200，300	C_{18}（ODS），C_8，C_4，苯基	—
Fuji	Chromatorex® "SPS"	2（100Å）⑤，3，5，10	100，200，3000	C_{18}，C_8，C_4	多分散球形硅胶基质
	Chromatorex® "SMB"	3，5，10，15，20，20-45	70，100，150，200 300 500 800 1000		
	Chromatorex® "MB"	40～75，75～200	70，100，300，500，800，1000		
	Chromatorex® "GS"	20～45，40～75 75～200	60	C_{18}，C_8	无定形硅胶基质
YMC	YMC* GEL	5，10，15，20，50	120，200，300	C_{18}，C_{18}-Aq，C_8，C_4，C_1，苯基	—
Akzo nobel	Kromasil	3.5，5，7，10，13，16	60，120，300	C_4，C_8，C_{18}	—
Merck	LiChrosorb	5，7，10	100	C_{18}，C_8	
	Chromolith	—	2000，130	C_{18}，C_8	整体柱

生产商	商品名	粒径/μm	孔径/nm	键合的基团	备注
Waters	Symmetry$^{®}$	3.5,5	100	C_{18},C_8	内嵌极性基团
	SymmetryPrep	7			
	SymmetryShield	3.5,5,7		C_{18},C_8	
	Symmetry300	3.5,5	300	C_{18},C_4	
	XBridge	2.5,3.5,5,10	130	C_{18},C_8,C_{18}-Aq 苯基 BEH^{①}-C_{18},BEH-C_4	杂化硅胶基质
	XSelect		130,100	C_{18},苯基,氟苯基	包含高强度硅胶和表面带电杂化硅胶两个系列
	XTerra	3.5,5,10	125	C_{18},C_{18}-Aq,C_8-Aq,Phenyl	
	Spherisorb	3,5,10	80	C_{18},C_8,C_6,C_1	
Agilent	Zorbax	3.5,5	80	SB^{①}-C_{18},SB-C_8,SB-C_3,SB-苯基,SB-Aq^{②}	UPLC
	Zorbax RRHD	1.8	80,95	SBC_{18},SB-C_8,C_{18},C_8,联苯	
	Pursuit	3,5,10	100	PFP^{③},C_{18},C_8,联苯	
	Polaris	5	180	C_{18},C_8	
	Poroshell	2.7	120	C_{18},SB-C_{18}	核壳结构
纳微科技	UniSil	1.7,3,5,8,10,15,20,30,40,500	80,100,120,200,300	C_{18},C_8,C_4,苯基 C_{18}-Aq	单分散硅胶,粒径 CV $<3\%$

① 具有较大侧链基团的功能基团。
② 内嵌极性基团的功能基团。
③ 亚乙基桥杂化硅胶。
④ 五氟苯酚基。
⑤ $1\text{Å}=10^{-10}\text{m}$。

8.4.3 反相硅胶应用案例

反相色谱是小分子药物和多肽药物的最好分离技术。目前临床上应用的各类胰岛素的纯化均是使用反相色谱进行的。反相色谱流动相容易造成蛋白质失活使其在蛋白质分离时受到限制,但对于无需保留活性进行成分分析和含量鉴定方面,反相色谱则表现出了非常好的优越性[32]。

卡泊芬净是首例棘白菌素类药物,于 2001 年由 FDA 批准上市,主要针对标准疗法无法治愈或不能耐受的侵袭性曲霉菌病患者。因其作用机制独特、杀菌谱广、安全性和耐受性更好被称为最有价值的抗真菌药。通过单分散键合 C_{18} 硅胶反相色谱填料可以分离纯化卡泊芬净,一步纯化即可从 84% 的粗品纯度达到 99.5%,回收率 88%,见图 8-9。

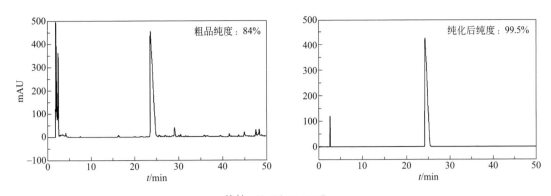

填料：UniSil 10-120 C$_{18}$

流动相：醋酸水溶液-乙腈

图 8-9　卡泊芬净反相色谱纯化图

8.5　无机基质亲水作用色谱填料

目前，大部分的化合物都可以在反相柱上实现分析与分离，但是对于强极性和亲水性的物质在反相柱上却无法保留。虽然可以利用正相色谱来分析，但是正相色谱使用非水的流动相体系，样品在流动相中的溶解度有限，限制了正相色谱的应用。亲水色谱（HILIC）采用的是极性的固定相，高有机相的含水流动相体系，有机相比例约占 60%～95%，为强极性和离子型化合物包括氨基酸、糖类、极性药物、多肽和天然产物等的分离分析提供了一个很好的选择。HILIC 可以作为正相色谱的替代和反相色谱的有效补充，概括起来就是："正相的固定相，反相的流动相体系"。其关系图如图 8-10 所示。此外，由于其流动相含有高浓度的有机溶剂，有利于增强电喷雾离子源质谱的离子化效率进而提高检测灵敏度，与质谱具有很好的兼容性。

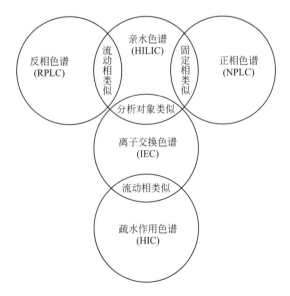

图 8-10　多种色谱分离模式的关系图

8.5.1 亲水作用色谱填料的种类与性质

HILIC 色谱填料的主要特征是固定相表面与水有很好亲和性的强极性基团，如未衍生硅胶、氨基、氰基、二醇基、酰胺型、聚琥珀酰亚胺型、糖型和两性离子型键合相，为HILIC 发展和应用奠定了良好基础。

纯硅胶是 HILIC 中应用最广的色谱固定相。在酸性条件下，硅胶柱具有优越的稳定性，与化学修饰的 HILIC 固定相相比，硅胶柱不存在键合相流失的问题，与质谱兼容性好，因此在很多领域，尤其在极性药物分离分析领域得到了广泛的应用。

氨基键合相是最早用于 HILIC 的极性键合固定相，在糖类的分离中具有很好的分离选择性，但是，氨基柱与酸性化合物结合能力强，对一些强酸性化合物容易产生死吸附。在分离一些还原糖时，氨基容易与醛基形成席夫碱，改变键合相和分析物性质。同时，氨基柱稳定性较差，键合相容易流失。

作为传统的正相色谱固定相，氰基键合相也能作为 HILIC 固定相。但是氰基键合相极性弱，对亲水性化合物的保留差。二醇基键合相为非离子型键合相，具有一定的氢键作用，其表面极性大于氰基键合相，然而相比于硅胶柱其亲水性较差。因此，氰基和二醇基键合相的应用领域比较少。

相比于氨基柱，酰胺柱键合相具有很好的稳定性，且酰胺柱表面基本不带电荷，与离子型分析物的离子交换作用较弱，被广泛用于多肽的分离，在蛋白质组学中发挥重要的作用。聚琥珀酰亚胺型键合相是发展较早的 HILIC 固定相，也是应用较为广泛的极性键合相。

糖（包括单糖和多糖）具有独特的多羟基结构，是天然的亲水性化合物，十分适合作为亲水作用色谱键合相，近年来基于单糖/寡糖的新型 HILIC 固定相的发展和应用不断增加。糖型键合相独特的结构赋予其很高的极性和很强的氢键作用，在单糖和多糖的分离分析及糖肽的富集中显示了很好的潜力[33,34]。两性离子键合相表面同时含有正负电荷官能团，由于离子基团本身具有良好的亲水性，近年来两性离子键合相被广泛应用于 HILIC。

8.5.2 常见的亲水作用色谱填料

自 1990 年 Alpert 提出亲水作用色谱的概念以来，关于亲水作用色谱的研究和应用逐渐增多，各种商品化和学术报道的亲水作用色谱材料的种类日益丰富。表 8-3 列出一些常见的亲水作用色谱填料。

表 8-3　商品化亲水作用色谱填料[33]

公司	型号	键合相
Waters	Atlantis HILIC	—
	BEH HILIC	—
	Carbohydrate NH$_2$	氨基
	BEH Amide	酰胺基
Agilent	ZORBAX HILIC Plus	—
	ZORBAX Carbohydrate	氨基
	ZORBAX Rx-SIL	—
Merck	ZIC-HILIC	磺酸甜菜碱型两性离子
	ZIC-cHILIC	磷酰胆碱

公司	型号	键合相
Tosoh	TSKgel Amide-80	胺甲酰基
PolyLC	PolyCAT A	聚天冬氨酸
Agela	Venusil HILIC	酰胺基
Acchrom	Unitary Diol	二醇基
	XAmide	酰胺基
	XAmino	氨基
	Click XIon	两性离子基
	Click Mal	麦芽糖
Phenomenex	Kinetex HILIC	核壳型
	Luna HILIC	交联二醇基
	Luna NH$_2$	氨基
Dikma	Inspire HPLC Diol	二醇基
	Inspire HILIC	极性修饰
	Platisil CN	氰基
	Platisil NH$_2$	氨基
Welch	Ultimate® Amide	氨甲酰基
	Ultimate® XB-Diol	二醇基
	Ultimate® XB-NH$_2$	氨基
	Ultimate SiO$_2$	—
Sepax	Polar-100	—
	Polar-Diol	二醇基
	Polar-Silica	—
	Polar-Pyridine	二甲基吡啶
	Polar-Imidazole	咪唑基
	HP-Silica	—
	HP-Amino	氨基
NanoMicro（纳微科技）	UniSil 6-100 Hilic	咪唑基
	UniSil 10-100 T	三氮唑
	UniSil 10-100 2M	二甲基咪唑

8.6 无机基质离子交换色谱填料

8.6.1 离子交换色谱填料的种类与性质

在分离复杂生物体系的过程中，离子交换色谱是必不可少的分离模式[1,12]。在离子交换色谱中，溶质依据所带电荷的不同及其与离子交换填料静电作用力的差异而获得分离。当离子交换填料带有阳离子基团时，便可交换带有负电荷的样品，称之为阴离子交换填料；当离子交换填料带有阴离子基团时，便可交换带有正电荷的样品，称之为阳离子交换填料。一些生化物质，如蛋白质、多肽以及核酸等，在一定的介质中，均带有电荷，因而可以吸附于离子交换色谱柱上。通过改变流动相的 pH 或离子强度，便可将被吸附的溶质按其与填料作用力强弱自柱子上依次洗脱下来，达到彼此分离的目的。

作为离子交换色谱填料，可以按其基质的成分和结构大致分为有机基质和无机基质两大类，但以二氧化硅为代表的无机基质耐受 pH 值范围小（pH 2～8），在工业制备过程中，往往需要高浓度碱洗，使用条件受限。从长远看，以高分子为基质的填料以及无机-高分子复合型的填料，应具有更好的发展前景。在生物技术中，无机基质的高效离子交换色谱填料主要应用于生化物质的分析分离，在制备型分离中则以使用有机高分子基质的填料为主。

8.6.2 以硅胶为基质的离子交换色谱填料的制备

硅胶基质离子交换色谱填料同有机聚合物色谱填料相比，虽不能在强酸、强碱介质中使用，以及残余硅羟基会对一些生物分子存在静电作用等问题，因此常需对硅胶填料表面进行处理以屏蔽或减轻这种静电作用力[35]。但硅胶基质离子色谱填料具有其独特的优势，如具有不发生溶胀、耐高压、传质快等优点，因而在学术研究领域自离子交换色谱出现以来对硅胶基质离子交换色谱填料的研究就从未停止过。目前，主要研究集中在基于硅胶基质的阴离子交换填料、阳离子交换填料、两性离子交换填料以及近年来出现的离子液体色谱填料。

阴离子交换色谱填料常用的官能团是氨基或季铵基，用合适的硅烷试剂和硅胶基质表面的自由硅羟基反应，再引入氨基或季铵基，即可获得具有一定交换容量的硅胶基质阴离子交换填料。季铵基的离子交换容量是固定的，胺基的离子交换容量可以通过流动相 pH 进行调节。在硅胶表面上接入磺酸基、磷酸基或羧酸基，就可以得到硅胶基质的阳离子交换填料。图 8-11 为以硅胶为基质，通过硅烷试剂引入中间过渡功能团，再进一步转化为所需的阴阳离子功能团。

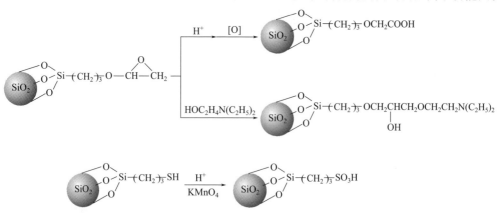

图 8-11 以硅胶为基质制备阴离子、阳离子交换色谱填料

在离子交换填料的制备中，聚合物涂层法也有重要应用。例如，先在硅胶上引入乙烯基，在让其与苯乙烯共聚，后通过衍生反应在苯环上引入各种基团，例如—SO_3H、—$CH_2N^+R_3^-$，也可以引入其它弱阴、弱阳基团。该类离子交换基团的引入方法可完全参考聚合物基质离子交换色谱填料的制备方法。

工业制备中，基本不使用以硅胶为基质的离子交换色谱填料，而使用聚合物为基质聚合物基质，其比较耐碱，且制备成本较低。以硅胶为基质的离子交换色谱填料多作为分析和固相萃取色谱填料使用。

8.7 无机基质手性色谱填料

色谱中特殊而又引人注意的应用领域是光学对映异构体的分离。对映异构体是化学性质相同而分子结构上却是不可重叠且呈镜像对称的两个分子。它们是非对映异构体和顺反异构体之外的又一类特殊的立体异构体。描述光学对映异构体最简单而又生动的模型是人的左右手，因此，这一类对映异构体的色谱分离技术就被称为手性色谱。

在手性色谱中，有三种分离对映异构体的方法。

① 将对映异构体柱外衍生成为非对映异构体衍生物。因为非对映异构体具有明显不同的物理特性，因而可以较容易地通过一般的色谱过程加以分离。如可先将衍生试剂制备成非对映异构体，接着以正相或反相等常规方法分离。

② 使用手性流动相添加剂。对映体与流动相中的手性添加剂作用，可以产生非对映体离子对或络合物，便可在色谱上进行分离。这种方法不需预衍生化，故操作相对简单，其机理可能是添加剂先吸附至固定相上，形成一种动态的手性固定相，手性溶质再与其作用达到分离。

③ 使用手性固定相直接对对映体进行拆分。这种拆分方法的基础，来源于未消旋的手性固定相和手性溶质之间的对映体分子作用力的差别。

以上三种方法都有很多成功分离案例，但采用手性固定相方式更为经济、有效，且可以使用制备色谱进行大规模分离，是目前公认的手性化合物分离最为有效的方法[36]。

8.7.1　手性色谱填料种类与性能

硅胶基质手性色谱填料（CSP）主要有多糖类手性色谱填料、蛋白质手性色谱填料、大环类手性色谱填料、刷型手性色谱填料、配体交换类手性色谱填料以及分子印迹手性色谱填料等。

（1）多糖类手性色谱填料

用于手性拆分的多糖主要是纤维素及淀粉的衍生物。纤维素是葡萄糖通过 β-1,4-糖苷键连接成的线性聚合物，淀粉是 α-1,4-糖苷键连接的螺旋结构。对多糖化合物进行化学衍生化不仅可以增加多糖手性识别位点，如酰胺、酯和苯基等，也能在多糖表面形成手性空穴，提高多糖的手性识别能力。将淀粉或纤维素与相应的有机化合物反应，如酰氯、异氰酸酯类化合物等，便制得多糖衍生物，再将这种衍生物涂敷在硅胶、氨丙基硅胶或 C_{18} 硅胶上就得到涂敷型多糖类手性填料[37]。多糖类手性填料是一类手性拆分能力强、柱容量大、应用范围广、使用最普遍的手性填料，已有许多商品柱出售。此外，近年来出现了纤维素衍生物通过反应性间隔臂键合于硅胶等基质或在载体表面相互交联成网状聚合物而成的键合型手性填料，不同的键合或交联方法是目前研究热点。键合型手性填料与涂敷型手性填料在分离某些化合物时有区别，这是因为键合型的手性填料在制备过程中由于间隔臂的介入，在一定程度上破坏了微晶纤维素的空间螺旋结构。虽然大多键合型填料拆分能力没有涂敷型高，但其稳定性、耐溶剂性能、柱效都高于涂敷型，扩大了流动相的选择范围[38]。

（2）蛋白质手性色谱填料

蛋白质类手性色谱填料主要是通过键合或涂敷在固定相基质上的各种蛋白质实现对手性化合物的拆分。目前在手性固定相中较为常用的蛋白质包括牛和人血清清蛋白、 α-酸性糖蛋白、卵黏蛋白、胃蛋白酶和纤维素水解酶。蛋白质是一类复杂的生物分子聚合物，所含的亚单位 L-氨基酸具有手性，能特异性地识别手性小分子，因此对手性分子具有很强的识别能力。由于涂敷型固定相稳定性相对较差，因此人们通过各种方法将蛋白质键合到硅胶基质上，制成手性填料[39]。蛋白质类手性填料主要用在反相条件下对多种化合物进行拆分，对对映体选择性较强，对 pH 、有机调节剂的含量变化十分敏感。在对映体的手性识别过程中，蛋白质的三级结构所造成的疏水性口袋、沟槽或通道对手性拆分具有十分重要的意义。

虽然蛋白质手性填料具有较好的手性拆分能力，但如果保存不当填料表面的蛋白质容易遭到破坏，而且蛋白质手性填料的柱容量也很低，使得其在制备性分离上的应用受到了限制。

（3）大环类手性色谱填料

大环类手性色谱填料通常都具有带手性的环状空穴结构，手性空穴对消旋体中某一种对映体包合能力强，而对另一种对映体包合能力弱，从而使得两种对映体在填料上得到了分离。大环类手性填料主要指环糊精键合填料，此外还包括手性冠醚填料及大环类抗生素手性填料。环糊精是一类由数个 D-吡喃糖单元通过 α-1,4 糖苷键构成的大环分子化合物，具有腔内疏水、腔外亲水的锥筒状结构[40]。环糊精分子的主体特征和化学特征决定着复合过程的选择性，因而显示良好的分子识别能力。作为液相色谱手性填料，环糊精及其衍生物主要通过间隔臂被键合到硅胶表面，羟丙基-β-环糊精是早期出现的衍生化环糊精填料[41]。冠醚因具有特殊的环腔结构，环内不同杂原子构成的高电子云密度以及环上可以引入不同基团等因素，使得它对多种极性化合物，特别异构体，具有独特的选择性。目前有两种冠醚作为色谱填料在手性拆分中应用比较广泛[42]：一种是带有 1,1'-二苯基联萘基单元的冠醚手性填料；一种是与酒石酸基团结合的冠醚手性填料。目前，由于冠醚价格比较昂贵，而且毒性大，一定程度上限制了冠醚手性填料的发展，因此这类手性填料种类还比较少。用于对映体分离的大环类抗生素根据其结构上的特点可分为四大类型：糖肽类、柄状霉菌素类、多肽类和氨基糖苷类[43]。其中糖肽类抗生素的对映体选择性较高，而且在填料的键合和装柱过程中较稳定，是大环类抗生素手性填料的研究重点。此类手性填料具有通用性强、柱容量高、柱性能稳定等优点，已成为当前最具有应用潜力的手性色谱填料之一。

（4）刷型手性色谱填料

刷型手性色谱填料是将单分子层的手性有机小分子通过适宜的间隔臂键合到硅胶色谱基质上制备的。刷型手性色谱填料的共同机构特征是在手性中心附近至少含有下列之一：π-酸或 π-碱芳基；极性氢键给体-受体；形成偶极相互作用的极性基团；大体积非极性基团；提供立体位阻、范德瓦耳斯作用力或结构控制作用。刷型手性色谱填料具有确定的化学结构，易于合成，应用范围广，柱容量及柱效高，适用于分析及制备分离。手性识别机理研究比较深入，可预测对映异构体拆分的可能性、洗脱顺序并确定其构型。目前，已有多种商品化的刷型手性色谱填料出售，此类手性填料的缺点是分析物通常需含有芳基。若无芳基，手性化合物通常需经化学衍生，增加作用位点后才能被拆分。

（5）配体交换类手性色谱填料

配体交换类手性色谱分为手性添加剂法和手性色谱填料法。配体交换类手性填料是将手性配体键合[44] 或涂敷[45] 到硅胶表面，并在流动相系统中引入金属离子，某种金属离子和手性配体，与被分离的对映体配位形成两个互为非对映异构体的三元络合物，根据两种络合物的动力学可逆性和热稳定性的差异实现光异构体的立体选择性分离。这类填料已成为目前分离未衍生化氨基酸、羟基酸最有效的方法，也可以拆分一些二胺和生物小分子。

8.7.2 常见以硅胶为基质的手性色谱填料

在已发展的众多手性色谱填料中，多糖类手性色谱填料目前最为广泛，其次是环糊精类和大环类抗生素类手性色谱填料。上述三类手性色谱填料中最常用的手性选择剂分别是纤维素及淀粉衍生物、β-环糊精及其衍生物和糖肽类抗生素，详见表 8-4。

表 8-4　商品化以硅胶为基质的手性色谱填料

商品名称	类型	粒径/μm	主要应用范围	厂家
CHIRALPAK® IA	多糖类键合型	10,20	直链淀粉-三(3,5-二甲基苯基氨基甲酸酯)	Daicel
CHIRALPAK® IB			纤维素-三(3,5-二甲基苯基氨基甲酸酯)	
CHIRALPAK® IC			纤维素-三(3,5-二氯苯基氨基甲酸酯)	
CHIRALPAK® ID			直链淀粉-3-氯苯基氨基甲酸酯	
CHIRALPAK® IE			直链淀粉-三(3,5-二氯苯基氨基甲酸酯)	
CHIRALPAK® IF			直链淀粉-三(3-氯-4-甲基苯基氨基甲酸酯)	
CHIRALPAK® AD	多糖类涂覆型	10,20	直链淀粉-三(3,5-二甲基苯基氨基甲酸酯)	
CHIRALPAK® AS			直链淀粉-三(S)-α-(甲基苯基氨基甲酸酯)	
CHIRALPAK® AY			直链淀粉-三(5-氯-2-甲基苯基氨基甲酸酯)	
CHIRALPAK® AZ			直链淀粉(3-氯-4-甲基苯基氨基甲酸酯)	
CHIRALPAK® OD			纤维素-三(3,5-二甲基苯基氨基甲酸酯)	
CHIRALPAK® OJ			纤维素-三(4-甲基苯甲酸酯)	
CHIRALPAK® OZ			纤维素-三(3-氯-4-甲基苯基氨基甲酸酯)	
CHIRALPAK® OX			纤维素-三(4-氯-3-甲基苯甲酸酯)	
ChiraDex	键合大环环糊精型	5	β-环糊精	Merck
Ecosil AGP Chiral	蛋白质型	5	α-酸性糖蛋白	Ecosil
Shiseido	键合大环环糊精型	5	苯基氨基甲酸酯化 β-环糊精	Shiseido
UniChiral OD	多糖类涂覆型	5,10	纤维素-三(3,5-二甲基苯基氨基甲酸酯)	纳微科技(NanoMicro)
UniChiral OJ			纤维素-三(4-甲基苯甲酸酯)	
UniChiral OZ			纤维素-三(3-氯-4-甲基苯基氨基甲酸酯)	
UniChiral AS			直链淀粉-三(S)-α-(甲基苯基氨基甲酸酯)	
UniChiral AD			直链淀粉-三(3,5-二甲基苯基氨基甲酸酯)	

8.7.3　硅胶基质手性色谱填料应用案例

分别采用纳微 UniChiral OD、UniChiral OZ、UniChiral OJ 系列手性色谱填料对反-均二苯乙烯氧化物进行手性分离,具有非常好的分离度。如图 8-12 所示(见下页)。

8.8　无机基质体积排阻色谱填料

体积排阻色谱又名分子筛色谱,是色谱分离模式中最简单的一种类型。在体积排阻色谱中,溶质只依据其分子体积(流体力学体积)的大小而分离。体积排阻色谱的名称比较混乱,这是其发展历史及所使用的分离材料的不同等因素造成的。早期使用的是交联葡聚糖凝胶,在水溶液中分离水溶性的高分子,这种分离技术被称为凝胶过滤色谱(gel filtration

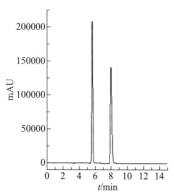

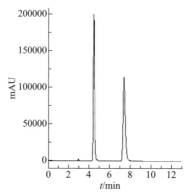

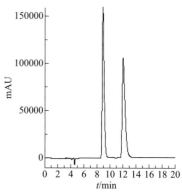

图 8-12　手性色谱填料对反-均二苯乙烯氧化物进行手性分离

chromatography，GFC），随后又出现了在非水有机溶剂体系中，以苯乙烯-二乙烯基苯共聚物为基质的有机高分子凝胶，解决了分子量为几千至几百万的合成高分子的体积排阻色谱分离问题，被称为凝胶渗透色谱（gel permeation chromatography，GPC）。

8.8.1　体积排阻色谱填料种类与性能

凝胶的种类很多，常用的凝胶主要有葡聚糖凝胶（polydextran gel）、聚丙烯酰胺凝胶（polyacrylamide gel）、琼脂糖凝胶（agarose gel）以及聚丙烯酰胺和琼脂糖的交联物，另外还有多孔玻璃珠、多孔硅胶和聚苯乙烯凝胶等[12]。

传统的体积排阻分离介质都是软质凝胶，主要包括葡聚糖型凝胶如 Sephadex 系列；琼脂糖型凝胶如 Sepharose 和 Bio-sep 系列；聚丙烯酰胺型凝胶如 Bio-Gel P 系列等。这些软质凝胶的粒度分布范围宽，颗粒强度低，不能经受压力操作，分离速度慢，一般只适于普通色谱柱。但是它们的亲水性和生物相容性良好，适合于大规模地分离纯化生物大分子和水溶性高聚物，所以作为普通常用色谱填料，仍得到广泛应用。

以合成的多孔高聚物微球为基质的体积排阻填料，普遍来讲都要比多糖型凝胶的机械强度更好一些，可以经受高压和高流速操作，粒度分布范围也更窄些，甚至可达到颗粒单分散水平，所以都属于高效填料，适合于在 HPLC 系统中使用。虽然多数合成树脂的化学结构决定了它们的亲水性和生物相容性还远不及多糖型凝胶，但是通过适当的改性处理，仍可达到预期目的。目前常见的以合成高聚物为基质的体积排阻填料，按其类型主要包括：带有亲水性基团的多孔交联聚甲基丙烯酸酯类树脂、交联聚乙烯醇树脂、被亲水化处理的交联聚苯乙烯树脂、羟基化聚醚类亲水性树脂等。

无机基质亲水凝胶的出现弥补了有机凝胶质软和机械强度低等缺点。无机凝胶填料机械强度高、粒径小、可达到较高的柱效。因而，高效无机亲水凝胶色谱迅速发展起来，一些著名的商品化高效凝胶色谱柱，如 TSK-SW 系列等进入了市场就获得了广泛的应用。以硅胶为基质的高效亲水凝胶色谱填料多以甘油醚基（即二醇基）进行硅胶的表面修饰，氨基、咪唑基、尿素及取代尿素等也可作为其亲水基团，为提高其表面的亲水性和生物相容性，可将葡聚糖连接在硅胶表面，以分离蛋白质，但使用最广泛的仍然是二醇基，这与二醇基填料合成简单且生物相容性好的特点有关（图 8-13）。其最大缺点是非特异性吸附效应较强，可能会吸附比较多的蛋白质，但可以通过表面处理和选择洗脱液来降低吸附。另外，它们不能用于强碱性溶液，使用时 pH<8.5。

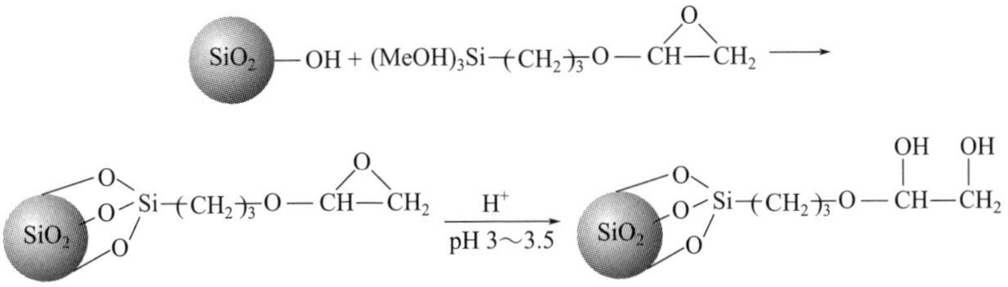

图 8-13　二醇基亲水凝胶合成机理

8.8.2　常见以硅胶为基质的体积排阻色谱填料

表 8-5 列出了常见的无机型亲水体积排阻色谱填料，尽管牌号各异，但其化学本质几乎均是二醇型化学键合硅胶。

表 8-5　常见的无机型亲水体积排阻色谱填料

商品名称	键合相	粒径/μm	孔径/Å	生产厂家
TSK-GEL SuperSW	二醇基	4	125,250	Tosoh
TSK-GEL SWxl		5,8	125,250,450	
TSK-GEL SW		10,13,17	125,250,450	
Agilent Bio SEC-5	中性亲水层	5	100,150,300,500,1000,2000	Agilent
YMC-Pack DIOL-GFC	二醇基	5,10,15,50	60,120,200,300	YMC
Shim-pack Diol	二醇基	5	150,300	Shimadzu
PROTEIN KW-800	亲水层	5,7	400,1000,1500	Shodex
KW-400		3,5	400,800,1500,2000	

8.9　无机基质色谱填料研发新进展

色谱填料是色谱技术的核心，它不仅是色谱方法建立的基础，而且是一类重要的消耗品。色谱柱作为色谱填料的载体，当之无愧被称为色谱仪器的"心脏"。高性能的液相色谱填料一直是色谱研究中最丰富、最有活力、最富于创造性的研究方向之一。未来液相色谱填料技术将向以下几个方面发展。

（1）提高柱效

根据 van Deemter 方程（范弟姆特方程），影响柱效的主要物理因素有色谱填料的粒径大小、孔径、粒径均匀程度。为满足不同的分离目的和分离对象要求，设计和改进色谱填料的结构（形貌、粒径大小、粒径均匀程度、孔径）是提高分离柱效的重要途径。首先，进一步提高粒径的单分散性（均一性），能有效减小涡流扩散和传质阻力。其次，减小硅胶色谱填料粒径大小，可以提高柱效，但是粒径越小，柱压越大，同时均匀装填色谱柱难度也越大，这对色谱设备也提出了新的要求。第三，色谱填料外观结构的控制，如核壳型结构、贯流型结构的出现，可以显著减小 van Deemter 方程中的 A、B、C 项，因此能得到较高的柱效。第四，孔结构的精准控制。

（2）提高化学稳定性

长期以来，硅胶基质色谱填料对极性溶质，特别是对碱性溶质的强非特异性吸附，易导致生物大分子变性和失活，这一直是广大学者和色谱填料开发公司需要解决的问题。①设计和开发新配基和新键合试剂。例如：用异丙基或异丁基取代硅烷试剂中 C_{18} 中的甲基，因为异丙基或异丁基体积较大，可以较好地覆盖残余的硅羟基从而提高了键合相在酸性条件下的稳定性，减少不利吸附；将极性基团（如酰胺或酰胺酯）嵌入到接近 C_{18} 链长的硅烷化试剂中，这类键合固定相亲水性相对较强，可以在 100％水相条件下使用，可以避免发生"疏水坍塌"。②开发新型骨架杂化硅胶。③聚合物涂覆型色谱填料。涂覆型固定相兼具硅胶等无机基质的高强度和高聚物型填料的高化学稳定性，可以最大限度地覆盖表面的硅羟基，降低非特异性吸附。虽然聚合物涂覆型固定相并不是新技术，但是制备方法还需要实现一些技术上的突破，尤其是在涂覆膜均匀性和厚度的精密控制等方面，这样产生的固定相就能更好地满足特殊样品色谱分析分离的需要。

（3）开发新基质填料

氧化铝、氧化钛和氧化锆都具有非常好的化学稳定性及热稳定性，作为色谱填料基质具有非常好的前景，但还需要进一步完善制备工艺，目前工艺制备的色谱填料基质各物理性能，很难与硅胶媲美。研制新型高聚物型色谱填料，以硅胶和聚合物为基质的填料是在色谱分离和分析领域必不可少的两种性能互为补充的反相色谱介质。

（4）混合模式色谱

混合模式色谱是在一根色谱柱上实现两种或多种分离机理共同主导的色谱。混合模式色谱分离的基础是色谱固定相能同时提供多种作用力，由于多种作用力的存在，混合模式色谱可以显著地提高分离选择性。固定相上存在多种功能基团的色谱模式将会是对现有液相色谱模式的一种重要补充。但混合模式色谱并不是一个全新的概念，根据待分离目标物的性质，开发出更多混合模式基质的色谱填料，例如 C_{18}/SCX、C_{18}/SAX 等。

（5）整体柱

所谓整体柱，又称为棒状柱和连续床层，在柱内原位聚合或固定化形成连续多孔的整体结构，可以根据需要对整体材料的表面进行相应的衍生化，是一种新型的应用于分离分析或作为反应器的多孔材料。与传统的固体颗粒填充柱相比，整体柱具有显著的优点：①色谱柱制备方法简单，色谱性能稳定，将传统的介质合成与柱装填两步合一，避免了微球合成、筛选、装填等复杂操作，降低了成本；②微球填充柱的空间利用率低，最好的填充柱仍有约 40％的空体积，而整体柱可以填充整个色谱柱空间，柱内的空隙体积可以降至最小，可以大大提高空间利用率；③整体柱内具有相互贯通的大孔，可以提高传质速率，具有贯流色谱的特点，即色谱柱中既有流动相的流通孔，又有便于溶质进行传质的中孔，因而可以对生物大分子进行快速分离，而且色谱柱的稳定性很好。

整体柱作为继多聚糖、交联与涂渍、单分散之后的第四代色谱固定相，已有数家公司推出了商品化的整体柱，尽管整体柱的种类较多，但其应用范围主要取决于表面化学性质。因此，采用不同的制备方法和引入不同的基质材料来控制整体柱表面的化学性质已成为当前的研究热点。

参 考 文 献

[1] 刘国诠. 生物工程下游技术. 第 2 版. 北京：化学工业出版社，2002.

[2] Chester T L. Recent developments in high-performance liquid chromatography stationary phases. Anal Chem，2012，85(2)：579-589.

[3] Fekete S，Schappler J，Veuthey J L，et al. Current and future trends in UHPLC. TrAC Trends Anal Chem，2014，63：2-13.

[4] Gonnzalez R，Olives A I，Martin M A. Core-shell particles lead the way to renewing high-performance liquid chromatography. TrAC Trends Anal Chem，2015，64：17-28.

[5] Waters Investments Limited. Porous inorganic/organic hybrid particles for chromatographic separations and process for their preparation：US6686035. 2001-08-07.

[6] Waters Investments Limited. Porous inorganic/organic hybrid particles for chromatographic separations and process for their preparation：US20030150811. 2002-08-08.

[7] 欧俊杰，邹汉法. 液相色谱分离材料：制备与应用. 北京：化学工业出版社，2016.

[8] Nawrocki J，Moir D L，Szczepaniak W. Trace metal impurities in silica as a cause of strongly interacting silanols. Chromatographia，1989，28(3-4)：143-147.

[9] 杨辉，马旭通，孙文正，等. 羟基磷灰石分离纯化抗 TNF-α 单克隆抗体. 中国生物制品学杂志，2015，28(12)：1327-1331.

[10] 李志强. 羟基磷灰石的制备及其在生物分离中的应用[D]. 青岛：青岛科技大学，2015.

[11] 童义平，李粉玲，余沐磷. 溶胶-凝胶法制备羟基磷灰石工艺条件的探讨. 中国陶瓷，2002，38(4)：16-17.

[12] 郭立安，常建华. 蛋白质色谱分离技术. 北京：化学工业出版社，2011.

[13] Ono T. Preparation of catalysisⅢ. Amsterdam：Elsevier，Scientific Publisher，1983：631-635.

[14] Nawrocki J，Dunlap C，Mccormick A. Part I. Chromatography using ultra-stable metal oxide-based stationary phases for HPLC. J Chromatogr A，2004，1028(1)：1-30.

[15] Grün M，Kurganov A A，Schacht S，et al. Comparison of an ordered mesoporous aluminosilicate，silica，alumina，titania and zirconia in normal-phase high-performance liquid chromatography. J Chromatogr A，1996，740(1)：1-9.

[16] Schmitt G L，Pietrzyk D J. Liquid chromatographic separation of inorganic anions on an alumina column. Anal Chem，1985，57(12)：2247-2253.

[17] Rigney M P，Funkenbusch E F，Carr P W. Physical and chemical characterization of microporous zirconia. J Chromatogr A，1990，499(2)：291-304.

[18] Trüdinger U，Müller G，Unger K. Porous zirconia and titania as packing materials for high-performance liquid chromatography. J Chromatogr A，1990，535(1)：111-125.

[19] Rodriguez R，Blesa M A，Regazzoni A E. Surface complexation at the TiO_2 (anatase)/aqueous solution interface：chemisorption of catechol. J Colloid & Interface Sci，1996，177(1)：122-131.

[20] Peterson A K，Morgan D G，Skrabalak S E. Aerosolsynthesis of porous particles using simple salts as a pore template. Langmuir the Acs J Surfaces & Colloids，2010，26(11)：8804-8809.

[21] Titulaer M K，Jansen J B H，Geus J W. The preparation and characterization of sol-gel silica spheres. J Non-Crystalline Solids，1994，168(1-2)：1-13.

[22] Unger K，Schick-Kalb J，Krebs K F. Preparation of porous silica spheres for column liquid. J Chromatogr A，1973，83：5-9.

[23] 张艳. 自制硅溶胶-聚合诱导胶体凝聚法制备多孔硅胶者微球[D]，南京：南京理工大学，2012.

[24] Schuster S A，Boyes B E，Wagner B M，et al. Fast high performance liquid chromatography separations for proteomic applications using Fused-Core silica particles. J Chromatogr A，2012，1228：232-241.

[25] 江必旺，吴俊成，陈荣姬. 功能化均粒多孔二氧化硅微球及其制备方法和应用：CN201010567428.6. 2011-05-25.

[26] Yoon S B，Kim J Y，Kim J H，et al. Synthesis of monodisperse spherical silica particles with solid core and mesoporous

shell: mesopore channels perpendicular to the surface. J Mater Chem, 2007, 17(18): 1758-1761.

[27] Kim J H, Yoon S B, Kim J Y, et al. Synthesis of monodisperse silica spheres with solid core and mesoporous shell: morphological control of mesopores. Colloids & Surfaces A Physicochemical & Engineering Aspects, 2008, 313(1): 77-81.

[28] Kirkland J J, Glajch J L, Farlee R D, et al. Synthesis and characterization of highly stable bonded phases for HPLC column packings. Anal Chem, 1989, 61(1): 2-11.

[29] Kirkland J J, Glajch J L. Substrates with sterically-protected, stable, covalently-bonded organo-silane films: US4705725. 1987-11-10.

[30] Layne J. Characterization and comparison of the chromatographic performance of conventional, polar-embedded, and polar-endcapped reversed-phase liquid chromatography stationary phases. J Chromatogr A, 2002, 957(2): 149-164.

[31] Petro M, Berek D. Polymers immobilized on silica gels as stationary phases for liquid chromatography. Chromatographia, 1993, 37(9-10): 549-561.

[32] 郭立安. 高效液相色谱法纯化蛋白质理论与技术. 西安: 陕西科学技术出版社, 1993.

[33] 沈爱金, 郭志谋, 梁鑫淼. 亲水作用色谱固定相的发展及应用. 化学进展, 2014, 26(1): 10-18.

[34] 梁鑫淼. 基于亲水作用色谱的寡糖色谱分离新进展. 色谱, 2011, 29(3): 191-192.

[35] Wirth M J, Fairbank R W P, Fatunmbi H O. Mixed self-assembled monolayers in chemical separations. Science, 1997, 275(5296): 44-47.

[36] Ikai T, Okamoto Y. ChemInform abstract: structure control of polysaccharide derivatives for efficient separation of enantiomers by chromatography. Chem Rev, 2009, 109(11): 6077-6101.

[37] Yashima E. Polysaccharide-based chiral stationary phases for high-performance liquid chromatographic enantioseparation. J Chromatogr A, 2001, 906(1-2): 105-125.

[38] Zhang T, Nguyena D, Franco P. Cellulose 3,5-dimethylphenylcarbamate immobilized on silica: A new chiral stationary phase for the analysis of enantiomers. Anal Chim Acta, 2006, 557(1-2): 221-228.

[39] HaginakaJ. Protein-based chiral stationary phases for high-performance liquid chromatography enantioseparations. J Chromatogr A, 2001, 906(1): 253-273.

[40] Marle I, Erlandsson P, Isaksson L H, et al. Separation of enantiomers using cellulase(CBHI) silica as a chiral stationary phase. J Chromatogr A, 1991, 586(2): 233-248.

[41] Ng S C, Ong T T, Fu P, et al. Enantiomer separation of flavour and fragrance compounds by liquid chromatography using novel urea-covalent bonded methylated β-cyclodextrins on silica. J Chromatogr A, 2002, 968(1): 31-40.

[42] Cho Y J, Choi H J, Hyun M H. Preparation of two new liquid chromatographic chiral stationary phases based on diastereomeric chiral crown ethers incorporating two different chiral units and their applications. J Chromatogr A, 2008, 1191(1-2): 193-198.

[43] Desiderio C, Fanali S. Chiral analysis by capillary electrophoresis using antibiotics as chiral selector. J Chromatogr A, 1998, 807(1): 37-56.

[44] Ma G J, Gong B L, Yan C. Preparation of polymer-bonded chiral ligand exchange chromatographic stationary phase and resolution of racemates. Chin J Anal Chem, 2008, 36(3): 275-279.

[45] Zaher M, Ravelet C, Baussanne I, et al. Chiral ligand-exchange chromatography of amino acids using porous graphitic carbon coated with a dinaphthyl derivative of neamine. Anal Bioanal Chem, 2009, 393(2): 655-660.

第 **9** 章　有机聚合物基质色谱填料

9.1　概述

用于蛋白质等生物大分子分离的色谱填料基质按照材料性质分为无机基质和有机基质两大类。无机基质主要是以硅胶为主的色谱填料；有机基质则主要是以人工合成聚合物和自然界中的天然多糖类聚合物为主的色谱填料。许多书中也有将色谱填料基质分为无机基质、人工合成聚合物基质和多糖基质三大类。

常用人工合成聚合物基质有交联聚苯乙烯（PS）、交联聚苯乙烯二乙烯基苯（PS-DVB）、交联聚甲基丙烯酸酯（PMMA）、交联聚苯乙烯聚甲基丙烯酸酯（PS-PMMA）、交联聚丙烯酰胺和羟基化聚醚树脂等。常用天然多糖类聚合物基质有琼脂糖、葡聚糖、纤维素、壳聚糖和魔芋多糖等。为了区分两者的不同，将人工合成的聚合物基质简称为聚合物基质，将自然界存在的天然多糖类聚合物基质简称为多糖基质。

无机基质、聚合物基质和多糖基质在用于蛋白质分离时各有特点，见表 9-1。

表 9-1　不同基质色谱填料特性比较

基质	耐压	生物相容性	蛋白质载量	价格	大规格应用状况	pH 使用范围	非特异性吸附
硅胶	高	差	低	高	差	小	中
聚合物	中	差	中	中	中	宽	大
多糖	低	好	高	低	好	宽	低

大孔硅胶基质的色谱填料生物相容性较差、价格高、pH 使用范围小（不能满足蛋白质制备中常用 1mol/L NaOH 清洗柱子的需求）、蛋白质载量低，适合用于 HPLC 的色谱柱，较少用于蛋白质的大规模制备。

多糖基质填料是目前蛋白质纯化应用范围最广，也是用量最大的材料，特别是以琼脂糖为基质的填料。这是由于多糖基质的色谱填料有良好的亲水性，对蛋白质类产品非特异性吸附很低，生物相容性好，而且有大孔结构，比表面积较大，衍生化较容易，蛋白质载量高，pH 使用范围宽，表面的羟基可以衍生出不同类型的色谱填料等优点。所以，目前无论是实验室或生产中的蛋白质分离多使用多糖基质。多糖类色谱填料的一个明显缺点是机械性能差，但可通过增加交联度改善其机械强度。

自从 Moore[1] 于 1964 年应用聚合物基质作为色谱填料后，由于其具有化学稳定性高、耐受 pH 范围宽等优点，聚合物色谱填料的开发就一直受到重视[2]。目前，聚合物基质的填料已在反相、离子交换、排阻和亲和色谱技术中得到了广泛的应用，另外聚合物基质也是最早获得的单分散色谱填料。聚合物基质的耐压性比多糖类好，pH 的耐受性比硅胶好，与蛋白质产品分离时的生物相容性随聚合物使用单体不同差异较大。目前聚合物基质色谱填料已成为蛋白质分离的一类重要的产品。本章以人工合成的聚合物基质的色谱填料为基础，介绍其在生物工程下游中的应用。不同种类多糖基质的色谱填料及其在生物工程下游技术中的应用将在第十章到十三章进行详细的介绍。

9.2　聚合物基质反相色谱填料

反相色谱（RPC）分离对象几乎覆盖了所有类型的化合物。尽管目前 RPC 分离柱仍然是以硅胶基质的键合相填料为主体，特别是键合 C_{18}、C_8 烷基及苯基填料的出现，使该技术得到长足发展并被广泛应用于各个领域。这类填料最大特点是颗粒刚性好，有利于传质，可以得到很高的柱效，并有良好的色谱选择性[3]；但其也有一些明显缺陷，例如 pH 使用范围窄（一般在 2～8），在强酸或强碱溶液中会导致硅胶溶解，限制其应用范围。硅胶表面残留的硅羟基具有吸附活性，特别对碱性化合物的分离表现为峰形拖尾，影响分离效果等。

近年来，大孔聚合物微球被直接应用于反相色谱领域，在很多方面显示出相对传统反相硅胶填料的优越性和互补性，特别是聚苯乙烯类填料可直接应用于反相色谱中，可实现在 pH 1～14 之间正常使用，并且在碱性化合物的反相色谱分离中，能够很好地避免对样品的不可逆吸附，分析分离效果良好。此外在分离生物活性成分和天然产物方面，聚合物色谱填料也得到了广泛应用[4]。

较为常见的聚合物基质的表面具有烷基键合相非极性的特征，因此无需化学改性就可以直接用作 RPC 填料。此外还有一些其它类型（包括烷基衍生）的聚合物基质的 RPC 填料，例如醋酸乙烯酯共聚物、带有 C_{18} 烷基侧链的聚丙烯酰胺、聚甲基丙烯酸的烷基酯化物、聚乙烯醇的酯化物、C_{18} 烷基键合的聚乙烯醇、C_{18} 烷基衍生的交联聚苯乙烯以及苯基或烷基衍生的羟基化聚醚填料等。表 9-2 为部分商品化的聚合物类型 RPC 填料。

表 9-2　部分常见的聚合物类型反相色谱填料

名称	基质材料	粒度/μm	孔径/nm	应用
TSK gel Octadecyl-NPR	聚丙烯酸酯类	2.5	无孔	快速分离蛋白质等
Hamilton PRP-1	PS-DVB	10	7.5	分离核苷、磺胺药等
ARPP	PS-DVB	5,10	8	类似于 C_{18} 键合相填料
ACT-1	PS-DVB-C_{18}	10	—	与 C_{18} 键合相填料性能相同
Shodex RS pak DS-613	PS-DVB	—	—	类似于 C_{18} 键合相填料
Polypore phenyl RP	PS-DVB	10	30	分离生物大分子化合物
Polypore RP	PS-DVB	10	8	类似于 C_{18} 键合相填料
Bio Gel PRP 70-5	含 Benzyl 聚合物	5	7	分离聚合物和有机物
SOURCE 30RPC	PS-DVB	30		分离纯化血管紧张肽、脂肪动员激素及酸性条件下不稳定的生长因子等
POROS-C_{18}	PS-DVB	10,20		快速分离生物大分子,在碱性条件下分离血管紧张肽等
UniPS Series	单分散 PS-DVB	3,5,10,30,40	10,50,100	适用 UPLC 到 HPLC 及中低压分析制备,如盐酸万古霉素、利拉糖肽、他克莫司等

名称	基质材料	粒度/μm	孔径/nm	应用
UniPMM Series	单分散 PMMA	20,40,50	50,100	如灯盏花乙素、替考拉宁、紫杉醇、盐酸万古霉素、多黏菌素 B1、环孢菌素 A 衍生物等
UniPSN Series	单分散 PS-PMMA	30,40,60	30	如棘白菌素类化合物、环孢菌素 A 衍生物等
UniPSA Series	单分散 PS-DVB	10,15,30,50,60	10,50,100	如格尔德霉素、棘白菌素类化合物、环孢菌素 A 衍生物、阿尼芬净、替考拉宁等
NM Series	PS-DVB	200,400,600	30	如棘白菌素 B 母核、白果内酯、林可霉素、隐丹参酮、帕曲星 B 等

聚合物色谱填料均可在 pH 2～12 范围内使用，甚至在 1～14 内也可使用。从化学结构来看，这类填料表面均有较强疏水作用，在乙腈-水或甲醇-水溶液的典型反相色谱洗脱条件下，其色谱性能与硅胶基质的烷基键合反相填料具有明显的互补特征。

9.2.1 聚合物反相色谱常用基质

（1）交联聚苯乙烯填料

苯乙烯与二乙烯基苯的交联共聚物（PS-DVB）微球是各种液相色谱技术中应用最为广泛的一类基质填料，通过控制交联剂二乙烯基苯的含量可控制 PS-DVB 微球的交联度，从而控制微球的机械强度。PS-DVB 微球因其良好的颗粒刚性、小而均匀的粒度和适宜的孔径大小与分布，所以适用于色谱分析和分离制备领域。

单分散粒径填料和具有贯穿性超大孔结构填料，代表了当前高效填料的最新发展水平，这些具备特定物理结构的新一代产品，其基质填料多是高交联 PS-DVB 微球，该类微球因其化学稳定性好、pH 使用范围宽、机械强度高，近年来备受重视。相比硅胶而言，这种色谱填料具有在整个 pH 范围内稳定的优点，并且其疏水性较强，可直接用于反相色谱填料和以有机溶剂为流动相的分子排阻色谱填料。若用于以盐溶液为流动相的分子排阻色谱分离，就必须对其表面进行涂覆或亲水性修饰。此外所谓贯流色谱填料，是由 Regnier 等发展出来的，此类填料是以具有贯穿性超大孔结构的 PS-DVB 填料为基质。由这种填料所派生的 POROS 系列产品（粒度 10μm、20μm）包括反相、离子交换、疏水性相互作用、金属螯合和生物亲和等快速高效填料。颗粒小而均匀的非多孔型 PS-DVB 微球，也是非常有用的填料，可以其为基础制备出各种分离模式的填料。

单分散颗粒填料的制备在文献中已介绍过许多方法，如种子溶胀聚合法、有机介质中的分散聚合法、微重力环境中连续溶胀聚合法、单体气溶胶的阳离子聚合法、喷射-冷冻成形和辐射聚合法等。相比之下，由 Ugelstad 等[5] 建立的种子溶胀聚合法，对于制备液相色谱用的颗粒单分散 PS-DVB 填料更为有效，用这类方法所合成的产品（包括大孔结构产品）已得到广泛应用，由 Pharmacia 公司先后发展出来的单分散高效填料都是以颗粒完全均一的多孔型 PS-DVB 填料为基质的产品。尽管 Ugelstad 教授发明的种子溶胀聚合法能够制备均一粒径聚合物色谱填料，但该方法依然存在诸如成本高昂、筛选周期长、规格品种较少、微球基质单一和单批量生产规模较小等不足之处，制约着行业研究及生产的多样化需求。我国苏州纳微科技股份有限公司（简称"纳微"）实现了对多种基质类型单分散微球的批量化生产，研发的单分散聚合物微球的基质种类主要包括 PS、PMMA、PS-DVB、PS-PMMA 等。

从 20 世纪 90 年代开始，Hosoya 就开始将单分散聚苯乙烯大孔微球应用于反相色谱中，取得了良好的效率和低柱压。到 21 世纪初 Lloyd 采用不同孔径的单分散聚苯乙烯微球作为反相色谱填料，用于合成多肽和重组蛋白质的分离纯化。在国内，魏荣卿等[6] 合成了以 PS-DVB 微球为基质的反相色谱填料，与国外进口的 Soure（也是 PS-DVB 基质）反相填料一起，分别应用于基因重组白细胞介素-2（IL-2）的分离纯化中，得到了良好的纯化，见图 9-1。纳微推出的 PS 填料也已应用于天然有机物等方面的分析检测和精细分离纯化领域。图 9-2 是丹参酚酸 A 纯化前后分析图谱。纯化前粗品纯度为 92.03％，纯化后产品纯度达到 98.78％，回收率为 78.40％。

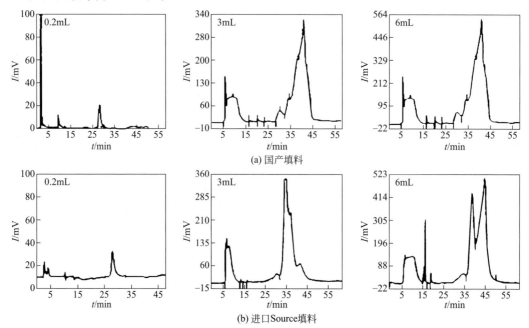

图 9-1 **PS-DVB 反相色谱纯化基因重组 IL-2 色谱图**

流动相 A：0.1％TFA；流动相 B：80％乙腈-0.1％TFA；

洗脱条件：0％B→100％B 30min；UV：280nm；流速：1mL/min；上样体积：分别为 0.2mL、3mL 和 6mL

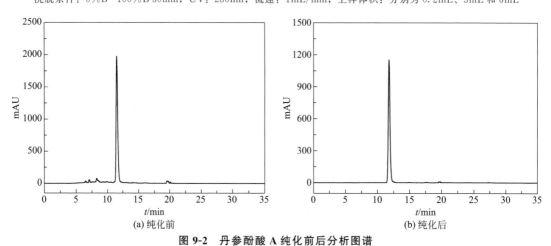

图 9-2 **丹参酚酸 A 纯化前后分析图谱**

分析柱：UniSil 5-100 C$_{18}$（纳微科技）；柱温：35℃；洗脱液 A：水含 0.1％甲酸；

洗脱液 B：乙腈；洗脱程序：等度洗脱，A/B＝74:26；流速：1.0mL/min；检测波长：UV 286nm

（2）交联聚甲基丙烯酸酯类填料

以甲基丙烯酸的甲酯、丁酯、羟基乙酯、环氧丙酯等化合物为单体，采用不同的交联剂，可以制备出多种类型的高交联聚合物微球。交联剂既可以使用与单体结构相近的二甲基丙烯酸乙二醇酯，也可以使用二乙烯苯等其它双烯类化合物。这些填料无论是疏水性的还是亲水性的基本上都可用作色谱分离的基质材料，部分基质可直接用于色谱分离。PMMA 类中的一大类是采用甲基丙烯酸环氧丙酯（GMA）为单体，乙二醇二甲基丙烯酸酯（EDMA）为交联剂，通过溶胀聚合制得孔径分布适宜的单分散交联 PGMA/EDMA。这类聚合物微球具有良好的化学反应特性，在特别温和的条件下，就能很方便地衍生成适合于不同色谱使用的色谱填料。如将其环氧基水解开环，就会变成亲水性填料；将其与不同类型的离子化试剂反应，就可制得相应的强弱阴阳离子交换剂以及螯合填料；将其与生物亲和配基反应，就可制得相应的亲和填料等。就亲水性和表面修饰改性来看，明显优于 PS 型填料。

图 9-3 为维生素 B_{12} 纯化前后分析图谱，粗品纯度约为 93.00%，经过单分散交联聚苯乙烯/聚甲基丙烯酸酯类介质纯化后，纯度可达到约 99.70%，回收率约为 56.00%。

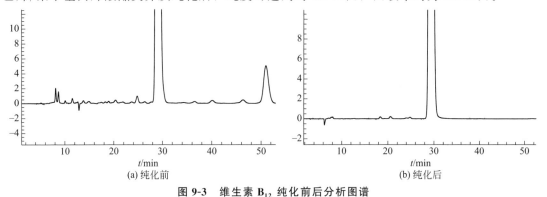

图 9-3　维生素 B_{12} 纯化前后分析图谱

分析柱：UniSil 5-100 C_8（纳微科技）；洗脱液 A：磷酸氢二钠溶液（10g/L，pH3.5）；洗脱液 B：甲醇；
洗脱程序：等度洗脱，A/B=80/20；流速：0.8mL/min；检测波长：UV 361nm；柱温：35℃

9.2.2　聚合物反相色谱填料与硅胶反相色谱填料的互补性

同为反相色谱填料，聚合物反相色谱填料与硅胶反相色谱填料间存在着非常强的互补性，见表 9-3。众所周知，硅胶填料作为 HPLC 分析最早使用和最普及的色谱填料，其具有优质的耐溶剂、不溶胀特性，加之具有较高的机械强度，故能保证色谱柱床稳定，对于单分散硅胶填料而言就更是如此。此外硅胶表面附着的硅羟基也很容易对其进行修饰和改性处理，但其明显的不足之处是耐碱性差，硅羟基会引起碱性化合物出现拖尾现象[7]。聚合物填料中的 PS 基质机械强度较高，但会有一定程度溶胀性，需要采用 DAC（动态轴向压缩技术）进行装柱以保持柱床稳定。另由于其本身具有疏水特性，无需进行键合即可用作反相色谱填料，故无官能团脱落的可能。值得注意的是 PS 基质填料具有很强的耐酸碱性能（耐受 pH 1~14），便于进行条件更苛刻的在位清洗和消毒操作，并且重复使用色谱重现性佳且寿命长。聚合物中的 PMMA 填料除具有上述 PS 基质的特点外，还表现出极性较强和亲水性良好的特点，可采用纯水流动相对非极性强的亲脂性分子进行良好的色谱分离，并且无需进行表面改性即可键合修饰相应的官能团，而 PS 基质的填料则必须先作表面亲水化处理才能进行键合修饰[8]。此外，聚合物色谱填料在单分散状态下的装柱柱效和塔板数均能实现与硅胶色谱填料相一致的良好效果。就表面改性和键合修饰而言，由于硅胶和聚合物两种基质属性存在天然差异，对硅胶基质进行表面改性和键合修饰更容易实现，PMMA 基质次之，最后为 PS 基质，这就使得可键合多种官能团的硅胶填料可以进行更多个性化的定制，从而更容易满足多样化的纯化需求。

表 9-3　聚合物与硅胶反相色谱填料基本特性一览表

材质	机械强度	化学稳定性	表面改性	溶剂溶胀性	分离模式	目标分子	主要生产厂家
聚苯乙烯	中强	强	较难	中	反相、离子、疏水、分子筛、亲和	大、中、小分子	GE、三菱化学、Dow Chemical、Polymer Lab、Merck、纳微
聚丙烯酸酯	中	中	较易	中	离子、疏水、分子筛、亲和	大、中分子	Tosoh、Biorad、Merck、纳微
键合硅胶	强	弱	容易	小	反相、正相、反反相、Hilic	中、小分子	Kromasil、Daisol、Fuji、Merck、纳微

由于聚合物反相填料普遍具有相对硅胶反相填料更长的使用寿命，因此可以显著避免新旧填料更换时造成的工艺不稳定性，通过降低对工艺的影响来确保企业持续高效地进行生产。就基质材料特点而言，硅胶往往比聚合物拥有更高的机械强度，因此在溶液中溶胀表现要远远优于聚合物填料，目前多采用增加聚合物交联度来增强其刚性并降低溶胀效果，取得理想的实验成果。在进行聚合物基质填料的研发和生产中，调整聚合物单体的种类、比例及合成方式，能够实现对多样化聚合物基质的研发，相对硅胶比较单一的选择而言，能更好地满足科研及生产上的较多需求[2]。

在纯化多肽方面，硅胶与聚合物填料之间也存在互补性。聚合物填料拥有更优质的耐酸碱性能（耐受 pH 为 1～14），这一点是反相硅胶填料所不能比拟的。因此第一步采用反相聚合物填料来纯化粗产物将绝大多数杂蛋白质、核酸、热原、内毒素及色素等除去，在确保理想的纯化效率和回收率情况下，可以对后续用到的反相硅胶填料起到很好的保护作用，并且反相聚合物填料在经过清洗再生后依然能保证良好的分离效果和色谱重现性。当一步纯化得到纯度较理想的供试品后，再依据目标产物的特性优选键合适宜的官能团硅胶填料进行纯化，往往可以获得非常理想的目标产物纯品，见图 9-4，表 9-4。

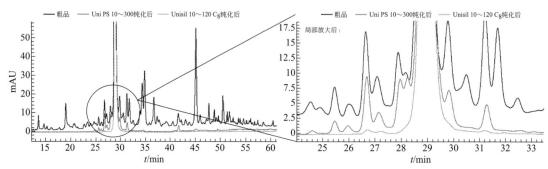

图 9-4　单分散硅胶色谱介质结合聚合物色谱介质纯化利拉鲁肽

表 9-4　分离纯度数据一览表

项目	纯度/%	回收率/%	总回收率/%
粗品	54.7	—	
UniPS 10-300[②]纯化后	92.4	64	22.78
UniSil 10-120 C₈[②]纯化后	99.3[①]	35.6	

① 经两步纯化后，终产物纯度达标，且单杂含量在 0.5% 以下。
② UniPS 和 UniSil 分别为纳微公司生产的单分散聚合色谱介质和硅胶色谱介质。

9.3 聚合物基质离子交换色谱填料

离子交换色谱（IEC）的分离机理是建立在样品分子与固定相表面基团之间电荷的相互作用，这种相互作用可能表现为离子与离子、偶极与离子或其它动态平衡作用力的形式。按所使用的离子交换介质所带基团的不同，可分为强碱性阴离子型（含季铵基，Q 型）、弱碱性阴离子型（含伯胺基、仲胺基，DEAE 型）、强酸性阳离子型（含磺酸基，SP 型）和弱酸性阳离子型（含羧酸基，CM 型）等四种类型。

将聚合物基质的填料应用于 IEC 方法中能够表现出非常明显的优越性，该类填料几乎可以在全 pH 范围内正常使用和再生清洗，且使用寿命很长，广泛适用于各种缓冲液洗脱体系。基质耐脏且化学稳定性好，即使柱子被污染，也能很容易地进行较极端条件下的再生清洗以恢复其色谱性能。填料普遍具有较高的色谱容量，甚至可以比硅胶键合相离子交换填料高一个数量级；填料的基质骨架结构决定了其非特异性吸附较低，对于保持样品生物活性很有利。因此聚合物离子交换色谱填料不仅在 IEC 的应用中占据着重要的地位，而且在活性生化样品的分离纯化应用中有着广阔的发展前景[9]。

目前常见的聚合物类型的离子交换色谱填料多以交联共聚的 PS-DVB 或 PMMA 为基质，同时也有许多其它类型的交联聚合物基质的 IEC 填料，如亲水性聚合物凝胶基质 4-乙烯吡啶共聚物基质等，上述填料一般都是高交联大孔结构微球，具有良好的刚性和小而均匀的粒度（一般 $10\mu m$）。表 9-5 列出了部分常见聚合物基质的 IEC 填料（包括非多孔填料）的结构与性能特征，除 Aminex HPX 系列外，其它均可在 pH 2～12 范围内使用，纳微的 Nano 系列和 UniCore 系列离子交换填料甚至可在 pH 1～14 范围内使用。

表 9-5　部分常见聚合物基质离子交换色谱介质

名称	基质	官能团	粒径/μm	孔径/Å	应用
Mono Q	PS-DVB	$-NMe_3^+$	10	800	蛋白质分离纯化
TSK gel SP-5PW	亲水性聚合物	SP	10	1000	蛋白质、多肽、核酸的分离
TSK gel DEAE-NPR	亲水性聚合物	DEAE	2.5	非多孔	蛋白质、核酸的快速分离
TSK gel SCX	PS/DVB	$-SO_3^-$	10	—	氨基酸、碱基、有机酸、核酸等的分离
Macrosphere/R DEAE	HEMA 聚合物	DEAE	10	350	蛋白质的分离
PL-SAX	PS-DVB	$-NR_3^+$	8,10	1000,4000	蛋白质等的分离
SOURCE 15Q	PS-DVB	Q	15	—	精细纯化生物产品
POROS Q	PS-DVB	Q	10,20	超大孔	极快速的分离纯化
UniCM	单分散 PMMA	CM	30,50	300,500	蛋白质、多肽、核酸、抗生素等的捕获和中度纯化
UniSP	单分散 PMMA	SP	30,50	300,500	蛋白质、多肽、核酸、抗生素等的捕获和中度纯化
UniDEAE	单分散 PMMA	DEAE	30,50	300,500	蛋白质、多肽、核酸、抗生素等的捕获和中度纯化
UniQ	单分散 PMMA	Q	30,50	300,500	蛋白质、多肽、核酸、抗生素等的捕获和中度纯化

名称	基质	官能团	粒径/μm	孔径/Å	应用
UniMSP	单分散 PMMA	SP	30,50	300	疏水作用和离子交换的复合模式色谱介质用于捕获和中度纯化
UniGel-SP	单分散 PMMA	SP	30,80	1000	抗体、蛋白质、多肽等生物大分子的高载量捕获和大规模纯化
UniGel-CM	单分散 PMMA	CM	30,80	1000	抗体、蛋白质、多肽等生物大分子的高载量捕获和大规模纯化
UniGel-Q	单分散 PMMA	Q	30,80	1000	抗体、蛋白质、多肽等生物大分子的高载量捕获和大规模纯化
UniGel-DEAE	单分散 PMMA	DEAE	30,80	1000	抗体、蛋白质、多肽等生物大分子的高载量捕获和大规模纯化
NanoSP	单分散 PS/DVB	SP	10,15,30	1000	抗体、蛋白质、多肽、核酸和小分子药等工业精细纯化
NanoQ	单分散 PS/DVB	Q	10,15,30	1000	抗体、蛋白质、多肽、核酸和小分子药等工业精细纯化
UniCore-CM	单分散 PS/DVB	CM	3,5,10	无孔	蛋白质、多肽、核酸等生物大分子的分析检测
UniCore-Q	单分散 PS/DVB	Q	3,5,10	无孔	蛋白质、多肽、核酸等生物大分子的分析检测
UniCore-SP	单分散 PS/DVB	SP	3,5,10	无孔	蛋白质、多肽、核酸等生物大分子的分析检测
UniCore-DEAE	单分散 PS/DVB	DEAE	3,5,10	无孔	蛋白质、多肽、核酸等生物大分子的分析检测

9.3.1 聚合物离子交换色谱常用基质

（1）多孔高交联聚合物 IEC 填料

在以多孔交联 PS 微球为基质的 IEC 介质，主要用于快速分离纯化生物大分子，在其柱效、穿透性、分离度、负载量和回收率等方面均表现出了优异的性能。

Nano 强碱性阴离子型（含季铵基，Q 型）、强酸性阳离子型（含磺酸基，SP 型）两种类型的离子交换介质，采用单分散 PS-DVB 微球为基质，经过亲水化处理后再进行表面改性和键合修饰相应官能团而得到高动态载量离子交换介质，Q 型和 SP 型蛋白质负载量最大分别为每毫升含 65mg 的 BSA 和每毫升含 80mg 的溶菌酶。该系列介质除了能确保理想的色谱分析纯化效果，还能大大降低投入成本和后处理难度，相对于葡聚糖或琼脂糖等软胶介质而言具有诸多优势。图 9-5 为 NanoSP 分析纯化胰岛素的液相色谱图。

贯流色谱填料 POROS 系列中，其离子交换型包括 Q（Quarternized PEI）、DEAE、S（sulfoethyl）、CM 等四种产品型号，并按照其颗粒大小又分为 H 系列（$10\mu m$）和 M 系列（$20\mu m$）。这类兼备分离制备与分析检测作用的强弱阴阳离子交换填料，具有高分辨、高容量、高流速和低反压等特点。它们通常可在 $1000\sim5000$ cm/h 甚至更高的线性流速下工作，在此范围内柱效基本上保持不变，且柱压很低，所以这类填料适用于高效快速地分离与分析各类生化物质[10]。

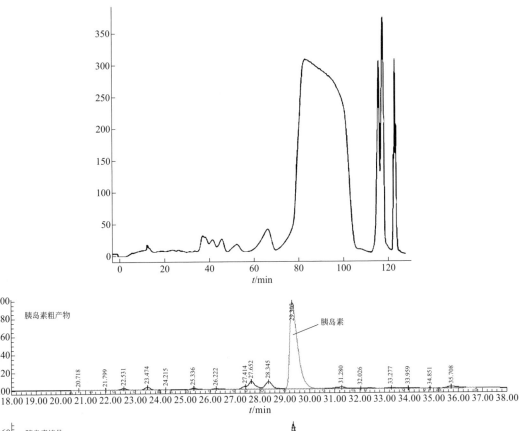

图 9-5　NanoSP 分析纯化胰岛素的液相色谱图

分析柱：NanoSP-15L（纳微科技）；洗脱液 A：30％正丙醇及 70％缓冲液；洗脱液 B：95％A 及 5％ NaCl；
梯度洗脱：0～30％B，5BV；30％B～60％B，30BV；60％～100％B，1BV；100％B，3BV；
流速：0.8mL/min；检测波长：UV 280nm；样品：Insulin Deter

以亲水性多孔交联 PMMA 微球为基质的 IEC 填料中，Uni 系列和 UniGel 系列属于两类比较典型的离子交换色谱填料，均采用单分散 PMMA 为微球基质。Uni 系列是将官能团直接键合在微球表面，而 UniGel 系列则是先在微球表面键合延长臂，然后将相应官能团键合到延长臂上，这样的设计可以大大提高其载量，相较传统 IEC 介质提升一倍以上，非常适合于抗体、蛋白质等的规模纯化。这两个系列的离子交换色谱介质有 Q、DEAE、SP、CM 四种类型，可以较好地满足科研及工业化生产客户的多样化需求。许多蛋白质可以用这些介质来进行分离，选择适当的洗脱条件，其分辨率几乎可以与凝胶电泳相比，甚至一些分子量较大的蛋白质如 β-淀粉酶（197000）、过氧化氢酶（240000）和血纤维蛋白原（330000）也能实现高分辨率分离。图 9-6 为采用 UniQ 分析牛血清白蛋白和淀粉葡糖苷的液相色谱图。

（2）无孔高交联聚合物 IEC 填料

近年来，无孔高交联聚合物基质填料的开发和应用在离子交换色谱中表现得尤为突出，

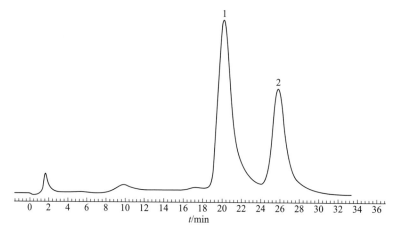

图 9-6 UniQ 分析牛血清白蛋白和淀粉葡糖苷的液相色谱图

分离柱：UniQ-30S（纳微）；淋洗液 A：25mmol/L Tris（pH＝8.5）；
淋洗液 B：25mmol/L Tris 及 1mol/L NaCl（pH＝8.5）；梯度：线性 100％A→50％B（20CV）；
流速：1.0mL/min；检测波长：UV280nm；样品：1—牛血清白蛋白，2—淀粉葡糖苷

聚合物类型无孔结构的 IEC 填料所用的基质主要包括亲水性聚合物如 PMMA、交联琼脂糖及羟基化聚醚等，填料表面的化学结构与多孔型产品比较类似，目前已有许多包括分析柱和制备柱在内的商品。用作高效分离柱的非多孔型填料，一般粒度只有几微米，颗粒小而均匀，刚性良好，色谱穿透性强，流速适应范围宽。由于无孔结构可以有效地避免溶质在固定相内部的吸附与扩散，对于改善色谱柱效、提高样品回收率及保持大分子溶质的生物活性都很有利[11]，这类填料非常适合快速分离生物大分子。

在无孔高交联聚合物离子交换色谱填料中，UniCore 系列是当前应用较为广泛的典型代表之一。该系列填料以单分散 PS/DVB 微球为核心，表面涂覆键合了化学稳定性较高的亲水层，这样可以显著降低其对生物大分子的非特异性吸附，实现了良好的分离检测效率和生物样品回收率。采用无孔微球设计还能保证传质速率更快更高效，色谱柱柱效和耐压表现均非常理想，因此该系列填料是蛋白质分析检测的理想色谱填料。

快速、高分辨率地分析检测蛋白质，是无孔高交联聚合物 IEC 填料最显著的特征之一。在实际应用中发现该系列填料的分辨率可以与凝胶电泳相媲美，甚至比后者更高一些。虽然无孔高交联聚合物 IEC 系列填料对于样品的负载量比较低，但其独特的优越性十分明显，尤其是在快速分析和小量乃至微量样品的分离与制备方面有着广阔的应用发展前景。

（3）薄壳型结构 IEC 填料

薄壳型结构的填料，在高效液相色谱技术发展初期曾颇为盛行，但是后来逐渐被多孔和无孔填料所替代。从物理结构形态来看，薄壳型填料有其合理之处，它可在一定程度上兼备多孔和无孔填料的某些优点，所以对于专门从事填料设计与合成的研究者来说，也是一种值得选择的模型。

一种类似于薄壳结构的复合 IEC 填料曾被报道过，它是以 $10\mu m$ 交联 PS 微球为基质，在被磺酸化的基质微球表面复合一层颗粒更小的季铵化聚合物微球，形成一种复合结构的阴离子交换填料，交换容量为 0.25mg/mL[12]。其作为高效 IEC 填料，在柱效、选择性、分离度、穿透性、回收率以及流速与 pH 适应范围等方面，均表现出了优异的特性，对于蛋白质、多肽以及某些基因工程药物等均有良好的分离作用。

9.3.2　聚合物离子交换色谱介质应用

目前，离子交换色谱技术已广泛用于各学科领域，主要包括分析分离氨基酸、多肽及蛋白质，也可用于核酸、核苷酸等及其它带电荷生物分子的分离纯化中。

不同分离规模应用离子交换色谱时，在填料及分离条件相同的情况下，聚合物的 IEC 分离往往能达到相似的分离效果[13]。

离子交换色谱在蛋白质类物质的分离上仍然是最经典的，且不断与时俱进，而目前的研究趋势体现在不断强化理论分析、拓宽应用角度、提高应用效率上，如近年来人们倾向使用 IEC 与其它复性方法相结合的方法来提高蛋白质的复性效率[14]。

9.4　聚合物基质疏水相互作用色谱填料

疏水相互作用色谱（HIC）是为了适应活性生物大分子特别是蛋白质分离而发展起来的一种液相色谱方法。HIC 填料的表面具有弱的疏水性，RPC 填料表面则有强的疏水性。反相和疏水作用的理论根源都依赖于官能团的疏水性。当填料表面的官能团密度较高时，较强的疏水性就以反相形式表现出来，此时所采用的流动相中包含有机溶剂，通常会导致生物大分子的失活，故 RPC 广泛应用于中小分子化合物的分离纯化中；而当填料表面的官能团密度较低时，所表现出来的疏水性并不强烈，此时即为 HIC 的作用，这种模式的分离纯化所采用的流动相通常为缓冲盐溶液，非常适合于生物大分子的分析和纯化。

在高离子强度的盐溶液淋洗条件下，蛋白质分子中的疏水部分与填料表面产生疏水性相互作用而被吸附，当洗脱液的离子强度逐渐降低时，蛋白质样品则按照其疏水性特征被依次洗脱，疏水性越强，洗脱的时间越长，从而实现分离。同反相色谱相比较，HIC 方法的最大特点是既可以避免使用含有大量有机溶剂的洗脱体系，又能有效地保持被分离物质的生物活性，因此在活性生化物质的纯化方面被广泛采用。常见的传统商品化键合相 HIC 填料，一般都是在硅胶微球表面键合一层亲水性的有机层，然后再连接上各种具有一定疏水性的基团，如甲基、丙基、丁基、羟丙基、戊基、苯基等，蛋白质在这类填料上的保留时间基本上按所键合基团疏水性递增而加长[15]。

有机聚合物类型 HIC 填料，通常都是以亲水性凝胶或者经过亲水化处理的聚合物微球为基质，表面通过化学修饰而引入疏水性基团。所使用的基质为羟基化聚醚、PMMA、PS-DVB 等。HIC 方法是在水相体系中对蛋白质等生物大分子进行分离，为了使填料与洗脱液相匹配，基质微球应具备一定的亲水性，因此对于某些合成的聚合物微球如 PS，应在连接官能团之前进行必要的亲水化处理。

9.4.1　常用聚合物疏水作用色谱填料介绍

常见的 HIC 填料，绝大多数是多孔结构，其负载量都比较高，每毫升填料可负载数十毫克的蛋白质样品。表 9-6 列出了几种常用的聚合物基质的 HIC 填料，UniHR 和 NanoHR 系列的色谱填料是在单分散 PS-DVB 和 PMMA 上制备的色谱产品。UniHR 系列适合于快速高效分离纯化蛋白质样品，而 NanoHR 系列适合于生物大分子样品的快速分析和检测。如图 9-7 所示。

表 9-6　部分常用聚合物基质疏水性相互作用色谱介质

名称	基质	官能团	粒径/μm	孔径/Å	应用
TSK gel Phenyl-5PW	亲水性聚合物	苯基	10	1000	分离纯化蛋白质等
TSK gel Ether-5PW	亲水性聚合物	乙醚基	10	1000	分离纯化蛋白质等
TSK gel Butyl-5PW	亲水性聚合物	丁基	2.5	无孔	分析分离蛋白质、肽等
SOURCE ETH	PS-DVB	乙醚基	15	—	快速高分辨分离蛋白质、肽类等
SOURCE PHE	PS-DVB	苯基	15	—	快速高分辨分离蛋白质、肽类等
SOURCE ISO	PS-DVB	异丙基	15	—	快速高分辨分离蛋白质、肽类等
HRLC MP7 HIC	聚合物	甲醚基	7	900	分离蛋白质等
Macrosphere/R HIC	HEMA 聚合物	酯链	10	350	分离蛋白质等
POROS Phenyl	PS-DVB	苯基	10,20	贯流孔	快速分离纯化蛋白质等
POROS Butyl	PS-DVB	丁基	10,20	贯流孔	快速分离纯化蛋白质等
POROS Ether	PS-DVB	乙醚基	10,20	贯流孔	快速分离纯化蛋白质等
POROS Diol	PS-DVB	二醇基	10,20	贯流孔	快速分离纯化蛋白质等
UniHR Butyl	单分散聚丙烯酸酯	丁基	30,60,80	500,1000	快速分离纯化蛋白质、肽类等
UniHR Phenyl	单分散聚丙烯酸酯	苯基	30,60,80	500,1000	快速分离纯化蛋白质、肽类等
NanoHR Butyl	单分散 PS-DVB	丁基	15,30	1000	快速高分辨分离蛋白质、肽类等
NanoHR Phenyl	单分散 PS-DVB	苯基	15,30	1000	快速高分辨分离蛋白质、肽类等

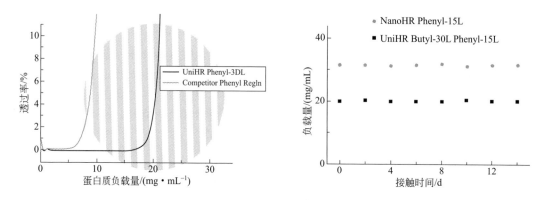

图 9-7　UniHR 与 NanoHR 较高的动态吸附载量
（在 1.0mol/L NaOH 溶液中浸泡 15d 后对标准蛋白质的动态载量维持不变）
样品：溶菌酶（1mg/mL）溶于 1.8mol/L（NH$_4$)$_2$SO$_4$ 和 100mmol/L PB，pH 7.0；
缓冲液：100mmol/L PB，pH7.0；流速：0.5mL/min（180cm/h）；波长：UV 280nm

　　一般来说，生物大分子大都含有或强或弱的疏水区域，在不同环境中，生物样品与各种疏水介质所产生的疏水性相互作用大小亦不相同，正是由于这种原因，才使得 HIC 分离方法得以建立和实施[16]。常见 HIC 填料所携带的官能团的疏水性强弱程度依次为：苯基＞辛基＞丁基＞异丙基＞醚链。疏水性基团的结构和密度是影响生物样品的色谱保留值和负载量的主要因素。从洗脱方式来看，HIC 和 IEC 正好相反，虽然两种色谱技术都是在缓冲液体系中进行，但前者对样品的分离是高盐浓度吸附，低盐浓度洗脱，并且 HIC 往往用在 IEC

之后使用。在 HIC 技术中，常用的盐有 $(NH_4)_2SO_4$、CH_3COONH_4、NaCl 和磷酸盐等，其中 $(NH_4)_2SO_4$ 因其溶解度大、对蛋白质的活性影响小和盐析能力强而被广泛使用。

9.4.2 疏水色谱技术的应用

由于疏水色谱技术具有不改变蛋白质特性、条件温和、操作相对简便和分离纯度高等特点，研究者常将其与其它简单的蛋白质纯化操作结合使用，从而使实验更加简单化[17,18]。比如采用双水相萃取与疏水色谱分离纯化重组巴氏毕赤酵母表达的基因工程人溶菌酶，双水相萃取后选用高效疏水色谱纯化人溶菌酶，经苯基取代基填料疏水色谱后可得到人溶菌酶纯化产品[19]；将疏水色谱技术用于从猪胰脏中分离纯化激肽释放酶，粗品溶解后经过硫酸铵沉淀处理，然后经过丁基取代基填料疏水色谱后得到目标蛋白质[20]。

此外，疏水色谱技术还可应用于生物技术领域中的细胞培养、DNA 提取技术等领域[21]。应用疏水色谱法从中国仓鼠卵巢细胞（CHO 细胞）培养液中纯化 HBsAg（乙型肝炎表面抗原），在适宜的上样流速和色谱温度条件下，进样后可去除绝大部分杂蛋白质，再经超速离心和凝胶过滤色谱即可得到目标纯品。在大规模纯化质粒 DNA 工艺中采用碱裂解、中空纤维超滤浓缩、疏水色谱、分子筛等分离技术可得到理想效果，并且纯化工艺简单，产率较高，为 DNA 疫苗大规模分离纯化奠定了良好的基础。

9.5 聚合物基质亲和色谱填料

自从 1986 年第一个抗体类药物莫罗单抗获批上市，1997 年首个抗肿瘤抗体药物利妥昔单抗上市后，经过三十多年的发展，抗体药物的应用范围越来越广，抗体药物的市场容量也不断攀升。从 2012 年的 530 亿美元扩容至 2016 年的 870 亿美元，见图 9-8，中国单抗市场预计由 2016 年 100 亿元增长到 2022 年的 360 亿元。2017 年 12 月，信达生物首个国产程序性死亡［蛋白］-1(PD-1) 单抗的上市申请获得国家食品药品监督管理总局（CFDA）受理。随着抗体新药和仿制药不断扩大产能规模，寻求下游分离纯化环节的经济性和高效性是必然趋势，并且生物亲和作用色谱在其分离纯化中至关重要。

图 9-8　全球抗体药物销售额

亲和色谱（affinity chromatography，AC）作为液相色谱的一个重要分支，对于生物大分子的分离纯化有特殊意义。如果说前面所介绍的几种色谱方法都是通用性分离技术的话，那么 AC 方法则属于专一性的技术。AC 是利用了生物分子之间特异性相互作用而实现分离的，这种特异性相互作用是活性生物大分子所固有的特征，例如酶与底物、抗体与抗原、凝集素与糖蛋白类等。所以原则上讲，如果在固相载体上连接一种具有生物特异性的配体，就可以建立一种亲和色谱方法，用于分离与配体相配对的物质。

亲和色谱的显著特点是高选择性，而且能有效地保持生物大分子高级结构的稳定性，回收率也比较高[22]。

聚合物类型的 AC 填料，按其配体与被分离物质的选择性特征可分为专用型和通用型两大类[23]。前者基于抗原和抗体、激素与受体蛋白质等特异性相互作用的填料，其配体对于目标化合物有很高的选择特异性和亲和能力；后者其配体可与生物分子产生亲和作用，达不到专一的选择性。通用型配体的种类很多，由于其价格低廉而容易获得，应用范围非常广泛，所以在亲和色谱中仍处于主导地位。常见的通用型亲和配体，主要包括金属螯合配体（如螯合了 Cu^{2+}、Ni^{2+}、Zn^{2+} 等金属离子的配体）、小分子类配体（如氨基酸、肽类、明胶、肝素等）、颜料类亲和配体（如 Cibacron 蓝、Procion 红等）、外源凝集素类亲和配体（如伴刀豆球蛋白 A、扁豆外源凝集素、麦芽外源凝集素等）、核酸与核苷酸类亲和配体（如 AMP、PloyA、PolyU 等）。

从亲和配体的连接方式来看，既可以将配体与基质直接偶联，也可以在基质与配体间插入一段适当长度的链状间隔臂。带有间隔臂的 AC 填料往往具有更为优异的色谱性能，适当的间隔臂链段可以有效地克服基质表面的几何位阻效应，使得配体更容易与被分离物质相结合。对于以小分子为配体来分离大分子的亲和填料来说，间隔臂的作用就更为重要。AC 填料的间隔臂按其结构类型，主要包括脂肪链的烃类、链状的聚胺类、肽类、链状聚醚类等。间隔臂有亲水性的，也有疏水性的。间隔臂长度则视其结构与性能不同而异，例如疏水性的脂肪烃类链段，一般为 2~10 个亚甲基的长度，过长会因其自身返折而失去作用，也会因其产生强疏水性吸附而对蛋白质的分离不利。

9.5.1　常见聚合物基质亲和色谱填料

一般来讲，只要合成的聚合物微球的结构参数和理化性能适宜，基本上都可作为 AC 填料。目前常见的微球基质主要包括 PS-DVB、PMMA、亲水性的羟基化聚醚和交联聚乙烯醇等，上述类型的色谱填料普遍具有适宜的粒径和孔径、机械刚性良好、pH 适应性广泛等特点，作为亲和色谱基质使用极其适宜[24]。如前所述，虽然多数未经处理的合成聚合物微球在亲水性和生物相容性方面略逊色于多糖型凝胶，但若经过表面亲水化处理和化学修饰，就能很好地克服包括非特异性吸附在内的上述缺点，表现出优于多糖型凝胶的特点。从合成角度来看，聚合物基质能够比较容易具有诸如自由调节聚合单体种类、交联度、引入间隔臂或偶联配体等特点，不仅能很好地弥补相对多糖型凝胶的不足之处，还有更多个性化的改进和完善，表现出更全面的优秀特质。

目前聚合物基质的 AC 介质已经得到了广泛应用，并且其色谱性能表现都比较优良，表 9-7 列出了部分常见商业化产品。

表 9-7　部分常见聚合物基质疏水性相互作用色谱介质

名称	基质	配基	粒径/μm	应用
Affi-Prep 10	聚合物	羟基琥珀酰胺	50	分离伯胺基偶合物等

名称	基质	配基	粒径/μm	应用
Bio-Gel Protein A	聚合物	蛋白 A	50	分离纯化抗体等
Affi-Prep Protein A	聚合物	蛋白 A	40～60	分离纯化免疫球蛋白等
PL-AC Protein A	聚合物	蛋白 A	10～25	分离纯化免疫球蛋白等
Shodex AF-PAK	聚合物	Cibacron 蓝	15～20	分离纯化酶类等
Shodex AF-PAK	聚合物	半刀豆球蛋白 A	15～20	分离糖类等
TSK gel Chelate-5PW	亲水性高聚物	亚氨基二乙酸	10	分离纯化蛋白质、酶类等
TSK gel Heparin-5PW	亲水性高聚物	肝素	10	纯化蛋白酶、核酸酶类等
TSK gel Blue-5PW	亲水性高聚物	Cibacron 蓝	10	纯化核酸酶、细胞生长素等
TSK gel Boronate-5PW	亲水性高聚物	m-氨基苯基硼酸	10	分离糖蛋白、糖类、转移 RNA 等
TSK ABA-5PW	亲水性高聚物	P-氨基苯甲脒	10	纯化蛋白酶、激酶等
Imidodiacetate POROS	PS-DVB	IDA	10，20	分离纯化蛋白质等
UniMab	单分散聚甲基丙烯酸酯	耐碱性 rProtein A	50	规模化分离纯化抗体、蛋白质等
NanoMab	单分散 PS-DVB	耐碱性 rProtein A	15	超高压分析分离抗体、蛋白质等
UniIDA-80L	单分散聚丙烯酸酯	IDA	80	分离纯化 His 标签蛋白、特定肽类、核苷酸等
UniNTA-80L	单分散聚丙烯酸酯	NTA	80	分离纯化 His 标签蛋白、特定肽类、核苷酸等
UniIDA-80Ni	单分散聚丙烯酸酯	Ni^{2+}	80	分离纯化 His 标签蛋白、特定肽类、核苷酸等
UniNTA-80Ni	单分散聚丙烯酸酯	Ni^{2+}	80	分离纯化 His 标签蛋白、特定肽类、核苷酸等
UniPB-80L	单分散聚丙烯酸酯	苯硼酸	80	分离纯化糖蛋白、核苷(酸)、糖类等

因为可供选择的基质种类很多，加之每种基质都可与不同性能的亲和配基相偶联，所以从结构来看，聚合物型的 AC 填料种类非常多。

在亲和色谱技术中，除了常见的已经偶联了各种配体直接用于 AC 分离填料之外，还会经常看到一些带有不同反应基团的可用作亲和载体的产品。这类填料如 TSK gel Tresyl-5PW、Aldehyde-POROS、Epoxy-POROS、Tresyl-POROS、Spheron-Epoxide 等，都有很高的反应活性，在温和的条件下很容易与各种配体进行偶联，使用者可根据自己的需要选择配体，就能方便地制备出相应的 AC 填料。目前来看，AC 这类有机聚合物类型的精细分离填料的发展主要依赖于合成技术的进步。

纳微为提高抗体药物大规模生产效率和成本效益，针对单克隆抗体（mAb）以及含有 Fc 片段的重组蛋白质类生物大分子的分析检测和分离纯化需求，生产了单分散 Protein A 亲和色谱介质。UniMab Protein A 亲和色谱填料能够实现在高流速下仍保持较高动态吸附载量，适合于进行大规模单克隆抗体及含 Fc 片段重组蛋白质的纯化制备。UniMab 填料为单分散 PMMA 基质键合耐碱性优化的重组蛋白 A 配基而制成的亲和填料，专门为提高抗体药物生产效率和降低批量成本而开发，满足工业化单克隆抗体（mAb）以及含有 Fc 片段重组蛋白质的大规模生产需求，见图 9-9。

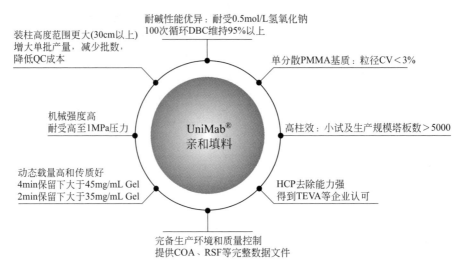

图 9-9　UniMab 亲和介质产品特点概述

9.5.2 聚合物基质亲和色谱填料与传统糖类基质亲和色谱填料对比

相对于传统多糖类填料而言，聚合物基质填料的优势和互补性主要体现在化学稳定性更好、机械强度更高、使用寿命更长方面，这将会直接影响制药企业的经济效益和生产效率。此外经实验测试 UniMab 填料在不同柱高下的压力-流速曲线表现理想，采用超常规的柱高（＞20cm），分别装到 25cm、30cm、35cm 和 40cm，在 50cm/h 至 1000cm/h 的极宽流速范围内维持线性，这是琼脂糖或传统聚合填料难以达到的动力学范围，较好体现了单分散技术聚合物填料的良好性能，各基质介质对比见表 9-8。

表 9-8　各类基质介质基本特性对比

材质	机械强度	化学稳定性	表面改性	溶剂溶胀性	分离模式	目标分子	主要生产厂家
聚苯乙烯	中强	强	较难	中	反相、离子、疏水、分子筛、亲和	大、中、小分子	GE、三菱化学、Dow Chemical、Polymer Lab、Merck、纳微
聚丙烯酸酯	中	中	较易	中	离子、疏水、分子筛、亲和	大、中分子	Tosoh、 Biorad、Merck、纳微
多糖类	弱	中	容易	中	离子、疏水、分子筛、亲和	大分子	GE、交大保赛

针对单抗放大生产的传统"等柱高放大理论"是有局限性的，等柱高放大即增加色谱柱直径让柱床高度和线性流速与小试条件保持一致，但琼脂糖等软胶基质难以承受超过 0.3MPa 的压力，装填柱高被限制在 10～20 cm，而实际上色谱柱（柱床高度 10～50cm）利用率还有很大的拓展空间。如果蛋白 A 亲和介质被装填到 30 cm 以上且维持保留时间不变，则可极大地提高单批次填料的生产效率和设备利用率，节约大量人力物力及时间成本。单分散聚甲基丙烯酸酯材质系列的色谱填料具备低反压与高强度耐压特性。UniMab Protein A 就是基于此种基质的抗体亲和填料，在 4min 保留条件下装填高度可至 30 cm 以上，显然能够为传统企业带来更好的价值，见图 9-10。

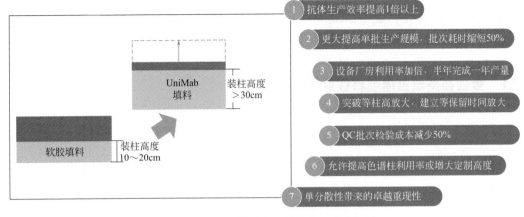

图 9-10　聚合物基质亲和填料生产特点概述

借助 UniMab Protein A 这一全新聚合物基质的亲和色谱填料进行抗体纯化，众多药企能够有效突破传统"等柱高放大"的局限性，建立了更加高效的"等保留时间放大"工艺路线平台，即现有厂房设备基础上进一步扩大单批抗体的生产规模，增大生产效率，质量控制（QC）送检样品数量减半，节约 QC 资源投入。利用 UniMab 填料优势建立等保留时间放大被证明是一种有效提升单抗药物产率的优化策略，可使下游成本大幅下降，为生物制药企业生产中国百姓用得起的抗体药物提供了一种优化选择。

基于上述聚合物填料的互补性优势，对目前应用传统改性多糖凝胶进行抗体纯化工艺放大时所依据的等柱高放大理论进行突破，在应用聚合物填料进行工艺放大时可依据等保留时间理论进行革新，从而显著提高生产效率，为企业节约大量人力物力和时间成本。这一观点是经过了理论和实践双重检验后得到的结论，此后依此进行了等保留时间超常规柱高条件下的规模放大理论计算发现，通过维持保留时间不变，增加柱高至超常规柱高同样可以获得良好的纯化效果和工艺稳定性，该计算设计如下（见图 9-11）。

单抗样品：4g/L 的单抗发酵澄清液（200L）。

色谱条件 1：软胶蛋白 A 填料，动态载量 44mg/mL，BPG200 柱高 16 cm（5L），抗体上样量 220g/次，分 4 亚批纯化。

色谱条件 2：UniMab 填料，动态载量 36mg/mL，BPG200 柱高 35cm（11L），抗体上样量 400 g/次，分 2 亚批纯化。

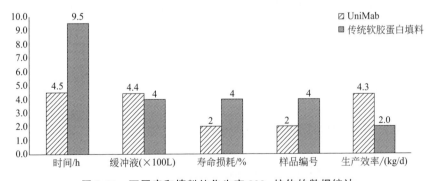

图 9-11　不同亲和填料纯化生产 800g 抗体的数据统计

经计算两组纯化工艺的缓冲液用量相当，但相比传统的多糖类基质的蛋白 A 填料，UniMab 填料在超常规柱高条件可带来显著优势，批次耗时显著缩短（由 9.5h 缩短至 4.5h），送检批次数减少 50％，填料使用次数减半，纯化抗体的生产效率提高 1 倍以上。

9.6 聚合物基质色谱填料性能评价

9.6.1 填料理化性质的表征

填料颗粒大小 $d_p(\mu m)$ 及其分布，可使用显微镜观测或使用粒度分布仪测定。填料的比表面积 $S(m^2/g)$，一般用 BET 方法测定。填料的骨架密度 $\rho_g(g/mL)$、溶剂吸收量 $S_r(mL/g)$、溶胀因子 f 等参数，可用文献所述方法测定。

填料的比孔体积 V_p（mL/g），可以根据 S_r、f 及 ρ_g 值，按下式求得：

$$S_r = f V_p + (f-1)/\rho_g \tag{9-1}$$

填料的孔度 Ψ 为：

$$\Psi = \frac{V_p}{V_p + 1/\rho_g} \tag{9-2}$$

填料的孔径大小及其分布的测定，通常使用毛细管凝聚法（＜30nm 的孔）、压汞法（＞30nm 的孔）以及电镜法等。对于孔的结构形态，可以使用扫描电镜直接进行观察，也可以通过色谱行为或其它性质进行间接表征。

填料的化学结构（如组成、骨架结构、官能基团等）与化学性质（如对溶剂的化学稳定性、pH 适应性、离子交换剂的交换容量等），可以用常规的化学分析方法及相应的仪器分析手段表征。

9.6.2 色谱填料性能的表征

虽然不同分离机理的色谱介质各有其特定的性能指标，但是如下所述的一系列最基本的色谱参数，对于任何介质的评价都是有意义的。

（1）保留值

保留时间（t_R）指样品在填充柱中的滞留时间，若以体积来表示则称保留体积（V_R）：

$$V_R = t_R \cdot F_c \tag{9-3}$$

式中，F_c 为流动相流速。如果扣除不保留物质的流出时间即死时间（t_0），则可得到调整保留值（t_R'）：

$$t_R' = t_R - t_0 （或 V_R' = V_R - t_0 F_c） \tag{9-4}$$

容量因子（k'）是色谱中广泛采用的保留值参数：

$$k' = \frac{t_R}{t_0} - 1 = \frac{t_R'}{t_0} \tag{9-5}$$

在液相色谱技术中 k' 只与固定相、流动相性质及柱温有关。

（2）选择性

选择性（a'）表示相邻两物质保留时间的比值：

$$a' = \frac{t_{R(2)}}{t_{R(1)}} = \frac{1+k'_{(2)}}{1+k'_{(1)}} \tag{9-6}$$

a'值是与固定相种类、流动相组成以及温度有关的参数。

（3）柱效率

目前色谱法广泛使用理论塔板数（N）来表示柱效率：

$$N = 5.54 \left(\frac{t_R}{2\Delta t_{1/2}} \right)^2 \tag{9-7}$$

式中，$2\Delta t_{1/2}$ 表示色谱峰的半高宽度。

或者利用理论塔板高度（H）来表示柱效率：

$$H = \frac{L}{N} \tag{9-8}$$

式中，L 为色谱柱长度。从理论上解释色谱谱带加宽效应是较为复杂的，在 HPLC 中通常使用如下方程综合性地描述各种因素对 H 的影响：

$$H = Au^{0.33} + \frac{B}{u} + Cu \tag{9-9}$$

式中，u 为流动相线速度；A、B、C 分别表示涡流扩散、纵向扩散和固定相传质效应对 H 的影响。在一些评价色谱柱的文献中[19]，对于 H、u、L 等值多用常规推荐的无量纲的折合参数形式来表达。

（4）填充柱的总孔隙度和穿透性

填充柱的总孔隙度（ε_T），可由下式计算：

$$\varepsilon_T = \frac{F_c t_0}{V_c} \tag{9-10}$$

式中，V_c 为空柱体积。柱子的穿透性（K_1）定义为：

$$K_1 = K_0 T = \frac{u\eta L T}{\Delta P} \tag{9-11}$$

式中，K_0 为穿透性常数；η 为流动相黏度；ΔP 为柱压降。

（5）分离度

分离度（R）被定义为相邻两色谱峰的保留值之差与各自峰底宽度 $[t_{w(1)}$ 和 $t_{w(2)}]$ 一半之和的比值：

$$R = \frac{t_{R(2)} - t_{R(1)}}{\frac{1}{2}(t_{w(2)} + t_{w(1)})} \approx \frac{t_{R(2)} - t_{R(1)}}{t_{w(1)}} \tag{9-12}$$

按此定义可以推导出：

$$R = \frac{1}{4}(a-1)\sqrt{N}\left(\frac{k'_{(1)}}{1 - k'_{(2)}} \right) \tag{9-13}$$

式中，$a = t'_{R(2)}/t'_{R(1)} = k'_{(2)}/k'_{(1)}$ 表示相对保留值。由此看出，R 值是分离效能的综合指标。

参 考 文 献

[1] Moore J C. Gel permeation chromatography. I. A new method formolecular weight distribution of high polymers. J Polym Sci Part A，1964，2(2)：835-843.

[2] 乔红梅. 聚合物型色谱填料的研究进展. 材料科学与工程学报，2016，34(2)：333-337.

[3] Zhang Y，Jin H，Li X，et al. Separation and characterization of bufadienolides in toad skin using two-dimensional

normal-phase liquid chromatographyÅ reversed-phase liquid chromatography coupled with mass spectrometry. J Chromatogr B, 2016, 1026: 67-74.

[4] Masini J C. Semi-micro reversed-phase liquid chromatography for the separation of alkyl benzenes and proteins exploiting methacrylate-and polystyrene-based monolithic columns. J Sep Sci, 2016, 39(9): 1648-1655.

[5] Ugelstad J, Kaggerud K H, Hansen F K, et al. Thermody namics somecomposite, monized polymer particles. Makromol Chem Suppl, 1985, 10: 215-234.

[6] 魏荣卿, 张婷婷, 邵勇军, 等. 聚合物基质高效液相色谱填料在白细胞介素-2 分离中的应用. 分析化学, 2007, 35(4): 505-510.

[7] Niemczyk A, Dziubek K, Czaja K, et al. Study and evaluation of dispersion of polyhedral oligomeric silsesquioxane and silica filler in polypropylene composites. Polymer Composites, 2018, 119: 253-258.

[8] Ghani M, Frizzarin R M, Maya F, et al. In-syringe extraction using dissolvable layered double hydroxide-polymer sponges templated from hierarchically porous coordination polymers. J Chromatogr A, 2016, 1453: 1-9.

[9] Winderl J, Hahn T, Hubbuch J. A mechanistic model of ion-exchange chromatography on polymer fiber stationary phases. J Chromatogr A, 2016, 1475: 18-30.

[10] Zhang S, Iskra T, Daniels W, et al. Structural and performance characteristics of representative anion exchange resins used for weak partitioning chromatography. Biotech Prog, 2017, 33(2): 425-434.

[11] Hadi P, Ning C, Kubicki J D, Mueller K, et al. Sustainable development of a surface-functionalized mesoporous aluminosilicate with ultra-high ion exchange efficiency. Inorganic Chemistry Frontiers, 2016, 3(4): 502-513.

[12] Pirok B W, Knip J, Van Bommel M R, et al. Characterization of synthetic dyes by comprehensive two-dimensional liquid chromatography combining ion-exchange chromatography and fast ion-pair reversed-phase chromatography. J Chromatogr A, 2016, 1436: 141-146.

[13] Mojarrad G M, Khatami M, Javidanbardan A, et al. Enhancing recovery of recombinant hepatitis B surface antigen in lab-scale and large-scale anion-exchange chromatography by optimizing the conductivity of buffers. Protein Expr Purif, 2018, 141(3): 25-31.

[14] Kante R K, Vemula S, Mallu M R, et al. Efficient and easily scalable protein folding strong anion exchange chromatography(PF-SAX) for renaturation and simultaneous purification of recombinant human asparaginase(rhASP) from E. coli. Biotechnol Prog, 2018, 23(2): 708-713.

[15] Baca M, Vos J D, Bruylants G, et al. A comprehensive study to protein retention in hydrophobic interaction chromatography. J Chromatogr B, 2016, 1032: 182-188.

[16] Yang Y, Qu Q, Li W, et al. Preparation of a silica-based high-performance hydrophobic interaction chromatography stationary phase for protein separation and renaturation. J Sep Sci, 2016, 39(13): 2481-2490.

[17] 卫引茂, 耿信笃. 高分子聚合物色谱填料研究的新进展. 西北大学学报(自然科学版), 1996, 26(5): 405-410.

[18] 张美龄, 赵琰, 屈会化. 拆分手性化合物色谱填料的研究进展. 药物分析杂志, 2017, 37(5): 755-762.

[19] 张亚杰, 夏杰, 陆兵, 等. 双水相萃取与疏水层析分离基因工程人溶菌酶. 华东理工大学学报, 2008, 34(2): 193-196.

[20] 张颖, 王仁伟, 马光辉, 等. 多孔聚甲基丙烯酸环氧丙酯二乙烯基苯微球的改性及作为蛋白质疏水层析介质的应用. 过程工程学报, 2006, 6(6): 954-958.

[21] Trindade I P, Diogo M M, Prazeres D M, et al. Purification of plasmid DNA vectors by aqueous two-phase extraction and hydrophobic interaction chromatography. J Chromatogr A, 2005, 1082(2): 176-184.

[22] Nian R, Zhang W, Tan L, et al. Advance chromatin extraction improves capture performance of protein A affinity chromatography. J Chromatogr A, 2016, 1431: 1-7.

[23] Miao C, Bai R, Xu S, et al. Carboxylated single-walled carbon nanotube-functionalized chiral polymer monoliths for affinity capillary electrochromatography. J Chromatogr A, 2017, 1487: 227-234.

[24] Li S, Wang L, Yang J, et al. Affinity purification of metalloprotease from marine bacterium using immobilized metal affinity chromatography. J Sep Sci, 2016, 39(11): 2050-2056.

第 **10** 章　排阻色谱

10.1　概述

10.1.1　排阻色谱发展历史

排阻色谱（size exclusion chromatography，SEC）又称为凝胶色谱（gel chromatography）和分子筛色谱（molecular sieve chromatography），它是依据溶质分子体积大小进行分离的一种液相色谱技术。根据流动相组分的不同，把以有机相为流动相的 SEC 称为凝胶渗透色谱（gel permeation chromatography，GPC），把以水溶液为流动相的 SEC 称为凝胶过滤色谱（gel filtration chromatography，GFC）。

排阻色谱从 20 世纪 50 年代开始到现在已经发展了近 70 年。近 70 年中，SEC 技术越来越完善，应用领域也越来越广泛，尤其在生物大分子分离中的应用[1]。

排阻色谱的发展历程如下：

1955 年 Lindqvist 和 Storgårds[2] 在淀粉柱上按分离物分子量的大小进行了分离，并提出了排阻色谱的概念。

1956 年 Lathe 和 Ruthven[3] 在淀粉柱上建立了样品分子量与流动相体积间的关系。

1959 年 Porath 和 Flodin[4] 将交联葡聚糖制成的凝胶用于分离水溶液中不同分子量的产品。这种凝胶产品才是真正可以重复使用的商业化 SEC 产品，也是 SEC 在蛋白质分离中的首次应用。

1962 年 Hjertén 和 Mosbach[5] 合成了聚丙烯酰胺生物胶，Hjertén 还制备出了球形的琼脂糖凝胶。之后，SEC 就成了分离生物大分子的常用手段。

1976 年 Regnier 和 Noel[6] 在耐高压的多孔玻璃（CPG）上连接了一种多醇基配体，高效排阻色谱（HPSEC）应运而生。

1986 年国内西北大学耿信笃先生、中国科学院刘国诠先生和苏天生先生开始了排阻色谱技术研究，合成了数种适合 HPLC 的介质，实现了 HPSEC 介质的国产化。

2001 年西安交大保赛生物技术股份有限公司开始了琼脂糖和葡聚糖类的排阻色谱介质的产业化研究，2006 年实现大规模化生产[7]，2016 年实现了自动化控制工业生产，年产能力大于 100t。

10.1.2　排阻色谱分离原理

排阻色谱的分离原理与其它色谱技术不同[8]，它是一种按照分子体积大小进行分离的色谱方法，具体的分离原理见图 10-1。

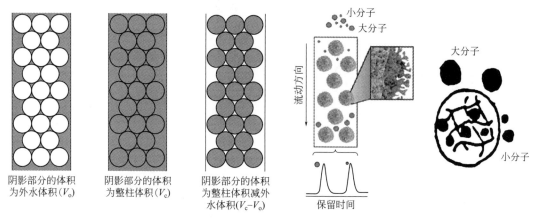

图 10-1　排阻色谱介质体积参数示意图

在一根装有一定孔径分布的凝胶颗粒色谱柱中，样品加入后，不同体积大小的样品分子会随流动性一起运动，实现分离。

样品分子按体积大小分为三类。

第一类：分子体积大的，完全不能进入凝胶颗粒的内孔，只能随流动相从介质颗粒之间的空隙中穿过，直接流出柱子。完全不能进入内孔的最小分子量就是这种 SEC 介质的全排阻极限分子量，凡大于这个分子量的样品组分皆不能进入介质内孔。这些组分从进柱到出柱所需流动相的体积等于介质颗粒之间空隙的溶液体积 V_o，即外水体积。

第二类：分子体积很小，可以进入介质的全部内孔隙，这种现象称为全渗透。能够全渗透样品组分的最大分子量叫作这种介质的全渗透极限，凡小于这个分子量的样品组分皆能进入介质内孔。柱子凝胶颗粒的内部孔隙体积的总和为 V_i，即内水体积。全渗透的样品组分从进柱到出柱所需的流动相体积，等于介质颗粒之间的体积与内部孔隙体积之和，即总的柱内液体体积 (V_o+V_i)，用 V_t 表示。全渗透组分在进样后是最后被洗脱出来的。

第三类：分子体积处于全排阻和全渗透极限之间，它们既可以进入介质内孔的一定深度处，但又不能进入全部内孔间隙。分子体积大小不同，能进入内孔的深浅也不同。分子量较大的组分只能进入内孔的较浅部分，分子量较小的组分可以进入内孔较深的部分。这样，分子量大的组分，出来得快，保留体积就小；分子量较小的组分，出来得慢，保留体积就大。通常用 V_e 表示这些组分的洗脱体积：分子量大的 V_e 小，分子量小的 V_e 大。V_e 大于 V_o，而小于 V_t[1]。

三类不同体积组分在 SEC 上分离的色谱示意图见图 10-2。

对于平衡态下的稀溶液而言，溶质分配与恒温恒压下相间的标准自由能差（$\Delta G^\ominus$）有关。

即：

$$\Delta G^\ominus = -RT\ln K \tag{10-1}$$

$$\Delta G^\ominus = \Delta H^\ominus - T\Delta S^\ominus \tag{10-2}$$

式中，K 为溶质在相间的分配系数；R 是气体常数；T 是绝对温度；$\Delta H^\ominus$ 和 $\Delta S^\ominus$ 分别是两相间的标准焓和标准熵之差。在 SEC 中，理想状况下溶质与介质间无其它相互作用，相应地 $\Delta H^\ominus \approx 0$，所以相间熵变控制着溶质的保留。

即：

$$K_d = e^{\Delta S^\ominus/R} \tag{10-3}$$

式中，K_d 为溶质在 SEC 中分配系数，即该组分在排阻色谱中的一个保留值。K_d 可以

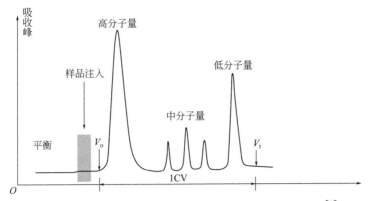

图 10-2　SEC 中三类不同组分的保留情况及介质体积参数[8]

在 0~1 之间变化，它表示一个分子可达到内孔的程度。当溶质分子足够小以至于能在介质的所有孔内自由扩散时，$K_d=1$；相反，当溶质分子太大以至于无法进入任何孔时，$K_d=0$。

$$K_d = \frac{V_e - V_o}{V_i} \tag{10-4}$$

或
$$V_e = V_o + K_d V_i \tag{10-5}$$

K_d 与介质的孔径大小及孔径分布有关，与组分的分子量、分子形状和分子体积有关，与色谱柱尺寸、流动相流速无关。不同分子量的物质有不同的 K_d 值，从而可以实现分离。但分子量大于全排阻分子量的组分都在洗脱体积 V_o 处出峰，既不保留，也无法相互分离；分子量小于全渗透的分子量的组分都在 V_t 处出峰，相互之间也无法分离[9]。只有处于两者间的样品分子才能实现分离。

全排阻分子洗脱体积 V_e 等于介质外水体积 V_o。理论上内水体积 V_i 可通过测定全排阻分子和全渗透分子的洗脱体积，以后者的洗脱体积减去前者的洗脱体积来得到 V_i。但在实际操作中，全渗透分子的 K_d 值一般会略小于 1，V_e 值小于 (V_o+V_i)，从而造成 V_i 测定不准确。这是由于凝胶所吸附的水中有部分水分子与其牢固结合，全渗透分子无法进入这部分水相中，从而使得凝胶有效网孔变小[10]。为此，引入有效分配系数 K_{av}：

$$K_{av} = \frac{V_e - V_o}{V_c - V_o} \tag{10-6}$$

在此式中，V_e 为整个柱子的体积，即：
$$V_e = V_t + V_s = V_o + V_i + V_s \tag{10-7}$$

式中，V_s 为柱子介质固体凝胶的体积。

式 (10-6) 中以 ($V_c - V_o$) 取代了 V_i，忽略了难以测定的凝胶本身的体积 V_s，因此 K_{av} 并不是真正的分配系数，但 K_{av} 值容易测定，并且 K_{av} 与 K_d 一样能定义溶质的色谱行为，而且与色谱柱尺寸无关，所以溶质的有效分配系数 K_{av} 更为常用。

值得注意的一个现象是 SEC 凝胶与被分离组分在一些作用下会出现 $K_d>1$ 的情况。这是柱子内介质与样品分子存在其它一些相互作用力而非完全排阻作用。这些作用包括：①疏水作用，一些样品中的芳香性等疏水性基团与凝胶所用交联剂中的亚甲基链之间存在此作用，使得前者的洗脱滞后；②亲和作用，凝胶基质可能与某些分子产生特异性吸附；③离子静电作用，凝胶本身并不带电荷，但在保存和使用的过程中可能会因为氧化等原因产生羧基等而带电荷，此时带正电荷的物质因静电引力致使 K_d 增大，但适当提高洗脱剂的离子强度可以排除此类作用[1]。

从 SEC 的分离原理可以看出，SEC 在分离样品组分时具有以下优点：①介质不带电荷、稳定性好，分离条件比较温和，样品的回收率高，不易发生副反应；②在溶液中与样品同时存在的各种离子、小分子、去污剂、表面活性剂、蛋白质变性剂等不会对分离效果产生明显的影响，其分离过程能在不同 pH、不同温度下进行；③色谱柱通常没有强烈的非特异性吸附，分子残留少，因而使用寿命长；④应用范围广，分离物质的分子量从几百到数百万，既适用于分子量较低的多肽、聚核苷酸等生物分子的分离，也适用于蛋白质、多糖、核酸等大分子物质的纯化，特别适合分子量 2000 以上并且各组分分子量差别较大的样品。

SEC 缺点：所有的色谱峰洗脱体积都在 V_o 到 $(V_o + V_i)$ 之间，无法容纳很多峰；当样品组分分子量差别不足够大时就难以分离，再加上柱体积限制了产品的上样量，纯化产品的量较少。

SEC 目前主要用于蛋白质及核酸等生物样品的脱盐、浓缩纯化、分子量测定、更换蛋白质缓冲液、蛋白质复性研究及多聚物分子量分布范围测定等。

在蛋白质分离纯化过程中，SEC 可与其它色谱技术或其它分离技术结合使用，如离子交换色谱、亲和色谱、膜分离、超滤离心和萃取等，可用在蛋白质纯化的任何阶段，但由于该技术处理样品量较少，常用于纯化工艺的最后一步[11]。

10.2 多糖基质排阻色谱介质及使用方法

SEC 介质（填料）按基质材料来分可分为：多糖基质色谱介质、聚合物基质色谱介质和硅胶基质色谱介质。本章之后重点介绍多糖基质的各类色谱介质。

在色谱使用习惯中，常把 HPLC 中使用的分离材料用填料来表示，把多糖类的分离材料用介质来表示，把合成的聚合物分离材料用树脂来表示。

多糖基质的色谱介质也就是常说的软胶或经典色谱介质，是生物大分子分离的主体，占产品总用量的 90% 以上。所以多糖类介质在生物工程下游纯化中具有举足轻重的作用。

用于制备生物大分子分离的多糖聚合物材料主要有琼脂糖、葡聚糖、纤维素和壳聚糖等几种。其中琼脂糖用量最大，占整个多糖介质的 90% 以上。无论什么基质材料，在用于 SEC 时，必须满足以下条件。

（1）化学惰性对溶质无其它吸附作用

基质材料应是化学惰性物质，在使用过程中不与溶质、流动相分子发生任何作用，否则易引起目标产物分子的不可逆吸附或引起结构不稳定的生物大分子发生构象变化。介质也不会被缓冲液中的盐破坏，而且对 pH 的变化要有一定耐受性。

（2）基质具有合适的孔度和孔径分布

介质要有合适的孔径分布。介质内孔径分布越窄，表示孔径越均匀，介质的分辨率越高。同时要有合适的孔度，孔度大分离容量也大，但孔度要兼顾介质的强度。

孔径分布范围的大小可以从介质的分离范围反映出来。分离范围大，说明孔径分布范围宽，适合于分离样品中分子量差别很大的样品，但分离度较差，如琼脂糖凝胶介质。介质的分离范围小，说明孔径分布范围小，适合于分离样品中分子量大小差别较小的样品，分离度较好，如葡聚糖凝胶介质。

（3）介质要有合适的粒径分布

介质粒径分布包括粒径分布的范围和平均粒径的大小。凝胶粒径的均一性好，粒径分布范围小，能提高柱效，使分离峰变窄。平均粒径小的色谱柱分离效果更好。这是因为随着介质粒径的增大，扩散效应会增大，使峰变宽，易形成不对称的洗脱曲线。但大颗粒的柱床，阻滞作用较小，柱子反压小，所以要根据分离目的及具体的操作条件选用具有一定流速，又能达到适度分辨率的介质。

（4）介质应有较高的机械强度

SEC 的柱高远大于其它色谱技术，所以介质的耐压越高，可以装填的高度也越高。柱床高则反压大，这就要求介质具有良好的机械强度。

10.2.1 排阻色谱介质

（1）琼脂糖介质

琼脂糖是琼脂中最多的天然多糖成分，是由 β-D-半乳糖和 3,6-脱水-L-半乳糖两种单糖交替连接而成[12]。琼脂糖单体中含有大量的氢键，从而使其制备的色谱介质具有优良亲水性。

琼脂糖在常温下是固体，在水中加热到 45℃ 以上时溶解，在无交联剂存在时冷却就能形成凝胶[1]。当热的琼脂糖溶液（糖浓度 2%～6%）进行冷却时，聚合物主链在氢键的作用下可以进一步形成一个左旋的双螺旋结构，如图 10-3 所示[12]，而且这些双螺旋结构可以与另外两个双螺旋结构联合形成胶束，最终在链间氢键的作用下形成稳定的多孔三维网状结构。

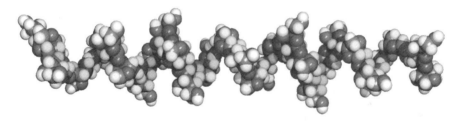

图 10-3　琼脂糖聚合物单链的天然螺旋结构

在形成微球时，高度有序的双螺旋聚合物因为其本身的高度凝胶化而紧密排列。琼脂糖聚合物只占颗粒质量的 2%～6%，其它成分为保持凝胶溶胀的水分子。与其它色谱介质相比，琼脂糖的孔结构相当大，可分离分子质量高达上千道尔顿的大分子。

琼脂糖凝胶是利用琼脂糖浓度来控制孔径大小的。糖浓度大，凝胶的平均孔径小，则排阻极限就小。另外，琼脂糖基质为生物分子提供了无电荷的亲水环境，这使其与蛋白质间几乎不存在其它非特异性吸附。

因为琼脂糖凝胶靠的是氢键结合，不交联凝胶通常只能在 0～40℃ 以及 pH 3～9 的范围内使用。使用双官能团小分子交联剂如 2,3-二溴丙醇、环氧氯丙烷或二乙烯砜交联后，基质的稳定性得到提高，可防止升温引起熔化或者在变性环境下的结构变化。琼脂糖凝胶有一个特性，即用双官能团交联后，其孔径大小和排阻极限无明显变化。双官能团交联剂使不同糖环上的两个羟基与交联剂缩合形成一个稳定的醚键，从而提高凝胶的强度。目前交联后琼脂糖产品有 CL 和 FF 两个系列，高流速琼脂糖凝胶 FF 系列产品的耐压可达 0.3～0.4MPa，能满足蛋白质大规模分离的需求。西安交大保赛公司生产的不同交联度的琼脂糖微球显微镜照片见图 10-4。

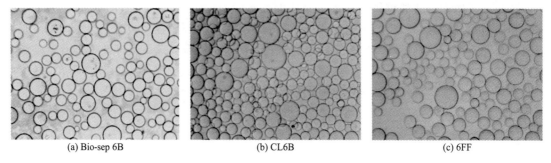

| (a) Bio-sep 6B | (b) CL6B | (c) 6FF |

图 10-4 不同交联度的琼脂糖微球显微镜照片

琼脂糖凝胶目前主要有 2B、4B 和 6B 三个系列产品，见表 10-1。当糖浓度一样时，它们的排阻极限和分离范围一样，如 Bio-sep6B、CL6B 和 6FF。琼脂糖凝胶的分离范围大，不适合分离分子量差别较小的样品。交大保赛公司和 GE 制备的一系列交联琼脂糖适用于从实验室级别到工业级别的分离。

表 10-1 琼脂糖凝胶系列

| 型号 | 糖浓度/% | 耐压/MPa | 粒径/μm | pH 稳定性 长期/短期 | 分离范围 | | 生产厂家 |
					球蛋白	葡聚糖	
2B	2	0.004	60~200	4~9/3~11	$7\times10^4 \sim 4\times10^7$	$1\times10^5 \sim 2\times10^7$	GE
CL2B		0.005		3~13/2~14			
4B	4	0.008	50~160	4~9/3~11	$6\times10^4 \sim 2\times10^7$	$3\times10^4 \sim 5\times10^6$	交大保赛
CL4B		0.012		3~13/2~14			
4FF		0.15		2~12/2~14			
6B	6	0.02	50~160	4~9/3~11	$1\times10^4 \sim 4\times10^6$	$1\times10^4 \sim 1\times10^6$	交大保赛
CL6B		0.08		3~13/2~14			
6FF		0.3		2~12/2~14			

应用交联剂制备得到的 CL 型和 FF 型琼脂糖有比较好的稳定性，能用于高浓度脲、盐酸胍、有机溶剂及非离子型去污剂溶液，还能经受 110~120℃高压灭菌处理，对蛋白质分子的非特异性吸附能力也特别低。无论是哪种琼脂糖基质，其机械强度都比葡聚糖凝胶和聚丙烯酰胺凝胶好。同时，它对蛋白质等大分子的吸附作用也小得多。另外，琼脂糖凝胶适用的分子量范围宽，最大可以到 10^8，这一点是另外两种凝胶所无法达到的。正是由于以上优点，它的应用受到了重视。

此外，GE Healthcare 生产的 Superose 是在琼脂糖微球的基础上经过两次交联后得到的产物，见表 10-2。它具有高分辨率、高机械强度，分离范围小于琼脂糖系列凝胶，但分辨率高于普通琼脂糖系列凝胶，适用于分离组分分子量差异较大的混合物。

表 10-2 Superose 的性能

型号	分子量分离范围（球形蛋白）	样品载量	柱床最大反压	操作流速
Superose 6 increase 10/300 GL	$5\times10^3 \sim 5\times10^6$	25~500μL	3.0MPa,30bar[①],435psi[②]	0.5mL/min

型号	分子量分离范围 （球形蛋白）	样品载量	柱床最大反压	操作流速
Superose 6 increase 5/150 GL	$5\times10^3\sim5\times10^6$	$4\sim50\mu L$	3.0MPa,30bar,435psi	0.3mL/min
Superose 6 increase 3.2/300	$5\times10^3\sim5\times10^6$	$4\sim50\mu L$	3.0MPa,30bar,435psi	0.04mL/min
Superose 6 10/300 GL	$5\times10^3\sim5\times10^6$	$25\sim500\mu L$	1.5MPa,15bar,217psi	$0.1\sim0.5$mL/min
Superose 6 3.2/300	$5\times10^3\sim5\times10^6$	$<50\mu L$	1.2 MPa,12bar,175psi	0.04mL/min
Superose 6 prep grade （bulk medium）	$5\times10^3\sim5\times10^6$	0.5%～4%柱体积	取决于色谱柱	40cm/h
Superose 12 10/300 GL	$1\times10^3\sim3\times10^6$	$25\sim500\mu L$	3.0MPa,30bar,435psi	0.5mL/min
Superose 12 3.2/300	$1\times10^3\sim3\times10^6$	$<50\mu L$	2.4MPa,24bar,350psi	0.04mL/min
Superose 12 prep grade （bulk medium）	$1\times10^3\sim3\times10^6$	0.5%～4%柱体积	取决于色谱柱	40cm/h

① 1bar=10^5Pa。
② 1psi=6894.757Pa。

（2）葡聚糖介质

交联葡聚糖凝胶在经典色谱分离蛋白质的应用中占重要位置，也是一种应用范围较广的介质。交联葡聚糖凝胶是由葡聚糖通过环氧氯丙烷交联形成的球形凝胶，图 10-5 为西安保赛生产的交联葡聚糖凝胶。葡聚糖主链是由葡聚糖单体 α（1→6）糖苷键形成的长链状线性分子[13]。

葡聚糖是水溶性的，需通过化学交联才能得到非水溶性和具有一定耐压强度的交联葡聚糖凝胶，可直接用于排阻色谱。糖浓度、交联剂的用量和反

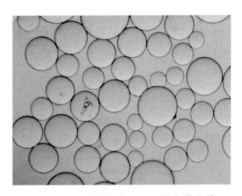

图 10-5 交联葡聚糖 G-25 的光学照片

应条件决定了合成葡聚糖凝胶的交联度、孔径大小、耐压强度和排阻极限。由于葡聚糖带有大量羟基，所以该凝胶具有较强的亲水性。

葡聚糖系列凝胶通常用干粉保存，在使用前需要在水溶液中进行充分的溶胀。交联度不同的凝胶吸水能力不同。凝胶型号 G 后面的数字粗略表示了 10g 该凝胶的吸水值（mL）。吸水率越大，则孔径越大，其分离范围也就越大。溶胀时，凝胶浸泡在过量的水或缓冲液中，应避免剧烈搅拌，以防止凝胶颗粒破裂。不同型号的凝胶完全溶胀所需时间有差别。交联度越低的凝胶吸水越多，溶胀所需的时间越长。溶胀温度也会影响溶胀时间，采用沸水溶胀可大大缩短所需时间，还能有效赶走凝胶中的气泡。

葡聚糖系列凝胶的机械强度较低，无法承受较高的操作压力和流速，尤其是交联度较低的 G-100、G-150 和 G-200。若操作压力较高则会导致柱床压缩，甚至凝胶颗粒破碎，所以必须严格控制流速。溶胀后的凝胶可耐受 110℃ 的高温，故可以在沸水中溶胀、脱气和灭菌。葡聚糖凝胶的 pH 稳定性较好，但在较强的酸性条件下会发生水解，在碱性条件下短时间内相对稳定，因此常用碱性溶液清洗凝胶。使用时应避免氧化剂，以防凝胶的羟基被氧化成为羧基，从而使凝胶带上负电荷，对分离产生影响。孔径较小的葡聚糖凝胶（G-10、G-15、G-25、G-50）主要用于脱盐和肽与其它小分子的分离，孔径较大的凝胶可用于蛋白质与其它大分子的分离。表 10-3 为葡聚糖凝胶排阻介质系列各类参数。

表 10-3 葡聚糖凝胶排阻介质系列各类参数

型号	溶胀粒径/μm	吸水率/(mL/g)	溶胀体积/(mL/g)	pH稳定范围 长期/短期	分离范围 葡聚糖	分离范围 球蛋白、肽
G-10	55~166	1.0±0.1	2~3	2~13/2~13	$<7\times10^2$	$<7\times10^2$
G-15	60~181	1.5±0.2	2.5~3.5	2~13/2~13	$<1.5\times10^3$	$<1.5\times10^3$
G-25	172~516 86~256 34~138 17~69	2.5±0.2	4~6	2~13/2~13	$1\times10^2\sim5\times10^3$	$1\times10^3\sim5\times10^3$
G-50	200~606 101~303 40~60 20~80	5.0±0.3	9~11	2~10/2~13	$5\times10^2\sim1\times10^4$	$1\times10^3\sim3\times10^4$
G-75	92~277 23~92	7.5±0.5	12~15	2~10/2~13	$1\times10^3\sim5\times10^4$	$3\times10^3\sim8\times10^4$ $3\times10^3\sim7\times10^4$
G-100	103~310 26~103	10.0±1.0	15~20	2~10/2~13	$1\times10^3\sim1\times10^5$	$4\times10^3\sim1.5\times10^5$ $4\times10^3\sim1\times10^5$
G-150	116~340 29~116	15.0±1.5	20~30 18~22	2~10/2~13	$1\times10^3\sim1.5\times10^5$	$5\times10^3\sim3\times10^5$ $5\times10^3\sim1.5\times10^5$
G-200	129~388 32~129	20.0±2.0	30~40 20~25	2~10/2~13	$1\times10^3\sim2\times10^5$ $1\times10^3\sim1.5\times10^5$	$5\times10^3\sim6\times10^5$ $5\times10^3\sim2.5\times10^5$
LH-20	27~163	—	—	2~13/2~13	—	$<5\times10^3$

LH-20 是对葡聚糖基体进行羟丙基化后得到的亲水亲脂型排阻色谱介质，其化学结构与光学照片如图 10-6 所示。亲水亲油的特性，使得它具有独特的色谱选择性，可用于特定的应用。其溶胀通常在水或其它有机溶剂中进行。主要用于天然产物如类固醇、类萜、脂类和小分子肽类的分离。LH-20 在大多数水溶液和有机溶剂中皆能稳定存在，使用不同溶剂进行溶胀得到的体积质量比和排阻极限不同。LH-20 在特定的溶剂中对芳香族化合物具有较高的选择性，可以用来对该类物质进行分离或者工业制备。LH-20 广泛用于传统中药活性物质的提取分离，常用于初级纯化或者精纯的最后一步，如非对映异构体的制备。

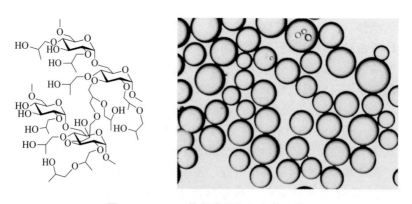

图 10-6 LH-20 的化学结构和光学照片

与琼脂糖凝胶相比，葡聚糖凝胶产品的品种多，分离范围小，分离度更高。需要注意的是，在使用时流动相的成分和pH值的变化会引起葡聚糖凝胶柱床体积的变化。

交联葡聚糖可用于血浆蛋白质尤其是白蛋白、免疫球蛋白和血液因子的工业分离，还用于胰岛素提取物中胰岛素和蛋白酶杂质的分离。

（3）纤维素介质

纤维素是一种天然多糖，其一级结构是葡萄糖线性均聚物，它是由通过β-1,4糖苷键连接的D-半乳糖构成的。纤维素三维结构示意图如图10-7所示[12]。

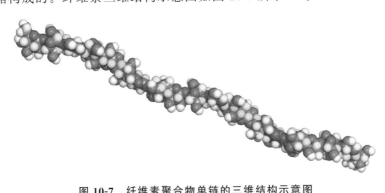

图10-7　纤维素聚合物单链的三维结构示意图

纤维素色谱介质包括两大类：具有有限孔度的无定形、纤维或晶体颗粒和具有一定孔径分布的球状颗粒。无定形纤维素常作为粗糙的色谱介质进行各种有机分子的分离，偶尔用于生物大分子的分离。由于其骨架结构刚性较差，流动性能差，不适用于柱压较高的色谱分离，且由于孔度和容量有限致使其在蛋白质分离中性能欠佳，限制了它在色谱中的应用。近年随着合成方法的改进，已成功合成了球状结构。

以纤维素为基质的介质是最早应用于生物大分子分离的材料。它具有良好的生物相容性，空隙大、表面积大，且又含有大量可用于改性的羟基，所以非常容易制成多种类型的色谱介质，目前主要以离子交换介质为主。纤维素离子交换材料在液相色谱中显现出良好的性能[14,15]。

（4）普鲁兰糖介质

普鲁兰糖（pullulan）是线性葡萄糖同聚糖，主要由出芽短梗霉菌株分泌的α-(1→6)糖苷键麦芽三糖组成。普鲁兰糖独特的键合方式使该聚合物具有特别的物理性能，如黏性和形成纤维、压塑成型、制备强度高防氧渗薄膜的能力。普鲁兰糖中的α-(1→6)糖苷键妨碍了直链淀粉链的形成，这个独特的键合方式对结构的柔性和溶解度有一定的影响，导致其制成的产品具有其它多糖所没有的性质[16]。

Nagase等[17]和Motozato等[18]制备出了用于凝胶渗透色谱交联普鲁兰糖微球，光学照片如图10-8所示。Fukami等[19]引入离子基团对交联普鲁兰糖凝胶进行修饰，使其在碱性溶液中可携带羧基、磺酸基、氨基等基团。

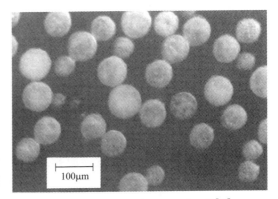

图10-8　Pullulan微球的光学照片[18]

（5）魔芋葡甘聚糖

魔芋是一种草本植物。魔芋葡甘聚糖（KGM）是从魔芋块茎中提取的一种成分。该多糖表面有较多的羟基，易于制备出多种衍生物。

Hirayama 等[20] 在 20 世纪 70 年代就制备出了排阻色谱 KGM 球状凝胶，用于水溶性大分子的分离，凝胶微球的 SEM 照片如图 10-9 所示。这个凝胶通过悬浮蒸发法皂化并用环氧氯丙烷交联制备所得。改变制备条件，可以获得排阻性能不同的凝胶。此外，该介质呈现出高样品容量和良好的耐压性能。

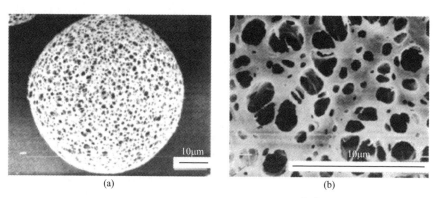

| (a) | (b) |

图 10-9　KGM 球状凝胶的 SEM 照片[20]

（6）壳聚糖介质

几丁质又称聚 [β-(1,4)-N-乙酰基-氨基葡萄糖]，是一种天然多糖[21,22]，在自然界中的年产量仅次于纤维素。当几丁质的脱乙酰程度达到 50%（依赖于聚合物来源），其能溶解于酸性水溶液中又被称为壳聚糖（chitosan）。

壳聚糖是自然界唯一的阳离子聚合物，独特的性质使得它在很多领域都有所应用（蛋白质复性凝聚剂、防污染等）。由于可溶于水溶液，常用来制备凝胶。

作为几丁质的脱乙酰化产物，壳聚糖分子链中含有大量的自由氨基，这种基团为活性基团，可以进行多种功能基团化反应，同样可以进行交联反应，可以用戊二醛为交联剂，合成交联结构稳定的球体。壳聚糖由于原料价格低廉且易得，又具有亲水性和生物大分子的相容性，因此近年来受到一些研究者的关注。

Kučera[22] 对交联壳聚糖进行了研究。壳聚糖可以通过交联剂如环氧氯丙烷、二异氰酸盐或 1,4-丁二醇二缩水甘油醚相交联，制备成色谱介质。

黑曲霉（Aspergillus niger）菌丝被用来生产微生物壳聚糖，将其作为色谱吸附剂。与磷虾壳聚糖相比，这种壳聚糖主要的优势在于可制备成均一的粒径基质，使得色谱柱的反压较低；另一个优势是用戊二醛交联制备的产品比较稳定。

（7）混合骨架多糖介质

除单一品种多糖的骨架外，还有一类由琼脂糖及葡聚糖混合骨架组成的珠体。这类产品是在琼脂糖高交联的稳定结构上，通过共价结合将葡聚糖分子连接到大网状的琼脂糖骨架上，得到一种混合骨架的分离介质。它既具有琼脂糖稳定的物理化学性能，同时还兼备葡聚糖的高分辨率，是具有优良性能的 SEC 色谱介质，在生化分离中已获得广泛应用。

Sephacryl 系列凝胶是复合型高分辨凝胶介质，其结构是烯丙基葡聚糖通过 N,N'-亚甲基双丙烯酰胺交联而成，具有较高的机械强度和良好的亲水性，其网孔特性由葡聚糖组分来控制。其粒度分布较窄，填充良好的色谱柱理论塔板数能够达到 9000/m 以上，在合适的色谱条件下能获得高分辨率的分离。由于其机械强度较高，能承受较高的压力，适合于高流速下的快速分离。Sephacryl 在 pH＝7 时能承受 121℃，30min 多次高压灭菌且不会使色谱行为产生明显影响，在常用溶剂中不溶解。Sephacryl HR 能在多种有机溶剂的存在下使用，但从水相过渡到有机相时凝胶床体积会发生变化，其 pH 稳定性较好，使用的 pH 范围是3～11。可用 0.5mol/L NaOH 溶液对介质进行在位清洗，之后需用水或缓冲液洗至中性。凝胶用 0.2mol/L NaOH 在室温下处理 100h，凝胶的多孔性和流速没有可见的变化。但在低 pH 时，葡聚糖链会发生有限的水解。此外，该介质分离行为不受表面活性剂、水溶性盐类、变性剂等影响。

Superdex 是将葡聚糖与高交联的琼脂糖微球键合而成的，属于复合型凝胶。在该凝胶中，琼脂糖基质决定了凝胶具有高度的理化稳定性，而葡聚糖链决定了凝胶的色谱特性。其刚性良好，能承受较高的压力，在 pH＝7 条件下能够承受高压灭菌，pH 稳定性良好，可用0.5mol/L NaOH 溶液或 0.5mol/L HCl 溶液进行在位清洗。该介质可能带有少量负电荷基团，若洗脱剂离子强度较低时，则会出现带正电荷物质洗脱延迟而带负电荷物质被排斥的现象，但当洗脱剂离子强度大于 0.15 时即可避免此现象。该系列凝胶颗粒较小，且粒径分布范围窄，填充成色谱柱后柱效非常高，即使运行在很高的流速下仍能获得非常高的分辨率。此外，凝胶的分离不受表面活性剂、水溶性盐和变性剂等的影响，且该介质同样能在有机溶剂中使用。

10.2.2 排阻色谱介质选择依据

凝胶色谱是按分子量大小，通过体积排阻作用进行分离，加上峰容量较小，所以，在选择 SEC 时，应注意以下事项。

（1）根据目标组分与杂质分子量选择介质

分子量相差越大，越容易分离。实际选择时，要求分子量相差 10 倍以上。

（2）根据样品溶解性选择介质

SEC 使用的流动相有水溶液和有机溶剂两种。样品在流动相中能溶解并且稳定存在才能进行分离。生物大分子通常选择水溶液作为流动相。

（3）根据分离目的选择介质

SEC 有分析型和制备型之分。分析型 SEC 使用样品量少，分离的目的主要包括目标分子纯度测定、分子量测定、分子量分布分析和制备微量目标产品等。制备型 SEC 分离样品用量大，分离目的包括对样品进行脱盐、缓冲液交换、去除杂质、工业制备和获取目标物质等。分离目标不同，SEC 介质选取时也不相同。一般情况下，制备型分离选取大颗粒介质，分析型研究选用细颗粒介质。

（4）孔度与分离容量关系

孔度是指 SEC 介质的孔体积在多孔物质总体积中所占的比例。孔度与分离容量直接相关。在紧密填充的条件下，固流相比主要与介质的孔度有关。固流相比是指介质的有效孔内体积与介质颗粒间隙的体积之比值，它反映了色谱柱的分离容量，在紧密填充的条件下，其值越大越好。图 10-10 显示了孔体积对分离的影响。

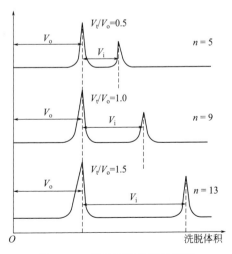

图 10-10　孔体积对分离的影响

n 为峰容量

合适的孔径分布对样品分离效果影响较大。宽的孔径分布，分离分子量范围大，但分离效果较差；窄的孔径分布，分离分子量范围较窄，但分离效果好。

（5）柱子大小

与其它色谱柱不同，SEC 的柱子一般都比较长。介质粒径小的 SEC 柱内径在 1cm 以上，柱长在 30~60cm，分离样品量越大，柱直径越大。介质粒径中等或较大的柱长为 50~100cm。有一个柱长选择原则：在保证分离度条件下，柱长越短越好。

（6）洗脱模式及流动相

排阻色谱分离时只是体积排阻作用，介质与样品组分间不存在其它作用力，所以总是等浓度洗脱。

流动相组成成分要适应介质要求，如聚苯乙烯类柱子要使用非极性或极性较小有机溶剂，多糖类介质则需要用水溶液。

对于生物产品的分离，流动相通常选用 pH 6~8 的水相缓冲体系，此环境对多数生物分子及多糖类介质是适宜的。使用最多的缓冲体系是磷酸盐缓冲液和 Tris-HCl 缓冲液。如果 SEC 后接着运用其它的色谱技术，则可考虑使用下一步色谱操作时所使用的缓冲体系作为洗脱剂。

凝胶介质本身会带有少量的电荷，对排阻色谱分离结果产生干扰，可在流动相中加入 $0.1~0.5mol/L$ 的盐溶液来抑制。

（7）洗脱流速选择

流速的大小取决于柱子的尺寸，或者 V_o 和（V_o+V_i）的值，也取决于样品组分分离的难易程度。对容易分离的样品，流速可适当加大，以加快洗脱。流速不能超出该介质的最大流速限制，操作时产生的反压也不能超过该介质所能承受的最大压力。

（8）上样量

排阻色谱的柱容量较小，所以上样量也较小。具体的上样量，需根据样品组成和性质、凝胶介质及预期得到的分离程度来确定。具体操作中，主要是根据色谱图中的分离程度来确定最大上样量。

10.3 排阻色谱在生物工程产品纯化中应用

10.3.1 生物大分子的分离纯化

SEC 是依据样品分子体积大小的不同来实现分离的，与蛋白质之间不发生任何作用，所以蛋白质活性回收率高。

SEC 的分离方式有两种：一种是组别分离（group separation），另一种是分级分离（fractionation）。

组别分离是将样品中的组分按分子体积大小分成两类。组别分离时分子体积大的物质完全被介质排阻，不能扩散进入凝胶颗粒内部，而是随洗脱液流出柱床（V_o）；分子体积小的物质则可以扩散进入介质内孔，洗脱体积相当于 V_t。采用组别分离只有分子体积相差悬殊的物质才能得以分离，分子体积相差越大，分离效果越好。这种分离的应用范围广泛，如样品中缓冲液变换、蛋白质的脱盐、核酸抑制剂中酚及无机盐等小分子的去除等操作。目前蛋白质的排阻色谱脱盐工艺几乎完全代替了传统的透析法。此类分离对介质的要求不高。

分级分离是将分子大小相近的物质分开，样品组分会不同程度地深入到凝胶颗粒内孔中，按体积大小得到分离。当目标分组与杂质的分子体积差别不大、使用此方法不容易分离。该方法对介质的要求高，必须采用孔径适当、分离范围与分子大小相适应的凝胶。在操作过程中，样品的上样量较少，仅为柱床体积的 5%～10%，因此这种分离常用于经过浓缩后的样品或分离工艺的最后一步。

组别分离和分级分离二者在应用方面有区别，操作方面也有不同。组别分离的上样量较大，分离容量大，分辨率低。分级分离的上样量小、分辨率高。但二者的分离原理是相同的。

使用排阻色谱分离蛋白质的理想情况是目标蛋白质全排阻，而杂质渗入凝胶内部；或杂质全排阻，目标蛋白质渗入凝胶内部有一定的保留。通常情况下蛋白质分子量相差在不同数量级上，使用合适的凝胶才能在排阻色谱上进行有效分离，分子量差别不大的组分很难实现完全分离。常用 SEC 介质的分离范围（以球状蛋白质为分离检测标准）如图 10-11 所示。

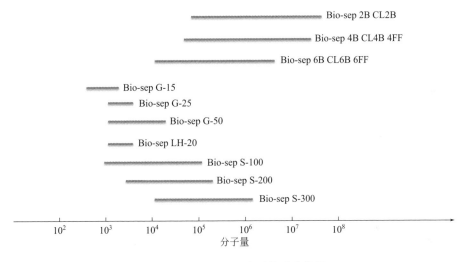

图 10-11　常用 SEC 介质的分离范围

大肠杆菌 ATP 合成酶复合物在使用螯合镍琼脂糖捕获后，再使用 Superose 6 进行纯化[23]，如图 10-12 所示。凝结物（峰 1）和单体 ATP 合成酶蛋白复合物（峰 2）之间的分离度非常好，与分解产物（峰 3 和峰 4）的分离也如此。除消耗了少量样品和缓冲液之外，此种分离方法的运行时间短，还获得了足够的分辨率。

（1）大分子脱盐、小分子杂质去除和缓冲溶液更换（组别分离）

从 20 世纪 60 年代起，SEC 就被用于了蛋白质的快速脱盐和去除小分子杂质[23]。蛋白质脱盐时，蛋白质的分子体积比盐类和小分子体积要大得多，在排阻极限合适的介质中，蛋白质在外水体积中就随流动相流出柱子，即使在高流速下进行脱盐也不会对目的蛋白质的分离效率产生明显的影响。若脱盐后蛋白质产品需冷冻干燥，只需将流动相中的盐成分换成可挥发性的盐即可。该方法一般不会造成蛋白质样品较大倍数的稀释或变性。

图 10-13 是 5mL HiTrap Desalting 介质，对从 HiTrap Chelating HP 洗脱得到的 $(His)_6$-标签蛋白质（洗脱液为 20mmol/L Na_3PO_4-500mmol/L NaCl-500mmol/L 咪唑，pH7.4）进行脱盐的色谱图。

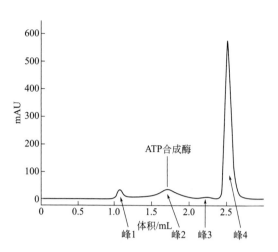

图 10-12 使用 Superose 6 Increase 5/150 GL 排阻介质纯化大肠杆菌 ATP 合成酶

纯化系统：ÄKTAmicro（低温下）；样品体积：25μL；流速：0.15mL/min；缓冲液：20mmol/L Tris-HCl-150mmol/L NaCl-10％ 甘油-250μmol/L MgCl₂-0.05％ DDM，pH 8.0；峰 1：凝结物；峰 2：ATP 合成酶复合物；峰 3 和峰 4：分解产物

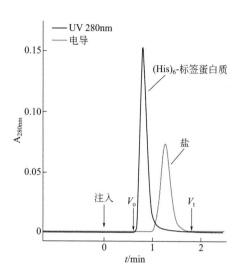

图 10-13 使用 HiTrap Desalting 介质进行脱盐

缓冲液：20mmol/L Na₃PO₄-50mmol/L NaCl pH 7.0；纯化系统：ÄKTAprime

盐析蛋白质提取物由于含盐浓度高，不能直接用在离子交换柱上，使用凝胶排阻色谱可同时达到更换不同离子强度缓冲溶液和脱盐的目的。

图 10-14 是从 BSA 溶液中除去 NHS（*N*-羟基琥珀酰亚胺）的色谱图，同样分离效果非常好[23]。

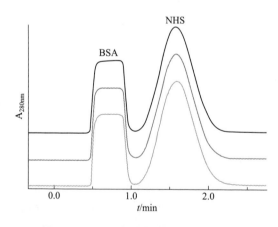

图 10-14 BSA 中 NHS 的多次重复分离

色谱柱：HiPrep 26/10 Desalting；样品：2mg/mL BSA，0.07mg/mL NHS（溶于 50mmol/L Na₃PO₄）；流动相：150mmol/L NaCl，pH7.0，用 0.45μm 的滤膜过滤；样品体积：13mL；流速：31mL/min（350cm/h）

工业生产中常用 SEC、正切流动过滤（tangential flow filtration，TFF）和反渗透（countercurrent dialysis，CCD）进行缓冲液变换。Kurnik 等[24] 建立数学模型对这三种方法进行了对比。对每个单元操作的变量如缓冲液变换范围、蛋白质溶液稀释程度、产量、缓冲条件、总运行时间、吞吐量等进行检测比对，发现 TFF 和 CCD 比 SEC 具有更大的缓冲液变换范围。TFF 具有在进行缓冲液变化的过程中同时实现蛋白质的浓缩的优势。但仿真结果表明使用 SEC 进行缓冲液变换不会使蛋白质变性。

（2）蛋白质分子单体与二聚体的分离（分级分离）

Superdex 75 可对分子量 3000 到 70000 的生物分子进行高分辨分离[23]。常用来进行蛋白质间相互作用和二聚体的快速检查与纯化。图 10-15 为重组蛋白质中二聚体-单体的分离结果。

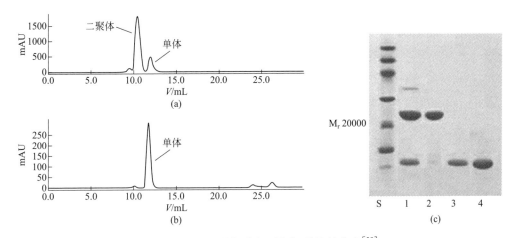

图 10-15　重组蛋白质中二聚体-单体的分离[23]

上样量：200μL；流速：0.5mL/min；缓冲液：50mmol/L Tris-HCl-1mmol/L EDTA-150mmol/L NaCl，pH 8.4
（a）含半胱氨酸蛋白质（重组 Cys 蛋白）二聚物-单体在 Superdex 75 10/300 GL 上的分离；
（b）用 DET 去除二聚物组分得到的纯化；
（c）Coomassie[TM] 着色 SDS-PAGE 凝胶，泳道 1～4 均在非还原条件下进行的；
泳道 S：LMW-SDS Marker Kit（17-0446-01）；泳道 1：原始二聚物-单体样品；
泳道 2：二聚体；泳道 3：（a）中分离的单体峰；泳道 4：（b）中单体峰

（3）狂犬病疫苗的纯化

文献报道［25］，按现行地鼠肾细胞狂犬病疫苗生产工艺得到原苗液体，使用截留分子质量 300kDa 的超滤膜进行超滤浓缩至 50～100 倍。浓缩后滤液用 Sepharose 4FF 进行纯化。通过 SEC 分离后得到两个洗脱峰，如图 10-16 所示。经抗原定位，确定第一峰为狂犬疫苗峰，第二峰为杂蛋白质峰。经过 3 次中试，纯化结果重复性好，稳定性高，杂蛋白质的去除率平均为 95.7％，疫苗回收率 73.4％～87.9％，平均回收率 77.4％。

（4）单克隆抗体的纯化

刘利等[26] 将 HAB18McAb 腹水直接上样 Sephacryl-300 凝胶色谱柱，色谱图见图 10-17，用 pH 7.4 的 10mmol/L PBS 洗脱，收集 IgG 组分，0.22μm 滤膜除菌，分装，即得纯化的 McAb。纯化抗体的纯度用 SDS-PAGE 法测定，抗体活性用常规免疫组化 ABC 法测定，蛋白质含量用紫外法测定。结果显示：用该方法提纯 McAb 纯度＞90％. ABC 法检测抗体活性为 1：80000（7.8×10^{-11} mol/L），回收率为 85％～90％。

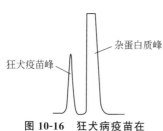

图 10-16　狂犬病疫苗在
Sepharose 4FF 上的纯化

色谱柱为 100cm×3.5cm（I.D.）；流动相为
50mmol/L PBS（pH 7.6）-0.15mol/L NaCl

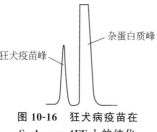

图 10-17　凝胶色谱一步法纯化单克隆抗体
色谱柱：Sephacryl 300 凝胶色谱柱（2.6cm×
60cm）；流动相：10mmol/L PBS，pH 7.4；上样
量：40～50mL；流速：0.5mL/min；检测波长：
280nm

10.3.2　蛋白质分子量测定

排阻色谱是按照分子体积大小进行分离的，分子体积大小与分子量间存在一定的关系，故 SEC 可以用于测定生物大分子的分子量。

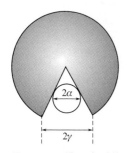

图 10-18　排阻介质的
孔半径和分子斯托克
半径及进入程度

若某种大分子的斯托克半径是 α，假设介质粒子中的空隙是规则的圆锥体，半径不同的分子能进入圆锥体的深度不同，见图 10-18。

若圆锥体底面的圆半径为 γ。以排阻色谱的分配系数 K_d 对 $\lg(\alpha/\gamma)$ 作图得到曲线，中间一段曲线为直线。在这一段直线中存在一个关系式：

$$K_d = -b\lg(\alpha/\gamma) - c \tag{10-8}$$

式中，b、c 皆为常数。

已知蛋白质分子量与斯托克半径间有下列关系：

$$M = m\alpha^n \tag{10-9}$$

式中，M 为分子量；m 和 n 是两个常数。组分的结构不同或者物质的形状不同，则 m 和 n 不相同。对于分子形状和结构类似的同系物来说，它们的 m 和 n 值近似相等。对于同一个排阻介质或同一根柱子，γ 是常数，所以分配系数 K_d 对 $\lg(\alpha/\gamma)$ 的关系式可以改写为：

$$K_d = -b'\lg M + c' \tag{10-10}$$

或

$$V_e = b''\lg M + c'' \tag{10-11}$$

式中，b'、c'、b'' 和 c'' 皆为常数。

实验证明，在一定的范围内，同系列物质分子量的对数 $\lg M$ 与分配系数 K_d 或洗脱体积 V_e 成线性关系。用标准分子量样品测定作图可得到 $\lg M$ 与 K_d 或 V_e 的关系图。但对于同一根柱子，使用种类不同的标准分子计量样品，得出的图或直线方程会有较大的差别。

在测定未知样品的分子量时，可先用未知样品的同系物或类似物，测定这些已知分子量的标准物的 $\lg M$-V_e 曲线，可得一条近似直线。然后进样，求出对应的各个组分的洗脱体积，在标准曲线上求出对应的 $\lg M$，就可计算出分子量。

用上述方法测定分子量通常会有不同程度的偏差。在理想的排阻色谱中，蛋白质的形状为球状，并且与凝胶不发生任何作用。而在实际测定中，准确性受许多因素的影响，如蛋白质与凝胶的非特异性吸附和分子形状等[1]。

李楠等[27] 建立了同时测定多糖分子量和含量的高效分子排阻色谱分析方法。采用 TSK-gel G4000 PW$_{XL}$ 色谱柱（10μm，1.8mm × 300mm），以纯水为流动相，在流速 0.6mL/min，柱温 30℃ 的条件下进行实验，用示差折光检测器检测结果。最终得到了各种糖分的重均分子量和含量，并进行了精密度实验的重复实验，发现使用该方法得到的结果准确，重复性高，是糖分分子量和含量的测定的有效方法，见图 10-19。

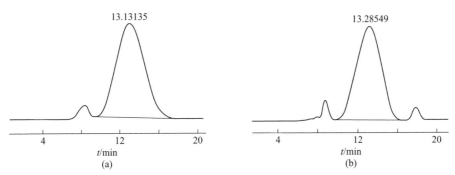

图 10-19　白糖及多糖对照品 BT06（a）和白糖及多糖 40 样品（b）HPSEC/RI 色谱图

10.3.3 蛋白质复性

重组蛋白质在菌体中的表达经常产生蛋白质聚集而形成不溶的、无活性的包含体，常需用盐酸胍等变性剂来溶解包含体，将其制备成溶液后再作进一步处理。为了获得天然活性的目标产物，必须对经过盐酸胍等变性剂溶解后的变性蛋白质进行复性。包含体复性过程主要分两步：①用脲、盐酸胍等变性剂溶解包含体使其变成伸展肽链结构；②脱除变性剂使伸展的肽链折叠成正确的空间结构。其中最关键也是最困难的是第二步，因为在脱除变性剂的过程中蛋白质很容易发生凝集，使得复性成功率较低。通过对凝聚反应的动力学研究表明，凝聚反应通常是二级以上的反应，而正确的折叠过程是一级反应。这说明凝聚反应的强弱对蛋白质浓度的依赖性更大一些，因此一个抑制凝聚的方法就是在低浓度下进行蛋白质复性。在常用的稀释复性中，为了减少凝聚提高生产率，通常需要在很低的蛋白质浓度下进行蛋白质复性。如将这种方法应用于大规模生产，就要使用很大的容器及配制大量的复性缓冲液，将会造成生产的巨大耗费，并且由于蛋白质浓度很低，产物回收也会困难，复性效率不高，一般为 5%～20%。除了稀释以外，还有一些其它抑制凝聚的复性方法，例如在复性溶液中加入凝聚抑制剂，但此方法在体系中又引入了新的物质，增加了后续纯化的难度。

色谱复性法是近年来发展较快的一种蛋白质复性方法，容易操作和放大，适用于各种变性蛋白质的复性。与常用的稀释复性法相比，SEC 复性具有以下显著的特点：①能在高浓度下对蛋白质进行复性；②能够抑制复性过程中聚集体的产生，复性效率高；③能够在复性的同时将蛋白质聚集体、复性蛋白质和变性剂进行一定程度的分离[28]；④可适用于多种蛋白质的复性和纯化。

Batas 等[29] 对 SEC 的复性机理提出了一个初步的解释。当变性蛋白质进入柱顶端时，因变性蛋白质具有无规卷曲的结构，其斯托克半径大，只能进入凝胶颗粒间的空隙，而不能进入凝胶颗粒内部的孔，迁移速度快。变性剂由于分子量小，可以进入凝胶颗粒内部的小孔，迁移速度慢。因此，当变性蛋白质通过色谱柱时，变性剂浓度不断减小，最后和 SEC 流动相达到平衡。变性剂浓度的降低促使蛋白质开始折叠，多肽链折叠成紧密的天然类似结构，分子的斯托克半径减小，可以进入凝胶颗粒的孔中，移动速度减缓。随着复性的进行，蛋白质的结构变得更加紧密，蛋白质在流动相和凝胶之间的分配系数逐渐增大。当蛋白质进入凝胶后，其扩散速度减慢，减小了分子间的非特异性疏水相互作用，抑制了复性过程中聚集体的产生。当蛋白质完全复性时，其斯托克半径不再变化，并以天然结构洗脱出来。由于复性过程中产生的聚集体具有较大的斯托克半径，它们首先被洗脱出来。

SEC 抑制凝聚的机理，现在普遍认为有三点：①蛋白质的伸展状态都会有差别，而不同伸展状态的蛋白质分子在凝胶颗粒内部扩散也不相同，使不同伸展状态的蛋白质分子达到一定程度分离，这样蛋白质分子间相互作用的机会就会减少，从而起到一定抑制凝聚的作用；②即使发生了部分凝聚，凝聚的蛋白质会附着在介质胶粒上，不随溶液向前运动，这样后来的变性剂可以赶上凝聚的蛋白质，使其重新溶解并复性；③在凝胶过滤中脲等变性剂脱除相对较慢，这对有些蛋白质的复性是有利的。

用 SEC 复性蛋白质是在流动相中完成的。在 SEC 中除了蛋白质在介质中的传质和扩散外，蛋白质与介质之间不发生其它任何作用，复性过程始终发生在溶液中。介质的作用有两点：一是促使变性剂浓度局部减小，当变性剂溶液转换成缓冲液时，能够阻止或减小变性蛋白质分子间相互聚集；二是使部分完成折叠的蛋白质进入流动相，增大蛋白质在液固两相间的分配系数，蛋白质在流动相中浓度的减小有利于蛋白质折叠。

在蛋白质的 SEC 复性过程中，除通常稀释法复性过程中的影响因素外（溶液 pH 值、复性液组成、温度、蛋白质浓度等），还有很多因素（流速、固定相种类、上样体积等）影响蛋白质的复性效率。

Fahey 等[30] 通过三步法纯化和复性了大肠杆菌包含体表达的重组尿激酶纤维蛋白溶酶原激活剂（u-PA）片段。包含体的捕获通过在 Triton X-100 中的洗涤和尿素的离心步骤中得到。水溶性包含体在通过 SEC 的缓冲液变换中得到好的复性。使用高分离范围的排阻介质，使得 u-PA 活性的恢复有所提高。

10.3.4　浓缩蛋白质溶液

利用干凝胶颗粒的吸水性可对浓度较低的蛋白质等生物大分子溶液进行浓缩。例如将粗粒径合适孔径的葡聚糖干粉（G15、G25）加入溶液中，因其较大的吸水性，水和小分子物质会渗入凝胶内部，而大分子物质被排阻在外，起到浓缩样品的效果。浓缩后的凝胶颗粒可通过离心或过滤去除。这种浓缩方法基本不改变溶液的离子强度和 pH，但由于凝胶的价格昂贵，此方法应用受到成本的限制。

10.3.5　测定蛋白质构象转化点

溶液中的蛋白质在受热或高浓度变性剂的存在下，三级结构会发生改变，使生物活性降低或消失。测定蛋白质在受热和变性剂存在条件下伸展去折叠的转化温度和变性剂浓度即构象转化点就显得十分重要。进行蛋白质折叠的热力学研究，找到蛋白质的最大稳定温度，对研究蛋白质的变性及复性以及生物工程药物的纯化工艺安排均具有指导意义。SEC 可以监测到由构象变化引起的蛋白质分子半径的改变，所以成为研究蛋白质折叠及构象变化的重要手段。近年来柱介质的发展使其具有更高的分辨率，能够在更高的温度下操作，为动态研究变性过程中蛋白质分子的细微变化提供了可能。目前用 SEC 研究蛋白质构象改变的报道较多。

Martenson[31] 早在 1978 年使用 Sephadex G-100 通过改变 pH，pH 为 2 和 7 时的离子强度以及盐酸胍的浓度对牛髓鞘碱性蛋白质流体动力学行为进行了研究，同时以球状蛋白质作为对照。研究表明：球状蛋白质在酸和碱中呈现出巨大的构象转变以及盐酸胍中的变性和可能的微小构象转变。髓鞘碱性蛋白质呈现出类似柔性线性高分子聚合电解质，在离子强度为 0.1mol/L，pH 2～11 时不断扩张，在 pH 2 和 pH 7 时随着离子强度的增大不断收缩直至盐析而出。相对低浓度的盐酸胍（约 0.5mol/L）足以引起碱性蛋白质的扩张。随着变性剂浓度的增加，分子继续扩展，但以非协同的方式进行，结果见图 10-20 和图 10-21，每个实验点代表一个实验结果。

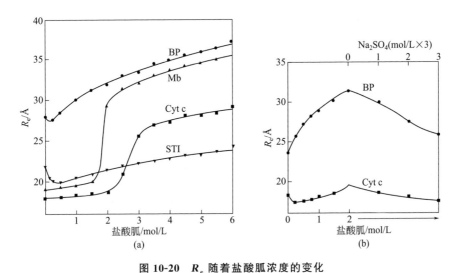

图 10-20　R_e 随着盐酸胍浓度的变化

（a）pH=7；（b）pH=11，含 0～1mol/L Na_2SO_4 及 2mol/L 盐酸胍

BP：髓鞘碱性蛋白质；Mb：肌红蛋白；Cyt c：细胞色素 c；STI：大豆胰蛋白酶抑制剂

R_e：斯托克半径；所有的溶液含有 0.1mol/L NaCl 和 0.01mol/L 缓冲液

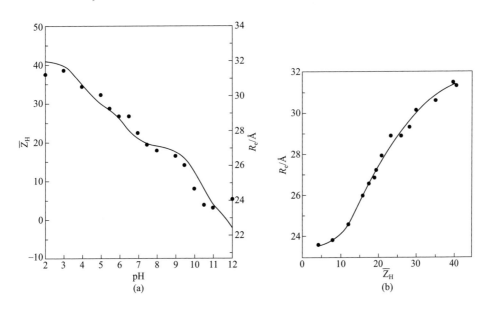

（a）理论滴定曲线不同 pH 下 R_e 的变化对比；（b）R_e 净电荷 $\overline{Z}_H$

图 10-21　髓鞘碱性蛋白质的线性聚合电解质行为

参 考 文 献

[1] 郭立安，常建华. 蛋白质色谱分离技术. 北京：化学工业出版社，2011.

[2] Lindqvist B，Storgårds T. Molecular-sieving properties of starch. Nature，1955，175(4455)：511-512.

[3] Lathe G H，Ruthven C R J. The separation of substances and estimation of their relativemolecular sizes by the use of columns of starch in water. Bioch J，1956，62(4)：665-674.

[4] Porath J，Flodin P E R. Gel filtration：a method for desalting and group separation. Nature，1959，183(4676)：1657-1659.

[5] Hjertén S，Mosbach R. "Molecular-sieve" chromatography of proteins on columns of cross-linked polyacrylamide. AnalBiochem，1962，3(2)：109-118.

[6] Regnier F E，Noel R. Glycerolpropylsilane bonded phases in the steric exclusion chromatography of biological macromolecules. J Chromatogr Sci，1976，14(7)：316-320.

[7] 国家发改委高技术司.中国生物技术产业发展报告. 2005. 北京：化学工业出版社，2006：336-339.

[8] Holding S. Mechanisms：size exclusion chromatography，chromatography：liquid II. Encyclopedia of Separation Science，2000：718-726.

[9] Salvatore F. Liquid chromatography：Amsterdam Burlington：Elsevier science，2013.

[10] Stellwagen E. Gel filtration. Methods in Enzymology，1990，182：317-328.

[11] Duong-Ly K C，Gabelli S B. Gel filtration chromatography(size exclusion chromatography) of proteins. Methods in Enzymology，2014，541：105-114.

[12] Hermanson G T. Bioconjugate techniques. San Diego：Academic press，2013.

[13] Sidebotham R L，Dextrans. Advances in Carbohydrate Chemistry and Biochemistry，1974，30：371-444.

[14] PÉrez S，Samain D. Structure and engineering of celluloses. Advances in Carbohydrate Chemistry and Biochemistry，2010，64：25-116.

[15] Angelo J M，Cvetkovic A，Gantier R，et al. Characterization of cross-linked cellulosic ion-exchange adsorbents：1. Structural properties. J Chromatogr A，2013，1319(1)：46-56.

[16] Leathers T D. Biotechnological production and applications of pullulan. Applied Microbiology and Biotechnology，2003，62(5-6)：468-473.

[17] Nagase T，Tsuji K，Fujimoto M，et al. Cross-linked pullulan：US 4，152.170.1979-5-1.

[18] Motozato Y，Ihara H，Tomoda T，et al. Preparation and gel permeation chromatographic properties of pullulan spheres. J Chromatogra A，1986，355(2)：434-437.

[19] Fukami K，Fujimoto M，Nagase T. Ionic pullulan gels and production thereof：U S 4，174，440. 1979-11-13.

[20] Hirayama C，Ihara H，Shiba M，et al. Macroporous glucomannan spheres for the size-exclusion separation of aqueous macromolecules. J Chromatogr A，1987，409(1)：175-181.

[21] Rinaudo M. Chitin and chitosan：properties and applications. Cheminform，2007，38(27)：603-632.

[22] Kučera J. Fungal mycelium—the source of chitosan for chromatography. J Chromatogr B，2004，808(1)：69-73.

[23] GE Healthcare Bio-sciences. Size exclusion chromoatography principles and methods. 2000.

[24] Kurnik R T，Yu A W，Blank G S，et al. Buffer exchange using size exclusion chromatography，countercurrent dialysis，and tangential flow filtration：models，development，and industrial application. Biotech Bioeng，1995，45(2)：149-157.

[25] 张玉慧，高春润，孙秀华，等.狂犬病疫苗纯化工艺的建立.中国生物制品学杂志，1999，12(4)：231-232.

[26] 刘利，刘智广，刘成刚，等. 高效凝胶色谱一步法制备级纯化单克隆抗体. 细胞与分子免疫学杂志，1995，11(1)：52-55.

[27] 李楠，李卓，张燕，等.高效分子排阻色谱法同时测定白及多糖分子量和含量. 药物分析杂志，2012，32(10)：1801-1803.

[28] Fekete S，Beck A，Veuthey J L，et al. Theory and practice of size exclusion chromatography for the analysis of protein aggregates. J Pharm Biomed Anal，2014，101：161-173.

[29] Batas B，Chaudhuri J B. Protein refolding at high concentration using size-exclusion chromatography. Biotech Bioeng，

1996，50(1)：16-23.

[30] Fahey E M，Chaudhuri J B，Binding P. Refolding and purification of a urokinase plasminogen activator fragment by chromatography. J Chromatogr B，2000，737(1)：225-235.

[31] Martenson R E. The use of gel filtration to follow conformational changes in proteins. Conformational flexibility of bovine myelin basic protein. J Biol Chem，1978，253(24)：8887-8893.

第 11 章 离子交换色谱

11.1 概述

目前 75% 的生物产品的纯化使用了离子交换色谱（ion-exchange chromatography，IEC），它是生物工程下游纯化工艺中应用最广泛的技术。

早在 20 世纪 30 年代，人们发现一些人工合成树脂可以应用在放射性同位素浓缩上，后来又发现它们还可用于小分子物质及水的纯化，广泛的应用造就了 IEC 技术的快速发展。

20 世纪 50 年代中期，Sober 和 Peterson 合成了羧甲基（CM-）纤维素和二乙氨乙基（DEAE-）纤维素。这两种离子交换产品具有非常好的亲水性和大孔型结构。它们的亲水性减少了离子交换介质与蛋白质之间除静电作用以外的其它作用力，大孔型结构使蛋白质能进入网孔内部从而大大提高了有效交换容量，而纤维素上较少的离子基团有利于蛋白质的洗脱，因此这两种离子交换产品一投入市场就得到了广泛的应用。该类产品的缺点是胶强度小，限制了其在高流速生产条件下的应用。

20 世纪 70 年代，多种离子交换色谱介质特别是球形且具有一定耐压性的介质被开发出来，包括交联葡聚糖介质、交联琼脂糖介质、聚丙烯酰胺介质和一些人工合成的亲水性聚合物介质等，以及以这些基质为骨架结合上带电基团衍生而成的离子交换介质也层出不穷，极大地推动了离子交换技术在生物工程下游纯化中的应用。

目前离子交换色谱已经成为蛋白质分离纯化中最常用的手段，其中以交联琼脂糖为基质的离子交换介质使用量最多，占总量的 90% 以上，葡聚糖和纤维素类的离子交换介质使用量合计在 5%~8%，其余为其它类基质的产品。

离子交换色谱应用如此广泛，主要是因为具有以下独特优点。

① 分辨率高

在蛋白质分离的色谱方法中，分辨率最高的是反相色谱，但在反相体系中很多蛋白质会失活。活性回收率高的色谱法是离子交换色谱、疏水色谱、排阻色谱和亲和色谱。这四种色谱是目前蛋白质分离最常用的。除特异性吸附的亲和色谱外，离子交换色谱的分辨率高于疏水色谱和排阻色谱。

② 交换容量高

琼脂糖类的 IEC 每克湿胶的蛋白质吸附量可达 100mg 左右，有利于大规模纯化和在工业生产中的应用。

③ 色谱分离时可选择的条件多

IEC 分离蛋白质时，既可选择不同的离子强度，也可选择不同的 pH 值作为分离条件。

而且色谱出峰顺序可根据蛋白质的等电点进行预测。

④ 操作简单、成本低

离子交换色谱操作简单，流动相便宜，蛋白质活性回收率高，综合成本低。

⑤ 纯化和浓缩可同时进行

在 IEC 纯化蛋白质的过程中可同时实现产品的浓缩，这对低浓度蛋白质样品特别有利，既大大降低了纯化体积，又提高了纯度，减少了后续工艺时间，特别适合于大规模纯化。

11.2 蛋白质样品的离子交换作用

IEC 是根据分离物质与介质间静电作用不同而实现分离的一种色谱技术。由于不同蛋白质间等电点的差异、分子大小有区别，造成在同一个流动相中电荷密度分布的不同，因而就可与具有相反电荷的离子交换介质相结合，若要把结合强度不同的蛋白质实现分离（解吸掉），就需要不同浓度的洗脱剂在不同的时间将其洗脱，从而实现分离。

11.2.1 溶液中蛋白质带电状况

蛋白质是否带电、带电多少是由其结构及外部环境共同决定的。

（1）蛋白质的组成

虽然蛋白质种类繁多，但大多数蛋白质由 20 种氨基酸组成，这 20 种氨基酸被称为基本氨基酸，见表 11-1。从蛋白质水解产物中分离得到的基本氨基酸都是 L-氨基酸，除不含手性碳原子的甘氨酸和含有环状亚氨基的脯氨酸外，其它均具有如下结构通式：

不变部分（L 构型）

表 11-1　组成蛋白质的基本氨基酸

名称	符号	R 基结构	分类
丙氨酸（alanine）	Ala	CH_3	中性
精氨酸（arginine）	Arg	$CH_2CH_2CH_2NHC(NH)NH_2$	碱性
天冬酰胺（asparagine）	Asn	CH_2CONH_2	中性
天冬氨酸（aspartic acid）	Asp	CH_2COOH	酸性
半胱氨酸（cysteine）	Cys	CH_2SH	酸性
谷氨酰胺（glutamine）	Gln	$CH_2CH_2CONH_2$	中性
谷氨酸（glutamic acid）	Glu	CH_2CH_2COOH	酸性
甘氨酸（glycine）	Gly	H	中性
组氨酸（histidine）	His	CH_2	碱性
异亮氨酸（isoleucine）	Ile	$CH(CH_3)CH_2CH_3$	中性
亮氨酸（leucine）	Leu	CH_2CHMe_2	中性
赖氨酸（lysine）	Lys	$(CH_2)_4NH_2$	碱性

名称	符号	R 基结构	分类
甲硫氨酸（methionine）	Met	$CH_2CH_2SCH_3$	中性
苯丙氨酸（phenylalanine）	Phe	CH_2Ph	中性
脯氨酸（proline）	Pro	（全结构）	中性
丝氨酸（serine）	Ser	CH_2OH	中性
苏氨酸（threonine）	Thr	$CH(OH)CH_3$	中性
色氨酸（tryptophan）	Trp		中性
酪氨酸（tyrosine）	Tyr		酸性
缬氨酸（valine）	Val	$CH(CH_3)_2$	中性

在水溶液中，氨基酸以两性离子形式存在。在某一个 pH 值下，氨基酸分子的净电荷为 0，此 pH 值称为此氨基酸的等电点（pI）。不同氨基酸的 pI 不同。在不同的 pH 条件下，氨基酸两性离子的状态也随之发生变化。如中性氨基酸在不同的 pH 条件下的解离状况如下：

净电荷	+1	0	-1
溶液pH	小于等电点	等电点	大于等电点

一个氨基酸的氨基与另一个氨基酸的羧基之间脱水缩合形成的酰胺键称为肽键，所形成的化合物称为多肽。蛋白质是由一条或多条肽链以特殊方式结合而成的生物大分子。蛋白质与多肽间并无严格的界线，通常是将分子量在 10000 以上的多肽称为蛋白质。蛋白质分子量变化范围很宽，从大约一万到百万，甚至更大。

蛋白质分子除了结合氨基酸缩合物外，还可能结合其它成分组成结合蛋白。结合蛋白的性质与结合片段有关。如色蛋白由简单蛋白质与色素物质结合而成，如血红蛋白、叶绿蛋白和细胞色素等；糖蛋白由简单蛋白质与糖类物质组成，如细胞膜中的糖蛋白等；脂蛋白由简单蛋白质与脂类结合而成，如血清脂蛋白等；核蛋白由简单蛋白质与核酸结合而成，如细胞核中的核糖核蛋白等。

（2）蛋白质的两性解离与静电力

蛋白质与氨基酸一样，能够发生两性解离，造成蛋白质的带电性与静电力随 pH 值的改变而改变。

蛋白质分子中的带电基团来源有两个：一个来自组成蛋白质的氨基酸；另一个来源是蛋白质修饰时引入的基团。蛋白质由氨基酸组成，除肽链的两端以外，组成蛋白质的氨基酸的 α-氨基和 α-羧基形成肽键而不再发生解离。但很多氨基酸的侧链带有不同的可解离基团，有的能进行酸性解离而带负电荷，如天冬氨酸和谷氨酸的侧链羧基、酪氨酸的酚羟基、半胱氨酸的巯基；有的能进行碱性解离而带正电荷，如赖氨酸的侧链氨基、精氨酸的胍基、组氨酸的咪唑基。此外，在肽链的 N 末端还有一个游离氨基，C 末端还有一个游离羧基，两者都能发生解离反应。这些基团的解离常数（pK 值，与游离氨基酸中的 pK 值是不完全相同的。一般来说，它们比游离氨基酸中的 pK 值向靠近中性的方向偏移。另外，侧链可解离基团在蛋白质三级结构中的位置也在一定程度上影响 pK 值。如果是结合蛋白，则辅基中也会含有可解离基团而影响蛋白质的带电情况。

在不同的 pH 环境下，蛋白质的带电性质不同。蛋白质分子所带电荷的种类和数量并非常数，而与溶液的 pH 值直接相关。当溶液 pH＜pI 时蛋白质带净的正电荷。pH 值小于 pI 越多，蛋白质会结合越多的氢离子，带正电荷越多。而当溶液 pH＞pI 时，蛋白质带净的负电荷。pH 值大于 pI 越多，分子离解出越多的氢离子，分子所带负电荷增加越多。在蛋白质 pI＝pH 时，蛋白质的净电荷为零，但蛋白质局部表面仍会分布着不同的带电区域。

蛋白质在不同 pH 环境下带电情况可由滴定曲线（图 11-1）获知。滴定曲线可以通过双向电泳的方法获得。

进行离子交换色谱时，选用的色谱介质和流动相 pH 值要根据目标组分和杂质的等电点差异来选择，并且可以根据目标组分和杂质的等电点来判断它们在柱子上的保留时间长短和出峰大致顺序。表 11-2 列出了部分蛋白质的 pI 值，可以看出，不同蛋白质的 pI 相差是比较大的。

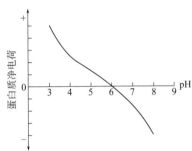

图 11-1　蛋白质滴定曲线示意图

表 11-2　部分蛋白质的 pI 值

蛋白质	pI 值	蛋白质	pI 值
卵清蛋白（ovalbumin）	4.7	肌红蛋白（myoglobin）	7.1
伴清蛋白（conalbumin）	6.3	血红蛋白（人）（hemoglobin）	7.2
β-乳球蛋白（β-lactoglobulin）	4.1	核糖核酸酶（牛胰）（ribonuclease）	4.6
胰蛋白酶（trypsin）	11.8	牛血清白蛋白（bovine serum albumin）	7.8
血纤蛋白原（fibrinogen）	4.8	胰岛素（insulin）	6.0
木瓜蛋白酶（papain）	8.7	甲状腺球蛋白（thyroglobulin）	4.0
溶菌酶（lysozyme）	11.0	细胞色素 c（cytochrome c）	9.6

11.2.2　离子交换过程

（1）离子交换作用

离子交换色谱由基质、接在基质上的带电离子基团和与带电离子基团电性相反的反离子组成（弱离子交换介质的—COOH 和 NH_2 要在解离后才形成带电离子，并带上反离子）。基质是由有一定的刚性而且不溶解于流动相的材料组成。接在基质上的带电离子基团是通过化学方法固定在基质上不可移动的基团，与带电离子基团带相反电荷的反离子依靠静电引力吸附在交换介质基团的表面，反离子是可以移动的，示意图见图 11-2。

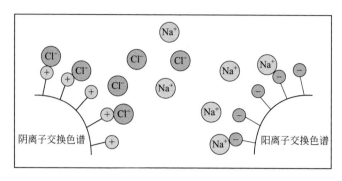

图 11-2　IEC 的结构示意图

可移动的反离子是无机离子或小的有机离子。无机离子与交换介质的结合能力与其所带电荷成正比，与该离子形成的水合离子半径成反比。离子的价态越高，结合力越强；价态相同时，原子序数越高，结合力越强。在阳离子交换介质上，常见离子结合力强弱顺序为：

$$Li^+ < Na^+ < K^+ < Rb^+ < Cs^+$$
$$Mg^{2+} < Ca^{2+} < Sr^{2+} < Ba^{2+}$$
$$Na^+ < Ca^{2+} < Al^{3+} < Ti^{4+}$$

在阴离子交换介质上，常见离子结合力强弱顺序为：

$$F^- < Cl^- < Br^- < I^-$$

这些反离子可以用作离子交换色谱洗脱中的顶替离子，其与离子交换介质的离子基团结合力越强，洗脱能力越强。

离子交换色谱分离是具有带电官能团的介质与带相反电荷的样品分子及洗脱剂离子之间的离子交换竞争过程。

在阴离子交换色谱中，介质表面有固定在基质上的带正电荷基团 R^+，分离对象应该是带负电荷的样品组分 X^-，洗脱剂中应该有能将样品组分从样品与交换基团的复合物 R^+X^- 上置换下来的顶替离子 Y^-。若只从电荷之间的作用力考虑，在阴离子交换柱上的保留洗脱平衡可以简单地用下式表示：

$$X^- + \bullet\!\!-\!R^+Y^- \underset{解吸}{\overset{吸附}{\rightleftharpoons}} \bullet\!\!-\!R^+X^- + Y^-$$

R^+ 是介质上的交换基团，不会移动，而样品组分 X^- 和顶替离子 Y^-（在此例中顶替离子和反离子相同）都可随流动相流动。R^+ 是 X^- 和 Y^- 争夺的中心离子。若 X^- 与 R^+ 作用强，或者 Y^- 与 R^+ 的作用弱，即 Y^- 从 R^+X^- 的复合物上置换 X^- 的能力弱，则 X^- 的保留时间就长；反之，若 X^- 与 R^+ 作用弱，或 Y^- 的置换能力强，则 X^- 的保留时间就短。不同样品组分因对交换基团 R^+ 的静电力不同、被洗脱的难易不同而得到分离。在样品组分通过柱子的过程中，交换基团 R^+、样品组分 X^-、置换离子 Y^- 之间存在动态平衡，其平衡常数（K_a）可表达为：

$$K_a = \frac{[Y^-][R^+X^-]}{[X^-][R^+Y^-]} \tag{11-1}$$

被吸附的样品组分被顶替离子置换下来，进入流动相，并随流动相向前运动；在溶液中的样品组分又可以重新被介质吸附。这种吸附-解吸-再吸附-再解吸的过程在柱子中顺流动相流动方向一直在进行，直到组分离开柱子。在这过程中不同的组分因与交换介质的吸附力大小不同得到了分离，见图 11-3。

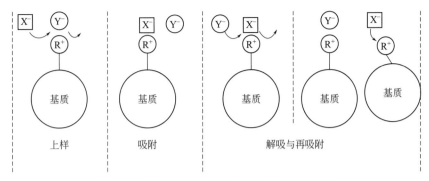

图 11-3　阴离子交换色谱中吸附与解吸示意图

基本过程：上样准备阶段，平衡液即起始缓冲液中离子与离子交换介质结合；吸附阶段，混合样品中的分子与离子交换介质结合，把平衡缓冲液离子（反离子）置换下来；解析与再吸附阶段（洗脱阶段），杂质与离子交换介质结合较弱，先被洗脱下来，目标分子会随着置换剂浓度的增加也被洗脱下来；再生阶段，用平衡液平衡柱子以备下次再使用

在阳离子交换色谱中，介质表面有固定在基质上的带负电荷基团 R^-，分离对象是带正电荷的样品组分 X^+，顶替离子是带正电的离子 Y^+。在色谱过程中 R^- 在柱子上不移动，X^+ 和 Y^+ 在流动相中移动，由于各组分对 R^- 的静电力不同而达到分离。阳离子交换柱上的保留洗脱平衡可以简单地用下式表示：

$$X^+ + \bullet\!-\!R^-Y^+ \underset{\text{解吸}}{\overset{\text{吸附}}{\rightleftharpoons}} \bullet\!-\!R^-X^+ + Y^+$$

（2）带电固体表面双电层对分离的影响

双电层是带电物质表面的静电作用力促使溶液中与之相反电荷的离子较紧密地被吸附在带电的物质表面，从而形成紧密排列造成的。但溶液中热运动又使吸附的离子从表面脱开，其最后结果形成分散结构的双电层，见图 11-4。

在阳离子交换介质表面的微环境中，H^+ 被阳离子交换基团吸引而 OH^- 被排斥，造成交换介质表面 pH 比周围缓冲液低 1 个 pH 单位；而阴离子交换介质表面的微环境中，OH^- 被阴离子交换基团吸引而 H^+ 被排斥，造成交换介质表面 pH 比周围缓冲液高 1 个 pH 单位。这种离子交换介质表面与溶液 pH 不一致的效应叫唐南（Donnan）效应。

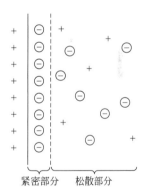

紧密部分　松散部分

图 11-4　溶液中带电物质形成的双电层

在选择色谱条件和考虑色谱过程时要注意双电层的存在。例如，某蛋白质在 pH 5 时被阳离子交换介质吸附，实际上该蛋白质在交换介质表面是处在 pH 4 的环境中，若此蛋白质在 pH 4 条件下不稳定将会导致失活。实际上许多蛋白质在 pH 4 以下时稳定性会下降而造成活性回收率降低。对这个现象的认识常常较为缺乏而造成许多分离结果不理想。

（3）离子交换动力学

离子交换色谱介质是多孔的基质，蛋白质结合到多孔介质上需要克服三个主要的传质阻力，即液膜扩散阻力、孔内扩散阻力和表面反应阻力。对于离子交换色谱，由于配体与蛋白质的相互作用主要是静电吸引作用力，反应迅速，可认为表面反应阻力较小。因此孔内扩散成为离子交换色谱吸附蛋白质的限速步骤[1,2]。配体密度决定了静电相互作用的强弱，对目标蛋白质的静态吸附、动态吸附和吸附动力学都有较大的影响[3-7]。研究［3，8］表明，对于特定的目标蛋白质，配体密度并不是越大越好。增加配体密度可提高蛋白质吸附容量，但也会带来介质内部的空间位阻，增加传质阻力。由此可见离子交换介质的配体密度和色谱孔径两方面因素共同决定了蛋白质的吸附性能。配体密度和配体分布主要影响蛋白质的静态吸附容量。配体密度增大或配体分布更分散可增大吸附容量。色谱介质孔径主要主导蛋白质的孔内扩散，孔径增大可以明显改善蛋白质的孔内扩散。

（4）疏水相互作用和氢键

虽然蛋白质与离子交换介质发生结合主要依靠相反电荷之间的静电力，但在实际过程中往往存在一些其它的作用力，最常见的是疏水相互作用和氢键，它们常常会造成较大的非特异性吸附，在低离子强度的流动相中，还会影响色谱行为。所以在蛋白质纯化中，要关注这种现象的发生，避免非特异吸附造成产品的回收率降低和柱子行为的失效。在实际生产中，也有一些克服这种现象的方法和手段，比如在流动相中加入一些低浓度的极性有机溶剂等[9]。

11.2.3 离子交换色谱的蛋白质保留机理

对于离子交换色谱分离过程，目前主要有两个理论模型来描述保留机理（或称之为分离模型）：一个是静电作用保留模型，另一个是计量置换保留模型。

（1）静电作用保留模型

静电作用保留模型认为离子交换过程主要是由静电作用控制的，其保留次序取决于配体与蛋白质间的静电作用力大小。作用力大的保留时间长，作用力小的保留时间短。蛋白质与配体间的静电作用力（F）可用库仑定律来描述：

$$F = Q_1 Q_2 / \varepsilon r^2 \tag{11-2}$$

式中，Q_1 和 Q_2 表示作用离子的点电荷；ε 是介电常数；r 是两个点电荷间的距离。蛋白质与介质之间不是点电荷的作用，这里只是近似地使用上述公式来描述。

蛋白质所带净电荷是由溶液 pH 值以及蛋白质结构和 pI 共同决定的。在酸性条件下，蛋白质的碱性氨基接受质子被电离，而羧基电离被抑制，蛋白质获得净的正电荷；与之相反，在碱性条件下，羧基被电离，蛋白质获得净的负电荷；而在某个 pH 时蛋白质的净电荷为零，此时的 pH 值称为蛋白质的等电点（pI）。蛋白质的确切等电点应该由氨基酸的类型和分子结构来决定。蛋白质的这种两性性质可以用 pH 滴定曲线来确定，见图 11-1。

净电荷的概念可以用于预计蛋白质在离子交换柱上的保留行为。当流动相 pH＝pI 时，由于不带电荷（净电荷为零），蛋白质在离子交换柱上将不保留。当 pH＞pI 时，蛋白质带负电荷，它将在阴离子交换柱上保留，在阳离子交换柱上不保留。当 pH＜pI 时，蛋白质带正电荷，它将在阳离子交换柱上保留，在阴离子交换柱上不保留。

图 11-5 所示的大致规律性虽然存在，但是并不完全符合。在 pH＝pI 时，仍有不少蛋白质有一定的保留。这是因为离子交换色谱中作用力以静电力为主，但是还会有一定的其它力存在。在 pH＝pI 时，虽然净电荷为零，但是蛋白质表面电荷分布不均匀，仍存在着局部电荷中心。

（2）计量置换保留模型

Kopaciewicz 等[10] 提出了蛋白质在高效离子交换色谱（HPIEC）中的计量置换保留模

型：从色谱表面解吸掉一个蛋白质需用 Z 个小的取代离子来取代，或者说与一个蛋白质作用的配体表面可以同 Z 个取代离子作用，整个置换过程可用下式来表示：

$$(P^{\pm a})_m + Z(D^{\pm b})_s = (P^{\pm a})_s + Z(D^{\pm b})_m \tag{11-3}$$

式中，$P^{\pm a}$ 是带电荷的蛋白质；$D^{\pm b}$ 是置换离子；a 和 b 分别表示蛋白质和置换离子所带的电荷数目；下标 m 和 s 分别代表流动相和介质。对于离子交换，$Z = a/b$ 代表着计量电荷比，即从介质上置换掉一个蛋白质时所需的置换离子数目。

$$\lg k' = \lg I - Z \lg [D^{\pm b}]_m \tag{11-4}$$

式中，k' 为容量因子；$\lg I$ 包括一组常数，它与溶质分子对固定相的亲和势大小有关；$[D^{\pm b}]_m$ 为置换离子的浓度，它与盐的浓度有直接的关系；对于一价盐，$[D^{\pm b}]_m$ 等于盐的浓度，此时可用盐的浓度来代替，方程（C 为一价盐的浓度）成为：

$$\lg k' = \lg I - Z \lg C \tag{11-5}$$

此式即蛋白质在 IEC 柱上一价盐中的计量置换保留模型的数学表达式。对于一个固定的柱子和介质、固定的 pH 值和蛋白质的体系，$\lg I$ 和 Z 值基本为常数（条件改变 Z 值也会变化）。容量因子的 $\lg k'$ 对流动相盐（一价盐）浓度的 $\lg C$ 作图是一条直线如图 11-6。反过来，求得此方程后，可以由盐浓度预测保留值容量因子 k'。

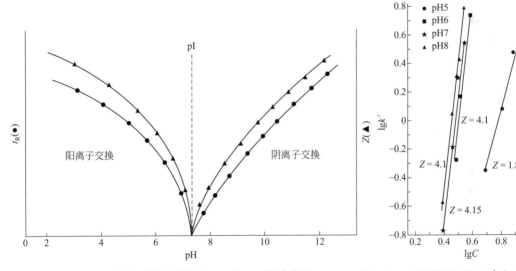

图 11-5 蛋白质的保留值与 pH 值、Z 值的关系
t_R 为保留时间，Z 为一个蛋白质分子所带离子数

图 11-6 β-乳球蛋白的 $\lg k'$ 对 $\lg C$ 作图
色谱条件：色谱柱 I. D0. 41×25cm，硅胶
基质的 SAX 柱；流动相为 NaCl 溶液；
洗脱方式为等浓度洗脱

11.3 离子交换色谱介质结构及种类

11.3.1 离子交换色谱介质结构

离子交换色谱介质由基质、配体（离子官能团）和反离子三部分组成。

（1）基质

基质是色谱中的固体支持物部分，赋予色谱一定形状同时让配体固定或键合在上面形成具有特定功能的色谱材料。基质通常是球形的，也有无定形的。色谱分离对基质在物理性质方面有如下要求：①具备合适的颗粒大小和粒度分布范围；②具备一定的机械强度，能满足在操作压力下使用；③用于制备的色谱基质应为多孔结构，孔径大小和分布应满足样品分子量的分离要求；④在使用的条件下，基质的溶胀或收缩现象不能超出所允许的范围；⑤分离生物大分子的介质表面应具有良好的生物相容性即亲水性，不能造成蛋白质等不可逆吸附或失活。

（2）配体

配体（离子官能团）是固定在基质骨架上的功能基团，它是带电荷的基团（强离子交换介质）或是在溶液中可以离解成带电荷基团的官能团（弱离子交换介质）。

① 强阴离子交换介质（SAX），如带三甲氨基乙基 $[(CH_3)N^+CH_2CH_2^-]$ 的季铵盐型（简称 Q 型）。

② 强阳离子交换介质（SCX），如磺酸基丙基 $[—(CH_2)_3SO_3^- \cdot H^+]$（简称 SP）。

③ 弱阳离子交换介质（WCX），如羧甲基（$—CH_2COOH$）（简称 CM）。在一定的 pH 范围内可离解成羧基阴离子（$—CH_2COO^-$）。

④ 弱阴离子交换介质（WAX），如二乙氨基乙基 $[(CH_3CH_2)_2N(CH_2)_2^-]$（简称 DEAE）。在一定的 pH 范围内可结合质子离解成季铵阳离子 $[(CH_3CH_2)_2N^+H(CH_2)_2^-]$。

理论上只要能够形成带电荷的可以化学交联到基质上的基团均可作为离子交换介质使用。目前使用在蛋白质纯化上的离子交换基团主要是上述四种，其它一些离子交换基团的介质在纯化时均可用上述四种替代，不在此讨论。

（3）反离子

与带电功能基团带相反电荷、可以移动、能与带电样品分子进行交换的离子称为反离子或抗衡离子（也称为平衡离子）。反离子与固定的带电基团的电荷相反，二者之间以静电力相结合。反离子的存在有两种情况，在强离子交换介质中它已存在；在弱离子交换介质中反离子要在一定的 pH 溶液中才解离形成。

11.3.2 离子交换色谱介质分类

离子交换色谱介质分类有多种方法。

（1）按基质材料分类

按基质材料可将离子交换介质分为无机材料、有机聚合物和多糖类聚合物离子交换介质。

①无机材料的离子交换介质，主要是硅胶和多孔玻璃。这种介质耐压高、粒度小、分辨率高，多用于分析。

②有机聚合物的离子交换介质，主要是人工合成的聚合物，如 PS、PMMA、PS-DVB 和复合聚合物类。这类介质耐压较高（比无机材料介质低，耐压为 5～10MP）、粒度较小、分辨率高，一般用于分析和有机小分子的制备。

③多糖类聚合物离子交换介质，主要是琼脂糖、纤维素[11] 和葡聚糖等。这类介质生物相容性好、吸附量大、对蛋白质非特异吸附小、活性回收率高，一般用于生物大分子的制备。现在无论实验室还是工业生产上用得最多的是交联琼脂糖类的离子交换介质。这类介质的机械强度差，经过交联，使强度提高，基本可满足蛋白质制备的需要。如琼脂糖类基质经过加工后，耐压可达 0.3～0.4MPa，线性流速可达 700cm/h 以上。

（2）按基质的孔径大小分类

无机材料的离子交换介质，硅胶孔径有 10nm、30nm、50nm、100nm 等，适用于不同分子量的样品。分离有机小分子使用 10nm 左右孔径的基质，分离生物大分子则需要使用 30nm 以上孔径的基质。

聚合物材料的离子交换介质，有无孔、小孔和大孔之分。无孔型树脂只用于分析，小孔主要用于小分子分离，孔径大于 30nm 的才能用于蛋白质样品分离。

交联琼脂糖和交联葡聚糖基质是分离生物大分子最好的材料。交联琼脂糖基质按照制备时糖的浓度不同有 2B 系列、4B(CL4B、4FF) 系列和 6B(CL6B、6FF) 系列等，适合的分子量范围不同，从 1 万到 4 千万。交联葡聚糖基质按照交联度和工艺条件的不同有不同的孔径，适合分离不同分子量的样品。

（3）按配体类型分类

离子交换介质的交换官能团大体分四种：强阴离子交换介质（SAX），强阳离子交换介质（SCX），弱阴离子交换介质（WAX）和弱阳离子交换介质（WCX）。自身带不移动的阳离子基团，用于分离阴离子化合物的交换介质叫阴离子交换介质；自身带不移动的阴离子基团，用于分离阳离子化合物的交换介质叫阳离子交换介质。

11.3.3 常见离子交换介质产品

常见离子交换介质产品见表 11-3、表 11-4、表 11-5。

表 11-3　常见琼脂糖基质离子交换介质

产品[①]	交换基团	球形粒径/μm	吸附量/(mg·mL^{-1})/[交换容量/($\mu mol·mL^{-1}$)]	pH 适用范围	pH 稳定性 长期[清洗]	耐压/MPa	最高流速/(cm/h)
Q Bio-sep FF	$-N^+(CH_3)Cl^-$	45～165	120HSA[0.18～0.25]	2～12	2～12[1～14]	0.3	750
DEAE Bio-sep FF	$-CH_2CH_2N(Et)_2$	45～165	110HSA[0.11～0.16]	2～9	3～12[1～14]	0.3	750
SP Bio-sep FF	$-(CH_2)_3SO_3Na$	45～165	80Lyz[0.18～0.25]	4～13	4～13[3～14]	0.3	750
CM Bio-sep FF	$-CH_2COONa$	45～165	60 Lyz[0.09～0.13]	5～10	4～13[2～14]	0.3	750

① Bio-sep 是西安交大保赛生物技术股份有限公司产品。

表 11-4　常见葡聚糖基质离子交换介质

产品	交换基团	粒径（干粉）/μm	每毫升吸附量	适用	pH 稳定性 工作[清洗]	耐压/MPa	最高流速/(cm/h)
QAE Bio-sep A-25	$-N^+\!-\!CH_2CHCH_3]$ (Et, Et, OH)	40～120	10mg HSA	低分子量蛋白质、多肽、核苷酸及巨大分子	2～13[2～13]	0.11	475
QAE Bio-sep A-50	$-N^+\!-\!CH_2CHCH_3]$ (Et, Et, OH)	40～120	80mg HSA	中等大小生物分子（30～200kDa）	2～12[2～12]	0.01	45
SP Bio-sep C-25	$-(CH_2)_3SO_3Na$	40～120	230mg 核糖核酸酶	小蛋白质以及巨大分子（分子量＞200000）	2～13[2～13]	0.13	475

产品	交换基团	粒径（干粉）/μm	每毫升吸附量	适用	pH 稳定性 工作[清洗]	耐压/MPa	最高流速/(cm/h)
SP Bio-sep C-50	—$(CH_2)_3SO_3Na$	40～120	110mg 牛碳氧血红蛋白	中等大小的生物分子（30～200kDa）	2～12 [2～12]	0.01	45
DEAE Bio-sep A-25	—$CH_2CH_2N(Et)_2$	40～120	140mg α-乳清蛋白	小蛋白质以及巨大分子（分子量＞200000）	2～13 [2～13]	0.11	475
DEAE Bio-sep A-50	—$CH_2CH_2N(Et)_2$	40～120	110mg HSA	中等大小的生物分子（30～200kDa）	2～12 [2～12]	0.11	45
CM Bio-sep C-25	—CH_2COONa	40～120	190mg 核糖核酸酶	小蛋白质以及巨大分子（分子量＞20000）	2～13 [2～13]	0.13	475
CM Bio-sep C-50	—CH_2COONa	40～120	140mg 牛碳氧血红蛋白	中等大小的生物分子（30～200kDa）	2～12 [2～12]	0.01	45

表 11-5　常见纤维素基质离子交换介质

产品	交换基团	形状	吸附量/(mg/mL)	pH 稳定性	耐压/MPa	最高流速/(cm/h)	备注
Sephacel	DEAE	球形/粒径40～160(μm)	150RNase	2～12	0.03	30	GE 产品
CM 23	CM	纤维状	150 γ 球蛋白	—	—	—	Whatman
CM 52	CM	微粒	400 γ 球蛋白	—	—	40	Whatman
DE 52	DEAE	微粒	120	2～9	—	40	Whatman
DE92	DEAE	微粒	40	—	—	75	Whatman
QA52	季铵型	微粒	140	—	—	40	Whatman
QA92	季铵型	微粒	40	—	—	75	Whatman

11.4　离子交换色谱使用条件选择

蛋白质纯化工艺往往是多种色谱技术与多种分离方法的联合使用，但离子交换色谱在蛋白质纯化中为使用最多的色谱技术，比例超过 75%。

11.4.1　离子交换介质种类选择

选择适用的介质种类是建立离子交换色谱体系的第一步。但 IEC 介质的选择比其它色谱技术更复杂。因为其交换基团有四种类型，且有三大类基质，还有孔径大小和样品性质等因素。

（1）根据蛋白质分子大小选择介质

对于多孔球形分离介质来说，其比表面积的 90% 以上是球内孔提供的，外表面的面积只占很小一部分。只有让样品分子进入内孔的介质中才能最大限度地发挥离子交换的作用。而 IEC 介质孔径是由基质孔径所决定。

硅胶基质的 IEC 一般会给出孔径的数值。一般 30nm 孔径以上的介质才适合 10kDa 蛋白质的分离。

多糖基质介质主要是琼脂糖和葡聚糖系列，厂家对这些产品的孔径是用排阻极限或适用分子量来表示。琼脂糖系列介质的排阻极限取决于成球时糖的浓度，从产品名上就可以看出糖浓度，并推知其排阻极限。糖浓度越小，适用分子量越大。如常用的 Bio-sep 4B、Bio-sep CL 4B 和 Bio-sep 4FF 糖浓度为 4%，其排阻极限为 $6\times10^4\sim2\times10^7$。Bio-sep 6B、Bio-sep CL 6B 和 Bio-sep 6FF 糖浓度为 6%，其排阻极限为 $10^4\sim4\times10^6$。分子质量在 $10\sim200$kDa 的，用 6B 系列产品较好；1000kDa 的用 4B 系列；大于 10000kDa 的用 2B 系列。葡聚糖系列离子交换介质，也因制备时选用的基质牌号不同而适用不同分子量的样品组分。其实，不论哪种多糖系列介质，它们的孔径是一个分布比较宽的范围，两端孔径较少，中间孔径较多。

（2）根据样品组分的等电点、蛋白质稳定的 pH 范围和交换基团离解范围选择交换基团

离子交换基团要发挥离子交换作用，必须在溶液中解离成离子。季铵盐型（Q 型）强阴离子交换介质和磺酸基丙基（SP）型的强阳离子交换介质解离的 pH 范围很大，在水溶液中几乎百分之百解离。而羧甲基（CM）型弱阳离子型交换介质和二乙氨乙基（DEAE）型弱阴离子交换介质解离的 pH 范围小得多，见图 11-7。羧甲基（CM）型弱阳离子型交换介质在 pH 变大后逐渐解离成羧基负离子，pH 大到一定程度就可完全解离；二乙氨乙基（DEAE）型弱阴离子交换介质在 pH 变小后，其氮原子逐渐结合上质子，pH 小到一定程度就可完全让氮原子都结合上质子，达到完全解离。解离度越大，对应的柱子吸附量越大，不解离的弱离子交换介质是无吸附能力的。当然，吸附量还与目标蛋白质在此 pH 下的电荷情况有关。从羧甲基（CM）型弱阳离子交换介质在 pH 变大后解离度逐渐变大看，pH 值大有利于弱阳离子型交换介质使用。但是此时蛋白质带的正电荷减少，不利于蛋白质的吸附。当 pH 值大到一定程度，蛋白质可能带负电荷，就不被弱阳离子型交换介质吸附。从二乙氨乙基（DEAE）型弱阴离子交换介质在 pH 变小后解离度逐渐变大看，pH 值小有利弱阴离子型交换介质使用，但是此时蛋白质带的负电荷减少，不利于蛋白质的吸附。当 pH 值小到一定程度，蛋白质可能带正电荷，就不被弱阴离子型交换介质吸附。很多情况下，只要介质在使用 pH 范围，也就是在离子状态，蛋白质的带电性质和电荷多少是影响蛋白质吸附量的决定因素。另外，蛋白质样品一般要求在分离后保留生物活性，而保留蛋白质活性需要一个合适的 pH 值。至于具体某个蛋白质在哪个 pH 值时稳定性最好因蛋白质而异。所以，要综合考虑样品组分的等电点、蛋白质稳定的 pH 范围和交换基团离解范围来选择交换基团类型[9]。

根据离子交换介质离解的 pH 范围和离子交换介质在不同 pH 下的稳定性，一般认为蛋白质分离最常用的琼脂糖基质离子交换介质的 pH 使用范围如图 11-8 所示。选用何种离子交换介质要考虑在离子交换介质 pH 使用范围内（此 pH 值即将来流动相的 pH 值）蛋白质的稳定性，同时使用的流动相与蛋白质等电点要有 1 个单位以上的 pH 差值，流动相 pH 比蛋白质等电点大时使用阴离子交换介质 Q 型或 DEAE，流动相 pH 比蛋白质等电点小时使用阳离子交换介质 SP 或 CM。可以首选强阴离子交换介质和强阳离子交换介质，它们离解范

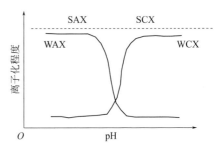

图 11-7　pH 与离子交换
介质离解度关系示意图
SAX：强阴离子交换介质；
SCX：强阳离子交换介质；
WAX：弱阴离子交换介质；
WCX：弱阳离子交换介质

围大，色谱条件更容易选。

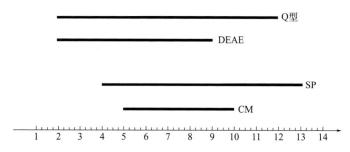

图 11-8 琼脂糖离子交换介质使用的 pH 范围

由于唐南效应，离子交换介质表面 pH 与溶液 pH 是不一致的，在选择色谱条件时要注意。蛋白质的等电点可由文献查到，也可以用等电聚焦来测定。

如果样品组分的等电点未知，除了可以使用试管法选择介质外，最方便的方法是装两根柱子，一根是强阳离子交换柱 SP，一根是强阴离子交换柱 Q 型，先上少量蛋白质样品到某根柱子上。如先上样到强阳离子交换柱 SP 上，此时用 pH 5 左右的稀醋酸盐缓冲液为平衡液，pH 5 左右的稀醋酸盐缓冲液加氯化钠（2mol/L）为洗脱液，检测蛋白质是否保留在柱上，若流穿液中未检测出蛋白质，则蛋白质在洗脱液中，说明蛋白质 pI＞5，可以用阳离子交换柱；若流穿液中检测出蛋白质，且在洗脱液中无蛋白质，说明蛋白质 pI＜5，可以换用阴离子交换柱；若流穿液和洗脱液中皆检测出蛋白质，说明蛋白质 pI≈5，可以换用阴离子交换柱或减小流动相 pH 后再试（若蛋白质上样量太大，也会出现保留部分流穿的情况）。若在强阴离子交换 Q 型柱上上样，要用 pH 8 左右的稀 Tris 缓冲液为平衡液，pH 8 左右的 Tris 缓冲液加氯化钠（2mol/L）为洗脱液，检测蛋白质是否保留在柱上。若流穿液中未检测出蛋白质，则蛋白质在洗脱液中，说明蛋白质 pI＜8，可以用阴离子交换柱；若流穿液中检测出蛋白质，且在洗脱液中无蛋白质，说明蛋白质 pI＞8，可以换用阳离子交换柱；若流穿液和洗脱液中皆检测出蛋白质，说明蛋白质 pI≈8，可以换用阳离子交换柱或加大流动相 pH 后再试（若蛋白质上样量太大，也会出现保留部分流穿的情况）。

（3）根据分离目的选择介质

分离目的大体有两种：一是分析测定，二是制备。分析测定只要求分离度高、灵敏度高、峰形好和定量准确，一般选用粒度小、孔径大的球形硅胶或聚合物离子交换产品。制备时要考虑制备量和是否要保留活性两个问题，制备量大和要保留活性时可选用多糖系列产品，制备量小或不保活性时可以用粒度小、孔径大的球形硅胶或聚合物系列产品。

11.4.2 柱子选择

柱子种类、长度和直径要根据介质种类和处理量大小选择。

球形硅胶产品一般粒度小、反压比较高，所以选用短（柱长 5～10cm）的不锈钢柱子。多糖系列产品最大使用压力为 0.4MPa，实际使用压力要小一些，多用直径大和高度低的柱子。用离子交换色谱分离蛋白质时，分离度主要取决于介质性能、蛋白质等电点的差异、流动相和洗脱方式的选择，柱子不宜装得太高，多糖系列离子交换色谱的柱床 20～30cm 高就够了。此高度的柱子由于反压不大，可以选用玻璃柱或有机玻璃柱，见图 11-9。

柱子直径选择根据处理量和介质强度而定。对于耐高压的硅胶分析柱，柱径常选用 4～

6mm 不锈钢材料；制备量增大时，可逐步增加柱直径，在工业化生产中目前最大柱直径为2m。对于耐压强度低的多糖系列，比如琼脂糖系列离子交换介质，样品处理量增加，可以加大柱直径（当介质品种不变时装填高度可不变）。在蛋白质离子交换分离中不必套用小分子分离分析时的高径比要求。

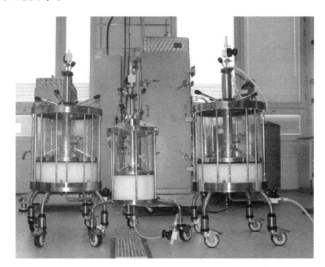

图 11-9　苏州利穗公司生产的多糖介质用大柱子

11.4.3　流动相选择

在离子交换色谱中，流动相有三个作用：一是溶解并带着样品向前移动，实现分离；二是保持一定的 pH 值，使蛋白质和交换基团的电荷相对固定，稳定离子交换过程；三是提供大量的顶替离子，将样品组分洗脱下来。

流动相至少有两种：一种叫平衡液（A 液），是低浓度盐缓冲溶液，用于平衡柱子（恢复使用后的柱子到原始状态或新柱子上样前的平衡）、上样（固体样品最好用 A 液配）和上样后洗去不吸附的蛋白质；另一种是洗脱液（B 液），是在 A 液里加一定浓度的盐溶液，用于洗脱色谱柱上吸附的蛋白质。B 液中盐浓度越大，离子强度越大，洗脱能力越强。

（1）缓冲物质和盐

在 IEC 中能够起缓冲作用的物质有两类：第一类是由弱酸（乙酸、磷酸等）或弱碱（$NH_3 \cdot H_2O$）及相应盐构成的系统（如 CH_3COOH-CH_3COONa；$NH_3 \cdot H_2O$-NH_4Cl）；第二类是有机胺或两性有机化合物。

对于第一类缓冲物质，在进行离子交换时，如果起缓冲作用的缓冲离子所带的电荷与离子交换介质上的功能基团相反，会参与离子交换过程，造成局部 pH 变化，因此应尽可能采用与功能基团带同种电荷的缓冲离子。使用阴离子交换介质（带正电荷官能团）时选择带正电荷的缓冲离子，使用阳离子交换介质（带负电荷官能团）时选择带负电荷的缓冲离子。这样的选择也并不是绝对的，比如磷酸盐缓冲液也经常在阴离子交换过程中使用，但在这种情况下应特别注意在上样前充分平衡，确保色谱系统的 pH 和离子强度与起始缓冲液一致。

第二类缓冲物质在阴、阳离子交换中均能采用。表 11-6 和表 11-7 分别列出了阴离子交换色谱和阳离子交换色谱常用的缓冲物质，根据需要的 pH 缓冲范围选择缓冲物质。

表 11-6 阴离子交换色谱常用的缓冲物质

缓冲物质	pH 范围	pK_a (25℃)	常用浓度/ (mmol/L)	平衡离子
N-甲基哌嗪	4.5～4.5	4.75	20	Cl^-
1,4-二氮杂环己烷	4.0～6.0	4.68	20	Cl^-,$HCOO^-$
L-组氨酸	4.5～6.0	4.96	20	Cl^-
双(2-羟乙基)氨基(三羟甲基)甲烷(BIS-TRIS)	4.8～6.4	6.46	20	Cl^-
1,3-二[三(羟甲基)甲基氨基]丙烷(BIS-TRIS Propane)	6.4～7.3	6.8	20	Cl^-
三乙醇胺	7.3～7.7	7.76	20	Cl^-,CH_3COO^-
三羟甲基氨基甲烷(TRIS)	7.6～8.0	8.06	20	Cl^-
N-甲基二乙醇胺	8.0～8.5	8.52	50	Cl^-,CH_3COO^-
二乙醇胺	8.4～8.8	8.88	20～50	Cl^-
1,3-二氨基丙烷	8.5～9.0	8.64	20	Cl^-
乙醇胺	9.0～9.5	9.50	20	Cl^-
1,4-二氮杂环己烷	9.5～9.8	9.73	20	Cl^-
1,3-二氨基丙烷	9.8～11.3	11.47	20	Cl^-
1,4-二氮杂环己烷	11.6～11.6	11.12		

表 11-7 阳离子交换色谱常用的缓冲物质

缓冲物质	pH 范围	pK_a (25℃)	常用浓度/ (mmol/L)	平衡离子
马来酸	1.5～2.5	2.00	20	Na^+
丙二酸	2.38～3.38	2.88	20	Na^+,Li^+
柠檬酸	2.63～3.63	3.13	20	Na^+
乳酸	3.6～4.3	3.81	50	Na^+
甲酸	3.8～4.3	3.75	50	Na^+,Li^+
丁二酸	4.3～4.8	4.21	50	Na^+
乙酸	4.8～4.2	4.76	50	Na^+,Li^+
丙二酸	4.0～6.0	4.68	50	Na^+,Li^+
磷酸	6.7～7.6	7.2	50	Na^+
N-(2-羟乙基)哌嗪-N'-2-乙磺酸(HEPES)	7.6～8.2	7.55	50	Na^+,Li^+
N,N-二(2-羟乙基)甘氨酸(BICINE)	8.2～8.7	8.35	50	Na^+

　　离子交换色谱可以除去很多杂蛋白质,起到纯化效果,但目的蛋白质的洗脱峰中必然含有大量缓冲物质和盐,这些成分的引入对于目的蛋白质来说也是一种杂质,特别是在分离后需要进行冷冻干燥的物质。在冻干后的粉末中绝大部分组分是缓冲物质和盐,在冻干前需要进行脱盐或进行挥发性盐透析操作,虽然可以基本除去这些杂质,但也有可能造成蛋白质活性回收率下降。此时可考虑采用挥发性的缓冲物质,这样在冻干阶段可以将这部分杂质除去,常用的挥发性缓冲物质列于表 11-8。

表 11-8　离子交换色谱常用的挥发性缓冲物质

缓冲物质(碱/酸)	pH	平衡离子	缓冲物质(碱/酸)	pH	平衡离子
甲酸	2.5	H^+	氨/乙酸	8.5~10	CH_3COO^-
吡啶/甲酸	2.5~3.5	$HCOO^-$	三甲胺/CO_2	7~12	CO_3^{2-}
三甲胺/甲酸	3.0~4.0	$HCOO^-$	碳酸氢铵	7.9	HCO_3^-
吡啶/乙酸	3.0~6.0	CH_3COO^-	碳酸铵/氨	8.0~9.5	CO_3^-
三甲胺/HCl	6.8~8.8	Cl^-	乙醇胺/HCl	8.5~11.5	Cl^-
氨/甲酸	7.0~8.5	$HCOO^-$	碳酸铵	8.9	CO_3^-

A 液或平衡液一般只是稀缓冲液,用来控制系统 pH 值。但有时样品目标蛋白质保留值大,在前面还有一些杂蛋白质,此时可以适当加入一定浓度的盐到平衡液中,使杂蛋白质在柱子上不保留,在上样后被平衡液先行洗脱。这样既可以提高柱子的有效容量,又可以提高目标蛋白质的纯度。

一般洗脱液 B 液是平衡液中加入中性盐成为具有较高离子强度的溶液,最常用的是NaCl,用于洗脱吸附在柱子上的蛋白质,这也是柱子再生的过程。盐浓度越大洗脱能力越强。有时需使用几种不同盐浓度的 B 液,盐浓度由低到高进行分段洗脱。若洗脱不是通过提高离子强度而是改变 pH 值进行,则洗脱液中无需加盐,而是改变 pH 值。

(2) 流动相 pH 值

在离子交换色谱过程中,流动相的 pH 值选定有两种情况。最常见的是 pH 自始至终不变化,靠缓冲液维持 pH 在一个固定值,洗脱液中加入盐,增加离子强度洗脱被吸附的蛋白质;第二种是盐浓度不变,改变 pH 值造成蛋白质在柱子上不保留而洗脱,但后者用得较少。

流动相 pH 值的确定要综合考虑几个因素。a.首先 pH 值要根据离子交换色谱介质的官能团种类和蛋白质组分的等电点选择。为了让蛋白质带上一定的电荷被介质吸附,在阳离子交换分离中,pH 应比 pI 小 1~2 个 pH 单位左右,使蛋白质带正电;在阴离子交换色谱中,pH 应比 pI 大 1~2 个 pH 单位左右,使蛋白质带负电。b.选定的 pH 值要处在离子交换色谱的 pH 使用范围内,要保证色谱上的基团有一定的离解度,有一定的吸附量(在使用弱离子交换介质时要特别注意),选定的 pH 值不会损坏介质。c.目标蛋白质在此 pH 值下稳定,生物活性可以保留。所以,pI 小的蛋白质选阴离子交换介质(首选强阴离子交换介质 Q型),pH 应比 pI 大 1~2 个 pH 单位;pI 大的蛋白质选阳离子交换介质(首选强阳离子交换介质 SP),pH 应比 pI 小 1~2 个 pH 单位。

如果目标蛋白质的 pI 未知,缓冲液 pH 的选择可以使用试管法确定,此法可以提供与等电聚焦相同的信息,它不需要电泳设备。具体操作如下。

① 选择合适 pH

准备 10 支 15mL 试管,每管加入 1.5mL 琼脂糖类离子交换介质(见图 11-10,用的是阴离子交换介质)。

配制 10 种浓度皆为 0.5mol/L 的不同 pH 的缓冲液,相邻两种缓冲液的 pH 相差 0.5 个pH 单位。如果使用阴离子交换介质,这个系列的缓冲液 pH 分布在 5~9;如果使用阳离子交换介质,这个系列的缓冲液 pH 分布在 4~8。随着 pH 的不同需要选择不同的缓冲物质。

各取 10mL 上述不同 pH 的缓冲液分别加至 10 支有琼脂糖类离子交换介质的试管中，平衡一段时间后弃去上清液，再分别加入相同 pH 的 10mL 新鲜缓冲液，再平衡一段时间后弃去上清液，如此反复 10 次后可以使试管内的交换介质在 pH 上完全与缓冲液达到平衡。当新鲜加入的缓冲液与上清液之间不存在 pH 上的差异时，平衡已被建立。

再用 10mL 低浓度（琼脂糖系列交换介质可采用 0.01mol/L 的浓度）的同一 pH 的缓冲液洗涤各试管中的交换介质后弃去上清液，反复 5 次可确保试管内的交换介质在离子强度方面与起始缓冲液一致。

各试管中加入相同数量的样品，混合后放置 5～10min，使离子交换介质沉降。分析上清液中目的蛋白质含量，结果如图 11-10 所示。从图中可以看出，当起始缓冲液 pH＞7.0 时，目的蛋白质可以完全被吸附。因此选择 pH 为 7.0～7.5 作为起始 pH。

② 选择上样和洗脱离子强度

在离子交换色谱中，确定起始缓冲液的离子强度时，多数情况下直接由缓冲物质提供离子强度，不再向缓冲液中添加非缓冲盐。缓冲物质的浓度一般为 0.02～0.05mol/L。只要起始 pH 选择合适，在此离子强度下目的蛋白质完全能够与介质结合。若在吸附阶段向起始缓冲液中通过添加非缓冲盐来提供较高的离子强度，在保证目标蛋白质被吸附的前提下而减弱杂质蛋白质与介质之间的作用力，这对提高纯度是有好处的。非缓冲盐的浓度应当是多少，可以通过试管法确定。多数情况下在完成吸附后，可通过增加洗脱液离子强度的方式将目的蛋白质从色谱柱上洗脱下来，洗脱缓冲液由起始缓冲液添加特定浓度的非缓冲盐组成，而非缓冲盐所需的浓度同样可以通过试管法确定。

试管法确定起始缓冲液和洗脱缓冲液所需离子强度的具体操作类似于起始 pH 的确定。只是 10 支试管中分别用相同 pH 而不同浓度非缓冲盐的缓冲液平衡，相邻两管非缓冲盐的浓度相差 0.05mol/L。加入等量蛋白质，充分混合后对上清液目的蛋白质含量进行分析，结果见图 11-10。从图中可以看出，0.15mol/L 是使得目的蛋白质能够吸附的最高非缓冲盐浓度，而 0.3mol/L 是使得目的蛋白质被洗脱的最低非缓冲盐浓度。由此确定，起始缓冲液中添加非缓冲盐最高浓度为 0.15mol/L，而洗脱液中非缓冲盐浓度最低为 0.3mol/L。

③ 确定最佳上样量

色谱中蛋白质的上样量可以参考生产介质的公司提供的最大吸附量数据，但此数据不一定与使用蛋白质一致。上样量也可以通过实验找到最佳值。在 10 个试管中加入 1.0mL 琼脂糖类离子交换介质，用选定 pH 及离子强度的缓冲液平衡每个试管上不同量的蛋白质（在本例中从 10mg 到 100mg，每个试管加量的差距为 10mg）。试管法要有几个试管的蛋白质被完全吸附，有几个试管部分吸附，离心使介质沉降。检测上清液中目的蛋白质的含量，结果如图 11-10 所示，最大上样量为 40mg/mL。

（3）缓冲物质的选择

为让蛋白质在柱子上被吸附，起始平衡缓冲液的浓度都很小，但应该有一个足够大的缓冲容量。当缓冲液的 pH 接近缓冲物质的 pK_a 时，才具有良好的缓冲能力，最大缓冲能力出现在 pK_a 处，偏离 pK_a 值 1 个 pH 单位，缓冲能力将下降为 1/5。缓冲液的有效 pH 范围约为 $pK_a \pm 2$ 个 pH 单位。要获得强的缓冲能力，pH 最好在 $pK_a \pm 0.5$ 个 pH 单位之间。当弱酸（或弱碱）与对应盐的物质的量之比接近 1:1 时，此缓冲体系的缓冲能力最强。在选择缓冲液时，应根据起始缓冲液所需要的 pH 选择 pK_a 值与其接近的缓冲物质，并使弱酸（或弱碱）与对应盐的物质的量之比接近 1:1。

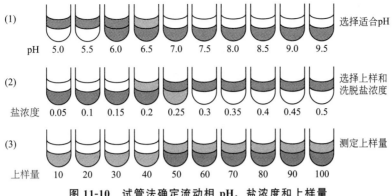

图 11-10　试管法确定流动相 pH、盐浓度和上样量

黑影为蛋白质

（4）流动相中添加物

在分离蛋白质时，有许多蛋白质的溶解度较低，造成上样困难。为克服上述缺点，常加入一些添加剂来增加蛋白质的溶解度，非离子表面活性剂和两性表面活性剂也常被使用，6mol/L 的脲既可以用来溶解蛋白质也可以使蛋白质解离。有机溶剂乙二醇、乙醇和丙酮有时也被用来溶解蛋白质，这些添加剂除了增加蛋白质溶解度之外，有时还可以改善分离的选择性。

11.4.4　洗脱模式

洗脱模式分为改变离子强度（盐浓度）洗脱、改变 pH 值洗脱及同时改变 pH 值和盐浓度的双梯度洗脱。

（1）改变离子强度（盐浓度）的洗脱

改变离子强度（盐浓度）的洗脱方式大体有 3 种（见图 11-11）。

① 等浓度洗脱

柱子上样用平衡液洗去不吸附的蛋白质后，换用 pH 不变但离子强度比平衡液大的流动相，洗下吸附在柱子上的蛋白质。此法简便易行，适合组分简单、目标蛋白质与杂质电荷差异大的样品，常在大规模制备时使用，见图 11-11（a）。

② 分段洗脱

平衡液洗去不吸附的蛋白质后，在 pH 值不变情况下，分几个阶段逐步提高离子强度，洗下柱上吸附的蛋白质，见图 11-11（b）。此法较简便易行，适合柱子吸附几个电荷不同的蛋白质样品时使用。

③ 梯度洗脱

按离子强度随时间的变化轨迹大体分为三种梯度洗脱方式，见图 11-11（c），其中第二种梯度洗脱方式最方便最常用，即离子强度随时间作线性改变。梯度洗脱是分离最好的洗脱

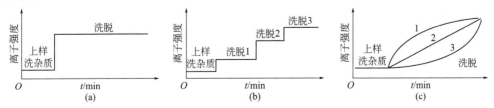

图 11-11　改变离子强度（盐浓度）的洗脱方式

方式，用离子交换柱做蛋白质分析多是采用此方式洗脱。此法分离度最好，适用于组分较多的样品。对于用等浓度洗脱和分段洗脱分离效果不好的样品，梯度洗脱仍有可能实现良好的分离，但是必需配备梯度控制器或梯度混合器。

目前色谱操作体系多是成套的液相色谱仪，配好 A 和 B 两种溶液后，就可以由梯度控制器控制输液泵自动获得需要的梯度模式。传统的梯度混合器目前已很少使用。

（2）改变 pH 值的洗脱

改变 pH 值的洗脱是盐浓度不变，改变 pH 值来使被吸附的蛋白质洗脱的方法。为了洗脱柱子吸附的蛋白质，阴离子交换色谱洗脱时减小 pH 值使蛋白质从带负电荷转变为不带负电，在阴离子交换介质上不再被吸附而洗脱。阳离子交换色谱洗脱时加大 pH 值，使蛋白质从带正电荷转变为不带正电，在阳离子交换介质上不再被吸附而洗脱。改变 pH 值的洗脱方法较少用。

（3）同时改变 pH 值和盐浓度的双梯度洗脱

在特定条件下，同时改变盐浓度和 pH 值的双梯度洗脱方式对组分特别复杂的蛋白质样品特别有用。这种方法需要四元梯度仪才能完成，对特定物质分离效果更好，但选择条件更难。

11.4.5 流速、检测波长及操作温度选择

IEC 介质在分离蛋白质时的流速常用线性流速表示，线性流速的大小一般会影响到蛋白质的吸附平衡和柱子的工作压力。工作流速应控制在低于产品说明书中的最大流速。用线性流速最大的好处是小柱放大到大柱时线性流速不变。

紫外检测器检测波长视样品种类而定。当蛋白质中有含苯环的酪氨酸、色氨酸和苯丙氨酸时可以在 280nm 检测。由于多数蛋白质含有苯环，所以 280nm 是检测普遍使用的波长。蛋白质的肽键在 220nm 有吸收，所以 220nm 的检测适用于所有蛋白质，但与 280nm 相比，220nm 的检测易受干扰，不常用。核糖核酸类样品检测波长则在 260nm。

IEC 分离蛋白质的操作温度多为 4～10℃，低温下有利于保存活性，可减少样品液中降解酶的作用。

11.4.6 流动相样品处理和上样量

由于盐浓度对离子交换介质吸附影响大，所以上柱前要对含盐量大的样品进行脱盐处理。工业上脱盐多采用葡聚糖介质如 Bio-sep G-25 或 G-15，在脱盐同时更换为上柱缓冲液。但注意 Bio-sep G-25 脱盐时上样量是柱床体积的 20%，过高会降低脱盐效果。

离子交换介质的上样量可以根据离子交换介质最大吸附量和交换容量来参考。在实际生产中，一般按照理论值的 1/3 作为蛋白质样品的上样量。

11.4.7 使用步骤

正确使用 IEC 是获得良好分离效果的基础。IEC 纯化蛋白质的具体操作步骤包括：装柱及平衡、样品准备、上样、洗涤、洗脱、组分收集和柱再生等。

（1）介质预处理

开始前让所有的材料和试剂达到室温，并配制平衡液和洗脱缓冲液。根据柱子大小及装柱高度计算所需介质的用量，按需要装柱量的 1.05～1.1 倍量取介质。

琼脂糖离子交换介质通常保存在 20％乙醇中，用 3 号或 4 号砂芯漏斗过滤、去离子水清洗几次后装入烧杯，用初始缓冲液（按介质：缓冲液＝3：1 的比例）配成匀浆后用超声脱气处理（葡聚糖系列的离子交换介质是干粉，使用前要溶胀和超声脱气。）

介质如需灭菌，6FF 和 CL6B 系列可置于高压灭菌锅中 120℃，灭菌 20min。

（2）装柱及平衡

垂直夹好清洗过的柱子，装好下出口柱头及堵头，装上装柱器，将柱内及柱子底端用水或缓冲液润湿并保持一小段液位（液面略高于滤膜），务必使底端无气泡。

用玻璃棒引导匀浆沿着柱内壁一次性倒入柱内，注意勿使匀浆产生气泡。打开柱子出液口，使介质在柱内自由沉降，连接好柱子顶端柱头。

打开泵，让缓冲液用使用时流速的 1.3 倍流过，使柱床稳定。取下装柱器，装上柱接头。若是带活动接头的柱子，应将胶层上平面向下压 2mm 后固定。

用 2～3 倍柱体积的缓冲液平衡柱子。让平衡缓冲液以一定流速流过柱子，至流出液电导和 pH 值不变。此时，检测到的缓冲液的 UV 吸收很小且是一条直线，此为基线。柱子在装好后，不能让柱子流干，液面总是稍高于介质上平面。柱子也不能处在 0℃以下，以防结冰。若要对柱子进行消毒，可用 0.5～1mol/L NaOH 8～10 倍柱体积室温下洗，再用起始缓冲液平衡柱子。

目前国内外大部分工业用的色谱柱是自动装填柱，但介质处理过程是一样的。比如美国 GE、苏州利穗和江苏汉邦等公司。

（3）样品准备

离子交换色谱的样品溶液要注意几个问题：一是样品电导（含各种盐的总量）要足够小，目的是让目标蛋白质能吸附在柱子上；二是有合适的 pH 值；三是不要有机械颗粒性杂质。

① 样品电导要小

样品电导取决于样品来源和上一步的纯化工艺。若上一步得到的是盐含量很低（电导很小）的蛋白质溶液，而且与平衡缓冲液 pH 很接近，可直接上样；与平衡缓冲液 pH 差别大时需调样品 pH 到接近平衡液 pH 值。若上一步得到的是盐含量很高（电导很大）的蛋白质溶液，可先用透析、超滤或 SEC 除盐，或充分稀释后上样。稀释会使样品处理量大大增加。

② pH 值控制

上样的样品溶液 pH 值最好与平衡缓冲液 pH 值一致，以免造成柱子内 pH 波动而影响分离效果。固体样品可以用平衡缓冲液溶解后上样；液体样品改变 pH 值可用平衡液透析、超滤浓缩后加平衡液、用 SEC 置换缓冲液等方法实现。

③ 去除机械颗粒杂质

样品中的机械杂质需要去除，以免堵塞柱子筛板。通常用过滤的办法去除。对于多糖系列离子交换色谱的样品多用 0.45μm 的膜过滤，用于 HPLC 的样品多用 0.2μm 的膜过滤去除杂质，也可用离心的办法去除。

（4）上样

色谱分离一般情况是让目标蛋白质结合在柱上，用平衡液洗去杂质，再选择一种洗脱液洗下目标蛋白质。柱子吸附蛋白质的总量小于柱子的最大吸附量，此总量包括吸附的目标蛋白质和杂质。目标蛋白质含量越多，色谱操作的有效处理量越大。所以在 IEC 进行分离时，选择一个适当高的离子强度，让保留值较小的杂质蛋白质在上样时不被介质吸附而流出，柱子的处理量就可以增加。

当杂质保留强，目标蛋白质保留弱的时候，也可以让目标蛋白质在上样后流出柱子并收集，让杂质保留在柱子上。总之，用最小的代价实现有效分离是最终的目标。

上样操作一般是通过泵或重力作用让样品进入柱床内。要保持样品液面整体齐头向下推进，避免流速不均或装填不均造成的一边快一边慢现象，柱子越大越要注意。大柱子是靠柱头的分配盘来实现柱子各处上样的均匀性。

（5）洗涤

上样后先用平衡缓冲液洗柱子，洗去不被吸附而存留在介质空隙间的杂蛋白质。此时UV检测器显示有蛋白质峰出现，平衡缓冲液洗到检测吸收值又回到基线附近且走平为止。色谱图显示有物质流出的峰叫流穿峰。

收集流穿峰，检测有无目标蛋白质。若有，说明上样量过大，应该减小上样量，或调整色谱条件，使目标蛋白质吸附在柱子上。

（6）洗脱

洗脱是换用离子强度大于平衡缓冲液的洗脱液，或用改变pH值的方法洗脱被吸附的蛋白质，并根据需要进行收集。按洗脱液成分变化分类有等浓度洗脱、分段洗脱和梯度洗脱三种。

在柱子保留了多种蛋白质的情况下，梯度洗脱是最佳洗脱方式。组分差异很大时，分段洗脱也是有效的办法。等浓度洗脱很难将柱子吸附的多种蛋白质完全分离。

换用洗脱液开始洗脱后，色谱图UV吸收会随蛋白质的流出而变化，蛋白质流出时峰上升，流出结束后下降。色谱图会有一个或多个色谱峰。分离不好时峰有重叠，蛋白质浓度太大时，会出现平头峰。使用成套分离装置还可以看到电导随离子强度（也是洗脱强度）的变化情况。

（7）组分收集

蛋白质被洗脱出来后要收集再处理。收集方式大体有两种：一是将整个洗脱过程分成若干个部分按一定的体积或时间间隔收集；二是按照色谱图出峰收集，当UV吸收加大（即出峰）时收集，UV吸收降低到基线时停止（很多情况下回不到基线，而是吸收下降到走平），如此操作，出一个峰收一次样，直到洗脱完成。检测器检测出信号到物质流出来有一个时间差，一般时间差很短，能否忽略视情况而定。

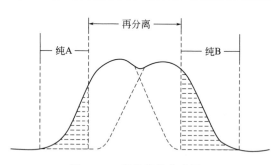

图 11-12　重叠峰收集法图示

经常有两种蛋白质分离度不好，色谱峰重叠的情况。此时若以两峰中间的峰谷为界分别收集前后两部分，则两个部分都得不到纯物质。两个重叠峰若分解开应是两个近似的高斯曲线，如图 11-12 所示。两个峰的重叠部分是混合物。只有在前后无交叉的阴影部分才能得到纯度较高的物质。

收集到的样品处理视后续的工艺步骤而定。若离子交换是最后一步，一般要将收集液冷冻干燥为成品。若要进行其它操作，应注意收集液是否在目标蛋白质的稳定 pH 范围内，若不稳定则应该调整 pH，并及时将收集液保存在 4℃。

（8）柱再生、消毒及保存

柱子使用后通常要再生。一般用高盐浓度的缓冲液洗（含 1～2mol/L NaCl），用 2～10倍以上柱体积洗，接着用平衡液洗到基线，可再次使用。

若有失活蛋白质或脂类物质在再生时洗不掉，可用在位清洗（CIP）除去。CIP 有三种方法：①对于以离子键结合上去的蛋白质，可以用 2mol/L NaCl 去除；②对于沉淀蛋白质、以疏水性结合的蛋白质或脂类，可用 1mol/L NaOH 去除；③对于强疏水性结合的蛋白质、脂类等，用 4～10 倍柱体积的 70％乙醇或 30％异丙醇清洗，但要注意有机溶剂的浓度要以梯度的方式逐渐增加，否则容易产生气泡。清洗完毕后，用至少 3 倍柱体积的缓冲液平衡柱子。

若要进行柱子去热原的操作，用 0.5mol/L 的氢氧化钠清洗柱子 5～6h 或用 0.1mol/L 的氢氧化钠清洗 24h，或用以下步骤去除：①2 倍柱体积的 70％乙醇；②2 倍柱体积的 50mmol/L Tris-HCl（pH 7.5）；③1 倍柱体积的 4mol/L 尿素；④3 倍柱体积的 Tris 缓冲液（含 0.1mol/L NaCl）。以上缓冲液都要在无热原的双蒸水中配制。

对于使用后柱子的保存，可在清洗后注入 20％乙醇（要高于介质上平面），置于 4℃ 到室温均可。

11.5 离子交换色谱在生物工程纯化中的应用

离子交换色谱为目前在生物工程下游产品纯化中应用最多的一类色谱技术。该技术已经成功应用于单克隆抗体、基因重组蛋白质、疫苗、诊断试剂等产品的纯化中和去除内毒素[12]。

11.5.1 单克隆抗体纯化

目前临床上许多肿瘤的治疗和疾病诊断都离不开单克隆抗体技术，同时人们也将肿瘤和免疫缺陷疾病的治疗寄希望于单克隆抗体药物上。在 2017 年全球十大畅销药物中，单克隆抗体药物就占据了一半以上。

目前用于单克隆抗体纯化的色谱技术主要有三种，分别为离子交换色谱、蛋白 A 亲和色谱和羟基磷灰石色谱。三种色谱技术中，因为离子交换介质价格便宜、使用方便，而应用最为广泛。图 11-13 是第四军医大学金伯泉教授实验室纯化昆明小白鼠 F6 单克隆抗体的色谱图[13]，图 11-14 是纯化后样品的 SDS-PAGE 电泳结果。

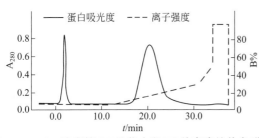

图 11-13　SP-琼脂糖 FF 纯化小鼠 F6 单克隆抗体色谱图

色谱柱：SP-琼脂糖 FF 5mL；流速：1mL/min；检测波长：280nm；上样量：盐析的粗品 1mL；缓冲液 A：10mmol/L PBS，pH 6.0；缓冲液 B：10mmol/L PBS＋0.5mol/L NaCl，pH 6.0；洗脱方式：10％ B 10min，10％B→30％ B 30min 线性梯度

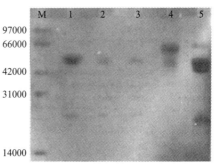

图 11-14　SP-琼脂糖 FF 纯化小鼠 F6 单克隆抗体 SDS-PAGE 电泳图

M—标准蛋白质；1～3—洗脱峰；4—流穿峰；5—盐析粗品

11.5.2 去除内毒素

利用微生物制备自然界来源少的蛋白质产品是生物工程技术应用中很重要的一个方向。

目前许多临床治疗用的基因重组细胞因子、疫苗和单抗等多是通过微生物表达生产的。比如大肠杆菌表达的基因重组 α-干扰素、β-干扰素、IL-2 和 TNF 等，酵母菌表达的乙肝疫苗和基因重组人血清白蛋白等。但这些表达蛋白质的工程菌在生产中部分死亡或解体后往往产生大量的内毒素，如果不予以除去就会对人体造成非常大的危害。

细菌内毒素是革兰氏阴性菌细胞壁上的一种脂多糖和微量蛋白质的复合物，它的特殊性在于其不是细菌或细菌的代谢物，而是细菌死亡或解体后才释放出来的一种具有内毒素生物活性的物质。内毒素对热的耐受性非常强，常用的湿热灭菌法（121℃，1h）难以破坏其结构。破坏内毒素生物活性的最有效方法是干热灭菌法，一般 180℃（3～4h）、200℃（60min）、250℃（30～45min）或用强碱强酸才能彻底破坏它。人体对细菌内毒素极为敏感，极微量的内毒素（1～5ng/kg）就会引起人体温度的升高，严重者会引起内毒素血症和内毒素休克。所以，在生物工程生产的产品中对内毒素残留量均有严格地限制。

生物制品中内毒素的来源主要有毒菌种、生产环境、不规范操作、设备及器械和原辅材料等。对于生物制品生产中内毒素污染的控制，最主要的措施是生产过程控制，即严格按《药品生产质量管理规范》（GMP）要求进行生产，严格无菌操作，防止内毒素产生。对于内毒素的除去通常采用色谱法，其中以离子交换色谱为主。

内毒素在 pH＞2 时带负电荷，常以聚合物的状态存在而难溶于水，分子量从几十万到几百万不等，与 Ca^{2+}、Mg^{2+} 结合会形成稳定的复合物，与阴离子交换介质 Q 型-琼脂糖 FF 或 DEAE-琼脂糖 FF 有较强静电作用，可在目标物流穿或洗脱后，用高盐缓冲液或 NaOH 去除，这是离子交换法去除内毒素的基础。

图 11-15 是王素红等[14] 使用 DEAE-琼脂糖 FF 除去重组人骨蛋白中（rhOP-1）的内毒素的一个案例，证明 rhOP-1 蛋白溶液使用 DEAE-琼脂糖色谱柱可以有效除去内毒素。

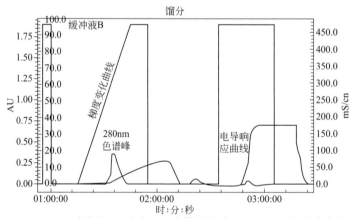

图 11-15 DEAE-琼脂糖 FF 除去重组人骨蛋白中（rhOP-1）的内毒素色谱图
用 1mol/L NaOH 与介质接触 1h 除去柱子上内毒素，然后用 5 个柱体积新鲜注射用水冲洗介质，接着用 A 液（1mol/L 尿素-0.2mol/L L-Arg-10mmol/L Tris-HCl，pH 8.0）平衡介质（2 倍以上柱体积至基线稳定），上样，用 A 液再平衡（2 倍柱体积）洗脱为结合蛋白，然后进行 2 倍柱体积线性梯度洗脱，由 100％A 液增加 100％B 液（1mol/L 尿素-0.2mol/L L-Arg-10mmol/L Tris-HCl-1mol/L NaCl，pH 8.0），流速 2mL/min，280nm 检测，收集各组分

11.5.3　血管抑素 3A 工程蛋白柱复性与纯化

血管抑素是由 O'Reilly 等 1994 年首先发现的一种内源性血管生产抑制剂[15]，其化学

成分为纤溶酶原 Kringle 的 1-4 肽段，无纤溶活性，但能特异性抑制内皮细胞的增殖。为了解决天然来源的血管抑素十分有限的难题。肖克等[16] 以大肠杆菌为宿主菌，表达了一种抗血管生长蛋白（anti-angiogenic agent，3A）。表达的 3A 以包含体形式存在，后经 8mol/L 尿素溶解，在 Sephacryl S-100 HR 排阻色谱柱上复性，经 SP-Sepharose FF 纯化，葡聚糖 G-25 脱盐，获得复性率为 53.5%，HPLC 纯度为 92.5%的 3A 蛋白。离子交换纯化 3A 色谱图见 11-16。

11.5.4　蔗糖酶不同离子交换介质纯化

　　蔗糖酶（Sucrase）又称转化酶，是水解酶类的一种。它能催化蔗糖水解为等量的葡萄糖和果糖，广泛存在于动植物和微生物中。蔗糖酶在植物的运输贮藏、糖类代谢中发挥主要作用，并在渗透调节、抗逆性生长繁殖以及信号转导方面具有重要的作用。目前市售的产品主要来源于酵母。高纯度蔗糖酶的主要提纯方法是离子交换色谱技术。梁敏等[17] 使用交大保赛的 Q-Bio-sep FF 从酵母菌里纯化了蔗糖酶，纯化倍数达到了 18.7 倍。证明离子交换对蔗糖酶是一个好的纯化方法，色谱图见图 11-17。

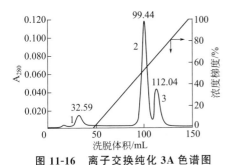

图 11-16　离子交换纯化 3A 色谱图

A 液：0.05mol/L Tris-HCl-0.1mol/L 尿素，pH 7.2；B 液：0.05mol/L Tris-HCl-0.1mol/L 尿素-4mol/L NaCl，pH 7.2；流速：5mL/min；色谱柱：16cm×20cm；介质：SP-Sepharose FF

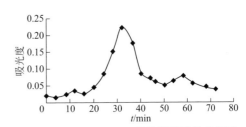

图 11-17　Q-Bio-sep FF 纯化蔗糖酶的色谱图

A 液：0.05mol/L Tris-HCl，pH 7.0；B 液：0.05mol/L Tris-HCl-1.0mol/L NaCl，pH 7.2；线性梯度：100%A→100%B 60min；流速：0.5mL/min；色谱柱：3.0cm×25.8cm

　　虽然离子交换介质是纯化蔗糖酶优良的方法，但不同的基团和不同的基质产品也会影响分离效果。许培雅等[18] 使用了 Q 型-琼脂糖 FF、DEAE-纤维素和 DEAE-琼脂糖 FF（DE52，进口分装）三种离子交换介质对酵母来源的蔗糖酶进行了纯化技术研究，结果见图 11-18、图 11-19、图 11-20 和表 11-9。

表 11-9　三种离子交换介质纯化蔗糖酶的结果比较

	项目	DEAE-纤维素	DEAE-琼脂糖 FF	Q 型-琼脂糖 FF
上柱前	总酶活/U	642	226.2	314.8
	总蛋白质/mg	5.10	2.05	2.87
	比活力/(U/mg)	125.9	110.3	109.7
上柱后	总酶活/U	189	98.2	293.4
	总蛋白质/mg	0.74	0.49	0.92
	比活力/(U/mg)	225.4	200.4	318.9
	活力回收率/%	29.4	43.4	93.2
	浓缩倍数	2.03	1.82	2.91

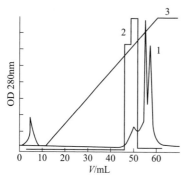

图 11-18　Q 型-琼脂糖 FF 纯化蔗糖酶的紫外吸收和酶活曲线

A 液：0.05mol/L Tris-HCl，pH 7.3；B 液：0.05mol/L Tris-HCl-0.1mol/L NaCl，pH 7.3；C 液：0.05mol/L Tris-HCl-1.0mol/L NaCl，pH 7.3；洗脱方式：先 100％A 洗脱 5min，后 100％B→100％C 50min 线性梯度；流速：1.0mL/min，每管收集 3mL，进行紫外检测（280nm）和酶活力测定；色谱柱：HiTrap Q1×5mL
1—紫外吸收曲线；2—酶活曲线；3—梯度洗脱曲线

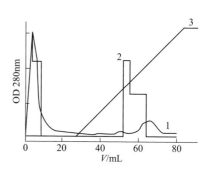

图 11-19　DEAE-纤维素纯化蔗糖酶的紫外吸收和酶活曲线

操作条件：与图 11-18 相同；
柱子：100mm×10mm；
流速：0.5mL/min；洗脱时间：100min
1—紫外吸收曲线；2—酶活曲线；
3—梯度洗脱曲线

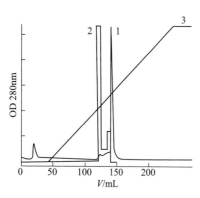

图 11-20　DEAE-琼脂糖 FF 纯化蔗糖酶的紫外吸收和酶活曲线

色谱条件：与图 11-18 相同；
色谱柱：16mm×10mm；
洗脱时间：100min；流速：1mL/min；
1—紫外吸收曲线；2—酶活曲线；
3—梯度洗脱曲线

由于采用 Q 型-琼脂糖 FF 介质，得到了三个梯度洗脱峰，见图 11-18。蔗糖酶与杂蛋白质得到了较好的分离，酶活性峰与酶蛋白峰一致。分辨率比 DEAE-琼脂糖 FF 和 DEAE-纤维素介质分辨率高。

由图 11-19 可知，使用 DEAE-纤维素纯化蔗糖酶穿透峰大，且穿透峰的酶活很高，说明纤维素吸附蔗糖酶的量很少，反映出的结果是介质载量低，柱容量低，导致回收率低。由于穿透峰大，得到的洗脱峰很小，且酶活性也很低，有时测得的酶活性峰不在蛋白质峰上。证明 DEAE-纤维素并不适合该产品纯化。

从图 11-20 可以看出，DEAE-琼脂糖 FF 介质的梯度洗脱峰只有一个，酶蛋白峰几乎看不出来，且杂蛋白质峰上的酶活较高。

结合表 11-9 可以看出，无论是 Q 型或 DEAE-琼脂糖 FF 介质的回收率均比 DEAE-纤维素介质高，特别是 Q 型-琼脂糖 FF 回收率是 DEAE-纤维素的 3.17 倍，浓缩倍数是 DEAE-纤维素的 1.43 倍。Q 型-琼脂糖 FF 介质是蔗糖酶纯化的优先选用介质，具有操作时间短、成本低、纯化产品纯度高的优点，同时还可承受 1mol/L NaOH 的清洗，再生效果好。

11.5.5　兽用疫苗纯化

兽用疫苗长期以来是采用传统的超滤方法进行纯化，损失大、纯度低、品质差，较好的回收率也只能达到 15％～20％，而且生物免疫原性和安全性并非很好。随着国家对兽用疫苗行业越来越高的要求，许多科学家都在寻找新的纯化方法[19,20]。

孙茂盛等[20] 建立了一种离子交换色谱法纯化人轮状病毒灭活疫苗的方法。先进行浓缩病毒收获液，通过 Q 型-Sepharose FF 纯化，后进行过滤、除菌、灭活，制备了灭活性人轮状病毒疫苗。通过进一步感染性滴度检测，并进行抗原性、免疫原性检测及基因组带型稳定性检测，经过其发明专利工艺纯化后的病毒收获液总蛋白质去除率为 99.69%，病毒纯化前后感染性滴度分别为 4.251 lgCCID$_{50}$/mL 和 7.01 lgCCID$_{50}$/mL。病毒灭活后的基因组带未发生变异，并保持了良好的抗原性和免疫原性。

同时其研究小组还比较了离子交换色谱法与排阻色谱纯化方法对人轮状病毒的纯化效果及其对病毒抗原性和免疫原性的影响[21]。病毒收获液经超滤浓缩后，分别采用 Q 型-Sepharose FF（QFF）离子交换色谱和 Sepharose 4 FF 排阻色谱纯化，见图 11-21。采用 A 群轮状病毒诊断试剂盒（胶体金）检测纯化病毒的抗原性，见图 11-22。电镜观察病毒的形态，荧光灶法测定病毒纯化前后的感染性滴度，双抗体夹心 ELISA 法测定抗原含量。

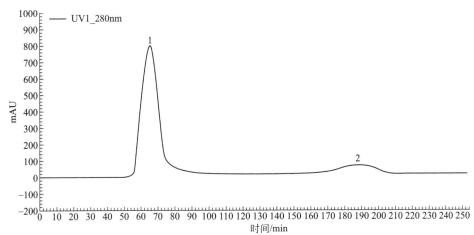

(a) 排阻色谱Sepharose 4FF

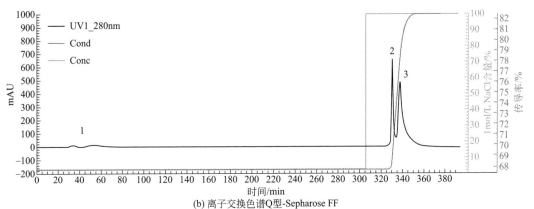

(b) 离子交换色谱Q型-Sepharose FF

图 11-21　人轮状病毒色谱纯化图

(a) 1—洗脱峰1；2—洗脱峰2

色谱条件：取 10mL 超滤浓缩的病毒液，以 1mL/min 的流速上样至预先用 PBS（11mmol/L，pH 7.20）平衡好装有 4FF 的色谱柱中，用 PBS（11mmol/L，pH 7.20）以 1mL/min 的流速过柱，体积大于 5 倍柱体积，直至波长 A280nm 处无吸收峰为止，收集波长 A280nm 处吸收峰样品，−80℃ 保存

(b) 1—穿透峰；2—洗脱锋1；3—洗脱峰2

色谱条件：取 20mL 超滤浓缩的病毒液，以 2mL/min 的流速上样至预先用 PBS（11mmol/L，pH 7.60）平衡好的装有 QFF 的色谱柱中，继续用 PBS（11mmol/L，pH 7.60）以 2mL/min 的流速过柱，直至在波长 A280nm 处无吸收峰出现时，采用 1mol/L NaCl 洗脱，洗脱液过柱体积应大于 5 倍柱体积，收集波长 A280nm 处吸收峰样品，−80℃ 保存备用

Lowry 法测定纯化前后样品的蛋白含量，SDS-PAGE 和蛋白质印迹法鉴定纯化的病毒蛋白质，纯化病毒经灭活后，PAGE 分析病毒的核酸带型，免疫小鼠，检测纯化病毒的免疫原性。结果显示 QFF 洗脱峰 1 和 4FF 洗脱峰 1 为 RV 抗原阳性，电镜观察可见完整的、大小约 70nm 的 RV 颗粒；经 QFF 和 4FF 色谱纯化后，病毒的感染性滴度分别为 7.10 $lgCCID_{50}/mL$ 和 4.50 $lgCCID_{50}/mL$，最终抗原回收率分别为 65.3% 和 11.8%，病毒液总蛋白质去除率分别为 99.68% 和 99.52%；SDS-PAGE 分析显示，经 QFF 和 4FF 纯化的样品未见明显杂蛋白质条带，且特异性良好；纯化病毒灭活后，病毒基因组带型未发生改变，且保持了良好的抗原性和免疫原性。结论为两种凝胶色谱方法均能纯化人轮状病毒，综合比较，QFF 离子交换色谱纯化效果优于 4FF 排阻色谱。

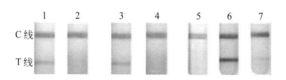

图 11-22　胶体金检测纯化各峰的 RV 抗原性

1—阳性对照（人轮状病毒 ZTR-5 株收获液）；2—阴性对照（11mmol/L，pH7.2PBS）；
3—4FF 洗脱峰 1；4—4FF 洗脱峰 2；5—QFF 穿透峰；6—QFF 洗脱峰 1；7—QFF 洗脱峰 2

11.5.6　基因重组人血红蛋白纯化

血红蛋白（Hb）是高等生物体内负责运载氧的一种蛋白质，使血液呈红色的蛋白质。血红蛋白由四条链组成，两条 α 链和两条 β 链，每一条链有一个包含一个铁原子的环状血红素。氧气结合在铁原子上，被血液运输。Hb 的特性是：在氧含量高的地方，容易与氧结合；在氧含量低的地方，又容易与氧分离。血红蛋白的这一特性，使红细胞具有运输氧的功能。

目前血源短缺以及输血引起的病毒感染和传播的情况屡有发生，因此，寻找安全、可靠、充足的血液来源成为紧迫任务。国外已成功地在大肠杆菌中表达了人重组血红蛋白（rHb），但其表达量仅占总蛋白质的 5%～10%，且多以化学方式诱导表达，因此重组血红蛋白的生产成本高。国内张浩等[22-24] 借助基因工程技术，以大肠杆菌为宿主细胞表达了重组血红蛋白，并对其纯化工艺进行了研究。

表达的 rHb 以包含体方式存在，经变性剂溶解复性后，使用 Q 型琼脂糖 FF 纯化（图 11-23），再经 Sephacryl-100 排阻色谱分离（图 11-24），产品的最终纯度超过了 90%。

11.5.7　基因重组人血清白蛋白纯化

人血清白蛋白（HSA）是一种多功能和多用途蛋白质，为人体血液中含量最大的蛋白质。它主要生理功能是维持人体正常的渗透压和 pH 值，临床上用于救治失血性休克、创伤性休克、严重烧伤和烫伤等病人。

早先 HSA 主要从人体血液中提取，很难保证不被某些病原体感染。利用现代基因工程技术生产 HSA 目前已经成为现实。国内华北制药生物技术分公司已成功利用毕赤酵母表达并规模化生产了基因重组人血清白蛋白（rHSA），纯度达到了 99.9999%。另一家武汉禾元生物技术股份有限公司杨代常教授带领的团队也成功研发出了植物源 rHSA，用水稻种出了人血清白蛋白。这项技术是将人的血清白蛋白基因转入水稻中，将水稻作为"生物反应器"，

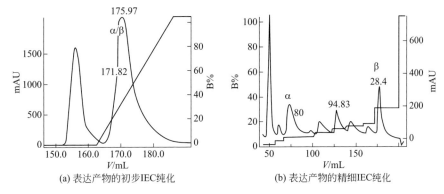

(a) 表达产物的初步IEC纯化　　　　　(b) 表达产物的精细IEC纯化

图 11-23　rHb 的 Q 型琼脂糖 FF 纯化图

柱体积：2.6cm×30cm；检测波长：280nm；流速：2mL/min；

A 液：25mmol/L Tris-醋酸（pH 9.0）-1mmol/L EDTA 和 1mmol/L DTT-8mol/L 尿素；

B 液：0.5mol/L NaCl-25mmol/L Tris-醋酸（pH 9.0）-1mmol/L EDTA 和 1mmol/L DTT-8mol/L 尿素；

洗脱方式：上样前柱子至少用 2 倍柱体积的平衡液（A 液）平衡，其后用 A 液和 B 液进行梯度洗脱

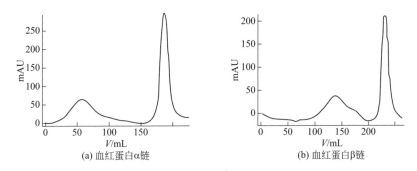

(a) 血红蛋白α链　　　　　(b) 血红蛋白β链

图 11-24　rHb 的排阻色谱分离图

色谱介质：Sephacryl-10；柱体积：2.6cm×100cm；流速：15mL/h；检测波长：280nm；

洗脱液：8mol/L 尿素（含 50mmol/L Tris-HCl-1mmol/L EDTA-0.1mol/L NaCl-1mol/L DTT），pH 7.0；

上样体积：柱体积的 2%

在水稻生长成熟的过程中，人血清白蛋白不断地被合成、积累在稻米里，再被提取出来，纯度也达到了 99.9999%。以上两家单位纯化的产品均获得了国家药品监督管理局同意进入临床试验的批文。

rHSA 提纯的核心工艺是琼脂糖基质的离子交换技术。朱家文等[25] 详细研究了纯化工艺，见图 11-25。研究结果证明，琼脂糖 FF 基质的强阴离子 Q 型和弱阴离子 DEAE 均是纯化 rHSA 的合适方法。

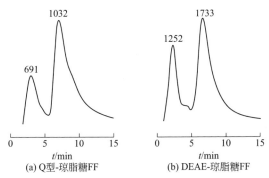

(a) Q型-琼脂糖FF　　　　　(b) DEAE-琼脂糖FF

图 11-25　阴离子交换介质纯化 rHSA 的色谱图

参 考 文 献

[1] Chen W D，Dong X Y，Sun Y. Analysis of diffusion models for protein adsorption to porous anion-exchange adsorbent. J Chromatogr A，2002，962(1)：29-40.

[2] Yang K，Sun Y. Structured parallel diffusion model for intraparticle mass transport of proteins to porous adsorbent. Biochem Engineer J，2007，37(3)：298-310.

[3] Franke A，Forrer N，Butte A，et al. Role of the ligand density in cation exchange materials for the purification of proteins. J Chromatogr A，2010，1217(15)：2216-2225.

[4] Hardin A M，Harinarayan C，Malmquist G，et al. Ion exchange chromatography of monoclonal antibodies：effect of resin ligand density on dynamic binding capacity. J Chromatogr A，2009，1216(20)：4366-4371.

[5] Mccue J T，Engel P，Thommes J. Effect of phenyl Sepharose ligand density on protein monomer/aggregate purification and separation using hydrophobic interaction chromatography. J Chromatogr A，2009，1216(6)：902-909.

[6] Wrzosek K，Gramblicka M，Polakovic M. Influence of ligand density on antibody binding capacity ofcation-exchange adsorbents. J Chromatogr A，2009，1216(25)：5039-5044.

[7] Zhang L，Zhao G，Sun Y. Effects of ligand density on hydrophobic charge induction chromatography：molecular dynamics simulation. J Phy Chem B，2010，114(6)：2203-2211.

[8] Gao D，Lin D Q，Yao S J. Protein adsorption kinetics of mixed-mode adsorbent with benzylamine as functional ligand. Chem Engineer Sci，2006，61(22)：7260-7268.

[9] 郭立安，常建华. 蛋白质色谱分离技术. 北京：化学工业出版社，2011.

[10] Kopaciewicz W，Rounds M A，Fausnaugh F，et al. Retention model for high-performance ion-exchange chromatography. J Chromatogr A，1983，266：3-21.

[11] 蔡杰，吕昂，周金平，等. 纤维素科学与材料. 北京：化学工业出版社，2015.

[12] Sorensen H，Mortensen K. Advanced genetic strategies for recombinant protein expression in *Escherichia coli*. J Biotech，2005，115(2)：113-128.

[13] 张建平，朱勇，刘雪松，等. 应用 HiTrap Sepharose SP 阳离子交换色谱纯化小鼠 F6 单克隆抗体. 细胞与分子免疫学杂志，1999，15(4)：320-321.

[14] 王素红，韩金祥，王世立，等. 离子交换色谱法去除 rhOP-1 蛋白溶液中内毒素的方法. 医学分子生物学杂志，2008，5(3)：244-246.

[15] O'Reilly M S，Boehm T，Shing Y，et al. Endostatin：An endogenous inhibitor of angiogenesis and tumor growth. Cell，1997，88(2)：277-285.

[16] 肖克，陆兵，夏杰，等. 血管抑素 3A 工程蛋白的柱复性与离子交换纯化. 华东理工大学学报(自然科学版)，2006，32(1)：43-46.

[17] 梁敏，李楠楠，周董恢. 蔗糖酶的提取工艺及性质研究. 湖北农业科学，2010，49(9)：2218-2220.

[18] 许培雅，邱乐泉. 离子交换色谱纯化蔗糖酶实验方法改进研究. 实验室研究与探索，2002，23(3)：82-84.

[19] Li H，Yang Y L，Zhang Y，et al. A hydrophobic interaction chromatography strategy for purification of inactivated foot and mouth disease virus. Protein Expression and Purification，2015，113(1)：23-29.

[20] 孙茂盛，李鸿均，吴晋元，等. 离子交换色谱纯化制备人轮状病毒灭活疫苗的方法，CN102552898 A. 2012-07-11.

[21] 杨星，吴晋元，易山，等. 两种色谱方法纯化离子交换色谱纯化轮状病毒效果的比较. 中国生物制品学杂志，2012，25(6)：754-758.

[22] 张浩，王全立，冯起. 人血红蛋白基因在大肠杆菌中的表达. 生物化学与生物物理学报，1999，31(3)：289-292.

[23] 张浩，冯启. 血红蛋白的药用价值开发的研究进展. 国外医学输血和血液学分册，1999，22(2)：95-98.

[24] 张浩，毛秉智，李晓霞，等. 基因重组人血红蛋白的纯化. 中国生化药物杂志，2000，21(6)：274-277.

[25] 朱家文，武斌，陈葵，等. 离子交换色谱分离纯化重组人血清白蛋白. 华东理工大学学报，2002，28(4)：341-345.

第12章 亲和色谱

12.1 概述

亲和色谱（AC）是利用生物分子所具有的特异生物学性质——亲和力而进行分离的一种方法。亲和力具有高度的专一性，使得目标蛋白质经一步纯化就可获得高的纯度，是目前生物大分子纯化的一种理想方法。

生物工程产品中的杂质多是一些可以引起免疫反应的大分子物质，所以，对其纯度要求较高，这也是亲和色谱在生物工程下游纯化中被广泛应用的重要因素。因为亲和色谱介质具有高选择性，所以市场售价较高。单抗类的亲和介质产品售价每升多在 10 万元左右，金属螯合类的 AC 产品也每升多在数万元。在市场上，AC 产品用量虽然不到 15%，但利润却占到整个介质市场上的 50% 以上。

12.1.1 亲和色谱发展历程

亲和色谱技术相对于其它色谱技术建立的时间比较早，该技术的主要发展历程如下。

1910 年 Starkenstein 将蔗糖酶抗体吸附到高岭土上，研究了抗体和抗原的相互作用。

1924 年 Engelhard 提出固定配偶原理作为分离生物活性物质的方法。

1933 年 Holmtergh 利用淀粉凝胶进行色谱分离，从淀粉酶粗品中分离出淀粉酶。

1951 年 Camptell 将蛋白质抗原固定在重氮基对氨基苄基纤维上用以纯化抗体。

1953 年 Lerman 将偶氮染料固定在纤维素上纯化蘑菇中的酪氨酸酶。

1959 年 Porath 和 Flodin 将葡聚糖基质引入到亲和色谱中，使 AC 技术得到了快速发展。

1963 年 Merrifield 提出固相肽合成方法，为亲和色谱固定相制备提供了可借鉴的途径。

1964 年 Hjerten 研制出球形琼脂糖并用作亲和色谱的基质。

1967 年 Axen Porth Ernback 提出溴化氰活化琼脂糖连接蛋白质的方法，为蛋白质在基质上固定化开辟了新技术。

1968 年 Cuatrecases 和 Wilchek 重新定义了亲和色谱概念，并扩展了亲和配体范围，包括酶抗原、半抗原、抗体、激素、维生素、外源性凝集素、糖蛋白、膜蛋白、病毒和细胞等，确立了生物特异性亲和色谱方法。

1970 年 Cuatrecases 进一步完善了溴化氰活化琼脂糖的方法，并提出在固相基质和配位体之间插入空间间隔臂的概念和方法，成功地解决了配体的空间位阻问题，对亲和色谱的发展及广泛应用作出了突出贡献。

1972 年 Wulff 提出了分子印迹亲和色谱法。

1973 年 Couper 建立了甲基丙烯酸乙二醇聚酯有机聚合物载体作为亲和色谱的方法。

1974 年 Epton 建立了以三苯甲烷染料作为配体的染料亲和色谱方法。

1975 年 Kristeinsen 用亲和色谱法分离病毒。

1978 年 Porath 建立了以金属离子螯合物作为配体的金属离子亲和色谱方法。

1978 年 Ohlson 建立了以大孔硅胶作为载体的高效液相亲和色谱法。

1980 年到 1990 年 Armstrong 应用 CD 冠醚穴醚杯芳烃大环抗生素用作亲和包合配位体，发展了包合配合物亲和色谱方法。

1986 年我国启动了 "863" 高技术研究计划，亲和色谱介质属于其中一项任务。

1990 年到 2000 年新型载体获广泛应用，如灌注亲和色谱[1]。

2001 年西安交大保赛开始了生物药用介质大规模国产化生产技术研究，2006 年实现了亲和介质的国产化。

如今，亲和色谱已广泛应用于生物分子的纯化上，是目前纯化药物蛋白质的重要方法之一，如结合蛋白、酶、抑制剂、抗原、抗体、激素、激素受体、糖蛋白、核酸及多糖类等，也被用于细胞、细胞器和病毒等的分离[2-8]。

12.1.2 亲和色谱特点

（1）专属性

AC 是利用配体与目标产物间的专属性作用实现分离的，只有具有特异亲和力的目标物才能与 AC 柱上固定的配体发生特异性的结合。

（2）高选择性

因专属性强，所以 AC 具有高选择性，能成百上千倍的提高样品的纯化倍率。

（3）灵敏度高

生物样本分析中，大多样品浓度通常较低，而亲和色谱具备从非常低浓度的溶液中获取目标物的能力，所以亲和色谱具有非常高的灵敏度，既可用于生物样品分析，又可用于样品纯化。目前临床上许多与疾病相关的生化指标的检测就是利用该方法。

亲和色谱技术最大优点在于：①具有很高的分辨率，从粗提物中经过简单的一步纯化就可得到高纯度的活性物质；②分离过程简单；③纯化后产品具有高活性和质量回收率等。

12.2 亲和色谱分离原理及操作

12.2.1 分离原理

生物分子间存在许多特异性的相互作用，如抗原与抗体、酶与底物（包括酶的竞争性抑制剂和辅助因子）、激素与受体、核酸中的互补链、多糖与蛋白质复合体等，它们之间能够进行专一而可逆的结合，这种结合力就称为亲和力。生物亲和力包括静电作用、氢键、疏水相互作用、配位键以及弱共价键等。

亲和色谱方法就是根据生物分子间这种可逆结合和解离的亲和力原理建立起的分离方法。

在空间结构上，生物分子上这种具有特定构象的结构域与相对应配体的区域结合，相互间形成 "锁-钥" 空间结构关系，具有高度的特异性，如图 12-1 所示。

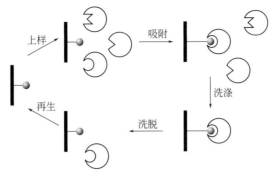

图 12-1 亲和色谱原理

亲和色谱中目标分子与配体间的这种生物特异作用，可以用式（12-1）的方程来表示。目标产物（用 E 表示）与固定相亲和配体 L 形成络合物 LE 是可逆的，其反应可表示为：

$$L + E \rightleftharpoons L \cdot E \tag{12-1}$$

$$K_d = \frac{[L][E]}{[L \cdot E]} \quad K_{eq} = \frac{[L \cdot E]}{[L][E]} \tag{12-2}$$

结合常数 K_{eq} 越大（或解离常数 K_d 越小），表示亲和结合作用越强，越难洗脱。亲和体系的结合常数多在 $10^4 \sim 10^8$ L/mol 间，最高可达 10^{15} L/mol，此时的亲和结合基本上是不可逆的。

12.2.2 基本操作步骤

亲和色谱的基本操作步骤如下。

（1）样品准备

亲和色谱样品的准备和其它色谱基本一致：一是让目标蛋白质保留在柱子上或者让目标蛋白质流穿而除去杂蛋白质，所以样品的盐浓度、pH 值、温度等都是考虑的因素；二是上样前样品要除去不溶性的杂质，如细胞壁等物质；三是综合考虑分离纯化效率，必要时可先用其它色谱和分离方法进行初步分离后再上亲和色谱柱，如膜分离或离子交换色谱等。

样品最好用平衡缓冲液进行溶解，使样品与平衡缓冲液的 pH 值、盐种类和离子强度一致或者接近。

（2）装柱和平衡

这一步操作的关键是选择合适的平衡缓冲液。在装柱后用平衡缓冲液将柱子洗涤到可上样的状态。另外平衡缓冲液也是用于上样后洗去不结合杂蛋白质而让结合蛋白吸附在柱子上。平衡缓冲液不能伤害介质，所以要根据实验结果和文献报道细心挑选缓冲液的组成。

（3）上样和洗涤

上样过程就是蛋白质的吸附过程。亲和色谱中配体与目标物之间的吸附是源于多种力的综合作用，包括疏水力、静电力、范德瓦耳斯力和氢键等，凡是能改变这些力的因素都会改变样品的吸附强度。如平衡缓冲液的化学组成、离子强度、pH 值和温度对吸附作用影响很大。上样时流速应缓慢，以保证样品能和亲和色谱的配体有充分的接触时间。

一般来说，亲和色谱吸附作用的强度会随着温度的升高而减小，在 0～10℃ 范围内尤其明显。所以上样时常选择较低的温度，使目标蛋白质与配体有较大的亲和力，实现充分结合；而在洗脱的时候可以适当的升高温度，使分离的蛋白质与配体间的亲和力下降，目标产物洗脱就更加容易。

上样完成后，要用平衡液洗涤，洗去残留在柱内不结合的杂蛋白质。

（4）洗脱

洗脱就是用洗脱液洗下被亲和介质吸附的蛋白质的过程。洗脱液的作用是使吸附在柱子上的蛋白质解吸到流动相中，它与平衡缓冲液的组成不同。洗脱可以采取等浓度洗脱、分段洗脱和梯度洗脱方式。改变流动相的成分、pH 值和温度等，使得配体和目标蛋白质间的吸附作用减小而被流动相带出柱子。按照洗脱剂对配体有无亲和作用，可将洗脱方式分为非特异性洗脱和特异性洗脱。利用洗脱液的组成、浓度、pH 值及温度的改变使蛋白质与配体吸附作用减弱的洗脱叫作非特异性洗脱。利用一种对目标蛋白质也有吸附作用的游离配体使其与固定相上的配体产生竞争，把蛋白质置换下来的洗脱叫作特异性洗脱。

非特异性洗脱能改变蛋白质的构象以降低其和配体的亲和力，又不损害蛋白质和配体稳定性。因为分离对象和配体不同，洗脱液没有统一的选择规律。在某种情况下只要改变缓冲液的一个变量就可洗脱，多数情况下改变两个物理变量洗脱会更加有效。通常要改变的物理变量包括：盐种类、浓度、pH 值、介电常数和温度，或者加入强洗脱组分（如盐酸胍、尿素等变性剂）。

① 改变缓冲液离子强度

如果配体与蛋白质的静电力占优势，则增加离子强度就能减弱目标蛋白质与配体的静电作用，从而将蛋白质从配体上解吸下来。一般流动相中加入 1mol/L NaCl 就能实现蛋白质的有效解吸，必要时还可以通过提高氯化钠的浓度来进行梯度洗脱。如果配体与目标蛋白质的疏水作用占优势，则降低离子强度就能有效地将蛋白质从亲和柱上洗脱下来。

② 改变缓冲液 pH 值

改变 pH 值就会改变蛋白质和一些配体表面带电基团的电性和电荷量，降低蛋白质与配体之间的相互作用强度。一般 pH 值降低至 2～4 比较有效，偶尔也有提高 pH 值才有效的案例。将 pH 值从 7.8 降到 3.0 可以将胰蛋白酶从大豆胰蛋白酶抑制剂为配体的柱子上洗脱下来。甘氨酸-盐酸的 pH 2.5 的缓冲液可用于解离抗原和抗体的复合物。

改变 pH 值的洗脱方式要特别注意防止目标蛋白质和配体的失活，尽可能将洗脱 pH 值选定在目标蛋白质和配体稳定的 pH 范围。在洗脱后应该尽快中和洗脱液到目标蛋白质的最佳稳定 pH 范围内，以防止洗脱下来的蛋白质发生变性。

虽然改变 pH 值与改变离子强度一样有效，但由于 pH 梯度难以实现，因此不如离子梯度洗脱那么普遍，且只能用分段洗脱方式进行。

③ 特异性洗脱

特异性洗脱又叫亲和洗脱。使用游离的配体或者其它能同配体或者待洗脱蛋白质发生更强特异性结合作用的分子，将蛋白质从介质的配体上竞争置换下来。特异性洗脱常用于基团特异性亲和色谱，这时既可以采用单一成分，也可以用多种洗脱剂进行梯度洗脱。由于特异性洗脱一般在中性 pH 下进行，因此洗脱条件比较温和，不会导致蛋白质变性。但是特异性洗脱的价格可能较高，而且洗脱下来的蛋白质可能很难与洗脱液组分分离，这时可以用凝胶色谱进行脱盐或者用透析方式除去。特异性洗脱的例子包括用不同核苷酸将脱氢酶从染料柱上洗脱下来，用游离糖将糖蛋白从凝集素柱上洗脱下来等。

④ 改变缓冲液的介电常数

当配体和蛋白质的结合作用比较强，且疏水作用占据主要优势时，可以尝试在缓冲液中加入 20%～50%（体积分数）的乙二醇、二氧六环或者二甲基酰胺等有机溶剂，改变洗脱液的介电常数，促进洗脱。这种方法比较温和有效，且不易使蛋白质变性。

⑤ 使用表面活性剂

对于极端疏水性蛋白质，如膜蛋白，在洗脱时最好加入非离子性表面活性剂，以降低其疏水相互作用。比较常用的表面活性剂有 Lubrol、Nonidet P-40 等。Triton X-100 虽然可以使用，但要注意它的紫外吸收。有时候在整个纯化过程中都会加入低浓度的表面活性剂以降低非特异性疏水吸附和防止蛋白质凝聚，特别是在进行抗原-抗体纯化或者处理膜蛋白时。

⑥ 使用盐溶性盐

当配体与蛋白质间的亲和力很强，其它洗脱方式都失败时，可以采用加入盐溶性盐的方式。盐溶性盐能破坏水化物的结构，增加蛋白质的溶解度，降低配体与蛋白质间的相互作用强度，从而将蛋白质解吸下来。常用的盐溶性盐有 $1～3mol/L$ 硫氰化钾、$1～3mol/L$ 碘化钾或 $4mol/L$ 氯化钙。通常在盐溶性盐中蛋白质的稳定性会下降。

⑦ 使用蛋白质变性剂

$8mol/L$ 尿素和 $6mol/L$ 盐酸胍是常用的蛋白质变性剂，也常被用于蛋白质的亲和色谱洗脱，浓度多在 $2～4mol/L$ 之间。

洗脱过程通常是亲和色谱最关键的步骤，常常决定着产品的质量、工艺时间、生产成本和产品回收率等，因此要认真选择洗脱条件。

（5）再生与保存

一般情况下，柱子用洗脱缓冲液充分洗涤后再用平衡缓冲液再生即可重新上样。但即使选择良好的洗脱条件也不可能完全避免非特异性吸附。亲和色谱介质基质上的不可逆吸附仍然是一个严重的问题。一根柱子重复使用几次后对目标蛋白质的吸附率会降低，所以每次进样后要进行洗涤再生。再生条件选择与配体有关。既要除去杂质，又不能伤害配体，一般可用 $2mol/L$ KCl$+6mol/L$ 尿素洗涤，有时加入少量的二氧六环和二甲基酰胺也有好处。

亲和色谱柱一般保存在 4～8℃，柱子保存液可以是 20％乙醇，也可以用万分之二叠氮化钠，视具体的配体而定。

12.3 亲和色谱介质组成、分类及影响分离因素

12.3.1 亲和色谱介质组成

亲和色谱介质由固相基质、配体和间隔臂三部分组成。基质是固定配体的载体，配体是能识别生物分子并能与其可逆性结合的专一性物质，间隔臂是配体与载体之间连接的一个具有适当长度的"手臂"。

（1）基质

基质构成 AC 的骨架，用于亲和色谱的基质应该具有以下性质：①良好的物理化学稳定性，在与配体偶联、色谱过程中配体与分离物结合、洗脱时的 pH 及离子强度等条件下，基质的性质不能发生明显改变；②能与配体稳定结合，亲和色谱基质表面应具有较多的化学活性基团，通过一定的化学处理能够与配体形成稳定地共价结合，并且结合后不改变基质和配体的基本性质；③基质的结构应是均匀和多孔网状结构，为了使分离的生物分子能够均匀和稳定地通过色谱柱，并能充分与配体结合，基质的孔径过小会增加排阻效应，使分离物与配

体结合概率下降，并且可降低亲和色谱的吸附容量，所以一般来说，AC 多选择有较大孔径的基质，以使分离物有充分的空间与配体结合；④良好的生物相容性和没有非特异性吸附，基质本身与样品中的各个组分应没有非特异性吸附，不影响配体与分离物的结合，基质还应有较好的生物相容性，以使生物分离物靠近并与配体作用。

亲和色谱中使用的基质种类较多，一般常用的有纤维素、交联葡聚糖、琼脂糖、聚丙烯酰胺、多孔玻璃珠和硅胶等，其它的物质还有壳聚糖、聚苯乙烯和淀粉等。其中较为理想且用量最大的是琼脂糖基质，占整个亲和介质用量的 90％以上。

纤维素价格低，可利用的活性基团较多，但它对蛋白质等生物分子有明显的非特异性吸附作用，另外它的稳定性和均一性也较差。交联葡聚糖和聚丙烯酰胺的物理化学稳定性较好，但它们的孔径相对较小，而且孔径的稳定性不好，易造成配体偶联量的降低，不利于分离物与配体充分结合，只有大孔径型号凝胶可以用于亲和色谱。多孔玻璃珠的特点是机械强度好，化学稳定性好，但它可利用的活性基团较少，有较强的非特异性吸附作用。硅胶属于硬基质，其物理稳定性好，在高压下不发生变形，但化学稳定性受到限制，不适用于碱性条件下的分离纯化，有时会产生非特异性吸附。琼脂糖凝胶具有非特异性吸附低、稳定性好、孔径均匀适当、易于活化等优点，因此得到了广泛的应用。西安交大保赛生物技术股份有限公司生产琼脂糖凝胶微球，其商品名为 Bio-sep，相对应于美国 GE 公司的 Sepharose 系列。该系列产品有 4B、6B、CL-4B、CL-6B、4FF 和 6FF 等各类型琼脂糖凝胶如表 12-1 所示。表 12-2 列出了部分亲和介质性能指标。

表 12-1　保赛生产的亲和色谱介质

产品名	配体	应用
Chelating Bio-sep Fast Flow	亚氨基二乙酸	分离含组氨酸的蛋白质、可与金属结合的蛋白质、核苷酸
Benzamidine Bio-sep 4FF	对氨基苯甲脒	分离含丝氨酸的蛋白质，如胰蛋白酶、尿激酶等
Glutathione Bio-sep 4FF	谷胱甘肽	分离含谷胱甘肽 S-转移酶的重组融合蛋白及依赖 S-转移酶或谷胱甘肽的蛋白质
Heparin Bio-sep 6FF	肝素	分离凝血因子、抗凝血酶Ⅲ、激素、干扰素、限制性内切酶
Protein A Bio-sep CL-4B	蛋白 A	分离免疫球蛋白
Con A Bio-sep 4B	伴刀豆球蛋白 A	分离糖蛋白、膜蛋白、糖脂、多糖、激素、IgM
2′5′-ADP Bio-sep 4B	2′5′-ADP	分离 NADP 依赖性脱氢酶和对 NADP 有亲和作用的酶，如葡萄糖-6-磷酸脱氢酶
5-AMP Bio-sep 4B	5-AMP	分离 NAD、ATP、cAMP 依赖性脱氢酶、醛类和甲酸脱氢酶
Thiopropyl Bio-sep 4B	2-吡啶基二硫化物	用于共价亲和色谱，分离含巯基的蛋白质

注：国外 GE 公司均有对应产品，商品为 Sepharose 系列。

表 12-2　部分亲和介质性能指标

产品名称	配基密度/(mL 介质)	载量/(mL 介质)	pH 稳定范围	粒径范围/μm	最大流速/(cm/h)	应用
琼脂糖亲和介质（镍）	15～120mmol	20～30mg（LDH）	3～13	45～165	500	用于含组氨酸标签蛋白质的纯化
琼脂糖亲和介质（谷胱甘肽）	20～30mmol	10mg GST	3～12	45～165	450	用于含 GST 标签蛋白质的纯化

产品名称	配基密度 /(mL 介质)	载量 /(mL 介质)	pH 稳定范围	粒径范围 /μm	最大流速 /(cm/h)	应用
琼脂糖亲和介质（肝素）	5mg	2mg 抗凝血酶Ⅲ	4～12	45～165	500	用于抗凝血酶Ⅲ、凝血因子及干扰素等蛋白质的纯化
琼脂糖亲和介质（蓝胶）	7～10μmol	20mg BSA	4～12	45～165	500	用于白蛋白、干扰素、脂蛋白、凝聚因子等蛋白质的纯化
琼脂糖亲和介质（蛋白 A）	6mg	35mg IgG（兔）	2～11	45～165	450	用于多种抗体的纯化

（2）配体

配体是接到基质或间隔臂上与分离蛋白质分子直接发生作用的部分，所以选择合适的配体对于亲和色谱的分离效果至关重要。理想的配体应具有以下一些性质。

① 与分离的物质有适当的亲和力

亲和力太弱，分离物质不易与配体结合，造成亲和色谱吸附效率低，而且吸附洗脱过程中易受非特异性吸附的影响，造成选择性下降。如果亲和力太强，分离物质很难与配体分离，又会造成洗脱困难。总之，配体和分离物质的亲和力过弱或过强都不利于亲和色谱的分离，应尽量选择与分离物质具有适当亲和力的配体。

② 特异性强

配体与分离的物质之间的亲和力要有较强的特异性，与样品中其它组分没有明显的亲和力，这是保证亲和色谱具有高分辨率和高选择性的重要因素。

③ 与基质结合稳定

配体要能够与基质形成稳定的共价结合，并在实验或生产过程中不易脱落。再者，配体与基质偶联后对其结构要没有明显改变，尤其是偶联过程不能涉及配体中与分离物质有亲和力的作用部分。

④ 自身应具有较好的稳定性

配体要能够耐受偶联以及洗脱时可能使用的较剧烈条件，最好可多次重复使用。

实际工作中完全满足上述条件的配体很难找到，但应根据具体的条件来选择尽量满足上述条件的最适配体。

根据配体对分离物质的亲和性不同，可以将其分为两类：特异性配体（specific ligand）和通用性配体（general ligand）。特异性配体一般是指只与单一或很少种类蛋白质进行亲和作用的物质，如生物素-亲和素、抗原-抗体、酶-底物、激素-受体等，它们的结合都具有很高的特异性，这些物质可互为配体。配体的特异性是保证亲和色谱高分辨率的重要因素，但寻找特异性配体一般比较困难，尤其对于一些性质不太了解的生物大分子，要找到合适的特异性配体通常需要大量的实验。通用性配体一般是指特异性不是很强，能和某一类蛋白质进行结合的配体，如凝集素（lectine）可以结合各种糖蛋白，核酸可以结合 RNA 以及结合 RNA 的蛋白质等。通用性配体对生物大分子的专一性虽然不如特异性配体，但通过选择合适的洗脱条件也可以得到较好的分辨率，而且这些配体还具有结构稳定、偶联率高、吸附容量大、易于洗脱和价格低廉的优点，所以两者在实验室和生产中均得到了广泛的应用。表12-3列出了常用的亲和配体的种类及其分离的目标分子。

表 12-3　常用的亲和配体的种类和分离的目标分子

配体	分离的目标分子
酶	底物类似物,抑制剂,辅助因子
抗体	抗原,病毒,细胞
凝集素	多糖,糖蛋白,细胞表面受体,细胞
核酸	互补碱基序列,组蛋白,核酸聚合酶,核酸结合蛋白
激素,维生素	受体,载体蛋白
蛋白 A,蛋白 G	免疫球蛋白
谷胱甘肽	谷胱甘肽-S-转移酶,GST 融合蛋白
肝素	脂蛋白、脂肪酶、甾体受体、凝血蛋白、抗凝血酶、限制性核酸内切酶
金属离子	聚(His)融合蛋白,含有组氨酸、半胱氨酸或色氨酸残基的蛋白质

（3）间隔臂

为了解决亲和色谱配体与基质间的空间位阻问题，往往会在配体和基质间引入一个间隔臂分子，以提高配体的空间利用度。

间隔臂的长度有一定的限制，太短则作用不大，而超过一定长度后，配体与目标分子的亲和作用会减弱，通常 4～6 个亚甲基就可以满足要求。当配体分子量较小时，为了排除空间位阻作用，需要在配体和基质之间连接间隔臂，使其能发生有效的亲和结合。分离目标生物大分子的分子量较低或与亲和配体的亲和性较强时，间隔臂分子的效果不明显。

间隔臂分子是两端都有能与其它基团反应的活性官能团的有机小分子，如—NH_2、—OH、—COOH、—SH、—CHO 和—CH＝CH_2 等。间隔臂的两个端基和链结构可以有多种形式，如 $NH_2(CH_2)_nNH_2$，$NH_2(CH_2)_nCOOH$，$HO(CH_2)_nOH$ 等都可以作为间隔臂。它的一端先与基质反应，形成带间隔臂的基质，另一端再与配体偶联，生成亲和介质。

接到琼脂糖基质上的间隔臂常用的为氨基乙酸（NH_2CH_2COOH）或 1,6-己二胺[$NH_2(CH_2)_6NH_2$]这样的双官能团试剂。这两个化合物的氨基与环氧活化或 BrCN 活化的琼脂糖微球反应，可得到含有 6 个碳的间隔臂且具有活性基团的琼脂糖微球。

硅胶作为基质时最常用的间隔臂是能与硅胶反应形成 Si—O—Si 键的有机硅试剂，如 γ-缩水甘油醚氧丙基三甲氧基硅烷及 3-氨丙基三甲氧基硅烷等。

12.3.2　亲和色谱分类

（1）生物特异性亲和色谱

生物特异性亲和色谱是利用具有生物特异性相互作用的物质对，如抗原-抗体、酶-底物、酶-抑制剂、激素-受体、维生素与结合蛋白等，以其中一方作为配体，用以识别或分离另一方的色谱行为。

① 抗原和抗体

利用抗原与抗体之间高特异性的亲和力而进行分离的方法又称为免疫亲和色谱。例如将抗原结合于基质上，就可以从血清中分离出对应的抗体。在蛋白质工程菌发酵液中许多蛋白质的浓度相对较低，用离子交换、凝胶过滤等方法难于进行分离，而亲和色谱则是非常有效的方法。将所需蛋白质作为抗原，经动物免疫后制备抗体，将抗体与基质偶联形成亲和吸附剂，就可以对发酵液中的所需蛋白质进行纯化。

另外金黄色葡萄球菌蛋白 A（protein A）能够与免疫球蛋白 G（IgG）结合，与琼脂糖耦联形成 Bio-sep-蛋白 A 后，就可用于分离各种 IgG。现在单抗药物生产多用此类亲和介质。

② 维生素、激素和结合蛋白

结合蛋白含量通常较低，如 1000L 人血浆中只含有 20mg Vit-7-10-B$_{12}$ 结合蛋白，用通常的色谱技术难于分离。利用维生素或激素与基质结合后就可用于该产物的分离。

③ 激素和受体蛋白

激素的受体蛋白属于膜蛋白，利用去污剂溶解后的膜蛋白往往具有相似的物理性质，难于用通常的色谱技术分离。但去污剂溶解通常不影响受体蛋白与其对应激素的结合。所以利用激素和受体蛋白间的高亲和力而进行亲和色谱是分离受体蛋白的重要方法。目前已利用此方法纯化出了大量的受体蛋白，如乙酰胆碱、肾上腺素、生长激素和胰岛素等多种激素的受体蛋白。

④ 凝集素和糖蛋白

凝集素是从植物中提取的一类具有多种特性的糖蛋白，能可逆地、选择性地同特定的糖基结合，因此可以用于多糖、各种糖蛋白、免疫球蛋白、血清蛋白甚至完整细胞的分离。

一种凝集素具有对某一种特异性糖基的专一性结合能力，如伴刀豆凝集素与 α-D-吡喃糖基甘露糖（α-D-mannopyranosy）结合；麦胚凝集素可以与 N-乙酰氨基葡萄糖或 N-乙酰神经氨酸特异性结合，可以用于血型糖蛋白 A、红细胞凝集素受体等的分离。洗脱时只需用相应的单糖或类似物，就可以将糖蛋白洗脱下来。

⑤ 辅酶

核苷酸及其许多衍生物、各种维生素等是多种酶的辅助因子，利用它们与对应酶的亲和力可以对酶进行亲和纯化。例如固定的各种腺嘌呤核苷酸辅酶，包括 AMP、cAMP、ADP、ATP、CoA、NAD$^+$、NADP$^+$ 等，可用于各种激酶和脱氢酶的分离纯化。

（2）金属螯合亲和色谱

固定金属亲和色谱（immobilized metal affinity chromatography，IMAC）又称为金属螯合亲和色谱。它是由 Porath 等[9] 于 1975 年首次成功地运用于人血清蛋白的分离纯化而提出的。IMAC 是将具有螯合作用的络合剂或有机官能团键合在接有间隔臂的基质上，再与金属离子络合生成稳定的络合物，从而形成亲和色谱介质的技术。

IMAC 是利用暴露在蛋白质表面的氨基酸残基与色谱介质上金属离子相互进行络合作用实现分离的。在这些氨基酸残基中，由于组氨酸表面含有大量咪唑基、羧基和 α-氨基，可以与金属离子形成稳定的环状结构，从而使金属离子和蛋白质亲和力更强。因此，该方法常用于表面带有组氨酸残基的蛋白质分离。

固定金属亲和色谱介质是由基质、螯合剂和金属离子三部分组成。常用的基质有大孔硅胶、交联琼脂糖（Bio-sep CL4B、Bio-sep CL6B、Bio-sep 4FF、Bio-sep 6FF 等）和交联葡聚糖（Bio-sep G15、Bio-sep G25 等）。常用的螯合剂有亚氨基二乙酸（IDA）、三羧甲基乙二胺（TED）、氨三乙酸（NTA）、羧甲基天冬氨酸（CM-Asp）、四乙烯戊胺（TEPA）、羧甲基二胺丁二酸（CM-DASA）和乙二胺 N,N 二乙酸（EDDA）等，部分结构式见图 12-2。其中以 IDA 应用最广。

螯合剂的作用是将金属离子固定在基质上，为此螯合剂既含有能与基质共价键合的活性基团如—N＝、—OH、—Cl 等，又有能与金属离子配位的多个配位原子。

螯合金属离子通常为具有 d 层空价电子轨道的过渡金属如 Cu^{2+}、Ni^{2+}、Co^{2+} 和 Zn^{2+} 等，它们与络合剂形成可与蛋白质结合的金属螯合配体。

为了将金属螯合配体固定在基质上，连接前必须用活化剂将基质活化，使其末端具有能

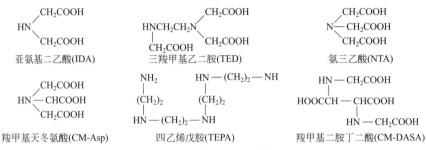

图 12-2　常用螯合剂结构

与络合剂共价键合的活性基团，如环氧基等。在制备金属螯合柱时，通常先用化学方法使活化基质与络合剂键合成具有阳离子交换特性的裸柱，然后灌注选用的金属离子，待达到饱和吸附后，用平衡缓冲液除去过剩的金属离子即制成所需要的金属柱。如要更换新的金属离子，可用乙二胺四乙酸（EDTA）除去旧的金属离子，重新注入新的金属离子。

IMAC 作为蛋白质的纯化技术，具有以下优点：①配体稳定性高，不易脱落；②金属离子配体价格低廉，再生成本低；③可在高盐浓度下操作，从而省去了脱盐的预处理步骤，并且可以减少非特异性吸附；④蛋白质洗脱比较容易，采用较低 pH 或采用竞争性物质如咪唑、EDTA 便可将吸附蛋白质解吸下来。

影响蛋白质与金属螯合柱作用的因素很多，主要为金属离子和蛋白质表面配体的性质、溶液 pH、离子强度和其它竞争配体等。

（3）染料亲和色谱

染料亲和色谱最典型的配体是 Cibacron Blue F-3GA，与琼脂糖或其它基质（如聚丙烯酰胺、葡聚糖凝胶、溴化氢活化的琼脂糖等）偶联后，能对多种酶和蛋白质显示出亲和性。可与脱氢酶、糖酵解酶、激酶和许多血液蛋白质进行有效地结合。

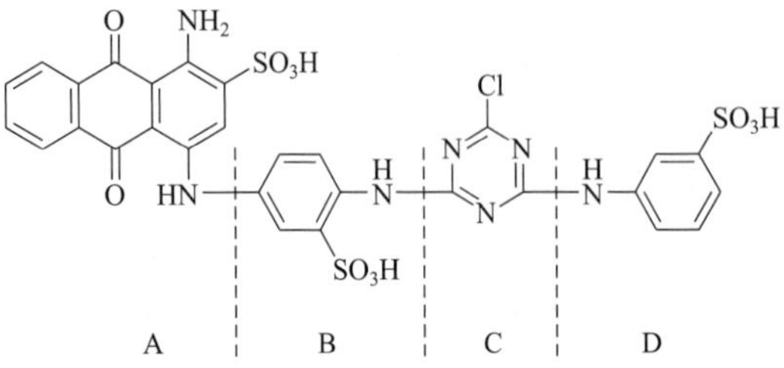

染料亲和色谱基质最常用的是交联琼脂糖，配体是一些活性染料，使用最多的是 Cibacron Blue F-3GA，其结构式见图 12-3。

Cibacron Blue F-3GA 结构由四部分组成：A 为磺化的蒽醌环，是发色基团；B 为磺化的对二氨基苯桥，联结 A 和 C 两部分；C 为氯化三嗪环；D 为氨基苯磺酸，是辅助基团。其中 C 的三嗪环是活性部分，氯原子作为离去

图 12-3　Cibacron Blue F-3GA 结构式

基团，在碱性条件下，可以与含羟基的基质反应，生成染料亲和介质。

染料配体由于价格低廉、与蛋白质的结合容量大、化学性质稳定、不易被降解，所以在亲和色谱领域，特别在酶的纯化方面受到重视。

染料亲和色谱与传统的亲和体系相比具有以下优点：①染料价格便宜；②配体的固定化过程简便、迅速，且不引入有毒物质；③制得的染料亲和色谱稳定性良好，可以保存数月而不影响对蛋白质的结合能力；④易于回收利用。基于上述优点，染料亲和色谱已成为许多蛋白质分离的有效技术。

12.3.3　影响亲和色谱分离的因素

影响亲和色谱效率的主要因素有：柱容量、基质选择、基质的活化与亲和配体偶联、目

标产物结合能力、流动速率与柱压。

（1）上样体积

若目标产物与配体的结合作用较强，上样体积对亲和色谱效果影响较小。若二者间结合力较弱，样品浓度要高一些，但上样量原则上不要超过色谱柱载量的 5%～10%。

（2）柱长

柱长需要根据亲和介质的性质确定。如果亲和介质的载量高，与目标产物的作用力强，可以选择较短的柱子；相反，则应该增加柱子的长度，保证目标产物与亲和介质有充分的作用时间。

（3）流速

亲和吸附时，目标产物与配体之间达到结合反应平衡通常是一个缓慢的过程。因此，样品上柱的流速应尽量慢，以保证目标产物与配体之间有充分的时间结合，尤其是二者间结合力弱或样品浓度过高时。

（4）温度

温度效应在亲和色谱中比较重要，亲和介质的吸附能力受温度影响较大，故可以利用不同的温度进行吸附和洗脱。一般情况下亲和介质的吸附能力随温度的升高而下降，因此在上样时可选择较低的温度，使分离物质与配体充分地结合；而在洗脱时则采用较高的温度，使分离物质与配体的亲和力下降，便于分离物质从配体上脱落。因此亲和色谱上样一般选择在 4℃，洗脱则在 25℃进行。

12.4　亲和色谱在生物大分子纯化中的应用

早期人们使用亲和色谱纯化技术时主要是在寻找与分离物相适配的亲和配体上下功夫，由于配体种类有限，所以应用范围较窄，比如使用苯甲脒（benzamidine）为配体纯化尿激酶[10]、用肝素作配体纯化凝血因子[11]。从 20 世纪 80 年代开始，随着生物技术尤其是重组蛋白质技术的快速发展，不但可以在配体上下功夫，也可以在目标蛋白质结构上下功夫，让亲和色谱技术适合于更多重组蛋白质的纯化。由此，亲和色谱技术的应用得到了新的发展，还成为了某些蛋白质的标准纯化方法。

目前使用在蛋白质纯化的亲和配体以蛋白质 A/G、金属螯合、单抗及染料为主，当然也有一些新的仿生配体技术的出现。

12.4.1　蛋白质 A/G 为亲和配体的抗体纯化

随着生物技术的发展，抗体类药物已是现阶段国内外生物医药中发展最快的领域，被广泛应用于人类疾病的诊断、预防和治疗中。

单克隆抗体类药物目前主要用于癌症治疗、自身免疫性疾病及器官移植的抗排斥反应。该类药物具有靶向性强、治疗效果好和毒副作用低的特点，代表了生物药物治疗的最新发展方向，因此发展极其迅速，已成为生物医药领域中最耀眼的明珠。

目前约 70%～80% 抗体类药物是使用以蛋白质 A 或蛋白质 G 为配体的亲和介质进行纯化的，其中以蛋白质 A 为配体的纯化已成为单克隆抗体的一种标准纯化方法[12]。

蛋白质 A 是一种金黄色葡萄球菌的细胞壁蛋白质，主要通过 Fc 片段结合哺乳动物 IgG。天然蛋白质 A 有 5 个 IgG 结合域和许多其它的未知功能域。重组蛋白质 A（rprotein A）也包含 5 个 IgG 结合域，并去除了其它非主要结合域以降低非特异性结合。目前，蛋白质 A 亲和介质已经广泛用于从生物流体或细胞培液中分离纯化各种类型 IgG 或者 IgG 片段。蛋白质 A 和 IgG 的相互作用仅涉及 Fc 区域，而不影响 Fab 片段和抗原的结合。

蛋白质 A 作为亲和配体被偶联到琼脂糖基质上，可特异性地与样品中的抗体分子结合，而使其它杂蛋白质流穿，具有极高的选择性，一步亲和纯化就可达到超过 95% 的纯度。1 个蛋白质 A 分子至少可以结合 2 个 IgG。蛋白质 A 也可以结合另一些免疫球蛋白，用于如某些种属的 IgA 和 IgM 的纯化。天然蛋白质 A 和重组蛋白质 A 对于 IgG 的 Fc 段有着相似的特异结构。重组蛋白质 A 经改造后含有一个 C 末端半胱氨酸，可以单一位点偶联于琼脂糖上，降低了空间位阻，增加了与 IgG 的结合能力。蛋白质 A 与 IgG 的结合强度很大程度上依赖于该抗体的种属和亚型，而其动态结合能力则取决于结合强度（解离常数）及传质阻力等因素（如上样时样品在柱内的停留时间）。

蛋白质 G 是一种源自链球菌 G 族的细胞表面蛋白质，为三型 Fc 受体，其通过类似于蛋白质 A 的非免疫机制与抗体的 Fc 段结合。像蛋白 A 一样，蛋白质 G 可以与 IgG 的 Fc 区域特异性结合，不同的是结合到琼脂糖上后的蛋白质 G 可以广泛结合更多类型的 IgG，如多克隆 IgG 及人 IgG，同时该产品与血清蛋白结合水平更低，纯度更高，配基脱落也相对更少。此外，蛋白质 G 还可以和某些抗体的 Fab 和 F（ab'）2 段结合。重组蛋白质 G 与天然蛋白质 G 不同的是已除去了与白蛋白及细胞表面结合的位点，减少了交叉反应和非特异性结合。因此，它比天然蛋白质 G 和蛋白质 A 有更大的亲和力，可以代替二抗而广泛应用于免疫化学等领域。

蛋白质 L 是从马格努斯消化链球菌分离出来的能和免疫球蛋白特异性结合的蛋白质，分子质量为 36kDa。与蛋白质 A 和蛋白质 G 结合到（抗体）的 Fc 区不同，蛋白质 L 是通过轻链结合抗体。因为重链不参与抗体结合相互作用，蛋白质 L 结合抗体类的范围大于蛋白质 A 或蛋白质 G，包括 IgG、IgM、IgA、IgE 和 IgD。尽管有很宽的结合范围，但蛋白质 L 不是一个通用的抗体结合蛋白。蛋白质 L 结合仅限于那些含有 κ 轻链的抗体。

虽然有蛋白质 A、蛋白质 G、蛋白质 L 三种类型配体，但在实际生产中仍以蛋白质 A 为配体亲和介质为主。

国内外有多家企业提供蛋白质 A、蛋白质 G、蛋白质 L 等多种配体的亲和介质产品。但不同厂家的产品因基质或键合技术不同而造成介质对抗体亲和力及对碱耐受性的差异。何凌冰等[13] 对国内外六个企业提供的蛋白质 A 亲和色谱介质对重组抗 TNFα 抗体纯化效果进行了比较。从洗脱溶液种类和 pH 值两个方面进行纯化条件的筛选，并分析了纯化后样品纯度和回收率，发现不同基质、洗脱条件、pH 值、负载量和在 CIP 条件下的使用寿命均会影响产品的分离结果。综合考虑载量、除杂效果和回收率三个因素，认为 MabSelect 产品最适合该抗体纯化。表 12-4 是保赛公司生产的琼脂糖 rprotein A Bio-sep FF 产品的各项指标，已在国内数家企业进行了应用。

表 12-4　保赛 rprotein A Bio-sep FF 产品特性

参数	指标
基质	4% 交联琼脂糖凝胶
配基	重组蛋白质 A
形状	球形

参数	指标
介质平均粒径	$90\mu m(45\sim165\mu m)$
配基密度	6mg 蛋白质 A/mL 胶
动态载量	$30\sim40$mg 兔 IgG/mL 胶
最高流速(25℃)	450cm/h
推荐流速	<150cm/h
最高耐压	0.3MPa(3bar)
pH 稳定性	$3\sim10$(长时间);$2\sim11$(短时间)
保存	$4\sim8$℃(20%乙醇)

　　工业上对蛋白质 A 琼脂糖介质的稳定性要求很高,以满足有效的 CIP。因此,好的蛋白质 A 介质既要保证有效的清洗,又要保持足够的载量,这是对蛋白质 A 配体一个巨大挑战。虽说目前蛋白质 A 介质有多种清洗方法,但对于生物制品工艺来讲,NaOH 是最安全和最经济的。另一方面蛋白 A 亲和介质的洗脱条件一般是在 pH 3~4 之间,这个条件下抗体很容易聚集和沉淀,为了降低聚集体,可以提高洗脱 pH 值。因此,蛋白 A 亲和色谱纯化单克隆抗体时应从动态载量、分辨率(纯化效果)以及清洗稳定性这三个方面进行综合考虑。

　　魏建玲等[14] 同样使用蛋白质 A 亲和介质纯化了人源化抗人 TNFα 单克隆抗体,并对工艺进行了优化,纯度后产品的纯度达到了 96.6%。结果见图 12-4 和图 12-5。易喻等[15]则使用了蛋白质 A 亲和色谱纯化了 hCG 单克隆抗体,见图 12-6。

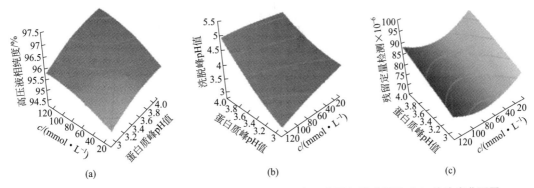

(a) (b) (c)

图 12-4　HPLC 纯度 (a)、洗脱峰 pH 值 (b) 和宿主细胞蛋白质残留量 (c) 的响应曲面图

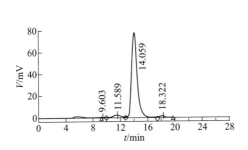

图 12-5　优化工艺后所得的目的蛋白质洗脱峰 HPLC 纯度检测图

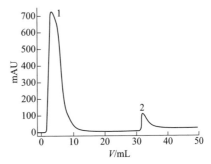

图 12-6　蛋白质 A 纯化 hCG 单克隆抗体图
1—穿透峰;2—抗体洗脱峰

12.4.2　单克隆抗体作为亲和配体纯化蛋白质

抗原和抗体具有非常好的生物特异性，双方可以互为配体制成高选择性的亲和色谱介质而用于纯化。

抗体被分为多克隆抗体、单克隆抗体和重组抗体三种形式。多克隆抗体是由异源抗原（大分子抗原、半抗原偶联物）刺激有机体产生免疫反应，有机体浆细胞分泌的一组免疫球蛋白，属于混合物。多克隆抗体由于可识别多个抗原表位，制备时间短、成本低而广泛应用于研究和诊断方面。单克隆抗体是从单一 B 细胞克隆体中产生的，有单一的特异性抗原决定位。重组抗体则是使用分子重组技术制备的抗体或抗体片段。

目前以单克隆抗体和重组抗体作为配体的亲和色谱主要用于蛋白质的纯化。国内外发表的相关文献多达数十万篇，每年均有大量新的文献综述发表[16-22]。

国内用单克隆抗体作为配体纯化蛋白质的例子也很多。金伯泉等[23]应用常规单抗制备方法建立了 5 株稳定分泌抗重组人 α2a 型干扰素单克隆抗体的小鼠杂交瘤细胞系，制备了重组人 α2a 型干扰素单克隆抗体，并应用在重组人 α2a 型干扰素纯化上，获得了良好的纯化效果。赵益明等[24]建立了使用单克隆抗体亲和色谱从人血小板破碎液中纯化血小板第 4 因子（PF4）的方法：将单克隆抗体 SZ-95-IgG 与经过溴化氰活化的 Sepharose 4B 凝胶偶联成亲和色谱柱 SZ-95-IgG-Sepharose 4B，人血小板破碎液经此亲和色谱柱上样后，经洗脱获得 PF4。用 15％SDS-聚丙烯酰胺凝胶电泳鉴定其纯度，用点印迹鉴定其免疫活性。结果表明 SZ-95-Sepharose 4B 亲和色谱柱的偶联率为 72％，每 1mL（约 $1×10^9$ 个血小板）血小板破碎液中可以纯化到 18μg PF4，其分子质量约为 12kDa，点印迹显示与单抗 SZ-95 反应显带。结论是用 SZ-95-Sepharose 4B 亲和色谱柱纯化的 PF4 产品得率高、纯度高、活性好。蔡康等[25]使用单克隆抗体作配体的亲和色谱纯化了甲胎蛋白。

12.4.3　金属螯合亲和色谱纯化重组蛋白质

蛋白质纯化方法尽管很多，但亲和色谱的优点显而易见。虽然单克隆抗体纯化效果好，但传统方法制备一个抗体的周期长，费时费力。随着生物技术的发展，利用基因工程技术，将经过改造优化的亲和标签与目标蛋白质进行融合表达，通过一步简单快速的亲和分离就可获得高纯度的重组融合蛋白，目前这种技术已成为重组蛋白质纯化的一个通用方法。这种方法具有结合特异性高、纯化步骤简便、纯化条件温和、适用性广泛等优点。陈爱春[26]对其做了详细的综述。目前常用的标签有组氨酸和谷胱甘肽标签。

范代娣实验室用四种金属亲和色谱纯化了重组类人胶原蛋白[27,28]，结果证明以 Zn^{2+} 为亲和配体的亲和纯化效果较好，纯化后产品的纯度可以达到 96％，见图 12-7。

王明丽教授的研究小组[29]构建大肠杆菌表达的重组猪干扰素 α 菌株，表达的产品是可溶性的占菌体总蛋白质 35％的菌株。使用 GST-亲和色谱柱纯化了重组猪干扰素 α（rPoIFN-α）。通过比较两种纯化工艺，结果

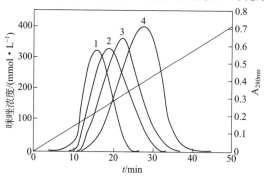

图 12-7　不同金属螯合介质分离
目的蛋白质梯度洗脱的色谱峰
1—Ca^{2+}；2—Cu^{2+}；3—Ni^{2+}；4—Zn^{2+}

证明两步工艺效果最好。产品纯度达到了 96%，且得率提高了 4.9%，见图 12-8 和图 12-9。

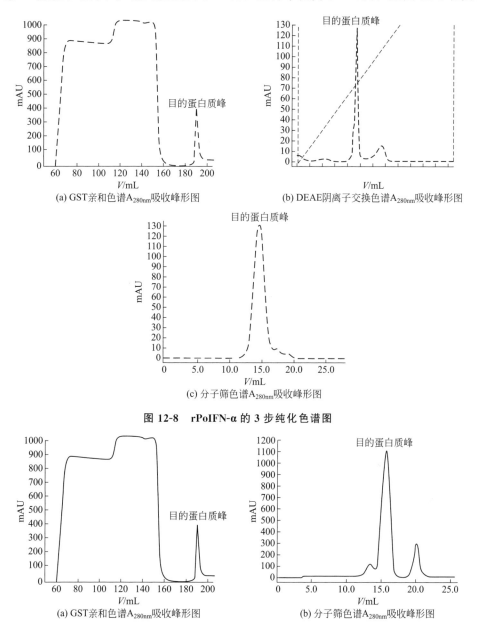

(a) GST亲和色谱A$_{280nm}$吸收峰形图

(b) DEAE阴离子交换色谱A$_{280nm}$吸收峰形图

(c) 分子筛色谱A$_{280nm}$吸收峰形图

图 12-8　rPoIFN-α 的 3 步纯化色谱图

(a) GST亲和色谱A$_{280nm}$吸收峰形图

(b) 分子筛色谱A$_{280nm}$吸收峰形图

图 12-9　rPoIFN-α 的 2 步纯化色谱图

　　杨渐等[30] 研究了 Co^{2+} 金属螯合亲和介质纯化制备人胰岛素样生长因子-1(hIGF-1)。以重组工程菌 E. coli DH5α/pET32a(IGF-1) 为对象，使用 Co^{2+} 亲和色谱分离纯化其表达产物并与 Ni^{2+} 亲和色谱比较，并在此基础上尝试应用 Co^{2+} 亲和色谱纯化制备较大量的 hIGF-1 融合蛋白。结果显示，Co^{2+} 亲和色谱在纯化 hIGF-1 融合蛋白时表现出更好的可操作性与纯化效果，线性放大条件后纯化效果更稳定，制备 hIGF-1 融合蛋白产物后的纯度为 95%，蛋白质得率为 10.8%，初步建立了 Co^{2+} 金属螯合亲和色谱分离纯化制备 hIGF-1 融合蛋白工艺。

　　刘本成等[31] 使用 Ni-NTA 柱纯化 SMCY 重组蛋白质。将该蛋白质作为配基偶联至

CNBr 活化的 Sepharose 4B 上制成亲和色谱柱，纯化抗 H-Y 抗原的特异性 IgY 抗体。结果表明使用 Ni-NTA 柱纯化后，SMCY 重组蛋白质纯度可达 80％左右，IgY 抗体的纯度达到 97％。经免疫组化检测，该抗体能够结合至雄性小鼠肝脏细胞表面，而不与雌性小鼠肝脏细胞发生结合。证实了经过纯化得到的高纯度 IgY 抗体具有很好的抗 H-Y 抗原特异性。通过该方法可纯化分离得到高纯度抗 H-Y 抗原的 IgY 抗体。

12.4.4 染料亲和色谱纯化蛋白质

染料配基亲和色谱也是近年深受生化研究工作者广泛关注的一种特殊纯化蛋白质的方法，它是将染料基团通过共价方法连接在基质上形成的亲和介质。染料作为配体具有取材广泛、易于制备、对蛋白质吸附容量大、价格低廉且不易为物理作用和化学物质所降解的优点，缺点是选择性较差和非特异性吸附较大。但该类配体的缺点可通过人工仿生技术来改造，其应用见表 12-5。

表 12-5　部分染料配体在生物大分子纯化方面的应用[32]

染料配体	基质	纯化的目标产物
Blue F3GA	尼龙膜	α-干扰素
Blue F3GA	琼脂糖-6B	葡萄糖淀粉酶
Blue F3GA	PGMA	人血清白蛋白
Blue F3GA	聚酰胺纤维	人血清白蛋白
染料 Yellow	聚砜	蛋白酶
Procion Blue	PMMA-EDMA	乙醇脱氢酶
染料 Brown MX	pHEMA	溶菌酶
染料 Blue	丙烯酸酯聚合物	磷脂酶 A2

申屠静灵[33] 以自制壳聚糖微球为基质，采用直接偶联法偶联 CB F3GA 和 PB MX-R 两种染料配基，制得了 CS-CBA 和 CS-PBR 两种染料吸附剂，测定了其物理性能，并研究了配基密度的控制以及染料泄漏率等。发现在较大的配基密度范围内，染料配基的偶联率可以通过染料加入量进行简单的控制。以 CS-CBA 为亲和吸附剂，研究了其对过氧化氢酶（CAT）的吸附性能。实验得出了吸附最佳 pH 值为 7.0，离子强度增大会显著降低 CAT 的吸附量。考察了几种洗脱剂的洗脱性能，发现 pH 8.0 的磷酸盐缓冲液（含 1mol/L 的 NaSCN）能将 CAT 很好地洗脱下来，CAT 的活性回收率为 89％。同时以 CS-PBR 为亲和吸附剂，研究了其对人血清白蛋白（HSA）的吸附性和分离效果。国内用染料亲和技术纯化其它蛋白质文章也有不少的报道[34]。

12.4.5 其它新型亲和色谱纯化技术

（1）仿生亲和配体设计及纯化蛋白质

李荣秀教授指导的硕士生文胜[35] 利用仿生学方法，针对乳铁蛋白研究开发了仿生亲和配体，并合成了仿生亲分离介质，建立了从转基因牛乳中大规模纯化重组人乳铁蛋白的工艺。

人乳铁蛋白是一种分子质量为 70～80kDa 的糖蛋白，属转铁蛋白家族成员，具有广谱抗菌、抗病毒、抗肿瘤和调节有机体免疫反应等多种生物活性，在功能营养食品和医疗保健等方面具有广阔的应用前景。过去，因人乳铁蛋白来源有限，严重限制了其商业开发，随着动物转基因技术的发展，借助牛乳腺生物反应器有望实现重组人乳铁蛋白在牛乳腺中的规模生产。

利用仿生学筛选得到的特异性结合重组人乳铁蛋白的 β-丙氨酸亲和配体，其结构为 β-丙氨酸经三氯三嗪间隔臂共价偶联于氨基活化的 Sepharose-6B 上。通过对固定化 β-丙氨酸纯化重组人乳铁蛋白的 pH 值和离子强度条件进行优化，确定介质对重组人乳铁蛋白的最佳结合条件为 50mmol/L Tris-HCl-0.1mol/L NaCl，pH 7.0；最佳洗脱条件为 0.1mol/L Gly-HCl，pH 2.4。纯化得到的重组人乳铁蛋白纯度为 95%，回收率达 81.6%，固定化 β-丙氨酸对重组人乳铁蛋白的最大吸附量达 65.6mg/g 干介质，并且能够耐受 NaOH 溶液的清洗。经 MALDI-TOF 鉴定，所纯化的蛋白质即为重组人乳铁蛋白。N 端测序结果表明，重组人乳铁蛋白 N 端氨基酸序列为 GRRRRSVQW，与天然人乳铁蛋白相同。

除重组人乳铁蛋白外，固定化 β-丙氨酸也可从人乳、天然牛乳和羊乳中纯化乳铁蛋白，表明该介质可用于不同种属乳铁蛋白的亲和纯化。利用固定化 β-丙氨酸亲和介质从人乳、天然牛乳和羊乳中纯化出人乳铁蛋白、牛乳铁蛋白和羊乳铁蛋白，一步纯化的三种乳铁蛋白纯度分别为 88.2%、96% 和 90.4%，见图 12-10、图 12-12 和图 12-13，图 12-11 为固定化 β-丙氨酸亲和色谱纯化重组人乳铁蛋白的 SDS-PAGE 电泳图。

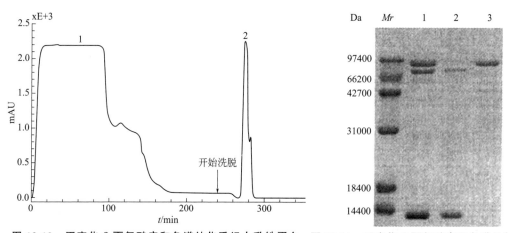

图 12-10　固定化 β-丙氨酸亲和色谱纯化重组人乳铁蛋白
1—流穿；2—洗脱峰

图 12-11　固定化 β-丙氨酸亲和色谱纯化重组人乳铁蛋白的 SDS-PAGE 电泳图
1—人乳乳清；2—流穿液；3—洗脱峰组分

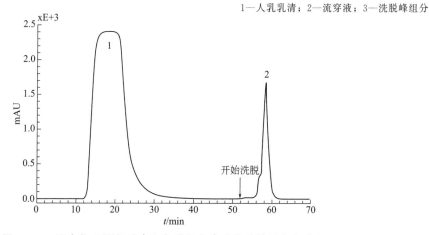

图 12-12　固定化 β-丙氨酸亲和色谱纯化牛乳中乳铁蛋白色谱图
1—流穿；2—洗脱峰

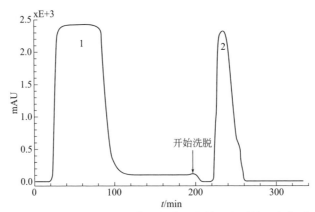

图 12-13　固定化 β-丙氨酸亲和色谱纯化羊乳中乳铁蛋白色谱图

1—流穿；2—洗脱峰

（2）磁性亲和色谱

将亲和色谱高选择性与对磁有响应的磁性材料相结合制备的亲和色谱技术称为磁性亲和色谱技术。该技术目前已被应用在不同蛋白质纯化和临床诊断上[36-39]。

董聿生等[36,37] 合成了磁性葡聚糖（MDMS）、磁性琼脂糖（MAMS）、磁性聚乙烯醇（MPVAMS）和磁性聚性聚甲基丙烯酸羟乙酯（MPHEMAMS）四种磁性微球。以上述四种磁性微球为基质，用环氧氯丙烷、羰基二咪唑或溴化氰活化后，分别键合氨基乙酸、6-氨基己酸、乙二胺或己二胺为间隔臂，用二环己基碳二亚胺、1-乙基-3-(3-二甲基氨丙基)碳二亚胺盐酸盐或羰基二咪唑联试剂，分别偶联对氨基苯甲脒、L-精氨酸甲酯、胍基乙酸或胍基己酸配体，合成了 25 种未见文献报道的磁性亲和吸附剂。首次将磁性亲和分离用于尿激酶和胰蛋白的分离纯化。

朱利民[38] 以菠萝蛋白酶为模型蛋白质，分别以二氧化硅和壳聚糖为载体，制备了染料亲和磁性复合颗粒作为吸附剂，系统研究了染料亲和磁性复合颗粒对菠萝蛋白酶的吸附实验。探讨了染料亲和磁性复合颗粒对菠萝蛋白酶的最佳吸附条件。同时将磁性纳米颗粒、壳聚糖包裹的磁性纳米颗粒以及染料亲和磁性复合颗粒对菠萝蛋白酶的吸附效果进行比较。结果表明：当溶液 pH 为 8.5 时，蛋白质吸附量最大。通过比较活性染料修饰前后的磁性纳米颗粒对菠萝蛋白酶的吸附效果，证明表面的化学修饰可以显著提高磁性吸附剂的吸附性能。另外对染料亲和磁性复合颗粒的解吸、再生和重复利用的研究表明染料亲和磁性复合颗粒可反复使用，期间吸附率未出现过多的损失。

12.4.6　亲和色谱应用中的问题及解决策略

亲和色谱特异性强，分离效果好。但在应用中往往会遇到诸多问题，造成使用者的焦虑和损失。表 12-6 是常见的一些问题、原因分析和解决方案。

表 12-6　亲和色谱应用中的问题、原因分析和解决方案

问题	原因分析	解决方案
柱子反压过高	介质堵塞 蛋白质纯化系统管路堵塞 缓冲液太黏稠	样品中含微小固体颗粒,上柱前用滤膜(0.45μm)过滤,或离心去除 检查堵塞管路,更换或取下,超声或吹气等去除堵塞 样品中含高浓度核酸,加长破碎时间至黏度降低,或添加 DNase I $<5\mu g/mL$,$Mg^{2+}<1mmol/L$,冰浴 $10\sim15min$ 有机溶剂或蛋白质稳定试剂(如甘油)可能引起反压增高,降低操作流速

问题	原因分析	解决方案
洗脱组分中没有目的蛋白质	蛋白质可能是包含体蛋白质,没在上清 表达量太低 目的蛋白质结合弱,在洗杂时被洗下来 目的蛋白质结合太强不易洗脱 蛋白质降解	通过电泳检测裂解液分析上清是否含有目的蛋白质,没有目的蛋白质无法用此方法纯化 优化表达条件 提高平衡液/洗脱液的 pH 值,或者降低咪唑浓度 降低洗脱液的 pH 值或增加洗脱液中咪唑浓度,或使用 0.1mol/L EDTA 溶液剥离金属离子,同时得到目的蛋白质 细胞破碎时添加一些蛋白酶抑制剂。保证在 4~8℃下进行纯化操作
洗脱组分不纯(电泳条带含有多种蛋白质)	洗杂不彻底 样品含其它带组氨酸标签的蛋白质	增加淋洗体积和时间 调节 pH 值或咪唑浓度来优化洗杂条件,再使用其它纯化手段(如离子交换、疏水等)进一步纯化洗脱组分
上样过程中蛋白质发生沉淀	操作温度过低 蛋白质发生聚焦	适当提高操作温度,室温进行 在样品和所有缓冲液中添加稳定剂,如 0.1% 的 Triton X-100 或者 Tween-20
回收率逐渐降低	上样量太多 柱子太脏,负载量降低	减少上样量 再生清洗或更换介质
介质变成褐色	缓冲液中含有 DTT 等还原剂	适当降低还原剂 DTT 的浓度或改用巯基乙醇
样品纯化过程中曲线不稳	样品或缓冲溶液中有气泡	装柱时要注意不能产生气泡 样品和缓冲液做脱气处理除气泡

参 考 文 献

[1] 熊博晖, 王俊德. 灌注色谱法的发展和应用. 色谱, 1997, 15(6): 486-489.

[2] Lee W C, Lee K H. Applications of affinity chromatography in proteomics. Anal Biochem, 2004, 324(1): 1-10.

[3] Raska C S, Parker C E, Dminski Z, et al. Immobilized metal ion affinity chromatography beads. Anal Chem, 2002, 74 (14): 3429-3433.

[4] Posewitz M C, Tempst P. Immobilized gallium(III) affinity chromatography of phosphopeptides. Anal Chem, 1999, 71 (14): 2883-2892.

[5] Liebler D C. 蛋白质组学导论-生物学的新工具. 张继仁, 译. 北京: 科学出版社, 2005.

[6] 夏其昌, 曾嵘. 蛋白质化学与蛋白质组学. 北京: 科学出版社, 2004.

[7] Walters R R. Affinty chromatography. Anal Chem, 1985, 57(11): 1099-1114.

[8] Rogers Y H, Ping J B, Huang Z J, et al. Immobilization of oligonucleotide sontoaglass support via disulfide bonds: a method for preparation of dnamicroarrays. Anal Biochem, 1999, 266(1): 23-30.

[9] Porath J, Carlsson J, Olsson I, et al. Metal chelate affinity chromatography, a new approach to protein fractionation. Nature, 1975, 258(5536): 598-599.

[10] 陈祥胜, 金丹, 梁冯. 亲和层析法纯化尿激酶. 湖北中医药大学学报, 2008, 10(4): 30-31.

[11] 赵彦鼎. 人血源凝血因子Ⅸ纯化的研究概况. 中国输血杂志, 2006, 19(5): 412-414.

[12] 陈晓虹, 吴建国, 曹传平, 等. 一种可用于大规模单克隆抗体纯化的新型 Protein A 填料. 中国生物制品学杂志, 2014, 27(2): 228-234.

[13] 何凌冰, 李乐, 邓义熹, 等. 几种 Protein A 亲和层析填料纯化重组单克隆抗体效果的比较. 中国生物工程杂志, 2015, 35(12): 72-77.

[14] 魏建玲, 张波, 刘颖, 等. 人源化抗人 TNFα 单克隆抗体纯化工艺的优化. 沈阳药科大学学报, 2017, 34(1): 79-83.

[15] 易喻, 沈泓, 朱克寅, 等. hCG 单克隆抗体的蛋白 A 亲和色谱纯化. 中国医药工业杂志, 2010, 41(8): 573-576.

[16] Ayyar B V, Arora S, Murphy C, et al. Affinity chromatography as a tool for antibody purification. Methods, 2012, 56 (2): 116-129.

[17] K Jung，W Cho. Serial affinity chromatography as a selection tool in glycoproteomics. Anal Chem, 2013，85(15)：7125-7132.

[18] 唐佳佳，李小兵，刘国文，等. 单克隆抗体纯化的研究进展. 中国畜牧兽医，2011，38(2)：76-80.

[19] 卢慧丽，林东强，姚善泾. 抗体药物分离纯化中的层析技术及进展. 化工学报，2018，69(1)：341-351.

[20] 张峰，于传飞，王文波，等. 人源化抗血管内皮生长因子单克隆抗体质控方法的建立. 中国药学杂志，2016，51(13)：1101-1106.

[21] 周卫斌，苏志国. 疫苗分离纯化研究进展. 生物加工过程，2003，1(2)：6-12.

[22] Cheung R C F，Wong J H，Ng T B. Immobilized metal ion affinity chromatography：a review on its applications. Applied Microbiology and Biotechnology，2012，96(6)：1411-1420.

[23] 朱勇，金伯泉，安献禄，等. 重组人 α2a 型干扰素单克隆抗体的研制、特性鉴定及初步应用. 中国免疫学杂志，1992，8(4)：29-32.

[24] 赵益明，何杨，沈文红，等. 单克隆抗体 SZ-95 亲和色谱纯化人血小板第 4 因子. 中国生化药物杂志，2002，23(2)：69-71.

[25] 蔡康，周文达. 单克隆抗体亲和层析法提纯甲胎蛋白. 现代免疫学，1991，11(2)：111-112.

[26] 陈爱春. 亲和标签在重组蛋白表达与纯化中的应用. 中国生物工程杂志，2012，32(12)：93-103.

[27] 王晓军，范代娣. 4 种金属离子亲和层析纯化重组类人胶原蛋白的效果比较. 应用化工，2009，38(6)：857-859.

[28] 王晓军，骆艳娥，范代娣，等，固相金属亲和层析纯化重组类人胶原蛋白. 西北大学学报：自然科学版，2008，38(1)：67-70.

[29] 苏世云，夏俊保，赵俊，等. 重组猪干扰素 α 的纯化工艺研究. 安徽农业科学，2010，38(14)：7363-7365.

[30] 杨渐，俞昌喜，许盈，等. 钴金属螯合亲和层析在 hIGF-1 融合蛋白分离纯化中的应用. 药物生物技术，2013，20(3)：220-224.

[31] 刘本成，药晨江，雷庆，等. 抗小鼠 H-Y 抗原 IgY 抗体的纯化. 上海交通大学学报(农业科学版)，2008，26(4)：272-276.

[32] 陈天翔，聂华丽，朱利民. 染料配基在亲和色谱研究进展及其在分离纯化中的应用. //2007 年生物产业技术研讨会暨工业生物技术及分离纯化技术研讨会，2007.

[33] 申屠静灵. 壳聚糖为基质的染料亲和吸附剂的制备及在蛋白质纯化中的应用研究[D]. 杭州：浙江大学，2005.

[34] 陈聪. 三嗪类染料修饰啤酒废酵母菌吸附剂的制备及对蛋白质吸附的研究[D]. 武汉：中南民族大学，2011.

[35] 文胜. 乳铁蛋白的仿生亲和纯化研究[D]. 上海：上海交通大学，2009.

[36] 董聿生，梁峰，金红霞，等. 新型磁性亲和吸附剂的制备及在尿激酶纯化中的应用研究. 高等学校化学学报，2002，23(6)：1013-1017.

[37] 董聿生，梁峰，余向阳，等. 磁性琼脂糖亲和吸附剂的合成与应用. 西北大学学报：自然科学版，2001，31(2)：121-123.

[38] 朱利民. 功能型磁性复合颗粒的制备及其在蛋白质分离中的应用[D]. 上海：东华大学，2010.

[39] 郭立安. 蛋白质的高效疏水作用色谱与磁性亲和分离技术研究[D]. 上海：上海医药工业研究院，1998.

第 13 章 疏水作用色谱和反相色谱

13.1 疏水色谱概述

疏水作用色谱（hydrophobic interaction chromatography，HIC）是采用具有适度疏水性的介质为固定相，以含盐的水溶液为流动相，利用溶质分子与固定相间疏水作用力的强弱不同而实现分离的色谱方法。

1972 年 Er-el Z. 等将不同链长的 α、ω-二胺同系物键合在琼脂糖上，以不同 pH 值的盐溶液体系作流动相，纯化了糖原磷酸化酶，首先应用了疏水作用色谱。1973 年 Hjerten 明确指出疏水作用色谱是靠蛋白质疏水基团的疏水力进行色谱分离的概念。之后，人们合成了一系列适合进行疏水作用色谱的介质。随着人们对 HIC 作用机理认识的逐步深入，该技术得到了快速发展。由于 HIC 分离生物大分子可保持其生物学活性，且不用或很少使用昂贵或有毒的有机溶剂作流动相，使其成为生物大分子纯化的一个重要色谱方法。

目前 HIC 主要应用在蛋白质的纯化方面，而不适用于小分子。特别是近年在基因重组蛋白质的复性方面得到了广泛应用。

HIC 在纯化蛋白质方面具有如下优点：①HIC 是利用样品组分分子的疏水基团与介质的疏水基团间的作用力不同实现分离的，完全不同于离子交换色谱或排阻色谱技术，当目标产物使用上述方法无法实现分离时，疏水作用色谱是值得尝试的方法；②采用盐溶液作为流动相，分离条件温和，生物大分子的活性回收率高；③高浓度盐溶液的样品不必处理就可直接上柱分离；④许多原核表达的基因工程蛋白质产品常常以包含体方式存在，需溶解在 7mol/L 的盐酸胍或脲中，此时蛋白质为失活状态，这样的样品溶液可以直接上 HIC 柱，并能在一次色谱过程中同时实现去除盐酸胍、蛋白质复性和分离三个目的，而且复性效果常优于其它方法；⑤温度变化可改变蛋白质在 HIC 上分离的选择性。

13.1.1 基本原理

（1）疏水作用

生物系统中疏水作用是一种广泛存在的作用力，而且扮演着重要角色。它是球状蛋白质高级结构形成、寡聚蛋白质亚基间结合、酶的催化和活性调节、生物体内一些小分子与蛋白质结合等生物过程的主要驱动力，同时也是磷脂和其它脂类共同形成生物膜双层结构并整合膜蛋白的基础。

（2）生物分子的疏水性

对于小分子物质，按照其极性大小可以分为亲水性分子和疏水性分子。一般来说，亲水性的小分子很难与 HIC 介质发生作用。但对于生物大分子如蛋白质而言，其亲水性或疏水性是相对的，即使为亲水性分子也会有局部疏水区域存在，从而可与 HIC 介质发生疏水作用。

以球状蛋白质为例，它们在形成高级结构时，总趋势是将疏水性氨基酸残基包裹在分子内部而将亲水性氨基酸残基分布在分子表面。实际上，真正能完全包裹在分子内部的氨基酸侧链仅占总氨基酸侧链数的 20％左右，其余部分则暴露在分子表面。暴露在表面的疏水性氨基酸的数量和种类以及部分肽链骨架的疏水性决定了蛋白质表面的疏水性。因此，蛋白质分子表面会有很多分散在亲水区域内的疏水区，它们在 HIC 分离过程中起着重要的作用。研究结果表明，不同球状蛋白质疏水区域占其分子表面比例的差异并不太大，即使那些疏水表面比例非常接近的蛋白质，但它们在 HIC 中的保留行为差别却很大。造成这一现象的主要原因是蛋白质分子表面疏水区域的不规则，而且分布状态差别很大[1]。

（3）生物分子与 HIC 配体间的作用

HIC 介质是在特定的基质如琼脂糖上连接不同疏水配体如烷基或芳香基团组成的，见图 13-1。HIC 介质与疏水性生物分子间的作用被认为与疏水性分子在水溶液体系中的自发聚集过程相类似，是由熵增和自由能的变化所驱动。盐在疏水作用中起着非常重要的作用，高浓度盐能与水分子发生强烈作用，导致疏水分子周围形成空穴的水分子减少，促进了疏水性分子与介质的疏水性配体相结合。因此在 HIC 过程中，在样品吸附阶段采用高浓度的盐溶液，使目标分子结合在色谱柱上。而在洗脱阶段，采用降低洗脱剂中盐浓度的方式使蛋白质与色谱介质间的疏水作用减弱，从而使蛋白质从色谱柱上解吸被洗脱下来。

对芳香基团为配体的 HIC，除了疏水作用之外，还存在 π-π 相互作用。

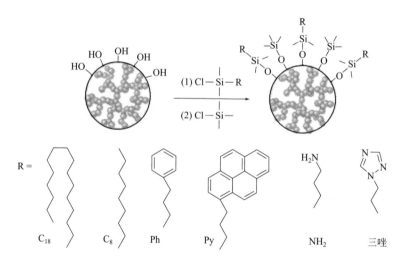

图 13-1 疏水作用色谱结构示意图

蛋白质分子与 HIC 配体结合时情况比较复杂。一般来说每个蛋白质分子被吸附时都会有一个以上的配体参与，换句话说，蛋白质分子在 HIC 上发生的吸附为多点配体作用。研究发现蛋白质与介质配体间的吸附过程是多步反应过程，其中的限速步骤并非蛋白质与配体接触的过程，而是蛋白质在色谱介质表面发生缓慢构象改变和重新定向的步骤。

疏水作用色谱是利用蛋白质分子在介质上疏水力大小的不同，而在流动相中各组分迁移速度不同而实现分离的。

13.1.2 作用机理

关于蛋白质在 HIC 上作用机理研究有不少文献报道[2-4]。这些理论对了解疏水作用色谱的本质，理解疏水作用色谱对分离结果的影响有着重要的意义。

（1）疏溶剂化理论

Melander 和 Horvath 根据 Sinanogh 和 Abdulman 的空穴理论，考虑溶质与疏水配体间的疏水作用，提出了疏溶剂化理论[5]。这个模型认为蛋白质与配体之间是通过疏水作用而形成络合物的，形成络合物过程中的推动力来自蛋白质分子所具有的减少与水接触非极性表面的倾向，此过程造成自由能的降低。这个自由能的变化除和蛋白质与配体作用的空穴生成自由能变 $\Delta G'_{cav}$、静电作用自由能变 $\Delta G'_{es}$ 和范德瓦耳斯作用自由能变 $\Delta G'_{vdw}$ 有关外，还与蛋白质和配体与溶剂作用自由能变 $\Delta G'_{red}$、无溶剂存在时蛋白质与配体作用的自由能变 $\Delta G'_{assc}$ 有关。整个体系自由能与蛋白质容量因子对数 $\ln k'$ 存在如下关系：

$$\ln k' = -\frac{1}{RT}(\Delta G'_{cav} + \Delta G'_{es} + \Delta G'_{vdw} + \Delta G'_{red} + \Delta G'_{assc}) + \ln\frac{RT}{PV} + \Phi \tag{13-1}$$

在高盐浓度下，每种自由能在一定条件下都正比于盐的质量摩尔浓度。在压力 P 和温度 T 恒定的条件下（由于 R 为普适气体常数，Φ 为相比），上述关系可简化为：

$$\ln k' = K_m - Sm \tag{13-2}$$

式（13-2）中 K_m 和 S 为常数。当用 $\ln k'$ 对盐浓度 m 作图时应得一条直线，K_m 为截距，表示当盐的质量摩尔浓度 $m=0$ 时，即在纯水中的 $\ln k'$ 值。S 为斜率，它是一个与蛋白质和配体作用时接触面积有关的常数。

k' 为容量因子 $[k'=(t_R-t_m)/t_m]$。由此可见，在疏水色谱中盐浓度 m 越大，保留值越大。

（2）计量置换模型

HIC 中，流动相中样品分子和溶剂在介质表面吸附时，无论介质表面是否均匀或两者间的作用力多么不同，样品分子和溶剂在介质表面上的吸附是个普遍存在的计量置换吸附过程。蛋白质在 HIC 上的保留是蛋白质与水分子间的计量置换保留过程[4,6,7]。

总的关系式为：

$$P_b + Z_{H_2O} = P_m + nL_d \tag{13-3}$$

式中，P_b 表示被介质吸附的蛋白质；P_m 表示在流动相中存在的水化蛋白质；L_d 表示水合配体；Z 表示置换一个吸附在配体上的蛋白质分子所需水的分子数；n 表示与一个蛋白质作用的配体数目。P_b 和 P_m 不仅表示水合分子数不同，而且还表示其构象不同。在此过程中流动相中的盐除了影响水的物质的量浓度外还会影响蛋白质的构象和配体的水化分子数。

对前面的方程式进行一系列推导，可以得出：

$$\lg k' = \lg I - Z\lg[H_2O] \tag{13-4}$$

式中，$\lg I$ 反映了蛋白质与配体间亲和势能的大小，在一定的实验条件下对同一个蛋白质近似为常数。用 $\lg k'$ 对 $\lg[H_2O]$ 作图，可得一条直线。且 $\lg I$ 对 Z 作图也总有非常好的线性关系，其斜率为 1.74。

从式（13-4）可以看出流动相中水浓度 $[H_2O]$ 加大，即盐浓度减小，容量因子减小，蛋白质被洗脱。此关系式可以用来预测蛋白质在 HIC 色谱中的保留行为，研究蛋白质构象变化。该理论被认为是蛋白质在 HIC 上的三大理论之一[8]。

13.2 疏水色谱介质组成及分离条件选择

13.2.1 介质基本组成

HIC 介质的结构与其它色谱相类似，由作为骨架的基质和参与疏水作用的配体组成，见图 13-1。

（1）基质

许多材料可用于 HIC 的基质，但由于 HIC 只适合于蛋白质分离，故基质孔径必须大于 30nm。

根据基质对压力的耐受情况，将 HIC 的基质分为：软基质、硬基质、半硬基质和复合基质。软基质主要是多糖类微球，如琼脂糖、葡聚糖、纤维素、壳聚糖等或相应的交联微球，其中以琼脂糖为主。硬基质主要是大孔径硅胶，常被用于 HPLC。介于多糖微球和大孔硅胶之间的是聚合物微球，属半硬基质，这类 HIC 介质在实际生产中应用较少。

为了使软硬两类基质能取长补短，可在硅胶表面包裹一层高分子亲水材料，形成复合基质，之后再键合上不同配体，制备成疏水作用色谱介质，如 phenyl-G 3000 SW 介质，结构示意图见图 13-2。

（2）配体

HIC 介质所用的疏水配体分为烷基和芳香基。与反相色谱介质相比，其烷基通常在 C_8 以下，而很少使用疏水性更强、有更长碳链的烷基，芳香多为苯基。图 13-3 显示了几种常用疏水配体连接至基质的情况。

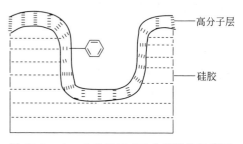

图 13-2　phenyl-G 3000 SW 介质结构示意图

(a) 丁基　　(b) 辛基　　(c) 苯基　　(d) 新戊基

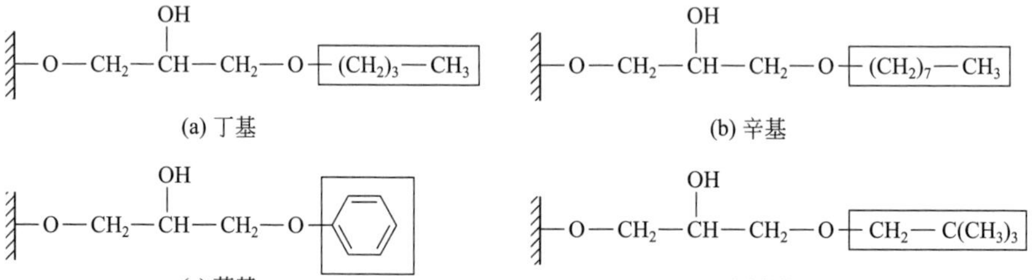

方框内部分为疏水配体；左侧阴影部分代表基质； 剩余部分是将配体连接至基质的基团

图 13-3　几种常用疏水配体连接至基质的情况

13.2.2 常用介质

文献报道了多种多糖基质疏水作用色谱介质的合成方法[3,9,10]，如琼脂糖基质、葡聚糖基质和壳聚糖基质等。商品化的 HIC 介质中使用最多的仍是琼脂糖基质制备的丁基、辛基和苯基疏水色谱介质，见表 13-1。合成方法虽报道很多，但实用的介质就几种[11-14]。

表 13-1　常用的疏水作用色谱介质

商品牌号	基质	配体	粒度/μm	排阻极限	生产厂家
Butyl Bio-sep 4FF	琼脂糖微球 4FF	丁基	45～165	60000～20×10^6	西安交大保赛[①]
Butyl Sepharose 4FF	琼脂糖微球 4FF	丁基	45～165	60000～20×10^6	GE Healthcare
Phenyl Bio-sep 6FF	琼脂糖微球 6FF	苯基	45～165	10000～4×10^6	西安交大保赛
Phenyl Sepharose 4FF	琼脂糖微球 6FF	苯基	45～165	10000～4×10^6	GE Healthcare
Source PHE	PS-DVB[②]	苯基	15	—	GE Healthcare
Source ETH	PS-DVB	$-OCH_2\text{-}CH(OH)\text{-}CH_2OH$	15	—	GE Healthcare
Source ISO	PS-DVB	异丙基	15	—	GE Healthcare
TSKgel Phenyl-5PW	亲水聚合物	苯基	10	孔径 100nm	TOSOH 公司
TSKgel Ether-5PW	亲水聚合物	醚基	10	孔径 100nm	TOSOH 公司
TSKgel Butyl-5PW	亲水聚合物	丁基	10	孔径 100nm	TOSOH 公司

① 西安交大保赛生物技术股份有限公司；

② 苯乙烯-二乙烯基苯聚合物。

13.2.3　分离蛋白质时的条件选择

蛋白质在疏水作用色谱上的分离主要受到介质、流动相及色谱操作条件的影响。

（1）介质

介质对分离的影响包括配体的种类、基质类型和取代程度等，这是选择 HIC 色谱介质的重要依据。

① 配体种类

疏水配体的种类直接决定着目标分子在色谱分离时的选择性，它是选择疏水作用色谱介质时首要考虑的因素。常见的配体有烷基和芳香基两大类，其中烷基配体与溶质间显示出单纯的疏水作用，而芳香族配体往往由于与蛋白质间存在 π-π 作用而呈现出混合模式的分离行为。对于烷基配体，烷基的链长决定着色谱介质疏水性的强弱，同时还影响着色谱介质的结合容量。在其它条件相同的情况下，HIC 介质对蛋白质的结合容量随着烷基链长的增加而增加。

② 配体取代程度

在配体种类确定的情况下，取代程度的高低也决定着 HIC 介质的结合容量和疏水作用强度。在色谱介质上配体取代程度较低时，随着取代程度的增加，色谱介质对蛋白质的结合容量会增加，这是因为配体数量的增加使得蛋白质在色谱介质表面的结合位点增多，从而造成单位体积的色谱介质能够吸附更多的蛋白质分子。但当取代程度达到一定数值后，结合容量就会趋于稳定，此时进一步提高取代程度就不能再增加结合容量。这是由于空间位阻决定了单位色谱介质表面只能结合特定数量的蛋白质，当这些表面饱和后结合容量就不会再随取代程度而变化，但需注意的是取代程度进一步上升将会使与每个蛋白质发生作用的配体数量增加，造成蛋白质更加牢固地结合于色谱介质上而难以洗脱。

③ 基质孔径

基质孔径同样会影响分离效果。为充分发挥介质内孔的吸附作用，首先要保证被分离的样品分子能够进入，否则吸附量会大幅度降低。常用于生物大分子分离的硅胶孔径为30nm、50nm 和 100nm，主要根据样品相对应分子量选择。介质孔径越大，耐压越低，制备越难。琼脂糖介质孔径是在制备微球时通过浓度变化来控制的，有 4B 和 6B 之分。交联后 6FF 琼脂糖微球耐压比 4FF 琼脂糖微球高，使用更方便。一般分子量在 2×10^6 以下可用 6FF 琼脂糖微球，分子量在 2×10^6 以上可用 4FF 琼脂糖微球。

④ 分离目的

疏水作用色谱的介质种类选择主要根据分离目的来定。分析或小量制备可选硅胶基质的聚醚键或改性聚醚键（酯基）介质。这种介质分离度比较好，蛋白质活性回收率高，耐压也高，可用于 HPLC。大规模制备可选用琼脂糖 FF 系列的疏水色谱介质，其吸附量较大，化学稳定性好，耐压在 0.4MPa 以下。分析用的硅胶介质粒径为 $2 \sim 5\mu m$，小颗粒介质可以保证高分离度，制备用的介质粒径可适当大一些。琼脂糖 FF 系列介质常用的粒径为 $45 \sim 165\mu m$。

⑤ 样品分子疏水性

样品分子的疏水性也是选择介质一个重要依据。当样品分子疏水性大的时候，配体疏水性可适当小点，反之亦然。目的是使样品和配体相互间的疏水作用力适中，让样品分子在介质上有一个合适的保留值，易于洗脱和分离。

由于样品分子疏水性难以定量表述，实际上选择配体要用尝试法确定。交联琼脂糖 FF 系列的疏水色谱介质配体常用的是正丁基、苯基和正辛基。疏水性由小到大是正丁基＜苯基＜正辛基。一般样品先在苯基介质观察保留值及洗脱情况，不易保留时可以提高上样盐浓度，若不行就换用辛基介质；若结合太牢不易洗脱或洗脱的回收率太低，可换用丁基介质。

（2）流动相

流动相条件对 HIC 的影响主要表现在所用盐的种类和浓度、流动相的 pH 以及其它添加剂。HIC 是在高盐浓度下实现样品吸附，在低盐浓度下完成洗脱。因此，流动相中盐的种类和浓度在 HIC 中是至关重要的参数。

① 盐的种类和浓度

不同的离子，特别是阴离子在 HIC 中的作用明显不同。有些离子在溶液中会促进蛋白质发生沉淀，它们能够增加疏水作用；而另一些离子却会促进蛋白质的溶解，称为促溶盐类，它们的存在会破坏蛋白质的疏水作用。疏水色谱中离子和盐的洗脱能力的顺序，见表 13-2。表中左边的离子能够促进疏水作用，因而经常在 HIC 中使用；而右边的离子属于促溶离子，它们能破坏疏水作用，在对色谱介质进行清洗时，常用来洗脱一些结合特别牢固的杂蛋白质。

表 13-2　疏水色谱中离子和盐的洗脱能力的顺序

阴离子：PO_4^{3-}，SO_4^{2-}，CH_2COO^-，CI^-，Br^-，NO_3^-，ClO_4^-，I^-，SCN^-
阳离子：$(CH_3)_4N^+$，NH_4^+，K^+，Na^+，Li^+，Mg^{2+}，Ca^{2+}，Ba^{2+}
盐：Na_2SO_4，KH_2PO_4，Na_2HPO_4，$(NH_4)_2SO_4$，KOAC，NaOAC，NaCl，NaNO$_3$

　　←————————　盐析作用增强
　　　　洗脱能力增强　————————→

在所用盐种类确定情况下，盐浓度的高低也会影响到蛋白质分子与色谱介质的结合强度及色谱介质的结合容量。盐浓度升高能促进疏水作用，因此 HIC 通常都是在高盐浓度下加样并完成吸附，后通过降低洗脱液中盐浓度的方法进行洗脱。除此之外，色谱过程中起始盐浓度的高低还会影响色谱介质对蛋白质的结合容量。

疏水色谱流动相至少有两种。一种是上样及上样前使用的高盐浓度的 A 液，也叫平衡液；另一种是用于洗脱的低盐浓度的缓冲液 B 液，也叫洗脱液。B 液通常是 pH 中性的缓冲溶液，如 0.02～0.05mol/L 的磷酸盐缓冲溶液。A 液通常是 B 液中加一定浓度的盐析性盐，如 1～2mol/L 的 $(NH_4)_2SO_4$。若做分段洗脱，就会有几种不同盐浓度的洗脱液。

盐有两类：一类盐如 Na_2SO_4 和 $(NH_4)_2SO_4$ 等可以使溶液中的蛋白质构象稳定，会促进蛋白质自身间的疏水作用而析出，或者促进蛋白质与配体之间的疏水作用而保留在柱上，这些盐叫盐析性盐；另一类盐如硫氰酸盐和盐酸胍等，会提高蛋白质的水溶性，同时会使蛋白质变性，这些盐叫盐溶性盐。

可以用盐的摩尔表面张力增量来定量地说明盐对蛋白质在疏水作用色谱中保留的影响。除有特异作用的盐如 $CaCl_2$ 和 $MgCl_2$ 等以外，盐的摩尔表面张力增量越大，蛋白质在这种盐里的保留也越大。盐和离子洗脱能力的大小与其破坏水的有序排列的能力大小是一致的，洗脱能力顺序见表 13-2。

在疏水作用色谱中流动相应使用盐析性盐，它们的溶液可以使蛋白质稳定，活性回收率高。目前用得最多的是 $(NH_4)_2SO_4$。主要原因为 $(NH_4)_2SO_4$ 溶解度大，浓度变化范围大，盐析能力强，有利蛋白质保留，不会使蛋白质失活。部分盐的摩尔表面张力及类型见表 13-3。

表 13-3　盐的摩尔表面张力及类型

盐	摩尔表面张力 $r/[10^3 dyn^① \cdot g/(cm \cdot mol)]$	盐析性盐或盐溶性盐
Na_2SO_4	2.73	盐析性盐
K_2SO_4	2.58	盐析性盐
$(NH_4)_2SO_4$	2.16	盐析性盐
Na_2HPO_4	2.02	盐析性盐
NaCl	1.64	盐析性盐
NH_4Cl	1.39	盐析性盐
NaBr	1.32	盐析性盐
$NaNO_3$	1.06	盐析性盐
$NaClO_3$	0.55	盐析性盐
KSCN	0.45	盐析性盐
$MgCl_2$	3.61	有特异作用
$CaCl_2$	3.66	有特异作用

① $1dyn = 10^{-5} N$。

② 流动相 pH 值

强酸和强碱会引起蛋白质变性失活，所以流动相的 pH 值应选在蛋白质不失活的范围内，一般在 pH 7 左右。pH 值的变化会改变蛋白质的表面电荷，对分离结果和保留值均会有一定影响，但不是很显著。一般洗脱液离蛋白质等电点越远，其表面电荷越多，疏水性越弱，吸附力就会减小，容易被洗脱。

③ 流动相中添加物

在流动相中可以添加少量有机物，如尿素、乙二醇和蔗糖等，以降低流动相的极性，使蛋白质的保留作用减弱而被洗脱下来。表面活性剂也常用作流动相的添加剂，它可以改变蛋白质的保留性质并易被洗脱。在流动相中添加醇类、去污剂和促溶盐类等时，能有效地将蛋白质分子从 HIC 介质上洗脱下来，同时还会影响分离过程的选择性。但它们常常会破坏蛋白质分子的空间结构，使后者丧失部分或全部活性，所以在 HIC 过程中尽量避免使用此类添加剂。

（3）色谱操作条件

① 洗脱方式

疏水色谱分离蛋白质洗脱时，通常设 A 液和 B 液。A 液一般是盐析性盐的浓溶液，主要使蛋白质吸附在柱子上；B 液为稀盐缓冲溶液。降低盐浓度，洗脱液的洗脱能力会增强。

降低盐浓度的洗脱方式大体有三种：等浓度洗脱、分段洗脱和梯度洗脱，见图 13-4。

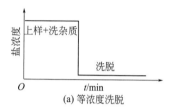
(a) 等浓度洗脱

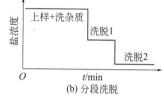
(b) 分段洗脱

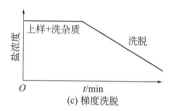
(c) 梯度洗脱

图 13-4　疏水色谱的洗脱方式

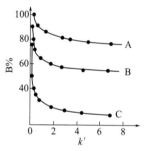

图 13-5　疏水色谱中容量因子与 B 液浓度的关系

流动相 A：3.0mol/L（NH$_4$）$_2$SO$_4$＋0.01mol/L PB，pH 7.0；

流动相 B：0.01mol/L PB，pH 7.0；

色谱柱：HIC 酯基聚乙二醇柱（合成）；

A—溶菌酶；B—细胞色素 c；C—胰岛素

HIC 中蛋白质的容量因子与 B 液浓度作图会发现有与离子交换色谱中类似的突跃，见图 13-5。每个蛋白质在一个特定的区域，当 B 液增加一个较小的值，容量因子会有一个很显著的减小，蛋白质就在对应的 B 液浓度下被洗脱。在 B 液浓度未达到其突跃区时，容量因子都很大。当某个疏水性较弱的蛋白质达到突跃区时就会被洗脱，而疏水性强的蛋白质因容量因子还极大，在柱上可视为未移动。所以较复杂样品的纯化最好使用梯度洗脱或者使用分段洗脱[3]。

疏水作用色谱和离子交换色谱不同的是，在离子交换中洗脱是靠盐，B 液的百分数加大是盐的浓度加大。在疏水色谱中洗脱是靠水，B 液的百分数加大，是水比例加大。

在梯度洗脱中逐渐添加 B 液可以依次把疏水性不同的蛋白质从柱子上洗脱下来。若要再进一步加强洗脱能力，可在洗脱液中添加一些有机物。这里需要注意一点，B 液不能用纯水，因为蛋白质在稀盐溶液中溶解度比纯水中大，洗脱能力也是稀盐溶液大于纯水。

② 温度与流速

在疏水作用色谱中蛋白质处于活性状态，蛋白质的保留对温度较敏感。温度升高会使蛋白质的团状结构伸展，暴露出更多的疏水基团，疏水作用增强，保留值增大。所以可用程序升温的洗脱方式来分离蛋白质的混合物。但温度升高的另一个作用是传质加快，使保留减小。通常情况下，温度升高的传质效应没有疏水作用增大使保留增加的效应强，故多数情况下温度升高使保留增大。但有时也会出现反常情况，个别蛋白质在某个温度范围内，出现温度升高保留反而减小的现象[15]。

流速对 HIC 的影响与其它色谱技术相类似。但 HIC 的分离对象主要是蛋白质，对流速的敏感性相对于其它小分子较低。流速大小的选择主要是考虑分离时间和工作效率。

13.2.4 操作过程

HIC 的分离操作过程包括装柱及平衡、准备样品、上样、平衡、洗脱、组分收集和柱再生等。不同基质的介质操作有所不同。以下以琼脂糖类基质的疏水介质为例叙述。

（1）介质预处理

配制初始缓冲液（平衡液，A 液）和洗脱缓冲液，并让所有的材料和试剂达到室温。

初始缓冲液是加一定浓度的盐析性盐，pH 接近中性的缓冲溶液。常用 $0.01 \sim 0.05 mol/L$ PB 缓冲液加入盐析性盐，盐（NH_4）$_2SO_4$ 的常用浓度为 $0.5 \sim 2.5 mol/L$。

洗脱缓冲液（B 液）常用 pH 接近中性的 $0.01 \sim 0.05 mol/L$ PB 缓冲液。

按照选取的柱子及装柱高度计算所需胶的体积，一般按装柱体积的 $1.05 \sim 1.1$ 倍。

（2）装柱及平衡

装柱方法有两种。一是自动装填，按说明书进行操作；另一种是手动装填，与 11.4.7 的方法一致。

（3）样品的准备

处理疏水色谱样品时要注意几个问题：一是样品要有一定的盐浓度，让需要吸附的蛋白质能被吸附在柱子上，一般可以用上样缓冲液 [$0.01 \sim 0.05 mol/L$ PB $+ 0.5 \sim 2.5 mol/L$（NH_4）$_2SO_4$] 配制样品；二是要有合适的 pH 值，一般在 7 附近；三是不能有机械杂质。上样体积较大时特别要注意第一个问题，上样体积相对于柱床体积很小时，则可忽略。除去样品中的机械杂质目的是防止堵塞柱子筛板，常用过滤去除。

（4）上样

上样根据仪器装置和上样量不同有几种操作方式。上样体积较大时可以用泵直接打入柱内；若使用整套蛋白质核酸分离仪带有定量管（loop）的六通阀，则可用六通阀进样。这两种方法都是较好的进样方式。

另一种是手动方法，核心是保持上样的均匀性。

（5）平衡

上样后，换用盐浓度大的平衡缓冲液洗柱子，洗去不被吸附而存留在介质空隙间的杂蛋白质，此时 UV 检测器显示吸收值加大，直至检测器上吸收峰值由大变小又回到基线附近且走平。

（6）洗脱

洗脱时换用盐浓度小的缓冲液 B 液，洗下吸附的蛋白质，并根据需要进行收集。

在多种蛋白质吸附在柱子上的情况下，要想获得好的分离，梯度洗脱是最佳洗脱方式。组分差异大时，分段洗脱也是有效办法。等浓度洗脱不可能将柱子吸附的多种蛋白质完全分离。

换用洗脱液开始洗脱后，色谱图 UV 吸收会随蛋白质的流出而变化，蛋白质流出时峰会增大，流出结束后会下降。色谱图上会有一个或多个色谱峰。分离不好时，峰会有重叠。当蛋白质浓度太大时，会出现平头峰。

在进行试探性实验时首选梯度洗脱，并且多采用简单的线性梯度，梯度的终点即流动相 B 液。梯度的斜率直接影响着色谱过程的分辨率，斜率较低的梯度能产生好的分辨率，但另一方面，如果洗脱过程都是从 100% 的流动相 A（或者表示为 0% 流动相 B）过渡到 100% 的流动相 B，斜率降低会使分离所需时间延长。解决这一矛盾的方法有两种。一种是在试探性实验后对梯度进行优化，采用复合梯度，在目标分子的洗脱峰附近降低梯度斜率以获得足够的分辨率，而在其它部分提高梯度斜率以缩短色谱时间，当然这些部分组分间的分辨率会变差，但不会对目标产物产生影响，见图 13-6（a）。另一种优化方法是采用低的梯度斜率，同时根据首次色谱分离时目标蛋白质分子的出峰位置适当降低流动相 A 中的盐浓度或增加流动相 B 中的盐浓度，这样由于梯度的范围变窄，所需时间也会缩短，从而弥补斜率降低对分离时间产生的不利影响。对于特别复杂的样品，还可采用凹形、凸形等更为复杂的梯度形式以达到满意的分辨率。分段洗脱的优点在于操作简单，不同批次间重复性良好，因此在大规模纯化中较常使用。在分析型分离时只要流动相条件选择恰当，分段洗脱同样有一定的优势，可以缩短分离时间，得到浓度较高的分离后产物，同时也能提高分辨率，因为分段洗脱相当于在每一阶段内部采用斜率为零的梯度进行洗脱，见图 13-6（b）。

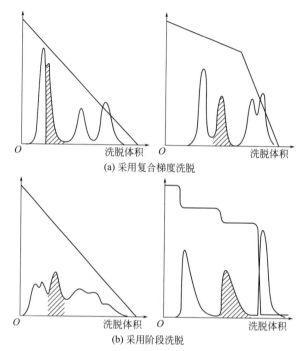

图 13-6　根据试探性实验结果对洗脱进行优化
阴影部分代表目标分子的洗脱峰；直线代表洗脱过程中盐浓度的变化

（7）组分收集

蛋白质洗脱出来后要收集。收集方式大体有两种：一是将整个洗脱过程分成若干个部分，按一定的体积或时间间隔收集；二是按照色谱图出峰收集，出一个峰收一次样，直到洗脱完成。

（8）柱再生、消毒及保存

柱子使用后，介质要再生。一般用低盐浓度的缓冲液清洗，如 0.01~0.05mol/L PB，10 倍以上柱体积缓冲液冲洗，接着再用结合蛋白时的平衡液洗到平衡，可再次使用。

若有失活蛋白质或脂类物质在再生时洗不掉，可用在位清洗法（CIP）除去。对沉淀蛋白质或疏水性结合强的蛋白质和脂类，可用 0.5~1mol/L NaOH 去除。对强疏水性结合的蛋白质、脂类等，也可用 2~4 倍柱体积的 70%乙醇或 30%异丙醇清洗，但要注意有机溶剂的浓度最好以梯度的方式逐渐增加，否则容易产生气泡。清洗完毕后，用至少 3 倍柱体积的缓冲液平衡柱子。

若要进行柱子消毒操作，用 0.5mol/L 的氢氧化钠清洗柱子 1h。

用过的柱子要保存，可在清洗后注入 20%乙醇（要高于介质上平面），保存于室温。

13.3　反相色谱概述

反相色谱（reversed phase chromatography，RPC）是根据溶质与介质之间的疏水作用，在非极性及低极性介质上，用极性大于介质的有机溶剂水溶液为流动相，进行物质分离和分析的一种液相色谱方法。与 HIC 一样，RPC 中的溶质也是通过疏水性相互作用分离的。但 RPC 介质表面完全被非极性基团所覆盖，表现出强烈的疏水性。因此，必须用极性有机溶剂（如甲醇、乙腈）或其水溶液进行溶质的洗脱分离。

与其它几种色谱技术（离子交换色谱、疏水色谱、排阻色谱）相比，反相色谱的分离度最高，但在蛋白质分离制备中应用并不多。主要原因是反相介质表面配体为强疏水性的 C_8 或 C_{18} 基团，并且流动相为极性有机溶剂，在进行蛋白质分离时，还需在流动相中加入酸性物质，极易造成蛋白质失活。但在分析或不需要保留蛋白质活性的场合，如蛋白质序列分析时，仍被广泛应用。反相色谱主要用于分子量低于 5000，特别是分子量 1000 以下有机小分子及多肽类物质的分析和纯化。

13.3.1　蛋白质在反相色谱中的作用机理

为寻找正确的作用机理并用以指导反相色谱的发展，提出了许多不同的观点和假说，如疏溶剂理论、拓扑指数理论、双保留理论、顶替吸附-液相相互作用模型以及计量置换保留模型等[16-21]。这些理论与假说各有自己的观点，也得到了许多实验数据的支持但并不十分完美。目前比较认同的是疏溶剂化理论和计量置换模型理论。

（1）疏溶剂化理论

疏溶剂化理论是 Horvath 1977 年提出的[22]。基本观点为：在反相色谱中，溶质分子由非极性部分与极性官能团所组成，其非极性部分与极性溶剂相接触时，便会产生排斥力，使得自由能 ΔG 增加而熵减少，这种排斥力会引起溶质非极性部分的取向，造成流动相的混合溶剂中出现容纳分子的"空腔"。由于它是与水、溶剂、混合流动相的不相容性或疏水排斥作用所造成的，故称为疏水或疏溶剂作用（solvophobic interaction）。

这个理论认为，在反相色谱中溶质保留不是主要由于溶质分子与键合相之间弱的非极性相互作用，而是由于溶质分子与极性溶剂间的排斥力，促使溶质与键合相烃基发生疏水缔合。溶质分子的这种疏溶剂斥力是可逆的，当流动相极性减弱时，疏溶剂斥力下降，溶质从固定相表面"解吸"而随着流动相被洗脱下来。

通过理论推导，得出一个比较简明的公式：

$$\lg k' = \lg k_W' - S\Phi_B \tag{13-5}$$

式（13-5）中，$\lg k_W'$ 为溶质在纯水中的容量因子，对一个固定的色谱体系和确定的溶质是一个常数；Φ_B 为强洗脱剂的相对含量。以溶质容量因子的对数 $\lg k'$ 对洗脱剂 B 的含量 Φ_B 作图可以得到一条直线；S 为 $\lg k'$ 对 Φ_B 作图的斜率，它是一个与蛋白质疏水作用表面积有关的常数，S 正比于蛋白质与疏水性配体接触的表面积，即配体疏水性链越长和蛋白质的疏水作用越强，斜率 S 值越大，曲线越斜。蛋白质分子都有一个小的洗脱范围，大的分子一般有较强的疏水性，其 S 值较大，洗脱的范围就小；而小肽或有机小分子则有比较大的洗脱范围。

（2）计量置换保留模型

耿信笃和 Regnier 研究了蛋白质在 RPC 上的保留行为之后提出了一种蛋白质在 RPC 上的计量置换保留模型[19]。

蛋白质在液相吸附过程有五种不同的分子间相互作用，即溶质-溶剂、溶质-吸附剂、溶剂-吸附剂、溶剂与溶质的络合物-溶剂以及溶剂化的溶质-吸附剂络合物解吸相互作用。整个吸附体系的平衡是由这五个热力学平衡共同决定的。

经一系列公式推导，可得到如下方程：

$$\lg k' = \lg I - Z \lg [D_0] \tag{13-6}$$

式（13-6）中，k' 为容量因子；$[D_0]$ 为有机溶剂浓度；$\lg I$ 是一个与相比、配体密度和平衡常数相关的一个常数；Z 为从固定相上置换掉一个蛋白质分子需要溶剂的分子个数。

这一模型再经一系列推导，可以计算出相比及相关的热力学参数，也可较好地解释在"疏溶剂效应模型"中实验结果与理论不一致的现象。此外，通过对 Z 值的研究，还可研究反相色谱过程中蛋白质构象变化等。

13.3.2 反相色谱分离条件选择

蛋白质在反相色谱中实验条件的选择主要根据样品性质和分离目的来决定。样品性质如分子量、疏水性、溶解性和等电点等，分离目的是制备还是分析、是否保留活性、色谱获得的样品做什么用以及后续步骤是什么等。在上述条件确定后，色谱柱、流动相、洗脱方式及温度等实验条件的选择就更有针对性。

（1）色谱柱选择

色谱柱是蛋白质在 RPC 分离中的关键部分，包括介质选择和色谱柱选择两部分。

① 介质选择

反相色谱介质的商品种类繁多，其中最具代表性的是以硅胶为基质的反相介质，尤以键合 C_{18}、C_8 的球形多孔介质最为常见，用途最广。目前以多糖为基质键合的官能团有 C_2、C_4、C_8 等，但它们主要作为疏水色谱介质，而不是反相色谱介质。

用于分离蛋白质的硅胶反相色谱介质中，有各种不同长度碳链的烷基、烷基苯、苯基、二苯基及氰基等配体，在应用于蛋白质分离时它们有不同的选择性。一般来说，长碳链配体引起蛋白质变性的可能性比短碳链大，而短碳链烷基键合相如 C_3、C_4 更适合于较大分子量蛋白质的分离。对同一个蛋白质，介质配体烷链越长，吸附越强，保留值越大。

② 色谱柱选择

随着色谱技术的发展，色谱柱也在不断地更新换代。介质颗粒越来越细，色谱柱高度越来越短。现在对于分析型色谱柱常用的长度在 $25\sim250\,\mathrm{mm}$，颗粒直径在 $1.5\sim5\,\mu\mathrm{m}$ 间。使用小颗粒介质分离蛋白质的反相色谱柱子可以很短，一般 $50\,\mathrm{mm}$ 就可以保证有足够的分离度。

在工业制备上，色谱柱的大小与制备量密切相关。$5\sim10\,\mu\mathrm{m}$ 直径的介质常常被用在工业制备上。由于介质颗粒小，色谱柱的长度一般在 $200\sim250\,\mathrm{mm}$，最长不能超过 $500\,\mathrm{mm}$。柱径大小与制备量相关。目前用于胰岛素制备的最大柱径为 $1.8\,\mathrm{m}$。

（2）流动相选择

蛋白质在 RPC 分离时，多采用降低流动相极性（水含量）的线性梯度洗脱方法。水是极性最强的溶剂，在反相色谱中常常和基础溶剂配合使用，向流动相中加入不同浓度的、与水可混溶的有机溶剂，可以得到不同强度的流动相，这些有机溶剂有时又被称为修饰剂。

蛋白质在反相色谱流动相中使用的有机溶剂主要有乙腈、甲醇、异丙醇、正丙醇和四氢呋喃等。乙腈由于其黏度低并且和水组成的二元流动相对多肽和蛋白质的溶解度高，因此被广泛应用。在醇类溶剂中，甲醇由于对一些蛋白质的溶解度低而使其应用受到了限制，而在有机小分子的反相色谱中甲醇使用最多。正丙醇和异丙醇，特别是异丙醇与水组成的洗脱体系可得到高的蛋白质回收率而被广泛采用。不同溶剂洗脱强度次序为：水＜甲醇＜乙腈＜乙醇＜丙醇＜异丙醇＜四氢呋喃。部分溶剂的参数见表 13-4。

表 13-4　反相色谱中常用的一些溶剂性能参数

溶剂	分子量	bp/℃	n^{25}	UV 透光下限 /nm	d^{20} /(g/cm³)	η^{20} /(mPa·s)	ε	μ(D)	γ /(10⁻⁵N/cm)
水	18.0	100	1.333	170	0.998	1.00	78.5	1.84	73
甲醇	32.0	65	1.326	205	0.792	0.58	32.7	1.66	22
乙醇	46.1	78	1.359	205	0.789	1.19	24.5	1.68	22
乙腈	41.0	82	1.342	190	0.787	0.36	38.8	3.27	29
异丙醇	60.1	82	1.375	20	0.785	2.39	19.9	1.68	21
四氢呋喃	72.1	66	1.404	210	0.889	0.51	7.58	1.70	28
二氧六环	88.1	101	1.420	215	1.034	1.26	2.21	0.45	33

注：η^{20} 黏度；ε 介电常数；μ 偶极矩；γ 表面张力；n^{25} 折光指数；d^{20} 密度；bp 沸点。

为了分离蛋白质，在反相色谱流动相中常需加入离子对试剂，其作用主要是抑制硅醇基离子化，增加蛋白质的亲水性，使蛋白质的极性增加，降低其在色谱柱上的保留而能被洗脱下来。使用的离子对试剂分为无机酸和有机酸两种。无机酸通常为磷酸、盐酸和高氯酸。有机酸主要是三氟乙酸（TFA）和七氟丁酸（HFBA）应用较多。虽然两者的作用也是阻止硅醇基的离子化，但却增加了蛋白质的疏水性。三氟乙酸是弱的疏水离子对试剂，七氟丁酸是较强的疏水离子对试剂。由于有机酸能导致蛋白质疏水性的变化，造成其在色谱柱上的保留值会相应增加，从而可提高蛋白质在色谱柱上的分离度和选择性。

样品中若有疏水太强或水溶性小的蛋白质，如膜蛋白，可在流动相中加一些表面活性剂。但使用表面活性剂对蛋白质的活性回收率不利，且会使样品后处理难度增加。有时流动相中也可加一些盐，以改变蛋白质与配体之间的疏水作用，进而调节保留时间和改善分离度。盐析性盐的浓度增大到一定值以后，蛋白质疏水性会增强，会使原来一些保留值小的蛋白质增大。

（3）洗脱方式选择

蛋白质在反相色谱中的洗脱特性与有机小分子不同，以流动相 B% 对容量因子 k' 作图，蛋白质的洗脱曲线会呈现一个与 HIC 相似的明显突变现象。在洗脱曲线上某一个 B 液组成的一个较小变化，就可引起蛋白质容量因子很大的变化。有机小分子的色谱曲线没有如此明显的突变。在突变区，蛋白质从容量因子很大到被洗脱下来，B 液浓度增大的变化范围比较小。从图 13-7 上可见，不同的蛋白质，引起容量因子突变的 B 液变化范围不同。不同的蛋白质在不同的 B 液浓度处被洗脱，所以使用梯度洗脱可以依次将不同蛋白质洗脱并分离开。这种洗脱突变现象在蛋白质的离子交换色谱、疏水色谱中都存在，故蛋白质在离子交换色谱、疏水色谱和反相色谱中都需要使用梯度洗脱才能分离复杂样品，才能保证蛋白质洗脱完全，并有好的峰形和分离度。等浓度洗脱不能保证良好的分离。因此，在 PRC 中分离蛋白质时，分离结果的好坏不取决于柱子长短，而取决于介质性能、蛋白质性质、流动相组成和洗脱方式，使用短柱子或许是一个好的选择。

（4）上样量

上样量对保留值和分离度均有影响。随着样品量的增加，分离度一般会降低。当蛋白质在色谱柱内吸附达到饱和时，这时的分离度接近了它的最低界限，如图 13-8 所示。上样量增加的另一结果是蛋白质在色谱柱上保留时间减少，见图 13-9。

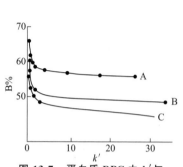

图 13-7 蛋白质 RPC 中 k' 与 B% 的关系[23]

流动相 A：0.1% TFA-H$_{20}$；

流动相 B：0.1% TFA-MeOH；

色谱柱：C$_8$ 反相柱；

A—溶菌酶；B—细胞色素 c；

C—胰岛素

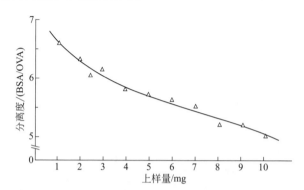

图 13-8 上样量与蛋白质分离度的关系

色谱柱：50mm×4.5mm（Synchropak RP-8）；

流动相 A：0.1%（体积分数）TFA 水溶液；

流动相 B：0.1%（体积分数）TFA 异丙醇；

梯度洗脱：由 100%A 到 80%B，40min；

流速：1.0mL/min；柱温：30℃

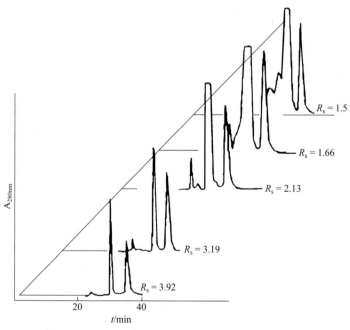

图 13-9 上样量对蛋白质保留的影响（R_s 为分离度）

色谱柱：50mm×4.1mm（Vydac C8）；流动相 A：0.1%（体积分数）TFA 水溶液；流动相 B：0.1%（体积分数）TFA 异丙醇；

梯度洗脱：由 100%A 到 80%B 40min；流速：0.7mL/min

13.4　疏水色谱与反相色谱的异同

疏水色谱与反相色谱存在着不少的内在联系。它们分离机理相同，介质配体类似，流动相在一个洗脱强度顺序表的两头，温度对保留值的影响基本相反。

13.4.1　疏水色谱与反相色谱分离机理相同

疏水色谱与反相色谱都是依靠蛋白质分子疏水基团和介质疏水配体之间疏水作用力大小的不同而实现分离的。

疏水色谱与反相色谱的吸附和洗脱过程都可以用计量置换保留模型和疏溶剂化理论来描述，在计量置换保留模型的方程式 $\lg k' = \lg l - Z\lg[D_0]$ 中，$[D_0]$ 的含义虽然都是指流动相中的顶替物的浓度，但在疏水色谱中，$[D_0]$ 是水的浓度，反相色谱中则是有机溶剂的浓度。

13.4.2　疏水色谱与反相色谱介质配体

疏水色谱与反相色谱的配体都是有一定疏水性的基团。反相色谱为硅胶基质，配体是 $C_4 \sim C_{18}$ 的烷基或苯基。疏水色谱为琼脂糖基质，配体为 $C_4 \sim C_8$ 的烷基或苯基。用硅胶作基质时，配体一般是聚乙二醇、改性乙二醇或聚酰胺这些兼有亲水性杂原子和疏水基团的长链。反相色谱配体疏水性更强一些，配体密度更大。由此可见，相同的配体，因基质不同而分属不同的色谱技术，如 C_4、C_8 和苯基。

13.4.3　疏水色谱与反相色谱流动相组成与洗脱能力比较

反相色谱流动相的洗脱剂是水和水溶性有机溶剂，有机溶剂的洗脱能力强而水最差。疏水色谱中流动相为含盐的水溶液，水洗脱能力强，盐浓度越大洗脱能力越小。在盐-水-有机溶剂三者组成的洗脱体系中，以水为界，盐和水一边是用于 HIC，另一边是水和有机溶剂，用于 RPC。实际上有时会在反相色谱中加入一些盐来增加蛋白质的保留，因为盐溶液比纯水的洗脱能力还弱；在疏水色谱中会加入一些有机溶剂来减弱蛋白质与配体间的疏水作用，使蛋白质更易洗脱，因为有机溶剂比水的洗脱能力更强。

疏水色谱和反相色谱流动相组成中物质的洗脱能力由弱到强可列出如下顺序：Na_2SO_4 $< KH_2PO_4 < Na_2HPO_4 < (NH_4)_2SO_4 < NaCl < NaNO_3 < H_2O < 甲醇 < 乙腈 < 异丙醇……$，如图 13-10 所示。

图 13-10　疏水色谱和反相色谱流动相组成中物质的洗脱能力

13.4.4　温度影响

在研究温度对蛋白质保留值的影响时，常把随温度增加，蛋白质保留时间增长作为判断是否属于 HIC 的一个标准，随温度增加保留时间减小作为 RPC 的一个特点[23]。而实际上常会出现与之相反的保留行为。对于这些反常的保留行为，过去的解释并不令人满意。本文作者研究了蛋白质在 HIC 和 RPC 保留值随温度的变化情况[15]。结果表明，温度增加时蛋白质构象随之变化，使疏水基团进一步暴露，柱子配体与蛋白质之间作用力增强，保留值增大。但温度增加，同时使流动相黏度变小，传质加快使保留值减小。这两个因素的作用结果相反，所以蛋白质保留值随温度的变化取决于这两者的综合作用。

13.4.5　疏水色谱与反相色谱的应用

疏水色谱分离过程中蛋白质活性保持不变，一些在盐酸胍溶液中的可逆失活蛋白质还可以通过疏水色谱实现复性，所以在基因重组蛋白质制备工艺中常会用到疏水色谱。在反相色谱条件下大部分蛋白质会失活，但反相色谱分离度好于疏水色谱，也不会在蛋白质溶液中带入盐，流动相中有机溶剂可挥发除去，故反相色谱常用于分析和不需要蛋白质活性时的少量制备，如用于电泳和氨基酸序列测定的蛋白质。疏水色谱与反相色谱的区别见表 13-5。

表 13-5　疏水色谱与反相色谱的区别

项目	HIC	RPC
分离原理	疏水力	疏水力
对分离对象的通用性	通用	通用
分离对象	生物大分子	小分子、生物大分子
介质	键合在基质上的中等疏水配体	键合在基质上的强疏水配体
流动性	盐-水体系	有机溶剂-水体系
洗脱方式	减少盐浓度梯度洗脱	增加有机溶剂浓度梯度或等浓度洗脱
活性回收率	高	低
分离度	中等、高	非常高
分离速度	快	快
色谱柱寿命	长	长

从理论上看，HIC 和 RPC 是两种密切相关的液相色谱技术，它们都是基于生物分子表面的疏水区域与色谱介质上的疏水配体（烷基或芳香基）之间的疏水相互作用力，然而在分子水平的色谱机理以及实践层面上这两种技术是有所不同的。RPC 介质上疏水配体的取代程度远高于 HIC 介质。RPC 介质可以认为是连续的疏水相，其配体如 $C_4 \sim C_{18}$ 烷基的取代程度通常大于 $100 \mu mol/mL$ 介质；而 HIC 介质上配体如 $C_2 \sim C_8$ 烷基或简单芳香基的取代程度通常在 $10 \sim 50 \mu mol/mL$ 介质范围内，可以看作是不连续的疏水相，在与生物分子结合时由一个或数个配体参与。很显然，疏水溶质与 RPC 介质间的作用力要比 HIC 介质强得多，需要使用有机溶剂梯度等剧烈的洗脱条件才能将溶质从色谱柱中洗脱下来。对于球状蛋白质，在这样剧烈的洗脱条件下往往会发生变性，因此 RPC 更适合在水-有机溶剂体系中具有良好稳定性的肽和小分子蛋白质的分离纯化。而 HIC 过程的洗脱条件要温和得多，通过降低洗脱剂的盐浓度就能达到目的，因此 HIC 既利用了蛋白质的疏水性质，又能够在更大极性和低变性的环境中进行，因而在蛋白质的纯化中有着更为广泛的应用。

尽管这两种技术都是利用生物分子的疏水性质进行分离的，但由于在吸附的分子机理上存在差异，对于同一组样品的选择性往往是不同的。例如，用疏水色谱柱 TSK Gel Phenyl-5-PW 和反相色谱柱 SynChropak 对 12 种常见蛋白质进行分离，对选择性作了比较，如表 13-6 所示，各种蛋白质被洗脱的顺序全然不同。

表 13-6 12 种蛋白质在疏水色谱柱和反相色谱柱中的选择性比较

蛋白质	在 TSK gel Phenyl-5-PW HIC 柱上的保留时间/min	在 SynChropak PRC 柱上的保留时间/min
细胞色素 c	0.6	12.6
肌红蛋白	0.8	14.6
核糖核酸酶 A	1.6	10.7
伴清蛋白	6.3	17.3
卵清蛋白	6.5	18.5
溶菌酶	8.5	14.3
β-葡萄糖苷酶	15.6	5.3
α-胰凝乳蛋白酶	16.6	13.6
α-胰凝乳蛋白酶原	18.1	16.8
乳过氧化物酶	19.5	20.3
牛血清白蛋白	20.5	17.1
铁蛋白	20.8	16.6

注：1.疏水作用色谱，色谱柱尺寸 200mm×55mm，流动相 A 为含 1.0mol/L NaSO$_4$ 的 1mmol/L 磷酸钾缓冲液 (pH 7.0)，流动相 B 为 10mmol/L 磷酸钾缓冲液（pH 7.0)，梯度为 20min 内 0～100%B，流速为 1mL/min。

2.反相色谱，色谱柱尺寸 50mm×4.6mm，流动相 A 为 0.1% TFA 水溶液（pH 2.0)，流动相 B 为含 0.1% TFA 的 60%异丙醇溶液，梯度为 20min 内 0～100%B，流速为 1mL/min。

13.5 疏水色谱及反相色谱在蛋白质纯化中的应用

13.5.1 疏水色谱在蛋白质纯化中的应用

HIC 采用盐的水溶液作为流动相，色谱条件温和，生物大分子活性回收率高。由于采用高盐浓度进样，所以蛋白质在盐析后，无需脱盐可直接上样，大大减少了分离程序。目前 HIC 已广泛地应用在各类蛋白质及疫苗纯化中。另外，原核表达的基因重组蛋白质往往形成包含体，若要恢复其生物学活性必须要进行复性，HIC 对这一类蛋白质的复性效果非常好。

（1）单克隆抗体纯化

传统单克隆抗体最常用的纯化工艺为：将小鼠的腹水进行硫酸铵沉淀，然后经过透析或脱盐后再上 DEAE、蛋白 A 或羟基磷灰石色谱柱进行纯化。这些纯化过程中常常涉及脱盐工艺，而使用 HIC 时，无需脱盐就可直接进样纯化单克隆抗体，大大简化了操作程序。目前，国内外使用 HIC 纯化单克隆抗体方面的应用均有多篇文献报道[24-30]。

沈泓等[24]利用 HIC 的技术，建立了一种纯化 hCG 单克隆抗体的工艺。将 hCG 单克隆抗体实验小鼠的腹水经离心、过滤预处理后，用疏水色谱法进行纯化。结果表明：以 20mmol/mL 磷酸缓冲液-1.5mmol/L 硫酸铵为上样缓冲液，15 倍柱体积的洗脱液进行洗脱，纯化后单抗纯度为 70%，回收率为 20%，生物学活性没有下降。该研究建立的 HIC 纯化 hCG 单克隆抗体的方法，操作简便、快速而且效果良好，色谱图见图 13-11。

陈志南教授[25]申请了 HIC 纯化制备单克隆抗体双段和单段方法的发明专利。基本纯化工艺为：硫酸铵沉淀粗提抗体→酶切→HIC 二次纯化→冻干。

单克隆抗体腹水，用 50% 的饱和硫酸铵粗提二次，抗体蛋白质沉淀物用 0.1mol/L 柠檬酸缓冲液（pH 3.5）充分溶解后，调整浓度为 10～20mg/mL，再离心去除不溶物；制备 F(ab')2 具有两种抗原活性的片段所用胃蛋白酶与 IgG 酶切比例为 1∶100，37℃反应 2～3h，用 3mol/L Tris 调至 pH 7 左右，以终止反应；Fab 用木瓜蛋白酶，酶与 IgG 的比例为 1∶100，37℃反应 1～2h，2.5g/L 碘乙酰胺终止反应；HPLC 疏水液相色谱法纯化 F(ab')2，Fab 片段抗体，用 Phenyl Sepharose High Performance 疏水色谱柱分两次纯化：一次纯化 A 液为 1～1.4mol/L 硫酸铵和 0.05mol/L（pH 5.0）醋酸钠缓冲液，B 液为 0.05mol/L（pH 5.0）醋酸钠缓冲液；二次纯化 A 液用 0.7～1.0mol/L 硫酸铵和 0.05mol/L（pH 5.0）醋酸钠缓冲液，B 液为 0.05mol/L（pH 5.0）醋酸钠缓冲液，线性梯度洗脱时间 30～40min；纯化后立即冻干，加 10% 低分子右旋糖酐作复性剂。制备的 F(ab')2 和 Fab 的纯度可大于 98%，回收率大于 50%，且可有效去除热原、核酸、病毒等杂质，在安全、有效、稳定和一致性上等方面，均达到中国药品生物制品鉴定所人用鼠源性单抗质量标准。

图 13-12 是 GE 公司提供的一个在杂交瘤培养液中产生的鼠 IgG anti-IgE 在 Phenyl-sepharose 柱上的纯化结果[26]。在此纯化步骤中，培养液中的大多数胎牛血清白蛋白流过了柱子，而抗体与介质形成了紧密的结合。通过一次纯化就获得了纯度大于 95% 的产品，样品还被浓缩到非常小的体积，可以直接进行下一步的精细纯化。

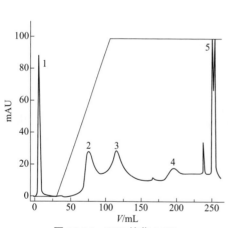

图 13-11　HIC 纯化 hCG 单克隆抗体色谱图

1—流穿峰；2—15 倍柱体积硫酸铵浓度梯度洗脱单克隆抗体（mAb）峰；3—15 倍体积硫酸铵浓度梯度洗脱杂质峰；4—水洗脱杂质峰；5—0.5mol/L NaOH 洗脱杂质峰；洗脱梯度：15 倍柱体积，1.5mol/L 到 0 硫酸铵溶液线性梯度

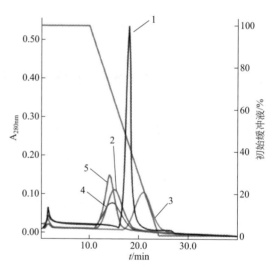

图 13-12　IgG anti-IgE 在 Phenyl-sepharose 柱上的纯化结果

样品：0.8mg 小鼠单克隆 IgG；色谱柱：1—HiTrap Phenyl HP，2—HiTrap Phenyl FF（low sub），3—HiTrap Phenyl FF（high sub），4—HiTrap Octyl FF，5—HiTrap Butyl FF；流速：1mL/min；初始缓冲液：50mmol/L 磷酸钠，1.0mol/L 硫酸铵，pH 7.0；洗脱缓冲液：50mmol/L 磷酸钠，pH 7.0；梯度：0～100% 洗脱缓冲液（15CV）

(2) 动物疫苗纯化

早期动物疫苗的纯化工艺相对简单，以超滤为主，纯度低、损失大。随着科技的发展，

人类对动物疫苗的纯度提高了要求，色谱技术在动物疫苗纯化中的作用越来越重要。

苏志国教授团队[31,32]通过对口蹄疫病毒（FMDV）结构特点的研究和对培养液中杂质的组成和特性的分析，在对介质选型、操作条件优化的基础上，建立了一条由离子交换色谱和排阻色谱组成的分离纯化工艺，口蹄疫灭活病毒的纯化倍数达到 217 倍，纯度达到95％以上，回收率为 37.5％。为提高疫苗的回收率和降低纯化成本，又进一步研究了疏水色谱技术在口蹄疫病毒分离纯化中的应用效果，最终建立的由疏水色谱、超滤浓缩和排阻色谱组成的分离纯化工艺，取得了更好的分离纯化效果，纯化倍数达到 247 倍，回收率达到75.4％，纯度接近电泳的纯度。该工艺进一步提高了疫苗回收率，更有利于提高纯化效率和降低疫苗的纯化成本，为大规模制备口蹄疫灭活病毒疫苗奠定了基础，色谱结果和电泳分析结果见图 13-13、图 13-14 和图 13-15。

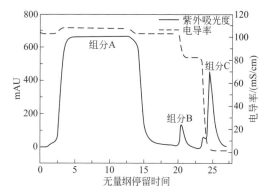

图 13-13　丁基疏水色谱分离纯化
FMDV（口蹄疫病毒）色谱图

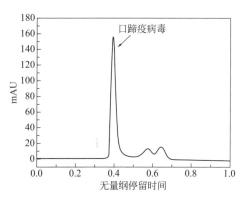

图 13-14　凝胶过滤色谱
精制纯化口蹄疫病毒色谱图

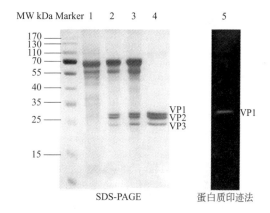

图 13-15　SDS-PAGE 和蛋白质印迹法分析
1—FMDV 培养液；2—HIC 初纯样品；
3—超滤浓缩样品；4—凝胶过滤样品；
5—凝胶过滤样品的 VP1 条带进行蛋白质印迹法分析

（3）人乙肝疫苗纯化

乙肝病毒是一种能导致急性和慢性肝炎、肝硬化和原发性肝癌的感染因子。据估计约有5％的人感染了该病毒。目前主要是通过注射重组人乙肝表面抗原（r-HBsAg）疫苗来作为未感染人群的防护。国内外使用 HIC 纯化乙肝疫苗文章及综述文献众多[33-36]。图 13-16 是一个从 CHO 细胞培养的上清液中大规模纯化 r-HBsAg 的色谱图。在 HIC 纯化中一步就除去了 90％的杂蛋白质[26]。

（4）基因重组蛋白质复性

由原核表达的基因重组蛋白质往往形成包含体，形成包含体后的蛋白质没有生物学活性，通常需用盐酸胍或脲等变性剂将其溶解，再采取适当方法进行复性后纯化。传统的复性方法主要有稀释法和透析法，这些方法均需添加不同添加剂，以提高复性效率，用时长，占用容器较大，还需在复性后浓缩，复性效率未令人满意。

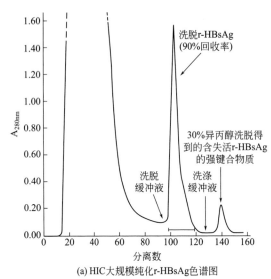

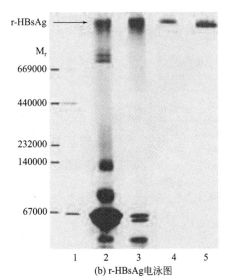

纯化工艺： C_IPP
母料： CHO细胞组织上清液
捕获填料： Butyl-S Sepharose 6 Fast Flow
中间纯化： DEAE Sepharose 6 Fast Flow
精纯： Sepharose 4 Fast Flow
色谱柱： 填充Butyl-S Sepharose 6 Fast Flow
　　　　　 XK 50/20,130mL柱子
样品： 300mL浓缩CCS(含大约12mg r-HBsAg)
　　　　　 0.6mol/L硫酸铵，pH7.0
初始缓冲液：20mmol/L磷酸钠，0.6mol/L硫酸铵，pH7.0
洗脱缓冲液：10mmol/L磷酸钠，pH7.0
洗涤缓冲液：含30%异丙醇的洗脱缓冲液
流速： 2L/h，(100cm/h)

(a) HIC大规模纯化r-HBsAg色谱图

1—HMW原始参照蛋白质；
2—细胞组织上清液；
3—HIC捕获得到的r-HBsAg混合分离物；
4—HIC捕获得到的r-HBsAg组分；
5—参照r-HBsAg(用于疫苗的商品)

(b) r-HBsAg电泳图

图 13-16　HIC 大规模纯化 r-HBsAg 的色谱图

　　1991 年西北大学分离科学研究所耿信笃教授第一次报道了用高效疏水色谱（HPHIC）将重组人干扰素-γ（rIFN-γ）的 7.0mol/L 的盐酸胍提取液直接进样到 HPHIC 柱上分离的方法，同时实现了分离、复性和除变性剂三个目标[37]，见图 13-17。一步分离使 rIFN-γ 的纯度达到 85％以上，比活高达 5.7×10^7 IU/mg。与稀释复性相比，活性回收率达到稀释复性的 280％。后来，国内外不少课题开展了用色谱进行蛋白质复性的研究，取得不少成果，为生物工程产品生产提供了一个便捷高效的工艺方法[38-40]。

　　疏水色谱分离蛋白质同时进行蛋白质复性的主要原理为：在高盐浓度下，疏水色谱介质与变性蛋白质之间以较强的疏水作用力结合，防止了变性蛋白质分子的聚集或沉淀，而变性剂则能快速地随流动相一同流出，实现了变性剂与变性蛋白质的分离，然后在变性剂浓度降低的微环境下，随着盐浓度的不断降低，变性蛋白质在解吸过程中重新正确折叠，实现复性。

　　应用疏水色谱复性的研究报道较多[38-44]。高飞[45]利用疏水作用色谱法对 rhIFNα-2b进行复性，在优化的线性尿素梯度复性条件下，尿素浓度在 10 个柱体积内从 6mol/L 下降

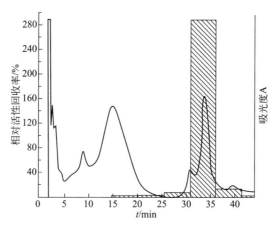

图 13-17　重组人干扰素-γ 在硅胶基质改性聚醚链 HIC 上的分离及活性分布图
色谱柱：150mm×7.9mm（I. D.）不锈钢柱；介质：自行合成的 7μm 粒径硅胶基质改性
聚醚链 HIC 介质；样品：rIFN-γ 的 7.0mol/L 的盐酸胍提取液；流动相 A：0.02mol/L
PB-3.0mol/L（NH$_4$）$_2$SO$_4$，pH 7.0；流动相 B：0.02mol/L PB，pH 7.0；洗脱：30min 线
性梯度洗脱；紫外检测波长：280nm，阴影为有生物活性的部分

到 2mol/L，流速为（mL/min）上样量为 0.568mg 时，rhIFNα-2b 的活性回收率比稀释复性法高 6.5 倍，蛋白质质量回收率为 36%，比活力达 $1.9×10^8$ IU/mg，见图 13-18。

　　同一种蛋白质在错误折叠和正确折叠两种不同状态下与疏水色谱介质结合情况不同，因此疏水色谱也可以对它们进行分离。如赵荣志等[46] 利用疏水色谱分离正确折叠与错误折叠的复合干扰素，可达到较好的分离效果，见图 13-19。此外，一些疏水色谱介质不断改进与开发，使疏水色谱有更好和更广泛的应用前景。

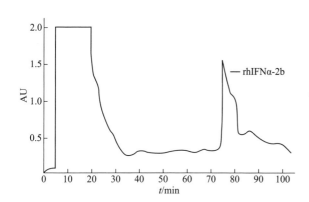

图 13-18　HIC 对 rhIFNα-2b 同时复性及纯化色谱图

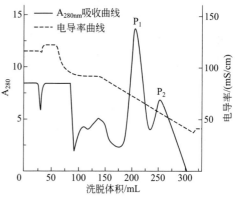

图 13-19　疏水色谱介质纯化复合干扰素
P$_1$—正确折叠；P$_2$—错误折叠

13.5.2　反相色谱在蛋白质纯化中的应用

　　反相色谱分离蛋白质的优点是其在所有色谱方法中分离度最高，当蛋白质样品组分在离子交换、疏水作用色谱中难以分开时，用反相色谱有可能实现分离。RPC 的另一个优点是可用于某些水溶性差的蛋白质分离，如膜蛋白。因反相色谱使用有机溶剂作流动相，并且还需加入千分之几的强酸，容易造成蛋白质变性失活，并且使样品中加入了有毒的有机溶剂，

大大限制了 RPC 在蛋白质纯化中的应用，这也是反相色谱的最大缺点。但有些蛋白质在反相色谱中仍有较高的活性回收率，如白细胞介素-2(IL-2) 和胰岛素，就可用反相色谱来分离。除了反相色谱以外，其它色谱方法均使用盐-水体系作为流动相，所以样品组分的回收液中均含有盐。而反相色谱的回收液中不含盐，只含易挥发性的有机溶剂。若为了测定蛋白质的氨基酸序列[47]，在不顾及蛋白质的活性情况下，使用反相色谱就较适合。所以 RPC 在近几年发展迅速的基因组计划中得到了广泛应用。

(1) 重组人白细胞介素-2(rhIL-2) 纯化

rhIL-2 是一种具有多向性作用的细胞因子（主要促进淋巴细胞生长、增殖、分化），对有机体的免疫应答和抗病毒感染等有重要作用：刺激已被特异性抗原或致丝裂因数启动的 T 细胞增殖；活化 T 细胞，促进细胞因子产生；刺激 NK 细胞增殖，增强 NK 细胞杀伤活性及产生细胞因子，诱导 LAK 细胞产生；促进 B 细胞增殖和分泌抗体；激活巨噬细胞。

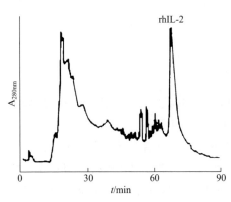

图 13-20　rhIL-2 的反相高效液相色谱
介质：30nm 孔径 spherisorb C_{18} 介质；
洗脱液：0.1%TFA 的乙腈

凌明圣等[48] 在收集菌体、超声破菌和包含体洗涤处理后，用 6mol/L 盐酸胍溶液溶解包含体，然后用 8mol/L 尿素溶液迅速将包含体抽提液稀释并做透析处理，经反相高压液相色谱一步纯化，得到了高纯度、高比活和无热原的 rhIL-2 产品，见图 13-20。经放大实验发现 rhIL-2 在 pH 2.5 的三氟乙酸溶液中活性迅速下降，迅速调整纯化后样品的 pH 值是保持其活性的有效办法。

rhIL-2 粗品经反相液相色谱一步纯化，比活提高 18 倍，蛋白质回收率为 50%。

(2) 蛋白质样品脱盐

反相色谱也可以用于蛋白质样品的脱盐[3,49,50]。

在反相色谱脱盐时，盐与反相介质无疏水作用，盐先流出柱子，蛋白质保留在 RPC 柱上，随后要用有机溶剂才能洗脱下来，见图 13-21。

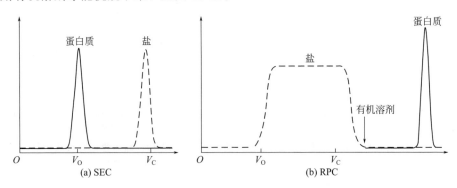

图 13-21　SEC 和 RPC 脱盐的洗脱曲线对照

在纯化蛋白质方面，RPC 与其它色谱方法相比具有分辨率和回收率高、重复性好、操作简便等优势。由于 RPC 可使用挥发性体系如水溶三氟乙酸（TFA）-乙腈（ACN），纯化产物不必进行脱盐，因此可大大简化操作步骤。另外，在其它模式的色谱中，保留时间主要取决于天然蛋白质分子表面的某些基团与固定相配体间的相互作用。而在 RPC 中，蛋白质分子通过色谱柱时会发生或多或少的去折叠，内部某些疏水残基暴露并与固定相相互作用，从而表现出与其它色谱及电泳方法不同的选择性，提供其它方法不能提供的信息，这成为RPC在蛋白质及多肽分离分析中的又一个有利因素。由于以上种种原因，RPC已成为广泛使用的一种分离模式，普遍用于多肽和蛋白质结构的分离分析上。

参 考 文 献

[1] 耿信笃. 现代分离科学导论. 第2版. 北京：高等教育出版社，2001.

[2] 耿信笃，白泉，王超展. 蛋白质折叠液相色谱法. 北京：科学出版社，2006.

[3] 郭立安，常建华. 蛋白质色谱分离技术. 北京：化学工业出版社，2011.

[4] 耿信笃. 计量置换理论及应用. 北京：科学出版社，2004.

[5] Horvath C S，Melander W，Molnar I. Solvophobic interactions in liquid chromatography with nonpolar stationary phases. J Chromatogr，1976，125：129-156.

[6] Geng X，Guo L，Chang J. A study on the retention mechanism of proteins in hydrophobic interaction chromatography. J Chromatogr，1990，507：1-27.

[7] 郭立安，常建华. 蛋白质在疏水作用色谱上的保留模型及其模型参数间关系的研究. 化学学报，1996，54(3)：291-297.

[8] Szepesy L，Rippel G. Effect of the characteristics of the phase system on the retention of proteins in hydrophobic interaction chromatography. J Chromatogr A，1994，668：337-344.

[9] 郭敏亮，姜守磊，陈天，等. 一种疏水色谱介质的特性及应用的研究. 色谱，2000，18(4)：354-356.

[10] 刘国诠. 生物工程下游技术. 第2版. 北京：化学工业出版社，2003.

[11] 蒋生祥，刘霞. 全多孔球形硅胶基质高效液相色谱填料研究进展. 中国科学，2009，39(8)：687-710.

[12] 赵贝贝，张艳，唐涛，等. 硅胶基质高效液相色谱填料研究进展. 化学进展，2012，24(1)：122-130.

[13] 李华儒，陈国亮. 疏水作用色谱介质的合成及色谱特性研究. 高等学校化学学报，1995，16(11)：1685-1689.

[14] Srinivasa R，Andrei B，Andrea H，et al. 用于蛋白质的分离和蛋白质组学研究的高稳定性疏水相互作用色谱柱. 生命科学仪器，2007，5(5)：45-47.

[15] 郭立安，常建华，耿信笃. 在反相色谱和疏水作用色谱中温度对蛋白质保留值的影响. 色谱，1993，11(4)：238-240.

[16] 丁玲，董军，肖远胜，等. 蛋白质的反相液相色谱保留方程研究. 分析化学，2013，41(2)：181-186.

[17] Ladiwala A，Xia F，Luo Q，et al. Investigation of protein retention and selectivity in HIC systems using quantieative structure retention relationship models Biotechnol Bioeng，2006，93(5)：836-850.

[18] Petritis K，Kangas L J，Ferguson P L，et al. Use of artificial neural networks for the accurate prediction of peptide liquid chromatography elution times in proteome analyses. Anal Chem，2003，75(5)：1039-1048.

[19] Geng X，Regnier F E. Retention model for proteins in reversed-phase liquid chromatography. J Chromatogr A，1984，296(1)：15-30.

[20] Snyder L R，Dolan J W，Gant J R. Gradient elution in high-performance liquid chromatography. I. Theoretical basis for reversed-phase systems. J Chromatogr A，1979，165(1)：3-30.

[21] 陈农，张玉奎. 疏水分配常数用于反相液相色谱保留值的预测. 分析化学，1993，21(4)：384-387.

[22] Horvath C S，Melander W，Molnar I. Liquid chromatography of ionogenic substances with nonpolar stationary phases. Anal Chem，1977，49(1)：142-154.

[23] 常建华，梁峰，郭立安. 梯度洗脱液相色谱中蛋白质的累加进样分离法. 全国生物医药色谱学术交流会，2006.

[24] 沈泓，林琼秋，易喻，等. 应用疏水层析法纯化hCG单克隆抗体. 药物生物技术，2012，19(5)：401-405.

[25] 米力，陈志南，冯强，等. 单克隆抗体双段和单段的制备方法，CN99115730[P]. 1999-3-12.

[26] 疏水相互作用和反向层析技术原理和方法. G E Healchcare生命科学产品手册，2017.

[27] Ghose S，Tao Y，Conley L，et al. Purification of monoclonal antibodies by hydrophobic interaction chromatography under no-salt conditions. Mabs，2013，5(5)：795-800.

[28] 魏建玲，张波，刘颖，等. 人源化抗人TNF单克隆抗体纯化工艺的优化. 沈阳药科大学学报，2017，34(1)：79-83.

[29] 吴银飞，祝骥，李敏，等. 疏水作用层析法纯化抗乙肝病毒核心抗原单克隆抗体. 细胞与分子免疫学杂志，2010，26(6)：560-562.

[30] Chen J，Tetrault J，Ley A. Comparison of standard and new generation hydrophobic interaction chromatography resins

in the monoclonal antibody purification process. J Chromatogr A，2008，1177(2)：272-281.

［31］周卫斌，苏志国. 疫苗分离纯化研究进展. 生物加工过程，2003，1(2)：6-13.

［32］Li H，Yang Y L，Zhang Y，et al. A hydrophobic interaction chromatography strategy for purification of inactivated foot and mouth disease virus. Protein Expression and Purification，2015，113：23-29.

［33］朱俊颖，孙晔，蒋丽华，等. 疫苗规模化分离纯化研究进展. 生物技术进展，2015，5(6)：405-413.

［34］于洪涛，李光谱，胡晓明，等. 一种病毒性疫苗大规模生产的纯化方法，CN102018955A. 2010-12-27.

［35］张国强，赵铠. 从乙肝疫苗的制备看疫苗纯化技术的发展. 微生物学杂志，2006，26(5)：59-62.

［36］李彩梅，张德有，马锐，等. WorkBeads 系列介质与 C4 介质层析纯化汉逊酵母表达的 HBsAg 效果的比较. 中国生物制品学杂志，2012，25(7)：915-919.

［37］Geng X，Chang X. High-performance hydrophobic inteeraction chromatography as a tool for protein refolding. J Chromatogr，1992，599：185-195.

［38］王素红，韩金祥，王世立. 疏水色谱法在蛋白复性方面的应用. 中国生物制品学杂志，2008，21(2)：162-165.

［39］孙明珠，薛锋. 高效疏水色谱法对蛋白质复性和纯化的研究进展. 科技信息：学术版，2008，18：425-427＋429.

［40］郭立安，耿信笃. 蛋白质的色谱复性及同时纯化. 生物工程学报，2000，16(6)：661-666.

［41］Geng X，Wang C. Protein folding liquid chromatography and its recent developments. J Chromatogr B，2007，649：69-80.

［42］Geng X，Wang L. Liquid chromatography of recombinant proteins and protein drugs. J Chromatogr B，2008，866：133-153.

［43］靳挺，关怡新，费峥峥，等. 重组人 γ-干扰素包涵体稀释复性. 化工学报，2004，55(5)：770-774.

［44］李强. 干扰素 α-2b 蛋白的制备与纯化[D]. 天津：天津大学，2013.

［45］高飞. 重组人干扰素 α-2b 包涵体蛋白的柱层析复性研究[D]. 合肥：安徽大学，2007.

［46］赵荣志，刘永东，王芳薇. 疏水层析分离正确折叠与错误折叠的复合干扰素. 生物工程学报，2005，21(3)：451-455.

［47］耿娟，王艳玲，陈丽颖，等. 反相液相色谱在多肽及蛋白质分离分析中的应用. 广东农业科学，2006，12：133-135.

［48］凌明圣，许祥裕，施凤霞，等. 反相高压液相色谱折叠重组人白细胞介素-2. 生物工程学报，1997，13(2)：180-183.

［49］张麟，孙彦. 蛋白质色谱界面行为的分子模拟. 化工学报，2018，69(1)：156-165.

［50］郭育红，王德心. C-18 柱快速滤层脱盐法. 中国医药工业杂志，1996，27(9)：420-421.

第14章 制备色谱及工艺优化

14.1 概论

14.1.1 制备色谱的定义

制备色谱顾名思义是用来制备产品的液相色谱技术，它的主要目的就是通过制备产品来获得利益。因制备蛋白质产品的价格从每公斤几百元到百万元不等，差别太大，故到目前为止，对于什么样的制备量属于制备色谱并没有统一的认识，造成了制备色谱分类方法的多样性[1]。现在普遍接受的两种分类方法是按照产品制备量和色谱柱柱径大小来区分。

（1）根据产品的制备量分类

① 小规模制备：一次液相色谱循环制备样品的量<10mg。

② 中度规模制备又称半制备：每次循环制备样品的量为 10～50mg。

③ 规模化制备：每次循环制备样品的量为 1～100g 或 1kg/d 左右。

④ 公斤级工业制备规模：每次循环制备样品的量>1kg。

（2）按照色谱柱柱径大小分类

① 对于 HPLC：柱径≤4.6mm 的为分析型液相色谱；柱径大于 4.6mm 和小于等于 25mm 之间的为半制备液相色谱；柱径大于 25mm 和小于等于 100mm 之间的为制备液相色谱；柱径>100mm 的称工业级制备液相色谱。

② 对于多糖类色谱：柱径小于 20mm 的称为分析色谱；柱径 50～100mm 的为制备色谱；柱径>100mm 的称为工业制备色谱。

生物工程产品的下游纯化工艺中，多以不耐高压的多糖基质色谱为主。

14.1.2 蛋白质制备色谱纯化工艺现状

目前 95% 以上的蛋白质纯化是由制备色谱完成的，而且在生物技术产业中，总生产成本 60%～90% 是由分离介质所决定的。因此，制备色谱技术的使用成本对生物产品的市场竞争具有十分重要的作用。选择一个成本低、方法简单、合理有效的制备色谱纯化工艺就成了生物技术产业化的关键。

目前，使用色谱技术纯化蛋白质的文献报道比较多[2-5]，但用大工业制备色谱报道的例子却较少。这是因为大工业制备色谱纯化工艺常常涉及企业的经济利益，为企业的核心竞争力。因此，要建立一个蛋白质的制备色谱纯化工艺需要自己摸索。目前在制备色谱纯化蛋白质的工艺方面，工作经验仍是选择纯化工艺条件的一个重要因素。

14.1.3 制备色谱与传统分析色谱异同

制备色谱是用来制备产品的，分析色谱是用来分析产品的。由于用途不同，就决定了两者在评价体系、纯化工艺和装备等方面存在较大差异[6,7]，制备色谱与分析色谱的异同见表 14-1。

（1）评价体系

在蛋白质的色谱分离过程中，分离度、分离时间和处理量三者间既相互联系又相互矛盾。对于一个特定的色谱体系，任何一个色谱特性都可以通过牺牲其它两项而得到改善。分析型色谱追求的是分离度，分离时间和处理量是次要的，因此用于评价分析色谱分离效果的是理论塔板数和分离度。对于工业制备型色谱追求的处理量，对分离度的要求则相对低一些，因此工业色谱的评价体系是制备效率。制备效率是指一定时间内能分离样品的质量，也称为柱处理量。

（2）纯化工艺

使用制备色谱纯化蛋白质前，首先需用分析色谱摸索条件，获得目标蛋白质的一些化学、物理及生物学方面的特性，为大规模纯化做准备。而蛋白质在制备色谱上的纯化不是分析色谱纯化条件的简单放大，常常是在超负载条件下的操作，遵循的是非线性色谱吸附理论，而分析色谱遵循的则是线性色谱吸附理论。

（3）装备方面

分析色谱的装置系统比较小，许多设备通过系统集成就可以在较小的体积内实现，易于实现装置的标准化；而制备色谱由于样品的处理量大，液体使用量也大，有的每小时可达到几千升，是分析色谱流量的几十到几百倍，故相对应的装置常常需要独立设计，难以实现操作设备的标准化。图 14-1 是美国 Centocor 公司纯化单抗药物的制备色谱系统，色谱柱的直径为 2m，流速达到 5000L/min。

图 14-1　美国 Centocor 公司纯化单抗药物的制备色谱系统

（4）其它方面

工业色谱的蛋白质的洗脱方式多为等浓度洗脱和分段洗脱，而分析色谱常为梯度洗脱。另外，分析色谱中，分离后的组分通常不收集，常当作废液处理掉，费用也不计较。但制备色谱恰恰与此相反，它不但要回收分离样品，还要回收流动相，费用更是斤斤计较，因为这些都与经济效益息息相关。

表 14-1　制备色谱与分析色谱的异同

项目	分析色谱	制备色谱
评价指标	分离度、柱效	制备量、效益
目的	分析及鉴定	制备产品
色谱柱	内径≤4.6mm	内径>100mm
介质粒径	1~5μm(硅胶)	10~30μm(硅胶) 45~160μm(琼脂糖)
流速	0.1~10mL/min	1.0~5000L/min
洗脱方式	梯度	等浓度洗脱和分段洗脱
基质	硅胶为主	多糖为主

14.2　制备色谱评估参数

制备色谱在分离蛋白质时，采用的色谱类型同分析型一样有 RPC、HIC、IEC、AC 和 SEC 等，但要描述其分离过程却很困难。这是因为在分析型色谱上其理论往往是假定溶质在固定相和流动相中的分配是一个理想的平衡状态，进样量小，不超载，即所谓的线性色谱理论。但制备色谱往往与之相反，是一个非线性保留，从分析型色谱推导来的模型往往都有一定的局限性。到目前为止，还没有一个十分成功地解释蛋白质在制备型色谱中分离过程的分离模型。

目前，描述溶质在制备型色谱上的非线性色谱理论有质量传递动力学模型、质量平衡方程、溶液体系的近似模型、进样作用函数模型和平衡等温线等[8,9]。虽都有用，但均不完美，理论体系还十分复杂，故需要从机理以外的经济角度去考虑分离参数的最佳化。

14.2.1　负载量

负载量包括比负载量和固有负载量。

（1）比负载量

比负载量（specific loading capacity）被定义为 1m^2 的介质吸附蛋白质质量（mg）。影响比负载量的因素有以下两项。

① 配体密度

配体密度高，吸附蛋白质的量大，比负载量就高。但高的配体密度往往又造成低的质量回收率，同时还需要高浓度的洗脱剂才能将蛋白质洗脱下来，因此选择配体密度时要综合考虑。

② 流动相组成

流动相的组成对比负载量影响也较大。流动相的洗脱能力强，柱子的比负载量就低。在 IEC 上，配体密度相同，盐浓度高时，蛋白质吸附量小，比负载量就小。在 RPC 中，甲醇与异丙醇或乙腈在相同浓度和相同柱子上吸附量不同。在 HIC 上，$(NH_4)_2SO_4$、Na_2SO_4 和 NaCl 三者的溶液作流动相，对于同样的蛋白质，吸附量也不同，这是因为这些洗脱剂既可以改变蛋白质的构象，又可以改变蛋白质在介质上的吸附等温线。

（2）固有负载量

固有负载量（intrinsic loading capacity）是单位体积介质在静止饱和负载情况下吸附物质的量。不同的介质有不同固有负载量。影响固有负载量的主要因素是孔径分布、介质总表面积及配体密度。

① 孔径分布

对于色谱介质，介质内孔通常占总表面积 90% 以上。孔径增大，介质总的比表面积减小。单位体积比表面积越小，固有负载量越小。固有负载量与孔径大小直接相关，只有蛋白质能进入的孔才能有吸附作用，比蛋白质体积小的孔形成的表面，对固有负载量无贡献。孔径与溶质直径比值直接决定了溶质在介质中的渗透情况，只有当孔直径/溶质直径＞1 时，溶质才能渗透进去。

② 介质总表面积

很明显，负载量与蛋白质所能接触的总表面积直接相关。当增加接触总表面积时，负载量将增加，但介质总表面积的增加有一定的限度。

③ 配体密度

配体密度大，对蛋白质的吸附作用强，固有负载量就大。

14.2.2 评估参数

对于制备色谱，经济效益是第一位。因此，制备色谱要同时关心分离物的量和分离物的纯度，即从经济角度来考虑分离效果。经济效益的计算有以下两种方法。

（1）总利润计算方法

$$E = P/t \tag{14-1}$$

式中，P 为利润；t 为循环一次的时间；E 为经济效益。

$$P = V_p - V_o - C \tag{14-2}$$

式中，V_p 为产品的价值；V_o 为粗产品价值；C 为色谱过程的费用。

上式还可以同回收率和纯度建立起相应关系，建立的方法可根据习惯来确定。

（2）成本分析计算方法

纯化单位质量纯物质的成本主要有以下几个方面组成：

$$C_{Tot} = C_{Col} + C_{Ins} + C_{Mai} + C_{oth} \tag{14-3}$$

式中，C_{Tot} 为总成本；C_{Col} 为柱子成本，与柱子负载量、柱寿命、循环次数成反比，与柱子价格和填充技术等有关；C_{Ins} 为生产单位质量产品仪器损耗费用或折旧费，一般用仪器的寿命长短来计算；C_{Mai} 为操作费用即劳动者的工资，在使用制备色谱纯化蛋白质时，对操作者的技术水平要求高，相应操作者的工资也比较高，在许多情况下，它在成本中占的比例较大；C_{oth} 为其它费用。

上面只是简单地介绍一下成本分析，有许多内容没有计算在内，如税收等，用户可根据企业的具体情况进行调整。

14.3 制备色谱最佳纯化条件建立

制备色谱以经济效益为第一要素，所有分离条件的建立都是以最小投入和获取最大经济效益为目标，即在保证纯度的前提下，尽可能多地提高样品的处理量和回收率。从分离角度上讲就是要获得最佳制备色谱的分离条件。

过去对不同色谱技术在蛋白质纯化过程中应该如何排布并没有清晰的认识，总认为每步色谱纯化技术所得到的结果与其它步骤相互独立，只要每步色谱技术是最优化的，最后的结果一定是分离度和回收量最优化的。而实际情况往往出入较大，在大规模制备色谱中更是如此。

14.3.1　色谱技术之间相容性选择原则

（1）不同纯化阶段色谱技术选用原则

在不同的纯化阶段，选择何种色谱技术有一定的原则，主要有以下三个方面：

① 不同的色谱技术因其分离原理不同，适用于不同的起始分离条件，见表 14-2。

② 色谱技术之间具有互补性，利用互补性可简化操作步骤。

③ 理想色谱纯化方法应为前一个色谱洗脱液条件与后一个色谱平衡液条件相同。即使不能完全满足下一步的色谱分离条件，也应是经简单处理就可以满足下一步使用，操作中应尽量减少中间处理步骤。

表 14-2　各种色谱技术在不同纯化阶段适用范围

色谱技术	样品的起始条件	样品纯化后的结果	在不同纯化阶段的使用频率
SEC	任何溶液状态均可	样品被稀释，溶液可被交换为第二步色谱技术的起始缓冲溶液状态	多在纯化的最后阶段，在基因工程技术中，可用在纯化的早期用于除去变性剂
IEC	低离子强度溶液	样品被浓缩，溶液成为高离子强度溶液或 pH 发生了改变	在纯化的早、中和后期均可，视样品而定
HIC	高离子强度溶液或其它缓冲液（最适合盐析沉淀后的蛋白质样品）	低离子强度溶液	多在盐析沉淀后使用，主要用在纯化的早期和中期
AC	缓冲溶液	多为低 pH 或含变性剂的溶液	早、中或后期均可，建议早期使用
RPC	水溶液或低浓度缓冲溶液	低 pH 值的有机溶液	主要用于在有机溶液中不失活的蛋白质，比如 IL-2 和胰岛素多在后期使用

（2）不同色谱技术的相容性

不同色谱技术纯化的原理和使用的流动相明显不同，相互间的相容性见表 14-3。如何利用好这些色谱技术之间的相容性，是一个技巧。巧妙地利用技术间相容性，既可以获得良好的工艺又可将样品的中间处理步骤减到最少。

表 14-3　不同色谱技术组合的相容性

第一步	第二步	第一步和第二步色谱技术组合的相容性	相容性评价
IEC	HIC	可直接上样	优
	SEC	可直接上样	优
	AC	可直接上样	优
	RPC	需要调整溶液组成	中

第一步	第二步	第一步和第二步色谱技术组合的相容性	相容性评价
AC	SEC	可直接上样	优
	IEC	需要调整溶液组成	中
	HIC	需要调整溶液组成	中
	RPC	需要调整溶液组成	差
SEC	IEC	可直接上样	优
	SEC	可直接上样	优
	AC	可直接上样	优
	RPC	可直接上样	中
HIC	SEC	可直接上样	优
	IEC	需稀释	优-
	AC	需调整溶液组成	优-
	RPC	需调整溶液组成	差
RPC	SEC	可直接上样	优-
	IEC	需调整溶液组成	差
	AC	需调整溶液组成	差
	HIC	需调整溶液组成	差

IEC 是色谱技术中应用最广泛的技术。对于富有经验的操作者而言，可巧妙地在蛋白质纯化的早期或后期两个阶段同时使用 IEC，或者使用同一根 IEC 柱，在不同的 pH 条件下选择性地分离蛋白质。IEC 纯化后的蛋白质样品，盐的浓度比较高，不用更换流动相组成可直接使用 HIC 进行第二步的分离纯化；同样，也可以直接使用 SEC 和 AC 进行第二步纯化，但 IEC 之后进行 PRC 的纯化不是一个好的选择。

AC 在蛋白质纯化中，由于高的纯化倍数，宜早期使用，但 AC 纯化后的蛋白质溶液通常酸度较高或含有大量蛋白质的变性剂，容易导致蛋白质失活，必须及早除去。这时使用 SEC，就可达到上述目的。AC-SEC 联合使用，还可有效除去配体丢失对纯化产品的污染，这也是使用单克隆抗体 AC 纯化蛋白质后，必须使用 SEC 的最重要的原因。其它的几种色谱技术在 AC 之后并不被推荐使用。近年来，由于生物技术发展，人们可以人为地改造目的蛋白质，让其更加适合 AC 纯化，使 AC 的应用更加方便和快捷[10-12]。目前 AC 已经成为许多基因重组蛋白质纯化的标准和优选技术。

蛋白质纯化后，尽管盐的浓度大大降低，但对于 IEC 来讲，浓度仍然偏高，需通过稀释或缓冲液更换才能使用。但 HIC 纯化蛋白质后，使用 SEC 是一个非常好的选择，它可以在完成色谱纯化的同时更换流动相组成。所以，HIC-SEC 组合是理想的色谱技术组合。

SEC 之后各种色谱技术均可使用。但由于 SEC 的柱容量和其稀释效应的关系，通常将该技术应用在其它技术之后。SEC 缺点是柱容量有限，任何浓缩色谱技术（IEC、HIC、AC）之后都可使用 SEC，并且前一步洗脱液组分不会影响 SEC 的色谱行为。

RPC 由于使用酸性的有机溶剂作为流动相，容易造成蛋白质的失活，故使用较少。除非是一些在 RPC 流动相中不失活的蛋白质。

（3）蛋白质纯化工艺对色谱技术要求

有效减少样品体积，最大能力提高产品纯度是制备工艺对色谱技术选择的第一原则。首选是 IEC，因其具有较好的浓缩效应、较高的物理化学稳定性和较低的价格；其次是蛋白质分离效果最好的 AC；HIC 如何排布视具体工艺而定；SEC 一般安排在最后。

利用色谱技术互补性，合理安排纯化工艺，减少纯化工艺步骤，缩短操作时间，是选择色谱技术的第二原则。

14.3.2　最佳纯化条件建立

制备色谱关注的是制备量而不过多关注色谱柱的分离度，因此，许多流行于分析型色谱的概念在这里不太适用，使用分析色谱的结论来套用制备色谱往往会产生较差结果。

制备色谱的最佳化条件就是在满足纯度的条件下，寻找获得产品最大产值（即获得最大的回收率）的分离条件，因此，分离度、柱效和峰形对称性往往不是重点（图 14-2）。

在制备色谱上，实现组分与其它杂质有效分离并不是一件容易的事。可用分析型色谱的条件作为依据，摸索最佳的分离条件，也可以根据吸附等温线的类型来提供参考，但不能用分析型色谱的分离条件直接用于制备型色谱，两者差别较大。图 14-2（A）对于分析型色谱是一个比较理想的分离条件，它的分离度和柱效都好，如果加大进样量，杂质就会与要分离的蛋白质混合，不适合于制备型色谱的分离。图 14-2（D）从分析角度来看是一个差的色谱图，其分离度和柱效都很低，但从制备角度来看则是一个好的分离条件，因为进样量加大对分离物的纯度影响较小，而且一次进样可获得较多的产品。

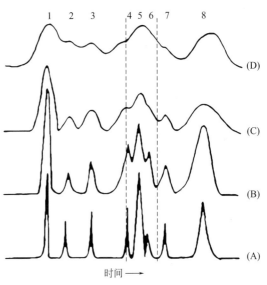

图 14-2　分析型色谱与制备型色谱分离条件的选择
8 个样品组成比例不变依次加大进样量获得的色谱图，
进样量依次为 A<B<C<D

（1）影响色谱柱最大负载量的因素

工业制备色谱的生产能力是由色谱柱决定的。对于色谱柱，通常要求在保证一定纯度和回收率的前提下，尽量提高色谱柱的进样量，即在超载条件下进行分离[13-15]（非线性色谱吸附）。色谱柱的最大溶质负载量 M 与下列条件相关联，见式（14-4）。

$$M = A\pi r^2 L K_p d_t A_s (d_p/L)^{1/2} \tag{14-4}$$

式中，M 为色谱柱的最大负载量，g；r 为色谱柱半径，cm；L 为色谱柱长度，cm；K_p 为溶质的分配系数；d_t 为介质的填充密度，g/cm^3；A_s 为介质的比表面积，m^2/g；d_p 为介质颗粒的粒径，cm。

色谱柱的最大负载量与色谱柱的半径平方（r^2）成正比，同时色谱柱的介质用量也按平方加大。如果要保持色谱分离线性流速不变的话，流动相流量必须与色谱柱的截面积同比增大，意味着流动相的消耗要同时增加。

增加溶质的分配系数 K_p，导致溶质的保留时间增长（保留体积变大），使柱子的最大负载量增加。对于给定的色谱柱，影响 K_p 的只有流动相。可以通过改变流动相的组成和性质来增加或减少 K_p，从而调节色谱柱的最大负载量。

在制备色谱中，不同装填方法均会影响 d_t 的大小。但对于一个给定的介质和色谱柱子，在实际分离上的色谱柱介质填充密度 d_t 已经固定，通常也是最大 d_t 的装填方法。

介质的最大负载量与介质的比表面积 A_s 成正比。但高的比表面积会导致色谱保留时间加大，流动相消耗也会加大。同时，色谱流速和溶剂的选择范围会受到限制。

介质颗粒的粒径 d_p 和色谱柱长度 L 均影响色谱柱的最大负载量。在给定的最佳流速下，色谱的分离效果总是与色谱柱的长度成正比。但增加柱长，又会增加色谱系统的压力，为了维持恒定的流速必须要增加系统的压力。介质的粒径和柱长共同影响色谱柱的最大负载量。

柱长、颗粒大小和流速决定着柱效。虽然柱效在制备色谱中不是重要的参数，然而根据制备色谱最佳化的要求往往是先根据柱效和流速来设计柱子。在实际分离中，相邻两个峰之间的分离程度与柱效关系很大。当第一个峰的拖尾斜线部分与第二个峰前沿斜线部分之间混合较多时，应该采用高柱效的柱子或者将混合的部分重新上柱分离。

介质颗粒的大小直接影响柱效、负载量、柱压降。颗粒大小对最佳化分离条件的影响并无定论，有两种不同说法：一种说法是小颗粒可以获得高的柱效；另一种说法认为使用大颗粒长柱子也可获得小颗粒同样的柱效。小颗粒优点为高效、适合于复杂物质的分离，缺点是柱的压力高、介质成本高。但这种柱子使用时间长，相对于整个分离来讲成本是低的。大颗粒刚好与上述相反，价格便宜、流速高。使用多大颗粒才能获得一个合适的效果是一个经验问题。

在过载洗脱的条件下，柱长是最佳化的重要参数。在实验中往往有一个最短柱长的限制，当柱长度低于这个数值就不能保证分离产品的纯度，在保证分离纯度下适当加大柱长比较合适，太长会增加成本、降低流速。

（2）提高工业制备色谱处理量的方法

工业制备色谱通常在超载下工作，要提高原料处理量或产品回收率，简单的方法是加大柱的直径，增加介质用量，从而增大色谱柱的容量，但随之会使柱的分离效能显著下降。目前提高工业制备色谱原料处理能力的方法主要有以下几种。

① 自动脉冲进料

为了提高制备色谱的生产能力，要充分利用色谱柱的分离效能，对拖尾不严重的组分色谱峰，采用自动脉冲进样方法。具体方法为：当第一次进样后，样品在柱上运行一段时间，在产品并没有从色谱柱中完全出现时，再次进样，在各次进料与出现的色谱峰之间保持一定的距离，以免下次进料的色谱峰和上次进料色谱峰重叠；隔一段时间再一次进样，这样采取多次脉冲进样方式，可使柱子的分离效率得到最大利用。提高进样液的浓度和体积在这种方式中也十分重要。严格调整好各次进料时间间隔，既不致色谱峰相叠，又不致色谱峰之间距离过大浪费分离柱长是这个技术的关键。通过提高脉冲进料的次数，可大大增加色谱柱的进料量而提高柱子的处理量。这种技术只适合于等浓度洗脱方式。

② 改间歇操作的色谱柱为连续或半连续的操作

将间歇操作的制备色谱技术改为连续或半连续的操作，可大大提高色谱柱的原料处理量和生产能力。连续或半连续的工业制备色谱有多种，如移动床、模拟移动床、各种移动接口色谱和旋转色谱等。

③ 加大色谱柱的直径

在工业生产中增大色谱柱直径常和重复循环操作联合使用，柱床不宜过高，柱床过高使柱床压力差加大，色谱柱体系压力就需相应升高，造成轴向返混和扩散增强，柱的分离效果下降。另一种办法是增加柱径，当色谱柱直径增大到 $5\sim20\mathrm{cm}$ 时，柱内流动相就会有返混和边壁效应，使轴向流速在床层横截面上不一致。根据实际生产经验，建议对直径 $100\mathrm{cm}$ 的柱沿轴向每间隔 $10\mathrm{cm}$ 加一个圆环挡板，可减少径向各点流速的相差。大直径色谱柱分离效果下降的另一原因为装填不均一，造成流动相流速不均匀，易于造成涡流。颗粒粒径分布范围较大的介质，装填后部分颗粒疏松，部分颗粒易成团，使流动相在床层内产生涡流返混，导致色谱峰增宽或重叠，以致分离效能和效率下降。

④ 延长色谱柱长度

色谱柱的容量与使用的固定相用量成正比。固定相用量越大，柱子的处理容量就越大。所以增加固定相用量为最常用的办法。增加固定相用量的方式一种是增加色谱柱的柱径，另一种是增加色谱柱的长度。要使正常直径的色谱柱维持一定的分离效率，又要加大处理容量就要延长柱的长度。但流动相通过柱床层的压力差随柱的加长而增大，所以不能过度延长柱的长度。补救的办法是采用大粒径的固定相。但当液相色谱中流动相的溶质浓度较高时，常处于内扩散控制区，颗粒的粒径加大，不利于颗粒内的传质扩散。因此，需要有一适宜的柱长，使分离效果值基本上维持在一定的数值。

由图 14-3 可以看出，柱长和最短柱长的比值与柱的负载量、进料速率、分离效率、溶剂利用率存在一定的关系。柱增长时，比值增大，柱的容量相应增加，分离效率达最高点，继续增加柱的长度，分离效率随即下降。另外，柱加长后，延长了组分的保留时间，相应地加长了操作周期。保留时间增加，一般导致色谱扩展，出现更多的扩散峰，使各组分之间的分离效果变差。克服保留时间过长的方法有两种：首先是降低介质的负载，但这意味着柱的容量不能增加；其次是提高流动相的流速，使之达到最佳流速，但对工业色谱来说，效果并不显著。对于小分子物质最后可以考虑提高柱温的办法，柱温升高，组分的保留时间下降，所以工业色谱常在较高的柱温下操作，但对温度的控制要注意，柱温提高过大，改变（降低）了平衡关系，甚至使柱溢出，介质溢出会造成产品污染，纯度降低。但对于蛋白质的纯化提高柱温将导致蛋白质失活，此技术并不适用。

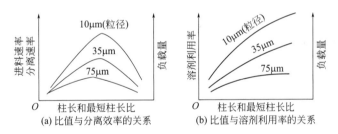

图 14-3　柱长控制的动力学效应

⑤ 多根平行色谱柱

采用多根并联平行的色谱柱可以用提高进料量和柱容量，这要求每根色谱柱分别具有合理的直径和长度，总的固定相用量维持不变。虽然这样组合的色谱柱可以克服加大柱直径和柱长的困难，但流动相流过各柱时仍有相当大的压力差。这种技术的使用需要相当高的技巧，工人操作难度大，生产中较少被采用。

⑥ 多次循环操作

色谱柱的进料量增加，柱的分离效率迅速下降，为了克服此缺点，可以改用反复少量进样的方法避免柱在超载下操作。

在工业制备色谱中，为了提高色谱柱的生产能力，尽可能采用高浓度的进样。但样品的浓度受流动相对溶质的最大溶解度限制。

循环操作的目的在于提高进样量（生产率）和产品的纯度。前者用反复少量进样的方

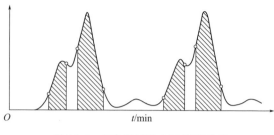

图 14-4　多次进样最小的循环时间

法，避免超载是在自动控制条件下，控制每次的进样量相等。自动控制循环色谱一般以时间为变量，取一定的出峰浓度为基准，加以控制（图 14-4）。这种控制的方法，要求各组分保留时间的重现性良好。但保留时间又会受各种条件的影响，如色谱柱的污染、流动相进入的时间，都会引起保留时间发生差异，使色谱峰位置移动。

循环操作主要用于提高产品的纯度，如图 14-5 所示。由于制备色谱通常是在超载条件下进行分离，许多物质在中间常常重合，这样可将收集液分成三段进行收集，见图 14-5（A）。收集的第一部分馏分为纯 a 物质，第三部分馏分为纯 b 物质，中间的馏分是 a 物质和 b 物质混合物。将此部分进行循环进样，可以获得良好的分离效果。色谱峰可以在中心切割或在一侧切割，再循环分离图 14-5（B）和图 14-5（C）。分离度小的谱峰，可将重叠部分的馏分分别收集，再重新循环进样。简单进样可得到三种不同的馏分，即产品 a、循环馏分和产品 b。多次脉冲进样是在两次进样之间有附加循环，一般仅用于很难分离组分的分离。强吸附组分在进入分离柱前应首先除去，循环馏分可以在每次原始进样的前后，与进料混合成新的浓度送入色谱柱。如果从复杂组分混合液中仅需要分离一种组分，脉冲进料常使弱吸附组分和上次脉冲进样中移动得慢的强吸附组分重叠，循环的目的除克服超载进样外，还有增加所需组分的回收率。

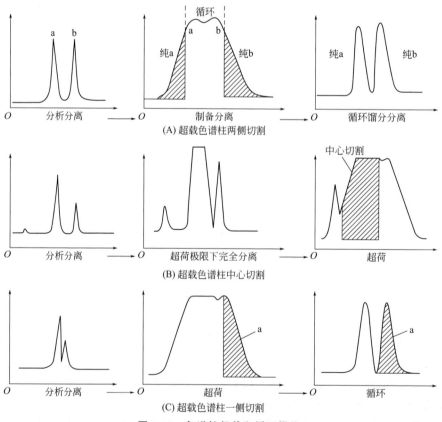

图 14-5　色谱柱超载和循环操作

⑦ 流速

最大流速由颗粒大小、柱长、柱直径和泵流量所限制。加大流速可以提高获得产品速度，但同时又会降低柱子分离效果。由于理论塔板高度常随流速的增加而加大，同时溶剂消耗加大。因此，流速对最佳化分离条件的影响要结合其它的参数进行综合考虑。

⑧ 进样量

在制备型色谱分离蛋白质时，进样量与分析型色谱相差较大，见图 14-6。图 14-6 曲线 A 对分析型色谱来讲是一个好的分离条件，但对于制备型色谱来讲，这个条件并不是最好的，因为一次进样可获得的产品量很少。因此就要加大进样量到曲线 E，此时在满足一定纯度的条件下，样品的制备量最大。

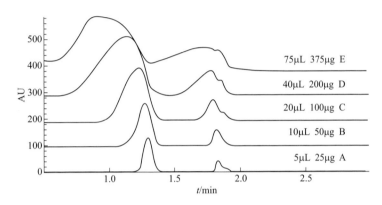

图 14-6 进样量对制备 HPLC 的影响

色谱柱：TSK-gel RPC ODS 柱；流速：1.5mL/min；流动相 A：0.1％TFA 水溶液；流动相 B：0.1％；TFA 乙腈溶液；洗脱条件：线性梯度 20％B～60％B，3min

（3）样品的负载与回收率和纯度间的关系

纯度和回收率在制备色谱中总是矛盾的。通常情况下纯度越高，回收率就越低。在实际生产中该如何处理，往往视具体情况而定。当原材料多，价格便宜时，纯度就重要了；相反，当原材料来源有限，价格昂贵，回收率就会显得非常重要。在制备色谱上分离蛋白质时，在满足纯度条件下尽可能获得高的回收率就成了最佳化条件的依据。

回收率和纯度在制备色谱上与柱子负载量关系较大，对于一个确定的柱子，负载量（上样量与载体量的比值）越大，纯度和回收率就越低，见图 14-7。

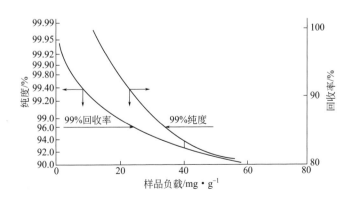

图 14-7 制备色谱上负载量对回收率与纯度的影响

14.4 蛋白质色谱纯化的工艺优化

制备色谱虽是蛋白质纯化工艺中的关键技术，但整个工业生产中往往还需要其它纯化技术相配合。在建立完整蛋白质纯化工艺前，需要了解和掌握一些蛋白质纯化工艺应该遵循的基本原则[16]。

14.4.1 色谱纯化工艺建立前应遵循的基本原则

（1）了解产品来源

生物工程下游纯化的目的是将目标产品之外的其它杂质尽可能去除，故在工艺建立前必须要了解目标产物的来源。

现代生物工程产品原料来源目前主要有四种方式获得，见表14-4。这些产物样品具有如下特点：①目的产品在初始原料中含量较低；②初始原料组成复杂除目标产品外，还有大量的细胞、代谢物、残留培养基和无机盐，特别是对目标产物纯化影响最大的产物类似物；③目标产物的稳定性差具有生物学活性的目标产物对 pH、温度、金属离子、有机溶剂和酶等十分敏感，容易失活；④杂质种类繁多，包括分子量差异极大的各种分子、结构简单和复杂的有机物以及结构复杂与性质各异的生物活性物质。

表 14-4 现代生物工程产品原料来源

比较指标	表达系统			
	大肠杆菌	酵母菌	哺乳动物细胞	昆虫细胞
外源基因表达水平	高	比较高	不高	不高（家蚕除外）
培养条件	易	易	难	较难
表达产物的形式	多数不能分泌，胞内形成包含体	多数能分泌，少数在胞内形成包含体，有时产物不均一	一般都能分泌	一般都能分泌
表达产物的糖基化	不能糖基化	能糖基化，但糖基化程度与天然产物有差别	糖基化好，近似天然产物	能糖基化，但糖基化程度与天然产物有差别
产物纯化工艺	细胞破壁容易，多数产物需复性，工艺较复杂	细胞破壁容易，多数产物需复性，工艺较复杂	纯化简单	纯化较简单（家蚕除外）
生产成本	高（主要花费在纯化方面）	低	高（主要花费在培养条件）	高（主要花费在培养条件，家蚕除外）
稳定性	差	较好	好	较好
难点	复性	破壁	培养	培养

（2）了解目标蛋白质的性质、杂质种类和性质及产品质量要求

① 目标蛋白质产品的性质

目标蛋白质产品的化学、物理和生物学性质，包括化学组成、分子量、等电点、电荷分布及密度、溶解度、稳定性、疏水性、扩散性、扩散系数、分配系数、吸附性能、生物学活性、亲和性和表面活性区域等。

② 样品中杂质的种类及性质

样品中杂质的含量、性质、结构、分子量、电荷性质及数量、生物学特性、稳定性、溶解度、分配系数、挥发性和吸附性能等。

③ 产品质量要求

产品质量要求包括产品质量标准和用途。质量标准包括对产品纯度、生物活性和比活的要求，还包括允许杂质种类和最大允许含量、特殊杂质的种类和最大允许量、杂质对使用的影响、产品剂型和贮存稳定性等，特别要注意 DNA 杂质、病毒和热原质的去除方法。用途不同，质量标准差异很大。

（3）掌握除色谱技术外的其它相关技术

在建立蛋白质纯化工艺前，要掌握除制备色谱技术外的其它相关技术，如产品质量检测分析技术、纯度鉴定（SDS-PAGE）技术、沉淀分离的离心技术、细胞破碎及膜分离技术等。

（4）其它原则

①纯化技术选择要简单化，并且能产生最佳的纯化效果，避免过度纯化或使用纯化技术不当，使产品的纯度达不到要求；②在每一步纯化过程中使用不同的纯化技术时，要充分利用样品特性（样品大小、电荷、疏水性、配基的特异性）对样品进行分离纯化，使用的纯化步骤尽可能少，额外的纯化步骤将会减少目标蛋白质的产量和增加纯化时间；③使每一阶段处理的样品体积最小化，避免过多的处理步骤，过多的处理步骤有可能会损失样品活性或降低回收率；④尽早去除对样品有损伤的杂质，例如蛋白酶；⑤尽可能少用添加剂，如果用，可能需要额外增加纯化步骤去除添加剂，而且添加剂还可能干扰样品的活性分析。

14.4.2 蛋白质纯化基本工艺流程

（1）蛋白质纯化基本工艺流程步骤

不同蛋白质纯化技术可能差别较大，但基本遵循着相似的工艺流程，见图 14-8，包括初步纯化（样品捕获）、中度纯化和精细纯化三步[16]。

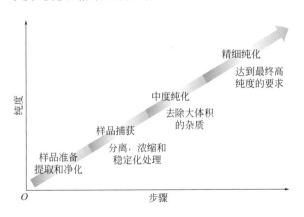

图 14-8 蛋白质的纯化基本工艺流程图

在样品捕获阶段，主要是将目标蛋白质进行分离和浓缩，以减少样品有效体积，并对其进行稳定化处理。离心、硫酸铵沉淀和膜过滤是这个阶段常用的纯化技术。经过这一步纯化后，目标蛋白质样品的体积会大大减少，主要杂质也会在这个阶段除去。

在样品中度纯化阶段，主要依靠色谱纯化技术。经过这一步骤后，蛋白质的纯度一般能达到80%~95%，制品中的大量杂质已被去除，如杂蛋白质、核酸、内毒素和病毒等。

在样品精细纯化阶段，由于大量的杂质已经被去除，仅剩余一些痕量的杂质或是与目标物产物非常接近的相关物质，这就需要高分辨率的色谱技术来完成最终的纯化。

应该注意的是并不是所有蛋白质产品的纯化工艺都要经过上述三个步骤。例如，对目标蛋白质的捕获和中度纯化可能在一个纯化步骤中就完成了，中度纯化和最后精制也可能在一个纯化步骤中完成。如对产品纯度要求较低，一步纯化就能获得想要的结果，或者样品开始时纯度就很高，只要经过一步精细纯化就可达到需要的纯度。对于治疗性蛋白质药物的纯化，或许需要四个或者五个纯化步骤才能够完全达到对纯度和安全性的最高要求。

对于一个有效的纯化过程，捕获、中度纯化和精细纯化阶段的优化组合是非常关键的。各种色谱技术在三个阶段中的特点见表14-5。各种纯化技术之间的纯化组合流程图见图14-9。

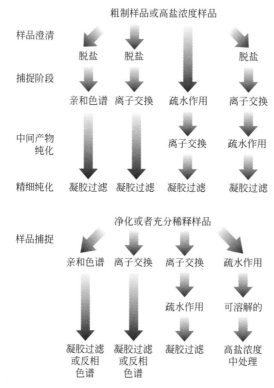

图 14-9　各种纯化技术之间的纯化组合流程图

表 14-5　各种色谱技术在三步纯化工艺流程中的特点

纯化技术	主要特征	捕获	中度纯化	精细纯化	样品起始条件	样品结束条件
IEC	高分辨率 高容量 高速度	☆☆☆	☆☆☆	☆☆☆	低离子强度 样品体积没有限制	高离子强度或 pH 改变浓缩
HIC	好的分辨率 好的容量 高速度	☆☆	☆☆☆	☆	高离子强度 样品体积没有限制	低离子强度浓缩

纯化技术	主要特征	捕获	中度纯化	精细纯化	样品起始条件	样品结束条件
AC	高分辨率 高容量 高速度	☆☆☆	☆☆☆	☆☆	特殊结合条件 样品体积没有限制	特殊洗脱条件 浓缩
SEC	分辨率中度		☆	☆☆☆	样品体积<5％总柱体积	更换缓冲溶液 稀释
RPC	高分辨率		☆	☆☆☆	需要有机溶剂	蛋白质活性丢失 浓缩

注：☆代表分离技术的适用程度，适用程度越好，☆越多。

（2）纯化工艺流程对纯化技术的要求

①操作条件温和，能保持目标产物的生物活性；②选择性好，能从复杂的混合物中有效地将目标产物分离出来，达到较高的纯化倍数；③回收率高；④两个技术之间能直接衔接，不需要对物料加以处理或调整，这样可减少工艺步骤；⑤整个分离纯化过程快，能够满足高生产效率的要求。

（3）纯化工艺流程对纯化步骤要求

多数纯化步骤需要经过一步以上的方法才能达到预期的产品纯度。增加任何操作步骤都会导致产物的丢失。假定每一步能够获得80％的产量，如图14-10所示，那么经过8个纯化步骤后，总回收率只有20％。因此，使用最少的步骤和最简单可行的设计来达到预期的产量和纯度是蛋白质纯化工艺最主要的要求。即使那些最具挑战性的样品纯化，如高纯度和高产量的制品通过恰当选择并有

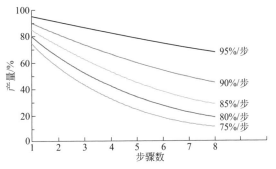

图 14-10 纯化步骤与产品产量的关系图

效组合，也可实现少于四步的纯化技术并完成高效率样品纯化。各种技术应该以有逻辑的顺序组合起来，避免改变样品条件的步骤，恰当地选择色谱技术使纯化步骤尽可能少。

14.5　制备色谱在蛋白质纯化方面的应用

我国生物技术产业在近些年得到了快速发展，正在成为我国国民经济一个支柱产业。目前国内已有500多家企业在应用制备色谱技术纯化疫苗、重组蛋白质、单抗治疗药物和生化诊断试剂等。下面简单介绍制备色谱技术在一些产品纯化方面的应用。

14.5.1　血液制品纯化

目前，人血清白蛋白和静脉注射用丙种球蛋白是我国临床用量最大的两种蛋白质制品。我国现行采用的是低温乙醇生产工艺，而血浆中的其它小组分蛋白质制品则使用的是制备色谱技术，如凝血因子Ⅷ。

目前国际上一些发达国家已经采用了血浆蛋白的全色谱分离新工艺，见图 14-11 和图 14-12。这些制备色谱工艺的使用，使得产品的回收率、分离产品的组分数及血液制品综合利用率均得到了有效提升，同时还大大降低了生产成本。

制备色谱法纯化血浆蛋白工艺与低温乙醇工艺相比具有如下优点：①投资规模大大降低，对于低温乙醇生产工艺，所有的生产过程均需在0℃以下操作，能耗大，而色谱技术则是在0℃以上至室温下操作，能耗低；②色谱分离使用的流动相为低浓度的缓冲溶液，而低温乙醇技术主要使用乙醇作为沉淀剂，两者的生产成本明显不同，另外，乙醇还容易使许多组分含量低的蛋白质变性；③制备色谱工艺占地较少，核心部位300平方米就可以满足生产需求，而低温乙醇工艺最少需要上千平方米；④色谱工艺分离出的组分数目远比低温乙醇工艺多，血液制品的综合利用率高，效益也好。

图 14-11　澳大利亚 CSL 公司年处理 250t 血浆生产白蛋白的色谱装置
色谱柱为 3400L DEAE Sepharose FF

图 14-12　法国血液制品商的血液制品生成装备
色谱介质为 Sephacryl S 200；柱大小为 1200mm×300mm

利用亲和色谱纯化的血浆小组分蛋白质制品，见表 14-6。

表 14-6　亲和色谱纯化血浆小组分蛋白质的吸附剂选择

血浆蛋白	吸附剂
白蛋白	蓝色葡聚糖 脂肪酸-琼脂糖 FF
α_1-抗胰蛋白酶	ConA-琼脂糖 FF 胰蛋白酶-琼脂糖 FF

血浆蛋白	吸附剂
甲状腺素结合球蛋白	甲状腺素-琼脂糖 FF
抗凝血酶Ⅲ	肝素-琼脂糖 FF
纤维结合蛋白	明胶-琼脂糖 FF
抗血友病因子	ConA-琼脂糖 FF
触珠蛋白	血红蛋白-琼脂糖 FF
纤溶酶原	赖氨酸-琼脂糖 FF
C1q	IgG-琼脂糖 FF
凝血因子Ⅴ	凝血酶原-琼脂糖 FF
凝血因子Ⅶ	苯甲脒-琼脂糖 FF
凝血因子Ⅸ	肝素-琼脂糖 FF

14.5.2 基因重组人血清白蛋白纯化

人血清白蛋白在临床上主要用于挽救一些休克、大出血、手术性失血等重症病人的生命，其临床用量非常大，仅我国每年需求量就高达 420t 以上。我国人血清白蛋白多年来一直非常短缺，生产的人血清白蛋白产量仅能满足 50% 的市场需求，需大量进口，因此希望通过基因工程的方法来大规模制备基因重组人血清白蛋白（rHSA）。

目前用基因工程技术制备 rHSA 的方法有酵母表达、稻米生产及转基因羊和猪生产等[17-21]。

目前，国内外已经进入临床研究及批准生产的企业见表 14-7。

表 14-7　目前国内外生产 rHSA 企业情况

国内外公司	表达载体	批准应用领域	批准部门
丹麦/英国　诺维信	啤酒酵母	辅料	FDA 和 EMEA
中国　华北制药	毕氏酵母	辅料、药物	药用辅料开展三期临床,SFDA
中国　海正药业	毕氏酵母	辅料、药物	申报临床试验阶段,SFDA
中国　武汉禾元	稻米	辅料、药物	临床前研究阶段,SFDA

国内华北制药[22]、海正药业[23] 和武汉禾元[24] 三家公司采用的纯化路线均是大规模制备色谱系统，介质用量均以 t 为单位。

由杨代常教授[24,25] 培育出的高效生产 rHSA 的转基因水稻所生产的 rHSA 注射液于 2017 年 5 月 16 日获得 SFDA 的临床试验批件，成为世界上第一个进入临床试验的植物源 rHSA 产品，其重组蛋白质纯度提高到 99.9999%，彻底解决了注射用重组蛋白质杂质过敏问题。

1992 年，以色列科学家首次将人血清白蛋白基因和绵羊 β-乳球蛋白启动子组成新的基因，将其转入小鼠受精卵获得转基因小鼠，转基因小鼠可以将这个来自人类的基因一代代遗传下去，并在绵羊 β-乳球蛋白启动子的引导下，转基因母鼠在其乳汁中生产出 rHSA，这种生产方式被称为动物乳腺生物反应器。后来山羊和兔乳腺生物反应器生产的重组蛋白质药物都被批准上市，是继微生物发酵、哺乳动物细胞培养体系之后的第三代基因工程制药技术。

2009年，美国GTC生物制药公司研发人员将山羊β-酪蛋白启动子与人血清白蛋白基因全序列结合，组成新的基因，并将新基因转入到奶牛细胞中，通过体细胞克隆技术，培育出转有新基因的转基因奶牛。与转基因小鼠一样，这些转基因母牛产奶后，其乳汁中就能检测到rHSA，每升牛奶中含有1~2g重组蛋白质，其中有一头转基因母牛所产重组蛋白质高达48g/L。值得一提的是，该公司正是开发出国际上第一个动物乳腺生物反应器重组蛋白质医药产品的公司。

2016年，中科院广州生物医药与健康研究院利用基因编辑技术，将猪血清白蛋白基因替换成人血清白蛋白基因，已获得纯合子基因编辑猪，rHSA在猪血中含量可达20g/L，下一步将主要需要攻克重组蛋白质纯度等难关[26,27]。

目前用于重组基因蛋白质纯化的制备色谱柱直径最大已经达到1.4m，见图14-13。生产中使用的技术包括IEC和SEC。

三套柱径1400/300装填1500L Sephacryl色谱柱

图14-13　美国Genentech公司用于重组基因蛋白质纯化的制备色谱系统

14.5.3　胰岛素纯化

胰岛素是治疗糖尿病最重要的手段之一，同时也是最后的手段。目前我国临床使用的胰岛素产品由通化东宝、甘李药业、联邦制药、诺和诺德、礼来和赛诺菲等公司提供。2016年我国二代胰岛素市场约61.8亿元（出厂价），三代胰岛素市场约105.9亿元（出厂价），胰岛素总体市场规模为167.7亿元。2018年国内市场已经达到了230亿元规模，预计未来5年的年复合增长高达17%。

基因重组胰岛素是目前我国分离介质用量最多的品种，也是使用制备色谱技术纯化产量最大的品种。

一代为动物来源性胰岛素，因为过敏反应严重且容易出现低血糖，已基本退出市场。目前市场上用的绝大多数为二代、三代胰岛素。二代胰岛素是由基因工程生产的重组人胰岛素，结构和自身分泌的人胰岛素一样，厂家有诺和诺德（诺和灵）、通化东宝（甘舒霖）、礼来（优泌林）、联邦制药（优思灵）、拜尔（重和林）、万邦（万邦林）六家。二代胰岛素解决了一代胰岛素过敏、胰岛素抵抗的问题，但是不能模拟生理性人胰岛素分泌模式，需在餐前 30min 注射，有较高的夜间低血糖风险。取而代之的是三代胰岛素，通过改变胰岛素肽链上某些部位的氨基酸组合，研制出更适合人体生理需要的胰岛素类似物，包括速效和长效胰岛素，主要有诺和诺德（诺和锐、诺和平）、赛诺菲（来得时）、礼来（优泌乐）、甘李药业（长秀霖、速秀霖）、联邦制药（优乐灵）五家。

无论何种胰岛素均需使用制备色谱技术，其中反相制备色谱是其生产工艺中必须的环节[28,29]。

14.5.4 疫苗纯化

我国人口众多，疫苗市场前景广阔。我国疫苗市场规模由 2005 年的 65 亿元增长至 2017 年的 304 亿元。未来随着疾病预防需求进一步扩大以及我国免疫规划体系的补充和完善，疫苗品种扩增将进一步开发市场潜力，预计 2030 年我国疫苗市场规模将突破 1000 亿元。

目前国内共有 40 多家疫苗生产企业，可以生产 60 多种疫苗，相对应的预防 30 多种传染病，每年的产量超过 10 亿剂，每年接种量达到 7 亿剂，国产疫苗约占全国实际接种量的 95%。这些疫苗的生产对保障我国人民生命安全具有极其重要的作用。

疫苗纯化核心技术就是制备色谱技术。图 14-14 是葛兰素史克公司生产重组蛋白质疫苗的制备色谱系统，其中包括离子交换色谱、疏水色谱和排阻色谱。深圳康泰和天坛生物公司生产的基因重组乙肝疫苗就是采用疏水作用色谱作为纯化技术的核心。

图 14-14　葛兰素史克公司生产重组蛋白质疫苗制备色谱系统

乙型肝炎是危害人类健康的重要传染病之一。我国乙型肝炎病毒（HBV）的携带率约为 8.83%，每年都有 50 万到 100 万新病例出现。HBV 感染造成的慢性活动性肝炎、肝硬化、肝癌常直接导致死亡，因此预防乙型肝炎是至关重要的。1971 年利用 HBsAg 阳性血清制备乙肝疫苗、预防 HBV 感染取得了良好的效果，但这种血源疫苗原材料来源有限，成本昂贵又不安全，主要是有艾滋病病毒（HIV）污染的潜在威胁。利用基因工程开发疫苗已成为我国生物制品产业的一个重要方向[30,31]。我国科技工作者于 1990 年完成了基因工程乙肝疫苗的研制，并通过了国家验收，已在 1998 年停止生产血源型乙肝疫苗。

目前全国范围内有五家企业生产乙型肝炎疫苗，分别为北京天坛生物制品有限公司、大连汉信生物制药有限公司、华北制药金坦生物技术股份有限公司、深圳康泰生物制品股份有限公司和华兰生物疫苗有限公司，其生产乙肝疫苗所使用的细胞及菌株见表 14-8。

表 14-8　国内生产乙肝疫苗企业使用的细胞及菌株

疫苗类型	生产企业
重组乙型肝炎疫苗（CHO 细胞）	华北制药
重组乙型肝炎疫苗（汉逊酵母）	华兰生物、大连汉信
重组乙型肝炎疫苗（酿酒酵母）	天坛生物、深圳康泰

目前，CHO 细胞生产基因重组乙肝疫苗的工艺由 HIC、IEC、SEC 三个色谱技术组合而成，这是目前最主要的纯化工艺。也有 HIC、SEC 组合的工艺，还有 AC、IEC、SEC 组合的工艺。图 14-15 是 CHO 细胞表达的基因重组乙肝疫苗的离子交换色谱纯化图，图 14-16 是用分析型 HPLC 对产品的纯度鉴定图。

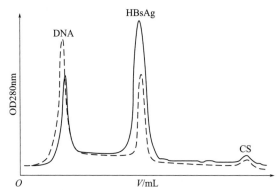

图 14-15　离子交换色谱纯化基因重组乙肝疫苗色谱图
色谱条件：DEAE-Sepharose CL-4B；虚线为第 1 次进样的色谱图；实线为第 2、3 次进样的色谱图

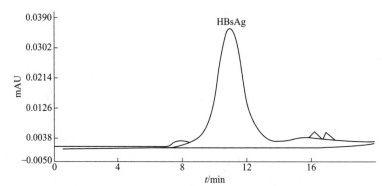

图 14-16　CHO 细胞表达的 HBsAg 的高压液相色谱纯度鉴定图
色谱柱为 TSK G5000PW，主峰为 HBsAg，纯度为 96.81%

14.5.5　单克隆抗体药物纯化

单克隆抗体药物已成为生物制药中耀眼的明珠，2017 年全球最畅销的十大药物中，7 个为单克隆抗体药物。目前，单克隆抗体药物纯化工艺多是琼脂糖 4FF-Protein A 亲和配体介质，生产能力在单循环公斤级水平。

参 考 文 献

[1] 郭立安，常建华. 蛋白质色谱分离技术. 北京：化学工业出版社，2011.

[2] 卢慧丽，林东强，姚善泾. 抗体药物分离纯化中的层析技术及进展. 化工学报，2018，69(1)：341-351.

[3] 王亚美，魏原杰，艾新宇，等. 棉蚜 His-CYP6J1 融合蛋白的分离纯化及多克隆抗体的制备. 生物技术通报，2017，33(5)：164-169.

[4] Kish W S，Roach M K，Sachi H，et al. Purification of human erythropoietin by affinity chromatography using cyclic peptide ligands. J Chromatogr B，2018，1085：1-12.

[5] 吕宏亮，宋继萍，段招军，等. 精制 Vero 细胞狂犬病疫苗的灭活和纯化. 病毒学报，2001，17(3)：236-239.

[6] 施江焕. 制备型与分析型液相色谱仪的性能差异. 上海计量测试，2015，42(4)，53-55.

[7] 李瑞萍，黄俊雄. 高效制备色谱柱技术的研究进展. 化学进展，2004，16(2)：273-283.

［8］林炳昌. 色谱模型理论导引. 北京：科学技术出版社，2004.

［9］袁黎明. 制备色谱技术及应用. 第2版. 北京：化学工业出版社，2012.

［10］陈爱春. 亲和标签在重组蛋白表达与纯化中的应用. 中国生物工程杂志，2012，32(12)：93-103.

［11］王晓军，范代娣. 4种金属离子亲和层析纯化重组类人胶原蛋白的效果比较. 应用化工，2009，38(6)：857-859.

［12］王路路，权春善，许永斌，等. 金黄色葡萄球菌arl双组分信号转导系统受体蛋白ArlSCA的表达、纯化及活性研究. 中国生物工程杂志，2017，37(11)：52-58.

［13］秦学. 大型工业化制备液相色谱分离装备及其应用简介. 机电信息，2013，35：30-32.

［14］杨春，丁功捷. 工业化高效制备色谱的最新进展. 色谱，2005，23(1)：117-121.

［15］王华，韩金玉，常贺英. 新型分离技术——工业高效制备色谱. 现代化工，2004，24(10)：63-65.

［16］蛋白质纯化手册. GE Healthcare生命科学产品手册，2017.

［17］王宗太，马宁宁. 重组人血白蛋白工业应用研究进展. 中国当代医药，2017，24(19)：11-14.

［18］刘丹月，刘思国，陈建泉，等. 人血清白蛋白及其重组表达研究进展. 生物技术通讯，2016，27(4)：572-575.

［19］满初日嘎，张英霞，张云. 重组人血清白蛋白的研究进展. 生物医学工程学杂志，2009，26(4)：900-903.

［20］王明刚，唐兆虎. 浅谈重组人血白蛋白的进展. 生物技术世界，2015，3：116-117.

［21］杨阳，刘玉，王凤山. 人血清白蛋白的制备与应用研究进展. 中国药学杂志，2011，46(24)：1857-1860.

［22］王汉卓. 华北制药-重组人血白蛋白已建成6吨产能. 全景网络，2016-04-12.

［23］刘宇. 研发项目已投入2700万元左右，海正药业重组人血白蛋白获批件. 北京商报，2017-06-26.

［24］杨代常. 在"水"稻上种出"人血清白蛋白". 中国农村科技，2016，6：30-33.

［25］蔡萌. 人造血清白蛋白第一人——记武汉大学生命科学学院教授杨代常. 中国科技奖励，2016，(4)：68-71.

［26］国家重大科学仪器专项. 欲克大脑及神经精神顽疾/发现肝癌治疗新靶标/基因编辑技术让猪产生人血白蛋白. 医药前沿，2016，6(13)：4.

［27］郑新民，魏庆信，乔宪凤，等. 表达人血清白蛋白转基因猪的研究. 西南农业学报，2003，16(1)：119-121.

［28］潘剑，陶云海. 胰岛素反相制备色谱的方法开发. 色谱，2017，35(8)：848-854.

［29］郭敏亮，Milton T W H，Reinhard I B. 三种胰岛素在反相色谱上的保留行为与热力学性质. 生物化学与生物物理学报，2000，32(3)，265-269.

［30］龚晓红，王富珍，吴疆，等. 不同种类国产基因重组乙型肝炎疫苗免疫原性观察. 中国疫苗和免疫，2007，13(4)：316-318.

［31］路东，董继刚. 疏水层析用于纯化重组乙肝表面抗原的研究. 卫生职业教育，2005，23(19)：82-83.

第**3**篇
目标产物分析检测及质量控制

第15章 电泳技术

19 世纪初，科学家发现带有不同电荷的物质会在电场作用下向不同电极方向迁移，这种现象称为电泳，而利用电泳现象对混合物进行分析的方法称为电泳法或电泳技术，并于 20 世纪 40 年代将其用于分析化学。此后经过数十年的不断发展，电泳技术已成为一种重要的分离分析和鉴定技术，并逐渐扩大到样品的规模化制备。同时，电泳在生命科学研究和生物产品的检测、鉴定和分离分析中也受到了高度重视，并与其它技术相结合，发展出了许多新的电泳技术[1]，使之成为生物工程产品鉴定和分析不可或缺的技术。

按形状分类，电泳可分为 U 型管电泳、平板电泳和毛细管电泳；按载体分类，电泳可分为薄层电泳和自由电泳。电泳的发展大致分为两个阶段，薄层电泳和毛细管电泳。20 世纪 80 年代以前，电泳技术主要围绕薄层电泳的制备、电泳条件和染色技术三个环节不断改进，在提高分辨率、灵敏度，简化操作，缩短电泳时间及扩大应用范围等方面开展了系统的探索。1981 年，乔根森（Jorgenson）等在内径为 $75\mu m$ 的石英毛细管内进行电泳分析，柱效高达 40 万塔板数每米，使电泳技术发生了根本性的变革，加之毛细管电泳分析速度快、操作方便、样品和溶剂消耗少，立即受到广泛关注并发展成为一门分支学科。

15.1 薄层电泳

15.1.1 薄层电泳原理

薄层电泳法（TLE）是采用硅胶 G、氧化铝 G 或硅藻土等为支持物或吸附剂制成薄层板，在一定电压下，使带电颗粒或离子在薄层板上受电场影响而做定向移动，通电一段时间后，使混合物中的不同组分得到分离的一种电泳方法。带电颗粒或离子移动的速度与荷电物质的性质有关。

15.1.2 薄层电泳应用

对带电颗粒或离子进行薄层电泳分离时，为了获得疏松薄层，通常采用微颗粒硅胶。另外，当采用微颗粒纤维素薄层对生化样本进行分离时，为了保持薄层的湿度，并使薄层与支持体黏合良好，通常在其中添加一定量的淀粉或超细葡聚糖凝胶，对某些类型的制剂，还可采用聚乙烯细粉。薄层板的大小通常与标准的薄层色谱板（200mm×200mm 或 200mm×100mm）相同。薄层电泳仪通常允许的电势降高达 60V/cm，功率 0.10～0.15 W/cm²。分离时间随样品和缓冲液不同而异，一般为 20～120min。

薄层干燥后还可在第二向即垂直方向上进行第二次电泳。在垂直方向进行电泳时可采用同样的条件（对角线电泳），在电泳之间可进行化学反应后再进行电泳。电泳后迁移率有改变的组分与不改变的组分形成的对角线有偏差。薄层电泳法用于分离各类物质的条件列于表 15-1 中。

表 15-1　薄层电泳法分离各类物质的条件

物质类别	缓冲液组成	pH	电压或电场强度	薄层
胺类;氨基酸类	2mol/L 乙酸-0.6mol/L 甲酸(1＋1) 吡啶-乙酸-水(1＋10＋90) 柠檬酸钠缓冲液(0.1mol/L)	2.0 3.6 3.8	460V,440 V	硅胶,硅藻土,氧化铝 G
氨基酸类;DNP-氨基酸类;肽类;血清朊类	0.02mol/L 磷酸盐缓冲液(含有 0.2mol/L NaCl)	7.0	—	葡聚糖凝胶
氨基酸类;色氨酸;血红素朊和卵白朊的降解产物	吡啶-乙酸-水(20＋9.5＋970)	5.2	60 V/cm	硅胶 H,纤维素 MN300
氨基酸类;胺类;肽类;血清朊类;蛋白质水解产物;生物磷酸酯化合物	0.075mol/L 佛罗那(二乙基巴比土酸)缓冲液	8.6	20 V/cm	淀粉纤维素
酯酶类	0.025mol/L 硼酸盐缓冲液	8.55	15V/cm	淀粉凝胶
血清蛋白类;乳酸脱氢酶-同工异构酶类	Tris 缓冲液:9.3g Tris ＋ 1.2g Na-EDTA＋0.71g 硼酸,溶于 1L 水中	9.0	300 V	丙烯酰胺凝胶
血清朊类;血红素朊	0.1mol/L Tris,0.0067mol/L 柠檬酸,0.04mol/L 硼酸,0.016mol/L 氢氧化钠	8.65	4～5V/cm	淀粉凝胶

15.2　凝胶电泳

1955 年,出现了一种淀粉凝胶电泳技术,但由于天然淀粉不容易制备出均一性和重复性高的凝胶该技术无发展。到了 1959 年,人们又发展出了聚丙烯酰胺凝胶电泳技术[2]。聚丙烯酰胺凝胶由丙烯酰胺单体和交联剂亚甲基双丙烯酰胺在催化剂的作用下聚合并交联制得。聚丙烯酰胺凝胶电泳用途广泛,对生物高分子化合物能有效地进行分离、定性和定量分析。其优点为:①机械强度好;②有弹性、透明和化学稳定性好;③对 pH 和湿度变化也较稳定;④在很多溶剂中不溶;⑤非离子型,没有吸附和电渗作用;⑥可通过调节控制单体浓度或单体和交联剂的比例获得孔径大小不同的凝胶;⑦制备出的凝胶重复性好。

15.2.1　凝胶电泳原理

常用的聚丙烯酰胺凝胶电泳按凝胶形状可分为圆盘状(管状)电泳、垂直平板电泳和水平平板电泳。现以不连续的圆盘状聚丙烯酰胺凝胶电泳为例说明凝胶电泳原理。

将含有样品凝胶(其中含有欲分离的样品)、浓缩凝胶、分离凝胶的玻璃管放在加入 Tris-甘氨酸缓冲液(pH 8.3)的电泳槽内进行电泳。这种电泳系统中凝胶孔径、pH 值、缓冲液均是不连续的,在电场中形成的电位梯度也是不连续的,由此产生的浓缩效应、电荷效应和分子筛效应使样品在凝胶分离过程中浓缩成一个极窄的区带,具有很高的分辨能力。

(1) 浓缩效应

在样品凝胶和浓缩凝胶中采用 pH 为 6.7 的 Tris-HCl 缓冲液,电泳槽中为 pH 为 8.3 的缓冲液,此时,HCl 几乎释放出全部 Cl^-,甘氨酸在此条件下只有极少部分的分子解离成 $NH_2CH_2COO^-$,一般酸性蛋白质在此 pH 下也解离为带负电荷的离子。加上电场后,三种离子均向正极移动，并按有效迁移率大小次序排列：

$$m_{\text{Cl}}\alpha_{\text{Cl}} > m_{\text{蛋白质}}\,\alpha_{\text{蛋白质}} > m_{\text{甘氨酸}}\,\alpha_{\text{甘氨酸}} \tag{15-1}$$

式（15-1）中，m 为迁移率；α 为解离度；$m\alpha$ 为有效迁移率。

根据有效迁移率的大小，迁移最快的称为先行离子（或称快离子，此处为 Cl^-），迁移最慢的称为随后离子（或称慢离子，此处为 $\text{NH}_2\text{CH}_2\text{COO}^-$），为了保持溶液的电中性及一定 pH，还需要一个与先行离子和随后离子电荷相反的配对离子（此处即 Tris，三羟甲基氨基甲烷）。电泳刚开始时三种凝胶都含有先行离子，只有电泳槽中的电泳缓冲液含随后离子。电泳开始后，由于先行离子的后面形成了一个离子浓度低的区域即低电导区，而电位梯度与电导率成反比，低电导区有较高的电位梯度。这种高电位梯度使蛋白质和随后离子在先行离子后面加速移动。当电位梯度和迁移率乘积彼此相等时，则三种离子移动速度相同并在先行离子与随后离子间形成了一个稳定而又不断向下移动的界面（位于高电位梯度区和低电位梯度区之间），已知样品蛋白质的有效迁移率介于先行离子和随后离子之间，因此会集于此界面附近被浓缩形成一狭窄的中间区带。

（2）电荷效应

蛋白质混合物在界面处被高度浓缩，堆积成层，形成一条狭窄的高浓度蛋白质区，但每种蛋白质分子所载有效电荷不同，因而迁移率也有所不同，蛋白质就会以一定顺序形成层次。在进入分离胶中时，此种电荷效应仍起作用。

（3）分子筛效应

当夹在先行离子和随后离子间的蛋白质通过浓缩凝胶进入分离凝胶时，pH 和凝胶孔径突然改变。选择的分离 pH 为 8.9，近于甘氨酸的 pK_a 值，导致随后离子的解离度增大，其有效迁移率也增加，并超过所有蛋白质的有效迁移率，从而赶上并超过所有的蛋白质分子，这时高电位梯度消失，蛋白质样品在一个均一的电位梯度和 pH 条件下通过一定孔径的分离胶。分子量或构型不同的蛋白质通过一定孔径的分离胶时由于所受阻滞的程度不同表现出不同的迁移率即分子筛效应。即使净电荷相似，也就是说自由迁移率相等的蛋白质分子也会由于分子筛效应在分离胶中被分离。

15.2.2 凝胶电泳应用

（1）支持介质

支持介质可防止电泳过程中的对流和扩散，从而得到最大分辨率。为此，支持介质应具备以下特性：①化学惰性；②不干扰大分子的电泳过程；③化学稳定性好，均匀；④重复性好；⑤电内渗流小等。

按照上述要求，纸、醋酸纤维素薄膜、硅胶、矾土和纤维素等材料均可作为固体支持介质。这些介质化学惰性好，能将对流减到最小。使用这些支持介质进行蛋白质分离与在自由溶液中一样，都是基于 pH 环境中蛋白质电荷密度的不同进行蛋白质分离。但在有些情况下，它们也会与样品发生相互作用而参与分离过程。

淀粉、琼脂糖和聚丙烯酰胺凝胶是另一类固体支持介质。这些凝胶不仅能防止对流，减小扩散，而且具有多孔结构，孔径尺寸和生物大分子具有相似的数量级，因而具有分子筛效应。使用这些凝胶进行分离不仅取决于大分子电荷密度的不同，还取决于其分子尺寸的差异。如对具有相同电荷密度和不同尺寸的两种蛋白质进行电泳分离时，使用纸电泳不可能达到高的分离度，而采用梯度凝胶电泳时，由于分子筛效应，小分子会比大分子迁移得快而使分辨率提高。

自 1959 年首次使用聚丙烯酰胺凝胶作为电泳的支持介质以来，聚丙烯酰胺凝胶已成为目前生化实验室最常用的支持介质。由于聚丙烯酰胺凝胶电泳高的分辨率，该电泳技术不仅能分离各种生物大分子，而且可以用于研究生物大分子的电荷、分子质量、等电点甚至构象等特性。

聚丙烯酰胺凝胶由丙烯酰胺和交联试剂 N,N'-亚甲基双丙烯酰胺在有引发剂和催化剂的情况下聚合制得。丙烯酰胺单体首先聚合形成长链，再由 N,N'-亚甲基双丙烯酰胺的双功能基团与链末端的自由功能基团反应交联形成三维网状结构。聚丙烯酰胺的机械性能、弹性、透明度、黏着度以及孔径大小等特性均取决于两个重要的参数 T 和 C。T 是两个单体（丙烯酰胺和 N,N'-亚甲基双丙烯酰胺）的总浓度（%）；C 是与总浓度有关的交联剂的浓度（%）。其计算公式分别为：

$$T(\%) = \frac{a+b}{m} \times 100 \tag{15-2}$$

$$C(\%) = \frac{b}{a+b} \times 100 \tag{15-3}$$

式中，a 为丙烯酰胺的质量，g；b 为 N,N'-亚甲基双丙烯酰胺的质量，g；m 为水或缓冲液的体积，mL。

a 与 b 的比例非常重要。如果 a/b 小于 10，形成的凝胶脆而且硬，呈乳白色；如果 a/b 大于 100，T 为 5% 的凝胶呈糊状。制备富有弹性，且完全透明的凝胶，a/b 应在 30 左右，而且其中丙烯酰胺的浓度必须高于 3%。通过研究 1.5%～60% 浓度范围的丙烯酰胺和 0～0.625% 浓度范围的 N,N'-亚甲基双丙烯酰胺，发现在丙烯酰胺浓度低于 2% 和 N,N'-亚甲基双丙烯酰胺浓度低于 0.5% 时，凝胶不可能聚合。丙烯酰胺浓度的增加通常应该伴随 N,N'-亚甲基双丙烯酰胺浓度的降低以得到富有弹性的凝胶。

丙烯酰胺聚合常用过硫酸铵、过硫酸钾或核黄素作为引发剂，用 N,N,N',N'-四甲基乙二胺、3-二甲胺丙腈等作为聚合过程中的催化剂。这种引发-加速的催化系统是一个氧化-还原过程，其机制是这些催化剂会产生自由基，引发和加速丙烯酰胺凝胶的聚合。常用的催化系统见表 15-2。在系统中即使有少量的 N,N,N',N'-四甲基乙二胺存在，都可催化过硫酸铵产生自由基，从而加速聚合，但 3-二甲胺丙腈作用会弱一点。选择过硫酸铵的优点是容易得到高纯度试剂，在 0℃ 时相对稳定且释放分子氧的可能性很小。合适的催化系统不会改变凝胶的缓冲条件、黏度和导电性。

表 15-2　常用的丙烯酰胺聚合的催化系统

引发剂	催化剂
过硫酸铵	N,N,N',N'-四甲基乙二胺（TEMED）
过硫酸铵	3-二甲胺丙腈（DMAPN）
过硫酸铵	3-二甲胺丙腈亚硫酸盐
过氧化氢	硫酸铁-抗坏血酸
核黄素	N,N,N',N'-四甲基乙二胺（光催化过程用）

丙烯酰胺的聚合过程与引发剂和催化剂的浓度，聚合反应时的温度和 pH 等因素有关。聚合的初速率和过硫酸铵浓度的平方根成正比。N,N,N',N'-四甲基乙二胺浓度的增加可

使凝胶的聚合时间缩短。虽然增加过硫酸铵和 N,N,N',N'-四甲基乙二胺的浓度可以增加聚合速率，但是过量的过硫酸铵和 N,N,N',N'-四甲基乙二胺会引起电泳时的烧胶和蛋白质电泳带的畸变。为了得到理想的电泳结果，应该使用合适的配方使聚合过程在 $30\sim60\text{min}$ 内完成。

在酸性 pH 条件下，由于缺少 N,N,N',N'-四甲基乙二胺（或 3-二甲胺丙腈）的游离碱，引发过程会被延迟。在 pH 为 8.8 时，7.5％的丙烯酰胺溶液在最初几分钟内聚合很慢，接着聚合反应速率迅速增加，半小时后速率很快下降。但同样浓度的溶液在 pH 4.3 时，聚合初速率较慢，聚合大约需 90min 才能完成。在制作酸性范围（pH 2.5～4.5）的等电聚焦凝胶时，过硫酸铵- N,N,N',N'-四甲基乙二胺系统并不能促使丙烯酰胺聚合。虽然碱性范围的凝胶容易聚合，但硬且脆，在染色、脱色过程中容易破裂，故应尽可能减少过硫酸铵和 N,N,N',N'-四甲基乙二胺的用量。

在聚合过程中温度对凝胶的特性有很大的影响：在低温（5℃）时不易聚合，且凝胶会变脆和混浊，重复性也不好；在 25～35℃时聚合，凝胶会比较透明而有弹性，但高浓度凝胶在聚合时会产生热使气体溶解，导致在凝胶中产生小气泡，此时适当降低温度，可以将这种影响降到最小。

氧的存在会阻碍凝胶的化学聚合。对不含十二烷基硫酸钠（SDS）的凝胶，特别是等电聚焦电泳所用凝胶，最好先抽气，再加引发剂。凝胶系统中的不纯物质如金属或其它杂质的存在也会影响到凝胶的化学聚合，所以选用高纯度的丙烯酰胺和亚甲基双丙烯酰胺也非常重要。

（2）凝胶电泳仪

电泳系统虽然只是作为生化分离分析所必需的常规仪器，但它与其它大型仪器设备一样也得到了迅速的发展。从 1809 年第一次电泳实验所用的雏形装置到 1946 年的第一台商品自由移界电泳系统问世虽然经历了一个多世纪，但此后的 50 多年电泳仪器的发展却极其迅猛。特别是电泳介质由流动相改为凝胶后，各种各样的凝胶电泳装置层出不穷，以适应各种分析、研究工作和生产实践的需要。

凝胶电泳仪作为生化实验室常用的小型仪器，种类很多，分析对象也越来越专业化。按分析对象可分为蛋白质分析用凝胶电泳仪、核酸分析用凝胶电泳仪和细胞分析用凝胶电泳仪；按功能可分为制备型、分析型、转移型和浓缩型等；除了早期的自由移动界面电泳使用 U 型玻璃管以及毛细管电泳外，凝胶电泳按装置的形状可分为圆盘（管状）电泳、垂直平板和水平平板电泳。从垂直管状圆盘电泳发展到垂直板状电泳，再发展到半自动和全自动水平平板电泳仪，其分辨率越来越高，操作越来越简单，电泳时间越来越短，功能越来越多。

凝胶电泳系统一般由电泳槽、电源和冷却装置组成。同时配套有各种灌胶模具和染色用具等，此外还有电泳转移仪、凝胶干燥器和凝胶扫描仪等。

电泳槽是凝胶电泳系统的核心部分。根据电泳的原理，凝胶都是放在两个缓冲腔之间，电场施加于连接两个缓冲腔的凝胶上。缓冲液和凝胶之间的接触可以是直接的液体接触（见图 15-1），也可以通过滤纸桥、凝胶条或滤纸条间接接触（见图 15-2）。管状凝胶电泳和垂直板状电泳大多采取直接液体接触方式。这种方式可以有效地使用电场，但在装置设计上有一些困难，如液体泄漏、用电安全和操作麻烦等。水平板状电泳槽大多通过间接方式，以前用滤纸桥搭接，现在可使用缓冲液制作的凝胶条和滤纸条搭接，即半干技术。

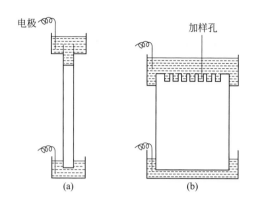

图 15-1　管状凝胶电泳（a）和垂直板状电泳（b）

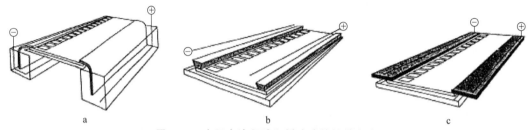

图 15-2　水平电泳凝胶和缓冲液的接触方式

a—用滤纸桥；b—用凝胶条；c—用滤纸条

凝胶扫描仪主要用来对样品单向电泳分离后的条带和双向电泳后的斑点进行扫描，从而给出定量的结果。凝胶扫描仪的设计原理和结构与分光光度计基本一致。其基本组件包括：光源、单色器（或滤光片）、样品室、光电倍增管以及控制和结果显示部分等。放置凝胶的样品台通常由马达控制，并以不同速度移动，使待扫描的条带或斑点移入光路；也可以固定样品台，通过移动扫描探头进行测试。

凝胶扫描仪因所用光源的不同而具有不同的功能。采用紫外光源（如氘灯）的扫描仪可以用紫外波长扫描未经染色的凝胶。只有可见光源（如碘钨灯）的扫描仪，则凝胶必须染色后才能扫描。如果用激光光源，通常也只能扫描染色后的凝胶，但由于激光光源强度大、单色性好，可大大提高凝胶扫描的灵敏度和分辨率。采用滤光片作单色器的凝胶扫描仪，只能在滤光片的透过波长范围内使用。如用光栅单色器，则波长可以任选，也就可以扫描各种颜色的凝胶。

凝胶扫描仪所采用的光路结构不同，可以有不同的测定方式。如果是常见的紫外-可见分光光度计的直线结构，则只能作透射方式的测定。如果在此基础上改变光束方向，则可作反射测量，这样便可扫描不透明的电泳转移膜和色谱板等。如果是直角结构，则可作荧光测量，适合于用荧光染料染色的凝胶。因为荧光技术为蛋白质组学研究带来高重复性、高灵敏和高通量的可能，所以各种可用于荧光测量的成像系统应运而生，图 15-3 是 GE 公司生产的 Typhoon 高性能凝胶和印迹成像系统的光路图。

凝胶定量分析的另一种装置是用带有电荷耦合装置的摄像系统（CCD camara system）。凝胶图谱被摄制下来后，将信息数字化，并转移到计算机中再进行分析。这种新的凝胶定量测定仪器有如下优点：①快速、简便，且价格低廉；②既可作蛋白质定量，还可用于核酸的定序和定量；③可作透射、反射且可作荧光和放射自显影测量，是当前各种新技术的交融在电泳定量应用上的结晶。

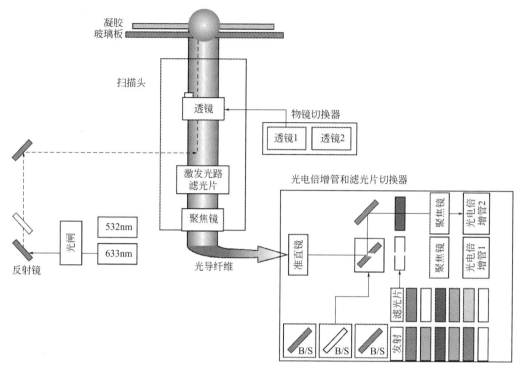

图 15-3 Typhoon 高性能凝胶和印迹成像系统的光路图

15.2.3 二维凝胶电泳

二维凝胶电泳技术（2-DE）是目前唯一可以将数千种蛋白质完全分离并展示的电泳技术。最初，由于载体两性电解质的技术与电泳装置都不成熟，2-DE 的重复性很差。1982年，固相化 pH 梯度（immobilized pH gradient，IPG）等电聚焦技术的出现，不仅使得 2-DE 的重复性得到显著改善，而且上样量也得到提高。而之后的微量蛋白质鉴定技术以及质谱仪灵敏度的提高，使 2-DE 得到了广泛的应用，现在已成为蛋白质混合物分离的常用技术之一。尽管如此，2-DE 技术还存在许多问题，如对膜蛋白、碱性蛋白质和低丰度蛋白质的分离度差。2-DE 的重复性差以及无法自动化的问题，都需要不断进行改进。

在生物体中，大部分蛋白质都以低丰度存在，而很多低丰度蛋白质具有重要生物功能，如调控蛋白和信号转导蛋白等。对酵母细胞的研究显示，酵母基因编码的全部蛋白质中，有一半数量的蛋白质为低丰度蛋白质，在 2-DE 上看不到这些蛋白质。尽管采用窄范围的 IPG 胶条并增大蛋白质上样量可以使某些低丰度蛋白质被检出，但由于等电聚焦胶条和凝胶负载量的限制，上样量不可能无限增大。造成低丰度蛋白质难以检出的主要原因是高丰度蛋白质的干扰。由于大部分蛋白质都可以采用一步提取的方法，即将细胞或组织中提取的总蛋白质全部在一块 2-DE 胶中进行分离，因此检测到的大部分是高丰度蛋白质。采用窄范围的 IPG 胶条虽然能使一些原本观察不到的蛋白质显示出来，但是仍然会有很多蛋白质沉淀在胶条两端，即沉淀在胶条 pH 范围之外，影响一维等电聚焦的效果。另外，大部分膜蛋白都是疏水性的蛋白质，在 2-DE 分离时存在难以进入第二维的现象，而第一维的等电聚焦产生的浓缩作用则更是加剧了这一现象的发生。碱性蛋白质在 2-DE 中难以聚焦的主要原因是商业化的 IPG 胶条通常的 pH 范围是 3～10。针对第一维等电聚焦可能存在的问题，IPG 胶条一直在改进当中。一方面，通过缩小 IPG 胶条的 pH 范围，例如从最初的 pH 3～10 到最窄只差 1 个 pH 单位，对不同 pH 范围的样品，可使用与其 pH 范围对应的胶条，增加分辨率；另外一方面，通过增加胶条的长度和规格数量改善一维等电聚焦的分辨率，例如目前最长的胶条可达到 40cm。

在 2-DE 的高通量与自动化方面，目前已有用于提取胶上蛋白质点的自动点切割仪，用于胶内酶解、回收与点靶的自动样品处理仪，这些仪器的出现不仅减少了手工操作，还提高了 2-DE 的重复性。另外，能同时运行多块 2-DE 的商业化装置也已经研制成功，最多可同时运行 12 块凝胶，大大提高了 2-DE 的通量。

（1）二维凝胶电泳原理

在双向凝胶电泳中，首先根据各种蛋白质等电点不同，在第一维等电聚焦（isoelectric focusing，IEF）电泳中被聚焦在不同的等电点位置，实现对蛋白质分离；然后将等电聚焦分离后的蛋白质胶条转移到第二维十二烷基硫酸钠-聚丙烯酰胺凝胶电泳（sodium dodecyl-sulfate-polyacrylamide gel electrophoresis，SDS-PAGE）中，再根据不同蛋白质分子量大小的差异，其在凝胶中迁移速度的不同实现对蛋白质的第二次分离，进而达到对蛋白质混合物的高效分离[3]。

（2）二维凝胶电泳应用

双向凝胶电泳在蛋白质组研究中获得广泛应用，例如将该技术用于肝脏蛋白质组表达图谱研究。

① 样品制备

新鲜的肝脏组织用预冷的 PBS 缓冲液洗净（在 4℃ 条件下进行）并称重，取 0.5g 冻肝脏组织加入 5mL 裂解缓冲液，超声 1min，混合物溶液于室温下旋涡混匀 30min，然后于 25000g 离心 1h，取上清。裂解液配方为 9.5mol/L 尿素-0.5％ SDS-2％ CHAPS-1％ DTT-0.2mmol/L Na_2VO_3，1mmol/L NaF，1mmol/L COCKTAIL 蛋白酶抑制剂混合物，蛋白质的浓度采用 RCDC 法测定。在蛋白质提取物中加入 3 倍体积的预冷丙酮，使蛋白质在 -20℃ 条件下沉淀 2h，4℃ 下 12000r/min 离心 15min 收集蛋白质，弃上清。真空冷冻干燥后样品于 -80℃ 下保存备用。

② 二维凝胶电泳分离

第一维等电聚焦：将 18cm 干胶条从冰箱中取出，在室温下平衡一段时间后，去掉保护膜，胶面朝下紧贴样品，赶走胶条与样品液之间的气泡，胶条上加入 350μL 覆盖液，以防样品液在电泳过程中挥发。将胶条盒盖好后，放置在 IPGphor 水平电泳仪上进行水化和等电聚焦。等电聚焦采用 18cm 固相 pH 干胶条（pH 4.5～5.5、pH 5～6、pH 5.5～6.7、pH 6～9、pH 6～11、pH 3～10 和 pH 4～7）。针对不同的 pH 胶条，上样方式分别采用胶内再水化上样和杯上样（cup-loading），两种上样方式的再水化液不同。胶内再水化上样：样品和再水化液（8mol/L 尿素，5g/L CHAPS，0.2％DTT，0.5％ IPG 缓冲液，0.002％ 溴酚蓝）共 350μL。再水化和 IEF 的参数设置见表 15-3。

表 15-3 在 IPGphor 等电聚焦仪上 IEF 参数设置

步骤	电压/V	电压-时间/V·h	电泳时间/h	升压模式
水化	30	360	12	阶梯梯度
1	200	200		阶梯梯度

步骤	电压/V	电压-时间/V·h	电泳时间/h	升压模式
2	500	500	1	阶梯梯度
3	1000	1000	1	阶梯梯度
4	8000	2250	0.5	线性梯度
5	8000	3200	4[①]	阶梯梯度

① IEF 时间依据表 15-5 进行修改。

杯上样：对 pH 6～9 以及 pH 6～11 碱性范围 IPG 胶条的 IEF 分离，先在干胶条再泡胀盘中水化胶条 10～12h，然后使用加样杯进行杯上样。再水化液 350μL（7mol/L 尿素，2mol/L 硫脲，4% CHCA，15% 异丙醇，5% 甘油，2% IPG 缓冲液 pH 6～11，2.5% DTT）。IEF 程序见表 15-4。

表 15-4　IEF 程序

步骤	电压/V	电压-时间/V·h	电泳时间/h	升压模式
1	0	0	12	—
2	200	30	0.17	阶梯梯度
3	600	200	0.33	阶梯梯度
4	4000	14000	3.5	线性梯度
5	8000	>64000	>8:00[①]	阶梯梯度

① IEF 时间依据表 15-5 进行修改。

针对不同 pH 范围胶条以及样品上样量，其 IFE 时间根据表 15-5 进行修改。

表 15-5　聚焦电泳条件

分析型 IEF		
1～1.5 个 pH 单位	3 个 pH 单位	7 个 pH 单位
IPG 4.5～5.5，8h	IPG 4～7，4h	IPG 3～10，4h
IPG 5～6，8h	IPG 6～9，8h	
IPG 5.5～6.7，8h		
微量制备型 IEF		
IEF 到每个电压	分析电泳时间的 1.5 倍	

注：IPG，固相 pH 胶条。

平衡：将等电聚焦后的胶条放入 10mL 平衡液（50mmol/L pH 6.8 Tris-HCl，8mol/L 尿素，30% 甘油，1% SDS，20mmol/L DTT，痕量溴酚蓝）中还原 15min，再放入 10mL 平衡液（50mmol/L pH 6.8 Tris-HCl，8mol/L 尿素，30% 甘油，1% SDS，100mmol/L IAA，痕量溴酚蓝）中烷基化 15min。

第二维 SDS-PAGE：利用垂直电泳单元进行分离胶浓度为 12.5% 的 SDS-PAGE 垂直平板电泳。将已平衡好的第一维胶条置于第二维凝胶的上方，排除气泡，使二者紧密接触。在酸性端加入低分子量标准物，用 0.5% 的琼脂糖/电泳缓冲液封闭，电泳缓冲液为 Tris-Glycine-SDS 系统（20mmol/L Tris，250mmol/L Glycine，0.1%SDS）。安装到多功能电泳仪上，接通电源，15℃循环水浴冷却。以每一块胶 15mA 恒流 30min 开始，再加大电流至每块胶 30mA 恒流至溴酚蓝前沿扩展到玻璃板下缘为止，终止电泳，准备剥胶与染色。

③ 染色方式

采用银染和考马斯亮蓝染色方式。

银染步骤：a.固定 30min，固定液（45％乙醇，10％冰醋酸，45％去离子水）；b.增敏 30min，增敏液（30％乙醇，0.2％硫代硫酸钠，6.8％无水醋酸钠，0.125％戊二醛），对制备胶采用与质谱兼容的银染方法，即在敏化时也不加戊二醛；c.去离子水洗涤 3 次×5min；d.银染 20min，硝酸银溶液（0.1％硝酸银，0.02％甲醛）；e.显色 2～10min，显色液（2.5％碳酸钠，0.01％甲醛）；f.终止液（1.46％的 EDTA·2Na）终止反应 20min。

考马斯亮蓝染色步骤：a.用 10％甲醇-7％乙酸溶液固定 30min；b.用考马斯亮蓝溶液（0.12％G-250，10％硫酸铵，10％磷酸，20％甲醇）染色过夜；c.用蒸馏水或 10％甲醇水溶液脱色，清洗数遍胶后即可获得背景清晰的染色效果。

图 15-4 是人肝脏蛋白质样品采用 2-DE 技术对不用丙酮沉淀的样品和丙酮沉淀后的样品分离图。结果表明丙酮沉淀能除去 SDS 以及一些盐类和杂质对双向电泳的干扰，减少 2-DE 横条纹，分离效果较好。进一步对凝胶上不同的蛋白质点切割、还原、烷基化和酶切后进行质谱分析，即可获得肝脏表达的蛋白质的鉴定结果，并通过对构建的肝脏蛋白质组数据的分析，揭示其生物功能的分子机制。

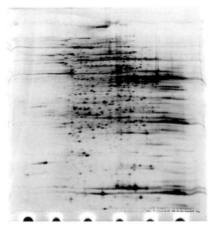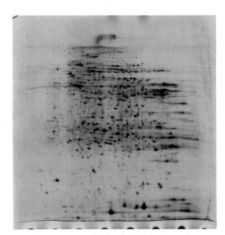

左图为不用丙酮沉淀的样品；右图为丙酮沉淀后的样品(pH 3～10，上样量为90μg，银染)

图 15-4 人肝脏蛋白质样品丙酮沉淀比较的 2-DE 图谱

15.3 毛细管电泳

毛细管电泳（capillary electrophoresis，CE）又称高效毛细管电泳（HPCE）[4]，是近年来发展最快的分析化学研究领域之一。1981 年 Jorgenson 等在 $75\mu m$ 内径的毛细管内用高电压进行分离，创立了现代毛细管电泳。1984 年 Terabe 等发展了毛细管胶束电动色谱（MECC）。1987 年 Hjerten 建立了毛细管等电聚焦（CIEF），Cohen 和 Karger 提出了毛细管凝胶电泳（CGF）。由于 CE 可满足生命科学领域中对生物大分子（肽、蛋白质、DNA 等）高效分离分析的要求，因此该技术得到了迅速发展，已经成为生命科学及其它学科实验室中一种常用的分析技术。

15.3.1 毛细管电泳原理

毛细管电泳是以高压直流电场为驱动力，以石英毛细管为分离通道，依据样品中各组成之间淌度和分配行为上的差异而实现分离的一类液相分离技术。毛细管电泳仪器由高压电源、毛细管、柱上检测器和供毛细管两端插入与电源相连的两个缓冲液贮瓶构成。CE 所用的石英毛细管在 pH>3 时，其内液面带负电，与溶液接触形成双电层。在高电压作用下，双电层中的水合阳离子层引起溶液在毛细管内整体向负极流动，形成电渗液。带电粒子在毛细管内电解质溶液中的迁移速度等于电泳速度和电渗流（EOF）速度二者的矢量和。带正电荷粒子最先流出；中性粒子的电泳速度为"零"，故其迁移速度相当于 EOF 速度；带负电荷粒子运动方向与 EOF 方向相反，因 EOF 速度一般大于电泳速度，故它将在中性粒子之后流出；各种粒子因迁移速度不同而实现分离，这就是毛细管区带电泳（capillary zone electrophoresis，CZE）的分离原理。CZE 的迁移时间 t 可用下式表示：

$$t = \frac{l_d l_t}{(\mu_{cp} + \mu_{eo})} \tag{15-4}$$

式中，μ_{cp} 为电泳淌度；μ_{eo} 为电渗淌度；l_t 为毛细管总长度；l_d 为进样到检测器间毛细管长度。理论塔板数 N 为：

$$N = \frac{(\mu_{cp} + \mu_{eo})V}{2D} \tag{15-5}$$

式中，V 为外加电压；D 为扩散系数。分离度 R 为：

$$R = 0.177(\mu_1 + \mu_2)\left[\frac{V}{D(\bar{\mu}_{cp} + \mu_{eo})}\right]^{0.5} \tag{15-6}$$

式中，μ_1 和 μ_2 分别为两个溶质的电泳淌度；$\bar{\mu}_{cp}$ 为两个溶质的平均电泳淌度。

15.3.2 毛细管电泳分类

毛细管电泳应用中常见的模式包括毛细管凝胶电泳、胶束电动毛细管色谱、亲和毛细管电泳、毛细管电色谱、毛细管等电聚焦电泳和毛细管等速电泳。

（1）毛细管凝胶电泳

在毛细管中装入单体，引发聚合形成凝胶，主要用于测定蛋白质和 DNA 等大分子化合物。另外，也有将聚合物溶液等具有筛分作用的物质，如葡聚糖、聚环氧乙烷等装入毛细管中进行分析，称为毛细管无胶筛分电泳，故有时将此种模式总称为毛细管筛分电泳。

（2）胶束电动毛细管色谱

在缓冲液中加入离子型表面活性剂如十二烷基硫酸钠，形成胶束，被分离物质在水相和胶束相（准固定相）之间发生分配并随电渗流在毛细管内迁移，达到分离，这种模式能用于中性物质的分离。

（3）亲和毛细管电泳

在毛细管内壁涂布或在凝胶中加入亲和配基，以亲和力的不同达到分离目的。

（4）毛细管电色谱

将高效色谱固定相填充到毛细管中或在毛细管内壁涂布固定相，以电渗流为流动相进行色谱分离，此模式兼具电泳和液相色谱的分离机制。

（5）毛细管等电聚焦电泳

通过内壁涂层使电渗流减到最小，再将样品和两性电解质混合进样，两个电极槽中储液分别为酸和碱，加高电压后，在毛细管内建立 pH 梯度，带电溶质在毛细管中迁移至各自的等电点，形成区带，聚焦后用压力或改变检测器末端电极槽储液的 pH 值使溶质通过检测器。

（6）毛细管等速电泳

采用先导电解质和后继电解质，使溶质按其电泳长度不同得以分离。

毛细管电泳分析所用的仪器为毛细管电泳仪。毛细管电泳法的测定参数包括分析模式、检测方法（如紫外吸收或荧光检测器的波长、电化学检测器的外加电位等）、毛细管内径和长度、缓冲液的 pH 值、浓度、改性剂添加量、运行电压或电流的大小、运行的时间长短和毛细管的温度等，均根据所用仪器的条件和预实验的结果，进行选择、优化和调整。

电极槽和毛细管内的溶液为缓冲液，可以加入有机溶剂作为改性剂，以及加入表面活性剂，称作运行缓冲液。运行缓冲液使用前应脱气。电泳谱图中各成分的出峰时间称迁移时间。胶束电动毛细管色谱中的胶束相当于液相色谱的固定相，但它在毛细管内随电渗流迁移，故容量因子为无穷大的成分最终也随胶束流出。

毛细管电泳通常用到的检测方法有吸收光谱、荧光光谱、热镜、拉曼光谱、质谱和电化学方法。

15.3.3 毛细管电泳应用

为了展示毛细管电泳在分离分析中的特点，以 Na_2HPO_4 溶液作为运行缓冲液，采用毛细管区带电泳法对啤酒酵母 RNA 所得的胞嘧啶核苷酸（CMP）、脲嘧啶核苷酸（UMP）、腺嘌呤核苷酸（AMP）及鸟嘌呤核苷酸（GMP）等 4 种 5'-核苷酸进行分离[5]。

（1）实验仪器与试剂

毛细管电泳仪（P/ACE 5500），配备二极管阵列检测器（PDA）：美国 Beckman 公司；石英毛细管（内径：$75\mu m$）：河北永年锐沣色谱器件有限公司；紫外分光光度计（UV-260）：日本 Shimadzu；超声波清洗机：上海科导超声仪器有限公司；PHS-3 酸度计：上海雷磁公司；FZQ-Z 型旋涡混合器：江苏泰县医疗器械厂。标准品 AMP、CMP、GMP、UMP：Sigma 化学公司；5'-核苷酸混合样品：自制，从废啤酒酵母中提取、降解、纯化制得；Tris amino：Superior 公司；其余试剂均为分析纯；所用水为二级水。

（2）实验方法

① 标准储备液的制备

准确称取 5'-核苷酸标准品 0.02g（精确至 0.0001g），溶解并定容至 10mL，经 $0.45\mu m$ 微孔滤膜过滤，作为标准储备液，浓度为 2000mg/L。

② 样品预处理

取已过柱去除杂质的自制 5'-核苷酸混合样品粉末溶解于水中，经 $0.45\mu m$ 微孔滤膜过滤，并超声脱气 10min，即可直接进样。

③ 运行条件

运行缓冲溶液：0.008mol/L Na_2HPO_4 溶液，pH 9.79；毛细管柱：直径 $75\mu m$，长度

57cm，有效柱长 50cm；分离电压 25kV；进样时间 5s；工作温度 25℃；PDA 检测波长 260nm。

④ 冲洗条件

每次开机后首先运行水洗 5min、酸洗 5min、水洗 2min、碱洗 10min、水洗 2min、缓冲液洗 15min 的冲洗程序润洗、平衡毛细管柱，每次进样前用运行缓冲液冲洗毛细管柱 1min。为保证运行体系的稳定，连续进样 5 次后更换运行缓冲液，并运行开机冲洗程序。

（3）实验结果

如图 15-5 所示，以 0.008mol/L Na_2HPO_4 缓冲溶液（pH 9.79）作流动相，在 260nm 处，采用 25 kV 分离电压，5s 进样时间的毛细管区带电泳方法，5min 内可完成啤酒酵母 RNA 的降解产物 AMP、CMP、GMP、UMP 含量的同时测定。4 种 5′-核苷酸的检出范围分别为 2～180mg/L、2～180mg/L、2～200mg/L、4～200mg/L，回收率可超过 97%。实验方法的相对标准偏差在 0.57%～1.09%，保留时间的相对标准偏差在 0.18%～0.29%。

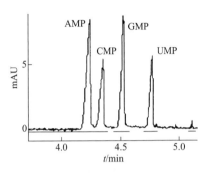

图 15-5　啤酒酵母 RNA 的 4 种
5′-核苷酸降解产物电泳图

15.4　自由流电泳

15.4.1　载体自由流电泳

最早使用的载体自由流电泳是在纸电泳的基础上发展起来的，以滤纸为载体，可以减少分离组分在流动的缓冲液中的自由扩散。将滤纸的上端插入电泳液槽中，依靠毛细管虹吸作用和重力作用，电泳液沿着纸面向下均匀流动，在垂直于电泳缓冲液流动方向施加电场，即在滤纸的两个侧边上与电极接触，将欲分离的样品以定点流方式加在滤纸上，加样点的位置需根据各组分的电泳行为确定。在电场作用下带有不同电荷的组分随着电泳缓冲液向前流动的同时向不同电极方向迁移，在滤纸表面上形成不同抛物线状的迁移轨迹。在滤纸末端剪成锯齿状，分别接收流出的各个组分，达到将不同组分分离的目的，其设备和原理如图 15-6 所示。

这种电泳的分离效果主要与各组分迁移速率的差异、电泳缓冲液流动速度和液流分割级数、电场强度和滤纸载体长度等诸多因素有关。在电泳过程中必须严格控制缓冲液流速和加样的速度，两者必须协调才能保证电泳连续正常工作。从理论上讲，液流分割级数越多，分辨率越高，但因下端长度有限，为了接收到各个部分，分割级数不可能很高。因此，对于组分复杂的混合物的分离效果就会降低。采用定位接收是理想的，但实际操作上有困难。另外，严格控制电压、缓冲液流速流量、加样量及冷却系统等各因素也有一定困难。

近些年来，在载体自由流电泳的基础上，通过采用微球状的 Sephadex、Sepharose、Sephacel、Sephacryl 和纤维素粉等载体制备夹心平板状的电泳床，使用精密的计算机和电子控制系统，保证了各种因素的最佳实施，使这类电泳有了很大发展。

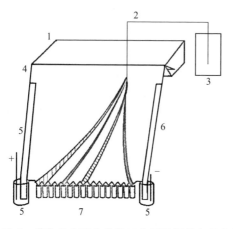
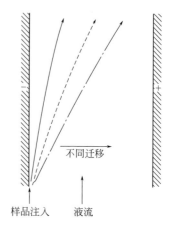

图 15-6　载体自由流电泳的工作原理及设备示意图
1—电泳缓冲液槽；2—加样管；3—样品槽；
4—滤纸；5—电极槽；6—电极条；7—收集管

图 15-7　连续流动电泳原理示意图

15.4.2　无载体自由流电泳

在载体自由流电泳的启发下，自 20 世纪 60 年代以来，人们开始研究无载体自由流电泳。为了克服电泳产热、扩散和稳定流体等问题，研制了多种形式的无载体自由流电泳设备。由于需要控制电泳过程中的各种因素，其结构均比较复杂。1961 年 Hannig 提出了连续自由流电泳，实质上与载体自由流电泳类似，只是不使用载体，而是使用两张塑料板。它们之间形成 0.5～0.8mm 的间隙作为电泳槽，使电泳缓冲液从下到上平行流过电泳槽，依靠表面张力减少液体内部的流动性，待分离样品从下端某一点连续加入，在垂直于电泳缓冲液流动方向上的电场作用下，带有不同电荷的各个组分分别向不同的电极方向迁移，在电泳槽的末端，将流出的电泳缓冲液分割，分别检测、收集，可获得分离的各个组分（图 15-7）。根据这一电泳分离原理，设计了多种电泳仪，并实现了商品化。

在这样的电泳设备上，可以采用不同的工作模式，如自由流动区带电泳、自由流动场阶电泳、自由流动等电聚焦电泳等。

对于自由流动区带电泳来说，在电泳过程中，样品的分离效果与由各组分本身所带电荷及其数量、电场强度、进样速度及电泳缓冲液的流速所决定的样品在电泳槽内的停留时间有关，也与电泳流出液的分割精度有关。为了获得高分辨率和重复结果，必须保持影响电泳的各种参数恒定，如电泳缓冲液的 pH、电导率、温度、电场强度、电渗，样品和电泳缓冲液的流速等。由于这些因素之间存在相互影响、相互制约的关系，最佳的电泳分离条件需要经过大量的实验进行优化确定。

由于制备电泳仪的材料往往对分离组分有吸附作用，这会影响电泳分离或与使用的电泳缓冲液中阳离子相互作用，产生双电层，导致电渗流产生，影响电泳分离效果。因此，可采用在电泳槽的内壁涂上低电位的多聚物或共价结合纤维素衍生物的方法降低电渗流，也可采用适当增加电泳缓冲液离子强度的方法降低这种影响。电泳产生的热量会引起电泳液的对流，形成横向密度梯度和不稳定的纵向密度梯度。为解决这个问题，电泳缓冲液流动膜厚度要尽可能不超过 0.5mm，加入蔗糖或甘油，提高电泳缓冲液黏度，抑制对流，并加强冷却能力，均可取得较好效果。另外，电泳时电极因电解水而产生气泡对电泳缓冲液产生扰动作用，直接影响分辨率。因此需要使用半透膜将电极室与电泳槽分离，并使电极液循环，以便将产生的气体排出。使用的半透膜应是低电阻膜，尽可能减少膜两侧的离子浓度差，避免产生回流。

针对这些问题，发展了多种形式的电泳仪。如图 15-8 所示的多孔膜连续自由流动电泳就是一种，它是利用多孔膜将电泳槽分离成多个小池，在电场作用下，电泳分离的物质可透过膜在小池之间迁移，而多孔膜可起到稳定液流、防止扩散的作用。在各小池流动的电泳缓冲液不仅可起到带走电泳产生的热量的作用，同时也可收集电泳产生的不同区带，达到分离的目的。

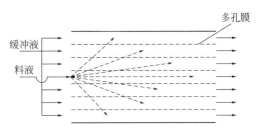

图 15-8 多孔膜连续自由流动电泳

电泳的分离效果与多孔膜数量、电泳仪长度、缓冲液流速和电场强度等因素有关，多孔膜数量越多，形成的小池越多，分离精度越高，分离效果越好。电泳仪长度与电场强度有关，提高电压，等于提高了各组分的迁移速率，可以缩短电泳仪的长度，两者协同要保证在电泳缓冲液流出电泳仪时，目标产物能够得到分离。如果电泳仪的长度已固定，电泳电压与电泳缓冲液流速之间的关系需经反复实验确定。低的电泳缓冲液的流速，可减少对分离产物的稀释作用，但电泳产生的热量移出的效率低，会产生热扩散和蛋白质分离产物失活。因此，需要使用高效的冷却系统。

15.4.3 自由流电泳应用

为了展示自由流电泳的特点，利用自由流电泳在低离子强度的三乙醇胺缓冲系统中对昆明小鼠脾脏 T、B 淋巴细胞进行分离，结果说明这种分离方法不仅使 B 细胞和 T 细胞保持了较高成活率，而且得到了较高的分离效率[6]。

（1）样品细胞分离和处理

选择 6～8 周龄昆明小鼠 2 只，断颈法处死后取其脾脏，去包膜剪碎过滤，低渗除去红细胞后，悬浮于 10mL 无血清 RPMI 1640 培养液中。在细胞悬浮液中加入 DNase I 至终浓度为 0.2g/L，37℃温育 5min，以降解破碎细胞释放出的 DNA，防止细胞粘连。1000r/min 离心 10min，倾去培养液，加入分离缓冲液 10mL 重新悬浮，用滴管轻轻打匀。120 目尼龙滤膜过滤后，再 1000r/min 离心 10min。倾去上清液，同样方法再洗涤一次。最后将细胞均匀悬浮于 1mL 分离缓冲液中。显微镜下计数，用分离缓冲液将细胞浓度最终稀释至 5×10^7 个/mL，取其中 1mL 上样。

（2）自由流细胞电泳

自由流细胞电泳仪器为德国 Dr. Weber 公司产品 Octopus PZE。这种仪器具有一个 500mm×100mm×0.5mm 的分离腔，采用由下而上的缓冲液流动方向，在靠近两侧电极室的位置可引入边界缓冲液（marginal buffer），从而降低由热对流、流体力学变形和浓差极化等因素所引起的层流扰动现象，使分离腔内能保持比较稳定的层流分布。在级分出口处可引入反向流介质，以保持各级分的稳定收集；同时也可在其中加入某些对样品具有稳定效应的物质，以利于保持其构象或生物活性。自由流电泳在三乙醇胺缓冲系统中进行，由醋酸钾提供一定的离子强度，并加入一定量的葡萄糖、蔗糖、甘氨酸以维持细胞的渗透压。分离缓冲液的组成为：15mmol/L 三乙醇胺＋4mmol/L 醋酸钾＋10mmol/L 葡萄糖＋240mmol/L

甘氨酸＋30mmol/L 蔗糖，用醋酸调节 pH 至 7.2，电导率为 0.85 mS/cm 。电极室缓冲液组成为：150mmol/L 三乙醇胺＋40mmol/L 醋酸钾＋240mmol/L 甘氨酸，pH 调至 7.2，电导率为 4.65mS/cm 。反向介质组成为：15mmol/L 三乙醇胺＋4mmol/L 醋酸钾＋10mmo/L 葡萄糖＋240mmol/L 甘氨酸＋30mmol/L 蔗糖＋250mmol/L 氯化钠，pH 调至 7.2，电导率为 5.25 mS/cm 。以上各溶液均在冰箱中预冷至 8℃使用。电泳在 90 V/cm 的电场强度下进行，产生的电流约为 130mA。冷却温度设定为 4℃ 。每管分离缓冲液流速约为 5mL/h，样品流速为 1.0mL/h，这样样品在分离腔中的停留时间为 3min。因为细胞由重力引起的自身沉积作用，而且在低离子强度分离缓冲液中它们还有相互聚集作用，所以在样品管中放入一个微型磁力搅拌子以 100r/min 的速度搅拌，以保持细胞的均匀进样。细胞进样选择在靠近负极的第 70 级分处进样口。

（3）细胞的检测和鉴定

细胞经自由流电泳分离后收集为 96 个级分，测定每个级分在 260nm 处的紫外吸收值，用其对相应的级分序号作图，即得到自由流电泳的分离图谱。根据分离图谱取峰尖上的数个级分，1500 r/mim 离心 5min，用 1mL PBS 重新悬浮细胞。各级分均取两份平行样品各 $2.5×10^5$ 个细胞移入离心管中。一份细胞样品先加入 0.5mL 的 15％羊血清 PBS 溶液，4℃放置 10min，以防止 FITC 标记的抗小鼠 CD3 抗体的非特异性吸附，1500r/min 离心 5min，弃去羊血清溶液，再加入 0.5mL 1：250 FITC 标记的抗小鼠 CD3 抗体溶液，4℃放置 45min。另一份样品则在 1500r/min 离心 5min，弃上清，加入 0.5mL 1：256 FITC 标记的抗小鼠多价 Ig 抗体溶液，4℃放置 45min。标记好的细胞样品用 PBS 洗涤两次。样品用美国 Becton Dickinson 公司 FACS Calibur 流式细胞仪检测。细胞存活率用台盼蓝染色法测定。

（4）实验结果

如图 15-9 所示，采用电导率约为 1mS/cm 的三乙醇胺-醋酸钾分离介质，可使 B 淋巴细胞和 T 淋巴细胞得到很好的分离；同时，又利用 Octopus PZE 仪器所提供的特殊的反向介质技术，在其中加入两倍于生理盐水浓度的氯化钠（250mmol/L），不经电场与分离液对半稀释后进入收集管，从而使分离后的细胞处于生理盐水浓度状态下。经过这样处理后细胞的存活率大大提高，用台盼蓝染色证明可达 95％以上。

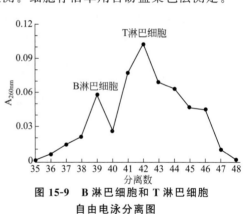

图 15-9　B 淋巴细胞和 T 淋巴细胞
自由电泳分离图

参 考 文 献

[1] 张玉奎，张维冰，邹汉法.液相色谱分析：分析化学手册. 第 3 版. 北京：化学工业出版社，2017.

[2] 郝斐然.一种微量制备型凝胶电泳装置的研制[D]. 北京：军事医学科学院放射与辐射医学研究所，2017.

[3] 米薇. 白质组学相关技术及其在正常人肝组织和肝癌研究中的应用[D]. 北京：军事医学科学院放射与辐射医学研究所，2008.

[4] 刘国诠. 生物工程下游技术. 第 2 版. 北京：化学工业出版社，2003.

[5] 赵星洁，刘英华.毛细管电泳分离啤酒废酵母中 4 种 5′-核苷酸.中国酿造，2007(8)，68-71.

[6] 刘韬，沈欣，吴高德，等.应用自由流电泳分离小鼠脾淋巴细胞.生物化学与生物物理学报，1999，31(5)：590-593.

第 16 章　生物质谱技术

质谱分析是使化合物分子形成离子或碎片离子，按质荷比（m/z）的不同进行成分分析和结构分析的一种分析技术。生物质谱是用于生物分子分析的一种质谱技术。由于生物分子大多数以其高分子量区别于分子量几十到几千的小分子，因而，要求生物质谱能够测定上万甚至几十万分子量的生物分子[1]。

作为生命活动的基本单位和功能的执行体，蛋白质是一类重要的生物大分子，其基本组成成分是氨基酸，氨基酸按一定顺序排列组成肽链，形成一级结构，是构成蛋白质复杂空间结构与功能的基础。现在已经证明一些遗传性疾病是由蛋白质一级结构的些许变化造成的。因此，确定蛋白质一级结构，即组成肽链的氨基酸种类和排列顺序对了解蛋白质空间结构及其与功能的关系具有重要的意义。生物质谱技术具有快速、灵敏和准确的蛋白质结构分析以及定性定量分析能力，可在蛋白质分析和鉴定中起到非常重要的作用，也必将促使生命科学向更深和更广的领域和层次迈进。

16.1　生物质谱原理

在高真空条件下，气态离子根据其质量 m 与电荷数 z 比值（称质荷比 m/z）大小的不同，通过与电磁场（包括磁场、磁场和电场的组合、高频电场和高频脉冲电场等）的作用将来自离子源的离子束中不同质荷比的离子按空间位置、时间顺序或运动轨道稳定等形式进行分离并被测定，此分析方法称为质谱分析法，所用仪器称之为质谱仪。以离子强度对质荷比作图称为质谱图。

质谱可用于离子化的分子或原子的质量、成分和结构分析。

质荷比 m/z：对于 $[M+nH]^{n+}$，$m/z=(M+n)/n$。式中，n 为质子数；M 为分子质量；m 为质量；z 为电荷数；H 为质子质量。

采用合适的离子化源，将质谱用于生物分子分析时，即为生物质谱。图 16-1（见下页）是美国 Thermo 公司生产的生物质谱仪外观图。

16.2　生物质谱技术应用

生物质谱对于蛋白质分析包括定性、定量和结构分析三个方面。

16.2.1　蛋白质定性分析

蛋白质定性分析就是鉴定构成其分子的氨基酸组成和排列顺序。生物质谱除了对一种纯蛋白质，如蛋白质或多肽药物等进行全序列分析外，还可以对蛋白质混合物中的某种蛋白质

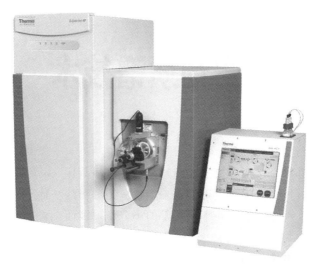

图 16-1　Thermo 公司生产的生物质谱仪外观图

进行定性分析。主要是依据对蛋白质中具有唯一性特征的某一肽段或数个肽段的质谱分析进而实现对该蛋白质的定性分析，即通过质谱分析确定这些蛋白质中具有唯一性特征肽段的氨基酸组成序列，实现对相应蛋白质的定性鉴定。

对蛋白质的质谱定性分析包括对构成蛋白质分子的特征肽段分析方法（自下而上法，bottom-up approach）和对蛋白质分子直接分析方法（自上而下法，top-down approach）。依据所鉴定蛋白质是否存在已知序列信息或氨基酸序列数据库，通常将蛋白质质谱分析分为基于已知蛋白质的氨基酸序列信息的比对方法和蛋白质氨基酸序列信息未知的从头测序法。比对方法可进一步分为肽质量指纹图法（peptide mapping fingerprinting，PMF）和肽序列标签法（peptide sequence tag，PST）。前者适合于一种纯蛋白质或比较简单蛋白质混合物的定性分析，而后者适合于简单和复杂蛋白质混合物的定性分析。

采用肽质量指纹图法对蛋白质进行鉴定时，首先一种蛋白质被一种特异性蛋白酶酶切后生成一组具有唯一性特征肽段的混合物，即具有指纹特征，也即这一组肽段可以代表相应的蛋白质，通过对这一组肽段的质谱定性实现对相应蛋白质的定性分析。例如，在应用该方法对蛋白质进行鉴定时，首先选择一种蛋白酶，如胰蛋白酶，将蛋白质酶切成相应肽段的混合物，然后进行质谱分析。一旦得到这些肽段的质量信息，便可采用人工或生物信息学工具将这些肽段的质量与其相应蛋白质理论酶切肽段的质量进行比对，如果有足够多被测定肽段的质量与理论酶切肽段质量匹配，那么这个蛋白质便得到鉴定。该方法的优点是仅需要测定肽段的质量，不足之处是仅适用于一种蛋白质或组成比较简单的蛋白质混合物。

对于比较复杂的蛋白质/多肽混合物的鉴定，则需要采用另一种蛋白质质谱鉴定方法，即肽序列标签法。其基本原理是通过对蛋白质中某一个或数个具有唯一性特征的肽段进行串联质谱分析，即通过对这些肽段的质谱碎片质量分析实现对相应肽段的鉴定，进而达到对相应蛋白质的定性分析。在肽序列标签法中，首先需要将蛋白质酶切成肽段混合物，然后通过串联质谱获得某些具有唯一性特征肽段碎片的质量信息，然后通过蛋白质序列数据库检索实现对该肽段的鉴定，进而达到对相应蛋白质的定性分析。一般采用串联质谱对蛋白质进行定性分析，其步骤为：首先选取一种选择性高的蛋白酶将蛋白质酶切为肽段混合物；然后在串联质谱分析时通过一级质谱选择一种特征肽段，在质谱的裂解池中通过与气体分子碰撞使肽段在肽键骨架处裂解成肽段碎片；最后通过二级质谱对这些肽段碎片离子的质量进行测定获得相应的串联质谱图，进而基于这些肽段碎片的质谱图和它们的质量差获得构成该肽段氨基酸的组成及序列信息，达到对该肽段的鉴定，最终实现对复杂生物样本中相应蛋白质的鉴定。

在对序列信息未知的蛋白质进行质谱定性分析时，采用从头测序的方法其方法，原理与基于肽序列标签法类似，所不同的是肽段的序列是未知的，对蛋白质的纯度要求较高且需要选择多种蛋白酶进行多次酶切。一般分析方法为首先采用质谱对这种蛋白质的分子量进行测定。然后，对该蛋白质用不同蛋白酶进行酶解，再对不同蛋白酶酶解的肽段进行串联质谱分析，并对质谱谱图进行解析获得每个肽段的氨基酸组成和序列，最后通过对不同酶酶切肽段的拼接得到蛋白质的序列，实现对蛋白质的定性分析。

16.2.2　蛋白质鉴定方法

蛋白质鉴定目前主要采用基质辅助激光解吸飞行时间质谱和电喷雾离子化串联质谱仪。

（1）基于基质辅助激光解吸飞行时间质谱的蛋白质鉴定方法

基质辅助激光解吸附飞行时间质谱主要由基质辅助激光解吸电离源（MALDI）、飞行时间（TOF）质量分析器和检测器构成。

基于 TOF 质谱分析时，离子源产生的离子在加速电场中获得动能，进入高真空无电场飞行管道并在此无电场飞行管道内飞行。质量较轻的离子飞行速度较快，较早到达检测器；质量较重的离子飞行速度较慢，较晚到达检测器。依据离子的飞行时间与其质荷比平方根成正比的关系，通过测定飞行时间，计算出相应离子的原子量或分子量。

采用基质辅助激光解吸电离源进行质谱分析时，将分析物分散在基质分子中，点于 MALDI 靶上并形成共结晶，当用激光（337nm 的氮激光或 355nm 的固体激光器）照射该晶体时，样品分子获得激光能量解吸，基质与样品之间发生电荷转移使样品分子带上电荷而离子化。因为激光的"脉冲"特性能够很好地匹配 MALDI TOF 质谱（MALDI TOF MS）的"批次"特性，所以一般将基质辅助激光解吸电离源与飞行时间质量分析器结合构成 MALDI TOF MS。在进行 MALDI TOF MS 分析时，常用的基质列于表 16-1，可根据分析的具体要求选择使用。

基质的作用包括：a. 吸收了激光的大部分能量并气化，同时将样品分子带入气相，且样品分子只吸收少量激光能量，避免了分子化学键的断裂；b. 基质在样品离子形成过程中起到了质子化或去质子化的作用，使样品分子带上正电荷或负电荷，成为带电荷的离子。

表 16-1　MALDI TOF MS 分析中常用基质

基质简称	中文名称	激发波长
SA	芥子酸 （3,5-二甲氧基-4-羟基肉桂酸）	337nm 或 355nm
DHB	龙胆酸 （2,5-二羟基苯甲酸）	
CHCA	α-氰基-4-羟基肉桂酸	
PA	吡啶甲酸	
3HPA	3-羟基吡啶甲酸	

离子源特点：a.使用脉冲式激光；b.产生单电荷离子和部分双电荷离子；c.离子化效率高，是现今灵敏度最高的质谱仪之一。另外，由于在 MALDI TOF MS 分析过程中采取了离子延迟提取技术和反射模式，该仪器的准确度、灵敏度和检测的质量范围显著提高，并可用于离子的源后裂解分析。

① MALDI TOF MS 与肽质量指纹谱法结合的蛋白质鉴定方法

MALDI TOF MS 与肽质量指纹谱法结合是常用的一种蛋白质鉴定方法，基本操作包括以下几步。

蛋白质样本制备：因为 MALDI TOF MS 分析的多肽混合物主要是来自纯蛋白质或经过二维凝胶电泳（2-DE）分离的蛋白质酶切样本，所以对于液体样本，因其为可溶性蛋白质，采用 2-DE 上样液稀释后，用比色法，比如考马斯亮蓝法，对蛋白质总量定量后即可进行 2-DE 分离；而对于组织或细胞样本，需要选择合适的裂解缓冲液，可参考配方为 40mmol/L Tris、8mol/L 脲、4% CHAPS、65mmol/L DTT 以及蛋白酶和磷酸酶抑制剂［每 50mL 溶液中加入 Roche 公司蛋白酶抑制剂 1 粒以及磷酸酶抑制剂（0.2mmol/L Na_2VO_3，1mmol/L NaF）］或采用配方为 7mol/L 脲、2mol/L 硫脲、4% CHAPS、1% Triton X-100 以及上述蛋白酶和磷酸酶抑制剂混合物。将组织或细胞悬浮于裂解液中，进行破碎或超声，最后 25000r/min 离心 1h 左右，收集上清备用；也可以采用伯乐（Bio-Rad）公司的 Ready Prep 试剂盒进行分步提取。

蛋白质混合物的高效分离：为了适合于 MALDI TOF MS 方法对蛋白质的鉴定，一般对蛋白质混合物进行 2-DE 分离，即首先根据蛋白质的等电点（pI）差异对蛋白质混合物进行等电聚焦分离，然后再依据蛋白质的分子量大小进行十二烷基硫酸钠-聚丙烯酸凝胶电泳分离。经过 2-DE 分离后，便可获得适用于该方法鉴定的简单蛋白质混合物凝胶点。

蛋白质条带或蛋白质凝胶点的蛋白质胶内酶切：在采用 MALDI TOF MS 对蛋白质的鉴定时，为了获得高准确度的肽质量指纹谱，且尽可能减少基质质谱峰的干扰，一般选择的肽段质量范围为：500~5000Da，为此，常选择水解位点在赖氨酸（K）和精氨酸（R）羧基端的胰蛋白酶进行蛋白质酶切。这不仅是由于该酶酶切蛋白质后的大多数肽段质量在此范围，而且该酶经过修饰后稳定、专一，并已经商品化，便于购置和使用。

基于 2-DE 分离后的蛋白质凝胶点酶切步骤：a.切胶和脱色，用干净的刀片将蛋白质凝胶点切下，并切成尺寸小于 2mm 的碎粒，用去离子水洗涤数次后，再用含 50% 乙腈、25mmol/L 的碳酸氢铵溶液 50~100μL 浸泡胶粒，并振荡 20min 后弃去溶液，重复该操作直至胶粒蓝色褪尽呈透明；b.酶切，将胶粒真空离心干燥 20min 或用乙腈脱水 2 次，使胶粒完全脱水后，按蛋白质与酶的比例为 20：1 加入胰蛋白酶的碳酸氢铵溶液（0.01μg/μL 的 25mmol/L 的碳酸氢铵溶液）约 5~10μL，在 4℃ 冰箱中放置 20~30min，待酶切溶液完全吸收后，补充 5~10μL 胰蛋白酶的碳酸氢铵溶液使其完全淹没胶粒，在 37℃ 孵育过夜，约 15h；c.肽混合物提取，加 5% 三氟乙酸（TFA）50~100μL 于 40℃ 保温 1h，吸出上清液，加 2.5% TFA/50%乙腈（ACN）50~100μL 于 30℃ 保温 1h，吸出上清液，合并上清液，冷冻干燥后，加入 5~10μL 5% TFA 溶液溶解肽段进行 MALDI-TOF-MS 质谱分析。

肽段混合物质谱分析：通过对酶切肽段混合物进行 MALDI TOF MS 分析，获得肽段的质量信息，也可进一步对肽段进行串联质谱分析，获得肽段的序列信息。

MALDI TOF MS 分析步骤：取 0.5~1μL 肽段溶液，与等体积的基质溶液，如 α-氰基-4-羟基肉桂酸饱和的 0.1% TFA/50%乙腈溶液混合后，点于质谱仪配置的不锈钢靶，如 96

孔不锈钢靶上，室温干燥，将不锈钢靶放入 MALDI TOF MS 的离子源中，待真空达到质谱仪的要求后进行质谱分析。尽管采用不同的 MALDI TOF MS 鉴定蛋白质时的操作步骤略有不同，但一般包括：a.首先用已知分子量的肽段混合物对仪器进行校正，达到要求的质量误差后更新仪器的校正参数；b.建立质谱数据存储文件夹；c.建立质谱谱图采集方法，包括采集模式，如反射模式或线性模式、质量范围、激光强度和照射方式，如随机、均匀、中心或边缘模式、亚谱累计次数和检测器电压等；d.质谱谱图处理方法，包括设置质谱峰信噪比、峰高一半处峰宽和排除的干扰离子等。

质谱数据的蛋白质序列数据库检索：利用搜索引擎将获得的肽质量指纹谱与蛋白质序列数据库中理论酶切肽段的质量进行匹配和打分，实现对蛋白质的鉴定。目前每种商品化的 MALDI TOF MS 都有自带的质谱数据库检索软件进行数据处理，也可将质谱数据导出，采用通用的 Mascot 搜索引擎处理这些质谱数据，达到对蛋白质鉴定的目的。搜索引擎一般参数设置包括：蛋白质数据库，物种类别如人、马等，蛋白酶及漏切位点，固定和可变修饰，质量误差和电荷等。

② 应用实例

以牛血清白蛋白（BSA）为例说明 MALDI TOF MS 结合 PMF 方法鉴定蛋白质的流程如下。

将牛血清白蛋白（BSA）溶于 50mmol/L 碳酸氢铵中，其最终浓度为 2mg/mL，加入二硫苏糖醇（DTT）使终浓度为 10mmol/L，在沸水中加热变性 10min，待冷却后加入碘乙酰胺（IAA），终浓度为 50mmol/L，暗处放置 1h 封闭半胱氨酸。之后按蛋白酶的量与蛋白质的量之比为 1∶20 加入胰蛋白酶，于 37℃水浴中酶解 15h。酶解反应结束后，加入甲酸使其溶液为酸性，终止酶解反应，取上清，即为酶解后肽段样品。

将 BSA 酶解后肽段样品进行 MALDI TOF MS 分析时，采用正离子反射模式，主要参数设置：质量范围，600～3000Da；每张质谱图中累计亚谱数，500；记录质谱图条件，选择每张亚谱；样品采集点模式，均匀采集；激光强度，5000。

将质谱数据输出为 peak list，通过 Matrix Science 公司网站上的 Mascot Peptide Mass Fingerprint 界面进行检索，主要参数包括：蛋白质数据库选择（Database），SwissProt；酶切时蛋白酶（enzyme），Trypsin；最大漏切位点（allow up missed cleavages），2；种属（taxonomy），哺乳动物（mammals）；固定修饰（fixed modifications），羧甲基修饰（carboxymethyl）；可变修饰（variable modifications），甲硫氨酸氧化；肽段质量误差（peptide tolerance），100×10^{-6}；数据文件或数据系列（data file/query），选择数据文件或 Peak list。对于规模化检测，还可采用反转数据库给出假阳性判断结果（decoy）。完成所有参数设置后，即提交服务器进行蛋白质数据库检索，检索结果如下：

Mascot Search Results

Protein View：ALBU _ BOVIN

Serum albumin OS＝Bos taurus GN＝ALB PE＝1 SV＝4

Sequence similarity is available as **an NCBI BLAST search of ALBU _ BOVIN against nr.**

Search parameters

Protein sequence coverage：89%

Matched peptides shown in ***bold red.***

Unformatted sequence string：**607 residues** (for pasting into other applications).

Residue Number Increasing Mass Decreasing Mass

Database：SwissProt

Score：375

Expect：2.1e-33

Nominal mass（Mr）：71244

Calculated pI：5.82

Taxonomy：**Bos taurus**

Enzyme：Trypsin：cuts C-term side of KR unless next residue is P.

Fixed modifications：**Carbamidomethyl（C）**

Variable modifications：**Oxidation（M）**

Mass values searched：396

Mass values matched：83

1MKWVTFISLL LLFSSAYSRG VFRRDTHKSE IAHRFKDLGE EHFKGLVLIA

51 FSQYLQQCPF DEHVKLVNEL TEFAKTCVAD ESHAGCEKSL HTLFGDELCK

101 VASLRETYGD MADCCEKQEP ERNECFLSHK DDSPDLPKLK PDPNTLCDEF

151 KADEKKFWGK YLYEIARRHP YFYAPELLYY ANKYNGVFQE CCQAEDKGAC

201 LLPKIETMRE KVLASSARQR LRCASIQKFG ERALKAWSVA RLSQKFPKAE

251FVEVTKLVTD LTKVHKECCH GDLLECADDR ADLAKYICDN QDTISSKLKE

301 CCDKPLLEKS HCIAEVEKDA IPENLPPLTA DFAEDKDVCK NYQEAKDAFL

351 GSFLYEYSRR HPEYAVSVLL RLAKEYEATL EECCAKDDPH ACYSTVFDKL

401 KHLVDEPQNL IKQNCDQFEK LGEYGFQNAL IVRYTRKVPQ VSTPTLVEVS

451 RSLGKVGTRC CTKPESERMP CTEDYLSLIL NRLCVLHEKT PVSEKVTKCC

501 TESLVNRRPC FSALTPDETY VPKAFDEKLF TFHADICTLP DTEKQIKKQT

551 ALVELLKHKP

从以上输出结果看出，检索结果包括了设置参数、蛋白质序列、序列覆盖率、分子量和
pI 值等信息。

（2）电喷雾离子化串联质谱仪

电喷雾离子化串联质谱仪由电喷雾离子源（ESI）和可进行串联质谱（MS/MS 或 MS²）
分析的质量分析器和检测器构成。

电喷雾离子化的基本原理如图 16-2 所示。利用高电场使离子源中进样端毛细管流出的
液滴带电，在空气环境或 N₂ 气流的作用下，随着溶剂蒸发，液滴表面积逐渐缩小，表面电
荷密度不断增加，当液滴表面电荷电量达到雷利极限时，产生的库仑斥力超过液滴的表面张
力，液滴发生爆裂，成为更小的带电液滴，这一过程不断重复使液滴变得非常细小，呈喷雾
状，这时液滴表面的电荷强度非常大，进一步发生爆裂使分析物离子化并以带单电荷或多电
荷离子的形式进入质谱仪的质量分析器中，按照质荷比（m/z）大小分离和检测，实现对进
入离子的质谱分析。

串联质谱是指通过多级的质量分离的一种质谱技术，包括在空间上分离的两个或以上质
量分析器构成的串联质谱仪（如四级杆-飞行时间质谱仪等）和时间上分离的质量分析器构
成的串联质谱仪（如离子阱质谱仪等）。在进行生物大分子质谱分析时，常用的质量分析器
列于表 16-2 中。

为了对生物大分子进行结构以及定性定量分析，可由不同的质量分析器构成不同的串联
质谱，并采用多种离子碎裂方式和扫描模式，达到不同的分析目的。目前常见的串联质谱

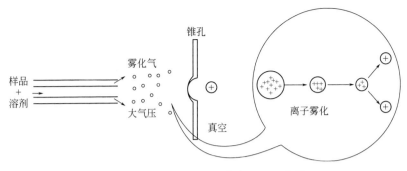

图 16-2 电喷雾离子化基本原理示意图

有：三重四极杆质谱仪（QQQ）、四极杆飞行时间质谱仪（Q-TOF）、四极杆轨道离子阱质谱仪（Q-OT）、四极杆离子阱质谱仪（Q-IT）、飞行时间-飞行时间质谱仪（TOF-TOF）、离子回旋共振-离子阱质谱仪（FTICR-IT）和轨道离子阱-离子阱质谱仪（OT-IT）等。

表 16-2　生物大分子质谱分析常用质量分析器、符号和原理

质量分析器类型	符号	分离原理
四极杆质量分析器	Q	离子的轨道稳定性
离子阱质量分析器	IT	离子的共振频率
飞行时间质量分析器	TOF	离子飞行速度（时间）
傅里叶变换离子回旋共振质量分析器	FTICR	离子的共振频率
傅里叶变换轨道离子阱质量分析器	FT-OT	离子的共振频率

　　为了对不同离子进行有效解离，获得精细的结构信息，在进行生物大分子质谱分析时可选择不同的解离方式，包括：碰撞诱导解离（collision-induced dissociation，CID）、红外多光子解离（infrared multiphoton dissociation，IMD）、电子捕获解离（electron-capture dissociation，ECD）、电子转移解离（electron-transfer dissociation，ETD）和高能碰撞诱导解离（high-energy collision-induced dissociation，HCD）等。另外，为了达到不同的分析目的，在质谱分析过程中也可选择不同的扫描模式，常用的扫描模式包括以下几种。a. 母离子扫描（precursor ion scan），在第二个质量分析器中选定子离子后，在第一个质量分析器中对母离子进行扫描。这种扫描模式不能在时间分辨的质谱仪器，如离子阱质谱仪中进行。b. 子离子扫描，首先在一级质谱中选择母离子，然后对其进行解离，最后在第二级质谱中对产生的碎片离子进行全扫描。c. 中性丢失扫描，第一个质量分析器扫描所有的离子，而第二个质量分析器以相对于第一个质量分析器扫描离子而设定的质量偏移进行扫描，这种扫描方式适用于空间分辨的质谱中进行，而不适用于时间分辨的质谱中进行，另外，该扫描方式也适用于混合物中一类相关化合物的选择性鉴定。d. 选择性反应监测，将两种质量分析器分别设定选择的质量，类似于两次连续地选择性离子检测，该扫描方式的特点是高灵敏度和高选择性。e. 平行反应检测（PRM），通过四极杆对目标化合物进行选择性通过，通过后的离子进入碰撞池发生高能碰撞碎裂，所产生的碎片将被同时送入轨道离子阱进行高分辨扫描，然后选择高分辨的二级子离子进行定量，该扫描方式通过四极杆过滤掉大量干扰离子提高了灵敏度的同时，二级高分辨质谱进一步提高了定量的专属性。

第 16 章　生物质谱技术　　357

① 串联质谱鉴定多肽序列原理

蛋白质一般由 20 种氨基酸组成，一段由 3 个氨基酸组成的肽有 20^3 种可能排列方式；4 个氨基酸组成的肽有 20^4 种可能排列方式，而由 4 个氨基酸组成的一段特定序列出现的概率为 1/160000；所以由五六个氨基酸组成的肽序列在一个蛋白质组中已具有很高的特异性，可以用来鉴定该蛋白质。因此，基于特征肽段序列对相应蛋白质进行鉴定的方法称为肽序列标签技术法（PST）。

② 串联质谱仪可获得肽段的序列信息

当混合肽段离子经过一级质谱全扫描后，选择一种肽段进入质谱仪的碰撞室并与惰性气体碰撞，沿肽链骨架的酰胺键处断裂并形成肽段碎片，即子离子。依据肽键断裂时电荷保留和解离位点，如图 16-3 所示，将电荷保留在肽链 N 末端的碎片离子分别称为 a、b、c 型系列离子，而将电荷保留在肽链 C 末端的碎片离子分别称为 x、y、z 型系列离子。在串联质谱图中 b 型和 y 型离子出现较多，丰度也较高。另外，还会出现 b-H_2O 和 y-NH_3 等形式。y、b 系列相邻离子的质量差，即氨基酸残基质量，根据完整或互补的 y、b 系列离子可推算出肽段的氨基酸组成序列。20 种基本氨基酸的残基分子量如表 16-3 所示。值得注意的是亮氨酸（L）与异亮氨酸（I）残基分子量均为 113.08406，因二者为同分异构体，所以质谱不能分辨。而谷氨酰胺（Q）与赖氨酸（K）的残基分子量十分接近，分别为 128.05858 与 128.09496，需要高分辨率和高准确度的质谱仪才能将这两种氨基酸正确鉴定。目前随着科学技术的不断进步，质谱仪器的分辨率、准确度、灵敏度和扫描速度正在不断提高，可逐步满足复杂生物样本中蛋白质组鉴定深度覆盖的要求。

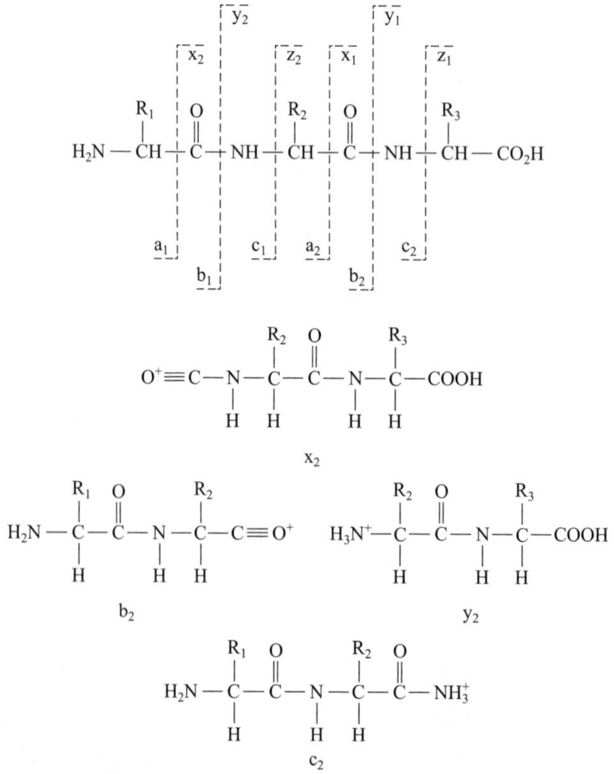

图 16-3 多肽串联质谱碎片离子示意图

表 16-3 20 种氨基酸残基（NH-HCR-C＝O）的分子量

氨基酸名称	单同位素分子量	平均分子量
甘氨酸（glycine，G）	57.021 46	57.0519
丙氨酸（alanine，A）	71.037 11	71.0788
丝氨酸（serine，S）	87.032 03	87.0782
脯氨酸（proline，P）	97.052 76	97.1167
缬氨酸（valine，V）	99.068 41	99.1326
苏氨酸（threonine，T）	101.047 68	101.1051
半胱氨酸（cysteine，C）	103.009 19	103.1388
异亮氨酸（isoleucine，I）	113.084 06	113.1594
亮氨酸（leucine，L）	113.084 06	113.1594
天冬酰胺（asparagine，N）	114.042 93	114.1038
天冬氨酸（aspartic acid，D）	115.026 94	115.0886
谷氨酰胺（glutamine，Q）	128.058 58	128.1307
赖氨酸（lysine，K）	128.094 96	128.1741
谷氨酸（glutamic acid，E）	129.042 59	129.1155
甲硫氨酸（methionine，M）	131.040 49	131.1926
组氨酸（histidine，H）	137.058 91	137.1411
苯丙氨酸（phenylalanine，F）	147.068 41	147.1766
精氨酸（arginine，R）	156.101 11	156.1875
酪氨酸（tyrosine，Y）	163.063 33	163.1760
色氨酸（tryptophan，W）	186.079 31	186.2132

③ 肽段混合物的电喷雾离子化串联质谱分析步骤

样本制备：首先采用合适的样品缓冲溶液，从分析样品，如细胞、组织或体液中提取全蛋白质，然后对蛋白质混合物进行预分离后酶切或对其直接进行酶切（一般选择胰蛋白酶酶切或与其它蛋白酶联合酶切）。

肽混合物预分离：选择预分离方法，如离子交换色谱、高 pH 反相色谱或等电聚焦电泳等对蛋白质的酶切溶液进行在线或离线分离，得到组成相对简单的不同馏分。

液质联用分析：选择液质联用分析系统，对预分离的馏分进行分离分析，产生相应馏分的质谱数据。

质谱数据解析：选择搜索引擎，如 MASCOT 搜索引擎处理这些质谱数据，实现对蛋白质或蛋白质组的鉴定。

高效液相色谱-质谱联用技术：由于生物样本中生物大分子化合物种类多，动态范围宽，仅靠质谱质量分析器无法对其实现分离和检测，因此，将高效液相色谱与质谱联用，可达到对复杂生物样本高效液相色谱分离和质谱分析的目的。其中电喷雾离子化源在其中起到桥梁作用，将二者连接起来构成完整的高效液相色谱-质谱联用技术分析系统。

应用实例：以牛血清白蛋白（BSA）为例说明电喷雾-串联质谱方法鉴定蛋白质的流程。样本处理与 MALDI TOF MS 结合 PMF 方法鉴定蛋白质的流程相同。

16.2.3 蛋白质磷酸化分析方法

蛋白质磷酸化修饰是生物体内最重要的蛋白质翻译后修饰之一，也是一种最普遍的蛋白质功能调控手段[2]。磷酸化和去磷酸化这一可逆过程几乎调节着包括细胞的增殖、发育、分化、细胞骨架调控、细胞凋亡、神经活动、肌肉收缩、新陈代谢及肿瘤发生等生命活动的所有过程，是目前所知道的最主要的信号转导方式。对磷酸化蛋白质的检测和磷酸化位点的确定是认识蛋白质磷酸化在生命活动中调控机制的重要前提，也是功能蛋白质组学的重要研究内容。由于磷酸化蛋白质在生物体内的化学计量值低、磷酸化位点变化、信号分子丰度低、分析方法分析动态范围的限制以及在样本制备中磷酸化肽段的不稳定，因此对磷酸化蛋白质的检测和位点分析一直是所面临的技术挑战。目前，对磷酸化蛋白质检测和位点分析主要有 Edman 测序方法、^{32}P 标记检测方法和质谱方法，其中质谱方法已经成为目前的主要方法。

如前所述，由于只有一部蛋白质发生了磷酸化修饰，加上非磷酸化肽段在质谱分析中的信号抑制，一般在质谱分析前需要进行富集。对于含有酪氨酸磷酸化的蛋白质可采用相应的抗体进行富集，但对丝氨酸和苏氨酸磷酸化的蛋白质因缺乏亲和力或特异性高的抗体，常常选择固定化金属亲和色谱或通过二氧化钛对磷酸化肽段的亲和作用进行富集，然后对富集的磷酸化肽段进行洗脱和质谱分析。

（1）磷酸化蛋白质质谱分析原理

在对磷酸化蛋白质进行提取前需要加入磷酸酶抑制剂，防止磷酸化蛋白质去磷酸化；然后对磷酸化蛋白质进行还原烷基化和酶切，并对酶切的肽段混合物进行磷酸化肽段的选择性富集和质谱分析；最后采用专门生物信息软件对质谱数据与蛋白质序列数据库进行比对和打分，实现对肽段的鉴定，进而鉴定相应的蛋白质。对磷酸化肽段质谱数据进行搜索鉴定时，需要将丝氨酸（Ser）、苏氨酸（Thr）和酪氨酸（Tyr）残基设置为可变修饰（79.979 Da），这样就可以实现对磷酸化修饰肽段的质谱鉴定，进而达到对磷酸化蛋白质的鉴定目的。

（2）采用二氧化钛富集-液相色谱-质谱鉴定鼠肝磷酸化蛋白质的方法步骤

① 用 SDS 提取鼠肝蛋白质

取液氮研磨的老鼠肝脏 25mg，加入 150μL 含有 4% SDS 的 100mmol/L Tris-HCl（pH＝7.6）与 0.1mol/L DTT 裂解液中，95℃，3min，超声 3～5 个循环后对蛋白质进行定量。

② FASP 法对样品的酶切

a. 取 0.5mg 的鼠肝加入 200μL 的脲溶液中（8mol/L 尿素、0.1mol/L Tris-HCl，pH＝8.5）；b. 加入 FASP（3kDa）管中，14000×g 离心 15min；c. 加入 200μL 的脲溶液，14000×g 离心 15min；d. 加入 200μL 碘乙酰胺（IAA）溶液（0.05mol/L IAA 溶于 1mol/L 脲溶液）暗处孵育 30min，14000×g 离心 15min；e. 加入 200μL 的脲溶液，14000×g 离心 15min，反复两次；f. 加入 200μL 的 0.05mol/L 碳酸氢铵溶液，14000×g 离心 15min，反复两次，更换新的 FASP 底管；g. 加入 150μL 的胰酶溶液（100∶1），37℃ 反应 16h；h. 14000×g 离心 15min，收集下层液体；i. 加入 200μL 的 0.05mol/L 碳酸氢铵溶液，14000×g 离心 15min，反复两次，收集所有下层液体合并；j. 溶液冻干备用。

③ 二氧化钛对磷酸化肽段的富集

富集过程采用五次富集模式（前三次的二氧化钛为 5mg，后两次的二氧化钛使用量为

2mg）。

a.将 FASP 酶切物的冻干产物按 $2\mu g/\mu L$ 浓度使用溶液（1％TFA＋50％乙腈＋1mol/L 羟基乙酸）重溶；b.将称取的二氧化钛颗粒与蛋白质酶切物反复混合反应 30min，离心后将上清溶液加入下一个批次的富集过程中；c.将离心后获得的二氧化钛颗粒装入 C_8 筛板的枪头小柱（Tip）中，使用溶液（1％TFA＋50％乙腈＋1mol/L 羟基乙酸）$200\mu L$ 清洗 3 次；d.使用溶液（$150\mu L$ 氨水＋$400\mu L$ 乙腈＋$450\mu L$ 水）$200\mu L$ 洗脱富集到的磷酸化肽段（洗脱的溶液立即用 10％的甲酸中和，防止发生 β-消除），重复两次，合并收集物并冻干备用；e.将五批富集溶液冻干后经碱性反相梯度洗脱分离，按 1min 间隔收集组分，热干燥后质谱检测。

④ 磷酸化肽段混合物的高 pH 预分离

采用微型反相色谱柱，使用 pH 10 的反相色谱流动相对磷酸化肽段混合物进行分离，其中分段洗脱的流动相为：乙腈浓度分别为 2％、5％、10％、40％和 80％，用氨水调整流动相的 pH＝10，每次洗脱体积约 $90\mu L$，然后对收集的组分热干燥或将高浓度洗脱的组分与低浓度洗脱的不同组分依次混合再热干燥后，进行液-质联用分析。

⑤ 数据库检索

采用生物信息软件进行数据库检索时，除了按一般要求设置物种、酶切漏切位点、分析准确度、固定化修饰外，在可变修饰中需要专门设置丝氨酸（Ser）、苏氨酸（Thr）和酪氨酸（Tyr）残基的可变修饰（79.979 Da），以实现对磷酸化肽段的鉴定，进而达到对相应磷酸化蛋白质的分析。

16.2.4 蛋白质糖基化分析方法

蛋白质的糖基化修饰是一种最常见且复杂的蛋白质翻译后修饰[3]，它赋予前体蛋白质一些新的功能，如其结合的特异性与稳定性、细胞的相互识别、细胞分化以及信号转导和免疫应答等。如今，糖蛋白已经作为癌症诊断和监测的生物标志物。因此，糖蛋白的准确鉴定对全面研究蛋白质的各种功能是至关重要的。

70％的人类蛋白质包含一个或多个糖链，1％的人类基因组参与了糖链的合成和修饰。哺乳动物中蛋白质糖基化可分为三种类型：N-糖基化、O-糖基化和 GPI 糖基磷脂酰肌醇锚。大多数糖蛋白只含有一种糖基化类型，但有些蛋白质和多肽同时含有 N-糖链、O-糖链或糖氨聚糖。

（1）蛋白质糖基化种类

① N-糖基化

N-糖基化指糖链通过与蛋白质的天冬氨酸的自由—NH_2 基共价连接。N-连接的糖链合成起始于内质网（ER），完成于高尔基体。N-糖链合成的第一步是将一个十四碳糖的核心寡聚糖添加到新形成多肽链的特征序列为 Asn-X-Ser/Thr（X 代表除脯氨酸外的任何一种氨基酸）的天冬酰胺上，天冬酰胺为糖链受体。核心寡聚糖是由两分子 N-乙酰葡糖胺、九分子甘露糖和三分子葡萄糖依次组成，第一位 N-乙酰葡糖胺与 ER 双脂层膜上的磷酸多萜醇的磷酸基结合，当 ER 膜上有新多肽合成时，整个糖链一起转移。寡聚糖转移到新生肽以后，在 ER 中进一步加工，依次切除三分子葡萄糖和一分子甘露糖。在 ER 形成的糖蛋白具有相似的糖链，由顺面进入高尔基体后，在各膜囊之间的转运过程中，原来糖链上的大部分甘露糖被切除，但又由多种糖基转移酶依次加上了不同类型的糖分子，形成了结构各异的寡糖链。由于血浆等体液中蛋白质多发生 N-糖基化，因此 N-糖蛋白又称为血浆型糖蛋白。

② O-糖基化

O-糖基化指糖链与蛋白质的丝氨酸或苏氨酸的自由羟基共价连接。O-糖基化位点没有保守序列，糖链也没有固定的核心结构，组成既可以是一个单糖，也可以是巨大的磺酸化多糖，因此与 N-糖基化相比，O-糖基化分析会更加复杂。O-连接的糖基化在高尔基体中进行，通常第一个连接上去的糖单元是 N-乙酰半乳糖胺，连接的部位为 Ser、Thr 或 Hyp 的羟基，然后逐次将糖残基转移上去形成寡糖链，糖的供体同样为核苷糖，如 UDP-半乳糖。O-糖蛋白主要存在于黏液和免疫球蛋白等。

③ GPI 糖基磷脂酰肌醇锚

GPI 糖基磷脂酰肌醇锚是蛋白质与细胞膜结合的唯一方式，不同于一般的脂类修饰成分，其结构极其复杂。许多的受体、分化抗原以及一些具有生物活性的蛋白质都被证实通过 GPI 结构与细胞膜结合。GPI 的核心结构由乙醇胺磷酸盐、三个甘露糖苷、葡糖胺以及纤维醇磷脂组成。GPI 锚定蛋白的 C 末端是通过乙醇胺磷酸盐桥接于核心聚糖上，该结构高度保守，另有一个磷脂结构将 GPI 锚连接在细胞膜上。核心聚糖可以被多种侧链所修饰，比如乙醇胺锚酸盐基团、甘露糖、半乳糖、唾液酸或者其它糖基。

目前基于生物质谱技术的糖蛋白鉴定策略已经成为一种普遍采用的研究手段，其基本方法是先将糖基化蛋白质酶解成糖基化肽段，然后进行质谱鉴定。但是，由于糖基化蛋白质的丰度非常低并且动态范围广，且发生糖基化修饰的蛋白质不容易电离形成分子和离子并在质谱分析时受到非糖肽的抑制，导致无法对糖基化的蛋白质进行检测，因而对糖基化蛋白质的研究仍然面临比较多的挑战。为解决这些问题，在进行质谱分析前，有必要在样品处理过程中对糖肽进行富集。

目前已经发展出了多种糖肽富集策略，包括凝集素亲和色谱法、硼酸化学法、亲水相互作用色谱法及肼化学法。其中凝集素亲和色谱法是目前应用最广泛的糖蛋白、糖肽富集方法，但是只对特定糖型的糖肽/糖蛋白有着非常良好的作用。肼化学法是基于利用高碘酸钠将糖链上的邻二羟基氧化成醛基，然后使用酰基功能化材料与醛基进行共价结合，从而实现对糖肽/糖蛋白的富集，因此具有较高的富集选择性。亲水相互作用色谱法是利用糖肽/糖蛋白上糖链的多羟基结构与亲水固定相间的相互作用进行富集，对具有不同糖链结构的糖肽均具有一定的富集效果。近十年来，芳香族硼酸衍生物已作为一种糖肽富集的方法在糖蛋白分析中获得应用，在无水或碱性条件下，硼酸分子可与含有顺式邻羟基的糖分子形成五元或六元环酯，在酸性条件下又可逆地释放糖链，从而对糖肽进行选择性富集。

（2）蛋白质糖基化分析原理

对 N-糖蛋白分析时，首先对提取的蛋白质混合物中的糖蛋白进行选择性富集，然后对富集的糖蛋白混合物进行还原、烷基化、肽 N-糖苷酶酶切（PNGase F 主要用于哺乳动物来源的蛋白质，PNGase A 主要用于植物或昆虫来源的蛋白质），进一步对去除糖后的蛋白质混合物进行胰蛋白酶酶切，最后通过对切除糖后的肽段混合物进行液相色谱-质谱分析，并对质谱数据解析实现对糖肽及糖蛋白的鉴定；也可以先对蛋白质混合物进行还原、烷基化和胰蛋白酶酶切，再对糖肽进行选择性富集、肽 N-糖苷酶酶切及质谱分析，最后通过对质谱数据解析，即在生物信息学软件的界面设置符合 NXS/T（X 是指除脯氨酸外的其它氨基酸）序列且天冬酰胺变为天冬氨酸（分子质量增加 0.908Da），借此实现对 N-糖肽的鉴定，最终实现对 N-糖蛋白的分析。

对 O-糖蛋白分析时，首先对提取的蛋白质混合物进行还原、烷基化和胰蛋白酶酶切，然后对所得的多肽混合物在碱性条件下进行 β-消除反应和迈克尔加成反应，使 O-糖修饰的丝氨酸或苏氨酸标记上二硫苏糖醇（DTT，分子质量为 136.2Da），再经过巯基色谱柱选择性富集和质谱分析，最后通过对质谱数据解析，即在生物信息学软件的界面设置肽段分子质量增加量（例如，O-糖为乙酰葡萄糖胺时，O-糖修饰的肽段分子质量减去 203Da，加上 136.2Da 即为质谱检测的 DTT 修饰的肽段的分子质量），借此实现对 O-糖肽的鉴定，最终实现对 O-糖蛋白的分析。

① N-糖蛋白分析步骤

蛋白质提取：从 1g 细胞、组织等样本中提取蛋白质时，提取液体积一般为 5～10mL，在室温条件下（20℃）10000×g 离心 30min 。

蛋白质定量：采用 Bradford 方法，以人血清白蛋白为标准对其总量进行测定，使目标蛋白质总量＞50μg。

二硫键还原：在氮气保护和室温条件下，采用二硫苏糖醇（DTT，100mg/mL）对蛋白质中二硫键进行还原，DTT 与蛋白质质量比为 1：1，反应时间为 2h。

巯基烷基化：在室温和避光条件下，以碘乙酰胺与蛋白质质量比为 2.5：1 对半胱氨酸进行烷基化 2h。

胰蛋白酶酶解：按胰蛋白酶的量与蛋白质的量之比为 1：20 加入胰蛋白酶，于 37℃ 水浴中酶解约 15h，酶解反应结束后，加入甲酸使其溶液为酸性，终止酶解反应，取上清，即为酶解后肽段样品。

亲和色谱纯化：按照研究目的，选择一种选择性富集方法（如凝集素亲和色谱法、亲水相互作用色谱法等）富集 N-糖基化肽段，洗脱收集 N-糖基化肽段组分。

同位素标记：用 N-糖酰胺酶（PNGase）在 $H_2^{18}O$ 中切除连接在天冬酰胺残基（Asn）上的糖链。该处理过程会使 Asn 分子质量增加 2.988Da。

分离鉴定：用高精度液相色谱-质谱检测脱糖后的肽段，并通过生物信息软件检索相应物种蛋白质序列数据库，确认脱糖后肽段分子质量与其理论分子质量的变化、肽段的序列以及 NXS/T（X 是指除脯氨酸外的其它氨基酸）序列，从而实现对该蛋白质的 N-糖基化修饰的分析。

② O-糖蛋白分析步骤[4]

蛋白质提取：从 1g 细胞、组织等样本中提取蛋白质时，提取液体积一般为 5～10mL，在室温条件下（20℃）10000×g 离心 30min。

蛋白质定量：采用 Bradford 方法，以人血清白蛋白为标准对其总量进行测定，使目标蛋白总量＞50μg。

二硫键还原：在氮气保护和室温条件下，采用二硫苏糖醇（DTT，100mg/mL）对蛋白质中二硫键进行还原，DTT 与蛋白质质量比为 1：1，反应时间为 2h。

巯基烷基化：在室温和避光条件下，以碘乙酰胺与蛋白质质量比为 2.5：1 对半胱氨酸进行烷基化 2h。

胰蛋白酶酶解：按胰蛋白酶的量与蛋白质的量之比为 1：20 加入胰蛋白酶，于 37℃ 水浴中酶解约 15h，酶解反应结束后，加入甲酸使其溶液为酸性，终止酶解反应，取上清，即为酶解后肽段样品。

去除磷酸化修饰：在 37℃ 和 1mmol/L $MgCl_2$ 条件下，在肽段混合溶液中加入碱性磷酸酶（1U/10μL），孵育 3h 去除丝氨酸和苏氨酸上修饰的磷酸基团，然后酸化至 pH 4.5 终止酶促反应。

β-消除和迈克尔加成反应：在 1% 三乙胺，0.1% NaOH 和 0～20% 乙醇及 10mmol/L DTT 混合溶液中，加入肽段至含量为 20%，然后，在 50℃ 孵育 2.5h 后加入三氟乙酸至 1% 终止反应，最用 C₁₈ 反相色谱小柱脱盐和进行样品干燥。

亲和色谱：首先用含有 1mmol/L EDTA 的 PBS（PBS/EDTA）溶液溶胀巯基琼脂糖填料，并将干燥的肽段溶解在同样的溶液中，然后与巯基琼脂糖填料孵育 1h，用 15mL 的 PBS/EDTA 溶液洗涤后，再用含 20mmol/L DTT 的 PBS/EDTA 溶液 150μL 依次洗脱三次，合并收集组分，与上述类似方法脱盐和干燥。

液相色谱-质谱分析：将干燥的样品溶于色谱分离的弱溶剂中，按一般多肽混合物的分离和质谱条件进行色谱分离和串联质谱分析。需要注意的是在上样时，为了避免 DTT 修饰肽段间形成二硫键，弱溶剂中可补加 200mmol/L DTT。

质谱数据分析：对于 DTT 修饰的肽段的质谱数据在进行数据库检索时，丝氨酸或苏氨酸分子质量增加 136.2Da；当样品进行还原和碘乙酰胺烷基化处理时，半胱氨酸分子质量增加 57.052Da；另外，由于烷基化的半胱氨酸也会被 DTT 修饰，因此可将半胱氨酸设置为可变修饰，其分子质量增加 120.2Da。其它质谱参数与实验时的设置参数一致，借此可以实现对蛋白质的 O-糖基化修饰的分析。

16.2.5 蛋白质定量分析

基于生物质谱的蛋白质定量分析是指对样本中的某一种蛋白质含量或浓度、全蛋白质总量或浓度进行定量的分析方法。对全蛋白质总量或浓度进行分析时，可利用蛋白质/多肽的共有物理或化学性质进行定量分析。例如，中和滴定法（凯氏定氮法）以及基于比色方法的 Bradford 法、Lowry 法等属于这类方法。而对某一种蛋白质含量或浓度进行分析时，则选择利用这种蛋白质特有的物理、化学性质或生物学特性进行定量分析。例如，基于凝胶电泳的高分辨率和蛋白质特性的蛋白质印迹法（Western blotting）、基于接合在固相载体表面、具有免疫学活性抗原或抗体和酶标记的、具有免疫学活性抗原或抗体的酶联免疫吸附检测方法（enzyme linked immunosorbent assay，ELISA）以及基于质谱的蛋白质定量方法等属于这类方法。在此，主要介绍基于生物质谱的蛋白质定量分析方法。

在采用质谱方法对蛋白质进行定量时，一般选择离子检测（SIM）或多反应监测模式（SRM）质谱方法对某一种目标蛋白质进行定量分析。由于质谱信号受时空因素影响较大，因此，常常以稳定同位素标记肽段作为内标。基于生物质谱的蛋白质定量原理为：利用稳定同位素标记肽段与内源性肽段在质谱分析中具有特定的质量偏移，分别对稳定同位素标记肽段内标与内源性肽段待测物的质谱信号进行测定，再通过比较稳定同位素标记肽段内标与内源性肽段的信号强度，计算出内源性肽段的浓度，进而依据内源性肽段与待测目标蛋白质的化学计量关系，实现对复杂生物样本中的目标蛋白质的定量。这种方法即为稳定同位素稀释-质谱法（SID-MS）。在采用 SID-MS 对复杂生物样本中的蛋白质进行定量分析时，这些稳定同位素标记的肽段应是目标蛋白质的特异性肽段，并具有合适的色谱保留行为和强的质谱信号，且在样本处理和分析过程中不易发生化学变化。

基于生物质谱的蛋白质定量分析方法主要包括两类：一是基于标记技术的生物质谱定量方法；二是非标记的生物质谱定量方法。另外，由于分析目的不同，蛋白质定量分析包括相对定量和绝对定量。当相对定量中参照样本的量已知时，即可计算出分析样本的量，因此，可以认为绝对定量分析仅是相对定量分析的一个特例。目前，标记技术主要为稳定同位素标记技术，主要包括稳定同位素代谢标记技术、稳定同位素化学标记技术以及酶催化的同位素标记技术等，且可结合不同类型的质谱进行相对或绝对定量分析，而具有多反应监测功能模式的三重四极杆质谱或具有平行反应监测功能模式的高精度质谱在绝对定量分析时更具优势。

（1）代谢标记技术

代谢标记技术是通过细胞体内的合成代谢机制将检测或亲和标签，如同位素或同位素标记的氨基酸替换生物分子中相应的元素或蛋白质中氨基酸的一种标记方法。在蛋白质/蛋白质组的定量研究中，氨基酸培养稳定同位素标记（SILAC）是目前常用的一种体内代谢标记技术，其基本原理是分别用天然同位素（轻型）或稳定同位素（重型）标记的必需氨基酸取代细胞培养基中相应氨基酸，经5～6代细胞培养周期后，细胞内新合成的蛋白质中的氨基酸完全被添加的重标氨基酸取代，从而使含有相应氨基酸的蛋白质被标记。收集不同培养条件下的细胞并按比例混合，经细胞破碎、蛋白质提取、分离和酶解等处理后，进行质谱鉴定和定量分析以及进一步的数据处理和功能分析与验证。

由于SILAC是在细胞水平上进行标记，可在细胞水平上进行混合，因此，其特点是准确度高。尽管SILAC在细胞或模式生物的蛋白质组学研究中获得广泛应用，并有一系列的扩展技术，但仍存在缺陷：一是可标记氨基酸选择范围少，且部分同位素标记氨基酸会发生代谢转换而变成其它氨基酸，从而导致肽段非特异性标记；二是采用SILAC进行蛋白质/蛋白质组定量研究时费用较高。

SILAC结合质谱的蛋白质/蛋白质组分析步骤如下：①选择研究对象，如细胞或动物，并选择合适的重标盐、轻标氨基酸和重标氨基酸对其培养或喂养，经过数代后使其所有的蛋白质中相应的元素或氨基酸全部被替代为重标元素或标记氨基酸；②在细胞、组织或蛋白质水平进行混合，并可选择在蛋白质水平对蛋白质混合物进行预分离；③对蛋白质混合物或预分离后的蛋白质组分进行还原、烷基化和酶切，获得多肽混合物；④选择合适的预分离方法对多肽混合物进行预分离或直接采用毛细管反相色谱与串联质谱联用技术对多肽混合物进行液-质联用分析，获得相应的质谱数据；⑤采用合适的质谱数据解析软件对质谱数据进行解析，获得蛋白质组的定量信息；⑥进一步采用生物信息学软件对带有定量信息的数据进行分析，挖掘其生物学功能和进行更高层次的生物学研究。

（2）化学标记技术

化学标记的基本原理：分别将不同来源样品的肽段，通过化学反应标记上含有"轻"质和"重"质同位素（如^2H，^{13}C，^{15}N，^{18}O）的化学基团或同系物金属元素。由于标记上含有"轻"和"重"质同位素的化学基团或不同金属元素的肽段的化学性质相似，因而两者在进行色谱分离和质谱分析时具有相近的分离性质、离子化和传输效率，但质荷比不同，这样不同来源的同一肽段在质谱谱图中会以成对质谱峰出现。通过比较这些成对出现的质谱峰信号强度，并进一步利用这些肽段与其相应蛋白质之间的化学计量关系，实现对这些蛋白质的定量分析。

目前，已有多种化学标记方法，表16-4中列出了一些主要的化学标记方法以及它们的优缺点。

表 16-4　一些主要化学标记方法及其优缺点

标记方法	标记方式	优点	缺点
ICAT	标记多肽的—SH	标记效率高;标记肽段易于与无标记肽段分离	一次只能分析 2 个样品;只有含巯基的肽段被标记,覆盖率低
iTRAQ/TMT	等质量标记多肽的—NH₂	标记—NH₂ 基团,增强了蛋白质定量的可信度;多重标记能力;有多种商品化的分析软件分析数据	标记效率因肽段性质不同有较大的差异;标记试剂昂贵
乙酰化	标记多肽的—NH₂	标记试剂价格低廉;准备时间短	一次只能分析 2 个样品
金属元素标记	标记多肽的—SH 或—NH₂	标记试剂价格低廉;可用于包括 ICP-MS 等多种离子化源的质谱;实现多重标记;质量差大	标记步骤较多

　　化学标记结合质谱的蛋白质定量分析流程如下:①分别提取不同生理或病理状态的生物样品,如细胞、组织或体液中的蛋白质,并对其蛋白质总量进行测定;②分别对提取的蛋白质混合物进行还原、烷基化和蛋白酶酶切,获得适合于质谱定量分析的多肽混合物;③对不同状态的多肽混合物进行轻标试剂和重标试剂化学标记,然后将标记后的多肽混合物混合;④对不同标记后的多肽混合物进行液相色谱分离和质谱分析,获得质谱数据;⑤采用生物信息学工具软件对质谱数据进行分析,并对带有定量信息的蛋白质数据进一步挖掘,获得具有重要功能的蛋白质。

　　以 iTRAQ 试剂为例说明化学标记与质谱结合用于差异蛋白质组分的过程,见图 16-4。

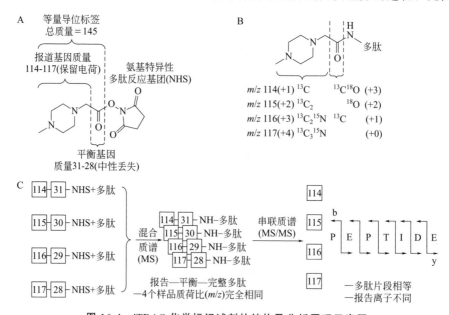

图 16-4　iTRAQ 化学标记试剂的结构及分析原理示意图

A 为 iTRAQ 试剂;B 为不同报告基团的 iTRAQ 试剂与多肽结合;
C 为对 iTRAQ 标记多肽混合物进行质谱分析

　　如图 16-4 所示,首先从不同来源的生物样品中提取蛋白质并对蛋白质总量进行定量;然后对蛋白质混合物进行还原、半胱氨酸封闭(烷基化)和胰蛋白酶酶切;再用由报告基团、平衡基团(由 ¹³C、¹⁵N 等稳定同位素编码)和反应基团构成的等质量标签的 iTRAQ 试剂标记不同来源的多肽混合物,并将它们混合后进行分离和串联质谱分析;最后采用生物信息学工具软件对质谱数据进行数据分析，再对该组样品进行反标记和重复实验。

在实验过程中，需要首先考察标记完全程度、动态范围、灵敏度、色谱行为和质谱行为；还需注意采用该标记试剂时，不能引入带有伯氨基的试剂，如还原剂需采用三（2-羧乙基）膦（TCEP），半胱氨酸残基封闭剂需选择甲硫磺酸 S-甲酯（MMTS）；另外，标记过程中水相比例需小于 30％，并且体系不能太复杂，即对于复杂生物样本需要进行预分离。

（3）酶催化的^{18}O 同位素标记技术

酶催化的^{18}O 同位素标记基本原理见图 16-5。当蛋白质在 $H_2^{16}O$ 中水解时，会在肽段的 C 末端羧基上引入^{16}O；当蛋白质在 $H_2^{18}O$ 中水解时，会在肽段的 C 末端羧基上引入^{18}O。这一过程分为两步：第一步为蛋白质被水解成肽段时，在 C 末端羧基上引入一个^{18}O，紧接着第一步，水解酶能够在肽段 C 末端羧基上再引入一个^{18}O，这一步称之为羧基氧交换。^{18}O 可标记蛋白酶，如胰蛋白酶/Glu-C/胰凝乳蛋白酶/Lys-C 等蛋白酶几乎识别所有酶解肽段，且可以同时与蛋白质酶解在 $H_2^{18}O$ 水中进行，也可与酶解分步进行。另外，该标记技术具有标记效率高、条件温和、样品损失少和价格低廉等优势。尽管如此，^{18}O 标记仍存在一些有待解决的技术问题，包括：不能进行多重标记；标记后的质量迁移只有4Da，有可能与天然的同位素峰重叠；同位素标记的引入是在肽段层面，因此须尽量减少在蛋白质层面的样品处理以减少人为因素造成的差异；存在标记不完全以及标记后回标的现象以及样品标记需要较长时间（一般 12～24h）。目前解决回标问题的手段主要有两种：一是通过降低 pH、还原烷基化、加热处理等方法变性蛋白酶，来抑制其活性，避免回标；二是采用固定化酶的策略，这样就可以较为简便和完全地移除蛋白酶来彻底避免回标。

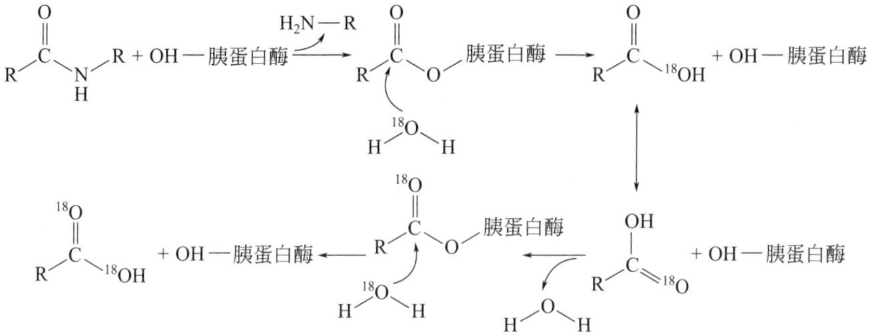

图 16-5　酶催化的^{18}O 同位素标记原理

酶催化的^{18}O 同位素标记技术步骤如下：①分别提取不同生理或病理状态的生物样品，如细胞、组织或体液中的蛋白质，并对其蛋白质总量进行测定；②分别对提取的蛋白质混合物进行还原、烷基化，并在 $H_2^{16}O$ 溶液和 $H_2^{18}O$ 溶液中分别进行酶催化水解标记；③将标记后的多肽混合物混合；④对不同标记后的多肽混合物进行色谱分离和质谱分析，获得质谱数据；⑤采用生物信息学工具软件对质谱数据进行分析，并对带有定量信息的蛋白质组数据进一步挖掘，获得具有重要功能的蛋白质。

（4）同位素标记结合多反应监测质谱的蛋白质绝对定量分析

如图 16-6 所示，在进行同位素标记结合多反应监测质谱的蛋白质绝对定量时，首先将重标同位素标记的内标肽或蛋白质添加到待测生物样品中，然后对混合后的样品进行处理和色谱分离，再通过多反应监测质谱选择性地监测轻标、重标标记肽段的碎片离子对，并通过已知量的内标肽段碎片离子和待分析肽段碎片离子的质谱信号强度计算出待分析肽段的量，进一步通过待分析肽段与相应蛋白质之间的化学计量关系，计算出待测蛋白质的含量。

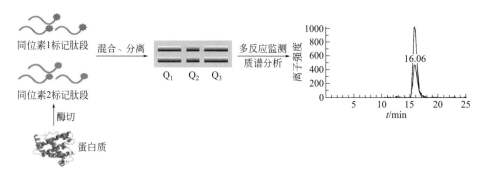

图 16-6   同位素标记结合多反应监测质谱的蛋白质绝对定量分析示意图

实验操作步骤如下：①从确定的生物样品，如细胞、组织或体液中提取蛋白质，并在蛋白质或肽段水平对其进行轻标同位素标记；②确定待测的目标蛋白质，并依据相应物种蛋白质数据库，选择目标蛋白质相应的特征肽段，特征肽段筛选原则为匹配该蛋白质的唯一性肽段，不包含漏切位点，不含易发生可变修饰（如甲硫氨酸的氧化）的氨基酸，肽段长度为5～24 个氨基酸，合适的色谱保留行为和高的质谱信号强度，一般一种目标蛋白质选择两个或以上特征肽段；③采用化学或生物方法合成特征肽段，并对其进行准确定量和重标同位素标记，然后按浓度系列，将其添加到待测的生物样本中；④根据 PinPoint 软件（Thermo Fisher Scientific 公司）预测，选择 PinPoint 软件预测出的至少 3 个质谱信号最强的子离子作为母子离子对，并进一步根据实验情况调整和确定母子离子对；⑤在质谱的操作软件中设置不同肽段的母子离子对，并选择色谱时间依赖的多反应监测质谱方法进行分析；⑥以内标肽离子对的量为横坐标，该离子对的质谱信号强度为纵坐标，制作工作曲线，确定定量的线性范围；⑦当待测肽段的离子对的信号强度在该工作曲线线性范围内时，通过轻、重标标记的离子对质谱峰强度的比值以及内标肽段的量计算出待测肽段的量，并进一步依据特征肽段与其相应蛋白质的化学计量关系计算出该蛋白质的量。一般需将实验重复三次以上。

（5）无标记定量技术

相对于同位素标记结合质谱的蛋白质/蛋白质组准确定量技术，无标记蛋白质/蛋白质组定量技术的优点是不需要同位素标记试剂，因此，既节省实验费用，又节省实验时间。但其存在的主要问题是定量结果的准确度低。一般无标记定量技术主要是通过"鸟枪法"实验策略实现的，并包括基于肽段或质谱谱图数的归一化法和肽段质谱谱图强度的归一化法。其基本原理为蛋白质的丰度或含量与其酶切后质谱检测的肽段或质谱谱图数正相关，或者与质谱检测的肽段的总离子流色谱强度正相关。

一般实验操作步骤如下：①从确定的生物样品，如细胞、组织或体液中提取蛋白质混合物，并对蛋白质进行还原、烷基化和酶切，得到多肽混合物；②对多肽混合物进行液-质联用分析，得到一级和串联质谱数据；③通过蛋白质数据库检索，获得鉴定肽段信息，进而得到其相应的谱图数和谱图强度；④通过数据处理，可得到基于肽段或质谱谱图数归一化法处理的蛋白质丰度信息和基于肽段质谱谱图强度归一化法处理的蛋白质丰度信息。

参 考 文 献

[1] 杨芃原，钱小红，盛龙生.生物质谱技术与方法.北京：科学出版社，2003：142-147.

［2］Mann M，Ong S，Grønborg M，et al. Analysis of protein phosphorylation using mass spectrometry：deciphering the phosphoproteome. TRENDS in Biotechnology，2002，20(6)：261-268.

［3］Kaji H，Yamauchi Y，Takahashi N，et al. Mass spectrometric identification of N-linked glycopentides using lectin-mediated affinity capture and glycosylation site-specific stable isotope tagging. Nature Protocols，2006，1（6）：3019-3027.

［4］Wells L，Vosseller K R N，Janet C，et al. Mapping sites of O-GlcNAc modification using affinity tags for serine and threonine post-translational modifications. Molecular $\&$ Cellular Proteomics，2002，1(10)：791-804.

第**17**章 蛋白质产品分析技术

蛋白质是生物体的重要组成成分和生命活动的物质基础[1]，也是人体必需的营养物质，还是治疗某些疾病的重要药物等。因此，蛋白质分析技术不仅可推动生命科学的发展，而且对蛋白质药物研发、质量控制以及工业应用均具有重要意义。

蛋白质分析一般包括对蛋白质的分子量、纯度、溶解度、等电点、氨基酸序列、肽谱、二硫键配对、电泳图谱、结构和内源性物质等进行的分析。

17.1 蛋白质含量测定

常用蛋白质浓度测定方法包括紫外吸收法（UV 法）、考马斯亮蓝法（Bradford 法）、双缩脲法（biuret 法）、二辛可宁酸法（BCA 法）、福林（Folin)-酚试剂法（Lowry 法）、凯氏定氮法和质谱定量方法等[2]。

17.1.1 紫外吸收法

（1）原理

组成蛋白质的酪氨酸、色氨酸和苯丙氨酸，因其含有共轭双键的苯环，使大多数蛋白质在 280nm 波长处有最大吸收峰。利用蛋白质这个特征吸收性质，可采用分光光度计在 280nm 波长条件下直接测定蛋白质样品的吸光度，利用其吸光度与蛋白质浓度成正比，采用标准曲线法计算蛋白质的含量。该方法适合于测定组分相对简单的蛋白质。如果蛋白质样品中含有核酸，因核酸在 260nm 处有吸收，会对蛋白质在 280nm 处的吸收产生干扰，影响蛋白质浓度的准确测定。为此，Warburg 和 Christian 测定了酵母烯醇酶与酵母核酸在 280nm 和 260nm 时的吸光度比值，然后通过计算校正消除核酸的影响，得出核酸存在时蛋白质的浓度公式，即 Warburg-Christian 公式：

$$蛋白质浓度(mg/mL) = 1.55A_{280} - 0.76A_{260} \tag{17-1}$$

式（17-1）中，A_{280} 和 A_{260} 分别为样品在 280nm 和 260nm 处的吸光度。该方法快速、简单，样品可回收，应用相对广泛。

（2）实验步骤

① 标准曲线法

蛋白质标准溶液配制：准确称取牛血清白蛋白，用样品溶液（去离子水、蛋白质缓冲液等）溶解，配制成一定浓度的蛋白质溶液。

标准曲线制作：将配制空白和系列浓度的蛋白质溶液，用石英比色皿在 280nm 波长下测定吸光度。以吸光度为纵坐标，以浓度为横坐标，绘制标准曲线。

蛋白质样品浓度测定：取适量待测蛋白质样品，用配制蛋白质标准溶液同样的溶液进行溶解，在同样条件下测定样品的吸光度，根据标准曲线计算出蛋白质样品的浓度。

② Warburg-Christian 公式法

取适量待测蛋白质样品，用样品溶液稀释 n 倍后，用石英比色皿分别在 280nm 和 260nm 时测定溶液的吸光度 A_{280} 和 A_{260}，将测定的 A_{280} 和 A_{260} 数值代入式（17-1）并乘以稀释倍数 n，得到测定的蛋白质样品的浓度：蛋白质浓度（mg/mL）＝$(1.55A_{280}-0.76A_{260})×n$。

使用该方法时应注意控制样品溶液的 pH、蛋白质溶液的吸光度范围以及除核酸之外的其它干扰因素，如游离的色氨酸、酪氨酸、尿酸、核苷酸、嘌呤、嘧啶和胆红素等对紫外吸收有干扰的物质。如果无法排除干扰，应选择其它蛋白质定量方法。

17.1.2 考马斯亮蓝法

考马斯亮蓝法（Bradford 法）是一种将比色法与色素法相结合的蛋白质定量方法。

（1）原理

考马斯亮蓝 G-250 是一种有机染料，在游离状态下呈茶色，在稀酸溶液中与蛋白质中的碱性氨基酸和芳香族氨基酸结合后呈现蓝色，其最大吸收波长从 465nm 变为 595nm。在一定蛋白质浓度范围内（$0\sim1000\mu g/mL$），蛋白质与考马斯亮蓝 G-250 结合物在 595nm 波长的吸光度与蛋白质含量成正比，可以通过工作曲线法测定并计算蛋白质浓度。该方法简便快捷，干扰物质少，灵敏度高。

（2）实验步骤

① 蛋白质标准溶液配制

准确称取牛血清白蛋白，用样品溶液（去离子水、蛋白质缓冲液等）溶解，配制成一定浓度的蛋白质溶液。

② 标准曲线制作

配制空白和系列浓度的标准蛋白质溶液，加入考马斯亮蓝 G-250（称取 100mg 考马斯亮蓝 G-250，溶于 50mL 95％的乙醇中，加入 85％磷酸 100mL，用蒸馏水定容至 1000mL）后，混合均匀，放置 2min 后用比色皿在 595nm 波长下测定吸光度值。以吸光度为纵坐标，以浓度为横坐标，绘制 595nm 波长下牛血清白蛋白标准曲线。

③ 蛋白质样品浓度测定

取适量待测蛋白质样品，用与蛋白质标准溶液同样的样品溶液溶解后，在同样条件下测定样品的吸光度值，根据标准曲线计算出蛋白质样品的浓度。

17.1.3 双缩脲法

在碱性溶液中，双缩脲与 Cu^{2+} 结合生成紫色络合物，这一呈色反应称为双缩脲反应。一般蛋白质中含有两个以上肽键，其化学结构与双缩脲结构类似，因此也有双缩脲反应。

（1）原理

在碱性溶液中，蛋白质与 Cu^{2+} 结合生成紫红色络合物，其在 $540\sim560nm$ 下的吸光度大小与蛋白质浓度成正比，而与蛋白质的分子量和氨基酸组成无关，因此，可采用比色法对蛋白质进行定量。由于除了—CONH—有双缩脲反应外，其它基团如—CS—CS—NH$_2$ 亦有此反应，因此在对蛋白质进行定量时，未知样品溶液应与标准蛋白质溶液在相同条件下同时进行反应，然后在 $540\sim560nm$ 下测定吸光度，通过标准曲线方法求出样品溶液中待测物质的浓度。

（2）实验步骤

① 蛋白质标准溶液配制

准确称取牛血清白蛋白，用样品溶液（去离子水、蛋白质缓冲液等）溶解，配制成一定浓度的蛋白质溶液。

② 标准曲线制作

配制空白和系列浓度的标准蛋白质溶液，加入双缩脲试剂［称取 1.5g 硫酸铜（$CuSO_4 \cdot 5H_2O$）和 6.0g 酒石酸钾钠（$KNaC_4H_4O_6 \cdot 4H_2O$），用 500mL 水溶解，在搅拌条件下加入 300mL 10% NaOH 溶液，用水稀释到 1000mL，贮存于塑料瓶中备用］后，混合均匀，在室温放置 30min 后用比色皿在 540nm 波长下测定吸光度值。以吸光度为纵坐标，以浓度为横坐标，绘制 540nm 波长下牛血清白蛋白标准曲线。

③ 蛋白质样品浓度测定

取适量待测蛋白质样品，加入与蛋白质标准溶液同样的样品溶液和双缩脲试剂，在同样条件下反应并测定样品的吸光度值，根据标准曲线计算出蛋白质样品的浓度。

17.1.4 福林-酚试剂法

（1）原理

福林-酚试剂法包括两步反应：首先，在碱性条件下，蛋白质中的肽键与铜结合生成复合物；然后，福林-酚试剂中的磷钼酸盐-磷钨酸盐被络合物中蛋白质的酪氨酸和色氨酸残基还原，产生深蓝色物质（钼蓝和钨蓝的混合物）。在一定的条件下，颜色深度与蛋白质的量成正比，因此，可利用蓝色的深浅与蛋白质浓度的线性关系制作标准曲线，借此测定样品中蛋白质的浓度。

福林-酚试剂法最早由 Lowry 确定了蛋白质浓度测定的基本步骤，在生物化学领域得到广泛的应用。该方法的优点是灵敏度高，缺点是费时较长，要精确控制操作时间，标准曲线也不是严格的直线形式，且专一性较差，干扰物质较多。对双缩脲反应发生干扰的物质，同样容易干扰福林-酚反应（Lowry 反应）。另外，酚类、柠檬酸、硫酸铵、Tris 缓冲液、甘氨酸、糖类和甘油等均有干扰作用。浓度较低的尿素（0.5%）、硫酸钠（1%）、硝酸钠（1%）、三氯乙酸（0.5%）、乙醇（5%）、乙醚（5%）和丙酮（0.5%）等溶液对显色无影响，但这些物质浓度高时，必须做校正曲线；含硫酸铵的溶液，只须加浓碳酸钠-氢氧化钠溶液，即可显色测定；若样品酸度较高，显色后会色浅，则必须提高碳酸钠-氢氧化钠溶液的浓度 1～2 倍。

值得注意的是加福林-酚试剂时要特别小心，因为该试剂仅在酸性 pH 条件下稳定，但上述还原反应只在 pH=10 的情况下发生，故当福林-酚试剂加到碱性的铜-蛋白质溶液中时，应立即混匀，以便磷钼酸-磷钨酸试剂被破坏之前，完成还原反应。

（2）实验步骤

① 蛋白质标准溶液配制

准确称取牛血清白蛋白，用样品溶液（去离子水、蛋白质缓冲液等）溶解，配制成一定浓度的蛋白质溶液。

② 标准曲线制作

配制空白和系列浓度的标准蛋白质溶液，加入试剂甲［试剂甲（A 液，B 液）：A 液为

$10g\ Na_2CO_3$，$2g\ NaOH$ 和 $0.25g$ 酒石酸钾钠（$KNaC_4H_4O_6 \cdot 4H_2O$）溶解于 $500mL$ 蒸馏水中；B 液为 $0.5g$ 硫酸铜（$CuSO_4 \cdot 5H_2O$）溶解于 $100mL$ 蒸馏水中，每次使用前，将 50 份 A 液与 1 份 B 液混合。]后，迅速混匀，在室温条件下放置 $10min$，加入试剂乙 [试剂乙：在 2L 磨口回流瓶中，加入 $100g$ 钨酸钠（$Na_2WO_4 \cdot 2H_2O$），$25g$ 钼酸钠（$Na_2MoO_4 \cdot 2H_2O$）及 $700mL$ 蒸馏水，再加 $50mL$ 85％磷酸，$100mL$ 浓盐酸，充分混合，接上回流管，以小火回流 $10h$，回流结束时，加入 $150g$ 硫酸锂（Li_2SO_4），$50mL$ 蒸馏水及数滴液体溴，开口继续沸腾 $15min$，以便驱除过量的溴。冷却后溶液呈黄色（如仍呈绿色，须再重复滴加液体溴的步骤），稀释至 1L，过滤，滤液置于棕色试剂瓶中保存。使用时用标准 NaOH 滴定，酚酞作指示剂，然后适当稀释，约加 1 倍体积的水，使最终的酸浓度为 $1mol/L$ 左右]，迅速混匀，在室温放置 $30min$ 后用比色皿在 $700nm$ 波长下测定吸光度值。以吸光度为纵坐标，以浓度为横坐标，绘制 $700nm$ 波长下牛血清白蛋白标准曲线。

③ 蛋白质样品浓度测定

取适量待测蛋白质样品，加入与蛋白质标准溶液同样的样品溶液及甲、乙试剂，在同样条件下反应并测定样品的吸光度值，根据标准曲线计算出蛋白质样品的浓度。

17.1.5 二辛可宁酸法

（1）原理

在碱性的条件下，蛋白质与二价铜离子结合并将二价铜离子还原成一价铜离子，一分子的一价铜离子螯合两分子的二辛可宁酸（BCA），形成紫色的复合物。该水溶性的复合物在 $562nm$ 处显示强烈的吸光性，且吸光度和蛋白质浓度成线性关系，因此根据吸光值可以推算出蛋白质浓度。

与 Lowry 法相比，BCA 蛋白测定方法灵敏度高，操作简单，试剂及其形成的颜色复合物稳定性高，并且受干扰物质影响小。与 Bradford 法相比，BCA 法的显著优点是不受去垢剂的影响。

样品中含有 EDTA、EGTA、DTT、硫酸铵和脂质会影响测定结果，高浓度的去垢剂也会影响实验结果，可用 TCA（三氯乙酸）沉淀法去除干扰物质。另外，吸光度会随着孵育时间的延长或温度升高而增加，需要严格控制。

（2）实验步骤

① 蛋白质标准溶液配制

准确称取牛血清白蛋白，用样品溶液（去离子水、蛋白质缓冲液等）溶解，配制成一定浓度的蛋白质溶液。

② 标准曲线制作

配制空白和系列浓度的标准蛋白质溶液，加入 BCA 工作液（试剂 A：1％BCA 二钠盐、2％无水碳酸钠、0.16％酒石酸钠、0.4％氢氧化钠和 0.95％碳酸氢钠混合后，调节 pH 至 11.25；试剂 B：4％硫酸铜；BCA 工作液：$100mL$ 试剂 A 与 $2mL$ 试剂 B 混合，室温 $24h$ 内稳定），混合均匀，在 37℃放置 $30min$ 后用比色皿在 $562nm$ 波长下测定吸光度值。以吸光度为纵坐标，以浓度为横坐标，绘制 $562nm$ 波长下牛血清白蛋白标准曲线。

③ 蛋白质样品浓度测定

取适量待测蛋白质样品，加入与蛋白质标准溶液同样的样品溶液和 BCA 工作液，在同样条件下反应并测定样品的吸光度值，根据标准曲线及线性范围计算出蛋白质样品的浓度。

17.2　蛋白质氨基酸序列、肽谱、二硫键及纯度分析

氨基酸是组成蛋白质的基本结构，氨基酸序列决定着蛋白质的主要功能和行为。对蛋白质的结构分析包括肽谱和二硫键等，当然高纯度蛋白质是这些分析的基础，本节重点讨论相关的方法和技术。

17.2.1　蛋白质氨基酸序列分析

自然界中存在的氨基酸有 300 多种，但参与蛋白质组成的常见氨基酸（或称基本氨基酸）有 20 种左右，其余大多数氨基酸不参与蛋白质的组成，被称为非蛋白质氨基酸。由于蛋白质的氨基酸序列，即一级结构不仅决定其高级结构，影响其功能的发挥，还是蛋白质产品如蛋白质药物质控的重要理化指标。另外，如果一种抗体的 DNA 序列未知时，最好的办法就是测定出抗体蛋白质的氨基酸序列。一旦知道了抗体的氨基酸序列，就可以反推出它的基因，然后采用重组细菌的方法大量生产同样的抗体。因此，对蛋白质氨基酸序列分析具有重要意义。

然而，在蛋白质高通量测序过程中面临的一些问题：一是比较短的肽段（不到 50 个氨基酸的肽段）的测序；二是如何将测序的短肽段组装为长的蛋白质。常用的蛋白质氨基酸序列测定主要包括 Edman 测序和质谱测序方法。在半个世纪前发明的 Edman 测序方法至今仍用于短肽段的氨基酸序列测定。Edman 测序是一个循环过程，即首先从一种肽段的 N 端解离一种氨基酸，然后确定解离的氨基酸，并重复这个过程。但由于实际测序过程中误差的累积限制了这个循环进程，因此 Edman 测序方法仅用于 50 个氨基酸残基以内的肽段序列测定。除了肽段序列长度的限制，这个方法也不能用于 N 端封闭肽段的测序，而且测序的通量低（一个循环周期约 40min）。目前，基于串联质谱的肽段测序（蛋白质氨基酸序列已知）或从头测序（蛋白质氨基酸序列未知）技术已经成为主流方法。为了能够产生串联质谱，许多相同的肽离子裂解为碎片，即不同碎片肽离子。通过测定这些碎片肽离子，获得串联质谱谱图。由于绝大多数氨基酸残基具有不同的质量，因此不同的碎片肽离子的质荷比不同，产生的质谱谱图也不同。基于此，从理论上说，可以从肽段的串联质谱谱图解析或推断出该肽段的氨基酸序列。这个过程即为基于串联质谱的肽段测序或从头测序方法。

采用串联质谱的肽段从头测序方法具有高通量和不受肽段 N 端封闭的影响，避免了 Edman 测序方法的两个缺点。一般液质联用质谱每小时可产生成千上万张质谱谱图，这使得采用串联质谱对蛋白质组进行深入和全面研究成为可能。虽然理论上可采用类似的方法对一种蛋白质进行全序列覆盖，但实际上仍面临困难和较高的出错概率。因此，在过去的二十多年，肽段从头测序技术引起了一批生物信息学家的关注并开发了数十种软件工具[3]。Ma 发表的 Novor 软件在肽段从头测序上获得了突破[4]。通过 NIST 肽段谱图库的机器学习，Novor 训练出了一个大的决策树，这个决策树能够准确地确定某个氨基酸在一个质谱谱图中某一位置正确出现的概率。进一步通过打分函数，Novor 软件能够准确地显示哪个肽段序列是可能性最大的与质谱谱图匹配的肽段序列。

蛋白质测序一般采用"从下到上"，即"从肽段到蛋白质"的方法，包括如下步骤：①采用多种专一性蛋白酶将待测序的蛋白质酶切成较短的肽段；②对每个肽段进行液-质联用分析，通过质谱谱图解析获得每个肽段的氨基酸序列；③综合不同酶切获得的肽段序列信

息，将测序的肽段组装为蛋白质。

虽然这种蛋白质测序的概念和测序步骤早已提出并已经使用了相当长的时间[5]，但看似概念简单的蛋白质测序，在每一步实施细节上，特别是对于需要高通量地对一种蛋白质进行全氨基酸序列覆盖的常规测定时还面临许多挑战。

首先，来自一种蛋白质不同部分或污染蛋白质的两条肽段因偶然因素出现部分序列重叠时，为了促进蛋白质的组装（步骤③），在步骤①中产生的肽段就应该具有长的序列且包含重叠区域以便消除随机匹配。为此，需要慎重地选择不同的蛋白酶，使其能对蛋白质的不同位点进行酶切，还可以通过控制酶切条件，故意引入漏切位点以便获得包含重叠区的长肽段。然而，蛋白质组学的标准化分析软件不适合用于这种非标准化酶切产生的质谱谱图的解析，因此，需要定制化的生物信息学分析软件，如 Novor 软件，并通过对每种蛋白酶和不同酶切条件对其中的算法参数进行训练。

第二，对每个质谱谱图进行匹配或从头测序可能包含测序误差，限制了串联质谱的广泛应用。如果不能仔细处理这个问题，肽段测序的误差就会传递到蛋白质序列测定的最终结果中。为此，在采用生物信息学分析软件如 Novor 软件的序列解析过程中，通过肽段测序结果中每个氨基酸残基测定质量的"氨基酸置信打分"方法可以非常好地解决这个问题。另外，就算法而言，组装蛋白质，如抗体蛋白质测序，因检索工具会不断地修改参照的抗体氨基酸序列以便获得高打分值的结果，因此，多数抗体分析软件工具避免仅用数据库检索或同源检索方法进行蛋白质组装。一般当参照序列与目标序列差异不大时，数据库检索或同源检索方法结果相当好。但对高可变区域，经常会遇到困难或给出错误的序列。特别是依赖参照序列会产生倾向这个序列的偏差，即得到不正确的序列[4]。当多种抗体异构体存在于样本中时，这种方法也会妨碍发现抗体异构体。为了应对这种挑战，特别是对抗体的 CDR 区能够进行正确的测序，可将一种抗体的总体结构被用作一种框架，以便将从头测序的肽段定位在抗体序列的正确位置。然而，最终序列的偏差则是由从头测序肽段的结果决定，而不是参照序列导致的。

虽然蛋白质测序的原理容易理解，但蛋白质测序需要具有专门质谱分析方法和生物信息学数据解析软件，才能够获得正确的结果。要获得高达 95% 的蛋白质序列覆盖率不是那么困难，特别是对于一种比较熟悉的蛋白质更是如此。然而，对于抗体蛋白质而言，剩余的 5% 序列常常位于抗体的高可变区，基于已知序列进行的简单局部匹配策略难以对其进行测定，而这个未测定的高可变区却常常是最令人感兴趣的区域（例如，抗体重链的 CDR3）。因此为了好的数据分析结果，需要使用高分辨率的质谱并优化分析条件，以便获得高质量的原始质谱数据[5]。

17.2.2 蛋白质肽谱分析

对蛋白质被酶解或化学降解后的肽段混合物进行分离分析即为蛋白质肽谱分析。

在蛋白质肽谱分析时，包括两个步骤：一是对蛋白质进行酶裂解或化学降解；二是对酶裂解的多肽混合物进行分离分析。

（1）酶解方法

在一定 pH 条件下的蛋白质溶液中，按蛋白质与蛋白酶质量比加入蛋白酶，在一定温度条件下经过一定时间孵育即可获得组成该蛋白质的多肽混合物。

肽谱分析常用的蛋白酶为内肽酶，即主要作用于蛋白质多肽链内部的肽键，使蛋白质长链分解成短肽片段。例如胰蛋白酶，酶切位点在精氨酸和赖氨酸的 C 端，但这两种氨基酸后面接脯氨酸除外；内肽酶 Lys-C，酶切位点只在赖氨酸的 C 端，但与精氨酸相连时除外；梭菌蛋白酶 Arg-C，酶切位点只在精氨酸的 C 端；V8 蛋白酶，酶切位点位于谷氨酸和天冬氨酸的 C 端，在 pH4 时可专一地作用于谷氨酸的 C 端。

（2）化学裂解

化学裂解过程中最常用的试剂为溴化氰，它作用于蛋白质中氨基酸与甲硫氨酸的羧基端形成的肽键上。其它化学裂解试剂还有：BNPS-粪臭素〔3-溴-3-甲基-2-(2-硝基苯疏基)-3H-吲哚〕以及 N-氯代琥珀酸亚胺等切割位点在色氨酸的 C 端；2-硝基-5-硫氰基苯甲酸的切割位点在半胱氨酸的 N 端；羟胺作用在天冬酰胺与甘氨酸间的肽键上或在稀酸温和条件下水解时作用于天冬氨酸与脯氨酸之间的肽键上。

（3）肽谱分析

肽谱最早称为指纹谱，曾用于血红蛋白（HbA）与镰刀状血红蛋白（S-Hb）分子疾病的研究中。1956 年，英格拉姆（Ingram）等人用胰蛋白酶把正常的 HbA 和 S-Hb 在相同条件下切成肽段后进行滤纸电泳双向分离谱分析，通过对比两者电泳图谱发现血红蛋白的 β 链 N 末端的一段肽段的位置不同，也就是说，S-Hb 和 HbA 的 α 链是完全相同的，所不同的只是 β 链上从 N 末端开始的第 6 位的氨基酸残基，在正常的 HbA 分子中是谷氨酸，在 S-Hb 分子中却被缬氨酸所代替，由此开创了疾病分子生物学研究。

随着分析技术的发展，现在主要采用高效液相色谱（HPLC）和毛细管电泳（CE）对蛋白质酶切产物进行肽谱分析，获得肽谱图。最近几年，也出现了用激光辅助基质解吸电离-飞行时间质谱（MALDI TOF MS）分析肽谱的方法，即通过对蛋白质酶切产物进行 MALDI TOF MS 分析，即可获得按肽段分子量大小排列的"肽质量指纹谱"（peptide mass fingerprinting，PMF）。

17.2.3　蛋白质二硫键分析

二硫键是肽链上两个半胱氨酸残基的疏基基团发生氧化反应形成的共价键（—S—S—，硫原子间形成的共价键），具有链内二硫键和链间二硫键两种形式。二硫键容易被还原而断裂，断裂后可再次氧化重新形成二硫键，因而是动态变化的化学键。因二硫键参与了蛋白质一级结构的形成，因此它对蛋白质正确折叠，高级结构的形成、维持和蛋白质功能发挥具有十分重要的作用。

目前定位二硫键的主要方法分为非片段法和片段法[6]。非片段法包括 X 射线衍射晶体结构解析法、多维核磁共振波谱法、合成对照法等；片段法包括对角线法、二硫键异构及突变分析法、酶解法、化学裂解法、部分还原测序法以及氰化半胱氨酸裂解法等。这些方法各具特色和局限性。随着质谱在质量检测范围、分辨率、灵敏度、准确度和分析速度等方面的发展，将其与生化和测序等多种方法相结合，可实现对二硫键的定位分析。

一般采用质谱进行二硫键定位分析的步骤为：①将样品蛋白质在避免二硫键重排或交换的条件下，尽可能在其所有半胱氨酸残基之间断裂而形成二硫键相连的肽段；②分离这些肽段混合物；③质谱鉴定分离所得的各个肽段；④断开肽段中的二硫键；⑤质谱鉴定断开二硫键后的肽段；⑥将断开二硫键前和断开二硫键后的肽段氨基酸序列进行比较，推断二硫键的位置。

17.2.4 蛋白质纯度分析

一种天然蛋白质或重组蛋白质产品的纯度是其重要指标。从广义上说蛋白质纯度一般是指样品中是否含有杂质蛋白质，而不包括无机盐、缓冲液离子、水和有机小分子物质。但对蛋白质含量测定时，则要包含杂蛋白质、无机盐和有机小分子等的测定。蛋白质纯度分析是确定蛋白质样品中目标蛋白质和杂质的一种分析方法。蛋白质分析一般分为两类：目标蛋白质与杂蛋白质分析以及目标蛋白质与非蛋白质分析。蛋白质产品的纯度表征是一个相对指标，需要根据实际需求确定，如采用百分数表示纯度为 95％、99％ 和 99.99％ 等。目前常用的蛋白质纯度表征方法有十二烷基硫酸钠-聚丙烯酰胺凝胶电泳（SDS-PAGE）、毛细管电泳（CE）、等电聚焦（IEF）、高效液相色谱（HPLC，包括排阻色谱、反相色谱、离子交换色谱和疏水色谱等）和质谱等。

对于蛋白质纯度分析，一般选择两种以上分离机制不同的分析方法来互相印证。

在遗传工程产品的鉴定中，常常发现蛋白质 N 端不均一的情况，即存在 N 端微观不均一性。如果这种 N 端微观不均一性不影响该蛋白质的生物活性，仍认为是均一的[7]。

上述分析方法可参考相关专著。

17.3 生物药品中的痕量杂质检测技术

生物技术药物已经广泛应用在临床上，为现代制药行业带来了革命性的变化，也使得过去许多无药可治或传统化学药物疗效不佳的疾病有了新的有效治疗药物，重新燃起了疾病患者对生命的希望。与传统化学药物一样，人们对生物技术药物使用的安全性和有效性同样十分重视，并提出了更加严格的要求。尤其是近年媒体的介入，公众更加关注药品的质量和安全性。药品的有效性通常是由药品本身的结构和功能所决定，而安全性则主要是由药品中的微量杂质含量和杂质之外的其它污染因素，比如内毒素、热原等决定。而生物药物的安全性方面则主要是通过产品的质量控制来保证。杂质之外的因素通过严格按照医药产品生产操作流程则可以有效避免。

从理论上讲，无论任何纯化技术都无法实现完全除去药品中的杂质，因此在临床使用时，确保对人体安全的杂质剂量就显得特别重要。而这个剂量的大小，则需要通过微量或痕量检测技术来保证。

17.3.1 生物药品中杂质的来源及分类

（1）杂质的定义

简单地讲杂质就是任何影响药物纯度的物质。人用药物注册技术要求国际协调会（ICH）对杂质的定义为药物中存在的、化学结构或构象与该药物不一致的任何组分。

药物中的有些杂质会降低疗效，影响药物的稳定性，有的甚至对人体健康有害或出现毒副作用。因此，要对药物中的杂质进行有效监测。

（2）杂质来源及分类

① 杂质分析和检测的作用

杂质检测和分析主要是研究药物中已知和未知的杂质分布、来源及去向，为药物的安全性评估提供依据。

在生产阶段，通过检测和分析可以为生产工艺控制提供可靠的方法，而且研究人员可以根据杂质来源及去向研究来指导工艺优化，减少或消除杂质的产生。在产品的最终临床使用阶段，可以指导医生根据杂质的含量和性质而正确使用药物，以避免副作用的产生。如国产青霉素等许多抗生素，由于某些痕量杂质无法在生产工艺中去除，往往会导致部分患者过敏致死，就需要医生在对患者用药前先行进行过敏性试验。

② 杂质分类

药物中的杂质有多种分类方法。

a. 按物质种类

按照物质种类可分为无机杂质、有机杂质和大分子杂质，见图 17-1。

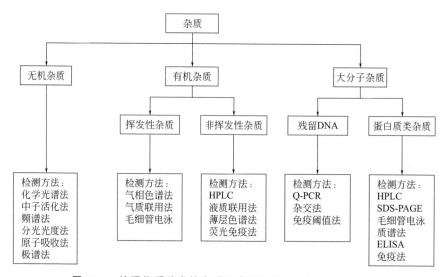

图 17-1 按照物质种类的杂质分类图及对应的分析检测方法

无机杂质是指在原料药及制剂生产或传递过程中产生的无机物杂质。这些杂质通常是已知的，主要包括：反应试剂、配位体、催化剂、重金属、其它残留的金属、无机盐、助滤剂等。

有机杂质主要来源于起始原料及本身所含的杂质、生产过程中带入的合成中间体与副反应产物、产品在存储过程中的降解产物、辅料带入的杂质、辅料与产品发生反应产生的杂质、药物与包装材料产生的杂质和溶剂残留等。

大分子杂质是随着生物医药产业发展而引起人们高度重视的一种新的杂质类型。它们主要来源于宿主细胞中蛋白质残留、DNA 片段以及产品自身聚集形成的杂质。这些杂质的特点是含量极微，对安全性影响较大。例如，青霉素等抗生素中的 1‰高分子多聚物等杂质就可以引起过敏或致人死亡。

b. 按照生产工艺

按照生产工艺，杂质又可分为工艺相关杂质和产品相关杂质。

工艺相关杂质来源于生产工艺本身，主要涉及细胞基质来源、细胞培养来源和下游工艺三个阶段。如宿主细胞成分（宿主细胞蛋白质、宿主细胞 DNA、内毒素）、细胞培养物（诱导剂、抗生素或培养基成分）或下游生产产生的杂质（蛋白质溶解剂、还原剂、微量金属、核酸酶、色谱纯化试剂和介质脱落组分）。

产品相关杂质主要源于生物技术产品异质性和降解产物。末端氨基酸异质性、电荷异质性、分子大小变异体以及包括糖基化在内的各类翻译后修饰等异质性（如：C端加工，N端焦谷氨酸化、脱酰氨化、氧化、异构化、片段化、二硫键错配、N-连接和O-连接的寡糖糖基化、聚集）可能导致其组成中存在几种分子或变异体。如果变异体的活性与目标产品一致，可不作为杂质。但应考虑在生产和/或储存期间产品降解产物是否显著增加及其与免疫原性的相关性。

c. 按照杂质毒性

按照杂质毒性可分为毒性杂质和普通杂质。

毒性杂质是指对人体产生相当大毒副作用的物质，普通杂质是指对产品质量影响不大和对人体危害程度较低的物质。

③ 生物制品的大分子杂质与小分子杂质

生物药和化学药有比较大的差异，见表17-1。这些差异使得我们对药品杂质的要求明显不同。

对于化学药物来说，当纯度达到≥98%时，一般可满足药品安全性的要求，但这个纯度的生物药品或许是致命的，远远不能满足其安全性的要求。这是由杂质的结构和在体内表现出的生理反应所决定的。

表 17-1　小分子化学药物与大分子生物药物的差异

项目	化学药	生物药
产品本身差异	化学合成	通过细胞或生物体生物合成
	分子量小	分子量大
	理化性质确定	理化性质复杂多变
	稳定性好	对热及其它因素敏感，稳定性差
	单一分子，化学纯高	非均一混合物，理化性质易变，难以标准化
	可以不同方式给药	通常注射给药
	通过毛细血管快速进入循环系统	主要通过淋巴系统进入循环系统，易发生蛋白质水解
	可分于任何器官/组织	通常只分布于血浆和/或胞外体液
	通常有特定的毒性	绝大多数为受体介导的毒性
	通常无抗原活性	通常有抗原活性
生产过程差异	通过化学分析方法可以完全表征	难以表征
	易于纯化，方法简单	纯化过程长且复杂
	污染通常易于避免，容易检测并可有效去除	更易混有污染物，检测更难，去除难度大
	生产过程与环境的微小变化对产品质量影响较小	产品质量对于生产过程与环境的微小变化非常敏感，且影响大

17.3.2　生物技术产品中痕量无机杂质分析检测技术

（1）生物药品中的痕量分析定义

痕量一词的含义随着痕量分析技术的发展而有所变化。目前分类如下：

常量：克，g；

微量：毫克，10^{-3}g，mg；

痕量：微克，10^{-6} g，μg；

超痕量：纳克，10^{-9} g，ng；

皮克，10^{-12} g，pg；

飞克，10^{-15} g，fg。

痕量分析测定是指测定样品在试样中总质量在 10^{-6} g 以下的检测。

一般药品中的痕量分析和检测分成三个基本步骤：取样、样品预处理和测定。由于被测物质在样品中含量很低、分布很不均匀，特别是环境样品，往往会随时间、空间变化波动很大，因此分析过程中要充分注意取样的代表性。为了增强对痕量成分的检出能力和除去基本干扰，痕量组分的分离与富集通常是一个必不可少的步骤。

痕量分析通常有两种方案：一种是将主要组分从样品中分离出来，让痕量组分留在溶液中；另一种是将痕量组分分离出来而让主要组分留在溶液中。样品预处理的另一个目的是使痕量组分转变为适宜于最后测量的形式。常用的分离和富集方法有挥发、沉淀和共沉淀、电解、液-液萃取、离子交换、色谱、萃取色谱和电泳等。在分离和富集过程中对于污染和痕量组分的损失要充分注意。

（2）无机杂质的痕量分析检测方法

① 化学光谱法

这种方法的检测限可达 μg 至 ng 级。此法须先用液-液萃取、挥发和离子交换等技术富集杂质，再对溶液干渣用高压电火花或交流电弧光源进行光谱测定；或在分离主体后，把溶液浓缩到 2～5mL，用高频电感耦合等离子体作光源进行光谱测定。这种方法测定高纯药品中痕量杂质可达 99.999%～99.9999% 的水平。

② 中子活化分析法

中子活化法又称中子活化分析（neutron activation analysis，NAA），活化分析中最重要的一种方法是用反应堆、加速器或同位素中子源产生的中子作为轰击粒子的活化分析方法，是确定物质元素成分的定性和定量的分析方法。它具有很高的灵敏度和准确性，对元素周期表中大多数元素的分析灵敏度可达 10^{-13}～10^{-6}g，因此在药物、环境、生物、材料、考古、法医等微量元素分析工作中得到广泛应用。由于准确度高和精密度好，故中子活化分析法也常被用作仲裁分析方法。另外，这种方法样品用量少且不会被污染和破坏，能同时分析多种元素。

③ 质谱法

质谱法是用电场和磁场将运动的离子（带电荷的原子、分子或分子碎片，包括分子离子、同位素离子、碎片离子、重排离子、多电荷离子、亚稳离子、负离子和离子-分子相互作用产生的离子）按它们的质荷比分离后进行检测的方法。测出离子准确质量即可确定离子的化合物组成。这是由于核素的准确质量是多位小数，绝不会有两个核素的质量是一样的，而且绝不会有一种核素的质量恰好是另一核素质量的整数倍。分析这些离子可获得化合物的分子量、化学结构、裂解规律和由单分子分解形成的某些离子间存在的某种相互关系等信息。

质谱法特别是与色谱仪及计算机联用的方法，已广泛应用在有机化学、生化、药物代谢、临床、毒理学、农药测定、环境保护、石油化学、食品化学、植物化学、宇宙化学和国防化学等领域。用质谱仪作多离子检测，可用于定性分析。例如，在药理生物学研究中能以药物及其代谢物在气相色谱图上的保留时间和相应质量碎片图为基础，确定药物和代谢物的存在；也可用于定量分析，用被检化合物的稳定性同位素异构物作为内标，以取得更准确的结果。

④ 分光光度法

分光光度法是一种最常用的实验室检查无机杂质含量的方法。用被测定元素的离子同无机或有机试剂形成显色的络合物，元素的检测限可达 μg 至 ng 级。在无机痕量分析中还常用化学荧光（发光）法测定某些元素，例如 Ce、Tb、Ca、Al 等。新合成的有机荧光试剂，如吡啶-2,6-二羧酸、钙黄绿素等，都有良好的选择性和灵敏度，检测下限小于 $0.01\mu g$。

⑤ 原子吸收光谱法

这种方法有较好的灵敏度和精密度，广泛应用于测定药品中的痕量元素。用火焰原子吸收光谱进行分析时，除用空气-C_2H_2 火焰外，还可用 N_2O-C_2H_2 火焰以扩大分析元素的数目。近年来，又发展出无火焰原子吸收光谱法，把石墨炉原子仪器应用于痕量元素分析。原子吸收光谱分析由于化学组分干扰产生系统误差，以及光散射和分子吸收产生的背景信号干扰，短波区比长波区大。为提高痕量元素测定的可靠性，采用连续光源氚灯和碘钨灯等以及塞曼效应技术校正背景，并与阶梯单色仪相结合以改进波长的调制，检测效果更好。此外，痕量分析中还应用了与原子吸收方法相近的原子荧光检测技术。

⑥ 极谱法

极谱法是一种用电化学分析法进行痕量元素测定的技术，除用悬汞电极溶出伏安法测定 Cu、Pb、Cd、Zn、S 等元素外，近年来发展了玻璃碳电极镀金膜溶出伏安法测定某些重金属元素。另外用金（或金膜）电极测定 As、Se、Te、Hg 等元素。膜溶出伏安法可进行阳极溶出，也可进行阴极溶出，测定限度可达 $1\sim10ng$，将溶出伏安法与微分脉冲极谱技术相结合，可大大提高检测的灵敏度和选择性。

17.3.3 生物技术产品中痕量有机杂质分析检测技术

有机杂质可分为挥发性杂质和非挥发性杂质[8]。有机杂质的分析检测方法包括化学法、光谱法和色谱法等。根据药物结构及降解产物的不同而采用不同的检测方法。通过合适的分析技术将不同结构的杂质进行分离和检测，从而达到对杂质进行有效控制的目的。随着分离、检测技术的发展与更新，高效、快速的分离技术与灵敏、稳定、准确、适用的检测手段相结合，使得几乎所有的有机杂质均能在合适的条件下得到很好的分离与检测。在质量标准中，目前普遍采用的杂质检测方法主要为高效液相色谱法（HPLC）、薄层色谱法（TLC）和气相色谱法。应根据药物及杂质的理化性质、化学结构、杂质的控制要求等确定适宜的检测方法。由于各种分析方法均具有一定的局限性，因此在进行杂质分析时，应注意不同原理的分析方法间的相互补充与验证，如 HPLC 与 TLC 及 HPLC 与 CE 的互相补充，反相 HPLC 系统与正相 HPLC 系统的相互补充，HPLC 不同检测器检测结果的相互补充等。

（1）有机挥发性痕量杂质的分析检测技术

药品中的挥发性溶剂残留是指在合成原料、辅料或制剂生产过程中使用或产生的挥发性有机化学物质。它们在生产过程中常常不能被全部清除，服用后对人体有毒性和致癌作用，近年来日益引起各方面的重视，在新药研究中要求也越来越严格。

在实际工作中，药品的合成和消毒工作涉及的有机溶剂有上百种。使用气相色谱法检测有机溶剂残留是《中华人民共和国药典》（简称《中国药典》）对有机残留溶剂测定的规范检测方法，也是检测有机溶剂的最常用和最适用的方法之一。但其它现代分析手段的应用，如比色法、HPLC法、核磁共振法、热重分析法以及多种方法的联合应用，也是对气相色谱法测定残留溶剂的可靠补充手段。

① 气相色谱法

a. 样品的处理

一般是将样品溶于适当的溶剂中，能达到的浓度越高越好，以利于微量残留溶剂的测定。由于样品复杂多样，为提高样品浓度，所用溶剂也是多种多样。一般常用溶剂为水、二甲基甲酰胺（DMF）、二甲亚砜（DMSO），也有用四氯化碳、二甲基乙酰胺、乙醇、正己烷、二氧六环、乙酸、甲氧基乙醇、氢氧化钠溶液和十二烷基硫酸钠溶液等。大部分为单独使用，也有混合使用，主要目的是增加样品溶解度。所用溶剂与所测溶剂应达到较好的分离，其中二甲基甲酰胺、二甲亚砜因其溶解范围广，溶解性好，素有"万能溶剂"之称，是最常用的溶剂。

有的样品需要经过萃取、吹扫和捕集等浓缩方法处理，使待测组分达到一定的浓度后再进样测定，可以使结果更准确，一般用于微量残留溶剂或限度要求较高的溶剂的测定，如苯。

b. 定量方法

用色谱峰定量的标准技术分为四种，分别为面积归一化法、标准物添加法、外标法和内标法。前两种方法很少用到，一般多用后两种方法。《中国药典》规定后两种方法均可使用，《美国药典》和《英国药典》均要求用外标法。

c. 进样方式

气相色谱法的进样方式一般分为顶空进样和直接进样两种。

顶空进样又分为溶液顶空和固体顶空。前者是将样品溶解于适当溶剂中，置顶空瓶中保温一定时间，使残留溶剂在两相中达到气液平衡，定量吸取气体进样测定。固体顶空就是直接将固体样品置顶空瓶中，置一定温度下保温一定时间，使残留溶剂在两相中达到气固平衡，定量吸取气体进样测定。溶液顶空应用较多，而固体顶空应用较少。一般进样体积在2mL以下。

d. 色谱柱的选择

气相色谱柱是样品中残留溶剂测定的理论与物质基础，所以对色谱柱的选择是最关键的步骤。气相色谱柱可分为填充柱和毛细管柱两大类，其中填充柱又分玻璃柱和不锈钢柱。毛细管柱按柱口直径划分一般又有大口径和小口径毛细管柱两种，其中大口径毛细管柱容量大，在残留溶剂测定中应用较多。

e. 柱温的选择

柱温对分离起关键作用，视所测组分和所选用色谱柱而定。一般用固定温度分析，即恒温色谱（IGC），柱温范围在50~200℃左右，根据样品与残留溶剂的分离情况而定。对于沸程很宽、残留溶剂种类较多的样品可选用程序升温的方法（PTGC）。

f. 检测器的选择

一般选用氢火焰离子化检测器（FID），也有选用质谱（MS）为检测器的，现多为GC-MS联用仪。

② 比色法

利用残留溶剂中的特殊元素或者残留溶剂特殊的显色反应，用比色法测定其含量。比如在有机药物中测定残留三氟乙酸的方法研究中，将药物进行氧瓶燃烧破坏后，用茜素氟蓝比色法测定氟，再换算成三氟乙酸的量。

③ 高效液相色谱法

对于有紫外吸收的溶剂，可选用 HPLC 法。

④ 多种方法联合应用

对于比较特殊的样品，可以选择两种或两种以上方法测定，进而计算残留量。通过相互对照比较可确定方法的准确性。

总之，药品中溶剂残留的测定方法多种多样，实际工作中要灵活应用，根据药品的具体特点制订专属性强、灵敏度高、简便、可靠的方法，为进一步提高新药的质量提供有力的保障。

在制药过程中，可使用的挥发性有机溶剂一共有 69 种。按照对人体和环境的危害程度将其分为四类：第一类人体致癌物、疑似的人体致癌物或能对环境造成公害者的，应避免使用；第二类能导致动物非遗传毒性致癌或可能导致其它不可逆毒性反应的试剂，应限制使用；第三类为在药物中以一般量存在时对人体无害或低毒性溶剂；第四类为没有足够毒性资料的溶剂。对于这些挥发性溶剂《中国药典》均有固定和可靠的检测方法。

（2）非挥发性有机杂质的分析检测

药物中许多微量毒性有机杂质属于非挥发性有机杂质，对它们的质量监控是国内外药品生产控制的热点和关键点。目前非挥发性药物有机杂质的分析检测主要依靠 HPLC 方法。

用高效液相色谱法测定含量可以消除药物中的杂质，制剂中的附加剂及共存的药物对测定的干扰，因此药物成分含量测定中 HPLC 法应用广泛。

① 高效液相色谱法

在 HPLC 法中，保留时间与组分的结构和性质有关，可用于药物杂质的鉴别。如《中国药典》收载的头孢拉定、头孢噻吩钠等头孢类药物以及地西泮注射液、曲安奈德注射液等多种药物均采用 HPLC 法进行鉴别。

近年来，食品、药品、保健品以及动物饲料等各方面频频出现非法添加违禁药物的事件，这类成分往往对使用者如服用违禁药物的患者造成病情不受控制、药物中毒等不良反应，严重者甚至威胁生命。高效液相色谱法为添加违禁药物的日常检验工作提供了有力的技术支持。用高效液相色谱-质谱联用技术以对照品比对做最终确认，结果准确可靠。

高效液相色谱法具有很多优点但也存在一些不足，如流动相消耗量大，所用溶剂大多有毒且价格昂贵等，特别是对于一些较复杂样品的分析，用单分离分析方法往往很难完成。近年发展的微柱技术可有效解决上述问题。

对于样品中杂质含量较低，基质干扰较大的待测物，需对其进行富集处理。固相萃取（SPE）是近年发展起来一种样品预处理技术，由液固萃取和液相色谱技术相结合发展而来，主要用于样品的分离、纯化和浓缩。与传统的液液萃取法相比较可以提高分析物的回收率，能更有效地将分析物与干扰组分分离，减少样品预处理过程，操作简单、省时、省力。SPE 与 HPLC 技术结合已有很多成功的应用。

② 联用技术

HPLC 与各种检测仪器联用，更加拓宽了 HPLC 的应用范围。如 HPLC 与质谱联用（HPLC-MS）技术是以高效液相色谱为分离手段，以质谱为鉴定工具的一种分离分析技术，具有高度的专属性，对多数药物的检测灵敏度超过其它分析方法，使定量测试速度显著加快，可以对混合物中的微量组分进行分析。在国外已成为测定低浓度生物药品中药物及代谢物的首选方法。液相色谱法与化学发光联用（HPLC-CL），也已成为一种有效的痕量及超痕量分析技术，用于测定复杂的、含量低的混合物中组分的分析。蒸发光散射检测器（ELSD）对所有不挥发溶质都有响应，其特点是灵敏度高，检出限为10ng，不受溶剂成分及温度波动的影响，亦可用于梯度洗脱，HPLC与ELSD的联用也已得到广泛的应用。

17.4 生物技术产品中大分子杂质检测技术

生物药品是制药行业中发展最快的领域，2015年至今全球十大畅销药中7个是生物药品，表17-2为2018～2019年的全球药物销售额前十的产品名称。这些销售上的重磅炸弹在临床上疗效确切，但研发成本高，生产和质量控制要求非常严格。这是因为绝大部分生物制品是不经过胃肠道直接进入体内，所以除了生物活性外，监管部门对药品中杂质的限量要求非常严格。

表 17-2　2018～2019 年前三季度全球药物销售额前十的产品

序号	产品名	生产公司	2019Q1～Q3[①]销售额/亿美元	2018 年销售额/亿美元
1	阿达木单抗（Humira）	艾伯维	142.52	199.36
2	来那度胺（Revlimid）	新基	80.79	96.85
3	帕博利珠单抗（Keytruda）	默沙东	79.73	71.71
4	伊布替尼（Imbruvica）	强生/艾伯维	61.35	62.05
5	阿哌沙班（Eliquis）	百时美施贵宝/辉瑞	58.95	64.38
6	贝伐珠单抗（Avastin）	罗氏	55.76	70.02
7	纳武利尤单抗（Opdivo）	百时美施贵宝	54.41	67.35
8	曲妥珠单抗（Herceptin）	罗氏	48.78	71.38
9	阿柏西普（Eylea）	再生元/拜耳	45.13	67.46
10	利妥昔单抗（Rituxan）	罗氏	39.3	69.05

①Q1～Q3 表示第一季度到第三季度。

随着近年来哺乳动物细胞越来越广泛应用于治疗性疫苗和治疗性生物制品生产中。源自细胞培养生产的生物制品常常含有一些特定的大分子杂质，如宿主细胞蛋白质及DNA残留等，在这些杂质中更受关注的是痕量DNA残留。

17.4.1 痕量 DNA 残留检测技术

（1）痕量 DNA 残留对人类的危害

相关研究表明，生物制品中宿主细胞残留的DNA具有潜在致癌和传染风险，因此检测细胞培养中残余DNA含量不仅关系到生物制品的质量与纯度，更重要的是涉及产品安全性问题。宿主细胞残留DNA因为具有特别的潜在安全风险，所以一直是国内外药品监管机构关注的重点[9-11]。

美国药典会从2011年开始就组织专门小组讨论修订生物制品中残留DNA的检测方法，并在2014年Prescription/Non-Prescription Stakeholder Forum Meeting 5上宣布将在2015

年药典修订版中增加新的章节来规范检测方法和标准物质。之所以美国药典会专家组花几年时间讨论一个微量成分（<100pg）的检测方法，并且还要专门增加章节来规范化，是因为生物制品中的重组蛋白质药、抗体药、疫苗等产品是用连续传代的动物细胞株表达生产，虽然经过严格的纯化工艺，但产品中仍有可能残余宿主细胞的 DNA 片段。这些残余 DNA 可能带来传染性或致癌性风险，比如残留 DNA 可能携带 HIV 病毒或 Ras 癌基因等。分布在哺乳动物细胞基因组的 LINE-1 序列可能发挥逆转录转座子作用插入到染色体中，这种插入可能影响关键基因功能的发挥，比如激活癌基因或抑制抑癌基因等。此外，由于微生物来源的基因组 DNA 富含 CpG 和非甲基化序列，增加了重组蛋白质药物在体内的免疫源性风险。目前的研究结果显示，残留 DNA 的致癌性相比传染性风险要低，但考虑到致癌性实验是动物实验，传染性实验是在细胞水平做的，或许对两方面的风险都不能掉以轻心。众所周知，外源蛋白质可能引起严重免疫反应，但对于残留 DNA 诱导的免疫反应研究还不多。在一些临床前和临床研究中报道了高剂量的核酸样品，比如 DNA 疫苗或佐剂中的 CpG 寡聚核苷酸，可以诱导免疫反应，还诱导产生 DNA 抗体。生物制品中宿主残余 DNA 既是生产中带来的杂质，本身还存在一定安全隐患。因此，WHO 和各国药物注册监管机构一般只允许生物制剂中存在 100pg 以下剂量的残留 DNA。根据杂质来源和工艺，特殊情况下最高允许 10ng 残留剂量。

我国从很早以前就对生物制品中残余 DNA 含量进行限制。从原卫生部颁布的《人用重组 DNA 制品质量控制技术指导原则》到近年的《中国生物制品规程》都对残余外源性 DNA 含量做了严格要求，尤其是疫苗类产品，个别标准甚至高于国际水平。在 2015 年的《中国药典》中也有相应的规定。

(2) 各种残余 DNA 检测技术

无论是成品的常规 DNA 残留含量检测，还是工艺开发中对 DNA 残留清除率的监控，均需建立微量 DNA 残留检测方法[12]。目前常用的 DNA 残留分析方法包括杂交法，基于 DNA 结合蛋白的免疫色谱法（阈值法）和定量 PCR（q-PCR）或其它 DNA 扩增方法。理想的定量检测方法的灵敏度应该能够检测到约 10pg 的残留 DNA。杂交法、阈值法和定量 PCR 方法因为灵敏度可以达到检测要求，所以属经典方法。

① 杂交法

杂交法（hybrid method）是根据宿主 DNA 序列设计 DNA 探针用于测定产品中配对 DNA 的数量的方法。双链 DNA 被变性成单链后固定在尼龙膜或硝化纤维膜上，DNA 探针被放射或荧光物质随机掺入标记以后，与膜上固定的样品宿主 DNA 杂交结合，并在胶片或成像仪的对应位置显现斑点。对于荧光标记的探针，斑点光密度结果可以在仪器中定量分析。斑点光密度对应结合在目标 DNA 上的探针数，进而推测出残留 DNA 的数量。通过目测方法可以半定量地检测样品中残留 DNA，仪器读片可以对应斑点光密度绘制标准曲线，对应检测结果更加准确。

② DNA 结合蛋白免疫阈值法

DNA 结合蛋白免疫阈值法（DNA-binding protein-based）使用 DNA 结合蛋白和 DNA 抗体，分四步检测：第一步，通过加热使 DNA 变性成单链 DNA，变性后 DNA 与偶联了亲和素的 DNA 结合蛋白以及偶联了尿素酶的 DNA 单克隆抗体混合反应，液相中的单链 DNA、DNA 结合蛋白、DNA 抗体共同形成序列非特异的复合物；第二步，样品混合液通过生物素标记的膜，亲和素-生物素结合把 DNA 复合物固定在膜上，洗去非特异吸附；第三步，膜放入检测仪器中与尿素溶液反应，反应产物氨改变溶液 pH 值并被仪器记录变化，这种 pH 值的变化直接与样品中的 DNA 数目相关；第四步，仪器软件自动分析原始数据确定样品中残留 DNA 数量。

③ 定量 PCR 法

q-PCR（quantitative PCR）方法以其快速、高通量的特点已经被应用于生物制药的一些领域（拷贝数检测与病毒检测）。这项技术能够确定各种样品中目标 DNA 序列的准确数量。DNA 探针的设计非常关键，这种 DNA 探针包含一端染料分子和另一端淬灭分子。当特殊设计的 DNA 引物引导 DNA 聚合酶沿着模板序列复制合成另一条对应序列时，DNA 聚合酶切断结合在目标 DNA 上的探针染料端，释放到反应液里的染料信号被仪器测量。经过数十个循环的 DNA 扩增，荧光信号与起始 DNA 模板成对应关系，对应标准曲线可以准确计算出样品中残留 DNA 的数量。

④ 三种方法应用评价

杂交法可以序列特异性地检测目标 DNA，但 ^{32}P 标记的探针因为存在半衰期短、放射性等问题，实际应用并不广泛。荧光标记的探针如果采用仪器读取信号，杂交法理论上可以达到定量检测要求的灵敏度，但是检测时间需要 48h。阈值法因为是采用 DNA 抗体的非特异序列免疫检测技术，不能特异性识别宿主残留 DNA 序列，且容易受到环境和操作人员的 DNA 污染，导致读值偏高。q-PCR 法具有序列特异性，灵敏度、准确度和精密度都较好，还可以使用高通量筛选，但开发一个合格的 q-PCR 试剂检测宿主残留 DNA 并不是件容易的事情。这里还需要强调一下宿主残留 DNA 检测的目的。①确认纯化工艺合理，能有效去除宿主 DNA 残留。②确认产品中杂质含量符合标准要求。非特异性的 DNA 检测结果如果不能区分究竟是生产中污染、检测污染或是工艺缺陷引起的 DNA 残留，就无法为解决方案提供有效信息。在严格的生产体系中，残留 DNA 检测是解决工艺合理性问题。任何外源污染问题都归 SOP 或 GMP 管理体系解决。③经典的残留 DNA 检测方法灵敏度不同，q-PCR 法、DNA 结合法、杂交法的检测限分别达到 <1pg、<3pg、<6pg 的水平（目前 q-PCR 法灵敏度可达 10fg），但是技术上存在限制要求待测 DNA 片段分别不能小于 50bp、150bp、600bp 才能用于杂交法、q-PCR 法、DNA 结合法检测，而 WHO 和 FDA 可接受的 DNA 限度内的片段长度 <200bp。由此可见，这三种方法中，q-PCR 法的适用性和技术指标最好。从 qPCR 技术原理来看，Taqman 法要优于荧光染料随机掺入的 SYBR Green 法。经过几年来对三种检测方法的系统研究和应用反馈，美国药典会在 2015 年新版药典中唯一推荐 q-PCR 法作为生物制品残留 DNA 检测的标准方法。

我国参照 WHO、FDA 和欧盟的标准，在很早以前就对生物制品中残余 DNA 的含量进行了限制。酵母、大肠杆菌表达的生物制品限定不超过 10ng，CHO 和 Vero 细胞表达的 EPO、狂犬疫苗、乙肝疫苗等不超过 100pg 或 10pg。

17.4.2　生物药物中蛋白质类杂质检测方法及质量控制

现在已知人体含有的功能性蛋白质多达数万种，除几百种丰度较多的蛋白质外，大部分是含量在微克及以下的极微物质，但它们却在人体内起各种不同的生理作用，维持着庞大和复杂的人体生理体系的运转。因此，一旦在人体中引入非人类的蛋白质后，可能会造成不可预知的危害。因此，在生物制品中尽量控制和降低杂蛋白的含量是必要的工作。

（1）杂蛋白质含量标准

生物技术药物中蛋白质类杂质是最普通且相对复杂，也是最具潜在危害性的杂质。在现有的生产工艺条件下，不可能完全除去生物技术药物中的蛋白质杂质，但对其要有一个最低限度要求，以不对人体造成致命危害为标准。这个量到现在并没有一个统一的标准。在2012年厦门召开的全国生物制品会议上，提出了单次剂量杂蛋白质含量应小于 $10\mu g$ 为标准的安全指标。

制定杂蛋白质产品安全性的标准是基于以下原因：首先，许多细胞因子对人体的有效治疗剂量在 $10\mu g$ 左右，比如 10^6 IU 的基因重组人 α-干扰素，其治疗人体病毒的最低治疗量就是 $10\mu g$，也就是说 $10\mu g$ 就可以在人体产生生理免疫作用；其次，多年的临床观察发现虽然 $10\mu g$ 杂蛋白质可能会在人体中产生抗体等免疫反应，但对人体的危害是可以接受的，一旦停药，生理反应就会停止，故按此作为单次杂蛋白质最低剂量标准。不同用量蛋白质类生物制品所需要的最低纯度见表 17-3。例如单次用量 10g 的人基因重组白蛋白纯度要达到99.9999%。

表 17-3　注射用蛋白类生物制品单剂量杂蛋白质不超过 10μg 的最低要求纯度表

单次注射剂量	最低要求纯度/%
$100\mu g$	90.0
1mg	99.0
10mg	99.9
100mg	99.99
1g	99.999
10g	99.9999

（2）蛋白质杂质检测方法

考虑到蛋白质样品的复杂性，通常采用多种方法结合的方式来检测痕量杂蛋白质的含量。目前用于分析蛋白质杂质的主要技术有：凝胶电泳、二维电泳与质谱技术、毛细管电泳、高效液相色谱和免疫学分析（ELISA 和 Western blotting）等。

① ELISA

ELISA 是一个早期就用在蛋白质杂质检测的较特异和敏感的方法，一般先采用双抗体夹心 ELISA 分析宿主细胞蛋白质。先用过量的纯化抗体包被 96 孔板以捕获蛋白质杂质，加入封闭液封闭板孔内残留的蛋白质结合位点，然后加入待测的重组蛋白质药物。同时用蛋白质杂质标准品制备标准曲线。孵育后洗板并加入酶标记抗体，洗板后利用酶标仪记录可检测信号。此检测技术的关键是要获得高纯度抗体。制备抗体的策略包括：a. 收集宿主细胞培养上清，离心、浓缩得到蛋白质，以此标准品免疫家兔获得抗血清；b. 用宿主细胞全蛋白质免疫家兔获得抗血清；c. 用转染空载体的宿主细胞培养上清，离心、浓缩得蛋白质，免疫家兔获得抗血清；d. 宿主细胞培养物采用与目的蛋白质药物完全相同的处理工艺，在不同的纯化阶段采样制备蛋白质标准品，免疫家兔获得抗血清。

用此抗血清制备的 ELISA 试剂盒较通用试剂盒对于该产品杂质检测具有个性化和特异性，更能真实反映此工艺条件下生产的生物药品中宿主细胞蛋白质的残留情况，也是最值得推广的检测方法。

② 免疫配体

生物素-亲和素系统（biotin-avidin system，BAS）是一种新型生物反应放大系统，BAS可以与各种标记物结合。生物素-亲和素与标记试剂高亲和力的牢固结合及多级放大效应，使 BAS 免疫标记和有关示踪分析更加灵敏，在微量抗原检测、抗体定性、定量检测及定位观察研究中具有很大的优越性，主要表现在：

a. 灵敏度高

生物素容易与蛋白质和核酸等生物大分子结合，而且能保持大分子物质原有的生物活性，每个亲和素分子可以结合 4 个生物素，因此 BAS 具有多级放大效应。

b. 特异性强

亲和素与生物素间的结合力极强，其反应呈现高度专一性，更重要的是 BAS 结合的特性不会因反应试剂的高度稀释而受影响，使其在实际应用中可最大限度地降低反应试剂的非特异性作用。

c. 稳定性好

亲和素结合生物素的亲和常数可为抗原-抗体反应的百万倍，两者结合形成的复合物解离常数很小，为不可逆反应。而且酸、碱、变性剂、蛋白质溶解酶以及有机溶剂均不影响其结合，因此 BAS 在实际应用中，产物的稳定性好。

d. 适用性广

生物素与亲和素均可与酶、荧光素和放射性核素等各种标记物结合，用于检测体液、组织或细胞中的抗体-抗原、激素-受体和核酸系统以及其它多种生物学反应体系，而且也可制成亲和介质，用于分离提纯上述各反应体系中的反应物。

③ SDS-PAGE

SDS-PAGE 法操作简单，耗时短，是目前实验室及工厂蛋白质杂质分析和检测最为常用的手段。

该方法在分析蛋白质纯度时，需要做变性和非变性两种条件下的电泳分析。蛋白质相对含量的检测限与检测后的染色方法有关。使用考马斯亮蓝的单一蛋白质的检测限为 $3 \sim 6 \mu g$，银染法检测限为 $0.2 \mu g$ 左右。近年来人们又发现一种新的染色方法——荧光探针标记蛋白质方法。荧光染料 SYPRO Red 和 SYPRO Orange 作为探针被用来标记 SDS-PAGE 胶中的蛋白质。该方法检测限与银染法相当。

④ 等电聚焦电泳

等电聚焦电泳（isoelectric focus electrophoresis，IFE）是一种电泳的改进技术，实际是利用聚丙烯酰胺凝胶内的缓冲液在电场作用下在凝胶内沿电场方向制造一个 pH 梯度。所用的缓冲液是低分子量的有机酸和碱的混合物，该混合物为两性电解质。当蛋白质在这样的凝胶上电泳时，每个蛋白质都会迁移到与它等电点 pI 相一致的 pH 处，不同的蛋白质有不同的 pI，它们会停留在自己的 pH 处，从而实现分离和鉴定蛋白质纯度的目的。

⑤ 免疫印迹

免疫印迹是一个综合性的免疫学检测技术。它利用 SDS-PAGE 技术将生物样品中的蛋白质分子按照其分子量大小在凝胶上分开，然后用电转移的方法将蛋白质转移到固相膜上，最后进行免疫学检测。由于免疫学检测的灵敏度高，并且通过 SDS-PAGE 将样品中待测的蛋白质进行了浓缩，因此这种方法的灵敏度特别高，可达到放射免疫的检测水平。而其它的免疫检测技术在检测蛋白质样品时，往往达不到如此高的灵敏度。

⑥ 高效液相检测法

高效液相检测法的灵敏度与色谱柱有关，同时也与检测器的灵敏度密切相关。与质谱联用具有更好的检测效果。目前已经作为生物药品的常规检测方法。

⑦ 质谱

质谱技术目前作为蛋白质杂质检测技术已经十分普遍，主要有肽质量指纹谱技术和肽序列标签技术，见第 16 章。

⑧ 毛细管电泳

毛细管电泳法具有多组分、低含量和同时分离分析能力，已成为检测蛋白质杂质的一种最有效手段。这种方法可以用于药物生产全过程的全方位控制与检测，用以保证药品质量，确保生产工艺的可靠性和稳定性。

各种蛋白质杂质对人体的影响各不相同，各种不同生物药物究竟达到什么纯度才能满足用药安全性要求，是一个很难回答的问题，药监部门会根据某个具体药物提出不同的要求。对已经上市的药物《中国药典》都会有一个具体的纯度和杂质检测规范的要求。

17.4.3 生物制品生物安全性检查

药品中存在某些痕量杂质，可对生物体产生特殊的生理作用或引起药物成分发生变化，从而影响用药的安全。这些痕量杂质使用通常的仪器无法检测出来，需要进行一些生物学检测，诸如"异常毒性""热原""细菌内毒素""过敏性杂质""降压物质""升压物质""无菌"与"微生物限度"等检测。这些检测在各个生物制品的规范中均有严格规范，不是该章的重点，在本节只对部分重点的生物检测作简单介绍。

（1）异常毒性检查

来自植物、动物的脏器或微生物发酵提取物，组分与结构不明确或在工艺中可能混入毒性杂质的原料药，在缺乏有效的理化分析情况下，应设立异常毒性检查项。

（2）热原检查

对不适宜进行内毒素检查的注射剂的原料药可设立热原检查项，用量小且仅供肌肉注射的可不设立该检查项。

（3）细菌内毒素检查

静脉给药制剂的原辅料，如生产中易污染内毒素且制剂过程中没有较可靠的除热原工艺的，应设细菌内毒素检查项。

（4）过敏反应检查

来自植物、动物或微生物发酵提取物，组分结构不清楚或有可能污染异源蛋白质或未知过敏反应物质的原料，均应考虑设置过敏反应检查项。

（5）微生物限度检查

微生物限度检查是评价产品微生物质量的主要依据。微生物污染主要来自原材料和生产过程。它能造成药品疗效的减弱或丢失，并可能对患者健康造成危害。因此，必须要将微生物的污染降到最低。具体药品的微生物检测限在《中国药典》中都有明确的规定。

参 考 文 献

[1] 查锡良，周春燕. 生物化学. 第 7 版. 北京：人民卫生出版社，2012.

[2] 李玉花. 蛋白质分析实验技术指南. 北京：高等教育出版社，2011.

［3］Ma B，Johnson R. De novo sequencing and homology searching. Molecular & Cellular Proteomics，2012，11(2)，1-16.

［4］Ma B. Novor：real-time peptide de novo sequencing software. J ASMS，2015，26(11)：1885-1894.

［5］Hopper S，Johnson R S，Vath J E. Glutaredoxin from rabbit bone marrow. Purification，characterization，and amino acid sequence determined by tandem mass spectrometry. J Biol Chem，1989，264(34)：20438-20447.

［6］仇晓燕，崔勐，刘志强，等. 蛋白质中二硫键的定位及其质谱分析. 化学进展，2008，20(6)：975-983.

［7］金冬雁，张智清，周圆，等. 基因工程产品的 N 末端均一性及其中残留的痕量杂质蛋白的分析. 生物工程学报，1991，7(2)：108-113.

［8］胡昌勤. 化学药品杂质控制的现状与展望. 中国科学-化学，2010，40(6)：679-687.

［9］冷春生，李庆伟. 基因重组药物蛋白质检测及质量控制. 辽宁师范大学学报(自然科学版)，2012，35(4)：529-532.

［10］曹丽梅，王一平，陈国庆，等. 我国生物检测用国家标准物质现状与思考. 中国生物制品学，2015，28(8)：886-888.

［11］杜洪桥. 生物制品中宿主残留蛋白的风险分析和检测方法. 国际生物制品学杂志，2012，35(2)：82-86.

［12］刘晓志，张斌，赵伟，等. 生物技术药物中宿主 DNA 残留 Q-PCR 检测法的方法验证. 中国医药生物技术，2016，11(1)：69-73.

西安交大保赛生物技术股份有限公司

Xi'an Bio-sep Technologies Co., Ltd

公司简介

西安交大保赛生物技术股份有限公司是国内专业从事生物分离介质产业化研究、生产和销售的高技术企业。成立至今的20年中分别承担了高技术产业化示范工程项目（2项）、生物医药战略新兴产业重点专项、863、科技支撑、科技攻关及省市重点产业化项目，完成了以琼脂糖为主的多种多糖类生物分离介质产业化，建立了从原材料精制到多种分离介质产品制备的年生产能力达百余吨的自动化生产线。公司拥有一批30多年来一直从事生物分离介质技术研究的专家团队，保证了分离介质产业的可持续发展。企业被授予"国家高技术研究发展计划成果产业化基地"、"国家高技术产业化示范工程"和"国家高技术产业和战略新兴产业重点企业"以及陕西省和西安市授予的相关工程中心。

企业拥有10000平方米研发办公大楼一栋，3000平方米的生物分离介质自动化生产线一条，6000平方米的高纯度天然产物精制生产线二条。控股西安保赛恒成生物工程有限公司和西安保赛天然产物科技有限公司。

公司提供的产品及服务

1. 琼脂糖类分离介质产品
   2B/3B/4B/5B/6B/8B及CL和FF系列标准介质产品（粒径分布50-160微米），包括离子交换、疏水、亲和、排阻和反相等各类介质产品，还提供高流速低阻力的大球（160-250微米）及超大球（大于250微米）以及高效（20-50微米）基质的各类分离介质产品。
2. 葡聚糖类分离介质产品
   G10/G15/G25/G50/LH20产品。
3. 提供高纯度天然产物产品及标准检测样品。
4. 接受生产企业委托进行分离介质工艺开发及实施交钥匙工程和相关技术咨询。
5. 提供多种分离介质的民用化产品，包括分离介质的纤维布和无纺布、除重金属介质及戒烟介质等产品。

销售电话: 15991753973
　　　　　15991896975
销售QQ: 3069765882
公司网址: www.henchcn.com
　　　　　www.bsgf.cn
生产地址: 西安市沣京工业园
办公地址: 西安市雁翔路99号保赛大厦